AF302061

ENCYCLOPEDIA OF PHYSICS

EDITED BY
S. FLÜGGE

VOLUME L
ASTROPHYSICS I:
STELLAR SURFACES - BINARIES

WITH 167 FIGURES

SPRINGER-VERLAG
BERLIN · GÖTTINGEN · HEIDELBERG
1958

HANDBUCH DER PHYSIK

HERAUSGEGEBEN VON

S. FLÜGGE

BAND L

ASTROPHYSIK I:
STERNOBERFLÄCHEN-DOPPELSTERNE

MIT 167 FIGUREN

SPRINGER-VERLAG

BERLIN · GÖTTINGEN · HEIDELBERG

1958

ISBN-13: 978-3-642-45907-8   e-SIBN-13: 978-3-642-45906-1
DOI: 10.1007/978-3-642-45906-1

Inhaltsverzeichnis.

Inhaltsverzeichnis.

VII

Les classifications spectrales des étoiles normales.

Par

CHARLES FEHRENBACH.

Avec 63 Figures.

Introduction. De nombreux observatoires s'occupent de classifications spectrales, et on peut estimer que le nombre d'étoiles classées atteint 700000. Nous pensons que la meilleure justification de cet effort considérable est le simple énoncé des problèmes abordés ou résolus grâce aux classifications spectrales.

A l'origine, la classification spectrale avait deux buts:

1. La définition d'un petit nombre de types spectraux et la recherche des étoiles les plus brillantes de ces types pour leur étude détaillée. Ce résultat a été très vite atteint. Mais les astronomes rencontrèrent des difficultés: d'une part, le schéma initial était trop simple et nécessitait des retouches, d'autre part, de nombreuses étoiles présentaient des particularités qui en firent des astres prodigieusement intéressants pour notre connaissance de la physique des étoiles.

2. L'étude statistique des types spectraux pour connaître la répartition des astres entre les diverses classes. Le problème de la répartition apparente fut vite mis au second plan par celui de la répartition effective en un point de notre Galaxie. Cette question fut considérablement simplifiée lorsqu'on put distinguer les naines, les géantes et les supergéantes par leurs différences spectrales. L'absorption interstellaire a beaucoup compliqué cette étude.

Ces deux grands problèmes gardent tout leur intérêt mais, actuellement, les recherches les plus importantes sont engagées en vue de la découverte d'étoiles types, faciles à reconnaître et représentatives d'un groupement stellaire. Donnons comme exemple la recherche des étoiles très chaudes des premières classes spectrales qui jalonnent les bras spiraux de notre galaxie. Ces étoiles se reconnaissent facilement, même lorsqu'elles sont très faibles, et il est possible de déduire leur distance de leur éclat et de leur couleur apparents. Indiquons enfin les problèmes posés récemment par les particularités spectrales des étoiles à raies d'émission, des sous-naines, des étoiles à raies métalliques, des étoiles à composition apparemment anormale, des étoiles à grande vitesse. La distinction entre les étoiles de population I et II et sa signification profonde pour la structure de l'Univers, est aussi à mettre en grande partie à l'actif des classifications spectrales.

I. La théorie du type spectral.

1. Aperçu historique. Depuis les premières observations de spectres stellaires publiées en 1817 par FRAUNHOFER, la spectrographie astronomique est devenue la source principale de nos informations sur les astres. Depuis 140 ans les résultats s'accumulent et l'application en 1890 de la photographie à l'étude des spectres stellaires a permis l'examen de plusieurs centaines de milliers d'étoiles. Une classification logique de ces spectres s'est imposée dès l'origine car les premiers observateurs reconnurent tout de suite qu'ils se laissaient réduire à un assez petit nombre de types ou classes: les plus anciennes classifications, comme celles du PÈRE SECCHI, ne comprenaient que 4 ou 5 groupes.

Nous commencerons notre analyse par celle des travaux faits depuis 1890 à l'Observatoire de Harvard, sous la direction de E. C. PICKERING[1] et continués sans interruption depuis cette date par une éminente équipe féminine avec Mrs. FLEMING, Miss MAURY et surtout Miss CANNON et maintenant Mrs. MAYALL. En effet, c'est la classification de Harvard qui s'est imposée, d'une part parce qu'elle avait une signification physique très simple et que, d'autre part, le catalogue de HENRY DRAPER [4] publié à Harvard contient 225 300 étoiles dans la liste principale à laquelle s'ajoutent maintenant près de 175 000 étoiles faibles. Ce matériel est d'une valeur inestimable pour toutes les recherches statistiques sur notre Galaxie.

La classification de Harvard, telle qu'elle a été adoptée définitivement en 1901 pour le catalogue[2] et que nous étudions en détail p. 7 ordonne pratiquement toutes les étoiles dans les classes principales suivantes:

$$O \quad B \quad A \quad F \quad G \quad K \quad M$$
$$R \quad N$$
$$S$$

De très rares astres ne rentrent pas dans ce schéma et ils sont indiqués par les lettres: Q pour les nébuleuses à émission, Con pour quelques astres sans raies et Pec pour des astres exceptionnels comme les novae. Il se trouve que la liste des classes, ordonnée suivant le schéma indiqué, constitue une séquence d'étoiles dont les températures effectives (températures du corps noir de même rayon qui rayonnerait le même flux total) décroissent régulièrement le long de la séquence en allant de 50 000° K pour les étoiles O à 2500° K pour les étoiles M. Il ne s'agit évidemment pas là d'un heureux hasard: déjà SECCHI avait remarqué que sa classification était une classification par températures décroissantes et l'équipe de Harvard, après de nombreuses retouches, avait changé sa première séquence allant de A à N pour arriver au schéma actuel.

Il est apparu assez rapidement que la classification de Harvard n'était pas suffisante. Dans la même classe spectrale, après que la subdivision décimale eût été introduite, se classaient des étoiles très différentes. Par exemple, dans la classe $B8$ se rangent deux étoiles aussi différentes que β Ori (Rigel) qui a des raies fines, et α Leo (Regulus) qui a des raies larges. Deux étoiles comme HR 8752 et η Cas sont toutes les deux classées $G0$, alors que leurs spectres sont assez différents. Il faut, pour marquer cette différence introduire un second paramètre prenant une valeur différente pour les deux étoiles. Nous connaissons maintenant la raison physique de cette différence: Rigel et HR 8752, sont des étoiles supergéantes à atmosphères très peu denses, alors que Régulus et η Cas sont des étoiles ordinaires. Nous devons donc prendre comme second paramètre, l'une des grandeurs qui varient beaucoup lorsqu'on passe d'une étoile géante à une naine. Ce paramètre pourrait être: la pression des électrons à une certaine profondeur, la luminosité totale de l'étoile, le rayon de l'étoile, etc. Suivant les circonstances, on choisira l'un ou l'autre de ces paramètres: le théoricien qui calculera les conditions physiques dans l'étoile adoptera la pression électronique, mais l'astronome qui désire étudier la structure de l'Univers aura grand avantage à choisir la luminosité (ou son équivalent, la magnitude absolue). La nécessité d'un second paramètre est apparue il y a une quarantaine d'années:

---

[1] E. C. PICKERING: Harvard Ann. **26** (1891).
[2] A. C. MAURY: Harvard Ann. **28**, Part II (1897).

c'est le résultat des perfectionnements de la technique et d'une grande somme de travail consacré aux classifications spectrales. Il est certain qu'un troisième paramètre sera bientôt nécessaire pour expliquer de plus petites différences spectrales. Nous devons demander au théoricien de nous guider dans le choix des paramètres et de fixer le nombre minimum nécessaire et de nous indiquer ceux qui interviennent le plus naturellement dans la théorie.

2. La classification spectrale idéale. Nous pouvons ainsi esquisser une classification spectrale idéale, mais nous nous rendons compte qu'il ne sera pratiquement jamais possible de réaliser expérimentalement une telle classification. L'excellent article de J. C. PECKER[1] dans les résumés du Colloque réuni à Paris en 1955 [1] analyse le problème de la théorie du type spectral. La lumière de l'étoile qui forme le spectre que nous étudions provient d'une couche assez extérieure et relativement mince de l'étoile: l'atmosphère stellaire. La théorie des atmosphères stellaires a été entreprise par un très grand nombre de théoriciens, parmi lesquels nous citerons les plus importants: K. SCHWARZSCHILD, CHANDRASEKHAR, MINNAERT, STRÖMGREN, UNSÖLD. Il résulte de ces études, que le nombre de paramètres définissant les conditions physiques de l'atmosphère est assez petit: il suffit, en effet, de connaître:

a) La température effective T_e de l'étoile (température du corps noir de même rayon qui rayonne le même flux total).

b) La gravité superficielle g.

c) Une table du coefficient d'absorption par gramme de matière absorbante et par conséquent, la composition chimique de l'étoile qui est nécessaire pour la construction d'une telle table.

Naturellement les diverses théories diffèrent entre elles suivant les conditions d'équilibre admises dans l'atmosphère stellaire. Toutes doivent tenir compte du transfert de l'énergie par les radiations électromagnétiques ou corpusculaires, certaines tiendront également compte des mouvements convectifs produisant des déplacements de matière dans l'atmosphère stellaire. Le problème du transfert de l'énergie dans les parties externes des étoiles est un problème ardu: les théoriciens construisent des «modèles». Indiquons les plus couramment utilisés[2]:

1. D'abord *l'atmosphère isotherme*, modèle le plus simple, mais insuffisant dans lequel on admet la même température pour toute l'atmosphère.

2. Ensuite *le modèle gris* qui admet que le coefficient d'absorption est indépendant de la fréquence des radiations.

3. Les modèles non gris à *équilibre radiatif* (STRÖMGREN, UNSÖLD, KOURGANOFF).

4. Les modèles tenant compte des transferts par *diffusion* par les électrons et par *convection*.

Les calculs de modèles sont très longs et difficiles et n'ont pas été effectués pour de nombreuses étoiles; d'ailleurs les modèles gris qui constituent déjà d'excellentes approximations, représentent suffisamment bien l'observation pour que le calcul d'un modèle plus compliqué soit en général inutile.

Ces théories à elles seules ne suffisent pas pour satisfaire l'astronome car ce que nous désirons connaître, ce n'est pas tant T_e, g et la composition chimique, que les paramètres qui caractérisent toute l'étoile: sa luminosité totale L, sa masse $\mathfrak{M}$ et son rayon R. Il faut donc étendre la théorie à l'intérieur de l'étoile;

---

[1] J. C. PECKER: Voir [1], p. 85.

[2] Voir la contribution de M. BARBIER sur la théorie des atmosphères stellaires, dans ce volume.

les données sont: la masse et la composition chimique globale de la matière stellaire. Suivant les réactions nucléaires qui engendrent l'énergie à l'intérieur de l'étoile et les conditions d'équilibre, on essaiera de calculer, non seulement T_e, g et la composition chimique de l'atmosphère de l'étoile, mais encore sa luminosité, son rayon. Ce problème souvent abordé, est loin d'être résolu malgré des succès partiels retentissants (relation Masse-Luminosité, par exemple).

Les réactions nucléaires, les conditions d'équilibre dépendent probablement de l'âge de l'étoile; au cours de l'évolution de l'étoile, la composition chimique variera par la consommation de certains constituants, notamment de l'hydrogène; le corps central dégénéré augmentera, ce qui changera les conditions d'échange de l'énergie et de la matière au sein de l'étoile. Ces variations se répercutent forcément sur le spectre. D'autre part, la position d'une étoile dans la Galaxie, les coordonnées de sa vitesse paraissent, elles aussi, être des fonctions de son âge. On comprend pourquoi divers astronomes recherchent et mettent en évidence des variations de type spectral avec le type de population I ou II ou avec la vitesse radiale (étoiles à grande vitesse radiale). On conçoit ainsi la complexité du problème de la classification spectrale et, en même temps, son intérêt. Heureusement, les divers facteurs agissent fort différemment. C'est la température effective T_e qui est, de loin, le facteur déterminant, ce qui explique l'intérêt de la classification de Harvard (HD) qui est pratiquement une classification en fonction de ce seul paramètre. La gravité, ou les paramètres directement liés (magnitude absolue, par exemple) ont un rôle secondaire et ne sont intéressants que dans les classifications modernes plus raffinées (MORGAN, KEENAN ou BARBIER-CHALONGE, par exemple).

La composition chimique intervient extrêmement peu, au point que nous pouvons négliger ses variations. DE JAGER[1] a discuté récemment ce problème, et ses conclusions sont très nettes: en exceptant quelques étoiles particulières que nous n'étudierons pas dans ce chapitre, toutes les étoiles de population I ont la même composition chimique, qui est celle du soleil. Les différences actuellement annoncées proviennent surtout du fait que les résultats dépendent beaucoup du modèle d'atmosphère adopté. Seule la composition chimique des étoiles de population II paraît différente: en effet, d'après les quelques résultats obtenus, le rapport H/He ne serait pas le même, et les sous-naines de population II seraient déficientes en métaux. Il s'agit d'étoiles encore peu nombreuses et en général faibles, dont nous discuterons la classification dans un chapitre spécial. Pour toutes les autres étoiles normales on peut, dans l'état actuel de la question, ne tenir compte que de deux paramètres de classification. Nous indiquerons les tentatives qui se révèlent déjà nécessaires pour introduire un troisième paramètre.

On trouvera dans un article de O. STRUVE[2], une discussion des difficultés rencontrées au cours des classifications spectrales à deux paramètres. Il montre que la température et la gravité ne sont pas toujours suffisantes pour décrire complètement le spectre d'une étoile. Il faut alors caractériser ce spectre par au moins un ou plusieurs paramètres supplémentaires, comme le caractère n et s pour les étoiles A et B. Mais il est certain que cette difficulté se présente surtout pour des spectres très dispersés, dont l'étude n'est pas abordée dans ce chapitre.

D'ailleurs H. N. RUSSELL, C. H. PAYNE-GAPOSCHKIN et D. H. MENZEL[3] discutent aussi ce problème et ils estimaient en 1935 que l'introduction d'autres

---

[1] Voir [1], p. 141.

[2] O. STRUVE: Astrophys. Journ. **78**, 73 (1933).

[3] H. N. RUSSELL, C. H. PAYNE-GAPOSCHKIN et D. H. MENZEL: Astrophys. Journ. **81**, 107 (1935).

paramètres devait encore être évitée. En 1956 par contre, l'introduction du troisième paramètre, probablement la composition chimique, apparaît désirable pour certaines étoiles.

3. Classifications spectrales réelles. Dans la classification effective des étoiles, on ne peut pas, en général, déterminer directement les paramètres qui ont une signification physique profonde, et on est alors amené à choisir deux autres paramètres, faciles à déterminer mais n'ayant pas une signification physique simple. A chaque couple choisi, correspond une classification, mais la valeur de la classification dépend essentiellement du choix des paramètres. Chaque paramètre doit être facile à déterminer par simple examen, ou mieux par une mesure physique simple et possible pour des étoiles faibles. Il est utile que le critère soit valable pour toutes les étoiles, mais d'excellentes classifications, comme celle de Harvard, nécessitent des critères nombreux variant le long de la séquence spectrale de sorte que l'un d'eux peut varier d'une classe à la suivante. Dans ce cas, ils sont rattachés à un paramètre unique, par exemple l'échelle de Harvard. Le choix des paramètres dépend essentiellement de la technique expérimentale adoptée et il faut en général adapter les critères lorsqu'on change, même assez peu, les conditions expérimentales. Par exemple, les critères décrits dans les publications de Harvard, ne peuvent pas être immédiatement adoptés par un autre observateur utilisant un autre prisme objectif.

La meilleure méthode pour uniformiser les classifications, est l'adoption d'étoiles standards. Elles servent à l'établissement de critères applicables à l'instrument et à la méthode utilisée. Morgan et Keenan [2] ont décrit une liste type qui se révèlera de plus en plus utile lorsqu'elle aura encore subi quelques retouches et qu'elle sera adoptée par tout le monde. Une telle liste est fondamentale: il est possible d'étudier ces étoiles brillantes à très grande dispersion et de déterminer ainsi, avec toute la précision actuellement possible, de nombreuses grandeurs physiques des atmosphères stellaires, notamment T_e, g, la composition chimique. Ces étoiles doivent être considérées comme les échantillons types à étudier. Ces mêmes astres serviront d'étalons ou de tests pour les méthodes beaucoup moins raffinées, seules applicables aux étoiles faibles. Elles permettront de vérifier la valeur et la précision d'une classification proposée pour des étoiles faibles. Malheureusement cette extension de la classification ne va pas sans difficulté: l'absorption interstellaire introduit à la fois un rougissement général ainsi que des raies et des bandes d'absorption supplémentaires qui risquent de produire des erreurs de classifications monstrueuses.

4. Correspondances entre classifications théoriques et réelles. Soient P et Q les paramètres choisis pour caractériser une classification expérimentale à deux dimensions et soient T_e et g les valeurs de la température effective et de la gravité pour cette étoile. La classification P, Q sera très utile s'il est possible de faire correspondre à chaque couple P, Q un couple T_e, g de façon précise et si possible univoque.

On s'assure de cette possibilité en traçant dans le plan des T_e, g, ou plus habituellement dans le plan $\Theta_e = 1/T_e$ et $\log g$ les courbes pour lesquelles, soit P (iso P), soit Q (iso Q) prennent la même valeur. La classification est excellente lorsque les deux systèmes de courbes sont sensiblement orthogonaux de sorte que les intersections sont bien définies. L'emploi de ce graphique est très utile pour déterminer si les critères P et Q convenablement choisis, sont aussi bien associés. Il est ainsi possible de se rendre compte si les erreurs ΔP et ΔQ sont assez petites pour ne pas rendre la définition de Θ_e et $\log g$ illusoire. C'est un calcul théorique qui fournira ce réseau de courbes. Pour un nombre suffisant de couples Θ_e, log g, on calcule avec précision les critères observables P et Q. Il s'agit là de calculs très longs et qui ne sont possibles que lorsque P et Q ont des significations assez simples et précises. Nous ne sommes donc pas surpris que la détermination du réseau des courbes iso P et iso Q soit en général très difficile. Souvent il est possible de comparer la classification P, Q à une autre classification P', Q', en traçant les iso P et iso Q dans le plan des P' et Q' pour lequel l'opération $(P', Q' \rightarrow \Theta_e$, log $g)$ est déjà connue. Nous indiquerons dans la suite des comparaisons de ce type qui ont été faites effectivement.

L'astronome qui étudie la structure de la Galaxie a surtout besoin de connaître la magnitude absolue M et si possible, la couleur effective de l'étoile. Il désire donc tracer dans le plan des P, Q les courbes correspondant à des valeurs constantes de M et de T_e ou de M et d'un indice de couleur, IC. Nous donnons pour les classifications modernes (Suédoise, CHALONGE et BARBIER et MORGAN) les éléments nécessaires pour la détermination de ces relations.

II. Les premières classifications d'après l'aspect des spectres.

5. Historique. Nous ne rappellerons que très brièvement l'histoire de la classification spectrale qui est plus que centenaire. L'excellent article de R. H. CURTIS dans le Handbuch der Astrophysik [3] en donne un aperçu complet. Le premier essai de classification fut entrepris en 1866 par le Père SECCHI. A partir de 1868, il adopta quatre types principaux qu'il rangea dans l'ordre suivant:

1. Les étoiles blanches et bleues, correspondent à nos types actuels $O - F2$.

2. Les étoiles jaunes aux types $G - K$.

3. Les étoiles à larges bandes à $K5 - M$.

4. Les étoiles comportant un petit nombre de bandes dégradées vers le rouge, correspondent à nos types actuels $R - N$.

Cette liste des types spectraux est en fait, une classification en fonction de la température décroissante des étoiles.

VOGEL proposa, en 1874, une classification très voisine de celle du Père Secchi, et il eût le grand mérite de constater que la température était le paramètre fondamental de sa classification, et même de comprendre que dans son type 1, l'absence des raies métalliques s'expliquait par une trop forte incandescence; il suffit de remplacer ce mot par celui d'ionisation pour entrevoir la théorie moderne des types spectraux.

Les importants travaux de LOCKYER se résumaient par une classification assez compliquée comprenant 16 types spectraux. Mais les hypothèses qui servirent de base à l'ordonnancement de ses types étaient fausses, et le succès des autres classifications ne laissent rien subsister de son œuvre. A partir de 1898, nous voyons apparaître de nombreuses classifications dont l'aboutissement est la classification de Harvard, maintenant universellement adoptée. Signalons l'intéressante liste de F. McCLEAN[1] dont les six classes peuvent être mises en parallèle dans leur ordre avec nos classes actuelles.

Classes de McCLEAN	I	II	III	IV	V	VI
Classes de Harvard .	$O B$	A	F	G	$K M$	N

---

[1] McCLEAN· Phil. Trans. Roy. Soc. Lond. **191**, 127 (1898).

L'énorme travail de classification de plus de 400000 étoiles, exécuté à Harvard a fait progresser d'une manière décisive l'Astrophysique stellaire. La chance, d'ailleurs abondamment méritée, des astronomes de Harvard, est d'avoir utilisé et perfectionné une classification dont le seul argument est la température. A l'origine (1890) E. C. Pickering avait introduit une classification dérivée de celle de Secchi, mais largement perfectionnée. Sa séquence était désignée par les 17 premières lettres $A - Q$ de l'alphabet. Les travaux de Pickering et de Mrs. Fleming permirent, en 1897, de simplifier cette classification en supprimant quelques classes. Simultanément, Miss Maury publia[1] une très importante classification en 22 groupes, numérotés I à XXII. La classification de 681 étoiles, dont elle prit 4800 spectres, lui permit de montrer que certaines des classes de Pickering et Mrs. Fleming devaient être interverties, et son magistral travail établit la séquence spectrale actuelle. On préféra pour le «Henry Draper Catalogue» la séquence de Miss Cannon à celle de Miss Maury à cause de la plus grande simplicité de sa notation et de la facilité d'adaptation de ses critères à la dispersion utilisée pour le catalogue de Harvard. La classification de Harvard a été effectuée avec des spectres peu dispersés alors que Miss Maury utilisait souvent des spectres beaucoup plus longs, ce qui lui permettait de voir des détails inutilisables pour le Catalogue de Henry Draper. Mais il ne faut pas oublier que l'ordre de la classification est identique à celui de Miss Maury comme le montre la comparaison des deux notations pour les étoiles normales.

Miss Maury	I	II	III	IV	V	VI	VII	VIII	IX	X	XI
Miss Cannon	$Oe5$	$B0$	$B1$	$B2\,B3$	$B5$	$B8\,B9$	$A0$	$A2$	$A3$	$A5$	$F0$

Miss Maury	XII	XIII	XIV	XV	XVI	XVII	XVIII	XIX	XX	XXI
Miss Cannon	$F5$	$F8$	$G0$	$K0$	$K5$	$M0$		$M3$	Md	R et N

6. La classification du catalogue de Henry Draper (H. D.). La meilleure façon de définir la classification du Catalogue de Harvard [4] est de décrire les spectres-types donnés dans le préambule du catalogue même. Mais il faut encore s'assurer qu'il ne s'est pas introduit d'erreur systématique au cours de la classification. Si une telle erreur existait, la moyenne des étoiles classées par exemple $F0$, pourrait être plus ou moins avancée que l'étoile type $F0$. Ceci est à craindre, car les étoiles types sont des étoiles brillantes qu'on a pu étudier avec une plus grande dispersion que les étoiles du catalogue qui sont en moyenne plus faibles. On évitera cette erreur en considérant que la classification est représentée plus par l'ensemble des étoiles que par les étoiles types. En fait, on a constaté que la différence est certainement faible et qu'il est possible de donner une bonne description des classes de Harvard par celle des étoiles-types.

La classification de Harvard, comme nous l'avons déjà indiqué, est une classification à un seul paramètre. Chaque spectre est caractérisé par une seule lettre de la séquence principale $O\ B\ A\ F\ G\ K\ M$ à laquelle on ajoute deux branches parallèles, les étoiles R et N d'une part, les étoiles S de l'autre. Ces deux groupes ont des températures analogues à celles des étoiles K et M.

Cette liste ne s'étant pas montrée assez détaillée, Miss Cannon a introduit une subdivision décimale. Une étoile exactement intermédiaire entre A et F sera classée $A5$, les étoiles-types précédentes étant classées $A0$ et $F0$. En principe, la subdivision est décimale, en fait seulement les subdivisions suivantes

---

[1] A. C. Maury: Harvard Ann. **28**, Part I, 1 (1897).

ont été utilisées (en nous limitant aux étoiles sans raies d'émission):

```
O                                       e5
B     0    1    2    3    5                   8    9
A     0         2    3    5         (7)
F     0         2         5                   8
G     0                   5
K     0         2         5         (7)
     ⎧ 0   (1)  (2)  (3)  (5)  (6)
M    ⎨   └──────┘    └──────┘
     ⎩      a           b          c

R     0              3    5                   8
     ⎧(0)           (3)
N    ⎨
     ⎩ a             b         c
S
```

Dans l'extension du Catalogue de HENRY DRAPER — nommée HDE [5] — de nouvelles sous-classes ont été introduites et les étoiles M et N, classées d'abord avec les lettres a, b, c ont été classées avec des chiffres. Ces classes sont indiquées par des parenthèses dans notre tableau.

Comme le système HD est à la base des classifications plus modernes à deux paramètres, nous limiterons ici notre description à celle des étoiles des types principaux $B0$, $A0$ etc. Nous ajoutons toutefois une étoile B intermédiaire, les variations spectrales étant très importantes dans cette classe.

Une description détaillée, telle qu'elle est utilisée maintenant, sera donnée lorsque nous étudierons la classification de MORGAN (p. 42).

7. Description des classes de Harvard. Nous reproduisons, dans la Fi. 1e une série de spectres-types et nous donnons une description rapide de la séqugenc spectrale de Harvard:

$Oe5$. Etoile type 6 CMa — *Etoile à hélium ionisé.* Toutes les raies apparaissent en absorption. La température effective de cette étoile est de l'ordre de 35 000° K, de sorte que tous les atomes sont fortement ionisés et seules apparaissent avec intensité les raies de H, He I, He II et les éléments très ionisés C III, Si IV. Ce sont les raies de He II à 4200, 4542, 4686, ainsi que les raies complexes de C III à 4068, 4650 et de Si IV à 4089 et 4116 Å qui servent à la classification.

$B0$. Etoile type ε Ori — *Etoile à hélium neutre.* La température (25 000° K) et par conséquent l'ionisation, diminuent; les raies de He II sont plus faibles que pour $Oe5$. La raie C III 4650, qui est à son intensité maximum pour cette classe, est légèrement plus intense que He I 4026 et 4471. Les raies de Si IV 4089 et 4116 passent par leur maximum, les raies de O II vers 4072 sont bien visibles.

$B3$. Etoiles types π^4 Ori et α Pav. Les raies de He I sont très apparentes, notamment 3819, 4009, 4026, 4388 et 4471, alors que les raies de O II vers 4072 et celles de C III et O II vers 4649, celles de Si IV 4089 et 4116 sont plus faibles.

$A0$. Etoile type α CMa — *Etoiles à hydrogène.* (Température 11 000° K.) Les raies de la série de BALMER de l'hydrogène passent par leur maximum dans cette classe. La raie K de Ca II 3933 est bien visible et égale au dixième de celle de H_δ. La raie 4481 de Mg II est la raie la plus intense après celles de l'hydrogène et la raie K de Ca II.

$F0$. Etoiles types δ Gem et α Car. *Etoiles à hydrogène et raies métalliques.* (Température 7500° K.) De nombreuses raies métalliques apparaissent entre les raies de l'hydrogène, qui sont encore les raies les plus intenses du spectre.

La raie K de CaII est aussi intense que la raie composée H, H_ε et trois fois plus intense que H_δ. La bande G commence à apparaître très faiblement vers 4307.

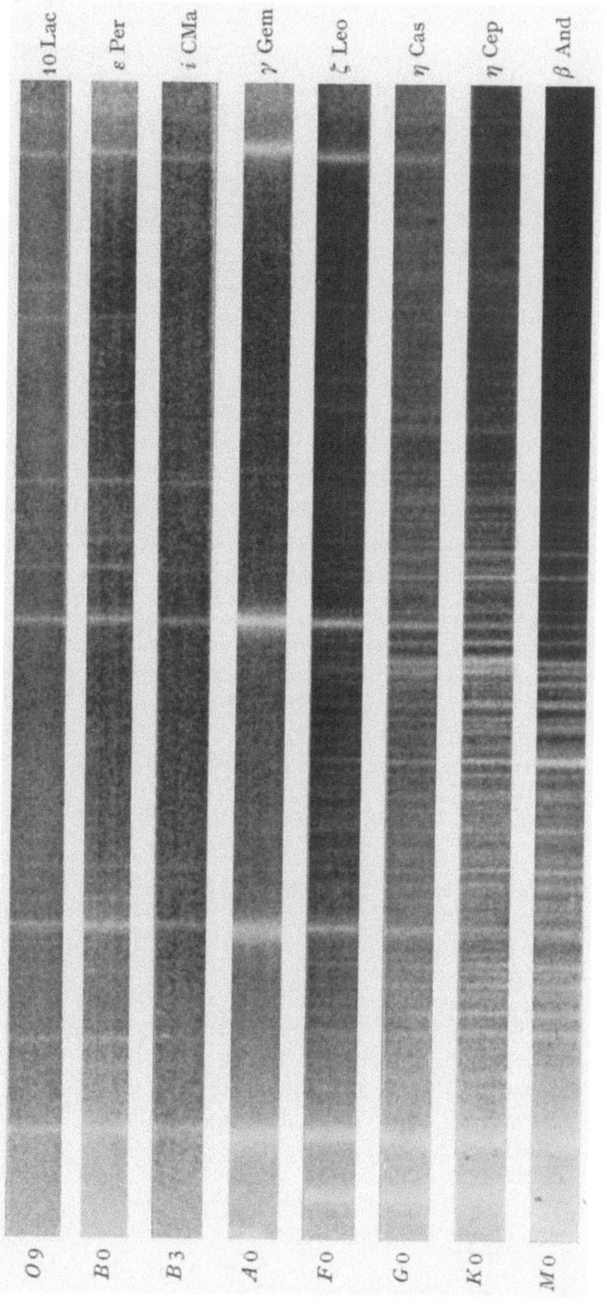

G0. Etoiles types α Aur et β Hyi. *Spectre solaire.* (Température 6000° K.) Spectre très voisin de celui du soleil. Les raies des métaux deviennent très intenses et les raies de l'hydrogène ne sautent plus aux yeux. H_γ est encore plus intense que la raie FeI 4325. Les raies de SiII vers 4077, H_δ et 4226 (CaI) sont sensiblement égales. Les raies H et K sont très fortes. La bande G apparaît comme une absorption continue très forte.

K0. Etoiles types α Boo et α Phe. *Spectre des taches solaires.* (Température 5000° K.) Cette classe se distingue de G0 par un affaiblissement des raies de l'hydrogène et un renforcement des raies des métaux. La raie FeI, 4325 est deux fois plus intense que H_γ. La raie de CaI, 4226 est trois fois plus intense que dans G0. K et H sont à leur maximum d'intensité. La bande G est très intense et apparaît encore continue entre 4290 et 4325. Dans la région verte, commencent à apparaître des variations du fond, dues à l'apparition des bandes de TiO, caractéristiques du type suivant.

$M\,a$ (M0 à M2 dans la subdivision décimale). Etoiles types α Ori et γ Hyi. *Etoiles à bandes de* TiO. L'existence des bandes de TiO, notamment dans les régions 4762 — 4956 et 5168—5445 est le caractère principal de cette classe. La raie CaI 4226 est la raie d'absorption la plus intense. La bande G est résolue en plusieurs raies séparées et 4315 est très faible. On observe de nombreuses variations du fond continu, la partie violette du spectre est très faible.

Fig. 1.

Classes R et N — *Etoiles carbonées.*

$R0$. *Etoile type* BD-$10°$ *5057.* Ces étoiles ont une répartition du spectre continu voisine de celle des étoiles $G5$ à $K0$, mais en plus des raies des métaux, elles présentent les bandes de SWAN de C_2 dont la plus importante est située vers 4700. La bande située vers 4395 est aussi intense que la bande G. Les raies 4226, 4234, 4236 et 4239 sont très fortes et ressemblent à une bande. Le spectre continu peut être aisément photographié jusque vers H et K.

Na. *Etoile type 19* Psc. Les bandes d'absorption de SWAN (C_2) divisent le spectre en diverses régions brillantes. La partie du spectre comprise entre 4400 et 4700 est plus faible que celle comprise entre 4700 et 5100 (environ dans le rapport de 0,8).

Classe S. Les étoiles de la classe S introduite en 1922, montrent un spectre très compliqué entre H_β et H_γ où apparaissent de nombreuses bandes d'absorption dues à ZrO et TiO. La bande la plus intense est située à 4554. On observe aussi de nombreuses raies; H et K et 4226 sont bien visibles.

Les critères de classification donnés ici sont une transposition en notations modernes des descriptions données dans le Catalogue de Harvard. Un examen rapide permet de les classer en trois catégories:

1. la présence ou l'absence de certaines raies,
2. la variation de l'intensité des raies au cours de la séquence spectrale,
3. les rapports d'intensité des raies.

Ces trois critères sont d'un usage assez difficile: le premier critère dépend beaucoup de la dispersion et de la qualité des spectres. Le second nécessite la comparaison de l'étoile à classer avec les étoiles voisines et l'intensité apparente dépend aussi des conditions expérimentales. Le troisième critère est le plus précis, il serait parfait si l'estimation du rapport était remplacée par une mesure. Nous étudierons plus loin des classifications basées sur de telles mesures (classifications suédoises). Nous verrons qu'une classification moderne (Yerkes) est cependant basée surtout sur les rapports d'intensité des raies.

Les critères indiqués devraient être concordants si un seul paramètre, la température, était suffisant pour définir l'état de l'atmosphère stellaire. Cette condition n'est pas parfaitement réalisée et la classe obtenue dépend du critère utilisé; on peut alors soit adopter une moyenne entre les types trouvés, soit donner la prédominance à l'un des caractères. Lorsque l'accord entre les diverses determinations est trop mauvais, le catalogue de Harvard l'indique en note. En fait de nombreuses étoiles particulières, désignées par la lettre p, se sont révélées des supergéantes qui paraissent anormales parce que les étoiles types sont, en général, des étoiles de la série principale. Pour tenir compte d'autres particularités, les notations et suffixes suivants furent adoptés par l'Union Astronomique Internationale:

Suffixes:

e = pour indiquer des raies d'émission se superposant à un spectre d'absorption normal.

n = raies larges dans les classes O, B, A — nn, lorsque ce caractère est prononcé.

s = raies fines dans les classes O, B, A — ss, lorsque ce caractère est très prononcé.

k = raies du calcium interstellaire pour une étoile O à $B5$.

p = autre particularité.

Préfixes:

d = (dwarf) naine.

g = (giant) géante.

c = supergéante.

Ces désignations sont maintenant remplacées par les classes de luminosité (voir plus loin).

d = classe V

g = classe III

c = classe I_a ou I_b.

Exemple: l'étoile γ Cas est de type $B0nne$, le type d'après les raies d'absorption est $B0$. Les raies sont très larges et H_α, H_β etc. apparaissent en émission.

Nous donnons dans le tableau suivant la liste des catalogues publiés par l'Observatoire de Harvard.

Listes de classifications publiées dans le système de Harvard par Miss CANNON, Mrs. MAYALL et leurs collaborateurs.

1. Henry Draper Catalogue, Harvard Annals Vol. 91 à 99 . . . . 225 300 spectres
2. Henry Draper Extension, Harvard Annals Vol. 100 . . . . 46 850

$\qquad\qquad\qquad\qquad\qquad\qquad\qquad\qquad\qquad\qquad\qquad\qquad$ 272 150

3. Cartes stellaires avec indication des types spectraux, Harvard Annals Vol. 105 (répété dans le Vol. 112), Harvard Annals Vol. 112, The Annie J. Cannon Memorial Volume 86 932

Total des spectres numérotés 359 082

4. Listes de spectres classés à Harvard mais publiés ailleurs
    a) AG stars $+20°$ à $+30°$ Trans. Yale ⎫   9 300
    $\qquad\qquad$ $-10°$ à $-25°$ Trans. Yale ⎬ 9 à 14 . . . . 4 000
    $\qquad\qquad$ $-23°$ à $-30°$ Trans. Yale ⎭   4 000
    b) Boss General Catalogue 1 400
    c) Cape Catalogue of faint stars. 12 000
    d) Eros path 1 800

$\qquad\qquad\qquad\qquad\qquad\qquad\qquad\qquad\qquad\qquad\qquad\qquad$ 32 500

5. Non publié   North Galactic Pole 4 200

8. Classification des aires de KAPTEYN (S.A.).

8. Classification des aires de KAPTEYN (S.A.). *α) Bergedorf Spektraldurchmusterung* (B.S.D.). L'Observatoire de Hambourg a effectué la classification spectrale de 115 aires choisies de KAPTEYN (S.A.). Les instruments utilisés sont des prismes objectifs, dont voici les caractéristiques:

	D	A	F	$H_\beta - H_\varepsilon$	Magnitude limite	Dispersion
I	300	$8°\!,25$	1,5	3,74 mm	10,0 (2h)	240 Å/mm
I bis			3,5	8,7 mm	9,0 (2h)	100 Å/mm
II		$9°\!,5$	2,2	2,2 mm	11,0 (3h)	400 Å/mm

La dispersion utilisée est donc très petite, la dernière correspondant à celle utilisée par le Catalogue de DRAPER sur le ciel austral. Les résultats ont été publiés dans les vol. 1, 2, 3, 4 et 5 de la Bergedorfer Durchmusterung [6] qui contient les spectres de 173 500 étoiles, soit:

$$\text{Vol.} \quad 1 \qquad 2 \qquad 3 \qquad 4 \qquad 5$$
$$24\,000 \quad 44\,000 \quad 39\,000 \quad 34\,000 \quad 32\,500$$

La classification adoptée est celle de Harvard (HD), mais la technique de classification est spéciale. Au lieu d'une description verbale, on a établi, à l'aide des données de Miss MAURY, un tableau des intensités pour les classes de Harvard. Nous reproduisons, simplifié, le tableau publié (Tableau 1). Son examen montre

Tableau 1. *Critères de classification de Bergedorf (BSD).*

	Raies	$B0$	$B5$	$A0$	$A5$	$F0$	$F5$	$G0$	$G5$	$K0$	$K5$	Ma
	Hydrogéne	15	50	90	50	40	20	10	8	6	5	4
Ca II	K	1	4	10	60	70	135	160	180	200	180	170
Ca II + H	$K + H_\varepsilon$	15	50	90	70	70	100	120	150	170	160	140
Hélium	4009	2	3									
	4026	10	6									
	4116	6	0									
	4120	3	2									
	4144	3	2									
	4387	3	1									
	4471	11	4									
C III	4649	12	0									
Fe	4046						5	10	11	13	10	7
	4064						3	7	8	10	10	10
	4072						3	7	7	8	8	8
	4078						3	7	7	4	4	4
	4272						3	5	6	8	8	8
	4326						4	6	8	10	11	11
	4384						6	11	13	15	14	13
	4405						2	6	10	14	12	10
Sr I	4216						3	5	6	7	8	9
Ca	4227			2	2	2	7	10	15	20	30	40
G(CH)	4300						6	16	20	30	30	25

bien les variations des intensités des raies avec le type spectral. Les divers observateurs se sont exercés à classer les étoiles types prises dans le catalogue

Tableau 2. *Relation entre les systèmes de classification Harvard (HD) et Bergedorf (BSD).*
Sn: SCHWASSMANN; Wa: WACHMANN; St: STOBBE.

HD	Bergedorf			BSD moyenne
	Sn	Wa	St	
$B5$	$B5,2$	$B4,5$	—	$B4,9$*
8	7,2	8,2	$B9,0$	8,1
9	8,0	9,1	9,4	8,8
$A0$	9,4	9,7	$A0,2$	9,8
2	$A2,0$	$A2,1$	1,6	$A1,9$
3	4,9	4,0	3,8	4,2
5	6,8	5,4	6,3	6,2
$F0$	9,0	9,0	9,2	9,1
2	$F1,3$	$F1,7$	$F2,2$	$F1,7$
5	3,8	4,5	3,7	4,0
8	8,0	7,0	7,4	7,5
$G0$	$G0,0$	$G0,1$	9,8	$G0,0$
5	3,3	4,4	$G5,7$	4,5
$K0$	7,6	7,5	8,4	7,8
2	9,7	9,1	$K2,0$	$K0,2$
5	$K3,1$	$K1,7$	3,1	2,6
Ma	9,7	9,6	—	9,7*

de Harvard et lorsque leurs résultats étaient satisfaisants ils ont commencé l'examen des spectres à l'aide d'un microscope. Un micromètre oculaire leur permettait d'identifier les raies et ils estimaient les intensités en les comparant aux valeurs du tableau. Au cours des mesures, on reprenait de temps en temps, les étoiles standards de Harvard. Au cours du travail il fut décidé de tenir compte des résultats acquis entre-temps, notamment de ceux de LINDBLAD[1] pour déterminer le caractère de géante ou de naine de l'étoile. Les observateurs de Bergedorf n'eurent pas d'excellents résultats dans cette partie de leur travail. Nous examinerons plus spécialement cette question lorsque nous parlerons des classifications à deux paramètres.

Trois observateurs: SCHWASSMANN, WACHMANN et STOBBE, se sont partagé le travail de classification. Il était important de comparer les résultats des trois observateurs entre eux et avec ceux du Catalogue H.D. Ce travail a été fait et se traduit par les résultats du Tableau 2 obtenus à l'aide d'environ 600 étoiles choisies au hasard. L'examen de ce tableau montre des différences systématiques entre les divers observateurs et le catalogue de Harvard. Sur la moyenne, l'écart systématique moyen est de 1 dixième de classe, mais il peut atteindre deux dixièmes, notamment autour de $K0$. Cette différence systématique est explicable par la petite dispersion utilisée. La Fig. 2 montre la comparaison des résultats de SCHWASSMANN avec ceux de Harvard. On remarquera la grande dispersion des points: par exemple, les étoiles classées $G5$ par Harvard s'éparpillent de $F2$ à $K0$ avec une forte concentration vers $G2$.

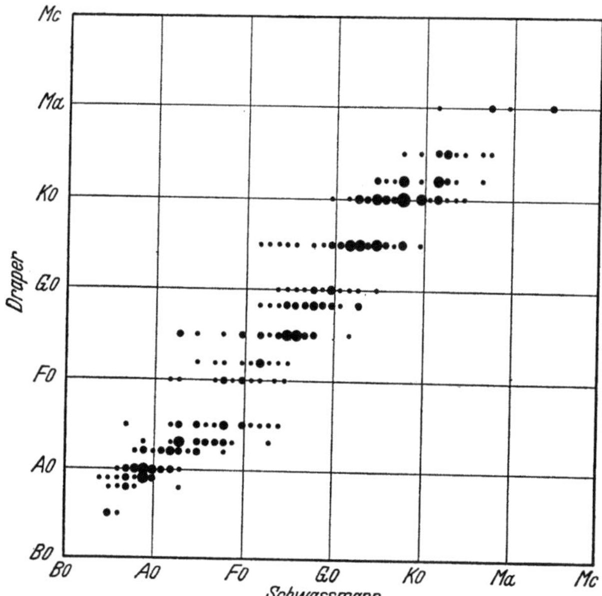

Fig. 2. Comparaison de la classification BSD (SCHWASSMANN) avec Harvard (HD).

La moyenne est $G3,3$. En fait, les indications de ce tableau sont sévères car les astronomes de Hambourg n'ont pu comparer que des étoiles mal exposées dans l'un ou l'autre catalogue. Les étoiles bien posées à Harvard sont surexposées à Bergedorf, et les spectres bien posés à Bergedorf sont sous-exposés à Harvard. Il était important de pouvoir étendre cette comparaison aux étoiles faibles, car on pouvait craindre que l'accord satisfaisant pour les étoiles relativement brillantes ne devienne mauvais pour les étoiles les plus faibles. Cette comparaison a été effectuée de la façon suivante: la statistique des types spectraux de 863 étoiles communes au Catalogue HDE de Harvard et au Catalogue de Bergedorf (BSD) donne deux répartitions très voisines entre les types spectraux, comme le montre le Tableau 3. On constate une différence systématique pour les étoiles $K5—Mc$. Elle disparaît lorsqu'on corrige les types spectraux en tenant compte des différences de classification telles qu'elles résultent du Tableau 2. Il suffit de grouper les étoiles $K3$ et $K4$ avec $K5$. La comparaison des mesures de SCHWASSMANN et STOBBE confirme ce résultat. On peut donc admettre, en moyenne, la correspondance HD—BSD donnée par le Tableau 2. Une étude

---

[1] B. LINDBLAD: Astrophys. Journ. **55**, 85 (1922).

exacte de la précision n'a pas été faite. Une dispersion moyenne de 2 à 3 dixièmes de classe paraît correspondre à ce matériel, mais des écarts d'une classe ne sont pas exclus. Signalons que 4066 étoiles faibles de ces S.A. ont été classées en 1932 par M. L. HUMASON[1].

β) Potsdamer Spektraldurchmusterung (PSD). La classification des étoiles des 91 aires australes de KAPTEYN a été faite par F. BECKER et H. BRÜCK à l'Observatoire de Potsdam. Les clichés ont été pris à l'aide d'un astrographe de Zeiss de 300 mm de diamètre $(F = 150 \text{ cm})$ qui donne avec un prisme une dispersion de 180 Å/mm entre H_γ et H_ζ. La classification a pu être faite jusqu'à la douzième grandeur. 66703 étoiles ont été classées et publiées avec indication du type spectral et de la magnitude photographique [7].

La classification a été faite dans le système de Harvard mais on s'est efforcé d'estimer les intensités des raies. Les valeurs des rapports d'intensité de raies adoptées sont données par le Tableau 4; elles ont été obtenues par l'inspection d'étoiles classées dans la catalogue de Harvard (HD). Les deux auteurs se sont efforcés d'indiquer les caractères *n, s* et *c* pour les étoiles peu avancées et de distinguer les naines *(d)* des géantes *(g)* à l'aide du critère du cyanogène. Comme pour la classification de Bergedorf, cette distinction n'est pas sûre, il est certain que la qualité des spectres et l'absence de mesures physiques expliquent cet échec. L'accord entre les deux auteurs F. BECKER et H. BRÜCK est bon. Le système des classifications est en accord satisfaisant avec celui de Harvard comme l'a montré l'étude de BRÜCK[2]. Nous indiquons dans le Tableau 5 les corrections à ajouter aux valeurs des catalogues BSD et PSD pour les ramener aux classes de Harvard HD. Ces valeurs sont tirées d'une part, des deux publications de Hambourg [6] et de Potsdam [7], et d'autre part, des articles de A. N. VYSSOTSKY[3]. L'accord entre ces déterminations est excellent sauf pour les étoiles de $K2$ à $K8$. Les valeurs de VYSSOTSKY nous paraissent alors préférables car cet auteur a d'avantage tenu compte des difficultés qui se présentent aux extrémités des courbes de régression (voir chapitre suivant).

Tableau 3. *Répartition d'une population stellaire entre divers types spectraux.*

HDE	%	WACHMANN	
		BSD	%
$B0-B5$	0,4	0,8	$B0-B5$
$B8-A3$	30,8	31,2	$B6-A4$
$A5-F2$	15,5	18,3	$A5-F4$
$F5-G0$	23,6	22,2	$F5-G4$
$G5-K2$	20,3	23,8	$G5-K4$
$K5-Mc$	9,4	3,7	$K5-Mc$

a pu être faite jusqu'à la douzième grandeur. 66703 étoiles ont été classées et publiées avec indication du type spectral et de la magnitude photographique [7].

Tableau 4. *Critères de classification de Potsdam (PSD).*

	$H_\delta/4026$	K/H_δ	G/H_γ	$4227/G$
$B0$	1,5			
$B2$	2,5			
$B4$	4,0			
$B6$	10,0			
$B8$	15,0			
$A0$		0,1		
$A2$		0,3		
$A4$		0,8		
$A6$		1,2		
$A8$		1,6		
$F0$		2–3	0,2	
$F2$			0,3	
$F4$			0,4	
$F6$			0,6	
$F8$			1,0	
$G0$			2,0	
$G2$			3,0	
$G4$			4,0	
$G6$			6,0	
$G8$			8,0	
$K0$			10,0	0,2
$K2$				0,6
$K4$				2,0
$K6$				6,0
$K8$				8,0
$M0$				>10

[1] M. L. HUMASON: Astrophys. Journ. **76**, 224 (1932).
[2] H. A. BRÜCK: Monthly Notices Roy. Astronom. Soc. London **105**, 206 (1945).
[3] A. N. VYSSOTSKY: Astrophys. Journ. **93**, 425 (1941).

Tableau 5. *Corrections à ajouter aux valeurs des catalogues BSD et PSD pour les ramener à HD.* (1) d'aprés BSD [6]; (2) d'aprés Vyssotsky, Astrophys, Journ. **93**, 425 (1941); (3) d'aprés PSD [7].

HD	BSD			PSD		
	2	1	moyenne	2	3	moyenne
$B\,2$						
$B\,5$	$+0,1$	$+0,1$	$+0,1$			
$B\,8$	$+0,3$	$+0,4$	$+0,4$	$+0,9$	$+0,9$	$+0,9$
$A\,0$	$+0,2$	$+0,4$	$+0,3$	$0,0$	$0,0$	$0,0$
$A\,2$	$-0,3$	$+0,1$	$-0,1$	$+0,4$	$+0,9$	$+0,7$
$A\,5$	$-0,1$	$-1,2$	$-0,7$	$-0,6$	$-0,3$	$-0,4$
$A\,8$	$0,0$	$+0,2$	$+0,1$	$+0,6$	$+1,1$	$+0,9$
$F\,0$	$+0,9$	$+1,0$	$+1,0$	$+0,6$	$+2,0$	$+1,3$
$F\,2$	$+1,3$	$+0,4$	$+0,7$	$+1,0$	$+2,5$	$+1,8$
$F\,5$	$+0,8$	$+0,9$	$+0,9$	$+0,8$	$+0,9$	$+0,9$
$F\,8$	$+0,4$	$+0,5$	$+0,5$	$+0,1$	$+0,5$	$+0,3$
$G\,0$	$+0,5$	$0,0$	$+0,2$	$-0,3$	$-1,9$	$-1,1$
$G\,2$	$+1,1$	$+0,4$	$+0,7$	$-1,0$	$-2,1$	$-1,6$
$G\,5$	$+2,4$	$+1,0$	$+1,7$	$-0,4$	$-2,2$	$-1,3$
$G\,8$	$+2,5$	$+1,8$	$+2,1$	$+0,2$	$-0,9$	$-0,4$
$K\,0$	$+1,3$	$+2,3$	$+1,8$	$-0,1$	$-0,1$	$-0,1$
$K\,2$	$+0,6$	$+2,2$	$+1,6$	$-0,5$	$+1,2$	$+0,4$
$K\,5$	$-1,0$	$+2,2$	$+0,6$	$+0,6$	$+2,4$	$+1,5$
$K\,8$	$-0,5$	$+0,3$	$-0,1$			

Il n'est pas possible de passer ici en revue les nombreuses publications de types spectraux déterminés dans le système de Harvard. Nous étudierons avec plus de détails les travaux effectués au Mont Wilson. Signalons l'importante classification de 37000 étoiles BD[1], publiée par l'Observatoire McCormick et comparée par B. A. Mateer[2] au système de Harvard. Le Tableau 10, p. 19, montre que les corrections qui permettent de ramener ces valeurs au système HD sont assez petites.

III. Comparaison de classifications spectrales.

Par suite de l'emploi de critères différents et de leur interprétation sur des clichés de dispersions variées, les systèmes de classifications présentent entre eux des différences systématiques qu'il est essentiel de déterminer pour ramener les classes spectrales d'un catalogue à un autre et aussi pour transposer des courbes de fréquence d'un système à un autre. Le premier problème est assez facile à résoudre; le second présente de grosses difficultés.

9. Tables de dispersion et courbes de régression. Considérons une liste de N étoiles classées simultanément dans deux catalogues, x et y, et soient S_i^x et S_k^y les types spectraux d'une étoile dans l'un et l'autre catalogue. Soit a_{ik} le nombre d'étoiles classées S_i^x dans le premier système et S_k^y dans le second. Inscrivons ces nombres dans les cases d'un tableau dont chaque colonne correspond à une valeur de S_i^x et chaque ligne à une valeur de S_k^y (Tableau 6). Nous établissons ainsi une table de dispersion. Lorsque les classifications spectrales sont voisines et précises, les a sont égaux à 0, sauf près de la diagonale qui correspond alors sensiblement à la relation véritable entre S^x et S^y. La valeur du nombre a dépend essentiellement:

---

[1] A. N. Vyssotsky et E. T. R. Williams: Astrophys. Journ. **98**, 185 (1943).
[2] B. A. Mateer: Astronom. Journ. **54**, 12 (1948).

Tableau 6.

	S_{i-1}^x	S_i^x	S_{i+1}^x
S_{k-1}^y	$a_{(i-1)(k-1)}$	$a_{i(k-1)}$	$a_{(i+1)(k-1)}$
S_k^y	$a_{(i-1)k}$	a_{ik}	$a_{(i+1)k}$
S_{k+1}^y	$a_{(i-1)(k+1)}$	$a_{i(k+1)}$	$a_{(i+1)(k+1)}$

1. De la population stellaire étudiée, ou plus exactement de sa répartition entre les divers types spectraux.

2. De la précision des critères choisis. On sait ainsi que vers le type F, les critères varient très rapidement de sorte que le type $F0$ par exemple, n'est pas souvent réalisé. Les nombres a correspondants sont petits.

3. De la valeur de l'erreur qu'on commet accidentellement sur la classe spectrale.

La combinaison de ces effets provoque des situations assez compliquées à démêler. Un cas schématique nous fera bien saisir ces difficultés:

a) Supposons que les deux catalogues aient été dressés par le même astronome, sur les mêmes clichés à l'aide des mêmes critères. Si l'observateur ne commettait pas d'erreur, seules les valeurs de a pour lesquelles $i = k$, seraient différentes de 0. Imaginons une telle répartition (Tableau 7).

b) Supposons maintenant que le système S^x soit toujours déterminé sans erreur, mais que pour le système S^y l'observateur commette des erreurs d'appréciation de telle façon qu'il met 50% des étoiles dans la bonne classe et 25% dans chaque classe $k-1$ et $k+1$. Nous obtenons alors la répartition du Tableau 8. Nous constatons que le type spectral moyen des étoiles de la ligne $F0$ est un

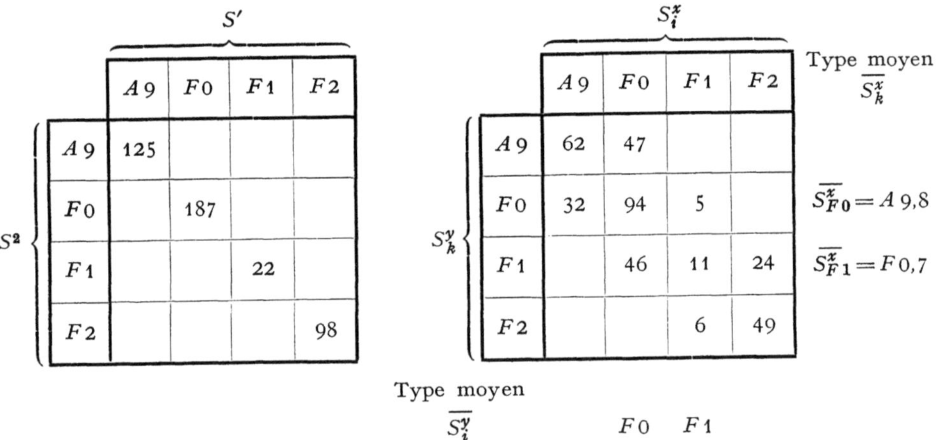

Tableau 7. *Table de régression pour deux systèmes parfaits.*

	$A9$	$F0$	$F1$	$F2$
$A9$	125			
$F0$		187		
$F1$			22	
$F2$				98

Tableau 8. *Même table de régression que Tableau 7 mais la détermination S_k^y est entachée d'une erreur.*

	$A9$	$F0$	$F1$	$F2$	Type moyen $\overline{S_k^x}$
$A9$	62	47			
$F0$	32	94	5		$\overline{S_{F0}^x} = A9,8$
$F1$		46	11	24	$\overline{S_{F1}^x} = F0,7$
$F2$			6	49	
Type moyen $\overline{S_i^y}$		$F0$	$F1$		

peu inférieur à $F0$ ($A9,8$ exactement) et celui de $F1$ est $F0,7$. Nous risquons d'en conclure que le type $S^y = F0$ correspond au type $S^x = A9,8$. Dans notre exemple, la différence est assez notable parce que la case $F1$, $F1$ était très peu peuplée (à cause des critères trop sensibles ou de la population choisie).

En fait, le problème est plus compliqué, le type spectral réel S, dont on peut supposer l'existence, n'est pas connu et chaque classification est perturbée par sa propre erreur.

Courbe de régression. La classe spectrale S_i^x ne correspond pas à la classe S_i^y mais à une classe moyenne donnée par la moyenne par colonne:

$$\overline{S_i^y} = \frac{\sum\limits_i S_k^y\, a_{ik}}{\sum\limits_i a_{ik}}.$$

On nomme courbe de régression la courbe qu'on obtient en portant en abscisse S_i^x et en ordonnée $\overline{S_1^y}$ (Fig. 3, Courbe 1). On établira de même la seconde courbe de régression (Fig. 3, Courbe 2) en portant

$$\overline{S_k^x} = \frac{\sum\limits_i S_i^x\, a_{ki}}{\sum\limits_i a_{ki}}$$

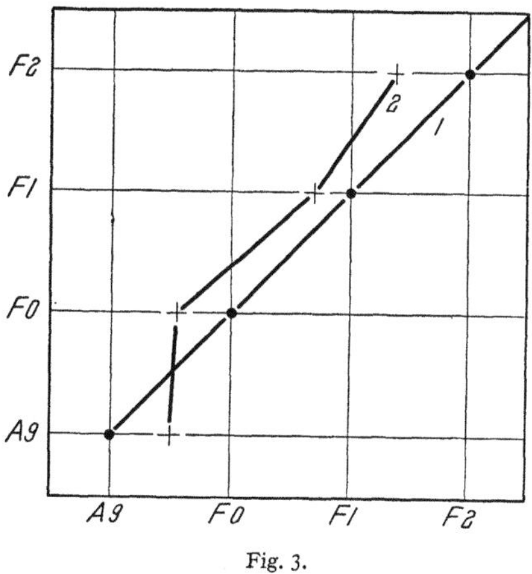

Fig. 3.

type moyen par ligne, en fonction de S_k^y.

La relation exacte entre les deux systèmes S^x et S^y nommée par G. Strömberg[1] *ligne d'impartialité* est comprise entre les deux courbes de régression. Ce n'est que dans le cas où la corrélation entre S^x et S^y est linéaire qu'on peut démontrer cette propriété. Lorsque x et y sont deux variables en corrélation linéaire avec des dispersions σ_1 et σ_2 et avec un coefficient de corrélation r on peut choisir l'origine de manière que

$$\bar{x} = \bar{y} = 0 \quad \text{on a alors,} \quad \overline{x^2} = \sigma_1^2, \quad \overline{y^2} = \sigma_2^2, \quad \overline{x\,y} = r\,\sigma_1\,\sigma_2,$$

$$y \equiv a\,x \quad \text{où} \quad a = \frac{\sigma_2}{\sigma_1},$$

le signe $\equiv$ signifiant égalité statistique. Strömberg montre que les deux courbes de régression sont des droites passant par l'origine et ayant pour coefficient angulaire:

$$a_1 = a\,r, \qquad a_2 = \frac{a}{r},$$

de sorte que la ligne d'impartialité a pour coefficient angulaire

$$a = \sqrt{a_1 \cdot a_2}.$$

Cette considération établie dans le cas le plus simple, justifie la construction en général admise de la ligne d'impartialité «au milieu» des deux courbes de régression. On remarquera que si les deux dispersions sont très différentes, il faut tracer cette ligne plus près de la courbe de régression, qui est fonction du type le plus précis. Dans notre Fig. 3, la ligne d'impartialité est ainsi confondue avec la courbe de régression 1. Nous donnons un extrait de la table de dispersion (Tableau 9) qui permet d'établir la relation entre la classification de Morgan et Keenan (MK) et celle de Harvard (HD). Nous indiquerons la relation com-

---

[1] G. Strömberg: Astrophys. Journ. **92**, 156 (1940).

Tableau 9. *Table de régression HD-MK pour les étoiles standards MK.*

MK	HD										
---	B0	B1	B2	B3	B5	B8	A0	A2	A5	F0	
O9	2										
O9,5	5										
B0	6										B0,0
B0,5	1	2	1								B1,0
B1	1	7	1								B1,0
B2			6	2	1						B2,6
B2,5			1	1							B2,5
B3		1	1	5	1						B2,9
B5				1	4						B4,6
B8					1	6					B7,6
B9							3				A0
A0							5				A0
A1							4				A0
A2							1	4			A1,6
A3								6	1		A2,3
A5									5		A5,0
A7									3	1	A6,2
F0										4	F0
F2										5	
	O9,8	B0,9	B1,9	B2,9	B4,7	B8,0	A0,2	A2,6	A5,4	F0,7	

plète plus loin, p. 59. Le nombre d'étoiles communes est très faible ce qui permet une bonne illustration de la méthode mais non une bonne précision. Les deux fragments de courbe de régression (Fig. 4), correspondant à notre exemple, permettent de déterminer les équivalences suivantes:

MK	B0	B1	B2	B3	B5	B8	A0	A2	A3	A5	A7	F0
HD	B0,1	B1,0	B2,3	B3,0	B5,0	B7,9	A0,0	A1,6	A2,4	A4,8	A6,4	A9,6
HD−MK	+0,1	0,0	+0,3	0,0	0,0	−0,1	0,0	−0,4	−0,6	−0,2	−0,6	−0,4

De nombreuses courbes de régression ont été établies entre divers systèmes, notamment par A. N. VYSSOTSKY[1] et par F. H. SEARES et M. C. JOYNER[2]. Nous indiquerons les résultats de ces comparaisons au fur et à mesure que nous étudierons les classifications. Donnons (Tableau 10) celles qui ont été établies par VYSSOTSKY pour les classifications déjà étudiées.

[1] A. N. VYSSOTSKY: Astrophys. Journ. **93**, 425 (1941).
[2] F. H. SEARES et M. C. JOYNER: Astrophys. Journ. **98**, 244 (1943).

L'accord entre les diverses publications n'est pas toujours parfait, ce qui ne saurait surprendre, car les catalogues ne sont pas en général homogènes, de sorte

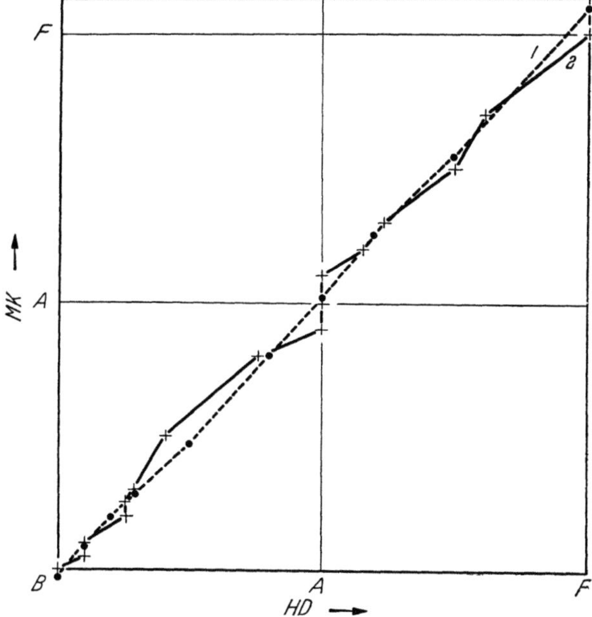

Fig. 4. Courbes de régression Harvard (HD) — Yerkes (MK).

Tableau 10. *Corrections à ajouter aux valeurs des catalogues pour les ramener à HD.*

HDE Extension du H. Draper Catalogue. BSD Bergedorf. PSD Potsdam. McC Observatoire McCormick. MtW Observatoire du Mont Wilson. Comparaison de classification d'après N. Vyssotsky Astrophys. Journ. **93**, 425 (1944).

Spectre	HDE	BSD	PSD	McC	MtW
$B\,2$					
$B\,5$		$+0,1$		$+1,0$	
$B\,8$		$+0,3$	$+0,9$	$+0,8$	$+0,9$
$A\,0$	$-0,2$	$+0,2$	$0,0$	$0,0$	$0,0$
$A\,2$	$0,0$	$-0,3$	$+0,4$	$-0,2$	$-0,3$
$A\,5$	$+0,5$	$-0,1$	$-0,6$	$-0,3$	$+1,1$
$A\,8$	$+0,6$	$0,0$	$+0,6$	$-0,4$	$+0,8$
$F\,0$	$+1,0$	$+0,9$	$+0,6$	$-0,5$	$+1,7$
$F\,2$	$+1,3$	$+1,3$	$+1,0$	$+0,5$	$+2,1$
$F\,5$	$+0,4$	$+0,8$	$+0,8$	$+0,6$	$+1,5$
$F\,8$	$0,0$	$+0,4$	$+0,1$	$+0,8$	$+1,2$
$G\,0$	$0,0$	$+0,5$	$-0,3$	$+1,0$	$+1,0$
$G\,2$	$0,0$	$+1,1$	$-1,0$	$+1,2$	$+1,2$
$G\,5$	$-0,5$	$+2,4$	$-0,4$	$+1,2$	$+1,8$
$G\,8$	$-1,2$	$+2,5$	$+0,2$	$+0,2$	$+1,5$
$K\,0$	$-1,7$	$+1,3$	$-0,1$	$-0,7$	$+0,3$
$K\,2$	$-2,1$	$+0,6$	$-0,5$	$-1,0$	$-0,2$
$K\,5$	$-3,0$	-1.0	$+0,6$	$-1,8$	$-3,2$
$K\,8$	$-3,8$	$-0,5$		$-2,5$	$-3,5$

que des extraits de catalogues peuvent être regardés comme autant de catalogues isolés. Nous indiquons les valeurs des corrections déterminées par Seares et

Joyner pour ramener les valeurs du Mont Wilson à HD (Tableau 11). Ces auteurs suivent une méthode de calcul un peu différente: ils établissent les tables de régression des différences spectrales, ce qui donne des graphiques plus réduits. Ils ont dépouillé séparément les naines et les géantes. On constatera que l'accord avec les valeurs de Vyssotsky tirées du Tableau 10 n'est pas parfait.

Tableau 11. *Corrections à ajouter aux classes du Mont Wilson pour ramener les spectres à HD.*

	Seares et Joyner		Vyssotsky		Seares et Joyner		Vyssoisky
	d	g			d	g	
$A\,5$	0,8		1,1	$K\,0$	$-1,6$	$-0,4$	0,3
$F\,0$	0,0		1,7	$K\,2$	$-3,4$	$-1,8$	$-0,2$
$F\,2$	0,4		2,1	$K\,5$	$-3,3$	$-1,6$	$-3,2$
$F\,5$	0,6		1,5	$K\,6$	$-3,2$		
$F\,8$	0,8		1,2	$K\,7$	$-3,1$		
$G\,0$	0,0	$-1,7$	1,0	$K\,8$		$-0,9$	$-3,5$
$G\,5$	$-0,7$	$-0,2$	1,8	$K\,10$		$-1,0$	

10. La précision des classifications. Pour étudier la précision interne des catalogues, il faut comparer au moins les indications de trois catalogues. Ce travail a été fait par H. E. Butler et A. D. Thackeray[1].

Soit T la vraie valeur du type spectral. Dans un système de classification 1, on commettra une erreur accidentelle x_1 et une erreur systématique s_1, de sorte que le type spectral sera donné par:

$$T = t_1 + s_1 + x_1$$

et la différence des types spectraux entre deux catalogues 1 et 2 sera:

$$t_1 - t_2 = (s_2 - s_1) + (x_2 - x_1).$$

Nous formons pour les n étoiles communes aux deux catalogues les expressions:

$$\sum_n (t_1 - t_2) = n(s_2 - s_1) + \sum (x_2 - x_1),$$

$$\sum_n (t_1 - t_2)^2 = n(s_2 - s_1)^2 + \sum x_1^2 + \sum x_2^2 + 2(s_2 - s_1)\sum(x_2 - x_1) - 2\sum x_1 x_2.$$

Avec les notations suivantes

$$\varepsilon = \frac{1}{n}\sum (x_2 - x_1), \qquad s_{21} = s_2 - s_1$$

nous obtenons:

$$s_{21} = \frac{1}{n}\sum(t_1 - t_2) - \varepsilon,$$

$$\frac{1}{n}\sum(t_1 - t_2)^2 = s_{21}^2 + \sigma_1^2 + \sigma_2^2 + 2\varepsilon s_{21} - \frac{2}{n}\sum x_1 x_2,$$

nous pouvons admettre que pour n grand $\varepsilon \to 0$ et si les erreurs x_1 et x_2 ne sont pas en corrélation $\frac{2}{n}\sum x_1 x_2 \to 0$. Dans ce cas, on déduit immédiatement des relations précédentes:

$$S_{12} = \frac{1}{n}\sum(t_1 - t_2)^2 - \frac{1}{n^2}\left\{\sum(t_1 - t_2)\right\}^2 = \sigma_1^2 + \sigma_2^2.$$

---

[1] H. E. Butler et A. D. Thackeray: Monthly Notices Roy. Astronom. Soc. London **100**, 450 (1940).

L'expression S_{12} se calcule directement d'après le matériel d'observation et avec 3 catalogues on aura:

$$S_{12} = \sigma_1^2 + \sigma_2^2,$$
$$S_{23} = \sigma_2^2 + \sigma_3^2,$$
$$S_{31} = \sigma_3^2 + \sigma_1^2.$$

d'où l'on déduira σ_1, σ_2 et σ_3.

Dans leur discussion des catalogues du Mont Wilson (W) de Harvard (H) et Victoria (V), les deux auteurs cités ont ainsi trouvé pour les dispersions:

	$A0-A9$	$A5-F5$	$F0-F9$	$F5-G5$	$G0-G9$	$G5-K5$
σ_V^2	1,24	$-0{,}26$	0,82	1,18	1,66	1,22
σ_W^2	6,08	3,49	2,20	2,54	2,04	2,32
σ_H^2	2,95	4,48	3,45	3,80	5,91	5,58

La valeur de σ_V^2 négative pour $A5-F5$, montre que la méthode est en défaut. Très probablement l'hypothèse $\dfrac{2}{n}\sum x_1 x_2 = 0$ n'est pas réalisée par suite d'une corrélation entre les erreurs, de sorte que:

$$\sum x_W \cdot x_H < 0 \quad \text{et} \quad \sum x_V x_H > 0.$$

Il n'y a pas de doute que cet effet est dû à la différence de la classification du Mont Wilson pour les étoiles à raies fines As et à raies larges An. Ainsi une étoile $A6s$ sera classée $A4$ par le Mont Wilson et une étoile $A6n$ sera classée $A7{,}5$. Bien que la valeur négative de σ_V^2 puisse jeter un doute sur cette théorie il semble bien qu'on puisse admettre pour l'ensemble des classifications les dispersions moyennes suivantes:

$$\sigma_V = 0{,}99,$$
$$\sigma_W = 1{,}77,$$
$$\sigma_H = 2{,}08.$$

Pour terminer ce chapitre, signalons un important problème de statistique pour lequel on n'a pas encore indiqué de solution entièrement satisfaisante. Un exposé complet et une solution approximative sont donnés par le Père JUNKES[1].

Supposons qu'un catalogue serve à une statistique stellaire et qu'on établisse une courbe de fréquence donnant la fraction A_i^x d'étoiles de la classe spectrale S_i^x. Le problème souvent posé est de calculer la courbe de fréquence de la même population stellaire pour une autre classification. Soit A_i^y la fraction d'étoiles pour la classe spectrale S_i^y de la nouvelle classification.

On suppose qu'il est possible de trouver un nombre suffisant d'étoiles classées dans les deux systèmes S^x et S^y pour qu'il soit possible d'établir les courbes de régression. Mais la connaissance de la relation $S^x = f(S^y)$ n'est pas suffisante, car la répartition A_i^x est perturbée par les erreurs de classification et on désire connaître quelle serait la répartition A_i^y, elle-même perturbée par ses erreurs propres. Il serait naturellement encore préférable de pouvoir calculer les répartitions pour des classifications non perturbées par des erreurs accidentelles. L'exposé de la solution empirique du Père JUNKES sortirait du cadre de cet article.

---

[1] J. JUNKES: Specola Astr. Vaticana Ric. Astr. **2**, 375 (1952).

IV. La variation du type spectral avec T_e et P_e.

11. La théorie de SAHA. Comme nous l'avons déjà indiqué, le grand succès de la classification de Harvard est dû au fait que ses critères ont été choisis de telle façon que la température varie régulièrement le long de la séquence spectrale. C'est le physicien MEG NAD SAHA qui en 1920 put interpréter les variations de l'aspect des spectres en appliquant les lois de l'équilibre chimique aux réactions d'équilibre du type:

$$Na \rightleftharpoons Na^+ + e^-.$$

Nous exposons très rapidement cette théorie en adoptant un langage moderne. Le lecteur qui désire approfondir cette question, se reportera au traité fondamental d'UNSÖLD [8], dont j'emprunte les notations, ainsi qu'à l'article de L. H. ALLER dans le traité de HYNEK [9].

La formule de SAHA:

$$\frac{n_{r+1,0}}{n_{r,0}} \cdot P_e = \frac{g_{r+1,0}}{g_{r,0}} \frac{2(2\pi m)^{\frac{3}{2}}(kT)^{\frac{5}{2}}}{h^3} e^{-\frac{\chi_r}{kT}}$$

permet de calculer le rapport $n_{r+1,0}/n_{r,0}$ du nombre d'atomes qui se trouvent à l'état d'ionisation $r+1$, état fondamental 0, au nombre d'atomes qui se trouvent à l'état r, 0. Dans cette formule P_e est la pression des électrons, χ_r le potentiel d'ionisation, $g_{r+1,0}$, $g_{r,0}$ sont les poids statistiques des niveaux correspondants.

La formule de BOLTZMANN:

$$\frac{n_{r,s}}{n_{r,0}} = \frac{g_{r,s}}{g_{r,0}} e^{-\frac{\chi_{r,s}}{kT}}$$

permet, à son tour, de calculer le rapport du nombre des atomes qui sont à l'état excité r, s à celui des atomes à l'état fondamental r, 0. Les quantités χ et g sont des données connues pour les divers atomes, ainsi pour le Silicium:

Si I	$g_0 = 9,$	$\chi_0 =$	8,15 eV,
Si II	$g_1 = 6,$	$\chi_1 =$	16,34 eV,
Si III	$g_2 = 1,$	$\chi_2 =$	33,46 eV,
Si IV	$g_3 = 2,$	$\chi_3 =$	45,13 eV,
Si V	$g_4 = 1,$	$\chi_4 =$	166,73 eV etc.

En admettant pour la pression électronique $P_e = 132$ Bar, on peut calculer à l'aide de la formule de SAHA, les états d'ionisation successifs du Silicium. (Calculs d'UNSÖLD [8] d'après les travaux de R. H. FOWLER et E. A. MILNE.) Si l'on augmente la température, on constate que la première ionisation ne devient sensible qu'à partir de 8000° K, mais à partir de 10 000° K elle est pratiquement complète; la seconde ionisation commence vers 15 000° K, de sorte que vers 20 000° K, Si III est à son maximum. Mais à cette température l'état Si IV apparaît déjà. A ces divers états correspondent certaines raies de grand intérêt astrophysique. La Fig. 5 indique pour certaines raies les résultats des calculs d'UNSÖLD. Les températures des maxima correspondent bien aux classes spectrales pour lesquelles ces raies ont leur plus forte intensité.

Si I	6000° K,	$G0,$
Si II	11 000° K,	$A0,$
Si III	19 000° K,	$B1\text{-}2,$
Si IV	26 000° K,	$O9.$

La Fig. 6 résume les discussions de Miss C. H. PAYNE. Elle montre que la classification de Harvard est bien une classification ayant pour paramètre principal la température. Mais la formule de SAHA fait également intervenir la pression électronique à côté de la température. Nous devons donc nous attendre à deux effets maintenant bien connus.

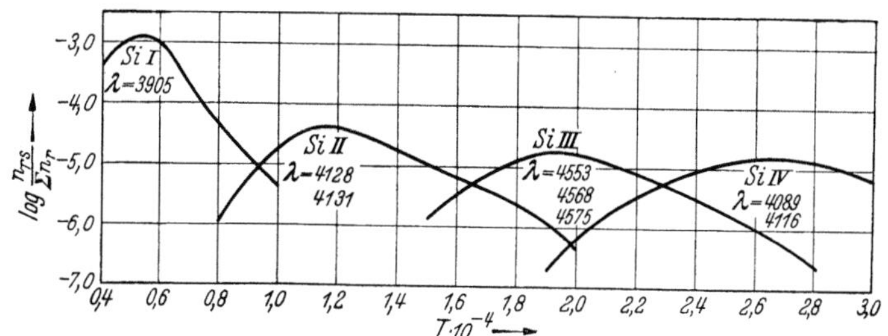

Fig. 5. Intensités de raies du Silicium d'après FOWLER et MILNE. Extrait de UNSÖLD [8].

1. Le maximum d'une raie spectrale n'apparaîtra pas à la même température dans deux étoiles ayant des pressions électroniques très différentes (naines et

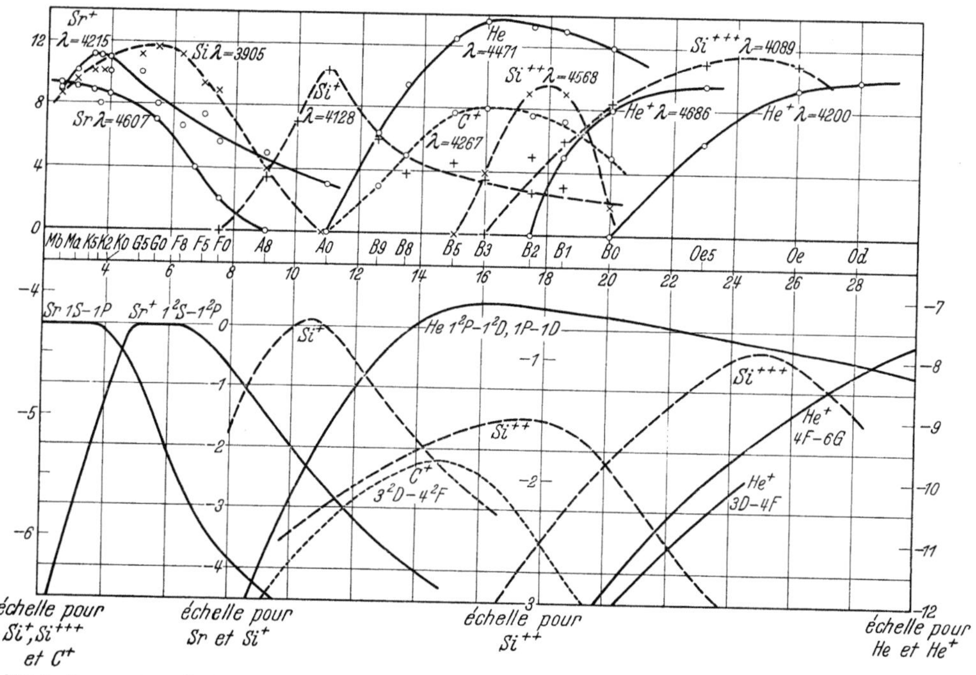

Fig. 6. Comparaison de l'intensité calculée par la théorie de SAHA de certaines raies importantes. Les échelles de température et l'échelle spectrale ont été adaptées pour faire correspondre les maxima. D'après C. H. PAYNE. Extrait de UNSÖLD [8].

géantes). Pour un même type spectral, la température de la géante sera plus basse, comme le montre la formule de SAHA.

2. Le comportement de toutes les raies ne sera pas le même; on peut ainsi expliquer que pour un même type spectral, déterminé à l'aide du rapport de certaines raies, d'autres rapports puissent prendre des valeurs très différentes dans une géante et une naine (effet de magnitude absolue trouvé par ADAMS avant la théorie de SAHA).

12. Parallaxes spectroscopiques (ADAMS). La détermination des parallaxes spectroscopiques n'entre pas rigoureusement dans le cadre de cet article, mais ses conséquences sur les classifications de spectres sont telles que nous devons lui consacrer un chapitre.

Le premier article sur ce travail parut en 1914 dans le volume 40 de l'Astrophysical Journal sous la signature de W. S. ADAMS et A. KOHLSCHÜTTER. Ces auteurs mirent en évidence trois différences fondamentales entre les spectres des étoiles suivant qu'elles appartenaient à un groupe d'étoiles à grand ou petit mouvement propre. Ces différences sont naturellement liées, comme les auteurs le réalisèrent parfaitement, à la magnitude absolue. Les étoiles à petits mouvements propres sont des étoiles lointaines à grand éclat intrinsèque (les géantes), elles présentent les caractéristiques suivantes:

1. Le spectre continu est plus faible dans le violet que pour les étoiles à grands mouvements propres (les naines). Cet effet s'explique aujourd'hui par les trois causes suivantes:

    a) les températures effectives des géantes sont plus faibles,

    b) l'effet de LINDBLAD (absorption violette de CN),

    c) l'absorption interstellaire, par son effet sélectif, rougit surtout les étoiles lointaines.

2. Certaines raies, notamment celles de l'hydrogène, sont renforcées dans les géantes alors que d'autres sont affaiblies. Il en résulte que les rapports d'intensité de couples de raies bien choisis peuvent varier considérablement en passant des géantes aux naines. ADAMS et KOHLSCHÜTTER ont étudié environ 25 couples de raies. Ils ont montré que certains rapports d'intensité variaient seulement avec la classe spectrale alors que d'autres sont surtout sensibles à la luminosité. Les cinq rapports suivants:

$$4215/4250 \quad 4395/4415 \quad 4408/4415 \quad 4456/4462 \quad \text{et} \quad 4456/4495$$

sont évalués par eux en différence de magnitudes D. La moyenne $\overline{D}$ permet le calcul de la magnitude absolue par les relations:

$$M = 5{,}6 - 1{,}6\,\overline{D} \qquad \text{Etoiles } F8-G6,$$

$$M = 6{,}8 - 1{,}8\,\overline{D} \qquad \text{Etoiles } G6-K9.$$

Indiquons, en passant, les résultats de mesures, plus modernes, faites par J. A. HYNEK[1] pour les étoiles F. Le Tableau 12 montre bien le comportement de

Tableau 12. *Variation de rapports d'intensité avec la magnitude absolue d'apres Hynek.*

		$F0$	$F5$	$F8$	$G0$
FeI 4071	$M_v = -2$	0,56	0,70	0,61	0,81
SrII 4077	$M_v = +3{,}5$	0,97	1,17	1,32	1,54
TiII ZrII 4161	$M_v = -2$	1,70	1,80	2,00	1,00
MgI 4167	$M_v = +3{,}5$	0,63	0,79	0,69	0,45

deux couples de raies importants. ADAMS et ses collègues ont publié de longues listes de magnitudes absolues et les parallaxes spectroscopiques correspondantes. Pour uniformiser ses valeurs des types spectraux, l'école du Mont Wilson

---

[1] J. A. HYNEK: Astrophys. Journ. **82**, 338 (1935).

a défini ses propres types par comparaison directe avec des étoiles standards, classées par Harvard, et aussi par estimation de l'intensité des raies de l'hydrogène. Ces seconds types spectraux sont désignés: «types mesurés» par ADAMS.

Dans une autre série de travaux, ADAMS et ses collaborateurs ont montré que la magnitude absolue des étoiles A et B pouvait être également déterminée à l'aide du type spectral; les étoiles à raies fines (s) ont des éclats intrinsèques un peu plus grands que les étoiles à raies diffuses (n). Cette différence est négligeable pour les types antérieurs à $B0$, mais elle est très nette pour les étoiles de $B2$ à $F2$.

Les spectres mesurés au Mont Wilson étaient des spectres pris avec des spectrographes à fente de dispersion assez considérable. (16 à 36 Å/mm vers H_γ) et il était a priori improbable que les effets de magnitude absolue fussent visibles sur des spectres peu dispersés et moins nets comme ceux qu'on obtient au prisme objectif. Ce sont les travaux de LINDBLAD, qui ont montré que la distinction des naines et des géantes et même des supergéantes était possible grâce à l'examen des bandes du cyanogène pour les étoiles G à M et à la mesure de l'intensité totale des raies de l'hydrogène pour les étoiles B à F.

Nous allons passer en revue les classifications qui permettent ainsi de distinguer les étoiles naines (d), géantes (g) et supergéantes, pour donner ensuite une description des classifications modernes avec classes de luminosité.

V. Les classifications d'Upsal et de Stockholm.

13. Les critères de LINDBLAD. Les classifications stellaires effectuées aux Observatoires d'Upsal [*10*] et de Stockholm [*11*] sont la suite des travaux commencés en 1921 par LINDBLAD à l'Observatoire du Mont Wilson et à celui de Lick. Ces méthodes ont été perfectionnées par LINDBLAD[1] lui-même et par la phalange si remarquable de ses élèves et continuateurs parmi lesquels nous citerons ÖHMAN, SCHALÉN, STENQUIST, WERNBERG, RAMBERG, ELVIUS, WESTERLUND. On trouvera un aperçu historique chez LINDBLAD[2].

Les classifications suédoises se caractérisent par deux traits originaux:

1. L'emploi de critères de luminosité applicables à des spectres peu dispersés.

a) le critère du cyanogène de LINDBLAD permet de distinguer les étoiles géantes des étoiles naines des types avancés, il est utilisable pour des spectres n'ayant qu'une dispersion de 200 à 300 Å/mm. La classification des étoiles peut être regardée comme bi-dimensionnelle.

b) le critère de LINDBLAD et SCHALÉN pour les étoiles $B—F$: l'intensité totale des raies de l'hydrogène a permis une classification dont le seul paramètre est, en fait, la magnitude absolue.

2. L'école suédoise s'est efforcée de remplacer les critères estimés, comme ils sont utilisés d'abord à Harvard puis au Mont Wilson et à Yerkes, par des quantités mesurées: intensité totale de raies, gradients et discontinuités pour diverses longueurs d'ondes.

Il n'est pas question de définir ici en détail les critères utilisés et publiés dans une cinquantaine d'articles [*9*], [*10*]; nous nous limiterons aux derniers stades de la classification telle qu'elle est définie par les publications les plus récentes (ELVIUS[3] à Stockholm et WESTERLUND[4] à Upsal).

---

[1] B. LINDBLAD et E. STENQUIST: Stockholm Ann. **11**, No. 12 (1934); **12**, No. 5 (1936).
[2] B. LINDBLAD: Astrophys. Journ. **104**, 325 (1946).
[3] T. ELVIUS: Stockholm Obs. Ann. **18**, No. 7 et 9; **19**, No. 3 (1955—1956).
[4] B. WESTERLUND: Uppsala Astr. Obs. Ann. **3**, No. 6, 8 et 10 (1951—1953).

Instruments. Les spectres ont été pris avec les instruments suivants:

1. Astrographe de Zeiss-Heyde à Upsal — diamètre 15 cm — dispersion: 270 Å/mm entre H_γ et H_ε.

2. Astrographe de Zeiss de Stockholm — diamètre 40 cm — dispersion 1,7 mm entre H_γ et H_ε (220 Å/mm): deux mises au point nécessaires.

3. Télescope de Schmidt 530 Å/mm entre H_γ et H_ε.

4. Télescope de 102 cm de Stockholm — spectrographe à quartz — dispersion: 270 Å/mm entre H_γ et H_ε.

Accessoirement les astronomes suédois ont utilisé des clichés de Harvard (Arequipa) ou de Lembang.

Méthode de mesure. Les clichés ont été dépouillés presque toujours au microphotomètre à lecture directe ou enregistreur. Une courbe de gradation était construite pour chaque cliché. Au début, Lindblad[1] puis Lindblad et Stenquist[2] ont juxtaposé des spectres exposés avec des temps de pose en progression géométrique de raison $\sqrt{2}$. Cette méthode criticable, malgré l'emploi d'une courbe d'étalonnage de Schwarzschild, a été perfectionnée par l'emploi d'un réseau croisé avec le prisme. Les spectres du premier ordre étaient affaiblis d'environ une magnitude. La courbe d'étalonnage était déterminée par une méthode classique en photométrie stellaire. De nombreux autres clichés ont pu être étalonnés à l'aide des magnitudes connues ou spécialement mesurées des étoiles du champ. Il suffisait de corriger la magnitude photographique selon le type spectral pour la longueur d'onde définie, λ 4260. A l'aide de cette courbe d'étalonnage, il est possible de traduire dans une échelle de magnitudes stellaires les divers critères spectraux que nous allons définir.

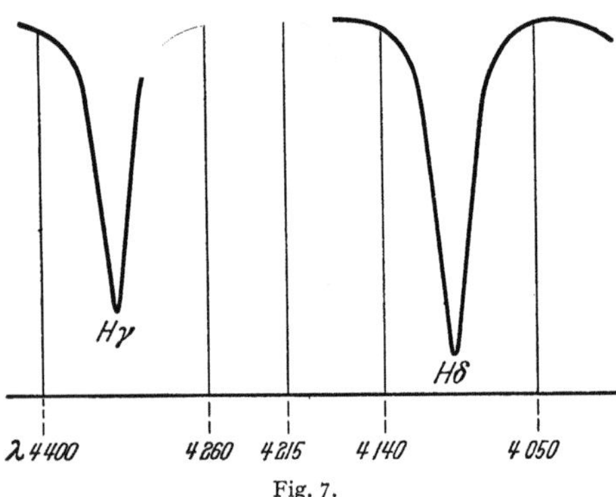

Fig. 7.

14. La classification des étoiles du type *B*, *A* et *F*. Pour les étoiles naines cette classification correspond, sensiblement à celle de Harvard. Toutefois on remarquera le manque de précision pour les étoiles *B*: ce groupe contient toutes les étoiles de *O* à *B* 5 et même des étoiles *A* 0 supergéantes ayant les raies de l'hydrogène très fines.

Etoiles B—A. Les critères adoptés à l'origine par Lindblad, puis Schalén[3] permettent de classer les étoiles du type *B—A*, suivant l'intensité des raies de l'hydrogène, avec les critères et notations suivants:

τ raies de l'hydrogène invisibles.

τ^- raies très faibles mais visibles.

σ^+ raies ne changeant pas de largeur lorsqu'on fait varier la pose.

σ raies augmentant de largeur lorsque la pose est diminuée.

σ^- raies plus larges — couleur bleue nette (d'après la répartition spectrale de l'intensité).

ϱ raies avec des ailes — couleur bleue.

μ raies avec ailes prononcées — couleur moins bleue.

---

[1] B. Lindblad: Astrophys. Journ. **55**, 85 (1922).

[2] B. Lindblad et E. Stenquist: Stockholm Obs. Ann. **11**, No. 12 (1934).

[3] C. Schalén: Medd. Astr. Obs. Uppsala **1926**, No. 10; **1927**, No. 17.

χ^- raies avec ailes très prononcées — couleur plus rouge.

χ raies 3906 de Si et Fe fortes — ailes de H prononcées — couleur plus rouge.

Etoiles A 2—F 8. Ces étoiles sont classées suivant l'intensité décroissante des raies H_γ et H_δ et l'intensité croissante de la raie K de Ca II. Pour les étoiles les plus froides, c'est l'apparition de la bande G de CH qui sert de critère. Cette classification suivant des intensités estimées, fut rapidement améliorée par des mesures d'intensité et de discontinuité. La Fig. 7 indique un tracé schématique

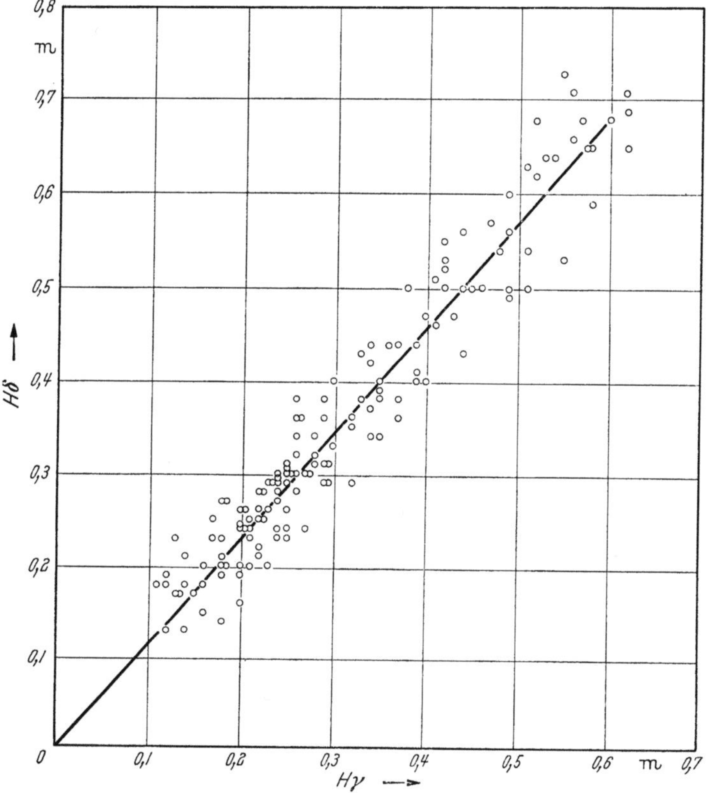

Fig. 8. Relation entre les intensités H_γ et H_δ pour les étoiles B —F 8 des Hyades. RAMBERG (Stockholm).

de l'enregistrement microphotométrique, d'une étoile de ces classes. On effectue les mesures d'intensité aux longueurs d'ondes marquées. Ces mesures sont immédiatement exprimées dans l'échelle des magnitudes stellaires. On calcule alors les quantités suivantes (notations d'ELVIUS):

$$H_\gamma = m_{H_\gamma} - \tfrac{1}{2}\left(m_{4400} + m_{4260}\right),$$

$$H_\delta = m_{H_\delta} - \tfrac{1}{2}\left(m_{4140} + m_{4050}\right),$$

$$G_1 = m_G - \tfrac{1}{2}\left(m_{4400} + m_{4260}\right).$$

Si on a eu soin de faire les mesures avec une fente d'exploration assez large, les deux premières quantités sont, comme ÖHMAN[1] l'a montré, de bonnes mesures de l'intensité totale des raies H_γ et H_δ. Les divers observateurs constatent en

---

[1] Y. ÖHMAN: Medd. Astr. Obs. Uppsala **1927**, No. 33.

général une proportionnalité entre H_γ et H_δ.

$$H_\gamma = a H_\delta \quad \text{où } a \text{ est voisin de } 1.$$

La Fig. 8 donne cette relation pour les Hyades d'après Ramberg[1]. Dans ces conditions, les auteurs introduisent en général la moyenne:

$$H = \tfrac{1}{2}(H_\gamma + H_\delta) \quad \text{(Schalén)}$$

ou des quantités plus compliquées:

$$H_{\gamma'} = \tfrac{1}{3}(2H_\gamma + 0{,}9 H_\delta) \quad \text{(Ramberg, Elvius)}.$$

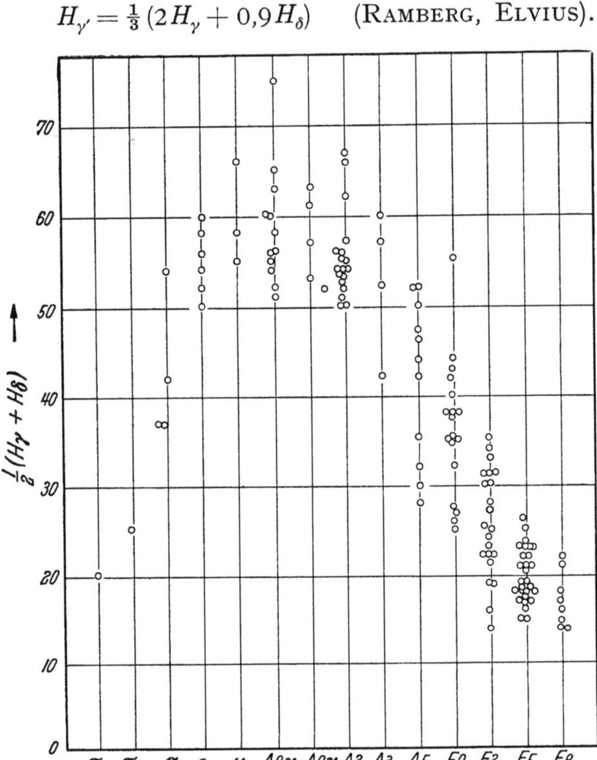

Fig. 9. Relation entre les intensités de l'hydrogène mesurées par Schalén et les classes spectrales de Lindblad (Upsal).

Naturellement, ces quantités diffèrent suivant les conditions d'observation (instrument, technique de mesure). Ainsi, Wernberg[2] a calculé les relations suivantes:

$$H_\gamma = 0{,}875 \, H_\gamma = 1{,}10 \, H_\gamma = 0{,}87 \, H_\gamma$$

Wernberg   Öhman   Stenquist   Schalén.

Grâce à ces relations, il est possible de réduire toutes les mesures à un seul système. De plus, Schalén a publié la Fig. 9 qui montre la variation de l'intensité des raies de l'hydrogène avec les classes d'Upsal. Schalén se reporte à ce graphique, qui est pris comme définition de ses types spectraux, son échelle est ainsi identique à celle de Lindblad. Comme il n'est pratiquement pas possible de distinguer par les mesures les classes $\varrho, \mu, \chi^-, \chi$ on les réunit en une classe $A_{0\mu}$. Pour la classification plus précise des étoiles A, on se sert en général de la raie

[1] J. M. Ramberg: Stockholm Obs. Ann. 13, No. 9.
[2] G. Wernberg: Uppsala Astr. Obs. Ann. 1, No. 4.

K de Ca II et pour les étoiles F, de la bande G de CH. Dans ces conditions, ELVIUS utilise, à Stockholm, le schéma suivant, qui ne diffère de celui d'Upsal que parce qu'il indique au lieu des classes de luminosité, la valeur mesurée par lui de $H_{\gamma'}$.

	B	$B8$	$A0$	$A2$	$A3$	$A5$	$F0$	$F2$	$F5$	$F8$
$H_{\gamma'}$	$\leq 0,32$	$0,33-0,44$	$\geq 0,45$	décroit						
$K/H+H_\varepsilon$			$<0,2$	$0.2-0,4$	$0,4-0,6$	$0,6-0,8$	$>0,8$			
G/H_γ							$0,0$	$0,1-0,5$	$0,6-1,0$	$>1,0$

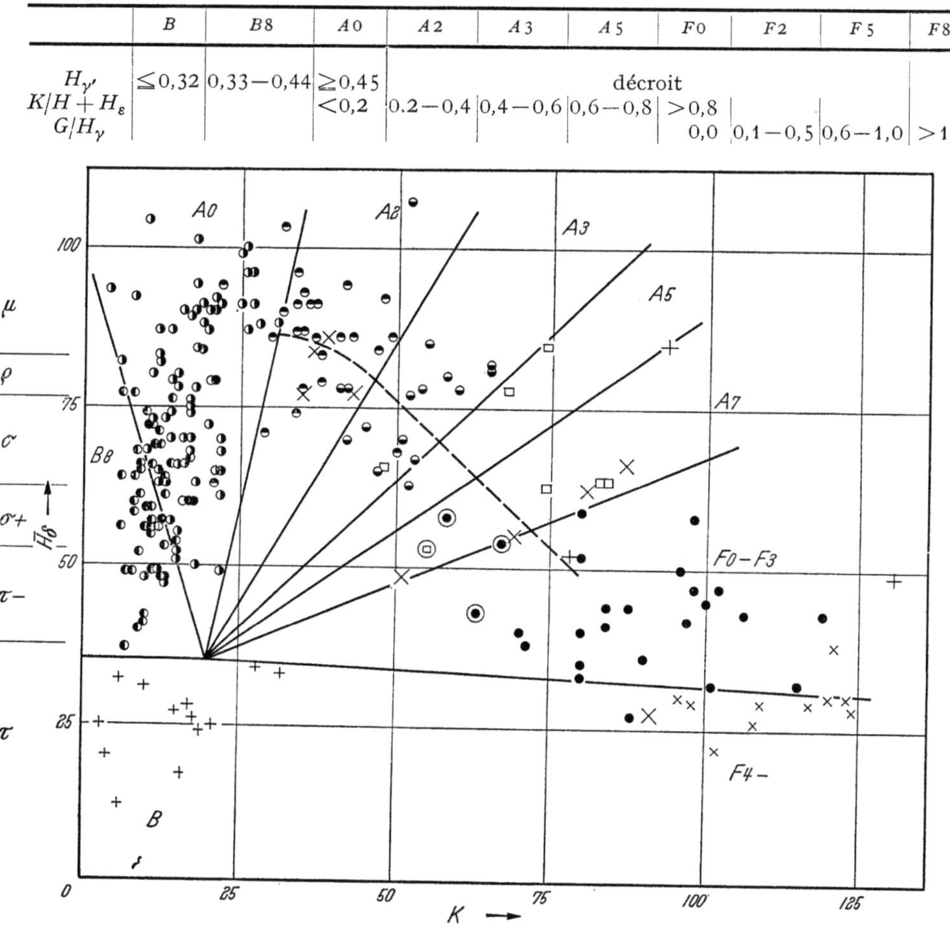

Fig. 10. Diagramme de WESTERLUND définissant ses types spectraux. En abscisse l'intensité de la raie de Ca II en ordonnée celle de H_δ. Les signes utilisés sont les suivants: Etoiles B +, $B8$ ◐; Etoiles $A0$ ◑ $A2$ ◕, $A3$ ◓, $A5$ □; Etoiles $F0-F3$ ●; Etoiles F: ... ... ×. Les signes + correspondent à quelques étoiles géantes et supergéantes. Les signes × à quelques ... ... raies métalliques, doubles etc. Les étoiles classées $F[A]$ sont marquées ⊙.

Le schéma de classification adopté par WESTERLUND[1] à Upsal n'est pas très différent de celui d'ELVIUS. Il paraît moins net car cet auteur mesure non seulement les intensités totales par une méthode planimétrique très correcte, mais encore les intensités centrales. Or ces deux quantités ne sont pas indépendantes étant donné le faible pouvoir séparateur. Il ajoute encore un certain nombre d'indices de couleur plus ou moins compliqués dont l'utilité n'est pas très grande pour la classification elle-même, d'autant plus qu'ils risquent d'être faussés par l'absorption interstellaire pour les étoiles lointaines. WESTERLUND rattache sa classification à celle de SCHALÉN. On peut la définir par la position des étoiles dans le plan K, H_δ. Nous reproduisons la Fig. 10 schématique de WESTERLUND en

---

[1] B. WESTERLUND: Uppsala Astr. Obs. Ann. 3, No. 6, 8 et 10 (1951—1953).

y ajoutant approximativement les domaines des classes τ, τ^-, σ^+, σ, ϱ et μ que cet auteur utilise. L'introduction de la classe $B8$ n'ajoute aucune information supplémentaire, car toutes les étoiles B sont de classe τ.

R. A. BARTAÏA[1] a mesuré les intensités des raies H_γ, H_δ et H_ε pour 176 étoiles B et A par une méthode à fente large, selon la technique d'ÖHMAN. Elle détermine avec un microphotomètre non enregistreur, équipé d'une fente large (18 Å) les noircissements pour les raies de l'hydrogène et des portions de fond continu les encadrant.

Des courbes de noircissement lui permettent de déterminer des quantités telles que:

$$H_\gamma = \frac{I_{\lambda,\lambda_2}}{I_{H\gamma}}, \quad \text{etc.}$$

où I_{λ,λ_2} est la moyenne des intensités qui encadrent H_γ et $I_{H\gamma}$ l'intensité de H_γ.

Ces grandeurs H_γ, H_δ, H_ε dépendent uniquement de la magnitude absolue M_v de l'étoile. La relation entre M_v et les grandeurs précédentes est déterminée à l'aide de 60 étoiles de parallaxes connues. La précision est estimée à $\pm 0,3$ magnitude pour les étoiles mesurées.

Valeurs des magnitudes absolues et des couleurs intrinsèques pour les classes de Stockholm. La classification des étoiles B, A, F suivant les critères de l'école suédoise est excellente pour les buts pour lesquels elle a été créée. Elle permet en effet, le calcul précis des distances des étoiles classées. Les classes déterminent à la fois la magnitude absolue et l'indice de couleur intrinsèques. Nous donnons dans le Tableau 13 les valeurs de la magnitude absolue et de l'indice de couleur CI_0, telles qu'elles résultent de l'étude d'ELVIUS. Il sort du cadre de cet article de discuter comment ces valeurs on été obtenues mais il nous paraît indispensable de donner ces valeurs fondamentales. La mesure de la magnitude apparente et de l'indice de couleur apparent permet le calcul de la distance par la formule

$$m - M = -5 + 5 \log D + RE$$

où E est l'excès de couleur

$$E = CI - CI_0$$

et R est le rapport entre l'absorption Δm et l'excès de couleur E. R qui ne semble pas varier dans notre galaxie, est un nombre encore insuffisamment connu, voisin de 4 pour les magnitudes photographiques.

La classification des étoiles B et A n'est pas une classification par température décroissante, comme celle de Harvard ou de Yerkes, car dans la classe B_τ par exemple entrent à la fois des supergéantes $A0$ et des étoiles $B0$ dont les paramètres T et $\log g$ sont très différents, mais ces étoiles ont sensiblement la même magnitude absolue. Nous ne savons pas actuellement avec certitude, si des étoiles aussi différentes ont bien le même indice de couleur comme les auteurs suédois doivent l'admettre..

R. M. PETRIE et C. D. MAUNSELL[2] ont effectué des mesures des largeurs équivalentes W, des raies H_γ de 169 étoiles $B8$ à $A3$ et établissent la relation suivante avec la magnitude absolue M_v

W	2,71	7,53	10,18	12,50	14,17	16,10	18,24 Å
M_v	$-5,73$	$-1,16$	0,25	0,82	1,06	1,25	1,41

Ces résultats confirment la valeur des critères utilisés à Stockholm.

[1] R. A. BARTAÏA: Bull. Obs. Astrophys. Abastumani 1953, No. 15, 37.
[2] R. M. PETRIE et C. D. MAUNSELL: Publ. Dominion Astrophys. Obs. Victoria 8, 253 (1950).

Tableau 13. *Valeurs de M_{pg} et CI_0 en fonction de la largeur équivalente $H_{\gamma'}$ d'Elvius.* NS = Nassau et Seyfert; SJ = Seares et Joyner.

Spectre	$H_{\gamma'}$ Elvius	M_{pg}	CI_0	NS	SJ
B	0,10	−3,5			
	0,20	−2,1			
	0,30	−0,8			
$B8$	0,35	−0,3	−0,41	−0,35	−0,29
	0,40	+0,2	−0,36		
$A0$	0,45	+1,1	−0,32	−0,15	0,15
	0,50		−0,27		
	0,60		−0,20		
	0,65		−0,15		
$A2$	0,55	+1,9	−0,05	−0,06	0,05
$A3$	0,55	+2,4	+0,05	−0,04	0,02
$A5$			+0,05	0,00	0,00
F	0,40	+2	+0,10		
	0,30	+2,9	+0,20		
	0,20	+3,8	+0,37		
	0,10	+4,7	+0,48		
$F0$			+0,24	0,11	0,12
$F2$		+3,2	+0,29	0,17	0,16
$F5$		+3,7	+0,37	0,21	0,26
$F8$		+4,2	+0,43	0,30	0,35

La difficulté de classification de certaines étoiles A, dites à raies métalliques, que l'intensité des raies de l'hydrogène range parmi les étoiles A et l'intensité de la raie K de Ca II, parmi les étoiles F, apparaît naturellement aussi dans la classification suédoise et ces étoiles sont indiquées par un symbole A, F.

Classification photoélectrique des étoiles B à F. Nous pouvons rapprocher des mesures suédoises celles de B. Strömgren[1] qui a proposé récemment de déterminer les classes spectrales en mesurant directement à l'aide d'une cellule et de filtres interférentiels, des intensités monochromatiques. Il détermine deux indices de classification

$$l = \tfrac{1}{2}\,(m_{4700} + m_{5000}) - m_{H\beta},$$
$$c = (m_{4030} - m_{3550}) + (m_{4030} - m_{4500}).$$

Ces deux indices sont pratiquement indépendants de l'absorption interstellaire; ils permettent une bonne classification spectrale et une détermination de la magnitude absolue M_v. La classe spectrale est surtout déterminée par c et la magnitude absolue M_v par l. Cette classification bi-dimensionnelle est précise sauf pour les spectres entre $B9$ et $A3$.

15. Etoiles de type G, K et M. Lindblad a montré en 1921 la variation de l'intensité des bandes du cyanogène avec la magnitude absolue de l'étoile. La grandeur la plus utile pour la mesure de l'intensité de ces bandes est la grandeur c, discontinuité du cyanogène, introduite par Lindblad:

$$c = m_{4180} - m_{4260}$$

cette grandeur est la variation du fond continu évaluée en magnitudes entre les régions 4180 et 4260. Seule la région 4180 est affectée par les bandes de CN. L'im-

---

[1] Vistas in Astronomy, Vol. 2, p. 1336. Pergamon Press, Londres 1956.

portante étude de LINDBLAD et STENQUIST[1] montre bien la différence des valeurs de c suivant qu'on a affaire à des géantes ou à des naines. Dans la Fig.11, on a réuni

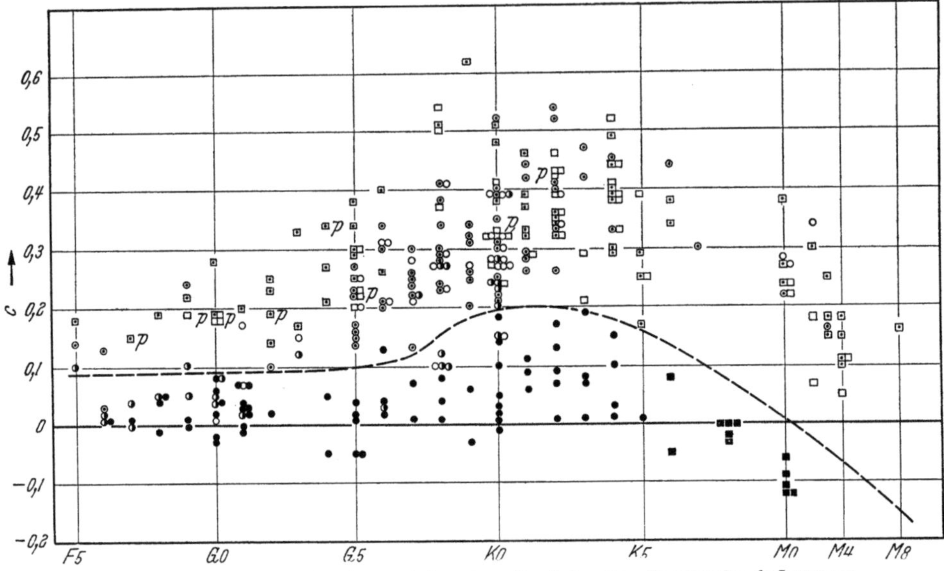

Fig. 11. La séparation des géantes et des naines d'après le critère du cyanogène de LINDBLAD.
□ Géantes $M < 0$. ○ Géantes $0,0 < M < 2,0$; ◑ $2,0 < M < 4,0$. ● Naines $4,0 < M < 7,0$. ■ Naines $M > 7,0$.

toutes les mesures faites par LINDBLAD, ÖHMAN et STENQUIST à Upsal et Stockholm. La distinction entre géantes et naines a été faite à l'aide des parallaxes trigonométriques (ADAMS, HARPER et RIMMER). On remarque sur ce graphique que la valeur de c dépend non seulement de la magnitude absolue, mais aussi du type spectral. Dans ces conditions LINDBLAD et STENQUIST ont défini une discontinuité du cyanogène corrigée C_k; la correction à ajouter à la valeur mesurée est donnée en fonction du type spectral par le tableau suivant:

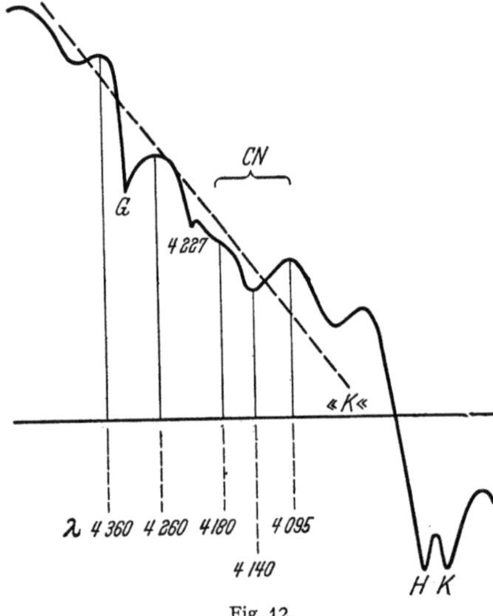

Fig. 12.

	Géantes		Naines
$F\,5 - G\,2$	0,20		0,12
$G\,3 - G\,7$		0,10	
$G\,8$		0,02	
$G\,9 - K\,4$		0,00	
$K\,5 - K\,9$	0,08		0,00
M	0,16		0,00

D'après les mêmes auteurs, la relation entre M et C_k est la suivante:

M	—2	0	2	4	6	8	10
C_k	0,51	0,35	0,24	0,15	0,08	0,01	— 0,09

[1] B. LINDBLAD et E. STENQUIST: Stockholm Ann. 11, No. 12 (1934).

L'explication de l'effet de luminosité pour les bandes de CN est assez délicate. D'une part les quantités mesurées ne sont pas dues à CN seulement, car des nombreuses raies atomiques se mêlent aux bandes de CN, d'autre part, les conditions d'équilibre entre diverses molécules HCN, CN, CO, NO, N_2 et les atomes isolés dans l'atmosphère stellaire sont très compliquées. LINDBLAD après SWINGS, ROSENFELD et CAMBRESIER[1] a pu retrouver la variation du nombre de molécules CN en fonction du type spectral pour les naines et géantes en bon accord avec l'observation. Cette importante question est abordée dans d'autres chapitres de ce traité.

Grâce à ce travail fondamental, les astronomes suédois ont mis au point la classification spectrale dont le stade final actuel peut être décrit par le travail d'ELVIUS. Nous reproduisons (Fig. 12) un tracé photométrique schématique d'une étoile de type avancé avec l'indication des grandeurs mesurées. ELVIUS se sert pour sa classification des quatre grandeurs suivantes:

$$g = m_{4260} - m_{4360} \qquad \text{discontinuité pour } G,$$

$$c = m_{4180} - m_{4260} \qquad \text{discontinuité du cyanogène},$$

$$G_2 = m_G - \tfrac{1}{2}(m_{4360} + m_{4260}) \qquad \text{intensité de la bande G},$$

$$4227 = m_{4227} - \tfrac{1}{2}(m_{4260} + m_{4200}) \qquad \text{intensité de la raie 4227 de CaI.}$$

Il commence par séparer toutes les étoiles en deux groupes, les géantes (g) et les naines (d) suivant la valeur de c. La valeur limite qui correspond à $M = 0$ varie un peu avec le type spectral (de 0,16 à 0,20). Lorsqu'un doute subsiste dans cette ségrégation il peut souvent être levé en considérant l'indice de couleur, déterminé par ailleurs. Il est beaucoup plus grand pour les géantes que pour les naines. Si le doute subsiste malgré tout, l'étoile sera classée dg.

Lorsque la séparation en géantes et naines est effectuée, la classification est faite suivant la valeur de g, et comme l'indique le Tableau 14.

Tableau 14. *Critères de classification d'Elvius.*

	$G0$	$G5$	$G8$	$K0$	$K2$	$K4$	$gK6, dK8$	M
c-limite	0,16—0,17	0,16—0,17	0,16—0,17	0,17	0,20	0,20	0,16	$\sim$0,00
g {géantes		0,20	0,25	0,29	0,46	0,48	0,57	} plus faible
 {naines	0,09	0,15	0,20	0,26	0,36	0,40	0,58	
k_2 {géantes		+0,28	+0,40	+0,43	+0,65	+0,66	+0,74	
 {naines	+0,13	+0,20	+0,24	+0,29	+0,35	+0,40	+0,48	
TiO								augmente de M0 à M8

Dans une publication récente[2], WESTERLUND a établi à Upsal une classification sur les mêmes bases; il sépare d'abord les géantes des naines et il effectue ensuite la classification séparée des deux branches à l'aide de la valeur d'un certain nombre de paramètres dont les plus importants sont les suivants: pour les naines: l'intensité de la bande de CN à 3855

$$CN_{3855} = m_{3855} - \tfrac{1}{2}(m_{3930} + m_{3780})$$

[1] Y. CAMBRESIER et L. ROSENFELD: Monthly Notices Roy. Astronom. Soc. London **93**, 710 (1933).

[2] B. WESTERLUND: Uppsala Astr. Obs. Ann. **3**, No. 6, 8 et 10 (1951—1953).

et le rapport d'intensité des raies de l'hydrogène à la bande G de CH

$$\overline{H} - G$$

et pour les géantes: l'intensité de la raie 4227 de CaI.

Les discontinuités vers G, $g = m_{4260} - m_{4400}$ et vers K $g' = m_{3910} - m_{4030}$ sont aussi utilisées dans sa classification.

Les indices de couleur intrinsèques et les magnitudes absolues ont été déterminés par divers auteurs. Elles sont en bon accord, nous donnons ici les valeurs les plus sûres (Tableau 15).

Tableau 15. *Valeurs de la magnitude absolue M_{pg} et de l'indice de couleur CI_0 en fonction du type spectral.*

Spectre	ELVIUS		NS	SJ	Spectre	ELVIUS		NS	SJ
	M_{pg}	CI_0	CI_0	CI_0		M_{pg}	CI_0	CI_0	CI_0
$dG0$	4,8	0,53	0,35	0,42	$gG0$	1,7	0,69		
$dG5$	5,4	0,65	0,63	0,64	$gG5$	1,7	0,84	0,73	0,78
$dG8$	5,9	0,81	0,78	0,79	$gG8$	1,7	0,93	0,87	0,90
$dK0$	6,5	0,95	0,85	0,89	$gK0$	1,7	1,04	0,99	1,06
$dK2$	7,5	1,06	0,91	1,01	$gK2$	1,7	1,25	1,20	1,25
$dK3$			0,96	1,06	$gK4$	1,7	1,45	1,30	1,37
$dK4$	7,9	1,13			$gK5$			1,40	1,45
$dK5$			1,03		$gK6$	1,7	1,53		
$dK8$	9,6	1,36							
					$gM0$			1,42	(1,47)
					$gM2$			1,44	(1,49)
					$gM5$			1,46	

ELVIUS,
NS = NASSAU et SEYFERT;
SJ = SEARES et JOHNSON.

J. PLASSARD[1] a résumé les travaux de l'école suédoise et de Yerkes et a effectué lui-même les mesures des intensités de CN pour 67 étoiles.

Classification photoélectrique. Comme pour les étoiles B, A et F, B. SRÖMGREN et K. GYLDENKERNE[2] ont récemment publié des résultats pour une classification des étoiles $G - K$ par photométrie photoélectrique. Cette classification se rattache immédiatement à celle de LINDBLAD. La lumière reçue par la cellule passe à travers des filtres interférentiels ayant des bandes passantes de 100 Å et centrés sur les longueurs d'ondes $3910 - 4030 - 4170 - 4240$ et 4360 Å.

Les auteurs danois définissent trois grandeurs

$$k = 2,5 \, (\text{Log} \, I_{3910} - \text{Log} \, I_{4030}) + c^{te} \qquad \text{intensité de } K,$$

$$g = 2,5 \, (\text{Log} \, I_{4360} - \text{Log} \, I_{4240}) + c^{te} \qquad \text{discontinuité } G,$$

$$n = 2,5 \, (\text{Log} \, I_{4240} - \text{Log} \, I_{4170}) + c^{te} \qquad \text{discontinuité du cyanogène.}$$

On remarquera la similitude de ces indices avec ceux de l'école suédoise, on ne sera donc pas étonné que ces trois grandeurs puissent servir à une classification bi-dimensionnelle. Les grandeurs k et g sont surtout utiles pour la détermination du type spectral; la valeur de k est le critère le plus sensible pour les étoiles $G - K2$ et celle de g servira pour les étoiles $K3 - K5$. L'erreur probable sur g et k est de $\pm 0,006$ de sorte que la classe peut être déterminée à $\pm 0,02$ près.

Notre figure indique la variation de k, g et n pour les étoiles de classe de luminosité III (Morgan) (Fig. 13). On constate que la grandeur $n + \dfrac{k}{2}$ ne varie

---

[1] J. PLASSARD: Ann. Astrophys. **13**, 1 (1950).
[2] Y. GÝLDENKERNE, B. STRÖMGREN et Y. GYLDENKERNE: Astrophys. Journ. **121**, 38, 43 (1955).

pratiquement pas avec la classe spectrale, alors qu'elle varie beaucoup avec la classe de luminosité. C'est donc une excellent indicateur de magnitude absolue. Il semble que l'erreur à craindre sur M_v soit de l'ordre de 0,3 magnitude. Bien que 234 étoiles aient déjà été mesurées, les relations définitives entre les indices, le type spectral et M_v n'ont pas encore été déterminées. Cette méthode laisse entrevoir de grandes possibilités, bien que l'on perde actuellement environ 3 à 4 magnitudes par rapport à la photométrie classique avec filtres. Mais sa précision est remarquable, il sera possible de corriger les indices, des petites variations causées par l'absorption interstellaire.

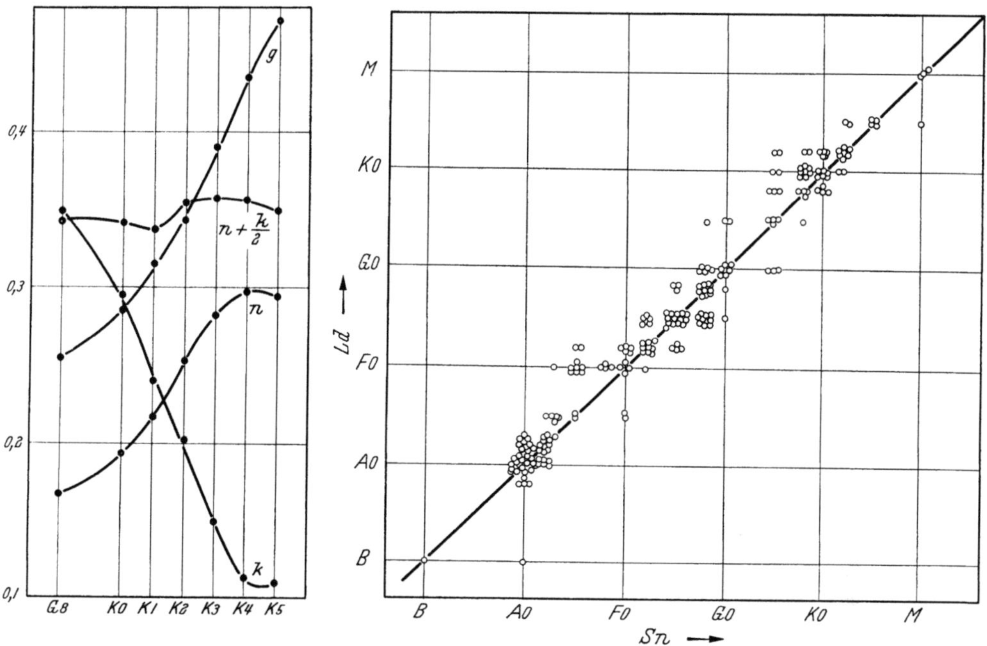

Fig. 13. Critères photoélectriques de Strömgren et Gyldenkerne en fonction du type spectral.

Fig. 14. Relation entre les types spectraux déterminés par Schalén (Sn) et Lindblad (Ld) (Upsal.).

16. Relation des diverses classifications suédoises avec les autres systèmes.

Les Observatoires d'Upsal et de Stockholm ont publié les classifications spectrales, les magnitudes et indices de couleur de plusieurs dizaines de milliers d'étoiles dans une trentaine de listes diverses. Il est important de savoir si ces listes forment un ensemble homogène et comment elles se rattachent aux autres classifications, notamment à celle de Harvard. L'accord interne de déterminations spectrales faites à Upsal est excellent car les divers observateurs avaient en général le souci de rattacher leur système à ceux utilisés précédemment. La Fig. 14 montre la relation entre les mesures de Schalén et les estimations de Lindblad pour 200 étoiles communes. En général, l'accord est aussi bon, sauf pour Westerlund dont la classification s'éloigne notablement du système général d'Upsal de $F0$ à $G8$: le système de Westerlund est de 3 à 4 dixièmes de classe moins avancé (Fig. 15).

Le système d'Upsal est pratiquement confondu avec le système du catalogue de Harvard (HD) (Fig. 16)[1]; les différences apparentes s'expliquent surtout

---

[1] T. Adolfsson: Upsal. Medd. No. 107, **1954**.

par l'utilisation de sous classes différentes. Une discussion par Stenquist montre que le système d'Upsal est plus continu.

Le système de Stockholm est egalement confondu avec les systèmes de Harvard et du Mont Wilson. Naturellement pour les deux classifications suédoises, l'accord pour les étoiles B, A ne peut être que statistique, les bases de la classification étant très différentes.

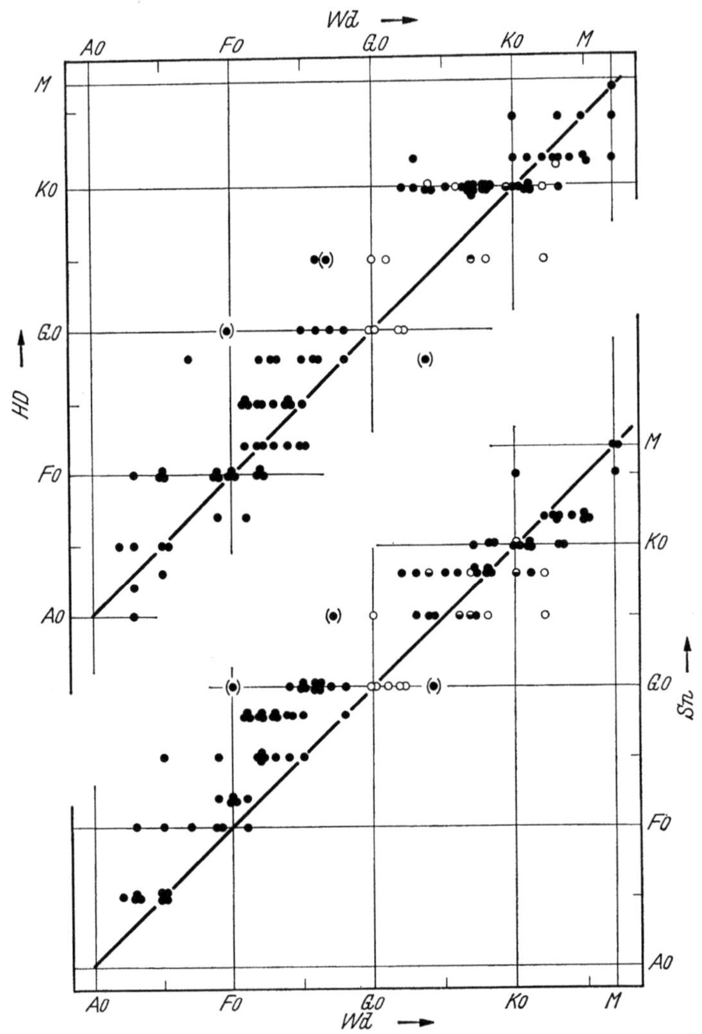

Fig. 15. Relation entre les types spectraux de Westerlund (Wd) et ceux de Harvard (HD) et Schalén (Sn) (Upsal).

Elvius a fait une comparaison très soignée de ses déterminations spectrales dans les Selected Areas avec diverses autres classifications de ces aires. Nous résumons cette comparaison par le Tableau 16. Les Figs. 17 et 18 montrent la grande dispersion des résultats de Bergedorf pour les étoiles faibles.

Comparaison des critères de luminosité. L'accord entre les classes de luminosité est toujours excellent entre les divers observateurs suédois. La Fig. 19 montre, à titre d'exemple, la relation qui existe entre les déterminations de Schalén et Wernberg[1].

---

[1] C. Schalén et G. Wernberg: Uppsala Astr. Obs. Ann. **1**, No. 4, 52 (1941).

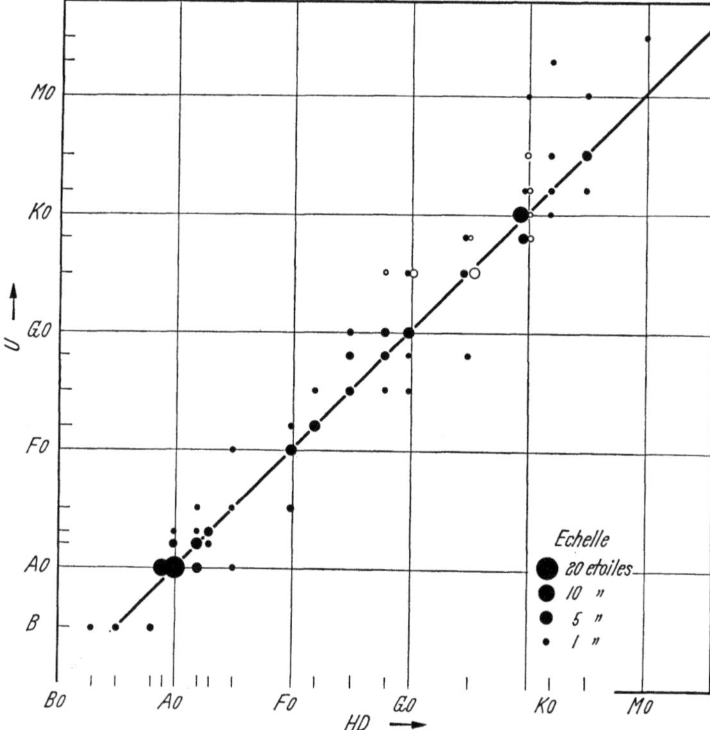

Fig. 16. Relation entre les types spectraux d'Upsal (U) déterminés par T. Adolfsson et ceux de Harvard (HD).

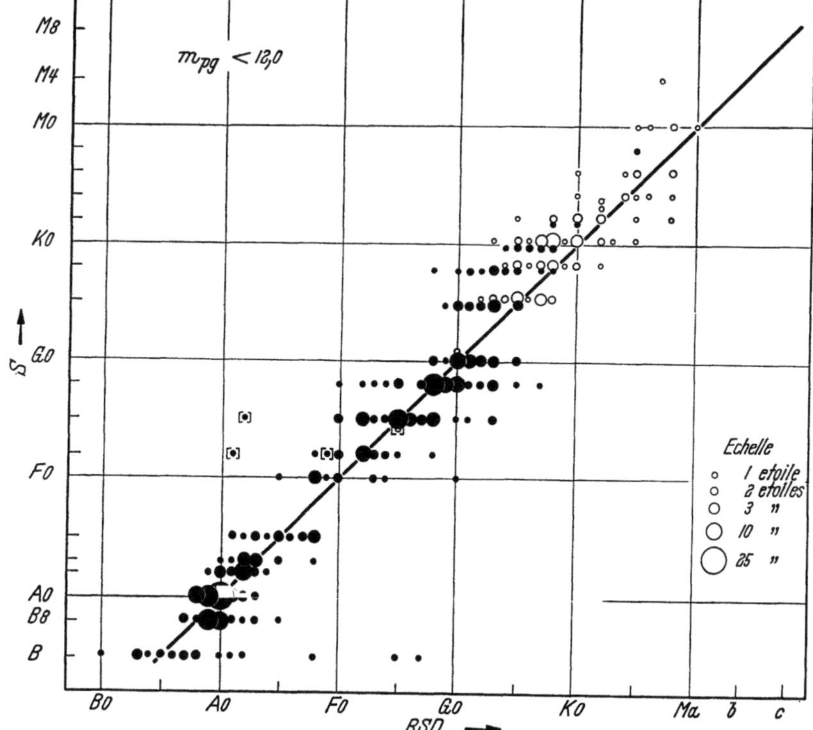

Fig. 17. Comparaison de la classification faite à Stockholm par Elvius avec celle de Bergedorf (BSD) pour les étoiles plus brillantes que la magnitude 12.

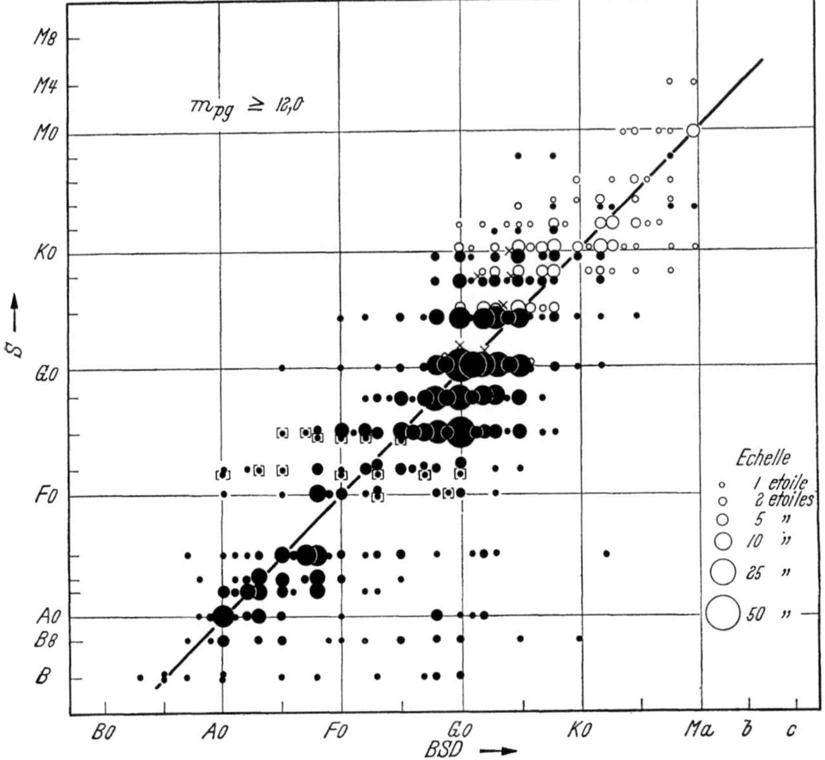

Fig. 18. Comparaison de la classification faite à Stockholm par Elvius (S) avec celle de Bergedorf (BSD) pour les étoiles de magnitudes supérieures à 12.

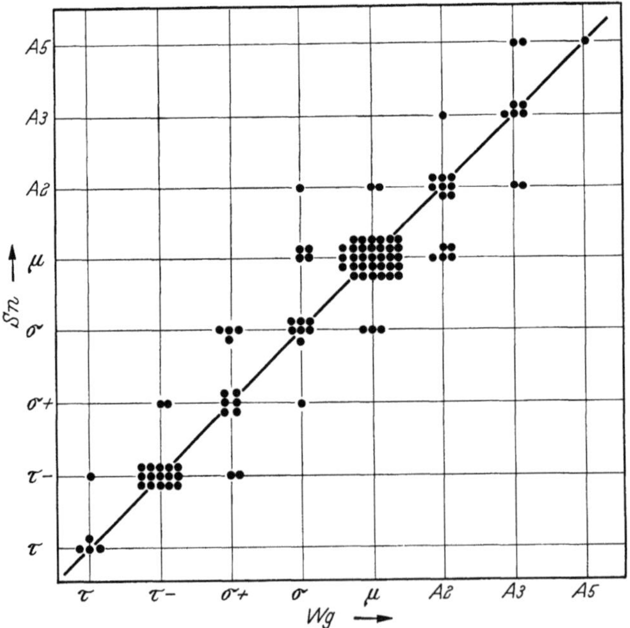

Fig. 19. Comparaison entre les classes d'Upsal déterminées par Schalén (Sn) et Wernberg (Wg).

Tableau 16. *Correspondance des classifications Elvius-Humason-Maxwell et BSD.*

Stockholm Elvius	Humason	Maxwell	BSD $m<10,9$	BSD $m>13,0$
$B\,5$	$B\,5,5$		$B\,5$	
$B\,8$	$B\,8,5$		$B\,8$	
$A\,0$	$A\,0$	$A\,0$	$A\,0$	
$A\,5$	$A\,5$	$A\,4,5$	$A\,5$	$A\,7$
$F\,0$	$A\,9$	$A\,9$	$A\,9,5$	$F\,1,5$
$F\,5$	$F\,5$	$F\,4,5$	$F\,5$	$F\,7$
$G\,0$	$G\,0$	$G\,1,5$	$G\,0$	$G\,0$

Stockholm Elvius	Humason g	Humason d	Maxwell	BSD $m<10,9$ g	BSD $m<10,9$ d	BSD $m>13,0$ g	BSD $m>13,0$ d
$G\,5$	$G\,5$	$G\,3$	$G\,7$	$G\,5$	$G\,5$	$G\,5$	$G\,4$
$K\,0$	$K\,0$	$G\,8$	$K\,1$	$K\,0$	$G\,9$	$K\,0$	$G\,9$
$K\,5$	$K\,6$		$K\,5$	$K\,5$	$K\,5$	$K\,7$	$K\,4$
$M\,0$	$M\,0$		$K\,8$	$M\,0$	$M\,0$		

ELVIUS a pu comparer ses classifications avec celles de Bergedorf et celles de MAXWELL. Les tableaux suivants montrent les résultats:

	Stockholm								Total	
	$m<11$		$11<m<12$		$12<m<13$		$m>13$			
BSD	d	g	d	g	d	g	d	g	d	g
d	7	4	10	9	19	25	15	22	51	60
g	2	20	5	7	1	2	0	1	8	30

Les résultats indiqués plus loin montrent sans aucun doute que la classification de Bergedorf est défectueuse. Seules les étoiles $m<11$ de caractère g dans BSD semblent être effectivement des géantes. La comparaison avec MAXWELL est un peu plus satisfaisante:

Maxwell	Stockholm d	g
d	24	3
g	14	16

Classifications américaines dérivées des classifications suédoises. Les critères de classification développés à Upsal et à Stockholm ont été aussi utilisés par J. J. NASSAU et C. K. SEYFERT[1] à l'Observatoire Warner et Swasey. Pour la classification, ces auteurs se sont servi des étoiles standards de MORGAN et KEENAN. Les raies de l'hélium permettent de classer les étoiles B; la raie K les étoiles A; les étoiles F sont surtout classées par les trois raies ou bandes K, H et G. A partir de $G\,2$, la distinction entre naines et géantes est faite suivant les critères de LINDBLAD.

Une liste de 1150 spectres d'étoiles BD situées à moins de 5° du pôle a été publiée. L'accord avec la classification HD est très bon, il en est de même pour la distinction entre géantes et naines. On constate en effet un accord de 88% avec les déterminations d'Upsal. Cette proposition tombe à 33% si on compare

---

[1] J. J. NASSAU et C. K. SEYFERT: Astrophys. Journ. **103**, 117 (1946).

la classification Americaine avec celle de Bergedorf. Une importante classification de 5752 étoiles plus brillantes que la magnitude 12,5 a été faite à l'Observatoire de Crimée par E. S. BRODSKAÏA[1]. Les critères utilisés sont pratiquement ceux de NASSAU et SEYFERT (Dispersion 250 Å/mm). L'accord de la classification avec Yerkes est très bon, avec BSD il est moins bon, notamment certaines étoiles classées G ou K à Bergedorf sont en réalité des étoiles A. L'auteur indique le caractère g ou d pour les étoiles G et K plus brillantes que 10,5.

VI. Les classifications à deux dimensions dérivées de Harvard.

17. Introduction: Classes de luminosité. Le but principal des classifications spectrales modernes est de classer les étoiles dans un schéma à *deux* dimensions. Ce sont ADAMS et LINDBLAD qui sont à l'origine de ces classifications. Mais ce sont surtout les travaux de MORGAN et KEENAN [2] qui ont montré que les différences d'intensité de raies qui servaient à la détermination des parallaxes spectroscopiques restaient encore observables sur des spectres beaucoup moins dispersés comme ceux qu'on a utilisés couramment pour les classifications spectrales (100 Å/mm). Il est important de pouvoir déterminer les critères de luminosité sur des étoiles dont le caractère de supergéante, géante ou naine est certain. MORGAN et KEENAN ont proposé dans ce but une liste d'étoiles standards[2]. Pour les naines et les géantes la plupart des parallaxes et par conséquent les magnitudes absolues des étoiles sont connues.

L'idéal pour l'astronome qui désire étudier la répartition des étoiles dans l'espace aurait été de pouvoir fixer directement la valeur de M par l'examen du spectre. MORGAN et KEENAN ont jugé préférable de répartir les étoiles en 5 classes de luminosité, L, numérotées de I à V. La classe I, ultérieurement subdivisée en I a et I b, correspond aux supergéantes, la classe III aux géantes, la classe V aux naines de la série principale. Les classes II et IV correspondent aux étoiles de luminosité intermédiaire. Il n'est pas fondamental pour la classification elle-même de savoir s'il existe effectivement beaucoup d'étoiles de ces types intermédiaires et si une mauvaise détermination de la luminosité ne risque pas de surpeupler ces classes. L'intérêt des classes de luminosité est multiple:

a) La détermination de la classe de luminosité L une fois faite, il est possible ultérieurement d'attribuer à l'étoile la magnitude absolue correspondant à sa classe spectrale, S. Une amélioration de notre connaissance de la magnitude absolue ne changera pas la classification.

b) Les notations sont simples et le nombre de classes correspond bien à la précision qu'on peut attendre des classifications.

c) La subdivision des étoiles en géantes (g) et naines (d) est bien marquée

Pour l'exécution effective d'une classification, il est essentiel que l'observateur ait à sa disposition les spectres des étoiles standards de MORGAN et KEENAN, pris avec le même instrument que les spectres à classer. L'observateur a reconnu les critères de type et de classe de luminosité signalés par MORGAN et KEENAN et les a adaptés à la dispersion de son instrument. Celle-ci ne devra pas être trop grande, car il est un fait d'expérience bien connu que certains caractères bien visibles sur des petits spectres sont difficiles à retrouver sur des spectres beaucoup plus dispersés. Ainsi certaines bandes moléculaires qui frappent l'œil sur des petits spectres, deviennent peu visibles lorsque les bandes sont résolues sur d'excellents spectres à grande dispersion. Les spectres

---

[1] E. S. BRODSKAÏA: Bull. Obs. Astroph. Crimée **14**, 3 (1955).
[2] H. L. JOHNSON et W. W. MORGAN: Astrophys. Journ. **117**, 313 (1953).

dont la hauteur doit être suffisante, sont photographiés sur des plaques assez contrastées (par exemple: Plaques Process ou IIaO Eastman Kodak). Ils seront examinés à la loupe ou de préférence, à notre avis, par projection sur un écran blanc. L'idéal est de pouvoir examiner l'un à côté de l'autre, le spectre à déterminer et les spectres étalons. L'observateur averti reconnaît par simple inspection un type spectral approché et il n'a que peu de comparaisons à faire. Morgan et Keenan proposent de déterminer d'abord la luminosité et de perfectionner ensuite la classification du type. L'observateur doit en fin de classification reconnaître l'identité de son spectre avec l'un des spectres étalons. Nous procédons ainsi aux Observatoires de Marseille et de Haute Provence, et nous publions pour illustrer la classification de Morgan une série des planches qui servent à nos déterminations. Après la classification de plusieurs milliers d'étoiles, il nous est apparu utile de préciser au cours de la classification avec quel degré de certitude nous avons obtenu S et surtout L. Il est évident d'après nos illustrations qu'il n'est pas possible de se tromper sur le caractère I a d'une étoile $G0$, par contre, le choix entre une étoile $A0$ V et $A0$ III est très difficile, car les seuls critères sont fondés sur l'aspect des raies de l'hydrogène qui varie aussi énormément avec la densité du spectre. On remarquera la grande différence apparente de cette méthode de classification avec celle des astronomes Suédois. Ici on ne fait aucune mesure, mais l'observateur se laisse guider par l'apparence de certains détails qu'il est quelquefois incapable de définir. Cette méthode peut être rapprochée, comme le fait remarquer Morgan, d'un processus que nous appliquons tous les jours lorsque nous reconnaissons un visage connu ou lorsque nous rattachons à un groupe ethnique un personnage que nous voyons pour la première fois. Il n'est pas besoin pour cela de faire des mensurations de visage ou de crâne, mais naturellement une certaine habitude est nécessaire.

Nous avons l'intention de décrire complètement la séquence spectrale telle qu'elle est maintenant universellement utilisée. Nous passerons successivement en revue:

la classification des étoiles O,

la classification des étoiles $O9$—$M0$ selon Morgan et Keenan,

la classification des étoiles M, revue au Mont Wilson, à Victoria et à Yerkes,

la classification des étoiles carbonées telle qu'elle résulte des travaux de Shane, Keenan et Morgan, et Bouigue,

la classification des étoiles S d'après les travaux de Keenan.

Nous indiquerons au fur et à mesure, soit à l'aide de tableaux, soit sous forme de graphiques, la valeur des magnitudes absolues et des températures effectives de ces étoiles. La description des particularités spectrales de certaines étoiles, (raies métalliques, etc.) sera indiquée dans un chapitre ultérieur (Sect. 31) et la reconnaissance de certains groupes d'étoiles à l'aide de spectres très peu dispersés, fera l'objet du Chapitre VII (p. 71).

18. La classification des étoiles O (Plaskett et Petrie). Les critères de classification du catalogue de Henry Draper pour les étoiles O ne se sont pas révélés aussi bons que ceux des autres types spectraux. L'importance donnée aux raies d'émission, qui sont considérées pour les autres types comme des particularités, a provoqué la réunion dans la même classe spectrale d'étoiles très différentes. C'est H. H. Plaskett[1] et les astronomes de Victoria qui ont introduit de nouveaux critères pour garder comme paramètre principal, la température.

La classification par des rapports d'intensité de raies introduite par Plaskett et utilisée par Pearce et Williams, a été standardisée dans un important travail

---

[1] H. H. Plaskett: Publ. Dominion Astrophys. Obs. Victoria **1**, 325 (1922).

de R. M. Petrie[1]. Nous reproduisons la figure (Fig. 20) qui montre la variation des rapports d'intensité des couples de raies He I/He II, He II/H et Si IV/He II avec la classe spectrale d'après Plaskett. On peut calculer les températuress d'ionisation par la théorie de Saha; les valeurs trouvées sont les suivantes:

$O5$	$O6$	$O7$	$O8$	$O9$	$B0$
36300	34600	32900	31700	30700	28600° K.

Petrie a aussi essayé de mettre en évidence une relation entre l'intensité totale des raies et la magnitude absolue comme elle existe pour les étoiles B. Mais

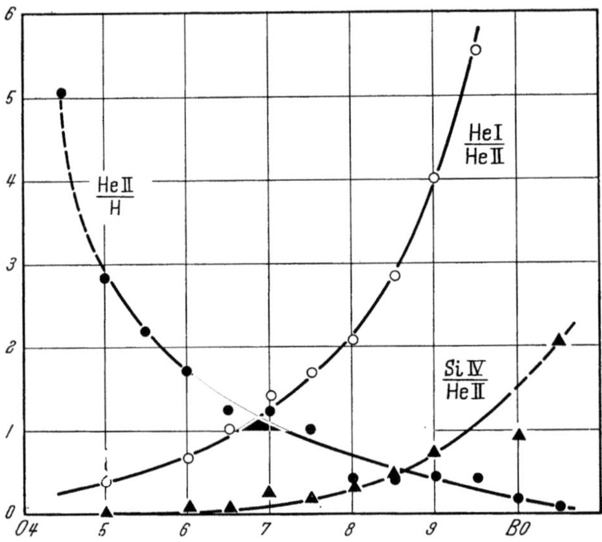

Fig. 20. Variation de rapports d'intensité de raies d'après Petrie (Victoria).

il ne trouva aucun effet de luminosité. Dans une étude théorique, Miss A. B. Underhill[2] a montré que l'élargissement par effet Stark devait disparaître dans les naines de classe O pour les premières raies des séries de Balmer et de Lyman. Ce qui explique l'absence de l'effet de luminosité.

Avec nos connaissances encore insuffisantes, on peut admettre pour toutes les étoiles $O5$—$O9,5$ une magnitude absolue: $\overline{M}_v = -5,2$. Des valeurs du même ordre ont été trouvées par S. Sharpless[3] qui donne les résultats suivants:

Luminosité	$O6$	$O9$	$O9,5$	$B0$	$B0,5$
V	— 6,0	— 5,0	— 5,2	— 4,0	
III		— 6,2			
II			— 6,9		
I b			— 7,4		
I a				— 7,6	— 7,2

19. La classification de Yerkes des étoiles $O9$—$M2$. α) Critères. W. W. Morgan et P. C. Keenan ont établi à l'Observatoire de Yerkes les critères des étoiles normales des classes $O9$ à $M2$. Les résultats publiés dans diverses revues

[1] R. M. Petrie: Publ. Dominion Astrophys. Obs. Victoria 7, 321 (1947).
[2] A. B. Underhill: Publ. Dominion Astrophys. Obs. Victoria 8, 385 (1950).
[3] S. Sharpless: Astrophys. Journ. 116, 251 (1952); 119, 200 (1954).

ont été réunis dans l'excellent «Atlas of Stellar Spectra» [2] malheureusement rapidement épuisé, de sorte que de nombreux Observatoires Européens n'ont pas pu se procurer cet ouvrage fondamental, paru un 1942. Sa réédition revue, est attendue avec impatience. Le système de l'Atlas est désigné par MKK, il a été révisé ultérieurement dans quelques détails: les lettres et la liste des étoiles a été légèrement modifiée[1]. Ce système définitif est désigné: Système MK. On consultera aussi l'article de ces auteurs dans le traité de HYNEK [9]. Nous publions dans les pages suivantes les spectres d'un certain nombre d'étoiles MK pris à l'Observatoire de Haute Provence par nous-même. Au dessus de chaque figure nous indiquons les critères qui servent à déterminer le type spectral et en dessous, les critères de luminosité. Nous marquons les raies utilisées par des traits.

Nous avons indiqué dans le texte les identifications des raies lorsque la raie n'est pas trop mélangée (blend). Pour les derniers types spectraux, nous devons souvent nous contenter des longueurs d'onde. Il n'a pas paru utile d'imprimer dans cette liste les indications λ et Å qui sont évidentes.

Classes O et B.

O5 à O9. La classification adoptée est celle de H. H. PLASKETT. Seul le rapport 4471/4541 (He I/He II) sert. Aucun critère de luminosité.

O9,5 Intermédiaire entre O9 et B0. Raie caractéristique He II 4200. Luminosité par les rapports:

$$4068/4089 \text{ (C III/Si IV)}; \quad 4119/4144 \text{ (Si IV+He I/He I)}$$
$$\text{et} \quad 4650/4686 \text{ (C III + O II/He II)},$$

pour O9 le rapport 4387/4541 (He I/He II) sert aussi de critère de luminosité.

B0. La raie He II 4200 est absente ou beaucoup plus faible que He I 4387. Si IV 4089 est plus intense que Si III 4552. Le blend 4650 est net sur le côté violet. Luminosité par les rapports:

$$4009/4089 \text{ (He I/Si IV)}; \quad 4072/4089 \text{ (Blend/Si IV)}$$
$$\text{et} \quad 4119/4144 \text{ (Si IV+He I/He I)}.$$

La raie He II 4686 est visible dans la classe V.

B0,5. Le blend 4640/4650 est plus intense sur le bord rouge. Si III 4552 est égal à Si IV 4089.
La luminosité se détermine à l'aide des raies de O II vers H_γ. Luminosité par les rapports:

$$3995/4009 \text{ (N II/He I)}; \quad 4119/4144 \text{ (Si IV+He I/HeI)};$$
$$4349/4387 \text{ (O II/He I)} \quad \text{et} \quad 4416/4387 \text{ (O II/He I)}.$$

B1. Le blend 4640-4650 est sensiblement uniforme avec une légère prédominance de 4650. Si III 4552 est plus intense que Si IV 4089. Le blend 4070/4076 est très net.
Luminosité par les rapports:

$$3995/4009 \text{ (N II/He I)}; \quad 4121/4144 \text{ (He I/He I)};$$
$$4144/4416 \text{ (He I/O II)} \quad \text{et} \quad 4387/4416 \text{ (He I/O II)}.$$

Les raies de Si III sont aussi sensibles à la luminosité ainsi que les ailes des raies de l'hydrogène.

---

[1] H. L. JOHNSON et W. W. MORGAN: Astrophys. Journ. **117**, 313 (1953).

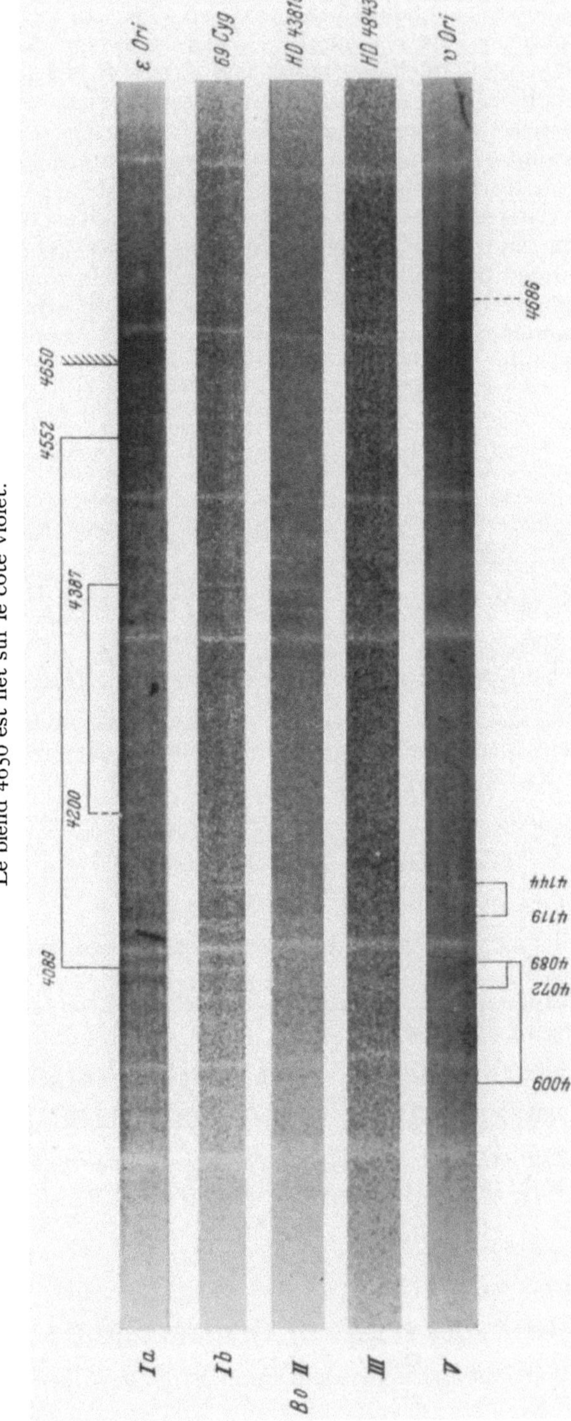

B0. La raie He II 4200 est absente ou beaucoup plus faible que He I 4387. Si IV 4089 est plus intense que Si III 4552. Le blend 4650 est net sur le côté violet.

Luminosité par les rapports:

4009/4089 (He I/Si IV);   4072/4089 (Blend/Si IV);   4119/4144 (Si IV+He I/He I).

La raie He II 4686 est visible dans la classe V.

Fig. 21.

*B*2. Le blend vers 4072 est plus faible que pour *B*1. Le doublet Si II 4128-4130 est plus faible que dans *B*3.

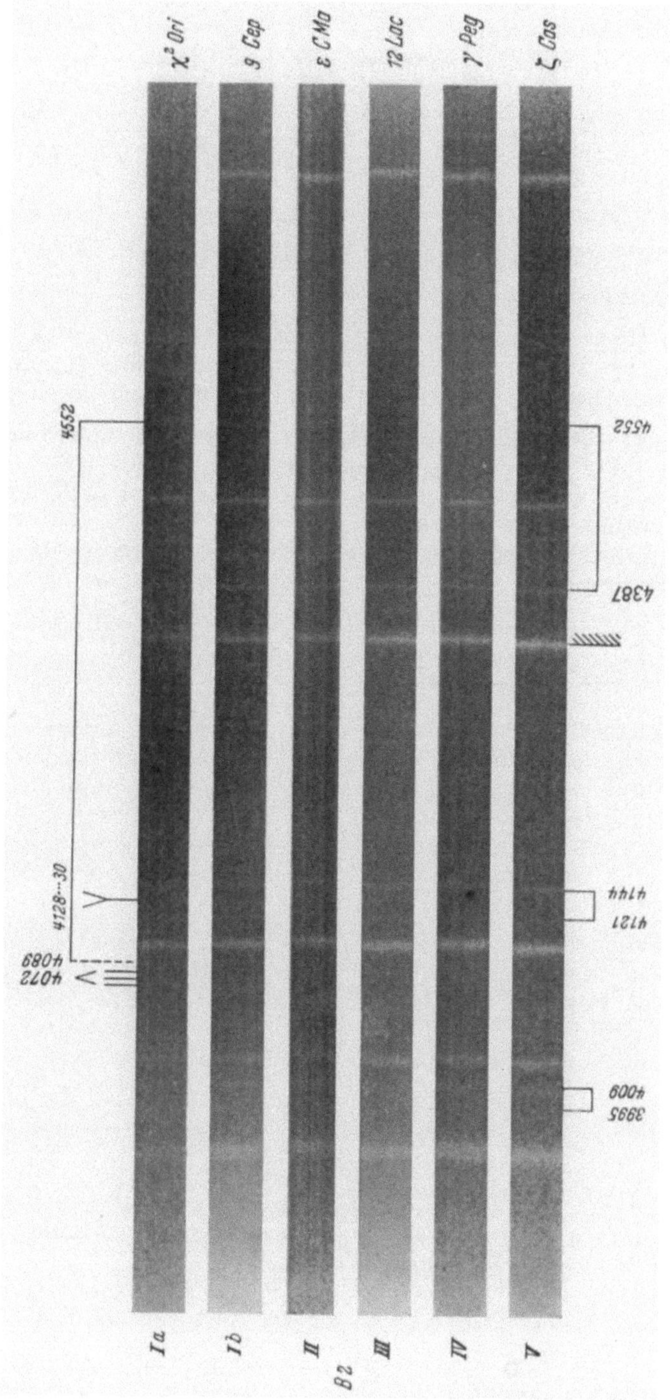

Luminosité par les rapports:

3995/4009 (N II/He I);   4121/4144 (He I/He I);   4387/4552 (He I/Si III)

et l'apparence des ailes de l'hydrogène.

Fig. 22.

$B\,2$. Le blend vers 4072 est plus faible que pour $B\,1$. Le doublet Si II 4128-4130 est plus faible que dans $B\,3$.

Luminosité par les rapports:

3995/4009 (N II/He I);   4121/4144 (He I/He I);   4387/4552 (He I/Si III)

et l'apparence des ailes de l'hydrogène.

$B\,3$. Le blend Si II 4128-4130 est plus intense que dans $B\,2$ par rapport à He I 4121.

Luminosité par les rapports:

3995/4009 (N II/He I)   et   4121/4144 (He I/He I)

et apparence des ailes de H.

$B\,5$. La raie He I 4144 est plus faible que la raie composée Si II 4128-4130.

Luminosité: Les raies de H sont plus fines pour les étoiles de grande luminosité. Le rapport 4481/4471 (Mg II/He I) est plus grand pour les supergéantes.

$B\,8$. Le rapport 4144/4130 (He I/Si II) sert encore à la détermination des types spectraux. 4130 est le plus intense. Les raies de He I 4387, 4144, 4009 sont plus faibles que pour $B\,5$. Les raies Ca II 3933 et He I 4026 ont sensiblement même intensité.

Luminosité: Intensité des raies de H. L'effet de luminosité de 4481/4471 (Mg II/He I) n'existe plus.

$B\,9$. La raie He I 4026, comparée à K est plus faible pour cette classe que pour $B\,8$. He I 4471 est beaucoup plus faible que Mg II 4481.

Luminosité: Apparence des ailes de H.

Classe A. La classification des étoiles A est une des plus difficiles. Pour des spectres peu dispersés c'est l'intensité de la raie K de Ca II qui est déterminante. Mais lorsque la dispersion est suffisante on s'aperçoit que ce critère n'est pas seul déterminant, notamment on voit souvent apparaître des caractères F pour des étoiles $A\,0$. Ces étoiles «à raies métalliques» sont assez nombreuses et sont étudiées à part. La classification MK s'est donnée comme but d'obtenir pour les étoiles A une séquence de température.

$A\,0$. Les raies de He I sont faibles ou absentes pour les naines. Les plus fortes raies de Fe II sont très faiblement visibles pour les étoiles de la série principale et augmentent en intensité avec la luminosité. Pour les raies de H l'effet de luminosité est négatif.

Luminosité: Raies de H et remarques précédentes.

$A\,1$. Les raies métalliques sont plus intenses que dans $A\,0$. Le blend Mn I 4030-4034 apparaît bien dans cette classe. La raie 4385 est, comparée à 4481, plus intense que pour la classe $A\,0$.

Luminosité: Aspect des ailes des raies de H.

$A\,2$. La raie 4385 a encore augmenté d'intensité. Le blend 4129 est beaucoup plus intense que le doublet Mn I 4030-4034.

Luminosité: Apparence des ailes de H.

Le rapport des blends 4128-4132 à 4171-4179 est sensible à la luminosité. Intensité du blend vers 4555.

$A\,3$. Le type spectral est obtenu à l'aide du blend 4032 et du rapport 4300/4385.

Luminosité: Apparence des ailes de H.

Rapports   4416/4481 (Mg II);   4175/4032   et   4226/4481 (Ca I/Mg II).

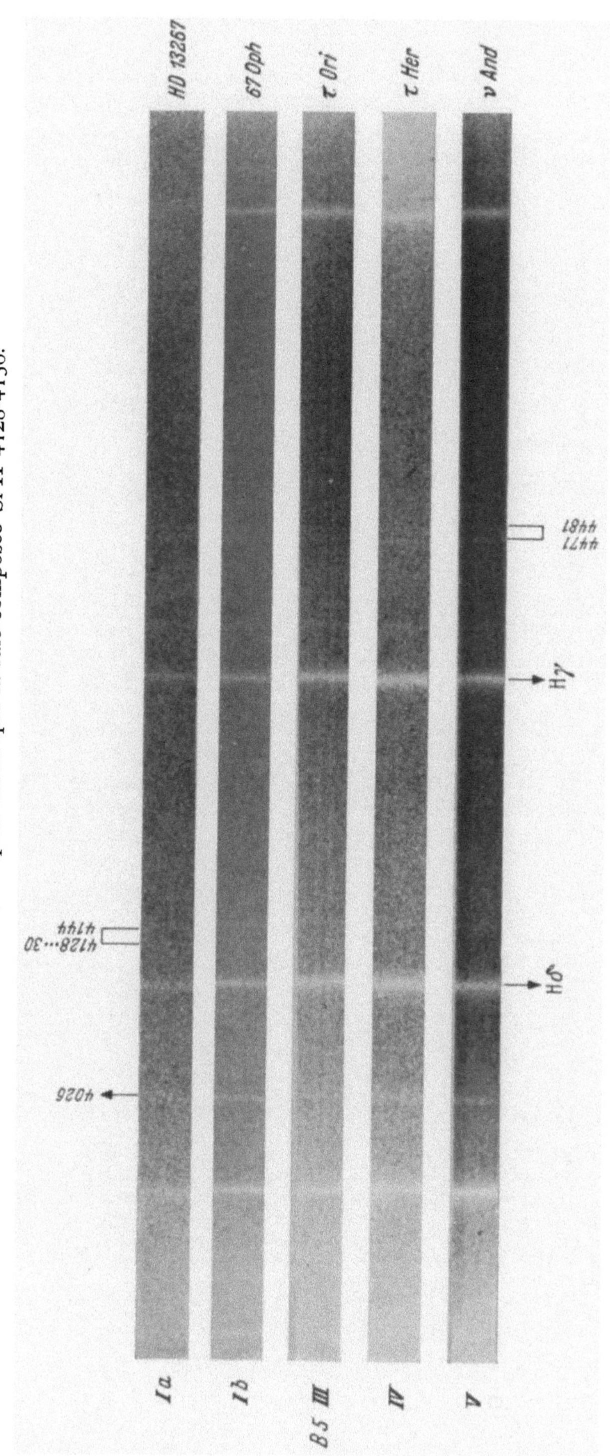

B 5. Le raie He I 4144 est plus faible que la raie composée Si II 4128-4130.

Luminosité: Les raies de H sont plus fines pour les étoiles de grande luminosité. Le rapport 4481/4471 (Mg II/He I) est plus grand pour les supergéantes.

Fig. 23.

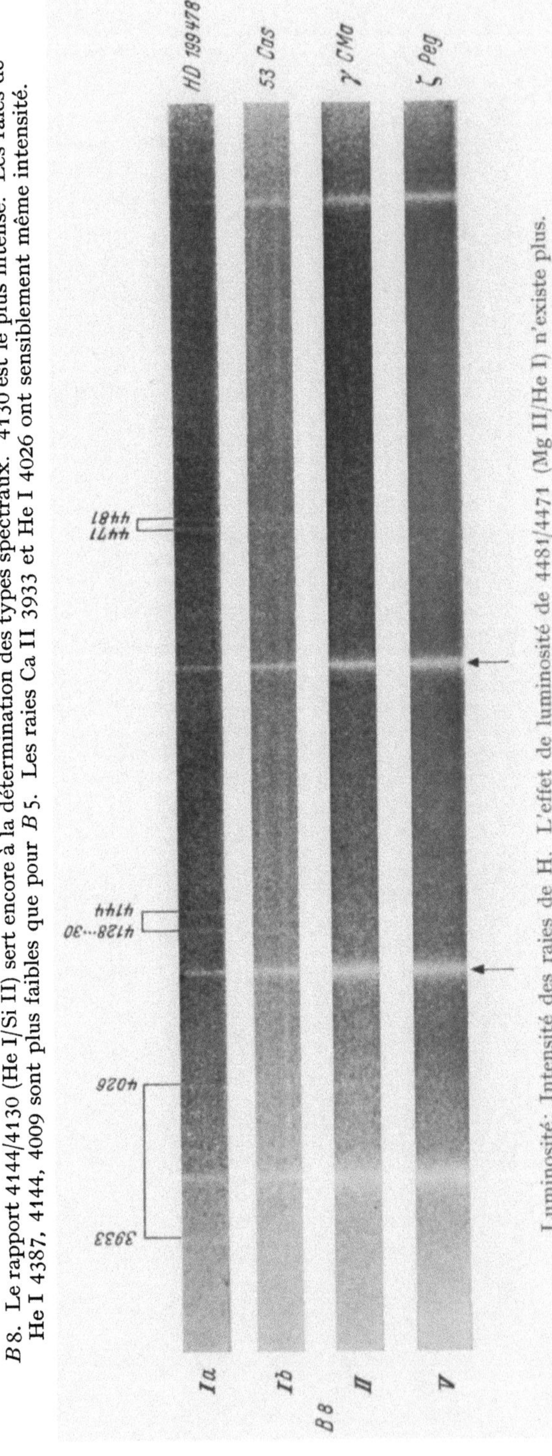

B 8. Le rapport 4144/4130 (He I/Si II) sert encore à la détermination des types spectraux. 4130 est le plus intense. Les raies de He I 4387, 4144, 4009 sont plus faibles que pour *B* 5. Les raies Ca II 3933 et He I 4026 ont sensiblement même intensité.

Luminosité: Intensité des raies de H. L'effet de luminosité de 4481/4471 (Mg II/He I) n'existe plus.

Fig. 24.

A0. Les raies de He I sont faibles ou absentes pour les naines. Les plus fortes raies de Fe II sont très faiblement visibles pour les étoiles de la série principale et augmentent en intensité avec la luminosité. Pour les raies de H l'effet de luminosité est négatif.

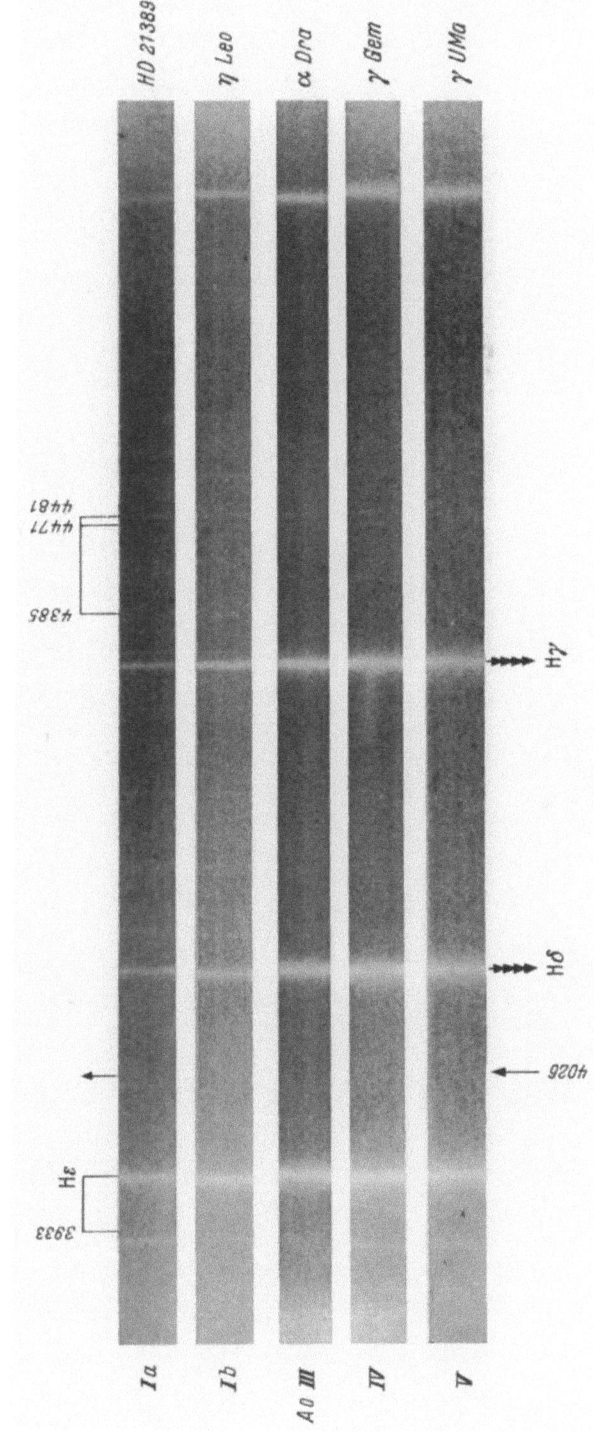

Luminosité: Raies de H.
Fig. 25.

HD 17378
HD 59612
19 Aur
α Oph
δ Cas
A 5: Le type spectral est déterminé à l'aide des rapports
4030-4034/4128-4132   et   4300/4385.
Luminosité: 4416/4481   et   4416/4300.
4385
4300
4128···32
4030···34
K
4481
4477
4300
4172
Ia
Ib
II
III
V
A 5

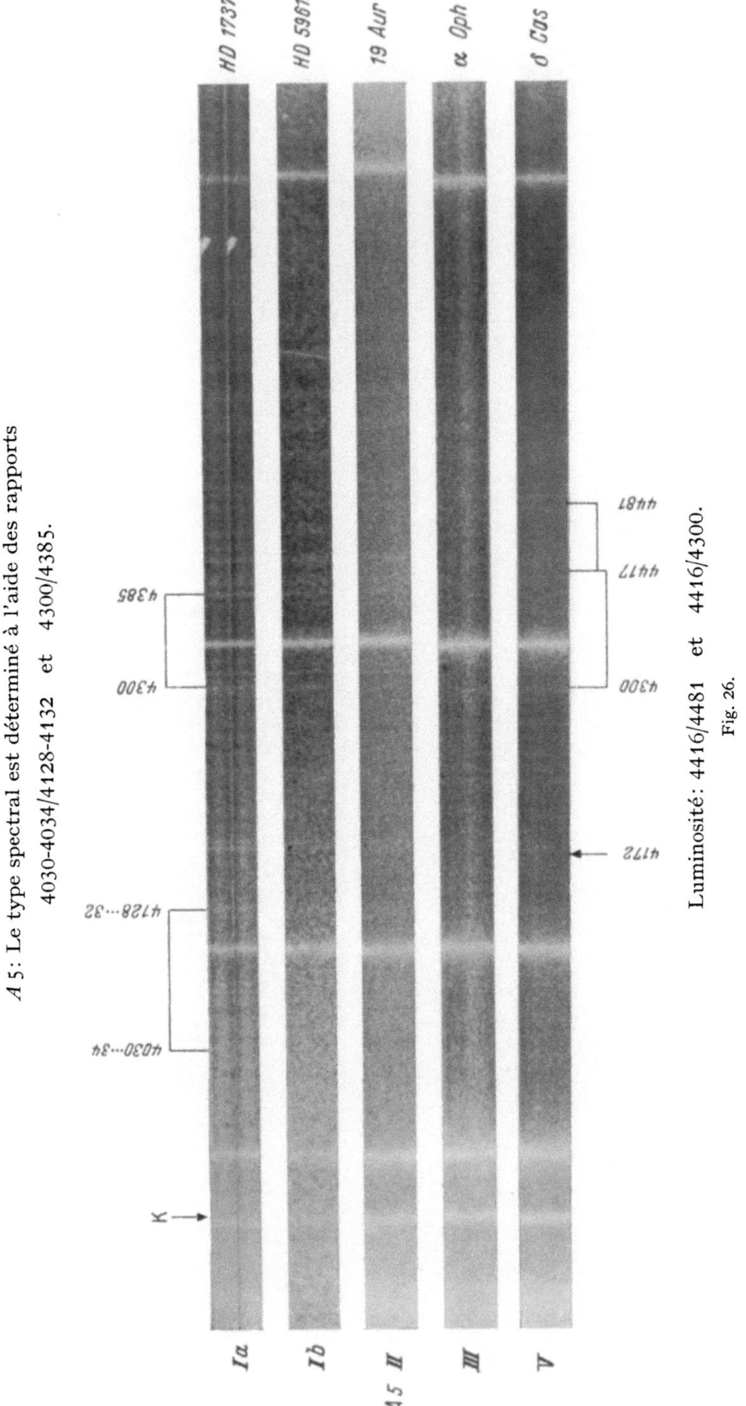

Fig. 26.

$A\,5$: Le type spectral est déterminé à l'aide des rapports

$$4030\text{-}4034/4128\text{-}4132 \quad \text{et} \quad 4300/4385.$$

Luminosité:

$$\text{Rapports:} \quad 4416/4481 \quad \text{et} \quad 4416/4300.$$

$A\,7$. Comme $A\,5$. Pour la luminosité le rapport $4416/4300$ est moins recommandé.

Classe F.

$F\,0$. La classification des géantes et des étoiles de la série principale se fait à l'aide des rapports $4030\text{-}4034/4128\text{-}4132$ et $4300/4385$ ainsi qu'à l'aide de l'aspect du spectre autour de 4300 (Bande G de CH). Pour les supergéantes c'est l'intensité des raies des métaux neutres qui sert de critère.

Luminosité: Intensité relative de 4172 et de la limite rouge 4132 d'une large bande; enfin utilisation des rapports:

$$4416/4481\,; \quad 4444/4481\,; \quad 4172/4226.$$

$F\,2$. Le rapport des blends $4030\text{-}4034/4128\text{-}4132$ est plus grand que dans les classes de luminosité correspondantes de $F\,0$. Le dégradé de la bande G est observable de 4300 vers le rouge.

Luminosité: Rapports utilisés

$$4171/4226 \text{ (Ca I)} \quad \text{et} \quad 4077/4045 \text{ (Sr II/Fe I).}$$

$F\,5$ La bande G apparaît comme une absorption large un peu plus intense sur le bord violet. Les raies Fe I 4045 et Ca I 4226 sont nettement moins intenses que H_γ et H_δ.

Luminosité: Rapports

$$4077/4226 \text{ (Sr II/Ca I)}; \quad 4077/4045 \text{ (Sr II/Fe I)} \quad \text{et} \quad 4077/4063 \text{ (Sr II/Fe I).}$$

Le rapport $4272/4172$ est aussi variable avec la luminosité.

$F\,6$. La bande G est un peu plus intense que dans la classe $F\,5$. Les raies Fe I 4045 et Ca I 4226, comparées à H_δ et H_γ, sont plus intenses.

Luminosité: Les rapports $4077/4226$ et $4077/4045$; $4077/4063$ et $4071/4077$ sont des critères de luminosité sensibles. Ces classes permettent de très bonnes déterminations de parallaxes spectroscopiques.

$F\,8$. Le type spectral est déterminé par les rapports $4045/H_\delta$ et $4226/H_\gamma$.

Luminosité: Pour les géantes et naines, le rapport $4077/4226$ est le plus sensible, pour distinguer entre géantes et supergéantes les rapports $4077/H_\delta$ et $4071\text{-}4073/4226$ sont les plus précis.

Classe G.

$G\,0$. Le type spectral est déterminé à l'aide des rapports $4045/H_\delta$ et $4226/H_\gamma$.

Luminosité: $4077/4226$, $4077/4045$ et pour les étoiles très lumineuses $4077/H_\delta$. Le rapport $4144/4077$ peut aussi servir, de même que l'intensité du blend large 4200.

$G\,2$. Le type est déterminé à l'aide des rapports $4045/H_\delta$ et $4226/H_\gamma$.

Luminosité: Rapports $4077/4226$ et $4077/4045$.

$G\,5$. Le type spectral est déterminé par le rapport $4030\text{---}4034/4300$ (bord violet de la bande G) et aussi, avec un poids moindre, par le rapport $4325/4340$. Sauf pour les supergéantes on peut aussi utiliser $4144/H_\delta$ et $4096/H_\delta$ et le blend $4030\text{-}4034$.

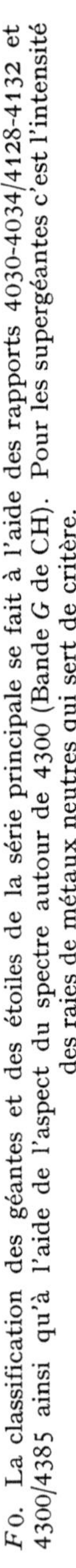

F 0. La classification des géantes et des étoiles de la série principale se fait à l'aide des rapports 4030-4034/4128-4132 et 4300/4385 ainsi qu'à l'aide de l'aspect du spectre autour de 4300 (Bande *G* de CH). Pour les supergéantes c'est l'intensité des raies de métaux neutres qui sert de critère.

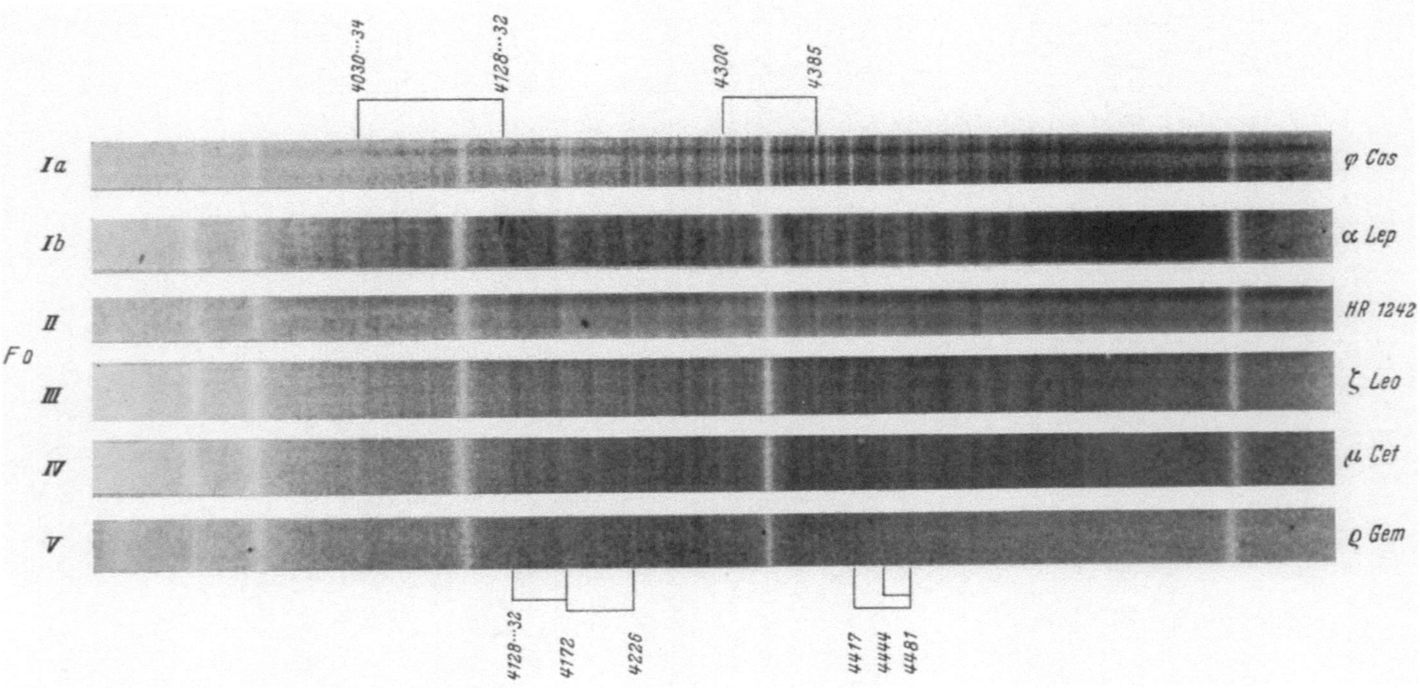

Luminosité: Intensité relative de 4172 et de la limite rouge 4132 d'une large bande; enfin utilisation des rapports: 4416/4481; 4444/4481; 4172/4226. Fig. 27.

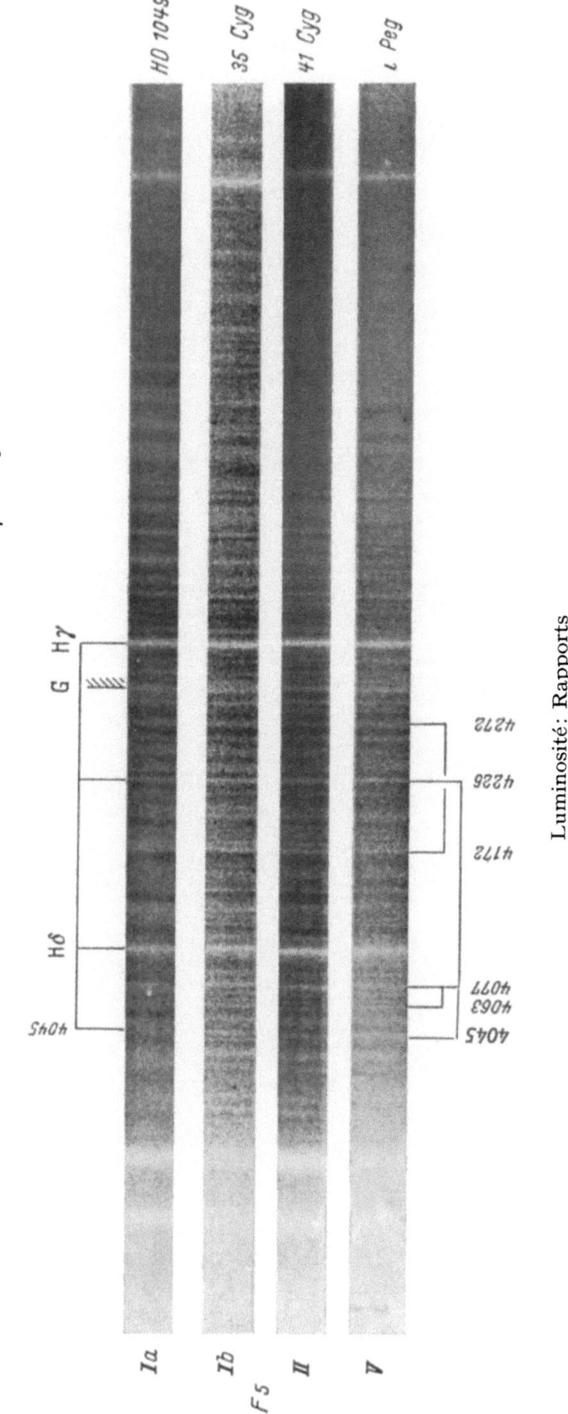

F5. La bande G apparaît comme une absorption large un peu plus intense sur le bord violet. Les raies Fe I 4045 et Ca I 4226 sont nettement moins intenses que H$_\gamma$ et H$_\delta$.

Luminosité: Rapports

4077/4226 (Sr II/Ca I); 4077/4045 (Sr II/Fe I) et 4077/4063 (Sr II/Fe I).

Le rapport 4272/4172 est aussi variable avec la luminosité.

Fig. 28.

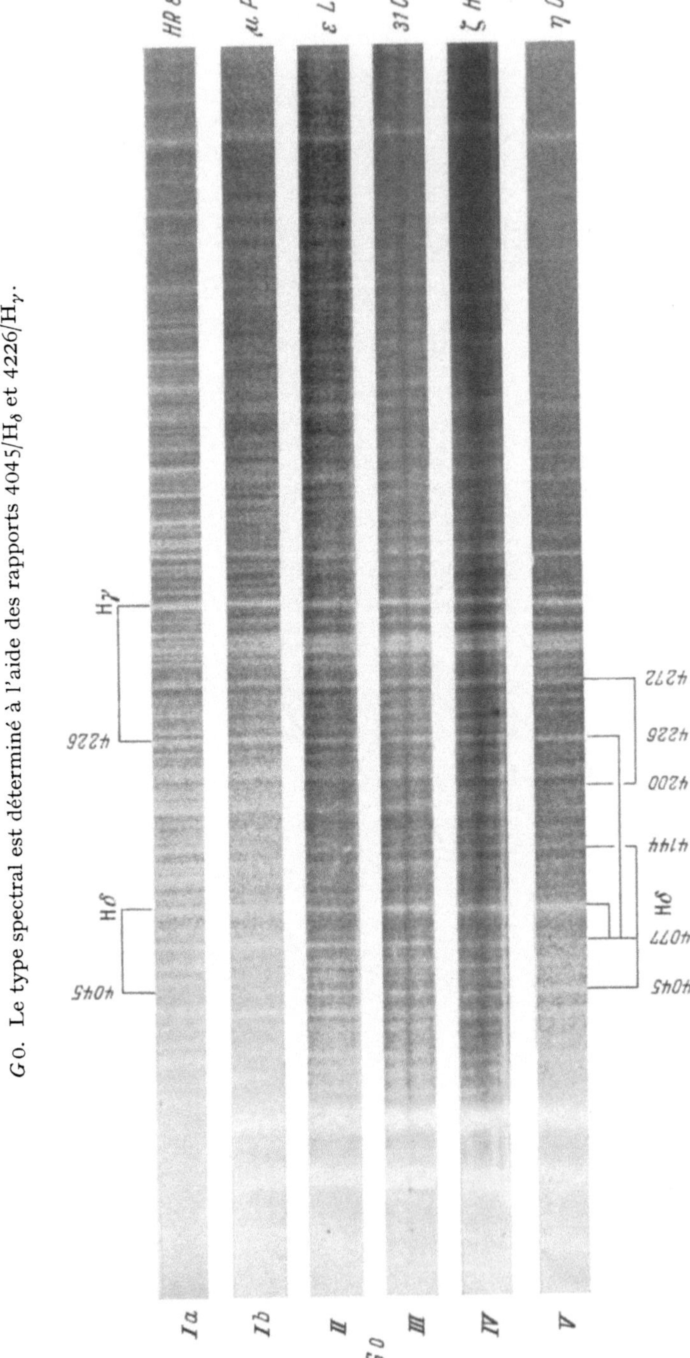

$G0$. Le type spectral est déterminé à l'aide des rapports $4045/H_\delta$ et $4226/H_\gamma$.

Luminosité: $4077/4226$, $4077/4045$ et pour les étoiles très lumineuses $4077/H_\delta$. Le rapport $4144/4077$ peut aussi servir, de même que l'intensité du blend large 4200.

Fig. 29.

$G5$. Le type spectral est déterminé par le rapport 4030-4034/4300 (bord violet de la bande G) et aussi, avec un poids moindre, par le rapport 4325/4340. Sauf pour les supergéantes on peut aussi utiliser 4144/H$_\delta$ et 4096/H$_\delta$ et le blend 4030-4034.

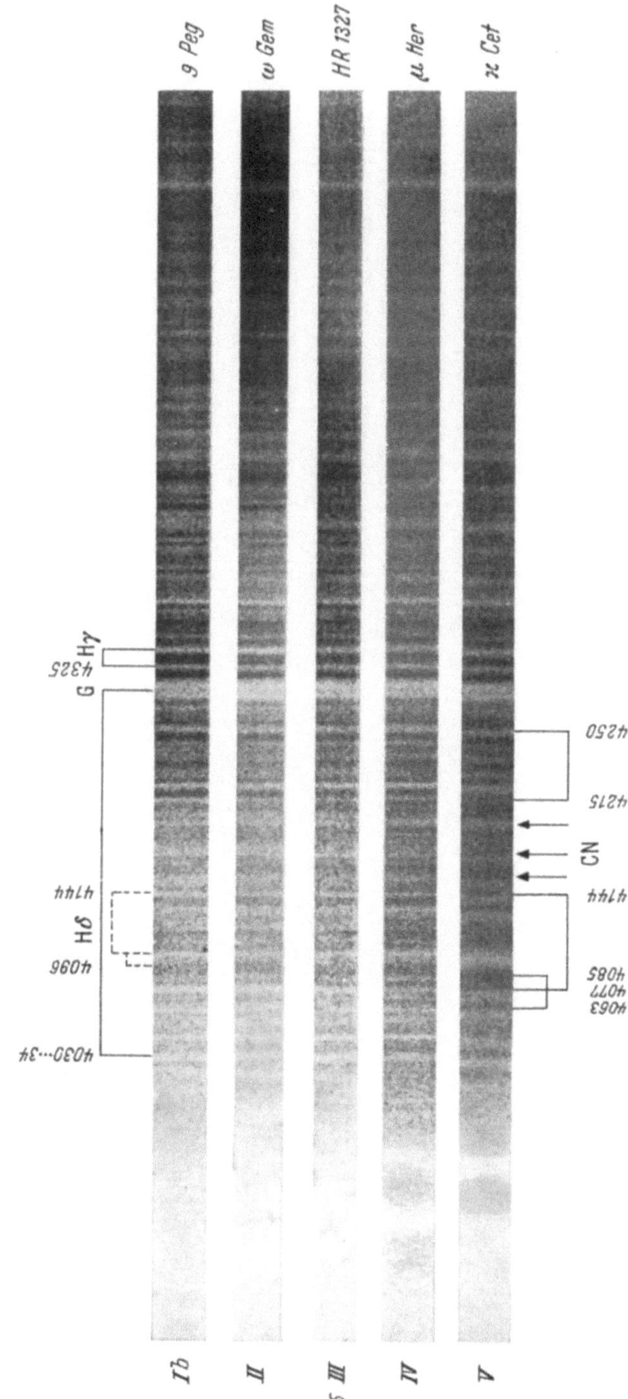

Fig. 30.

Luminosité: Les rapports 4063/4077; 4144/4077; 4085/4077 et 4250/4215 servent à la détermination de la classe de luminosité. La variation du fond continu des deux côtés de 4215 est un critère de luminosité. La raie H$_\delta$ est plus intense pour les naines que pour les géantes et supergéantes.

L'apparence des trois bandes de CN situées entre 4144 et 4215 sert aussi à la détermination de la luminosité. Noter aussi le changement d'apparence de 4132.

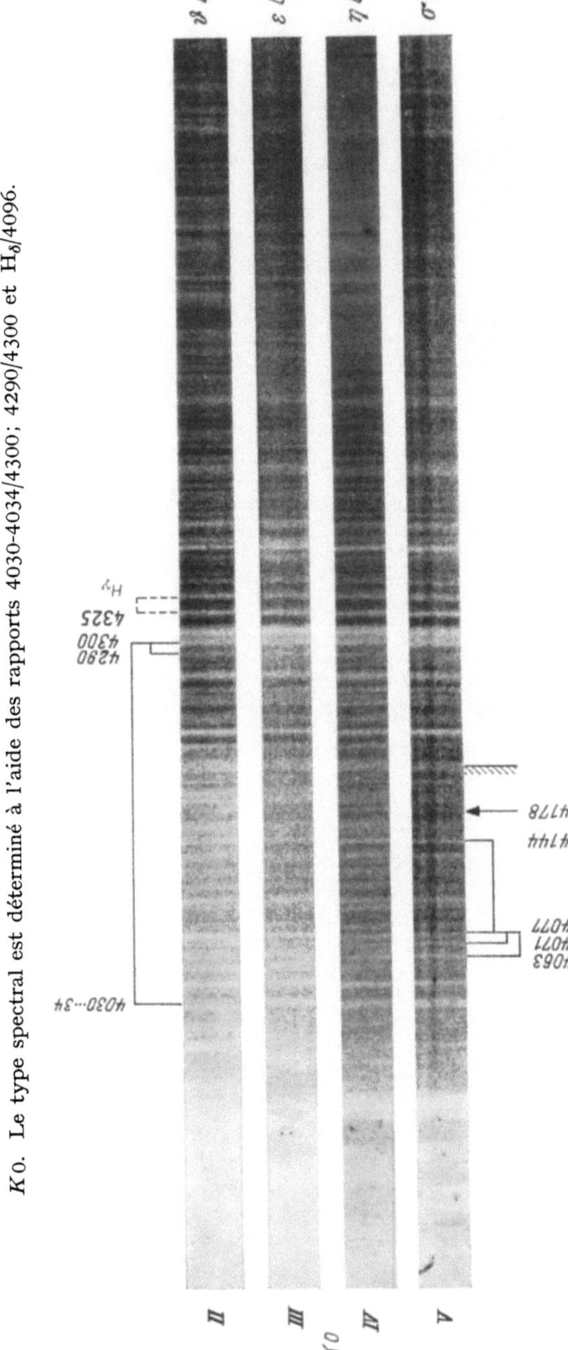

K0. Le type spectral est déterminé à l'aide des rapports 4030-4034/4300; 4290/4300 et Hδ/4096.

Luminosité: 4063/4077; 4071/4077 et 4144/4077 varient avec la luminosité. La diminution de l'intensité du fond continu autour de 4215 est un bon critère. Remarquer aussi les différences d'intensité des larges raies 4030-4034 et 4178. Noter aussi le changement d'aspect de 4144.

Fig. 31.

K 5. Le type spectral est déterminé à l'aide de 4226/4325 et 4290/4299 ainsi que 4383/4406.

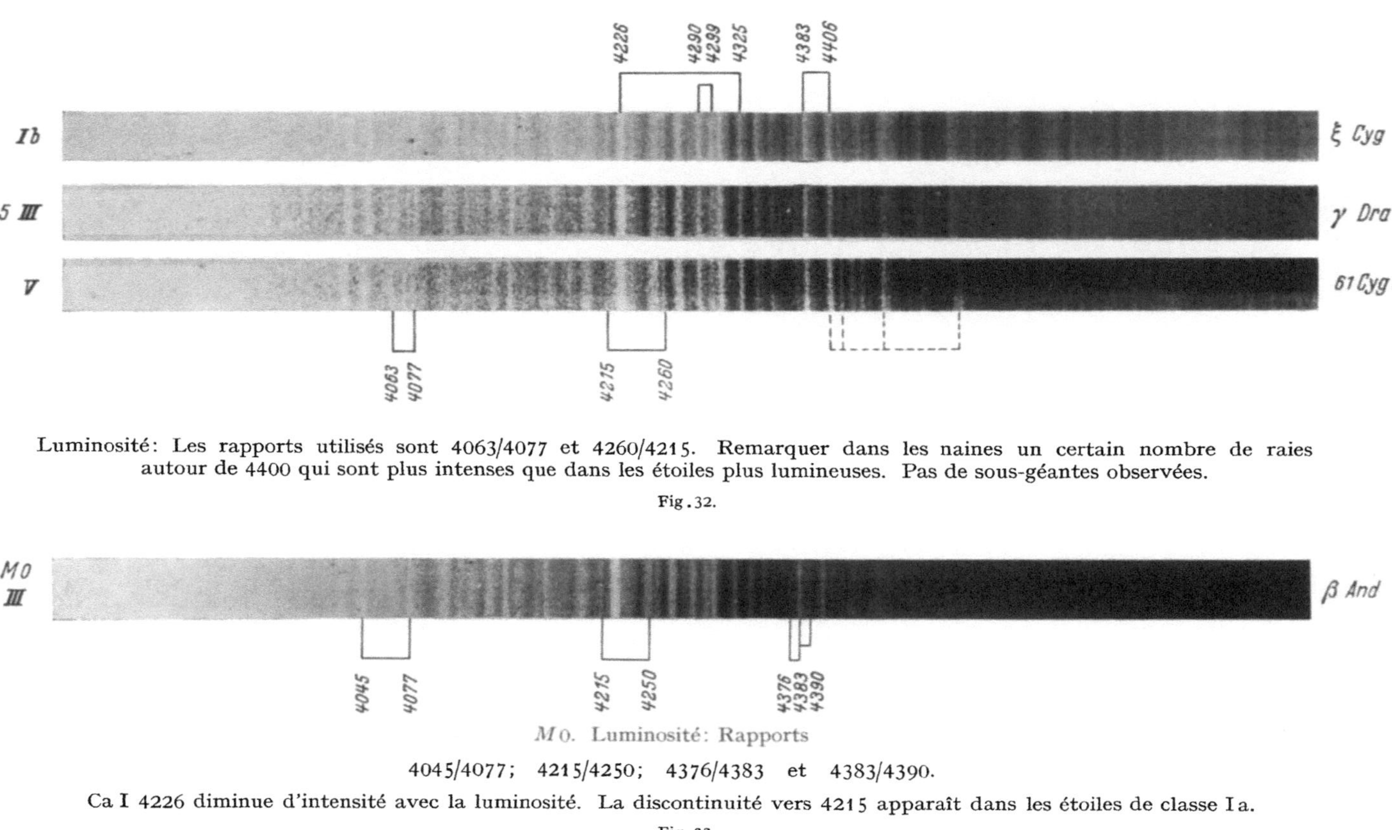

Luminosité: Les rapports utilisés sont 4063/4077 et 4260/4215. Remarquer dans les naines un certain nombre de raies autour de 4400 qui sont plus intenses que dans les étoiles plus lumineuses. Pas de sous-géantes observées.

Fig. 32.

M 0. Luminosité: Rapports

4045/4077; 4215/4250; 4376/4383 et 4383/4390.

Ca I 4226 diminue d'intensité avec la luminosité. La discontinuité vers 4215 apparaît dans les étoiles de classe I a.

Fig. 33.

Luminosité: Les rapports 4063/4077; 4144/4077; 4085/4077 et 4250/4215 servent à la détermination de la classe de luminosité. La variation du fond continu des deux côtés de 4215 est un critère de luminosité. La raie H_δ est plus intense pour les naines que pour les géantes et supergéantes.

L'apparence des trois bandes de CN situées entre 4144 et 4215 sert aussi à la détermination de la luminosité. Noter aussi le changement d'apparence de 4132.

$G8$. Le type spectral est déterminé par les rapports 4030-4034/4300; 4144/H_δ et 4096/H_δ.

Luminosité: Rapports 4045/4077; 4063/4077 et 4144/4077. Différence d'intensité du fond continu de part et d'autre de 4215. Différence d'intensité à 4176, 4200. Le blend situé du côté violet de 4144 varie nettement d'aspect avec la classe de luminosité. Dans les naines apparaît une raie à 4132 dont la comparaison avec 4077 permet de distinguer naines et sous-géantes. H_δ est plus intense pour les naines.

Classe K.

$K0$. Le type spectral est déterminé à l'aide des rapports 4030-4034/4300; 4290/4300 et H_δ/4096.

Luminosité: 4063/4077; 4071/4077 et 4144/4077 varient avec la luminosité. La diminution de l'intensité du fond continu autour de 4215 est un bon critère. Remarquer aussi les différences d'intensité des larges raies 4030-4034 et 4178. Noter aussi le changement d'aspect de 4144.

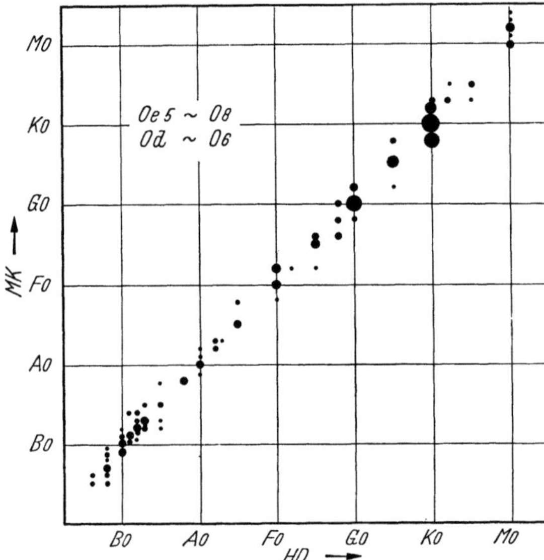

Fig. 34. Relation entre la classification de YERKES (MK) et celle de Harvard (HD) pour les étoiles standard de MORGAN et KEENAN.

$K2$. Le type spectral est déterminé par les rapports 4290/4300 et 4226/4325.

Luminosité: Ce sont les rapports 4063/4077 et 4071/4077 ainsi que la variation du fond continu de part et d'autre de 4215 qui sont utilisés.

$K3$. Le type spectral est déterminé par les rapport 4290/4300 et 4226/4325.

Luminosité: Les rapports utilisés sont 4045/4077; 4063/4077; 4071/4077 ainsi que 4260/4215 et 4325/4340. La différence d'intensité de part et d'autre de 4215 n'est plus utilisable pour les étoiles à grande luminosité.

$K5$. Le type spectral est déterminé à l'aide de 4226/4325 et 4290/4299 ainsi que 4383/4406.

Luminosité: Les rapports utilisés sont 4063/4077 et 4260/4215. Remarquer dans les naines un certain nombre de raies autour de 4400 qui sont plus intenses que dans les étoiles plus lumineuses. Pas de sous-géantes observées.

Classe M. Le système MK ne discute pas les naines et se limite à l'étude des géantes et supergéantes. Il n'y a pas de sous-géante connue. C'est l'intensité des bandes vertes de TiO qui fournit une échelle de classification par température.

Luminosité: Rapports

$$4045/4077; \quad 4215/4250; \quad 4376/4383 \quad \text{et} \quad 4383/4390.$$

Ca I 4226 diminue d'intensité avec la luminosité. La discontinuité vers 4215 apparaît dans les étoiles de classe I a.

La classification des étoiles M n'est pas très développée dans le système MK. Ce sont les travaux effectués à Victoria, au Mont Wilson et ceux de KEENAN que nous analysons page 61 qui doivent être consultés.

β) Comparaison des classifications MK—HD. Nous avons représenté sur la Fig. 34 la relation entre les types spectraux HD et MK de toutes les étoiles étalons de MK[1]. Les courbes de régression permettent de déterminer les corrections à ajouter aux mesures de MK pour les convertir dans le système HD (Tableau 17).

Tableau 17. *Correction à ajouter à* MK *pour obtenir* HD.

Sp MK	Corrections (en dixièmes de classe)	Sp MK	Corrections (en dixièmes de classe)	Sp MK	Corrections (en dixièmes de classe)
$O6$	$+0,6$	$A0$	$0,0$	$G0$	$-0,4$
$O8$	$+0,2$	$A2$	$-0,4$	$G2$	$-0,8$
$O9$	$+0,2$	$A3$	$-0,7$	$G5$	$-0,6$
$B0$	$+0,1$	$A5$	$-0,2$	$K0$	$0,0$
$B1$	$0,0$	$A8$	$-0,5$	$K3$	$-1,2$
$B2$	$+0,3$	$F0$	$-0,3$	$K5$	$0,0$
$B3$	$0,0$	$F2$	$-0,5$	$K8$	$0,0$
$B4$	$-0,1$	$F5$	$-0,1$		
$B5$	$-0,1$	$F8$	$+0,4$	$M0$	$+0,5$
$B8$	$-0,2$				

Nous avons considéré que la classe de Harvard Od est équivalente à $O7$ et $Oe5$ à $O8$. Les différences, établies avec un trop petit nombre d'étoiles, sont très petites et les corrections ne sont pas assez sûres pour qu'on juge utile de les effectuer. Peut-être les classes de $A2$ à $K2$ sont-elles trop avancées de $\frac{1}{2}$ dixième de classe.

Tableau 18. *Valeurs de* M_v, $B-V$ *et* $U-B$ *pour les étoiles V et III.*

	M_v	$B-V$	$U-B$		M_v	$B-V$	$U-B$
$B0$ V	$-4,3$	$(-0,32)$	$(-1,13)$	$G5$ V	$5,2$	$0,68$	$0,21$
$B1$	$-3,2$	$-0,28$	$-1,00$	$G8$	$5,5$	$0,70$	$0,24$
$B2$	$-2,4$	$-0,24$	$-0,86$	$K0$	$5,8$	$0,82$	$0,48$
$B3$	$-1,7$	$-0,20$	$-0,71$	$K1$	$6,0$	$0,86$	$0,54$
$B5$	$-0,7$	$-0,16$	$-0,56$	$K3$	$6,5$	$1,01$	$0,89$
$B7$	$+0,1$	$-0,13$	$-0,47$	$K5$	$7,2$	$1,18$	$1,12$
$B8$	$0,5$	$-0,09$	$-0,29$	$K7$	$7,7$	$1,37$	$1,26$
$B9$	$0,8$	$-0,05$	$-0,16$	$M1$	$9,2$	$1,48$	$1,21$
$A0$	$1,1$	$0,00$	$0,00$	$M3$	$10,0$	$1,49$	$1,10$
$A1$	$1,4$	$0,05$	$+0,05$	$M5$ V	$12,9$	$1,69$	$1,24$
$A3$	$1,7$	$0,09$	$+0,07$				
$A5$	$2,0$	$0,15$	$0,09$				
$A7$	$2,3$	$0,19$	$0,08$				
$F0$	$2,7$	$0,30$	$0,02$	$G8$ III	$+0,5$	$+0,95$	$+0,72$
$F2$	$3,0$	$0,37$	$0,00$	$K0$	$+0,4$	$+1,01$	$+0,86$
$F5$	$3,5$	$0,44$	$0,00$	$K2$	$0,0$	$1,16$	$1,20$
$F6$	$3,7$	$0,47$	$-0,02$	$K3$	$-0,5$	$1,30$	$1,44$
$F8$	$4,1$	$0,53$	$0,02$	$K5$	$-1,1$	$1,52$	$1,84$
$G0$	$4,4$	$0,60$	$0,06$	$M2$ III	$-1,2$	$1,57$	$1,86$
$G2$ V	$4,7$	$0,64$	$0,16$				

[1] H. L. JOHNSON et W. W. MORGAN: Astrophys. Journ. **117**, 313 (1953).

γ) *Magnitudes absolues et indices de couleur.* Nous analysons en détail dans le Chap. IX (p. 83) les mesures photométriques effectuées par JOHNSON et MORGAN pour déterminer les magnitudes absolues et les indices de couleur en fonction de leurs types spectraux et de leurs classes de luminosité. Nous indiquons dans le Tableau 18 les valeurs moyennes d'après ces auteurs. La Fig. 35 est un diagramme de RUSSELL-HERTZSPRUNG sur lequel nous avons tracé les courbes d'égales classes de luminosité (iso L) et d'égales températures effectives (iso T). On constatera combien la branche des naines (classe V) est bien définie. Pour les classes I a, I b et II, on a dû admettre des valeurs constantes dans de larges domaines. Ainsi la valeur $M_v = -7$ pour toutes les étoiles I a, n'est qu'une indication de notre ignorance actuelle des valeurs pour les supergéantes. Les indices de couleurs sont indiqués dans le Tableau 18, p. 59.

Pour un travail de mesure de Vitesses Radiales, nous avons été amenés à Marseille et à Lille à classer les étoiles d'une trentaine de champs galactiques dans le système MK. Actuellement, plusieurs milliers d'étoiles sont classées, mais non encore publiées. Dans un travail préliminaire nous[1] avons étudié la relation entre les systèmes MK de Marseille et HD. Le système MK de Marseille est moins avancé d'un dixième de classe, sauf entre $F5$ et $G3$, où la correction atteint 0,2 classe. La comparaison entre la classification de Marseille et celle de MK n'a été possible que pour une quarantaine d'étoiles O et B

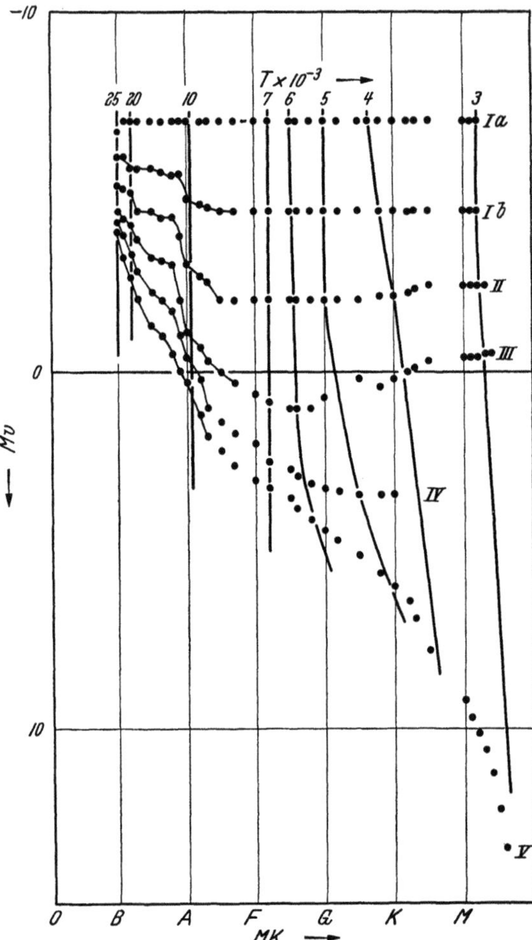

Fig. 35. Diagramme de RUSSELL-HERTZSPRUNG pour la classification de Yerkes (MK). Les courbes sensiblement verticales correspondent à la même valeur de la température (Iso-T), le réseau de courbes sensiblement orthogonal au premier est le système des Iso-Classes de Luminosité.

de la région de P Cyg; l'accord entre les deux classifications est excellent. Pour deux étoiles seulement la différence est de 0,2 classe. La moyenne des valeurs absolues des écarts est de 0,05 classe.

Toutes les classifications spectrales ont été faites par deux observateurs, ce qui a permis d'étudier la précision interne. Pour les classes de luminosité, on constate ainsi pour 422 étoiles les écarts de classe de luminosité suivants:

ΔL	N	ΔL	N
0	271	± 2	46
± 1	105	3 et 4	0

[1] Madame BARBIER et F. SPITE: Publication prévue en 1957.

L'accord peut être considéré comme satisfaisant. Toutes les étoiles pour lesquelles $\Delta L = 2$ ont été réexaminées.

20. Etoiles froides des classes M, C et S: Définitions. Nous indiquons dans cette section les critères qui ont servi à la classification des étoiles froides de classes M, C et S. Ces spectres sont caractérisés par la présence des bandes des molécules bi- et même triatomiques (étoiles C) compatibles avec la faible température de leurs atmosphères. Nous n'avons pas l'intention de passer en revue les nombreuses molécules qui ont été détectées dans les spectres de ces étoiles; cette question est étudiée dans ce volume par P. Swings (p. 109).

La séparation des étoiles froides en trois branches parallèles correspond à l'introduction d'un troisième paramètre de classification. Ces trois séries parallèles qui comportent des naines, des géantes et des supergéantes, au moins pour M, se sont imposées dès l'origine; elles se distinguent probablement par une différence de composition chimique.

Les étoiles riches en oxygène forment le groupe des étoiles à oxydes métalliques. Lorsque TiO prédomine, l'étoile est du type M. Lorsque ZrO est le constituant essentiel, l'étoile est classée S. Il existe des étoiles intermédiaires. Les étoiles pauvres en oxygène présentent le spectre des composés du carbone, C_2, CN, C_2Si et C_3 (étoiles de classe C).

21. La classification des étoiles M. α) *Critères de classe.* La classification des étoiles M dans le Catalogue Henry Draper est apparue assez rapidement comme

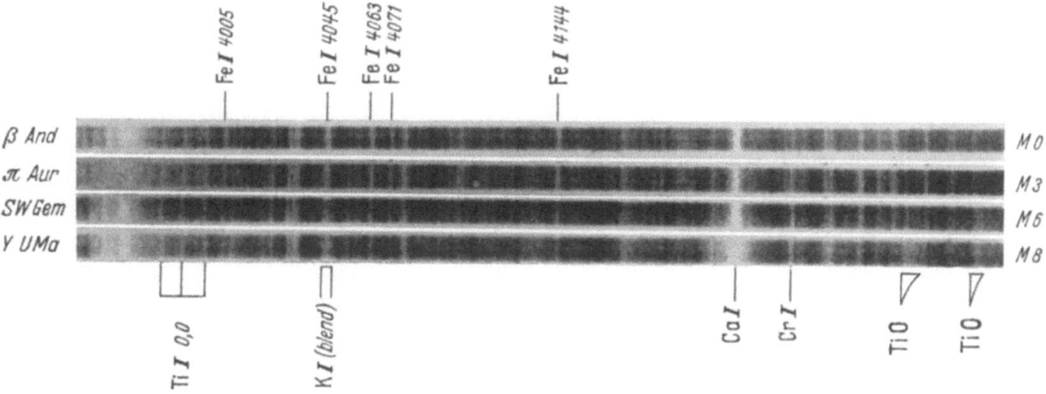

Fig. 36. D'après W. W. Morgan et P. C. Keenan Obs. Yerkes.

une classification mal définie. On a constaté que le remplacement des types $M\,a$, $M\,b$ et $M\,c$ par des divisions décimales $M\,0$, $M\,3$ et $M\,8$ comme le proposait l'Union Astronomique Internationale en 1922, n'était pas suffisant. La révision a été faite en 1924 à la fois à Victoria[1] et au Mont Wilson[2] et plus récemment, en 1942, par Miss D. Hoffleit à Harvard[3]. Suivant la recommandation de l'Union Astronomique on s'est surtout servi de l'intensité des bandes vertes de TiO. Ce système de bandes (α) $C^3\pi \rightarrow X^3\pi$ présente des têtes à $\lambda\,4955$ (1,0), 5167 (0,0), 5448 etc. il est dégradé vers le rouge. Ce système n'est pas toujours facile à observer avec des petites dispersions et P. C. Keenan[4] indique les bandes

[1] R. K. Young et W. E. Harper: Publ. Dominion Astrophys. Obs. Victoria III, 1 (1924).
[2] W. S. Adams, A. H. Joy, M. L. Humason et A. M. Brayton: Astrophys. Journ. **81**, 187 (1935).
[3] D. Hoffleit: Harvard Circ. No. 448 (1942).
[4] P. C. Keenan: Astrophys. Journ. **95**, 461 (1942).

du système (γ) $A^3\Sigma \to X^3\pi$ λ 6651 (1,0), 7054 (0,0), 7589 (0,1) comme particulièrement sensibles. Elles apparaissent à partir de $K4$. Les bandes situées à 5604 et 5635 sont aussi utiles, malgré leur petite séparation. Fig.38a, pour fixer les types on a adopté les étoiles standards suivantes:

Harvard		Mt. Wilson	Victoria
$K0$	α Boo α Phe	$K0$	$K0$
$K5$	α Tau	$K5$	$K8$
$M0$	σ Oph	$M0$	$K9$
$M4$	σ Lib, γ Cru	$M4$	
$M7$	R Lyr	$M5$	$M7$

Malgré cela les diverses classifications ne sont pas en excellent accord, en effet si les systèmes de Harvard et de Victoria sont pratiquement identiques, les classifications de Harvard et du Mt. Wilson diffèrent sensiblement comme le montre le tableau de correspondance

Mt. Wilson	$G0$	$G5$	$K0$	$K5$	$M0$	$M1$	$M2$	$M3$	$M4$	$M5$	$M6$
Harvard	$G1$	$G5$	$G9,5$	$K4,5$	$K5,5$	$K6$	$M1$	$M3$	$M5$	$M6$	$M7$

Les raies métalliques qui ont servi pour la mesure des parallaxes spectroscopiques peuvent aussi servir pour ces étoiles. L'étalonnage a été fait à l'aide des mouvements propres et des parallaxes trigonométriques de 178 étoiles. La valeur moyenne de la magnitude absolue des étoiles du catalogue est $M_v = -0,3$.

$\beta)$ *Géantes et supergéantes.* M. P. C. Keenan[1] a pris les spectres de nombreuses étoiles de type M, variables de petite amplitude. Les types spectraux établis dans le système du Mont Wilson (IAU 1925) sont basés sur l'intensité des bandes vertes de TiO. La classification en classes de luminosité a été faite à l'aide de raies atomiques utilisées depuis longtemps pour les étoiles de types spectraux moins avancés. Keenan classe ainsi les étoiles étudiées en classes de luminosité de Ia à III. Il trouve ainsi 13 supergéantes de classes $M0$ à $M3$ Ia et 45 étoiles de classes II et III qui sont surtout de classes $M3$ à $M7$.

Il a pu effectuer un étalonnage en magnitudes absolues moyennes.

$$\begin{array}{ccccc} & \text{Ia} & \text{Ib} & \text{II} & \text{III} \\ \overline{M_v} & -5,2 & -3,8 & -2,0 & -0,2 \quad (\text{Keenan}) \\ & \underbrace{}_{-3,4} & & \underbrace{}_{-0,9} & (\text{Wilson}) \end{array}$$

Ces valeurs sont confirmées par une étude dynamique de R. E. Wilson[2] qui trouve les valeurs de la troisième ligne du tableau.

P. C. Keenan et J. A. Hynek[3] donnent une liste de 8 raies infrarouges qui varient en intensité avec la luminosité. Parmi ces raies, dues à Fe I, Fe II et Ca II, celles situées à 7712, 8514 et 8689 paraissent les plus utiles pour la détermination de la magnitude absolue M. Les auteurs ne pensent pas qu'une précision supérieure à $\Delta M = 2$ soit possible malgré la dispersion assez grande de leurs spectres (48 Å/mm). Indiquons aussi les valeurs des magnitudes absolues infrarouges déterminées par V. M. Blanco[4] pour les supergéantes de classe Iab

[1] P. C. Keenan: Astrophys. Journ. **95**, 461 (1942).
[2] R. E. Wilson: Astrophys. Journ. **96**, 371 (1942).
[3] P. C. Keenan et J. A. Hynek: Astrophys. Journ. **101**, 265 (1945).
[4] V. M. Blanco: Astrophys. Journ. **122**, 434 (1955).

à l'aide des étoiles associées à l'amas double de Persée:

Classes I a b	$M\,0$	$M\,1$	$M\,2$	$M\,3$	$M\,4$	$M\,5$
M_a	$-6{,}4$	$-6{,}7$	$-6{,}9$	$-7{,}1$	$-7{,}2$	$-7{,}3$
$V-I$	$1{,}3$	$1{,}4$	$1{,}6$	$1{,}9$	$2{,}0$	$2{,}0$

Nous indiquons p. 71 les critères utilisés par J. J. NASSAU aux très petites dispersions.

γ) *Naines des classes M.* Les étoiles naines de classe M ont des magnitudes absolues très grandes, elles ne sont donc observables que lorsqu'elles sont très voisines de nous et de ce fait, malgré leur grande abondance réelle elles sont très rarement observables. VYSSOTSKY[1] estime la proportion des naines à 3% parmi les étoiles de type spectral plus avancé que $M\,0$ et de magnitude apparente comprise entre 9 et 10. Dans ces conditions les critères de luminosité ne sont utiles que pour des spectres peu dispersés, les seuls que l'on puisse obtenir. Ces critères ont surtout été étudiés par MORGAN[2] sur 25 étoiles à grand mouvement propre qui sont toutes, sauf une, des naines de la séquence princi-

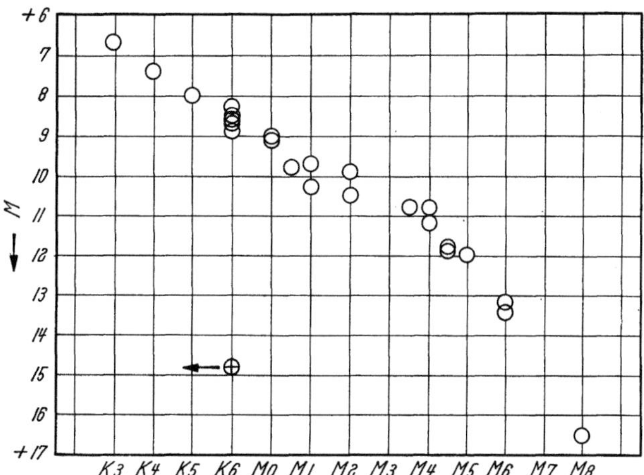

Fig. 37. Magnitudes absolues M des naines de classes $K\,3$ à $M\,8$ d'après MORGAN (Astrophys. Journ. 87).

pale. La classification est faite dans le domaine visuel à l'aide des raies CrI 5206, D de NaI, CaI vers 6100 pour les étoiles K et les bandes de TiO entre 5800 et 6500 pour les étoiles M. Signalons aussi l'effet de magnitude négatif de la bande 6385 de CaH indiqué par ÖHMAN qui n'apparaît bien que dans les naines. La liste des étoiles de MORGAN doit être regardée comme une liste type pour la classification. La relation entre la magnitude absolue M_v et le type spectral est bien définie (Fig. 37): La classification par classe de luminosité effectuée par VYSSOTSKY est basée sur quatre critères qu'il évalue dans une échelle arbitraire, allant de 0 à 4:

1. l'intensité des bandes de TiO; 2. l'intensité de la raie de CaI 4227; 3. le critère de LINDBLAD: rapport des intensités — violet de $\lambda\,4227$/rouge de $\lambda\,4227$ — et 4. la netteté de la discontinuité de G evaluée de 4 à 0. Il établit la corrélation suivante entre la somme Σ des quatre évaluations de critères et la magnitude absolue:

$$\Sigma \;=\; 6 \qquad 7 \qquad 8 \qquad 9 \qquad 10 \qquad 11 \qquad 12 \qquad 13$$

$$M_v \;=\; 7{,}7 \quad 7{,}9 \quad 8{,}3 \quad 8{,}8 \quad 9{,}4 \quad 10{,}1 \quad 11{,}0 \quad 12{,}1$$

---

[1] A. N. VYSSOTSKY: Astrophys. Journ. **104**, 239 (1946); **116**, 117 (1952).
[2] W. W. MORGAN: Astrophys. Journ. **87**, 589 (1938).

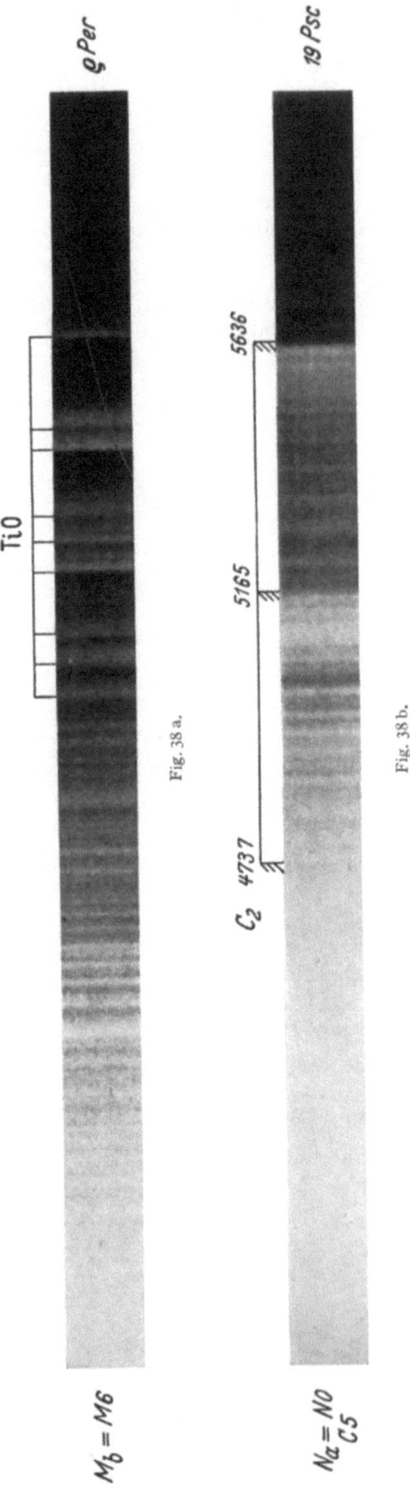

Fig. 38 a.

Fig. 38 b.

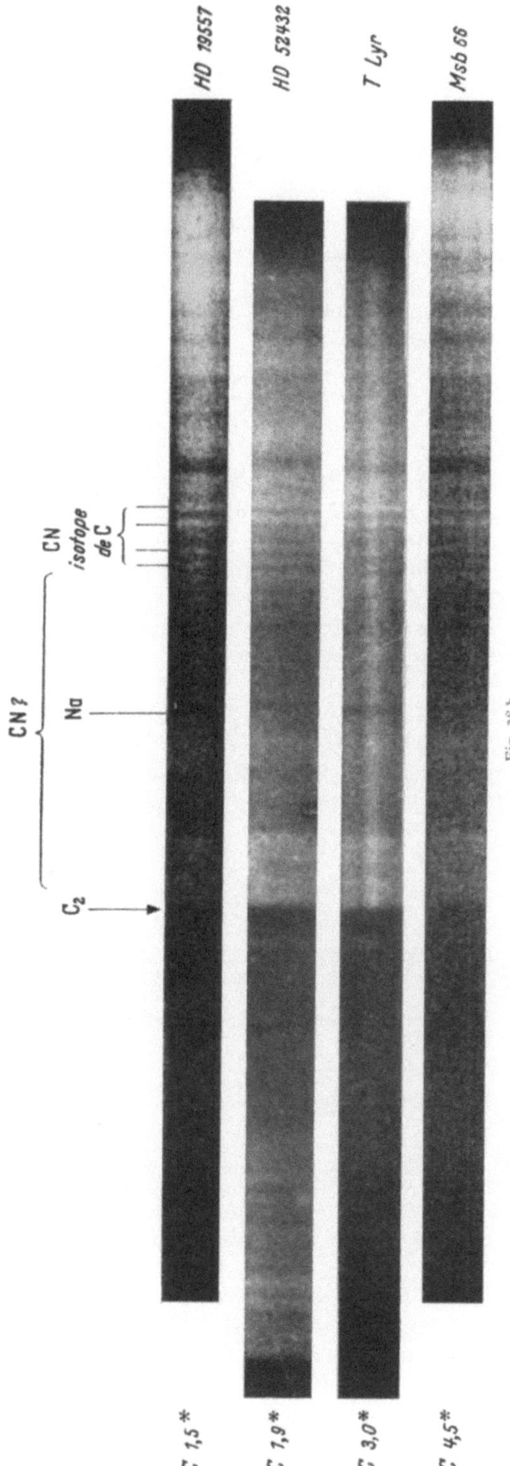

Fig. 38 b.

Tous les spectres de la figure 38 d'après R. BOUIGUE Obs. Haute Provence.

P. C. KEENAN et J. J. NASSAU[1] emploient pour des spectres peu dispersés les critères identiques à 2,3 et 4, ils ajoutent un critère (raie 4406) pour distinguer les géantes des supergéantes.

Signalons enfin que les étoiles naines sont souvent des étoiles à éruption (Flare Stars) présentant les raies K et H de CaII et les raies de l'hydrogène en émission. Elles seront étudiées avec les étoiles variables.

22. Les spectres des étoiles carbonées. La classification des étoiles présentant les bandes des molécules carbonées C_2 dans les classes R et N de Harvard est apparue assez rapidement comme insuffisante. Les principales bandes observées sont:

Les bandes de Swan de la molécule: $C_2\ A^3\pi_g \rightarrow X^3\pi_u$ qui présentent surtout les cinq séquences bien observables

$$v' - v'' = -2 \quad \text{Bande } 0,2 \text{ à } \lambda\ 6191 \text{ avec } 6 \text{ bandes principales}$$

-1	0,1	5636	5
0	0,0	5165	3
$+1$	1,0	4737	5
$+2$	2,0	4383	3

Chaque bande est dégradée vers le violet et recouverte par la tête de la bande suivante de la même séquence (Fig. 38 b).

Les bandes de la molécule CN présentant deux systèmes intenses dans le visible ou le proche infrarouge.

Le système violet $B^2\Sigma \rightarrow X^2\Sigma$ avec les séquences $-2, 1, 0, 1$ et les têtes des premières bandes à 4606, 4216, 3883 et 3590 Å. Ces séquences présentent de 7 à 2 bandes dégradées vers le violet. Les séquences 4216 et 3883 sont les plus importantes.

Le système rouge $A^2\pi \rightarrow X^2\Sigma$ est beaucoup moins intense dans les étoiles C, les séquences 4, 3 et 2 sont observables dans le rouge alors que les séquences 1,0 sont situées dans l'infrarouge. On a pu s'en servir pour la mesure de température de vibration moléculaire.

C. D. SHANE[2] en 1928 reprit la classification à l'Observatoire Lick en faisant des estimations d'intensité des bandes de CN, de C_2. Il ajouta une estimation du rapport d'intensité rouge/violet et de l'importance de la discontinuité 4600/4800. On peut considérer que les nouvelles classes de SHANE sont définies par les deux graphiques (Fig. 39 et 40). On peut donner les valeurs suivantes:

Classe HD	$R\,0$	$R\,3$	$R\,5$	$R\,8$	$N\,a$	$N\,b$	$N\,c$
Classe SHANE	$R\,0$	$R\,3$	$R\,4$	$R\,8$	$N\,0$	$N\,3$	$N\,6$
I_{CN}	4	8	9	4	1	0	0
Rapport Rouge/Violet . .	1	2	3	5	6	8	10

SHANE confirma le résultat déjà indiqué par RUFUS qui avait montré que l'intensité des bandes de SWAN n'a pas une variation simple avec le type spectral (Fig. 41). L'intensité de la bande 4737 paraît varier de 0 à 10, à la fois lorsqu'on passe de $R\,0$ à $R\,6$ et de $R\,8$ à $N\,6$.

P. C. KEENAN et W. W. MORGAN[3] reprirent cette question sur une nouvelle base en 1941 et proposèrent une classification tout à fait différente. Selon ces auteurs, les classifications antérieures ne sont pas bonnes parce que deux grandeurs: la température effective et l'abondance du carbone, déterminent ensemble l'aspect du spectre et la variation de l'abondance simule une variation de tem-

---

[1] P. C. KEENAN et J. J. NASSAU: Astrophys. Journ. **104**, 458 (1946).
[2] C. D. SHANE: Lick Observ. Bull. **13**, No. 396, 123 (1928).
[3] P. C. KEENAN et W. W. MORGAN: Astrophys. Journ. **94**, 501 (1941).

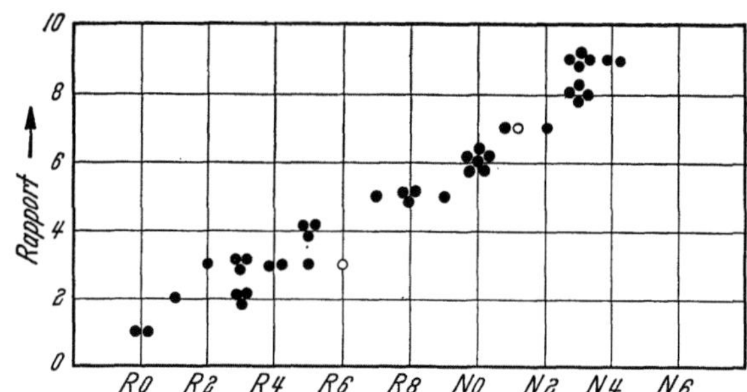

Fig. 39. Rapport d'intensité-Rouge/Bleu-d'après Shane (Lick Observ. Bull. 13).

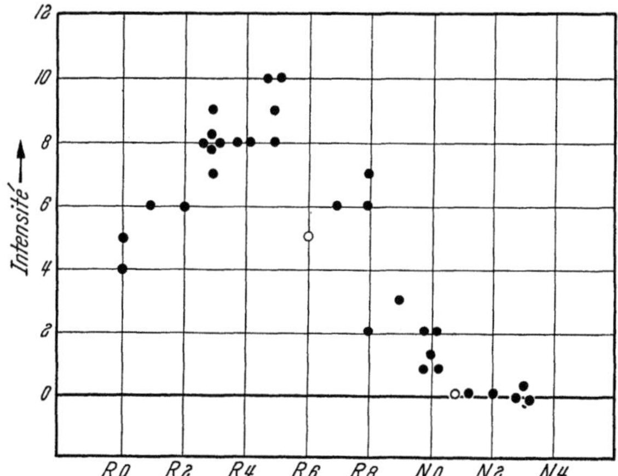

Fig. 40. Intensité des bandes de CN d'après Shane (Lick Observ. Bull. 13).

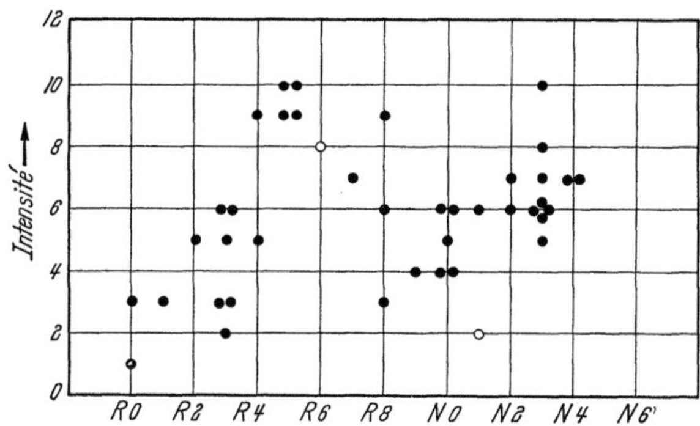

Fig. 41. Variation compliquée de l'intensité des bandes de Swan de C_2 d'après Shane (Lick Observ. Bull. 13).

pérature. Morgan et Keenan proposent donc une classification à deux paramètres. La classe spectrale de $C0$ à $C9$ est déterminée par la seule température suivant la correspondance suivante:

Temp. effective photosphérique	Type spectral	Type correspondant	Temp. effective photosphérique	Type spectral	Type correspondant
4500° K	$C0$	$G4 - G6$	3650° K	$C4$	$K3 - K4$
4300	$C1$	$G7 - G8$	3450	$C5$	$K5 - M0$
4100	$C2$	$G9 - K0$		$C6$	$M1 - M2$
3900	$C3$	$K1 - K2$		$C7$	$M3 - M4$

Un deuxième nombre indiquera l'importance relative du carbone dans l'échelle utilisée par SHANE pour la bande 4737. Pour rattacher les classes C à celles de la séquence principale $G-M$, KEENAN et MORGAN mesurèrent l'intensité de raies atomiques communes à ces étoiles. Notamment les rapports:

$$\mathrm{Fe\,I}\ 4045/\mathrm{Mn\,I}\ 4032-4034,$$

$$\mathrm{Fe\,I}\ 4250/\mathrm{Cr\,I}\ 4254$$

ainsi que la largeur équivalente des raies 5890/5896 de Na I.

R. BOUIGUE[1] étudia cette classification et confirma son bien fondé. Il montra que le critère le plus utile est l'intensité du doublet 5890/5896 de Na I. Le second critère utilisé est, en fait, la température de vibration des bandes de CN et C_2. Dans une atmosphère en équilibre thermodynamique, l'intensité I d'une bande d'absorption $v''\rightarrow v'$ est donnée par la formule:

$$I_{v'v''} = \mathrm{c^{te}}\, P\,\nu\, e^{-\frac{E_{v''}}{kT}}.$$

Pour deux bandes d'une même séquence, on établit facilement:

$$T\left(\mathrm{Log}\,\frac{P\nu}{P'\nu'} - \mathrm{Log}\,\frac{I}{I'}\right) = \frac{E-E'}{k} = \mathrm{Log}\,e$$

où P, ν, I, E correspondent à l'une des bandes et P', ν', I', E' à la seconde bande. Les probabilités de transitions P et P' peuvent être calculées ou déterminées au laboratoire; les énergies des états E, E' ainsi que les fréquences ν, ν' sont immédiatement accessibles. I et I' se mesurent sur les spectres stellaires.

R. BOUIGUE établit la relation (Fig. 42 et 43) entre l'intensité du sodium, la température de vibration et les classes MK.

MK	C0	C2	C4	C6	C8
T_v	4100	3500	2900	2300	2100° K

Vers C9, la détermination paraît incertaine. BOUIGUE trouve une remontée vers 2500° K, qui n'est pas assurée. En fait, le problème de la classification est plus ardu. Il existe notamment une bande vers 6260 Å dont on ne connaît pas l'origine mais qui peut varier d'une étoile à l'autre pour un type spectral donné. Cette bande paraît en relation intime avec l'abondance isotopique de ^{13}C qui prend, comme l'a montré A. McKELLAR[2], des valeurs très différentes: $^{13}C/^{12}C$ est égal à 3 ou 50, suivant les étoiles. Les classifications nouvelles et anciennes se correspondent pour les classes R, suivant le schéma:

R0	R3	R5
C1	C2	C4

mais aucune correspondance n'est possible entre les classes N et C. Ainsi l'étoile la plus froide WZ Cas[3], qui présente la forte raie du Lithium Li I 6708, classée maintenant C9 par MK et BOUIGUE, était classée N1. C'est en effet une étoile C avec des bandes de C_2 peu développées. On conçoit la difficulté de la classification de ces étoiles.

Les étoiles carbonées étudiées jusqu'à présent sont toutes des géantes. R. F. SANFORD[4] et R. E. WILSON[5] ont déterminé les magnitudes absolues moyennes à l'aide des vitesses radiales et des mouvements propres. Pour les

[1] R. BOUIGUE: Ann. d'Astrophys. **17**, 35, 104 (1954).
[2] A. McKELLAR: Journ. Roy. Astronom. Soc. Canada **45**, 23 (1951).
[3] A. McKELLAR et W. H. STILWELL: Journ. Roy. Astronom. Soc. Canada **38**, 237 (1944).
[4] R. F. SANFORD: Astrophys. Journ. **99**, 145 (1944).
[5] R. E. WILSON: Astrophys. Journ. **90**, 353 et 486 (1939).

classes anciennes on peut résumer ces valeurs:

$$M_v = -0{,}5 \pm 0{,}2 \quad \text{classe } R,$$

$$M_v = -1{,}8 \pm 0{,}2 \quad \text{classe } N.$$

Mais la dispersion des magnitudes, malgré la petite valeur indiquée pour la dispersion ($\pm 0{,}2$) est certainement grande. Il se peut que le groupe étudié soit formé par un ensemble de géantes et de quelques supergéantes. Aucune naine n'a été observée jusqu'à présent.

23. Les étoiles S. Après les travaux de Miss CANNON et de P. W. MERRILL, qui ont montré que certaines étoiles rouges comme π_1 Gru, R Cyg et R And avaient des spectres différents de M, R et N, l'Union Astronomique Internationale décida en 1922 d'introduire le type S pour ces étoiles. Au cours des 30 années suivantes on classa une centaine d'étoiles dans ce type. En l'absence de critères définis, cette classe forme un ensemble peu homogène. En fait, la classe S primitive contient deux groupes d'étoiles:

1. Les étoiles présentant les bandes plus ou moins intenses de ZrO. Ces spectres présentent simultanément, avec plus ou moins d'intensité, les bandes de TiO. Les étoiles les plus froides montrent aussi, dans l'infrarouge, les bandes de LaO.

2. Les étoiles sans bandes très nettes, mais ayant certaines raies atomiques, notamment 4554 (Ba II) et 4607 (Sr I) anormalement intenses par comparaison avec les mêmes raies des étoiles K et M. On a également découvert dans ces étoiles les raies du Technetium, élément radioactif.

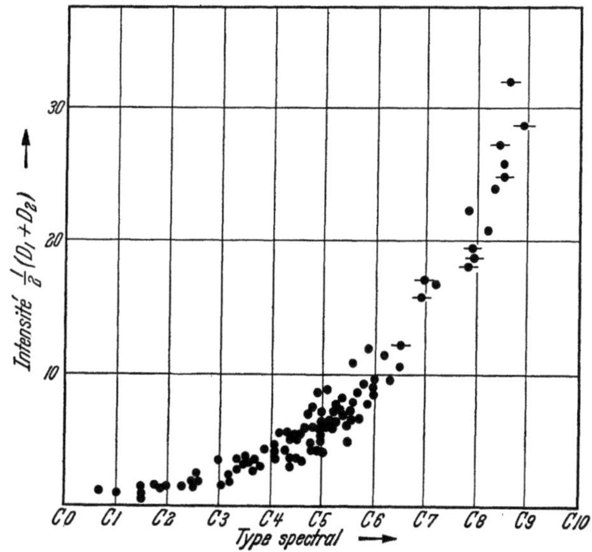

Fig. 42. Relation entre l'intensité des raies D de Na I et la classe spectrale C d'après R. BOUIGUE (Ann. d'Astrophys. 17).

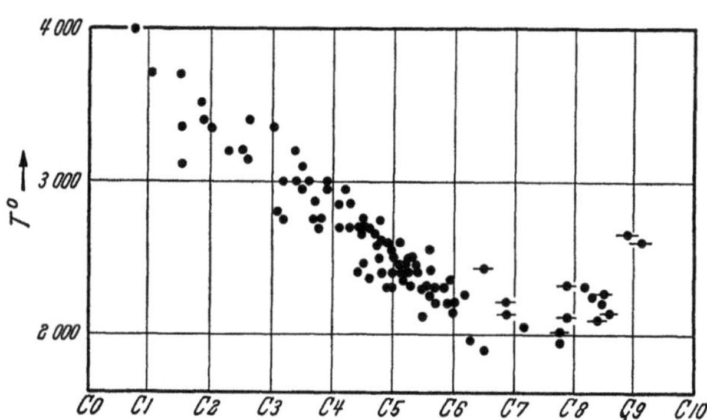

Fig. 43. Variation de la température de vibration de la molécule CN d'après R. BOUIGUE (Ann. d'Astrophys. 17).

P. C. KEENAN[1] propose de n'introduire dans la classe S que les étoiles présentant les bandes de ZrO.

Toutes les bandes de ZrO ont trois têtes et elles sont dégradées vers le rouge. Malheureusement, les bandes les plus intenses sont très voisines de bandes de

---

[1] P. C. KEENAN: Astrophys. Journ. **120**, 484 (1954).

TiO. Ce sont notamment la tête (0, 0) R, λ 4640,6 du système (α) $C^3\pi \to X^3\pi\, R$ voisine de la bande 4626,1 de TiO.

La tête (0, 0) $R3$, λ 6473,7 du système (γ) $A^3\Sigma \to X^3\pi$ voisine de la bande 6473 de TiO.

Le critère le plus utile pour les petites dispersions est la tête de bande 5551,7 Å du système (β) $B^3\Delta \to X^3\pi$.

La séquence des étoiles S est considérée comme une séquence parallèle à celle des étoiles M. Supposons que nous remplacions dans l'atmosphère d'une étoile M progressivement TiO par ZrO, nous assisterions à un affaiblissement progressif du premier système au détriment du second. Mais la somme des deux intensités ne devrait pas varier beaucoup. En fait on doit s'attendre à un maximum lorsque TiO et ZrO sont égaux. Keenan propose une mesure de l'intensité de la somme des bandes suivant le principe suivant:

1. Pour les étoiles M de classe $M\,p$, l'intensité de TiO sera égale à $p+1$ (5 pour la classe $M\,4$).

2. Pour les étoiles S on estimera autant que possible les intensités de TiO et ZrO dans la même échelle. Soit m l'intensité du système le plus intense et n du plus faible. La classe de l'étoile sera:

$$m + \frac{n}{2}.$$

Cette subdivision des étoiles S doit être très voisine d'une classification par températures décroissantes comme pour les étoiles M. Il faut évidemment introduire un second paramètre. On pense immédiatement au rapport ZrO/TiO. Malheureusement le rapport d'intensité des bandes varie avec la température, les bandes de ZrO apparaissent mieux dans les étoiles froides. Keenan propose de mesurer ce rapport d'abondance par le rapport des raies des atomes lourds aux raies des atomes légers Zr—La/Ti—V. Ce rapport peut aussi être obtenu en multipliant ZrO/TiO par la classe spectrale.

Exemple: R And: Intensité des bandes TiO $= 5$ ZrO $= 4$ LaO $= 1$

$$\left. \begin{array}{l} \text{Classe spectrale:} \quad 5 + \tfrac{4}{2} = 7 \\ \text{Rapport d'abondance} \quad \tfrac{4}{5} \times 7 = 5{,}6 \end{array} \right\} \quad S\,7_6.$$

Keenan ne retient comme étoiles S que celles pour lesquelles ZrO >1. Pour les autres étoiles, n'ayant montré ZrO que sur des spectres plus dispersés, il adopte la notation S ajoutée après la classe spectrale déterminée à l'aide des bandes de TiO. *Exemple:* Y Lyn: $M\,6\,S$.

Keenan[1] a montré en 1948 que les bandes de l'oxyde de Lanthane LaO apparaissent nettement dans l'infrarouge pour de nombreuses étoiles de type S. Les plaques prises à l'Observatoire Perkins montrent que toutes les étoiles qui présentent les bandes de LaO présentent aussi celles de ZrO. L'existence de ces bandes est donc un important critère de classification très utile pour la reconnaissance de ces étoiles brillantes dans l'infrarouge.

Les étoiles S sont très rares, le catalogue de Keenan n'en contient plus que 69 plus brillantes que la magnitude visuelle 11. Des listes importantes en comprenaient une centaine mais elles contenaient des étoiles analogues à R CMi qui ont été exclues de la classification récente de ces étoiles. Les étoiles de type S sont des étoiles géantes dont la M_v est voisine de -1. Elles paraissent localisées dans les bras de spirale de notre Galaxie.

---

[1] P. C. Keenan: Astrophys. Journ. **107**, 420 (1948).

VII. La classification des spectres très peu dispersés.

Le désir d'étudier des étoiles de plus en plus faibles a amené divers Observatoires à tenter des classifications avec de très petites dispersions.

24. Travaux de Nassau. La série de travaux la plus suivie est celle exécutée sous la direction de J. J. Nassau à l'Observatoire Warner et Swasey avec le télescope Schmidt de 60 cm d'ouverture et équipé d'un prisme de 4°. Dans ces conditions la dispersion est de 150 Å/mm vers 3700 Å, de 280 Å/mm vers

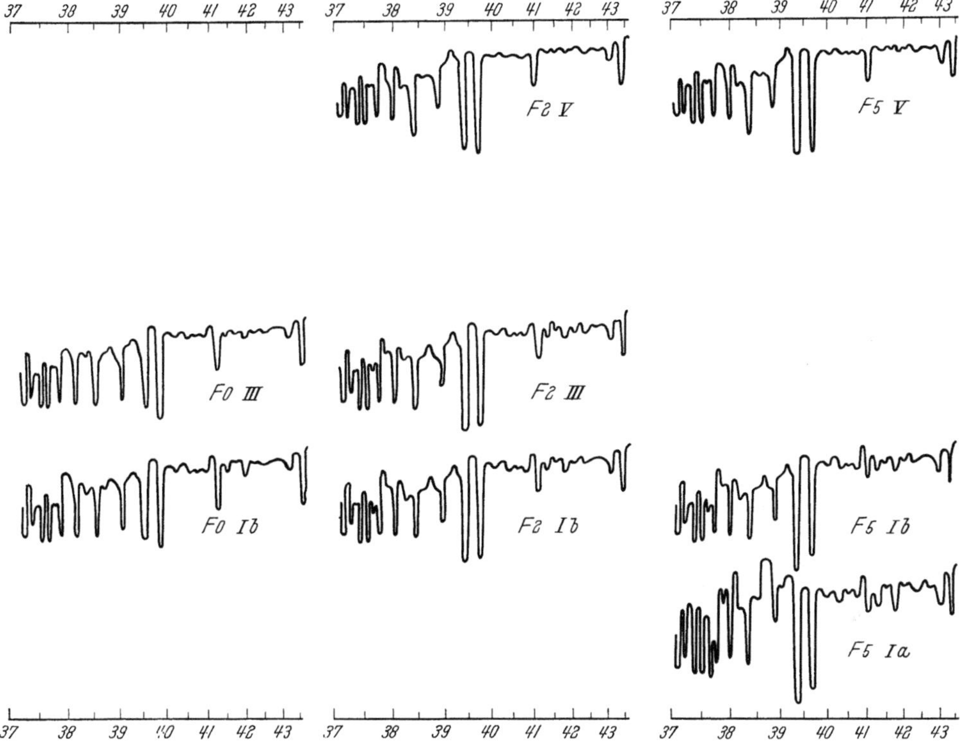

Fig. 44. Tracés de Nassau et van Albada pour les étoiles F.

H_γ et 3500 Å/cm dans l'infrarouge. Suivant les domaines étudiés, les possibilités sont très différentes, mais même dans l'infrarouge, Nassau et ses collaborateurs ont pu mettre au point une puissante méthode de classification d'étoiles des dernières classes spectrales.

α) Classification bi-dimensionnelle (J. J. Nassau et G. B. van Albada[1]). Le domaine de la classification est compris entre 3700 et 4400 Å avec une dispersion moyenne de 250 Å/mm. La représentation des critères est faite d'une manière originale: l'observateur effectue un tracé à main levé simulant un enregistrement microphotométrique de toutes les étoiles standards (Fig. 44), et il compare ensuite les étoiles classées à ces documents.

Les critères de classification utilisés sont les critères classiques employés dans les divers observatoires, adaptés au domaine spectral et à la dispersion utilisés. La détermination du type spectral est surtout basée sur les variations d'intensité dans les domaines 3860—3933 et 4227—4340 où on observe surtout

---

[1] J. J. Nassau et G. B. van Albada: Astrophys. Journ. **106**, 20 (1947).

le comportement des raies K et H, la bande G, les raies CaI 4227 et H$_\gamma$. Le comportement de la bande 3860 s'est révélé très utile.

La détermination de la classe de luminosité se fait surtout dans les domaines 3700—3838, H—H$_\delta$ et H$_\delta$—4227. Les raies 3706, 3720 et 3759 sont particulièrement utiles pour reconnaître les supergéantes. Le comportement des bandes ultra-violettes de CN (critères de LINDBLAD) est utile pour la détermination des classes II à V, il en est de même pour les intensités relatives des raies bien connues 4078, 4128, 4174 (type F à G5) et 4090, 4155, 4174, 4200 pour les étoiles K. Les résultats obtenus sont en bon accord avec ceux de MORGAN à la fois pour le type spectral et la classe de luminosité.

β) Classification des étoiles froides dans le proche infrarouge[1]. Le domaine spectral étudié va de 6800 à 8800 Å, les spectres ont une longueur de 0,6 mm (Dispersion moyenne 3400 Å/mm). Le proche infrarouge est très propice pour la recherche des étoiles des dernières classes qui apparaissent nettement dans ce domaine à cause de l'intensité de leur spectre dans le rouge éloigné. Un filtre coloré coupe le domaine photographique ordinaire et permet ainsi des poses longues sans trop de superpositions de spectres.

Etoiles M6—M10 (J. J. NASSAU et D. M. CAMERON[2]). Ce sont les bandes de TiO situées à 7054, 7589 et 8432 et les bandes de VO vers 7400 et 7900 qui sont les plus utiles pour la classification. On peut résumer le schéma de classification de la façon suivante:

M6. Maximum d'absorption de la bande de TiO 7054, située près de la bande tellurique A. TiO 8432 est moyennement intense. TiO 8300 apparaît par un léger étranglement du spectre.

M7. La bande 7900 de VO apparaît nettement alors que la bande 7400 n'est pas visible ou apparaît à peine. TiO 8300 est un peu mieux visible que dans M6, par son étranglement du spectre.

M8. Les bandes de VO à 7900 et 7400 et la bande de TiO à 8300 augmentent.

M9. Les bandes de VO à 7900 et 7400, plus intenses, sont comparables à la bande 7600 de TiO. La bande 8300 est plus intense. Le spectre présente nettement un aspect de bandes alternativement lumineuses et obscures entre 7600 et 7900 Å.

M10. Pratiquement plus de radiations pour $\lambda < 7900$.

Etoiles C (J. J. NASSAU et A. COLACEVICH[3]). C'est la bande 7945 de CN apparaissant à partir de C1 et les bandes vers 8125 et 8220 qui permettent de reconnaître et de classer ces étoiles suivant le schéma ci-dessous:

C1—C2. 7945 faible mais visible.

C3. 7945 net. Pseudo émission à 7070.

C4—C6. 7945, 8125 et 8220 sont bien visibles. Le spectre peut être suivi jusque vers 7000 Å où apparaissent des pseudo-émissions.

C7. Mêmes caractères que C4—C6, mais le spectre est beaucoup moins intense entre 7000 et 7500 Å.

Etoiles S (J. J. NASSAU[4]). Ces étoiles peuvent être reconnues grâce aux bandes de LaO visibles vers 7400 et 7900 Å. NASSAU a ainsi reconnu, en 1954, 31 étoiles S nouvelles.

On trouvera dans les publications faites par l'Observatoire Warner et Swasey et celui de Tonantzintla, de nombreuses listes d'étoiles rouges classées d'après ces principes.

---

[1] J. J. NASSAU et G. B. VAN ALBADA: Astrophys. Journ. **109**, 391 (1949).
[2] J. J. NASSAU et D. M. CAMERON: Astrophys. Journ. **122**, 177 (1955).
[3] J. J. NASSAU et A. COLACEVICH: Astrophys. Journ. **111**, 199 (1950).
[4] J. J. NASSAU, V. M. BLANCO et W. W. MORGAN: Astrophys. Journ. **120**, 478 (1954).

25. Les groupes naturels de MORGAN. Lorsqu'on utilise de très petites dispersions, il n'est souvent pas possible de classer toutes les étoiles d'un champ, mais il est souvent possible de reconnaître certaines étoiles ayant des caractères spectraux (classe et luminosité) très bien définis. Considérons le diagramme où MORGAN[1] a porté la classe de luminosité L en fonction du type spectral S (Fig. 45). S'il est possible de reconnaître par des caractères spectraux qu'une étoile est à l'intérieur d'un domaine limité a de ce plan, on dit que l'ensemble forme un groupe naturel. En général ce domaine est entouré d'un second domaine (ou frange b), dans lequel se trouvent des étoiles de caractères voisins; il est essentiel pour que le groupe soit intéressant que cette frange soit réduite au minimum, c'est à dire que les critères doivent varier rapidement lorsqu'on sort du domaine a.

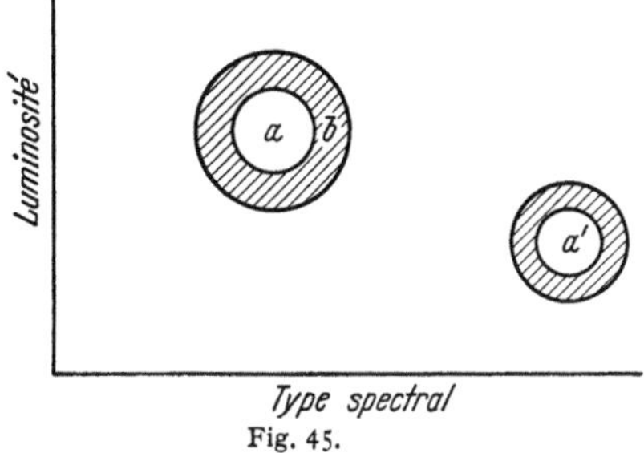

Fig. 45.

La reconnaissance de groupes naturels est très importante car elle permet de trouver des étoiles particulières dans la multitude des étoiles d'un champ. Il est alors loisible de les étudier spécialement ou de faire leur étude statistique. Naturellement l'existence d'un groupe naturel dépend essentiellement de l'instrument utilisé et de la méthode de dépouillement employée. Il n'est pas question ici de donner la liste de tous les groupes naturels utilisés, mais nous donnons à titre d'exemple ceux qu'on peut délimiter dans quelques cas.

1. Dispersion comprise entre 700 et 1200 Å/mm vers H_γ (Vatican),

dA hydrogène très fort;

gK étoiles K avec très forte absorption pour la bande 3883 de CN.

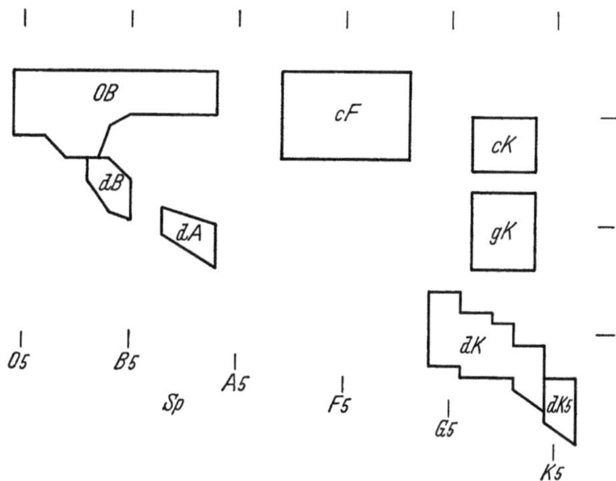

Fig. 46. Groupes naturels de MORGAN pour une dispersion de 230 Å/mm vers H_γ. (Case Institute of Technology et Observatoire de Tonantzintla.)

2. Dispersion égale à 230 Å/mm entre H_γ et H_ζ (Warner and Swasey Obs. et Tonantzintla). Huit groupes sont indiqués par MORGAN (Fig. 46).

a) Le groupe OB. Raies de H très faibles ou absentes. Ce groupe contient toutes les étoiles chaudes à grande luminosité et est particulièrement important car il permet de trouver des étoiles situées très loin dans le plan galactique. NASSAU, MORGAN et d'autres, ont publié d'importantes listes d'étoiles de ce groupe.

b) Le groupe cF comprend des étoiles

$$F2\ \text{Ia} - G0\ \text{Ia}$$
$$F2\ \text{Ib} - G0\ \text{Ib}$$

montrant le blend 4170 particulièrement fort.

---

[1] W. W. MORGAN: Publ. Obs. Univ. Michigan, No. 10, 33 (1951).

c), d), e) La distinction des trois groupes K se fait par la présence ou l'absence de CN et l'intensité de H$_\delta$ suivant le schéma.

dK	cK	gK
CN absent	CN fort — H$_\delta$ fort	CN fort — H$_\delta$ absent

f) Les groupes $dK5$ se reconnaissent par la forte intensité CaI 4226 et l'absence des bandes de TiO;

g) Le groupe dB par l'intensité de HeI;

h) Le groupe dA par l'intensité de H.

26. Classification avec des dispersions extrèmement réduites. La méthode des groupes spectraux naturels a été illustrée par W. W. Morgan, A. B. Meinel et H. M. Johnson[1] avec une dispersion moyenne de 30000 Å/mm. Les auteurs montrent que l'aspect des spectres longs de 0,15 mm varie suffisament avec le type spectral pour qu'on puisse reconnaître des étoiles de types O et B.

Ces spectres sont plus longs que ceux des autres classes. En effet, les étoiles de classes nettement plus avancées n'ont plus de radiations ultra-violettes; il en est de même pour les étoiles A qui présentent peu de radiations de longueurs d'ondes plus courtes que la limite de la série de Balmer. Naturellement l'absorption interstellaire change fortement la répartition spectrale mais comme le montre la Fig. 47, la reconnaissance des étoiles OB reste possible même pour des étoiles fortement rougies: l'étoile O rouge a subi une absorption de 3,5 magnitudes, elle se distingue des étoiles gK par une plus grande extension de l'ultraviolet.

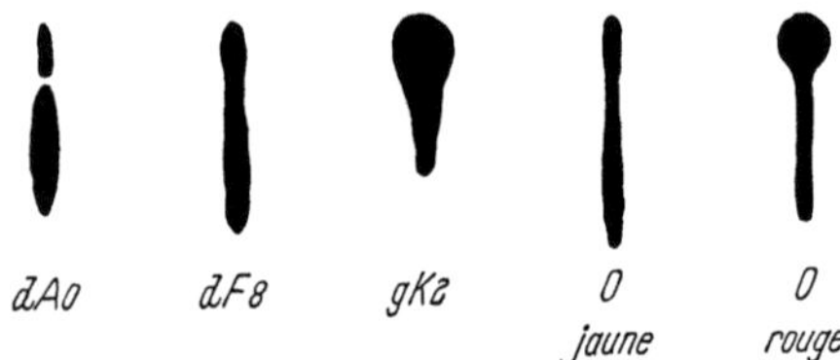

Fig. 47. Aspect schématique des spectres de Morgan pris avec une dispersion de 30000 Å/mm.

Ce groupe contient aussi les étoiles moins lumineuses. Les étoiles présentant l'hydrogène en émission ont en effet une forte intensité dans l'ultraviolet (continuum de Balmer).

VIII. Classification par le spectre continu des étoiles.

D. Barbier, D. Chalonge et leurs élèves ont effectué de nombreuses mesures du spectre continu des étoiles chaudes de classe O à $F5$ et ont pu mettre au point une classification spectrale originale et du plus haut intérêt [12].

27. Gradients stellaires. Indiquons en quelques mots les conditions expérimentales des mesures effectuées à l'Institut d'Astrophysique de Paris[2]. Les spectres ont été pris, soit à l'Observatoire du Jungfraujoch avec un télescope de 25 cm d'ouverture, soit à l'Observatoire de Haute Provence avec le télescope de 81 cm. Le spectrographe est à deux prismes de quartz, il donne une dispersion de 250 Å/mm vers H$_\gamma$. Les spectres sont élargis par divers procédés dont le dernier s'est révélé très efficace. Pendant la pose des spectres la plaque oscille d'un petit angle, dans son plan autour d'un point du spectre situé dans le prolongement de l'ultraviolet. Dans ces conditions, le spectre se présente comme un petit éventail (Fig. 48), moins élargi dans le violet que dans le rouge, le spectre présente une densité bien plus uniforme qu'avec le dispositif classique d'élargissement. L'équipement actuel de Chalonge permet d'atteindre des étoiles de magnitude 10 en 3 heures de pose avec le télescope de 81 cm.

[1] W. W. Morgan, A. B. Meinel et H. M. Johnson: Astrophys. Journ. **120**, 506 (1954).
[2] D. Chalonge: Ann. d'Astrophys. **15**, 142 (1952).

Sur le même cliché on expose un certain nombre de spectres dont l'éclairement est atténué dans un rapport connu. Naturellement le cliché oscille dans les mêmes conditions et le temps de pose est le même que celui des étoiles. Les spectres sont enregistrés avec toutes les précautions nécessaires à l'aide du microphotomètre construit sur les plans de CHALONGE. Les spectres étalons fournissent les courbes de gradation pour les divers domaines spectraux. La Fig. 49 montre l'enregistrement d'un spectre obtenu dans ces conditions. On remarque sur ce graphique:

sur la droite, les raies de la série de BALMER de l'hydrogène. La courbe $A\,B\,C$ dessine le spectre continu entre les raies. En $D\,E\,F$, on observe le spectre continu du côté violet de la discontinuité de BALMER D. Les fortes indentations vers la gauche sont dues aux bandes de l'ozone atmosphérique. CHALONGE et BARBIER

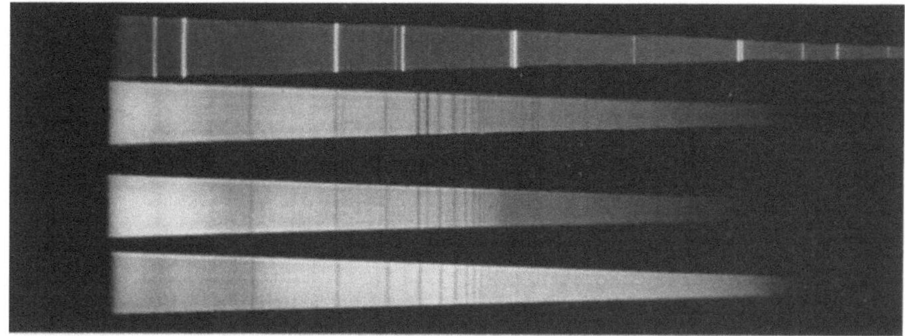

Fig. 48. Spectres en cour d'étoiles F, A et B pour la photométrie de CHALONGE.

comparent entre elles les intensités des fonds continus de deux étoiles, dont l'une peut être une étoile artificielle (lampe à hydrogène moléculaire, elle-même comparée à un corps noir connu).

Soient I et I' les intensités au sol d'une même radiation du spectre continu des deux étoiles E et E', et I_0 et I_0' les intensités hors de l'atmosphère. On établit facilement la relation:

$$\text{Log}\,\frac{I_0}{I_0'} = \text{Log}\,\frac{I}{I'} + (m - m')\,a_\lambda + k_\lambda\,\varepsilon\,(\sec Z - \sec Z') \tag{27.1}$$

où m, m' sont les masses d'air réduites,

$\quad Z, Z'\quad$ les distances zénithales,

$\quad a_\lambda\quad$ est le coefficient de diffusion de RAYLEIGH $a_\lambda = 0{,}040\,\lambda^{-4}$,

$\quad k_\lambda\quad$ le coefficient d'absorption de l'ozone,

$\quad \varepsilon\quad$ l'épaisseur réduite de l'ozone.

La relation (27.1) permet de corriger avec une grande sécurité les intensités observées et de déterminer avec précisions les rapports d'intensité. Le graphique 50 montre les résultats pour la comparaison de 10 Lac et π_1 Cyg. On constate que les points s'alignent bien suivant deux droites. On sait que la pente de ces droites, multipliée par $-2{,}30$ représente la différence de gradients absolus entre les étoiles E et E'.

Si $G_b\,(E, E')$ et $G_{uv}\,(E, E')$ sont les gradients relatifs pour le domaine bleu-violet (b) et ultra-violet (uv) on a:

$$G_b(E, E') = \varphi_b(E) - \varphi_b(E'),$$
$$G_{uv}(E, E') = \varphi_{uv}(E) - \varphi_{uv}(E').$$

Pour un corps noir le gradient absolu φ est donné par la formule (déduite de celle de Planck)

$$\varphi = \frac{C_2}{T_c}\left(1 - e^{-\frac{C_2}{\lambda T_c}}\right)^{-1}.$$

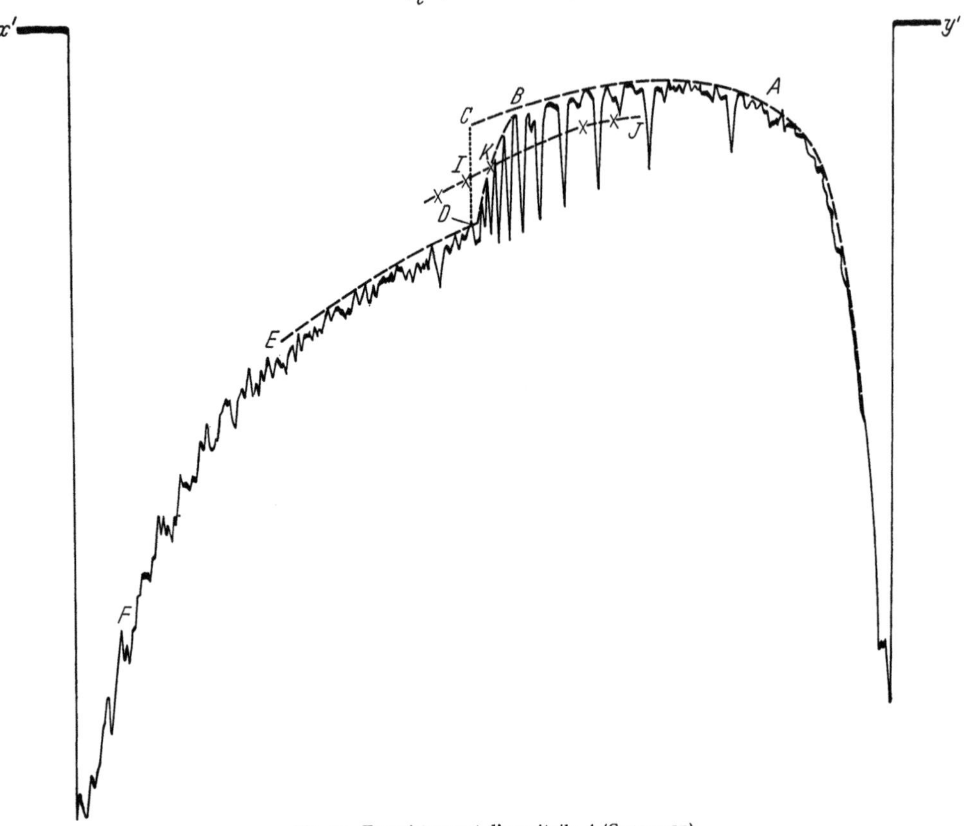

Fig. 49. Enregistrement d'une étoile A (Chalonge).

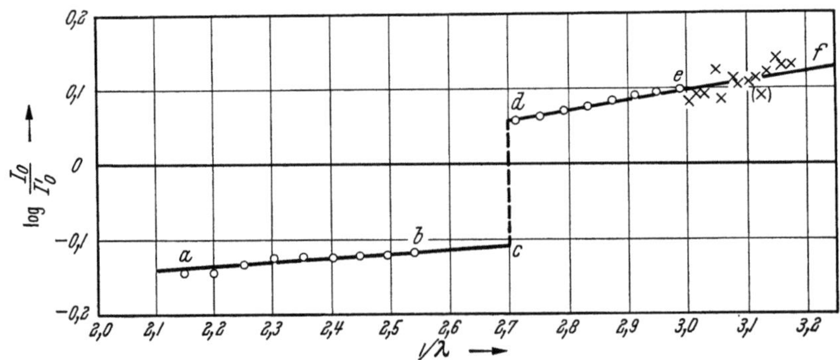

Fig. 50. Gradients relatifs de 10 Lac et π_1 Cyg. Les gradients relatifs sont $\varphi_b = -0{,}110$, $\varphi_{u\,v} = -0{,}304$ et la différence des discontinuités de Balmer $D - D' = -0{,}165$.

Cette remarque permet de justifier la détermination absolue des gradients. Il suffit que l'étoile E' soit une source artificielle, comparée à un corps noir de laboratoire pour en déduire des valeurs absolues. Ces déterminations ont été faites par Chalonge et Barbier dans une première série de mesures. Des déterminations plus précises faites depuis par Kienle, Strassl, Wempe à Göttingen[1] semblent montrer que les gradients absolus ainsi obtenus par Chalonge et Barbier sont un peu trop faibles. Mme Cayrel[2] a analysé les travaux de Göttingen et en a déduit la correction $\Delta\varphi_b$ à ajouter aux gradients bleus φ_b de Chalonge et Barbier pour les ramener au corps noir. Elle trouve ainsi $\Delta\varphi_b = -0{,}10$. La correction des gradients ultraviolets n'a pas encore été déterminée. La correction des gradients n'est pas très gênante, car il suffit d'ajouter cette correction à tous les φ déjà mesurés, alors que le même réajustement appliqué aux températures de couleur T_c, nécessite des corrections très variables avec T_c. Les séries de mesures de Chalonge et Divan de 1952, ont été raccordées aux mesures de 1941 en faisant coincider les valeurs moyennes des 12 étoiles les plus souvent étudiées. Les gradients de 1941 et 1952 forment ainsi une seule série homogène. La variation du gradient avec la classe spectrale HD ou MK est très rapide. Ainsi φ_b non corrigé, varie de 0,68 pour $O\,5$ à 2,20 pour $F\,5$. Par contre la variation avec la classe de luminosité est très faible comme le montrent les résultats:

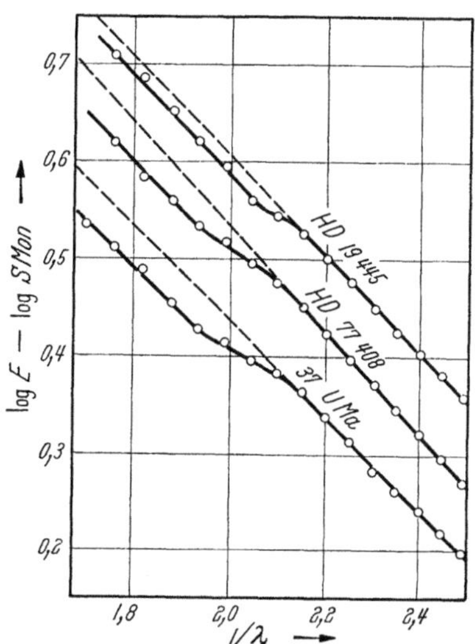

Fig. 51. Comparaison des spectres continus visibles de deux sous-naines et d'une étoile normale. L'étoile de référence est S Mon.

$$4\,\text{Aur}\;A\,0\,V\;\;\varphi_b = 1{,}01 \qquad \iota\,\text{Peg}\,F\,5\,V\;\varphi_b = 2{,}13,$$
$$\nu\,\text{Per}\,F\,5\,\text{II}\;\;\; = 2{,}04,$$
$$\eta\,\text{Leo}\,A\,0\,\text{Ib}\;\; = 1{,}01 \qquad \alpha\,\text{Per}\,F\,5\,\text{Ib}\;\; = 2{,}16.$$

Les petites variations sont dues en partie aux erreurs d'observation et en partie à une dispersion réelle, dont nous parlons plus loin.

Malheureusement le gradient ne peut que difficilement servir de paramètre principal de classification. D'une part, un détail de structure important avait échappé aux premières mesures qui sont ainsi un peu faussées. Chalonge a montré que le spectre continu des étoiles présente une cassure vers H_β ($1/\lambda = 2{,}10$). Cette cassure, presque négligeable pour les étoiles à raies métalliques, est très importante pour les sous-naines, ainsi que pour les étoiles très chaudes comme S Mon, qui a servi à Chalonge de référence (Fig. 51). Le gradient prend à peu près la même valeur des deux côtés de cette petite discontinuité, qui est probablement liée aux propriétés de la matière fortement ionisée, elle nous serait cachée par la forte absorption des ions H^- pour les étoiles les plus froides de classe F. D'autre part, l'absorption interstellaire peut changer considérablement la distribution spectrale. On constate dans les deux domaines utilisés par Chalonge et Barbier, sensiblement les mêmes augmentations de gradient par absorption interstellaire — ce qui montre que, dans ces domaines, l'absorption suit une loi en λ^{-1}. Pour le domaine rouge étudié par W. Greaves etc. cette constatation n'est plus valable[3,4]. Il résulte de ce fait que le gradient ne peut servir de critère de classification qu'avec circonspection.

28. La classification λ_1, D de Barbier et Chalonge. La position et la valeur de la discontinuité de Balmer dépendent des conditions physiques et des propriétés des atomes d'hydrogène, constituants essentiels des atmosphères stellaires.

[1] H. Kienle, H. Strassl et J. Wempe: Z. Astrophysik **16**, 201 (1938).
[2] Communication personnelle.
[3] W. M. H. Greaves etc.: Monthly Notices Roy. Astronom. Soc. London **100**, 189 (1940).
[4] W. M. H. Greaves: Monthly Notices Roy. Astronom. Soc. London **108**, 131 (1948).

Il est donc justifié de rechercher une classification liée aux valeurs qui caractérisent cette discontinuité. BARBIER, puis CHALONGE et Mlle DIVAN ont introduit deux paramètres pour la caractériser. La petite dispersion, forcément utilisée, a obligé les astronomes de l'Institut d'Astrophysique de Paris à introduire plutôt des grandeurs bien mesurables que des grandeurs ayant une signification physique très précise.

La Fig. 50 montre le saut de l'intensité cd pour la longueur d'onde 3700 Å, choisie arbitrairement. Ce segment représente la différence $\Delta D = D - D'$ des discontinuités de BALMER des deux étoiles. A notre figure correspond la valeur:

$$D - D' = -\,0{,}165\,.$$

Pour fixer les discontinuités de façon absolue, CHALONGE et DIVAN ont déterminé celle de ε Ori avec beaucoup de précision (soit $0{,}05 \pm 0{,}01$); cette valeur sert actuellement de référence.

Sur la Fig. 49 CHALONGE a reporté la discontinuité CD et les courbes AC et DE qui définissent les gradients. La courbe IJ qui passe par le milieu de CD correspond à une parallèle à CA (dans le domaine des gradients). Elle coupe le contour du spectre en K dont la longueur d'onde λ_1 caractérise la position de la discontinuité. Les deux grandeurs D et λ_1 varient beaucoup avec le type spectral et la luminosité, elles ne sont pas modifiées par l'absorption interstellaire. Elles peuvent donc être d'excellents paramètres pour une classification spectrale. Elles ont l'avantage supplémentaire d'être des grandeurs mesurables. Cette classification ne s'appliquera qu'aux étoiles les plus chaudes $O5-F5$ pour lesquelles la série de BALMER est bien développée et n'est pas troublée par les raies métalliques comme elle l'est à partir du type G. Malheureusement, la valeur de la discontinuité passe par un maximum vers le type spectral $A3$, de sorte que les étoiles situées de part et d'autre du maximum, par exemple les étoiles $F0$ et les étoiles $B9$, correspondent à la même valeur de D. On rencontre cette même difficulté, pour les classifications suédoises basées sur l'intensité des raies H_γ et H_δ et de manière plus cachée pour toutes les classifications des étoiles A.

Pour tourner cette difficulté, CHALONGE a indiqué deux moyens:

1. Représentons dans le plan des λ_1, D sur un premier graphique toutes les étoiles pour lesquelles D n'a pas encore atteint son maximum (sensiblement $S < A3$) Fig. 52. On constate que les étoiles qui ont même spectre et même classe de luminosité dans la classification de MORGAN et KEENAN sont situées dans un domaine restreint du plan. Ceci permet à CHALONGE de tracer les courbes iso-spectre et iso-classe de luminosité de nos figures. Un second graphique est fait pour les étoiles plus avancées que $A3$ (Fig. 53). Les étoiles $B9\,\mathrm{II}$ par exemple, sont situées à l'intérieur du rectangle ayant pour centre $\lambda_1 = 3795$ et $D = 0{,}380$ (Fig. 52). A ces mêmes coordonnées correspondent aussi les étoiles $F2\,\mathrm{Ib}$ (Fig. 53). En fait, il est très facile de distinguer ces deux classes d'étoiles. Les mesures de CHALONGE notamment donnent les gradients

$$\varphi_b = 0{,}92 \text{ pour les étoiles } B9$$

et

$$\varphi_b = 1{,}85 \text{ pour les étoiles } F2.$$

Cette considération explique pourquoi CHALONGE a introduit un troisième paramètre qui est le gradient φ_b. Si on représente les étoiles dans l'espace λ_1, D, φ_b on constate que toutes les étoiles normales se placent au voisinage immédiat d'une surface Σ (Fig. 54). Les Figs. 52 et 53 peuvent être considérées comme les projections sur le plan des λ_1, D des diverses courbes de la surface Σ.

La question se pose de savoir si l'introduction du troisième paramètre permet de représenter plus exactement les caractéristiques des étoiles. Si tous les points

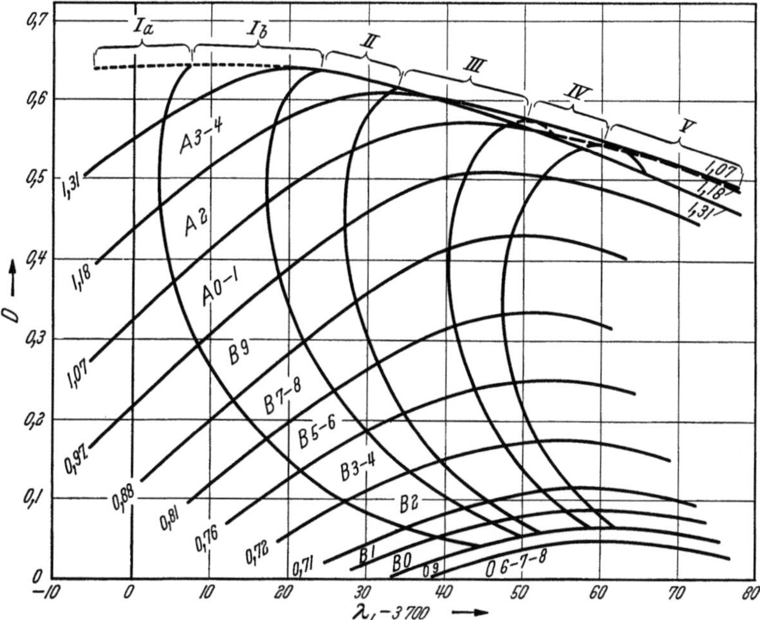

Fig. 52. Graphique permettant le passage de la classification λ_1, D de Chalonge à la classification MK. A côté de chaque courbe de séparation entre les sous-classes successives est inscrite la valeur du gradient correspondant (Chalonge). Classes $O6$ à $A3$.

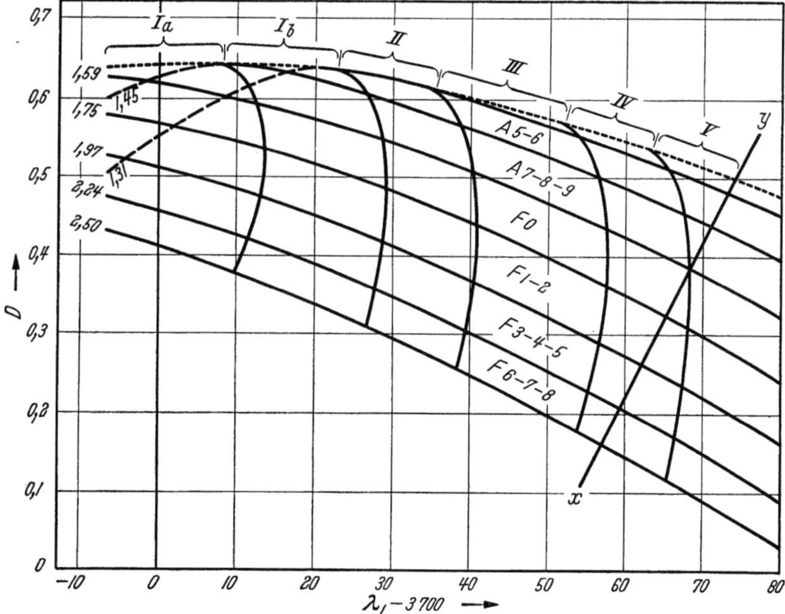

Fig. 53. Voir Fig. 52. Classes $A4$ à $F8$.

se plaçaient bien sur la surface Σ, le troisième paramètre n'aurait d'autre utilité que de permettre de séparer les deux parties de Σ et de remplacer avantageusement la valeur de D, lorsque ce paramètre varie peu, près de son maximum (vers

$A\,2 - A\,5$). En fait, comme l'a montré CHALONGE, le paramètre φ_b a un grand intérêt, car certaines étoiles particulières qu'il était difficile de classer dans le schéma de MORGAN, comme les étoiles à raies métalliques, les sous-naines et les étoiles à grande vitesse, ne sont pas sur la surface. La Fig. 55 montre la section de la surface Σ par un plan parallèle à l'axe des φ_b et dont la trace sur le plan des λ_1, D est représentée en $x\,y$ sur la Fig. 53. On remarquera la position des étoiles

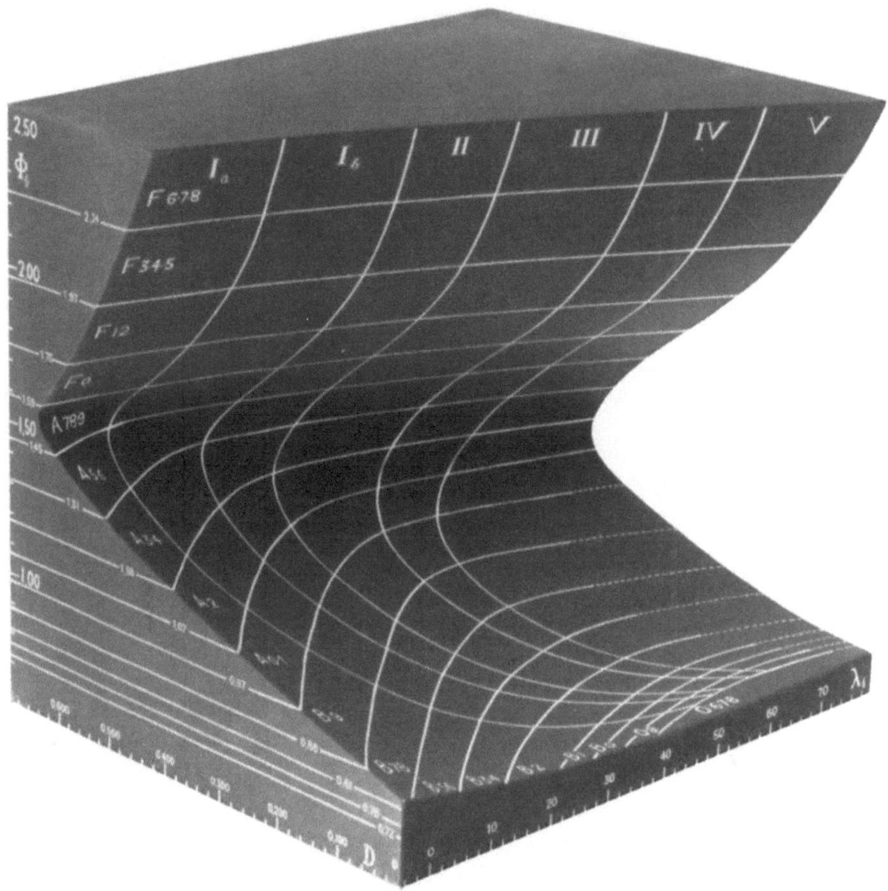

Fig. 54. La surface Σ de CHALONGE. Photographie d'une maquette. Les coordonnées sont portées suivant les trois axes. Au lieu de λ_1 on a porté $\lambda_1 - 3700$. Les droites horizontales du plan D, λ_1 sont les traces des plans $\varphi_b = \mathrm{c^{te}}$.

à raies métalliques (ML) nettement au dessus de la surface et les sous-naines (SD) nettement au dessous de la surface. La position de ces étoiles en dehors de la surface est d'un grand intérêt car elle montre que le troisième paramètre est bien nécessaire pour représenter l'ensemble des étoiles. La surface apparaît comme une surface de maximum de concentration pour les étoiles normales de population I. Une remarque très intéressante a été faite par CHALONGE qui signale que les étoiles situées à la limite supérieure de la zone hachurée de notre figure, comme les étoiles 100 (β Vir) et 94 (ι Peg) ont été signalées comme étoiles à raies fortes *(Strong Lines)* par Miss ROMAN alors que l'étoile 101 (36 UMa) a été signalée comme étoile à raies faibles *(Weak Lines)*. La position de ces étoiles dans la classification de CHALONGE dans le domaine des étoiles à raies métalliques ou

des sous-naines permet des rapprochements du plus haut intérêt pour la connaissance de ces astres.

Si, comme on semble l'admettre aujourd'hui, les étoiles de la population II
ont une abondance métaux/H plus faible, la région de l'espace où se placent les
points représentatifs correspondants (concavité de la partie supérieure de Σ)
caractériserait cette faible abondance relative et par continuité, on pourrait
penser que le côté convexe de la surface, où se placent les étoiles à raies métalliques correspond à une abondance métaux/H plus grande. D'une façon plus
précise, il semble que le même paramètre (encore à identifier) sépare les étoiles
de population I et II, et à l'intérieur de la population I sépare les étoiles à raies
métalliques, des étoiles à raies intenses et faibles *(Strong-Weak Lines)*.

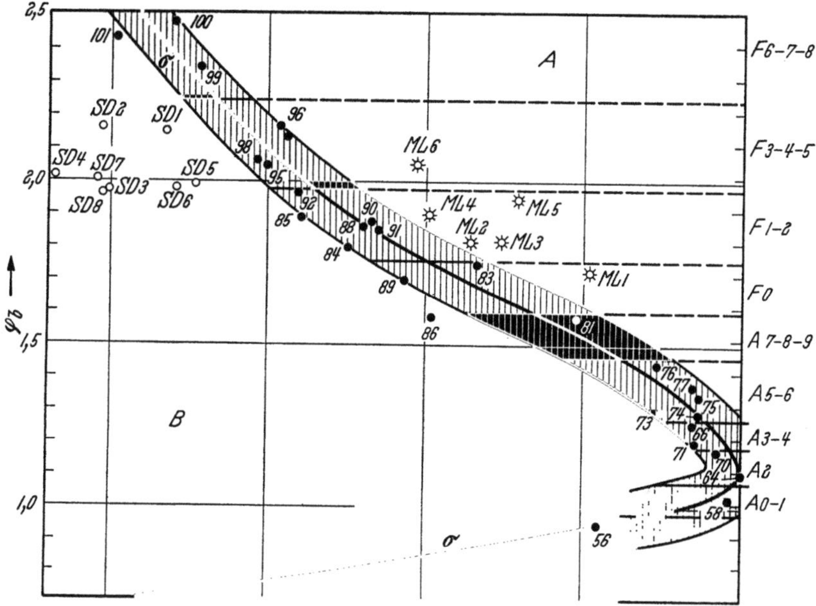

Fig. 55. Coupe de la surface Σ par le plan xy (Fig. 53). Les étoiles normales de la population I se placent dans la partie hachurée.

Telle qu'elle se présente actuellement (1956), la classification tri-dimension-
nelle de Chalonge a le grand avantage de représenter chaque étoile par trois
paramètres mesurables, dont l'un φ_b est malheureusement fortement affecté
par l'absorption interstellaire. Il est évidemment plus satisfaisant de caractériser
une étoile par deux ou trois paramètres mesurables que de la mettre dans un
tiroir étiqueté comme dans la classification MK.

La classification de Chalonge doit être considérée comme un travail de très
haute précision, seulement applicable à un échantillonnage d'étoiles relativement
brillantes. Son but principal est de caractériser des étoiles par des paramètres
qui permettent de connaître les conditions physiques des atmosphères stellaires.
Elle n'a pas comme la classification de Harvard, le système de Morgan ou
les classifications suédoises, surtout un but de statistique stellaire. Elle ne remplace ni ne fait double emploi avec ces classifications.

Barbier[1] a montré récemment que la détermination de D pouvait être faite
par des mesures photoélectriques d'indices de couleur, et sa méthode de calcul

---

[1] D. Barbier: Ann. d'Astrophys. **15**, 113 (1952).

a été développée et améliorée par Mlle DIVAN[1]; ils ont utilisé dans ce but les mesures de STEBBINS et WHITFORD; il est certain que des mesures faites dans des domaines spectraux bien choisis, permettent la détermination simultanée de λ_1 et D dans de bonnes conditions de précision et de rapidité. Cette tentative est à rapprocher des mesures photoélectriques de STRÖMGREN et GYLDENKERNE.

D'autres classifications ont été proposées, elles diffèrent les unes des autres, soit par le choix des critères, soit par association différente des paramètres.

Ainsi certains auteurs remplacent λ_1 par le nombre de raies de la série de BALMER visibles sur leurs spectres. Mme M. HACK de son côté remplace λ_1 par l'intensité centrale des raies de la série de BALMER, mais elle garde la valeur de D.

Nous publions la Fig. 56 qui représente dans le plan $\Theta = 1/T_e$ et $\log g$ le réseau des courbes $D = \mathrm{c^{te}}$, $n_m = \mathrm{c^{te}}$. D est la discontiniuté de BALMER et n_m le nombre de raies de BALMER observables sur les clichés du spectrographe coudé du Mont Wilson. Ce graphique a été établi par NEVEN [1] d'après les calculs de VAN DIEN[2].

La détermination des magnitudes absolues a été abordée dès 1947 par BARBIER, CHALONGE et CANAVAGGIA. Ils ont tracé les courbes iso-luminosité dans le plan: type spectral, λ_1. Ce travail doit encore être regardé comme préliminaire. Mais il fournit déjà des valeurs très bonnes ne présentant avec celles déterminées par ailleurs que des écarts de 0,5 magnitude.

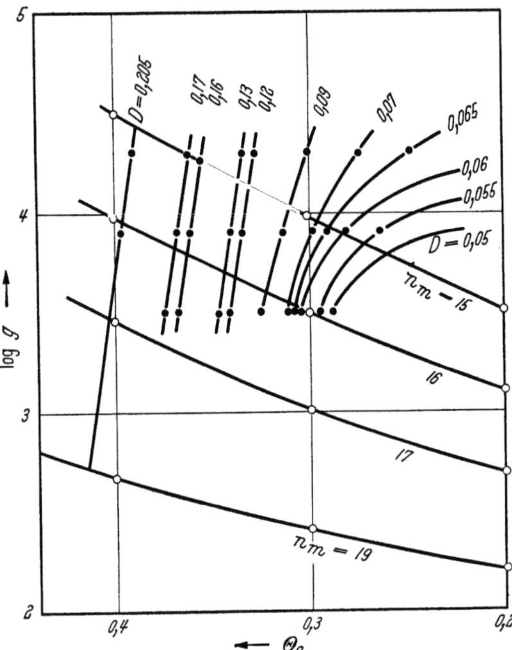

Fig. 56. Variation de la discontinuité de BALMER D et du nombre de raies n_m de la série observables au Spectrographe Coudé du Mont Wilson en fonction de $\Theta = 5040/T$ et de $\log g$.

Le problème à résoudre est le tracé des courbes d'égale magnitude absolue dans le plan des λ_1, D ou même des surfaces d'égale magnitude absolue dans l'espace des λ_1, D, φ_b.

BERGER[3] a montré que les étoiles faisant partie d'un groupe naturel, par exemple d'un amas stellaire, se placent en une région bien définie dans le diagramme λ_1, D. Ainsi les Pléiades occupent une bande étroite qui correspond aux alignements constatés par EGGEN dans les diagrammes de RUSSELL-HERTZSPRUNG.

IX. La classification des étoiles par photométrie.

A l'origine, la classification des étoiles par leurs indices de couleur paraissait très riche de promesses à cause de la puissance des méthodes de photométrie

---

[1] L. DIVAN: Ann. d'Astrophys. **17**, 535 (1954).
[2] E. VAN DIEN: Astrophys. Journ. **109**, 452 (1949).
[3] J. BERGER: C. R. Acad. Sci. Paris **235**, 234 (1952).

photographique, qui permettent d'atteindre des étoiles très faibles. Mais plus l'importance de l'absorption interstellaire apparût clairement, plus ces méthodes de classification perdirent de leur intérêt. Ce n'est que récemment, à la suite des travaux de W. Becker[1], des mesures photoélectriques de J. Stebbins et A. E. Whitford[2] et de H. L. Johnson et W. W. Morgan[3], de Mlle Divan[4] qu'on put définir des paramètres de classification photométriques pratiquement insensibles à l'absorption interstellaire. Nous pouvons distinguer trois époques dans les essais de classification spectrale par les indices de couleur:

1. Au début, on ignorait l'absorption interstellaire et la distinction entre géantes et naines, et on avait déterminé la relation entre le type spectral HD et les indices de couleur $I_c = m_p - m_v$. Cette courbe servait à déterminer des types spectraux qui se révélèrent très faux pour les étoiles faibles. On s'aperçut ensuite que la valeur de I_c n'était pas la même pour les géantes et les naines des classes avancées.

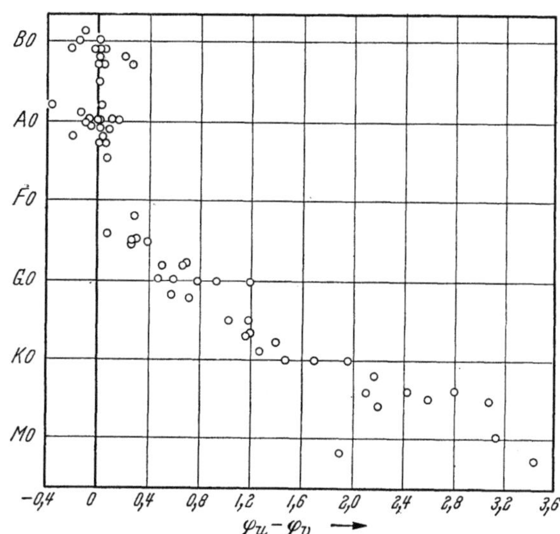

Fig. 57. Variation de la différence de gradients $\varphi_v - \varphi_b$ en fonction du type spectral d'après W. Becker.

2. Dans une seconde phase, on se rendit compte de l'importance considérable de l'absorption interstellaire. La loi d'absorption en λ^{-1}, trouvée par les premières mesures assez peu précises, produit un rougissement stellaire qui simule, pour un corps noir, une diminution de température. Le rayonnement des étoiles n'étant pas très différent de celui d'un corps noir, la classification des étoiles par l'indice de couleur parut sans espoir.

3. C'est W. Becker qui montra que malgré les apparences, il est possible de déterminer les types spectraux de façon approximative. En effet, après les mesures de Chalonge, Kienle, Greaves, on s'était rendu compte que la température de couleur des étoiles varie beaucoup avec le domaine spectral, de sorte que les gradients dans deux domaines sont différents.

Ces gradients sont naturellement affectés par l'absorption interstellaire. Mais avec une loi en λ^{-1}, la différence $\varphi_b - \varphi_v$ n'est pas changée par l'absorption interstellaire. La détermination des gradients n'est pas une méthode expéditive et W. Becker montra qu'il était possible de choisir trois domaines spectraux $\lambda_1 = 3800$, $\lambda_2 = 4750$ et $\lambda_3 = 6200$ tels que la différence

$$\Delta I = (m_{\lambda_1} - m_{\lambda_2}) - (m_{\lambda_2} - m_{\lambda_3})$$

est indépendante de l'absorption interstellaire (Fig. 57).

[1] W. Becker: Astronom. Nachr. **272**, 180 (1941).
[2] J. Stebbins, J. Stebbins et A. E. Whitford: Astrophys. Journ. **98**, 20 (1943); **101**, 47 (1945); **102**, 318 (1945); **103**, 108 (1946).
[3] H. L. Johnson et W. W. Morgan: Astrophys. Journ. **117**, 313 (1953).
[4] L. Divan: Ann. d'Astrophys. **17**, 456 (1954).

Ces deux idées ont été reprises par Mlle Divan[1] pour les gradients: elle montre que pour les étoiles $O6-B3$, la différence de gradients $\Delta\varphi_0 = \varphi_u - \varphi_v$ (ultraviolet — visible) est pratiquement insensible à l'absorption interstellaire — cette indépendance n'est pas rigoureuse car les mesures de Mlle Divan ont confirmé le fait que l'absorption n'est pas une loi en λ^{-1}.

29. Photométrie de H. L. Johnson et W. W. Morgan. Johnson et Morgan[2] ont eux aussi repris l'idée de W. Becker et ont pu établir une excellente classification des étoiles $B0-A0$.

La photométrie photoélectrique très précise de 461 étoiles choisies pour représenter l'ensemble du système de classification MK a été exécutée en trois couleurs dans le système généralement utilisé à l'heure actuelle.

Les magnitudes (V) mesurées avec un filtre jaune, sont pratiquement les magnitudes photovisuelles I_{pv} de la séquence polaire:

$$V = I_{pv} + 0{,}000 + 0{,}002\,(B-V).$$
$$\pm 6 \qquad \pm 5$$

Celles obtenues avec un filtre bleu (B) et ultraviolet (U) sont telles que:

$$\left.\begin{array}{l} B-V = 0 \\ U-B = 0 \end{array}\right\} \text{ pour les étoiles } A\,0\ V\ (MK)$$

et

$$\left.\begin{array}{l} \Delta(B-V) = 1 \\ \Delta(U-B) = 1 \end{array}\right\} \text{ lorsqu'on passe de } A\,0 \text{ à } gK\,0.$$

67 étoiles de la liste ont des parallaxes bien connues (trigonométriques ou d'amas), 64 font partie de l'amas des Pléiades, 50 de M 36 et 57 de NGC 2362. A l'aide de cet important matériel, Johnson et Morgan ont pu déterminer pour les étoiles de la série principale (classe de luminosité V), non rougies, les relations entre

le spectre MK,

la magnitude absolue M_v dans le système V,

et les grandeurs $B-V$,

$U-B$.

Nous donnons sur les Figs. 58 à 61, les relations qui suffisent à déterminer toutes ces grandeurs. Nous publions aussi certaines de ces valeurs dans le Tableau 18 (p. 59). On remarquera la variation complexe de $U-B$ pour $2 < M_v < 5$ (Fig. 61). Cette variation est liée au maximum de l'intensité des raies de l'hydrogène et par conséquent, de l'absorption dans l'ultraviolet au delà de la limite de la série de Balmer. Les mêmes données ont été déterminées pour les géantes de classe III; naturellement ces valeurs sont moins bien définies à cause de la grande distance moyenne des géantes. Pour les supergéantes, la détermination des magnitudes absolues n'a pas été possible, d'ailleurs les couleurs ne sont pas bien déterminées à cause du rougissement. Mais il est apparu très nettement que les relations entre $U-B$ et $B-V$ varient avec la classe de luminosité des étoiles. Cet effet s'explique notamment par l'absorption de l'hydrogène dans l'ultraviolet. Mais les différences ne sont pas suffisantes pour qu'on puisse en général les utiliser pour déterminer les classes de luminosité.

---

[1] L. Divan: Ann. d'Astrophys. **17**, 456 (1954).
[2] H. L. Johnson et W. W. Morgan: Astrophys. Journ. **117**, 313 (1953).

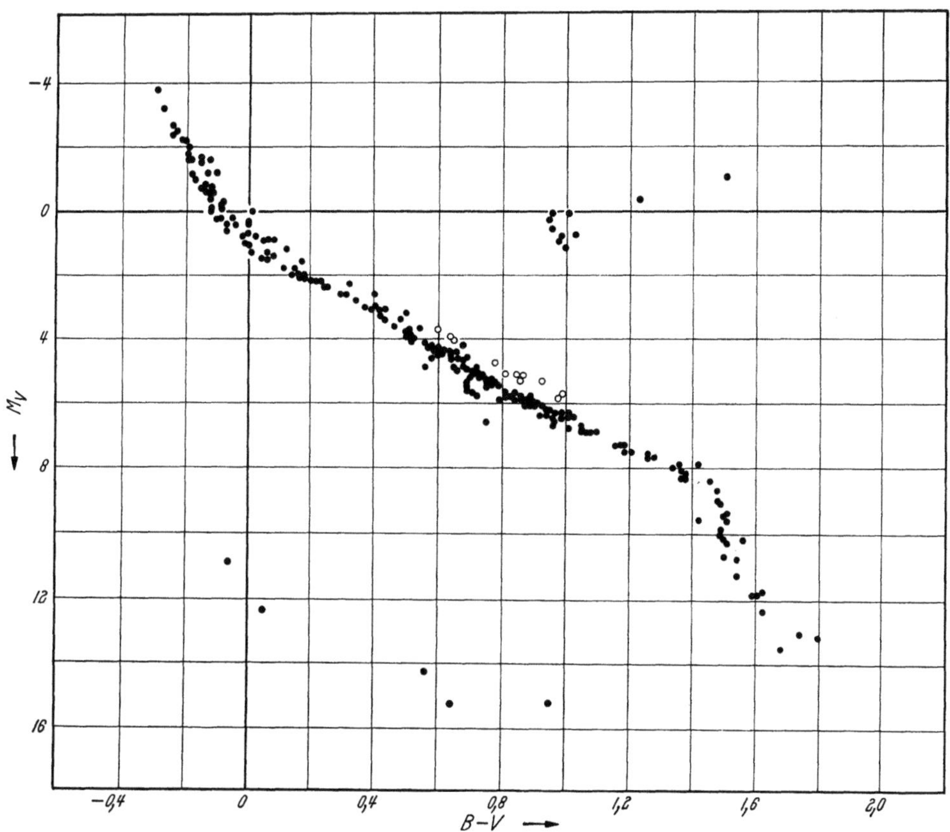

Fig. 58. Variation de la magnitude absolue M_v en fonction des indices de couleurs $B-V$ d'après Johnson et Morgan, Astrophys. Journ. 117. Toutes ces étoiles ont des parallaxes bien connues: Parallaxes trigonométriques $\geq 0{,}100$. — Pleiades. — Praesepe. — NGC 2362. — Cinq naines blanches et les géantes de parallaxes connues. Les cercles correspondent à des étoiles de Praesepe qui sont peut être doubles.

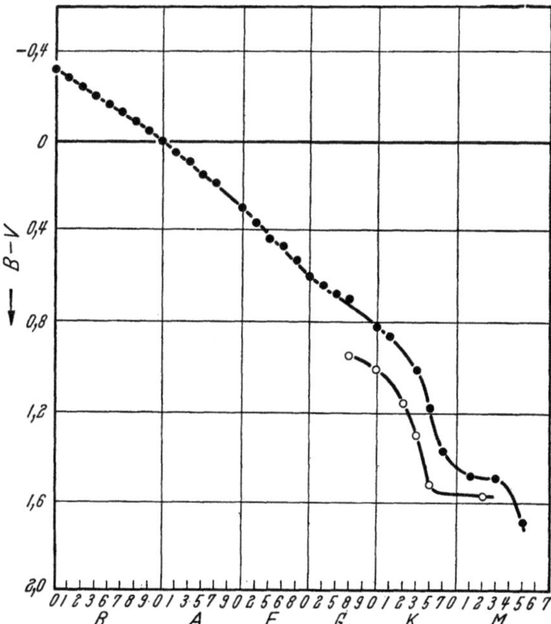

Fig. 59. Couleurs intrinsèques $B-V$ pour les étoiles V et III dans le système de MK (Astrophys. Journ. 117).

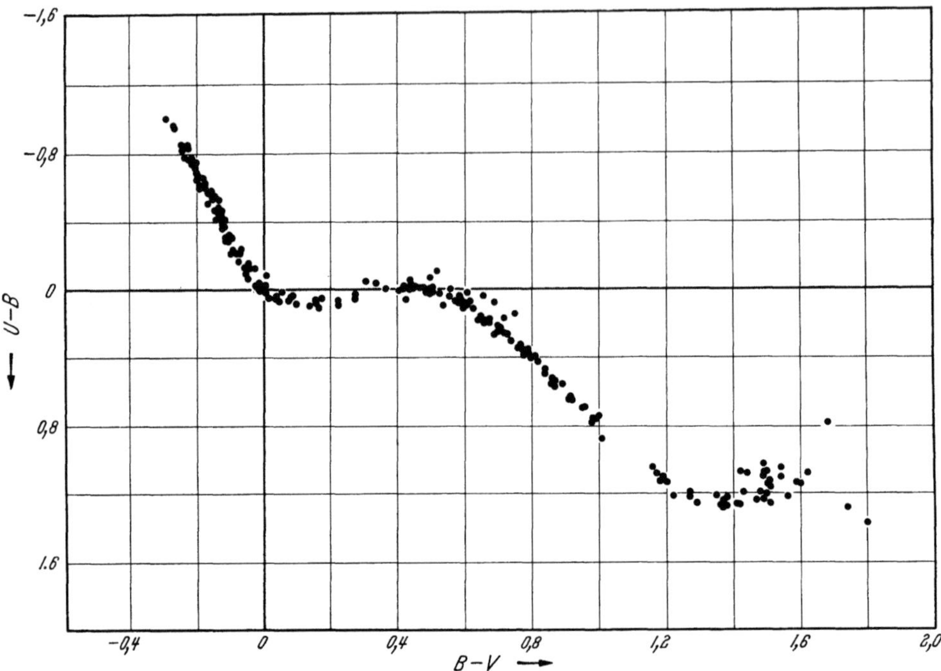

Fig. 60 Relation entre les indices de couleurs $U-B$ et $B-V$ de JOHNSON et MORGAN (Astrophys. Journ. 117).

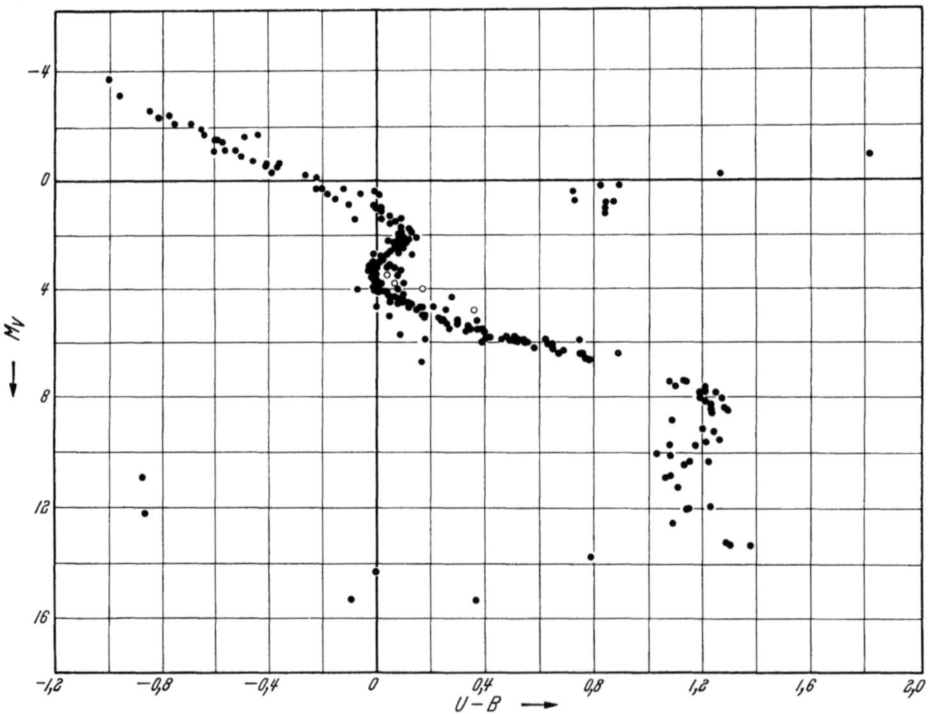

Fig. 61. Variation de la magnitude absolue M_v en fonction de l'indice de couleur $U-B$ de JOHNSON et MORGAN (Astrophys. Journ. 115).

30. Classification des étoiles $O\,5\!-\!A\,0$ par mesures photoélectriques. Une étoile non rougie de type spectral S (classification de MK) est caractérisée par deux indices de couleur:

$$(B-V)_0 \quad \text{et} \quad (U-B)_0$$

Lorsqu'elle est rougie, les indices observés sont augmentés des excès de couleur E_y et E_u, ils deviennent:

$$B-V=(B-V)_0+E_y,$$
$$U-B=(U-B)_0+E_u.$$

JOHNSON et MORGAN montrent que pour les étoiles $O-B$, le rapport E_u/E_y est constant et égal à $\overline{E_u/E_y}=0{,}72\pm0{,}03$. Il en résulte que la grandeur

$$Q=(U-B)-\frac{\overline{E_u}}{E_y}(B-V)=(U-B)_0-\frac{\overline{E_u}}{E_y}(B-V)_0$$

est indépendante de l'absorption interstellaire. JOHNSON et MORGAN déterminent les valeurs de Q du tableau suivant:

Indices de classification Q de Johnson et Morgan.

$O\,5$	$-0{,}93$	$B\,0{,}5$	$-0{,}85$	$B\,6$	$-0{,}37$
$O\,6$	$-0{,}93$	$B\,1$	$-0{,}78$	$B\,7$	$-0{,}32$
$O\,8$	$-0{,}93$	$B\,2$	$-0{,}70$	$B\,8$	$-0{,}27$
$O\,9$	$-0{,}90$	$B\,3$	$-0{,}57$	$B\,9$	$-0{,}13$
$B\,0$	$-0{,}90$	$B\,5$	$-0{,}44$	$A\,0$	$0{,}00$

On remarque la variation rapide de Q avec le type spectral à partir de $B\,0$ (Fig. 62). Il n'est pas possible de distinguer entre elles les étoiles de classes comprises

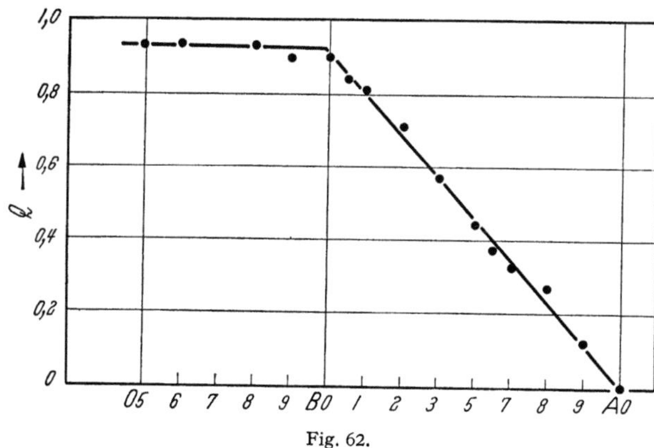

Fig. 62.

entre $O\,5$ et $B\,0$, mais pour les autres sous-classes, la précision de $0{,}1$ classe est facilement atteinte.

Il est aussi possible de déterminer les excès de couleur; en effet, la relation suivante:

$$(B-V)_0=-0{,}009+0{,}337\,Q$$

est valable pour les étoiles $O6 - A0$ de sorte que la valeur de Q permet de calculer l'excès de couleur

$$E_y = (B - V) - (B - V)_0 = (B - V) - 0{,}337\,Q + 0{,}009.$$

Cette méthode est très intéressante pour l'étude des amas galactiques contenant des étoiles O et B car la valeur de l'excès de couleur E_y peut servir à corriger les indices de couleur des autres étoiles. Il est d'autre part possible de déterminer la magnitude V_0, affectée de l'absorption interstellaire. On a en effet pu montrer que

$$V = V_0 + k\,E_y;$$

où k est un nombre encore assez mal déterminé mais voisin de 4. Actuellement, aucune photométrie globale ne permet d'effectuer une classification spectrale sûre et précise des étoiles plus avancées que $A0$.

X. Classification des étoiles à raies anormalement fortes ou faibles.

Au cours de la classification des étoiles, on a trouvé un certain nombre d'étoiles entrant assez difficilement dans le schéma de classification à deux dimensions généralement utilisé. Nous avons déjà examiné certaines de ces étoiles en parlant des travaux de Chalonge. Nous allons résumer dans ce chapitre les connaissances actuellement acquises.

Ces étoiles, considérées à l'origine comme des étoiles anormales, sont maintenant reconnues comme des représentants d'un groupe d'astres nombreux mais en général difficiles à observer à cause de leur éloignement de notre soleil. De nombreuses étoiles de ce type sont actuellement considérées comme des représentants de la Population II, typique des amas globulaires et d'autres amas d'étoiles anciennes. C'est notamment le cas des étoiles à grande vitesse et des quelques étoiles étudiées dans les amas globulaires. D'après certaines théories, ces étoiles différeraient des étoiles normales de Population I par leur composition chimique. D'autres, dont certaines sont des membres d'amas ouverts, comme les Hyades ou la Chevelure de Bérénice, sont des étoiles de Population I, mais selon certaines théories leur composition chimique paraît être différente. Pour d'autres auteurs, la composition serait identique, mais les conditions physiques seraient particulières. Nous étudierons ces étoiles en les groupant en trois chapitres: les étoiles à raies anormalement intenses, — les étoiles à raies anormalement faibles, y compris les étoiles à grande vitesse, — les représentants actuellement étudiés de la Population II.

31. Etoiles à raies intenses. Nous distinguons deux groupes: α) *Etoiles à* Mn, Si, Eu. Ces étoiles présentent les raies de certains éléments anormalement fortes, ce sont souvent celles des éléments rares dans le mélange cosmique. On distingue surtout les étoiles des groupes suivants:

Etoiles à Manganèse: Mn II anormalement intense. α And $B9\,p$,

Etoiles à Silicium. Lib $B9\,p$, ϑ Aur $A0\,p$,

Etoiles à Europium. Les raies de cet élément rare sont renforcées dans les spectres de nombreuses étoiles, souvent on constate le renforcement simultané des raies d'autres éléments. Exemples:

17 Com et 78 Vir	$A2\,p$	Cr II et Eu II
73 Dra	$A\,p$	Sr II, Cr II et Eu II
β CrB	$F0\,p$	Cr II et Eu II.

L'étude de ces étoiles qui présentent souvent d'autres anomalies (étoiles magnétiques de Babcock) sort du cadre de cet article.

β) Les étoiles dites à raies métalliques qui peuvent maintenant être considérées comme des étoiles de classe A avancées ou F ayant des raies H et K de CaII anormalement faibles. Comme les raies métalliques n'apparaissent pas normalement dans les spectres peu dispersés, ces étoiles ont en général été classées

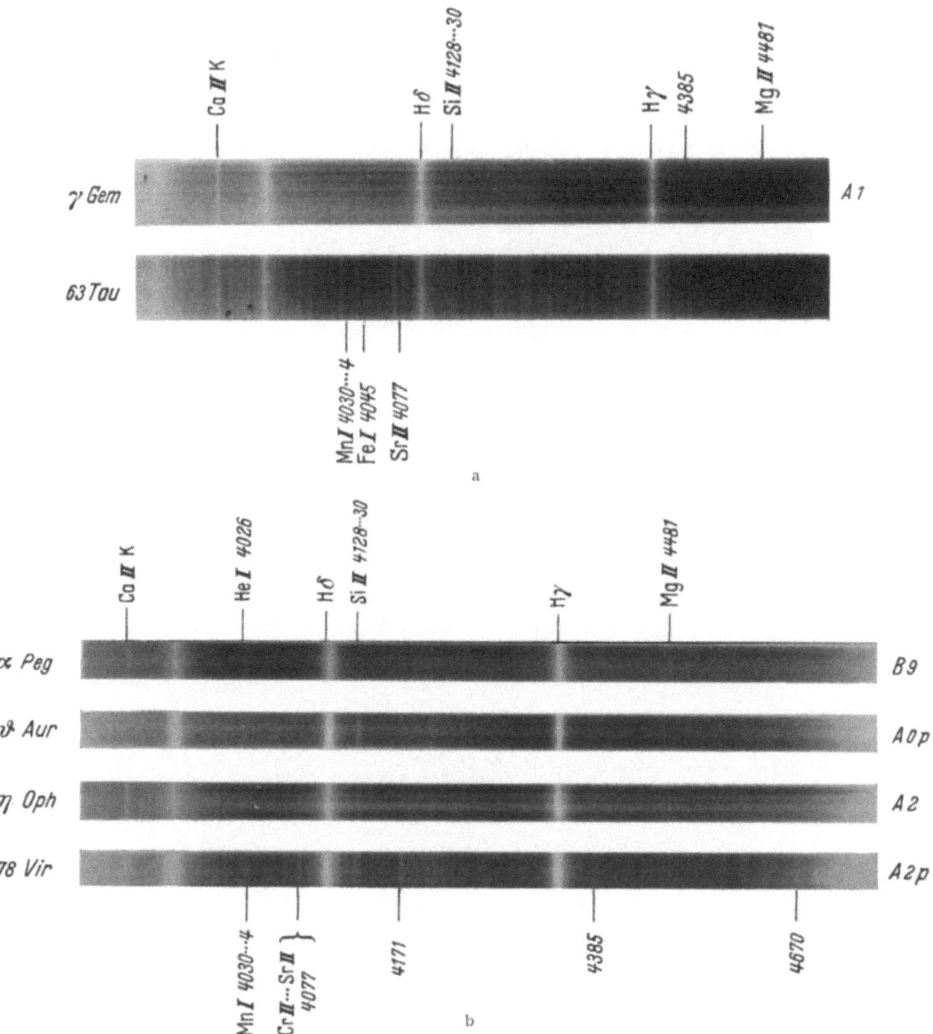

Fig. 63 a et b. Etoile à raies métalliques: 63 Tau. Etoile à silicium: Θ Aur. Etoile à Cr et Eu: 78 Vir. D'après W.W. Morgan et P.C. Keenan, Observatoire Yerkes.

d'après l'intensité de la raie de K de CaII dans les premières classes A. Parmi les représentants typiques citons les deux étoiles brillantes: 63 Tau classée $F0$ à $F5$ à l'aide des raies métalliques, $F0$ par l'intensité des raies de l'hydrogène, mais $A1$ d'après l'intensité de K (Morgan etc.); $τ$ UMa classée $F6-F0-A5$ d'après les mêmes critères. Ces étoiles autrefois classées Ap sont maintenant désignées par les symboles suivants:

$$A4, F0 \quad \text{soit} \quad A4ML3 \quad (\text{Weaver}[1]).$$

____

[1] H. F. Weaver: Astrophys. Journ. **116**, 612 (1952).

L'indice ML (Metallic Lines) est suivi d'un nombre d'autant plus élevé que le spectre des raies métalliques est plus éloigné de celui déduit des raies K. Ce symbole n'est pas heureux car c'est le second spectre qui est le plus caractéristique.

Ces étoiles ne sont pas des étoiles composites. Ainsi ζ Lyr A[1] est une double spectroscopique de type métallique F0, A4 et toutes les raies participent à la forte oscillation de période 4,2 jours et d'amplitude 102 km/sec. Il faudrait donc admettre que cette étoile à vitesse variable est elle-même une double, ce qui est pratiquement exclu par les conditions géométriques du système. Toutes les autres grandeurs physiques confirment qu'il s'agit bien d'une étoile de type F avec une raie K anormalement faible. Certaines de ces étoiles font parti d'amas galactiques (Hyades, Coma etc.) et il a été possible de montrer que, considérées comme des étoiles F, elles sont un peu plus lumineuses que les étoiles normales correspondantes.

Une étude de τ UMa faite par J. L. GREENSTEIN[1] montre une abondance anormale des éléments Ca, Sc, Ti, Zr, V et Mg, dont les potentiels d'ionisation sont compris entre 12 et 16 électrons-volts, voisins de la valeur 13,54 eV de H. Il est probable que, ces anomalies s'expliquent, comme O. STRUVE et P. SWINGS[2] l'avaient déjà suggéré, par une absence d'équilibre thermodynamique. L'énergie dans le spectre de l'étoile serait anormalement intense vers la limite de LYMAN. L'ion CaII dont le potentiel d'ionisation est de 11,8 ev serait ionisé plus fortement par suite d'une anomalie de l'intensité du fond pour la fréquence correspondante. (Raies de LYMAN en émission.) On explique ainsi l'abondance normale déduite de CaI et la faiblesse de CaII. MUSTEL et GALKIN ont développé ces idées dans divers travaux effectués à l'Observatoire de Crimée[3].

On a aussi signalé un certain nombre d'étoiles présentant, à un degré moindre, les raies des métaux plus fortes que les étoiles normales. Ces étoiles désignées dans les publications américaines sous le nom de *Strong Line Stars* ne peuvent être reconnues que sur des spectres assez dispersés. Leur étude est en cours dans divers Observatoires.

32. Etoiles à raies anormalement faibles. D'autres étoiles présentent au contraire des raies métalliques anormalement faibles. Pour de nombreuses étoiles, il s'agit d'étoiles classées dans le groupe des Sous-Naines (*Sub dwarfs*) moins lumineuses que les naines normales. Nous avons déjà signalé la place particulière de ces étoiles dans la classification de CHALONGE un peu au-dessous de la surface Σ des étoiles (*Weak Line Stars*) (Fig. 55, p. 81). Un groupe très étudié d'étoiles présentant souvent des raies anormalement faibles est le groupe des étoiles à grand mouvement spatial et particulièrement des étoiles à grande vitesse radiale.

33. Etoiles à grande vitesse. Les différences spectrales étudiées particulièrement par Miss ROMAN[4], MICZAIKA[5], P. C. KEENAN et G. KELLER[6] peuvent être résumées de la façon suivante:

1. Pour les étoiles de luminosité V et de type spectral plus avancé que G5, et pour les étoiles M III aucune différence n'est visible pour des dispersions de 50 Å/mm vers H_γ.

[1] J. L. GREENSTEIN: Astrophys. Journ. **107**, 151 (1948); **109**, 121 (1949).
[2] O. STRUVE et P. SWINGS: Observatory **64**, 291 (1942).
[3] E. R. MUSTEL et L. S. GALKIN: Publ. Obs. Astrophys. Crimée **12**, 148 (1954); **13**, 9 (1955); **15**, 136 (1955).
[4] N. G. ROMAN: Astrophys. Journ. **112**, 554 (1950).
[5] G. R. MICZAIKA: Z. Astrophysik **26**, 11 (1949); **27**, 1 (1950).
[6] P. C. KEENAN et G. KELLER: Astrophys. Journ. **117**, 241 (1953).

2. Pour les géantes et naines de classes $F5$ à $G5$, les étoiles à grande vitesse, présentent en général les raies métalliques plus faibles que les étoiles normales. Mais toutes les étoiles à raies faibles n'ont pas une grande vitesse.

3. La bande G de CH est souvent plus intense pour ces étoiles. L'augmentation de l'intensité de la bande G de CH est particulièrement marquée pour cinq étoiles à grande vitesse radiale, classées entre $R3$ et $R8$. Keenan[1] propose de les nommer étoiles à CH. Ces mêmes étoiles présentent aussi une diminution générale d'intensité des métaux non ionisés, surtout pour les raies correspondant aux faibles ionisations.

4. Les bandes de CN, au contraire, sont en général plus faibles.

On remarquera que toutes les indications données ne sont pas constantes. Le seul critère spectroscopique qui permet, d'après P. C. Keenan et G. Keller, de reconnaître les étoiles à grande vitesse, est le rapport 4172/4216 qui, exprimé dans l'échelle de magnitude, varie de -3 à -2 pour les étoiles normales, et de -2 à $+1{,}5$ pour les étoiles à grande vitesse.

Le problème de la nature physique de ces différences s'est naturellement posé. D'après les idées actuelles, les étoiles à grande vitesse seraient apparentées aux étoiles de population II et différeraient de la population I par la composition chimique liée à l'âge de ces étoiles.

M. et B. Schwarzschild[2] ont analysé, avec une assez grande dispersion (10 Å/mm) les spectres de trois étoiles de type F à grande vitesse radiale et les ont comparés à ceux de trois étoiles normales. Ils confirment l'intensité plus grande de CH par rapport aux raies de FeI et indiquent que cette différence s'expliquerait par un rapport C/Fe, 2,5 fois plus grand pour les étoiles à grande vitesse radiale que pour les autres. Peut-être que le rapport H/Fe est il aussi plus grand.

34. Les étoiles de population II. Les étoiles qui forment les amas globulaires constituent la population II dont l'analyse spectrale est à la fois difficile et passionnante.

Les étoiles les plus brillantes de l'amas d'Hercule ont la magnitude 14 et la prise de leurs spectres est très difficile. D. M. Popper[3] a pu obtenir les spectres de 35 étoiles dans $M3$ et $M13$ avec une dispersion de 150 Å/mm vers H_γ. A part deux étoiles de types O et B, toutes les étoiles ont été classées par lui supergéantes I avec des types spectraux allant de $G5$ à $K0$. Mais au cours de cette classification, Popper rencontra des difficultés et il dut définir très exactement les critères utilisés (4290/4325 pour la luminosité et $4226/H_\gamma$ pour la classe spectrale) car divers autres critères donnaient des résultats contradictoires. Il retrouva le résultat annoncé par Lindblad en 1922 sur un spectre global de l'amas $M3$: la faible intensité des bandes de CN. Cette constatation rapproche bien ces étoiles des étoiles à grand mouvement spatial.

Un résultat plus net fut obtenu en 1952 par W. A. Baum[4] qui eut à sa disposition les spectres de 13 étoiles des amas M3 et M92. La dispersion de 38 Å/mm des spectres obtenus au Mont Palomar, lui permit de constater définitivement que ces spectres sont si différents des spectres de population I, qu'il faut envisager une nouvelle classification:

ainsi 10 étoiles dans M92 dont les indices $P-V$ varient entre 0,7 et 1,27 ont toutes les types spectraux suivants:

---

[1] P. C. Keenan: Astrophys. Journ. **96**, 101 (1942).
[2] M. et B. Schwarzschild: Astrophys. Journ. **112**, 248 (1950).
[3] D. M. Popper: Astrophys. Journ. **105**, 204 (1947).
[4] W. A. Baum: Astron. Journ. **57**, 222 (1952).

$F3$ d'après l'intensité de Ca 4226 et G de CH
$G2$ d'après celle de H_γ,
alors que leurs couleurs intrinsèques — il ne s'agit sûrement pas d'un rougissement interstellaire — les font correspondre à $K0$ en moyenne. Il est évident que le type spectral «moyen» $F6$ donné par BAUM n'est que très provisoire.

Il est fort plausible que la faible intensité des raies métalliques dans les étoiles à grande vitesse soit due à la faible abondance des éléments lourds dans les atmosphères de ces étoiles. Le troisième paramètre, l'abondance, apparaît ainsi nettement.

XI. Conclusion.

Nous avons vu au cours de cet exposé comment les classifications spectrales évoluèrent au cours du dernier siècle. La classification en fonction d'un seul paramètre (la classe de Harvard qui est équivalente à la température) apparut insuffisante lorsqu'on reconnut entre 1910 et 1920 les petites différences spectrales entre les étoiles naines, géantes et supergéantes d'une même classe. La nécessité du second paramètre — la pression électronique, la magnitude absolue ou la classe de luminosité — s'imposa alors.

En même temps, la nécessité de ranger les étoiles froides — comme d'ailleurs aussi les étoiles chaudes de Wolf Rayet — en séquences parallèles introduisit de nouveau la notion de différence de composition chimique.

Le problème actuel est celui de l'introduction de ce troisième paramètre pour toutes les étoiles classées avec assez de précision. Celui-ci s'introduit encore furtivement, car sa signification n'est pas absolument certaine. Selon certains, c'est bien la composition chimique qui est déterminante des différences spectrales existant entre les étoiles à raies métalliques, les sous-naines, les étoiles de population II d'une part, et les étoiles ordinaires d'autre part. Dans une classification comme celle de CHALONGE, la valeur du gradient φ_b serait bien un indicateur de composition chimique. Mais cette signification n'est pas certaine car la composition varie avec l'âge de l'étoile. Les mécanismes de production et de transfert de l'énergie varient aussi avec l'age, de sorte qu'on ne sait pas quelle est la cause physique des différences spectrales observées.

C'est leur étude de ces différences et leur signification profonde qui est actuellement à l'ordre du jour. La recherche et l'étude de ces astres, faussement considérés comme exceptionnels, nous renseignera sur les mécanismes internes des étoiles sur leurs mouvements et leur évolution.

Bibliographie générale.

[1] Principes fondamentaux de classification stellaire. Publications du C.N.R.S. Paris 1955.
[2] MORGAN, W. W., P. C. KEENAN and E. KELLMAN: An Atlas of Stellar Spectra. Chicago: University of Chicago Press 1942.
[3] CURTIS, R. H.: Classification and Description of Stellar Spectra. In Handbuch der Astrophysik, Vol. V/I, p. 1—108. 1932.
[4] DRAPER HENRY: Catalogue (HD). Harvard Ann. 91 à 99 (1918—1924).
[5] Extension du HENRY DRAPER Catalogue (HDE). Harvard Ann. 100, 105 (1937); 112 (The A. J. Cannon Memorial volume) (1949).
[6] Hamburger Sternwarte in Bergedorf — Bergedorfer Spektraldurchmusterung der 115 nördlichen Kapteynschen Eichfelder.
[7] Potsdamer Spektraldurchmusterung. Potsdam Publik. No. 88 à 92, 1931—1938.
[8] UNSÖLD, A.: Physik der Sternatmosphären, 2ème édit. Berlin: Springer 1955.
[9] HYNEK, J. A.: Astrophysics. McGraw-Hill Book Company 1951.
[10] Meddelanden et Annaler, Uppsala.
[11] Meddelanden et Annaler, Stockholm.
[12] Annales d'Astrophysique et Contributions de l'Institut d'Astrophysique de Paris.

L'Astrophysical Journal est naturellement la source fondamentale de toutes nos informations sur les spectres stellaires.

Stars with Peculiar Spectra.

By

PHILIP C. KEENAN.

With 3 Figures.

Introduction.

Any attempt to divide the stars into those having "normal" spectra and those having "peculiar" spectra must be arbitrary. As soon as we arrange stellar spectra into some sort of sequence, those which fit into the sequence (i.e., classification) defined by the majority automatically become "normal", while those which cannot be dropped into any of the normal classes are naturally called "peculiar". Some extreme cases will always be listed as peculiar just because there are very few similar spectra and it would serve no purpose to set up "classes" containing only one or two objects apiece. In addition to these individuals, however, larger groups of stars also are often termed peculiar, and the number of these groups fluctuates with time.

On the one hand, there is a general tendency to make classifications more complex by adding new dimensions to take care of as many as possible of the recalcitrant stars. In this way many spectra which were classed as peculiar at one stage of astrophysical history have become normal members of the more elaborately organized systems of a later date. Thus at the time that the first volumes of the Henry Draper Catalogue [1] were being prepared, those red stars that had spectra containing conspicuous bands of ZrO, and unusually strong lines of some of the heavy metals, were listed as peculiar members of types M, R, or N, or merely marked "Pec.". Before the later volumes were completed it had been agreed to group these stars into spectral type S, and this type was introduced into the last two HD volumes, Volumes 98 and 99 of the Harvard Annals.

There is also a reverse process which *adds* to the number of stars called peculiar. As more and more stars are assigned to any spectral class, it becomes possible to compare more critically the spectra of the members and to detect differences that were too slight to be noticed earlier. Sometimes it is the use of a different dispersion which brings to light variations within a group supposed to be nearly homogeneous. A good example is offered by the stars of types F to K which have large space motions with respect to the sun. Their spectra were not found to differ from those of nearby stars sharing the solar motion of galactic rotation until slit spectrograms of a large stellar sample were available for intercomparison. Only then did such slight peculiarities as a tendency for the bands of cyanogen to be weak become recognizable as a common, though not universal, characteristic of the high-velocity stars [2].

These examples make it clear that any definitions of peculiar stars are not only arbitrary but also subject to frequent changes. In this chapter, therefore, we shall exercise the privilege of choosing for discussion just those groups of stars which seem to stand most in need of interpretation at the present time.

We shall emphasize those which have been segregated mainly because of the appearance of their spectra, and shall exclude such groups as the white dwarfs, which have been defined essentially by other characteristics[1]. Among the groups which have been omitted for similar reasons are R Coronae Borealis variables, β Canis Majoris stars, and multiple systems in which mutual interaction of the components and circumstellar gas clouds complicate the spectra. This does not imply that any of these groups is unimportant, but merely that a present discussion of them must lead quite far away from their spectral characteristics in order to be fruitful.

So far as possible we shall limit the present article to a *description* of the spectral features which have been observed to set apart each of the peculiar groups. For those stars whose spectra are discussed comprehensively in other parts of this Encyclopedia also, as in the article by A. J. DEUTSCH on magnetic stars in Vol. LI, our mention of the group will be brief. The arrangement of the stars in the following sections is roughly in order of decreasing temperature. This is largely a matter of convenience, but reflects in part also our ignorance of the precise values of the other physical quantities which influence their spectra.

A. Metallic-line stars.

The spectra of stars of type A are dominated by the Balmer lines of hydrogen, and most metallic lines are normally se weak that they are difficult to detect on spectrograms of low dispersion. Almost from the beginning of the classification of photographic spectra, however, it was noticed at Harvard [3] and elsewhere that certain stars which would be assigned to spectral type A from the ratio of Ca II K to the hydrogen lines, also possessed metallic lines of unusual strength. The most conspicuous of these were stars in which the absorption by lines of certain metals, such as chromium and europium in α^2 CVn, or manganese in α And, was outstanding. These are the "peculiar A-stars", which are discussed in Vol. LI of this Encyclopedia by A. J. DEUTSCH. In addition, however, other stars, like 60 Leo, had spectra in which nearly *all* the usual metallic lines had intensities which would be expected in spectral type F rather than type A. This latter group comprises the "metallic-line stars".

In 1940 TITUS and MORGAN [4], in classifying stars in the Hyades, found six metallic-line stars in that cluster and defined the peculiarity of the group as above. Since that time a large number of metallic-line stars have been discovered, and by 1956 C. and M. JASCHEK were able to discuss the properties of 93 of them that are not members of clusters. In addition, 34 metallic-line stars belonging to galactic clusters have been studied by H. F. WEAVER.

The difficulties encountered in trying to assign spectral types to the metallic-line stars are brought out by the following short table (taken from [5].) For each of the four stars in the table, the types corresponding to the intensities of Ca II K, the Balmer lines of hydrogen, and the other metallic lines, respectively, are given. The K-line types are the earliest, the metallic-line types the latest, and the types from the hydrogen lines intermediate, for all except φ UMa (*ft*).

In choosing which set of types to adopt, it would be most useful to pick those applying to normal stars having the same temperatures as the peculiar ones with which we are dealing, since the spectral types should primarily define a temperature sequence. Accordingly, ROMAN, MORGAN and EGGEN gave normal colors, measured on STEBBIN's C_1 scale, in the columns following each of the

---

[1] The spectra of white dwarfs are treated in this volume by J. L. GREENSTEIN (p. 161).

Table 1. *Metallic-line (ML) stars classified by Roman, Morgan and Eggen.*

Star	C_1	K-line type	Normal		H-line type	Normal		Metallic line type	Normal	
			C_1	E_1		C_1	E_1		C_1	E_1
φ UMa (ft)	$+0.06$	$A\,2$	-0.06	$+0.12$	$A\,8$	$+0.08$	-0.02	$A\,7$	$+0.06$	0.00
15 UMa	$+0.12$	$A\,2$	-0.06	$+0.18$	$F\,0$	$+0.09$	$+0.03$	$F\,5$ IV	$+0.18$	-0.06
HR 4646	$+0.14$	$A\,5$	$+0.03$	$+0.11$	$F\,2$	$+0.13$	$+0.01$	$F\,5$ IV	$+0.18$	-0.04
τ UMa	$+0.16$	$A\,5$	$+0.03$	$+0.13$	$F\,0$	$+0.09$	$+0.07$	$F\,6$ II	$+0.23$	-0.07

types. Comparison of these expected colors with the actual measured colors in column 2 of the table gave the apparent color excess, E_1. The positive values of E_1 in column 5 suggested that the "K-line types do not indicate the relative color temperatures of the stars but introduce a systematic spurious reddening of $+0.14$ mag". The authors found little to choose between the H-line types and the metallic-line types; both indicate that these metallic-line stars have the colors usually found in the early subdivisions of type F.

Three of these four stars (HR 4646 omitted) were later measured spectrophotometrically by BERGER and FRINGANT[1] who also found that the gradients in the blue and in the ultraviolet agreed more closely with the metal-line types, or the types corresponding to the Balmer jump, than with the K-line types. On the other hand, measurements made at Lick in 1956 by C. and M. JASCHEK [8] indicate somewhat earlier color types for the metallic-line stars in general. They measured 26 stars not belonging to galactic clusters, obtaining color types in the range $a3\,V$ to $a8\,V$ (except for μ Aqr, of color type f). These color types are intermediate between the K-line types and the metallic-line types.

While these several sets of color measurements are not in complete agreement, they do suggest that the types corresponding to the strength of the Balmer lines may be the ones most consistent with the temperatures of the metallic-line stars.

In classifying the metallic-line stars in the Coma cluster, H. F. WEAVER [7] also assigned spectral types "indicative generally of the hydrogen-line intensity". In addition, he took a step towards giving more information by adding the symbol "ML" followed by a number indicating the disparity between the types corresponding to the K-line, the hydrogen lines, and the metallic lines. His types (e.g., $A\,4\,ML\,2$ for Trumpler 139) thus measure the "degree of metallicism" of the stars in a notation that is clear and easy to use.

Interpretation of the colors and spectral types depends upon the luminosities of the metallic-line stars. The earlier estimates giving a visual absolute magnitude of about $+2$ referred to a mixture of isolated stars and members of galactic clusters. Actually, the ML stars are very common in clusters. H. F. WEAVER[2] pointed out that 35% of the stars with $+1.7 < M_v < +3.3$ in five representative clusters have enhanced metallic lines. He concluded that for the cluster members "There is a fairly strong indication that the luminosity function of the metallic-line stars is bimodal with maxima occurring at absolute magnitudes of $+1.9$ and $+2.4$". It is possible, however, that the apparent second maximum at a lower luminosity is a consequence of the greater ease of detection of metallic lines at lower luminosities. It is worth noting that for 9 ML stars in Praesepe, W. P. BIDELMAN[3] also derived absolute magnitudes from the well-determined modulus of the cluster. His values suggest a flat maximum giving $\overline{M}_v = +1.9$.

---

[1] BERGER and FRINGANT: C. R. Acad. Sci., Paris **232**, 2185 (1951).
[2] H. F. WEAVER: Astronom. J. **55**, 82 (1951).
[3] W. P. BIDELMAN: Publ. Astr. Soc. Pacif. **68**, 318 (1956).

For 76 stars not known to belong to clusters the Jascheks [8] have derived statistical parallaxes from the proper motions. Since more than half of these metallic-line stars are binaries, about 25% being spectroscopic binaries with orbits, correction for the estimated magnitude of the companion becomes important for deriving means, and was taken into account by the Jascheks. They found

$$\overline{M}_v = + 1.2 \pm 0.3.$$

This value agrees with the mean from the dynamical parallaxes given for 11 of these stars by Russell and Moore. The trigonometric parallaxes give about the same figure except for the two brightest metallic-line stars, α Gem B and δ Cap, for each of which the trigonometric absolute magnitude is $+2.1$.

These results suggest that isolated metallic-line stars in the solar neighborhood may tend to be more luminous than those belonging to galactic clusters. The present data, however, do not define their positions in the luminosity-temperature diagram with the accuracy that is required, and need to be improved. It should be noted that since the peculiarities of the group involve most of the spectral lines that are normally used as criteria of luminosity among A- and F-type stars, direct spectroscopic estimates of absolute magnitude from small-scale plates have not proved feasible.

For open clusters at known distances the position of metallic-line stars in the *luminosity-color* diagram can be determined. In the composite luminosity-color diagram prepared by O. J. Eggen[1] the 13 ML stars fall in a limited area lying just above the main-sequence.

Detailed studies of the metallic-line spectra on coudé spectrograms with scales ranging from 2.8 to 8.6 Å/mm have been carried out by J. Greenstein and his collaborators [9]. The ML star τ UMa, when compared with the sun, shows evidence of abundance differences in several metals. For two other ML stars, 8 Com and 15 Vul, there are indications of similar, though smaller, differences. The authors concluded, however, that the accuracy of curve-of-growth methods is not sufficient to establish the abnormal abundances as significant except for the five elements: Sc, Na, Ca, Sr and Zn. These are the only elements for which abundance ratios greater than three were found. Sodium, strontium and zinc appear to be more abundant in the metallic-line stars, while calcium and scandium seem to be deficient.

The only marked systematic effect in the run of abundances was found by Greenstein when he plotted the data for τ UMa against the second ionization potentials, V', of the elements. For values of V' lying between about 12 to 15 volts the observed lines tend to give abundance *deficiencies* in the metallic-line stars. Greenstein pointed out that the lack of a correlation with atomic number speaks out against any interpretation of the anomalies as due to different nuclear reactions in these stars. He suggested, therefore, that a "spectroscopic accident", such as the presence of excess ionizing radiation in the ultraviolet, has produced a spurious abundance effect in the lines from neutral and singly-ionized atoms. Since the ionization potential of hydrogen, 13.54 ev, lies in the range of critical values of V', Greenstein considered several possible mechanisms involving "... a deviation from equilibrium in the sense of excessively ionized hydrogen producing emission lines or selectively ionizing the metals directly by charge transfer. This latter collisional effect is of a resonance character, with protons the source of excess second ionization".

---

[1] O. J. Eggen: Astronom. J. **60**, 407 (1955), M 55, Fig. 2.

If the apparent abundance anomalies are in fact due to excess ionization of hydrogen there should be observable effects on the profiles of the hydrogen lines. MUSTEL and GALKIN [10] have looked for such effects by comparing the profiles of H_α in metallic-line stars and in normal main-sequence stars of similar type, but could find no marked differences. GREENSTEIN also has noted this difficulty.

An alternative explanation for the enhancement of metallic lines proposed by MUSTEL and GALKIN is the presence of numerous bright faculae. If these contributed enough excess radiation in the ultraviolet they could produce second ionization of Ca^+, Sc^+, etc. This theory also runs into an immediate observational difficulty, for such excess second ionization of calcium would be expected to result in a high rate of recombination to singly ionized calcium, with consequent emission in the H and K lines. The profiles of the H and K lines obtained by MUSTEL and GALKIN and by L. H. ALLER[1], however, reveal no emission reversals of the short observed in facular spectra.

In the absence of any other really satisfactory explanation, it may yet be that the apparent abundance effects are real. Any theory that is advanced to account for the differences in line intensities should be at least consistent with two other characteristics which the coudé spectrograms have established for the atmospheres of the ML stars. The first of these is the considerable degree of turbulence required by the curves of growth. For τ UMa GREENSTEIN found a turbulent velocity of 4 km/sec. The second property is the rather low electron pressure, amounting to 1.3 dynes/cm² in the atmosphere of τ UMa and about ten times this value in 8 Com and 15 Vul. In these parameters the metallic-line stars resemble supergiants, although all present estimates of their luminosities place them somewhere between the giants and main-sequence stars. Thus they appear to have more turbulent and extended atmospheres than normal A- or F-type stars of comparable luminosity.

B. High-velocity stars of types F, G and K.

When the stars belonging to spectral types F, G and K are carefully classified in a two-dimensional system, it is found that stars having a given temperature and luminosity do not all have identical spectra. If the "normal" characteristics are defined by the average spectra of the stars which are in the solar neighborhood and share the solar rotation about the galactic center, the differences shown by the peculiar spectra tend to be systematic and are correlated with such properties as space velocities or membership in globular clusters. These peculiarities might be defined as "population differences", since they are most marked in objects of population type II, as defined by BAADE. There are, however, considerable difficulties in differentiating completely the stellar populations of the spiral arms, the galactic disk, and the galactic halo, and it is not even clear how many population groups we may wish eventually to set up. Consequently, it seems preferable now to use some other descriptive label, and the term "high-velocity peculiarities" will perhaps cause as little confusion as any, so long as it is clearly understood that the term does *not* imply that any individual star showing some of these peculiarities *necessarily* has a high space velocity with respect to the sun. It is equally true, of course, that not all stars with large relative space motion show the expected spectral characteristics, but the tendency for them to be present is well established.

---

[1] L. H. ALLER: Astrophys. Journ. **106**, 76 (1947).

By "high-velocity stars" we mean those stars with apparently large space motions as measured from the local standard of rest. As B. Lindblad[1] and J. H. Oort[2] first showed, these motions are systematic in the sense that the "high-velocity" group is actually rotating less rapidly than the local standard of rest about the center of the galaxy. The boundary between high-velocity and low-velocity stars is somewhat arbitrary and is not sharp. Since Oort pointed out that the group motion becomes apparent for relative space motions greater than about 65 km/sec, the limit has generally been set near this value. When one wants to study the physical properties of a "purer" high-velocity group it is convenient to take a higher limiting velocity; thus Keenan and Keller [14] classified the spectra of stars with $w > 85$ km/sec. The larger catalogue of Miss Roman [15] includes stars from several earlier lists and does not have a definite lower limit for the stars admitted.

The most conspicuous of the high-velocity peculiarities that have been reported are summarized in Table 2.

Table 2. *Spectral features characteristic of HV-stars.*

Peculiarity	Occurrence	Examples	
Weakening of CN bands ($\lambda\lambda$ 4303, 4216, etc.)	Types $G\,5 - K\,3$ (Giant Branch)	δ Lep	$G\,8$ III
		HD 199191	$G\,8$ III $+$
General weakening of metallic lines	Types A, F, G	HD 140283	(A subdwarf)
		ε And	$G\,5$ III $+$
		HD 6755	$F\,8$ V

The tendency toward weakening of both CN bands and atomic lines in certain high-velocity stars was first noticed by W. W. Morgan about 1942 on spectrograms taken at the Yerkes Observatory ([2], Plates 42 and 45), although the occurrence of stars with abnormal CN absorption had been established by B. Lindblad [12] much earlier from his spectrophotometric measurements of slitless spectrograms of very small scale. Many later observers [14] have added estimates or measurements of CN intensity in the spectra of stars covering a wide range in space velocity. The CN effects are most conspicuous in giants of types from about $G\,7$ through $K\,2$, since it is in this part of the luminosity-spectrum diagram that the blue bands of CN are normally strong enough to be conspicuous features of stellar spectra. In main-sequence stars the absorption of CN is always so small that anomalies are not noticeable on small-scale spectrograms.

Attention to strengths of metallic lines was paid particularly by Miss N. G. Roman [13] in classifying a number of bright stars of both high and low velocity. She divided them into strong-line (st-l) and weak-line (wk-l) groups and showed that the groups with weakest lines had the largest mean space motions. It should be kept in mind, however, that certain lines, notably Ca 4227, are exceptions, for they actually appear to be stronger in some of the high-velocity stars than in normal stars. The general weakening of metallic lines is most conspicuous among the earlier types (F) that we are considering, and is also observed in the few A-type stars that have high space velocities with respect to the sun. It is noteworthy that these A-type stars and the F-type HV stars of luminosity class V tend to lie *below* the normal main sequence.

---

[1] B. Lindblad: Ark. Mat. Astronom. Fys., Ser. A **19**, Nos. 21 and 25; Ser. B **19**, No. 7 (1925).

[2] J. H. Oort: B.A.N. **4**, 273 (1928).

All of this work on the anomalies in strength of both CN and the metallic lines leave no doubt of the presence of one or both effects in many stars, and indicate that they are statistical tendencies of the population groups. In most individual stars, however, the differences in the strengths of the spectral features are so slight that they are difficult to detect on plates with scales of less than about 150 Å/mm. It is for this reason that it has not proved generally practicable to pick out high-velocity stars on objective-prism spectrograms taken with Schmidt telescopes.

When the dispersion is slightly higher, photographic spectrophotometry of the "break" in the spectrum at the λ 4216 head of CN can be carried out quite accurately by comparing intensities averaged over the range 4211-4213 Å within the band and 4219-4221 just beyond the wings of the 4215-4216 blend of CN and Sr II. The latter portion is fairly free of heavy line absorption for types earlier than about $K\,3$, and can be used as the reference continuum. In order to use the magnitudes of the break as a measure of the abnormality of CN strength in any particular star it is essential to compare the value of the break found in any suspected peculiar star to the average value in stars of the same luminosity and temperature. Since CN absorption varies with both these parameters, being especially

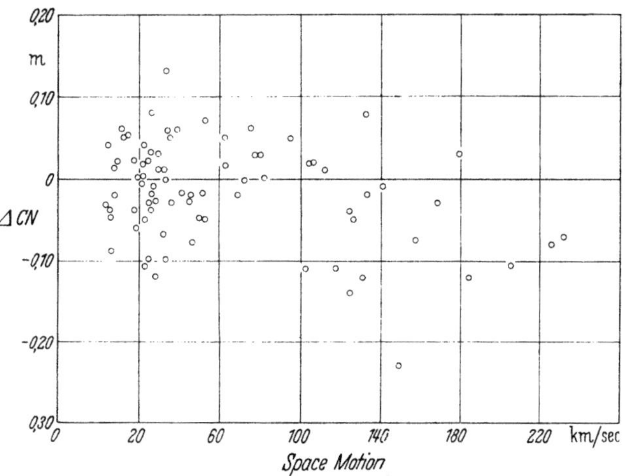

Fig. 1. Correlation of cyanogen discrepancy with space velocity for $G\,8-K\,2$ giants.

sensitive to luminosity, it is necessary not only to carry out the photometry as accurately as possible, but also to include a large number of standard stars and to classify all the spectra observed with the greatest possible accuracy.

An attempt to use such objective determinations to examine the correlation of CN strength with the space motions of giants of types $G8-K1$ is illustrated in Fig. 1. The data were obtained by photographic photometry of Perkins prismatic spectrograms having a scale of 104 Å/mm at $H\gamma$. If m_{CN} is the absorption break, expressed in magnitudes, for any star, and $\overline{m}_{\mathrm{CN}}$ is the average for that type and luminosity class, then we can define the "*cyanogen discrepancy*" as $\Delta\,\mathrm{CN} = m_{\mathrm{CN}} - \overline{m}_{\mathrm{CN}}$. In Fig. 1, the values of $\Delta\,\mathrm{CN}$ are plotted as ordinates, and the space motions, w, as abscissae. The scatter in $\Delta\,\mathrm{CN}$ is due in part to the errors of photographic photometry (mean error $= \pm 0.03$ mag.), and in part to the considerable real dispersion in CN strength. The highest point on the diagram represents α Ser, a known "strong CN" star.

Fig. 1 shows no evidence of correlation between cyanogen discrepancy and motion for velocities less than about 100 km/sec. For greater velocities the correlation is marked. Thus it is only the dynamical group defined by very large space motions that is fairly homogeneous in being made up of stars having the physical characteristic of weak CN absorption in their atmospheres.

Determination of the actual abundance differences in giant stars observed to have weak metallic lines or weak CN bands has been undertaken by several observers, including L. Gratton[1] for α Boo and γ Leo A, M. Schwarzschild et al. [*16*] for 6 stars of types G and K, and Greenstein and Keenan for 7 HV stars. Such measurements require spectrograms of sufficient scale to allow reliable curves of growth to be constructed, and consequently have been limited almost completely to stars brighter than the seventh magnitude[2]. This practical limitation has excluded most of the stars with very large motions and correspondingly large peculiarities. Several of the stars observed (φ^2 Ori, γ Leo A and B, δ Lep, HD 168322, HD 191046), however, had shown the typical HV peculiarities on small-scale plates. The investigations on Coudé spectrograms were in fairly good agreement on these results:

1. The effective numbers of atoms of most metals are lower than normal in such pronounced HV stars as δ Lep and HD 168322. For these stars $\delta \log N \approx -0.3$; hence the metal abundance appears to be reduced by a factor of about 2.

In several HV stars of later type ($K3-K4$), and in other HV stars which had shown no marked evidence of line weakening on small-scale spectrograms, no deficiencies in metallic abundances are indicated by the measurements. For the stars which do show metallic deficiencies, the effect seems to be shared by practically all the metal lines observed, with no indications of marked differences between heavy and light elements.

2. The effective numbers of CN molecules are lower by factors ranging from about 3 to more than 20 for stars which show an apparent cyanogen deficiency on small-scale plates. In these stars the ratio CN/metals appears to be lower than normal; i.e., the decrease in the abundance of CN molecules is greater than that of metal atoms.

3. The numbers of CH molecules are practically unchanged in most high-velocity stars. Two exceptions are φ^2 Ori, for which there is evidence for an increase in $\log N_{\mathrm{CH}}$, and HD 191046 in which all the features are weak, with $\varDelta \log N_{\mathrm{CH}} \approx -0.7$. The apparent strengthening of the G-band of CH on small-scale spectrograms appears to be largely a contrast effect; the weakening of atomic lines which blend with the G-band allows the latter to stand out more conspicuously than in ordinary stars.

The work of Schwarzschild, Spitzer and Wildt in 1951 [*17*] showed that the high-velocity spectral peculiarities can be accounted for most simply by assuming reductions in the abundances of the atoms of both the metals and the O, N, C groups relative to hydrogen. If, following Strömgren, we let

$$A = N_{\mathrm{H}}/N_{\mathrm{metals}}$$

and

$$B = N_{\mathrm{H}}/N_{\mathrm{O+N+C}},$$

then the more recent observations by Schwarzschild and his collaborators indicate that in the more extreme high-velocity stars, as compared to normal giants, A may be increased by a factor of 3 and B by a similar (but less certain) amount.

In discussing these differences in chemical composition, two additional points should be kept in mind. In the first place, a change in B has a much greater

---

[1] L. Gratton: Liège Mémoires, No. 357, 1954.

[2] In this discussion of abundances we omit the measurements made on spectrograms of somewhat lower dispersion by W. Ivanowska, G. R. Miczaika, and others. These data are valuable, of course, in helping to establish the statistical behavior of the bands.

effect on the numbers of molecules of CN (which contain two members of the oxygen group) than on the numbers of CH molecules. The exact effect on CH depends upon the source of free electrons at the photospheric temperature and pressure of the star considered. In general, N_{CN} can be expected to decrease more than N_{metals} if the changes in A and B are similar, while the observed near constancy of N_{CH} is not surprising. The other point is that the available observations give very little information about the ratios $N_O : N_N : N_C$ within the oxygen group. It is only for cooler stars which show bands of the oxides or of C_2 that the ratio N_O/N_C can be investigated, and these stars are discussed in the following section.

C. Stars showing carbon features of abnormal strength.

The stars that differ from K- or M-type stars most in respect to the ratio of carbon to oxygen in their atmospheres are so well known that they are no longer thought of as peculiar. These are the *red carbon stars*, defined by the conspicuous presence of the Swan bands of C_2 in their spectra. Spectral types R and N were set up by PICKERING and Miss MAURY at Harvard to accommodate these spectra, which have alternatively been grouped under spectral type C. The characteristic spectra of the carbon stars are well shown in the atlas of reproductions prepared by R. F. SANFORD [18].

A quantitative interpretation of their spectra was given independently by H. N. RUSSELL[1] and by L. ROSENFELD[2] in their discussions of the behavior of molecules in atmospheres which are in thermal equilibrium. RUSSELL pointed out that if the ratio oxygen/carbon (by numbers of atoms) is about 30/1 in a normal M-type giant, then the observed replacement of oxides by carbon compounds in the carbon stars would take place if the O/C ratio were reversed, making carbon about thirty times as abundant as oxygen.

By making some such change in one abundance parameter we can account for the general appearance of the spectra of most of the carbon stars, but among the latter are two subgroups which show peculiarities which may involve differences in the abundance of hydrogen relative to the C-N-O group of elements. These peculiar kinds are the *CH stars* and the *hydrogen-poor carbon stars*.

CH stars.

There *are* high-velocity carbon stars; 13 are known to have space velocities, relative to the sun, in excess of 100 km/sec. Of these, 10 have been studied spectroscopically in the blue region, and all ten have spectra in which the most striking feature is the great strength of the bands of CH. From this characteristic the group takes its name. The only known CH star for which a high space velocity has not been established is HD 145 777, for which the proper motion and parallax are not known. The recognized CH stars are listed in Table 3, which is based upon the table in the discussion of the group by W. P. BIDELMAN [19].

In the spectra of this group of stars the absorption due to the CH molecule is so strong that most atomic features in the $\lambda\lambda$ 4215-4325 region are almost blotted out by the G-bands. The appearance of the spectra as photographed with low dispersion can be seen in Plate 23 of Vol. 94 of the Astrophysical Journal. Even the great resonance line of Ca I at 4227 Å is reduced to an inconspicuous feature in such stars as HD 5223 and V Ari. In addition to the G-band, which comprises the $\Delta v = 0$ sequence of the $^2\Delta - ^2\Pi$ system, the lower sequences of the $^2\Sigma - ^2\Pi$

---

[1] H. N. RUSSELL: Astrophys. Journ. **79**, 317 (1934).
[2] L. ROSENFELD: Monthly Notices Roy. Astronom. Soc. London **93**, 724 (1933).

Table 3. *The* CH *stars.*

Name	α_{1900}	δ_{1900}	l	b	m_v	M_v (NaD)	V_r km/sec	μ ''/year
HD 26[1]	$0^h 00^m.2$	$+\ 8°14'$	74	-53	8.2	—	-213	0.258
HD 5223	$0^h 48^m.9$	$+23°32'$	93	-38	8.8	$+2,2$	-232	0.143
V Ari	$2^h 09^m.6$	$+11°46'$	122	-45	7.7—8.3	-1.7	-176	0.041
HD 76396	$8^h 50^m.8$	$+51°49'$	134	$+41$	8.8	—	$-\ 57$	0.118
Lee 107	$11^h 50^m.5$	$+13°08'$	230	$+71$	11.3	—	-137	—
TT CVn[2]	$12^h 54^m.7$	$+38°21'$	74	$+79$	8.9—9.6	—	-135	0.019
HD 145777	$16^h 07^m.6$	$-14°57'$	326	$+24$	10.7	—	$+\ 15$	—
HD 187216	$19^h 43^m.8$	$+85°09'$	85	$+27$	9.6	—	-129	—
HD 201626	$21^h 05^m.7$	$+26°13'$	42	-15	8.0	—	-152	0.040
HD 209621	$21^h 59^m.7$	$+20°34'$	47	-28	8.8	$+0.4$	-381	0.053
HD 224959	$23^h 57^m.0$	$-\ 3°23'$	65	-63	9.9	—	-132	0.026

system of CH are similarly enhanced. So strong are these stellar absorption bands that when they were first measured in 1941 [20], it was difficult to identify some of them because they represented higher rotational terms than any which had been analyzed in laboratory emission spectra at that time.

The other features due to carbon compounds, the bands of C_2 and CN, are naturally quite strong also in the CH stars. In several of them, however, the blue CN bands seem weaker than in normal carbon stars at the same temperature, but it is difficult to say how much of the effect is due to overlapping CH absorption. Further studies of the red CN bands are needed to settle the question.

Of the atomic features which can be observed in the portions of the spectrum which are not heavily obscured by band absorption, the hydrogen lines (H_δ, H_β) and those from such ionized elements as Sr^+, Ba^+ and Ti^+ are relatively strengthened in the CH stars as compared to either the low-velocity carbon stars or normal G and K giants of about the same temperature. Since most of the CH stars are relatively early carbon stars (of type R, or C_0, C_3), their effective temperatures lie probably in the range from 3600° to 4600° K. At these temperatures the observed enhancement of ionized lines suggests a high luminosity.

This suggestion is not strongly supported by other evidence. The high radial velocities of the CH stars shift their spectral lines so far that Sanford[3] was able to observe interstellar D-lines in several of them. From the intensities of the interstellar sodium lines Sanford found the absolute magnitudes given in Column 7 of Table 3. The mean absolute magnitude of the four high-velocity carbon stars in his list is $-0,2$, but it is interesting to note that the two stars with radial velocities greater than 200 km/sec are assigned positive absolute magnitudes. Although intensities of interstellar lines are notoriously unreliable as indicators of the distances of individual stars, it is perhaps significant that HD 5223, for which the indicated absolute magnitude is $+2$, has an exceptionally large proper motion, exceeded by only one other star in Table 3.

To summarize the scanty evidence bearing on the luminosities of CH stars: they may show a considerable dispersion, the brightest perhaps corresponding to stars of luminosity class II. Thus they probably lie in the general range of brightness of the other carbon stars.

It is probable that the strength of ionized lines is at least partly due to greater abundance of some metals. On the other hand, we could argue from analogy with other high-velocity stars that the ratio of hydrogen to *all* the heavier elements is

---

[1] HD 26 [Astrophys. Journ. **113**, 700 (1951)] has weaker bands of C_2 than any other star in the table. CH is very strong and the star is hotter than most carbon stars.

[2] HD 112869.

[3] R. F. Sanford: Astrophys. Journ. **99**, 145 (1944).

greater in the CH stars than in other carbon stars. In other words, the appearance of CN, CH and C_2 in their spectra is what would be expected if in any high-velocity star the ratio carbon/oxygen were increased to the amount characteristic of carbon stars.

Weak-hydrogen stars.

In contrast to the CH stars are a number in which the features due to hydrogen are anomalously *weak*. Actually these are not found only among the red carbon stars, for HD 160641 (type O 1, HD 124448 (type B), and v Sgr (type A) have in common the extraordinary weakness of their Balmer lines [21]. It is in the spectra of R *Coronae Borealis* variables (which are known to be carbon stars of relatively high temperature) and of such non-variable red carbon stars as HD 182040, however, that the peculiarity shows most conspicuously in the weakness of both the CH bands and the hydrogen lines. In a few of these stars the hydrogen anomaly was noticed many years ago, as in R CrB by LUDENDORFF in 1906 and in HD 182040 by R. H. CURTISS in 1916 and by K. WURM in 1941. W. P. BIDELMAN grouped these stars together in 1953 [21] and drew attention to their common features. His list in Ref. [19] includes 20 stars, of which only 4 are not known to be variable in light.

The simplest way of explaining the appearance of these spectra is to assume an actual deficiency in the amount of hydrogen present in their atmospheres. Their temperatures lie in the range from 4000° to 6000° K, where the CH bands would be expected to be strong in giants. R CrB and the other variables of its class, however, are probably of considerably higher luminosity than ordinary giants. L. BERMAN[1] studied the line spectrum of R CrB and showed that the level of ionization is that of a supergiant. No direct determination of the actual luminosity of any of these stars was available until M. W. FEAST[2] measured the radial velocity of the variable W Men, which lies in the direction of the *Large Megellanic Cloud*. The value found for V_r, $+260$ km/sec, is consistent with membership in the cloud. Then the adopted distance modulus of $19^m\!\!.2$ for the clouds gives $M_{pg} = -5,4$ for W Men at maximum. FEAST's estimated type of $cF8$ implies a color index of about $+0.6$, and, hence, $M_v \approx -5$.

The low pressure in such an atmosphere would greatly reduce the intensity of CH. There remains the anomaly of the weak Balmer lines, however, for they are normally much enhanced in an F-type supergiant. There is the possibility that the Balmer lines are partly filled in by incipient emission, but though this effect seems to be present through part of the light curve of R CrB, it hardly seems adequate to explain the consistent weakness of the several lines of the Balmer series that have been observed. Thus we are led back to at least the suspicion of abnormally low abundance of hydrogen.

Another peculiarity noticed by BIDELMAN in the spectra of the weak-hydrogen stars is the extreme weakness of the bands of C_2 involving the isotope C^{13}. Since the work of McKELLAR in 1948 it has been known that of the red carbon stars the majority (perhaps 80%) have a C^{12}/C^{13} ratio of about 3 to 1. For the remainder of the carbon stars the ratio is much larger. In some cases the isotope bands have not even been detected, so that only a lower limit to the ratio can be estimated. The hydrogen-poor stars *all* belong to the latter group, with probable lower limits for C^{12}/C^{13} extending from 30/1 to 100/1. Thus there is a deficiency of the heavy carbon isotope correlated with the apparent deficiency of hydrogen[3].

[1] L. BERMAN: Astrophys. Journ. **81**, 369 (1935).
[2] M. W. FEAST: Monthly Notices Roy. Astronom. Soc. London **116**, 583 (1956).
[3] It is interesting that the CH stars considered in the last section include examples of both the high and low isotope ratios.

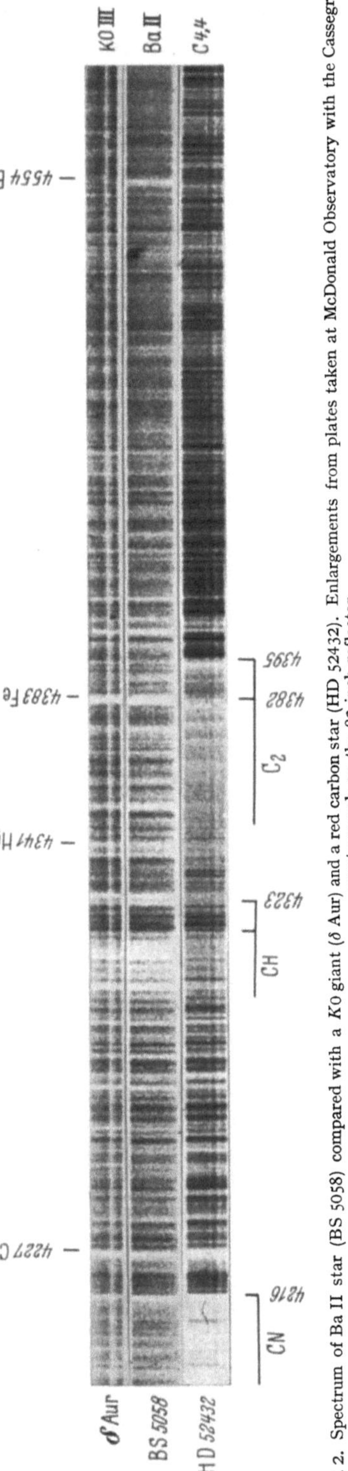

Fig. 2. Spectrum of Ba II star (BS 5058) compared with a K0 giant (δ Aur) and a red carbon star (HD 52432). Enlargements from plates taken at McDonald Observatory with the Cassegrain spectrograph on the 82-inch reflector.

Ba II stars.

There is another group of peculiar stars that are not generally considered as belonging among the carbon stars, though they have some points of similarity to that group. These are stars which resemble K-type giants rather closely in their spectra in the blue region except that the line due to ionized barium at λ 4554 is extraordinarily strong. This can be seen in Fig. 2, in which the spectrum of one of these Ba II stars[1], BS 5058 is reproduced between spectra of a K 0 giant (δ Aur) and a red carbon star. It will be noticed that in BS 5058 the G-band of CH also is stronger than in the K 0 giant; it appears actually more prominent than in the carbon star, but this is largely due to overlapping C_2 absorption in the latter.

There is a clear similarity between the Ba II and the CH stars; the spectroscopic difference between the two groups lies primarily in the relative enhancement of CH bands as against Ba II lines. In the Ba II stars the CH enhancement is moderate and does not cause the suppression of atomic features as in the CH stars. Conversely, in the latter the λ 4554 line does not dominate its spectral region as it does in the illustration of the Ba II stars. The difference is one of degree, but the degree is considerable.

The strongest of the Swan bands of C_2, the 0, 0 head at λ 5165, shows clearly on spectrograms of the Ba II stars taken with moderate dispersion, but is much weaker than in any of the recognized carbon stars. The CN bands of both the blue and red systems also appear in the Ba II spectra with strengths intermediate between those in K-type stars and in carbon stars.

Only 9 Ba II stars have been recognized to date; they are collected in Table 4, which again is based on Bidelman's list [*19*]. The table brings out another important difference between this group and the CH stars—the Ba II stars have much lower radial velocities on the average.

Barium is not the only ionized metal having lines enhanced in the stars of Table 4. The Sr II lines are also quite strong in their spectra.

---

[1] The spectrogram of BS 5058 was taken by Dr. W. P. Bidelman, who kindly lent the negative for enlargement.

Table 4. Ba II *stars*.

Name	HD	α_{1900}	δ_{1900}	l	b	m_v	V_r km/sec	μ ''/year
BS 774	16458	$2^h 33^m{.}4$	$+81°1'$	95	$+20$	5.9	$+18$	0.070
BS 2392	46407	$6^h 28^m{.}1$	$-11°6'$	188	-8	6.4	$-$	0.009
BS 5058	116713	$13^h 20^m{.}3$	$-39°14'$	278	$+22$	5.2	$+68$	0.193
$-$	121447	$13^h 50^m{.}3$	$-17°45'$	292	$+41$	8.1	$-$	0.040
$-$	178717	$19^h \ 4^m{.}6$	$+10°4'$	12	-1	7.5	$+5$	0.015
$-$	183815	$19^h 26^m{.}2$	$+ \ 2°13'$	16	-5	7.9	$-$	0.005
$-$	199939	$20^h 55^m{.}2$	$+44°1'$	53	-2	7.9	$-$	$-$
φ Cap	207098	$21^h 41^m{.}5$	$-16°35'$	355	-45	3.9	$+3$	0.024
$-$	211594	$22^h 13^m{.}1$	$- \ 6°21'$	25	-49	8.3	$-$	0.024

That these effects are at least partly a consequence of abundance differences was suspected as soon as the stars were recognized as a distinct group, and has been confirmed by the measurement of coudé spectrograms of BS 2392 (HD 46407) by E. M. and G. R. Burbidge[1]. The Burbidges constructed a curve of growth and compared atomic abundances in the Ba II star and the standard $G8$ giant K Gem. They found that in the Ba II star: "The elements from sodium through germanium have normal abundances, but most of the heavier elements from strontium on have abundances of order ten times normal...."

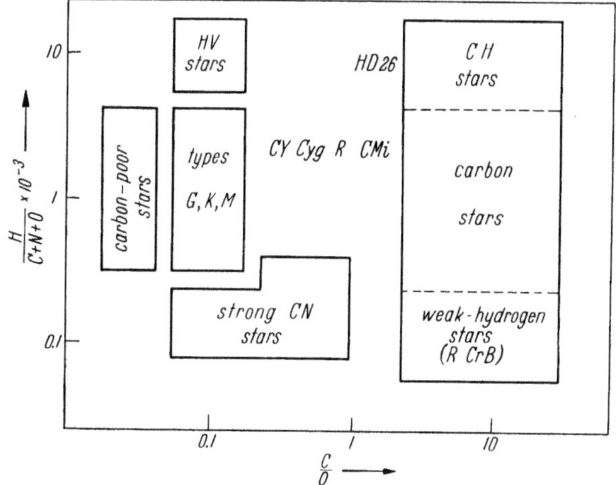

Fig. 3. Schematic diagram of suggested abundance differences between groups of stars. The ordinates give the ratio of hydrogen to other elements and the abscissae the carbon/oxygen ratio.

These abundances support the suggestion [22] that the Ba II stars are similar to S-type stars in having a higher ratio of heavy metals to light metals than is found in the K- and M-type stars. The similarity extends to the carbon/oxygen ratio also—in which both groups fall between type M and the carbon stars. It is not certain, however, that Ba II stars are to be regarded as the extension of type S to higher temperatures.

A schematic picture of the relationship between some of the groups of peculiar stars discussed in this chapter is shown in Fig. 3. Graphical representations of the domains of stars of different kinds have been made before. Y. Fujita[2] used triangular diagrams to show possible proportions to C, N, and O in stars of types K, M, C and S. P. W. Merrill[3] plotted relative abundance of heavy metals against the O/C ratio, with the positions of N, S, M and intermediate stars indicated. If we introduced into Fig. 3 a vertical axis to represent heavy metals/ light metals, Merrill's diagram would correspond to a vertical plane passing through the C/O axis of our figure. In the present state of our knowledge such

[1] E. M. and G. R. Burbidge: Astrophys. Journ. **1957** (in course of publication).
[2] Y. Fujita: Jap. Journ. Astronom. Geophys. **17**, 17 (1939).
[3] P. W. Merrill: Publ. Astronom. Soc. Pacific **67**, 199 (1955).

diagrams can be only rough and tentative, but may help to clarify our ideas of the distinctions between some of the closely related groups.

In Fig. 3 the domain of the carbon stars occupies the right-hand portion. The S-type and Ba II stars would lie above the plane of the paper if higher ratios of heavy to light metals were plotted upward. Let us consider next the possibility of stars intermediate between the carbon stars and ordinary K- and M-type stars.

Semi-carbon stars.

The observed scarcity of such stars is probably due partly to the fact that oxygen and carbon must be fairly closely balanced if strong bands of *neither* the oxides nor the carbon compounds are to occur, and partly to the practical difficulty of noticing spectra with such weak bands on survey plates.

In Fig. 3 the variable *R Canis Minoris* is entered just to the left of the carbon stars. The three similar stars, R CMi, W Cas and R Ori, have always proved difficult to classify. Having strong CN bands, weak C_2 bands, and rather strong lines of the heavy metals, they have sometimes been assigned to type S and sometimes to the carbon stars. Their infrared CN bands are stronger than those of the CH or the Ba II stars, while the radial velocities measured for R CMi and W Cas give no evidence of extremely large space motions. Consequently, it seems reasonable to place them just at the edge of the normal carbon group, as having a somewhat lower excess of carbon.

Yet farther to the left in Fig. 3 is CY Cygni. This star, which also has been assigned to various spectral classes, is quite red but has no strong absorption bands. CN, however, is definitely more pronounced than in most late K stars. The line spectrum is strong and shows some of the characteristics of high luminosity. CY Cyg may turn out to be similar to R CMi, though more luminous. For the present, however, all that can be said definitely is that the balance between oxygen and carbon atoms in its atmosphere must be close.

Two additional stars of ambiguous spectral character are FU Mon and GP Ori. Their spectra have been partially described, respectively, by R. G. TESKE[1] and W. P. BIDELMAN[2]. They seem to belong closest to the S-type stars because of the evident abundance of heavy metals in their atmospheres, and would therefore have to be represented somewhat above the plane of Fig. 3.

Strong-CN stars.

At the opposite extreme to the high-velocity stars with their weak CN bands and metallic lines are a number of G- and K-type stars in which the CN bands are slightly stronger than normal. Examples are α Ser, $K2$ III CN $+2$, and HD 112127, $K2$ III CN $+2$, where the number following the plus sign is an index of the apparent cyanogen excess. Such stars appear to have been first noticed in the course of a spectral survey carried out by MORGAN and NASSAU on objective-prism plates. On the small-scale spectrograms the greatest depth in the overlapping blue CN bands seems to occur in the region of 4150 Å, and some of the strong-CN stars were picked out by means of the depression of that part of their spectrum. Consequently, they have sometimes been referred to as "4150 stars", (N. G. ROMAN [13]). This designation, however, is rather ambiguous, for some objects designated as "4150 stars" in the literature (e. g. γ Cep) actually do not have very strong CN bands.

On the basis of the interpretation of HV stars with weak CN as having high opacity due to an increased abundance of hydrogen relative to all heavier elements, the strong-CN stars can be explained as having slightly lower hydrogen abundance.

---

[1] R. G. TESKE: Publ. Astronom. Soc. Pacific **68**, 520 (1956).
[2] W. P. BIDELMAN: Astrophys. Journ. **112**, 219 (1950).

Thus we place them below ordinary G and K stars in Fig. 3. The same spectral appearance would be expected to result from a slight rise in the C/O ratio; therefore the possible domain of the strong-CN stars is shown as extending to the right in the figure.

Carbon-poor stars.

Three stars are known to have spectra in which the bands of *both* CN and CH are abnormally weak. They are listed in Table 5.

Table 5. *Stars with weak* CH *and* CN *bands.*

Name	HD	m_v	α_{1900}	δ_{1900}	Type	V_r	Reference
BS 885	18474	5.6	$2^h 53^m.0$	$+46°49'$	$G4p$	$+7$	Bidelman
—	30297	8.5	$4^h 41^m.2$	$+49°21'$	$G5p$	—	Morgan and Nassau
BS 6791	166208	5.1	$18^h 04^m.5$	$+43°27'$	$G8p$	-16	Greenstein and Keenan

The first of these stars to be recognized was BS 885, described by Bidelman [21], [22]. BS 6791 was included by W. R. Hossack[1] in his list of stars having hydrogen lines too strong for their assigned types. His other stars, however, do not show the simultaneous weakness of CN and CH. They differ further from BS 6791 in that nearly all of them are spectroscopic binaries, while no evidence of variation in the velocity of BS 6791 has been reported.

Measurements of abundances of CH and CN in BS 6791 by Greenstein and Keenan (1957, in press) support Bidelman's suggestion that the spectral peculiarities of BS 885 imply an actual deficiency of carbon atoms in its atmosphere. Relative to four normal $G8 - G9$ giants the relative abundance of CN was found to be lower in BS 6791 by a factor of about four, while the reduction in the number of CH molecules was five-fold. Consequently, this small group of stars appears to belong in the extreme left-hand portion of Fig. 3.

It is apparent that our knowledge of most of the kinds of peculiar stars discussed in this chapter is so incomplete that even the demarcation of the groups remains provisional. In particular, more determinations of absolute magnitudes are needed.

General references.

[1] Cannon, A. J.: The Henry Draper Catalogue. Ann. Astr. Obs. Harvard Coll. **91—99** (1918—1924). — The notes at the end of the Catalogue call attention to the peculiarities noted on objective-prism spectra of many individual stars.
[2] Morgan, W. W., P. C. Keenan and E. Kellman: An Atlas of Stellar Spectra, with an Outline of Spectral Classification. Chicago: University of Chicago Press 1943. — Several kinds of spectral peculiarities are illustrated in comparison with normal stellar spectra.

References on metallic-line stars.

[3] Maury, A. C.: Spectra of bright stars. Ann. Astr. Obs. Harvard Coll. **28**, Part 1 (1897). — In the remarks on the individual stars in her Tables 6 to 12, Miss Maury drew attention to several A-stars having peculiarities in their spectra.
[4] Titus, J., and W. W. Morgan: On the classification of the a stars. I. Astrophys. Journ. **92**, 256 (1940). — This paper segregates the metallic-line stars in the Hyades.
[5] Roman, N. G., W. W. Morgan and O. J. Eggen: The classification of the "metallic-line" stars. Astrophys. Journ. **107**, 107 (1948). — Spectral types based on different criteria are compared with photoelectric colors.
[6] Slettebak, A. A.: Catalogue of the brighter metallic-line stars. Astrophys. Journ. **109**, 547 (1949). — This list of 19 stars is nearly complete down to the fifth magnitude for declinations north of $-20°$.
[7] Weaver, H. F.: Spectral-type, magnitude and, color relations in the galactic star cluster in coma berenices β. Astrophys. Journ. **116**, 612 (1952). — The discussion of the problem of classifying the ML stars belonging to the cluster is suggestive.

---

[1] W. R. Hossack: J. Roy. Astronom. Soc. Canada **48**, 211 (1954).

[8] Jaschek, C. and M.: On metallic-line stars. Astronom. J. (in press). — Data on all known *ML* stars are analyzed to give color types and mean luminosities.

[9] Greenstein, J. L.: Analysis of the metallic-line stars, Part I. Astrophys. Journ. **107**, 151 (1948); Part II. Astrophys. Journ. **109**, 121 (1949). — Miczaika, Franklin, Deutsch and Greenstein: Analysis of two metallic-line stars. Astrophys. Journ. **124**, 134 (1956). — This series of papers contains a wealth of data on line intensities, abundances of elements, etc.

[10] Mustel, E. R., and L. S. Galkin: Investigations of stars of spectral classes *A* and *F* with anomalous intensities of metallic lines β. Isvestia Crimean. Astrophys. Obs. **12**, 148 (1954); **13**, 9 (1955). (In Russian.) — Interpretations of the metallic-line spectra are tested by comparisons of line profiles. Position of the stars in the spectrum-luminosity diagram is discussed.

[11] Hack, M.: Caratterische generali delle stelle a righe metalliche considerate nel quadro delle stelle normali. Memorie Soc. Astron. Ital. **27**, 469 (1956). — This important summary of the spectrophotometric analyses of the atmospheres of metallic-line stars being carried out at the Arcetri Observatory was received too late for discussion in our chapter. In general, her results are in agreement with the earlier data. She concludes that the absolute magnitudes of the *ML* stars lie in the range from $+1.5$ to $+2.5$.

References on stars with the high-velocity peculiarity.

[12] Lindblad, B.: Spectrophotometric Methods for Determining Stellar Luminosity. Astrophys. Journ. **55**, 85 (1922). — Lindblad and Stenquist: On the Spectrophotometric Criteria of Stellar Luminosity. Stockh. Obs. Ann. **11**, No. 12 (1934). — The earlier reference is the pioneer paper on the measurement of CN intensities and the use of them for luminosity estimates. The second paper summarizes the development of this work at the Stockholm Observatory.

[13] Roman, N. G.: Correlation Between the Spectroscopic and Dynamical Characteristics of Late *F*- and Early *G*-Type Stars. Astrophys. Journ. **112**, 554 (1950). — The Spectra of the Bright Stars of Types *F* 5 — *K* 5. Astrophys. Journ. **116**, 122 (1952). — In Miss Roman's classification an estimate of line strength is given along with the spectral type and luminosity class.

[14] Keenan, P. C., and G. Keller: Spectral Classification of the High-Velocity Stars. Astrophys. Journ. **117**, 241 (1953). — References to most of the earlier work on this group of stars will be found in this paper.

[15] Roman, N. G.: A Catalogue of High-Velocity Stars. Astrophys. Journ. Suppl. **2**, No. 18 (1956). — This is the most extensive catalogue published to date. For 600 stars the tables give types, photoelectric magnitudes and colors, and spectroscopic parallaxes. It is important to note that the catalogue is not homogeneous, for many of the stars included probably have space velocities smaller than 63 km/sec.

[16] Schwarzschild, M. and B., L. Searle and A. Meltzer: A Spectroscopic Comparison between High- and Low-Velocity *K* Giants. Astrophys. Journ. **125**, 123 (1957). — Abundances of atoms and molecules are derived for 16 stars. References to similar spectrophotometric investigations are given.

[17] Schwarzschild, M., L. Spitzer and R. Wildt: On the Difference in Chemical Composition between High- and Low-Velocity Stars. Astrophys. Journ. **114**, 398 (1951). — This paper proposes the hypothesis that in the *HV* stars the abundances of metals and the oxygen group relative to hydrogen are lower than in normal stars.

References on stars showing strong corbon features.

[18] Sanford, R. F.: An Atlas of Spectra of Six Stars of Classes *R* and *N*. Astrophys. Journ. **111**, 262 (1950). Mt. Wilson and Palomar Reprint No. 14. — Reproductions of coudé spectrograms covering the range from 3600 Å to 8800 Å are accompanied by descriptions of the principal spectral features.

[19] Bidelman, W. P.: The Carbon Stars — An Astrophysical Enigma. Vistas in Astronomy, edit. by A. Beer, Vol. 2, p. 1428. 1956. — This excellent summary includes discussions of the peculiar groups among the carbon stars. Most of the important papers on the carbon stars published up to 1954 are listed in the bibliography.

[20] Keenan, P. C.: The Spectra of CH Stars. Astrophys. Journ. **96**, 101 (1942). — The group is defined and their spectra described.

[21] Bidelman, W. P.: The Spectra of Certain Stars Whose Atmospheres May be Deficient in Hydrogen. Astrophys. Journ. **117**, 25 (1953). — This is the paper in which the weak-hydrogen stars were first discussed as a group.

[22] Bidelman, W. P., and P. C. Keenan: The Ba II Stars. Astrophys. Journ. **114**, 473 (1951). — Recognition and interpretation of spectra with strong Ba II absorption are discussed.

Les bandes moléculaires dans les spectres stellaires.

Par

P. SWINGS.

1. Introduction. Une monographie complète sur l'astrophysique moléculaire exigerait, à elle seule, un gros volume. Notre but a été modeste: nous avons simplement tenté de décrire les principales observations et d'esquisser les idées générales essentielles concernant le rôle joué par les molécules dans les atmosphères stellaires.

On trouve des molécules dans des corps célestes très divers: dans les atmosphères de la Terre, de Vénus, de Mars, des grosses planètes et de certains satellites, dans les comètes, dans l'espace interstellaire, dans le Soleil et toutes les étoiles normales ou anormales, constantes ou variables de type plus avancé que $F5$. D'une manière générale et assez imprécise, on peut dire que les molécules sont présentes dans tous les astres dont la «température» n'est pas très élevée. Ces molécules sont de types divers: di-, tri- ou polyatomiques, neutres ou ionisées. Elles se manifestent soit par des bandes d'absorption (électroniques ou de vibration-rotation), soit par des bandes d'émission. Les spectres observés correspondent, en général, à des transitions permises; mais on trouve aussi des transitions interdites en absorption (planètes, y compris la terre), tout comme en émission (lueur nocturne, aurore polaire). Il arrive que les molécules se trouvent approximativement dans un état d'équilibre thermodynamique (dans une atmosphère stellaire normale par exemple) ou très éloignées d'un tel équilibre (comme dans l'espace interstellaire ou les comètes). Les bandes moléculaires d'émission sont excitées soit par recombinaison (variables à longue période, lueur nocturne), soit par collisions (aurore polaire), soit par fluorescence (comètes, lueur crépusculaire). Les molécules nous fournissent de précieux renseignements sur la température, la composition chimique et la luminosité des étoiles, sur les mécanismes physiques en jeu (comme dans les comètes, les variables à longue période, la basse chromosphère, etc.), sur les isotopes et sur la couleur des astres (planètes, étoiles froides).

Notre exposé concernera seulement les étoiles et sera, de ce fait, fortement simplifié. En effet, on n'a jusqu'ici observé dans les étoiles que des bandes permises de molécules di- et triatomiques neutres. L'absence de bandes stellaires dues à des ions moléculaires correspond à ce que, dans les conditions d'équilibre thermodynamique, les molécules sont dissociées plutôt qu'ionisées, mais on ne peut exclure la possibilité de trouver, un jour, des molécules ionisées dans un astre anormal, comme une nova. Jusqu'à présent, les seules bandes moléculaires révélées par les novae sont celles de CN et C_2; mais on peut imaginer des conditions spéciales telles que l'ionisation soit favorisée par rapport à la dissociation. Par exemple, la molécule CH^+, présente dans l'espace interstellaire, pourrait, un jour, être trouvée dans une nova.

Plus grande est l'énergie de dissociation d'une molécule, plus celle-ci est capable de résister à une température élevée et, par suite, d'apparaître dans une étoile plus chaude. On n'observe des bandes que dans les étoiles plus avancées que $F5$[1]. Tout comme les molécules des comètes (OH, NH, CH, CN, C_2, C_3,

---

[1] P. SWINGS et O. STRUVE: Phys. Rev. **39**, 142 (1932).

NH_2, etc.) ou de l'espace interstellaire (CH, CH^+ et CN), les molécules di- et tri-atomiques stellaires sont, en fait, des radicaux libres. Dans une atmosphère stellaire, la distribution des molécules sur leurs niveaux électroniques, vibratoires et rotatoires correspond à peu près à la loi de Boltzmann; à partir de déterminations photométriques, on doit donc pouvoir déterminer soit la «température de vibration», soit la «température de rotation» de l'astre et ces deux températures doivent être identiques en cas d'équilibre thermodynamique. Cette question sera discutée dans le Chap. IV.

Les molécules stellaires manifestent leur présence par des transitions électroniques, sauf dans le cas de la molécule CO du soleil dont on observe une bande infrarouge de vibration-rotation. On peut imaginer que d'autres molécules se révèleront de façon analogue lorsqu'on procédera à des observations de spectres stellaires dans l'infrarouge avec une résolution suffisante. On sait que de nombreuses bandes de vibration-rotation apparaissent dans le spectre d'absorption infrarouge de l'atmosphère terrestre.

Dans les étoiles les plus froides, les larges et profondes bandes d'absorption moléculaire affectent la couleur de façon importante. Suivant que les bandes se trouvent dans le jaune-rouge ou dans le bleu-violet, les étoiles paraissent plus bleues ou plus rouges que les corps noirs aux températures indiquées par les raies atomiques d'absorption. Dans les étoiles variables froides, la variation de couleur est due aux variations d'intensité des bandes tout autant qu'aux variations de température[1].

I. Bandes moléculaires dans le spectre solaire[2].

2. Le soleil est l'astre le plus stratégiquement placé puisqu'on peut l'observer dans un vaste domaine spectral et avec des dispersions très diverses, y compris les plus élevées. Depuis assez longtemps, on possède des listes de longueurs d'onde du spectre solaire photographié à haute dispersion de λ 3000 (limite imposée par l'ozone atmosphérique) à λ 13 000 Å (limite des émulsions photographiques). Récemment, ce domaine a été étendu vers l'ultraviolet et les rayons X grâce aux fusées à haute altitude et vers l'infrarouge jusqu'à 24 μ grâce aux nouveaux spectromètres et récepteurs. L'extension dans l'ultraviolet lointain a fourni de nombreux renseignements précieux au sujet des raies atomiques, notamment de la raie d'émission Lyman alpha; mais la seule molécule dont la présence possible ait été suggérée est NO[3]. Dans l'infrarouge et le rouge extrême, l'observation du spectre solaire est fortement handicapée par la présence des bandes telluriques de H_2O^{16}, H_2O^{17}, H_2O^{18}, HDO, $C^{12}O_2^{16}$, $C^{13}O_2^{16}$, $C^{12}O^{16}O^{18}$, O_2^{16}, $O^{16}O^{18}$, $O^{16}O^{17}$, CH_4, N_2O, CO et O_3; il reste, d'ailleurs, encore plusieurs milliers de raies telluriques non identifiées. La seule bande moléculaire solaire identifiée dans l'infrarouge[4] est celle de CO à 2,3 μ. Celle-ci se différencie de la bande tellurique de CO par sa température de rotation beaucoup plus élevée (voir le Chap. IV); les raies de CO sont aussi fortement intensifiées au bord du disque solaire.

Le domaine spectral solaire de λ 3000 à λ 13 000 comprend environ 26 000 raies dont à peu près 30% restent inexpliquées. Beaucoup de celles-ci sont

---

[1] C. H. Payne et P. ten Bruggencate: Harvard Bull. No. 876, 1 (1930).

[2] Voir aussi les articles du Vol. LII concernant le Soleil.

[3] E. Durand, J. J. Oberly et R. Tousey: Astrophys. Journ. **109**, 1 (1949). — E. T. Byram, T. Chubb, H. Friedman et N. Gailer: Phys. Rev. **91**, 1278 (1953). — Pour une description du spectre solaire jusqu'à λ 1750, voir F. S. Johnson, J. D. Purcell et R. Tousey: Bull. Amer. Phys. Soc. **29**, 33 (1954) et références y indiquées.

[4] L. Goldberg et E. A. Muller: Astrophys. Journ. **118**, 397 (1953).

sûrement d'origine moléculaire, ce qu'on peut aisément suspecter en les observant dans les spectres des taches solaires (qui sont environ 1000° plus froides que la couche renversante) où elles sont intensifiées, tout en ne manifestant pas d'élargissement dû à l'effet ZEEMAN (au contraire des raies atomiques). Dans la Revision de 1928 de la ROWLAND's Preliminary Table of Solar Spectrum Wavelengths, 1791 raies ont été attribuées à des bandes moléculaires: CN (872 raies), C_2 (422), OH (185), NH (157) et CH (155). Mrs. SITTERLY et H. P. BROIDA[1] ont récemment réétudié plus soigneusement les cas de CH, OH et CN. Des 2700 raies de ces trois molécules mesurées en laboratoire, 60% ont été identifiées avec certitude, tandis qu'environ 14% sont absentes dans le soleil.

Les identifications dans le spectre solaire sont d'habitude basées sur la comparaison des longueurs d'onde dans le soleil, avec celles des raies de rotation individuelles obtenues en laboratoire. Il faut toutefois exercer une extrême prudence au cours des attributions, étant donné les nombreuses coïncidences possibles dues au hasard[2]. Les longueurs d'onde de laboratoire doivent être aussi précises que possible (au moins à ± 0.01 Å) et les distributions d'intensité doivent être examinées en même temps que les coïncidences de longueurs d'onde. Maintes identifications erronées ont été annoncées.

Pour la plupart des molécules, l'attribution détaillée n'est pas encore possible à cause de la pénurie de données de laboratoire. De nombreuses bandes appartenant à des molécules abondantes comme CN n'ont même pas encore reçu d'analyse rotationnelle. Ceci se comprend aisément. Lorsqu'un physicien étudie un spectre moléculaire, il se contente d'habitude d'analyser juste assez de structure rotationnelle pour déterminer les constantes moléculaires essentielles. La situation est différente pour l'astrophysicien qui souhaiterait disposer de descriptions plus complètes, notamment pour les molécules solaires CN et CH et pour les molécules stellaires essentielles TiO, ZrO, VO, LaO, YO, ScO et C_3. D'autre part, les données de laboratoire sont souvent encore incomplètes parce que les sources utilisées correspondent à des températures très inférieures à celles du soleil et des étoiles. C'est le cas, par exemple, pour AlH et SiH; pour les nombres quantiques de rotation élevés, l'astronome est forcé de recourir à la procédure hasardeuse de l'extrapolation numérique. Quelques travaux expérimentaux récents ont été inspirés par ces besoins[3].

Les identifications de CO, C_2, CH, CN, NH et OH dans le disque solaire ne font aucun doute. La présence de MgH, SiH, CaH et TiO est très probable. Les coïncidences dans les cas de BO, AlO et ZrO sont déjà peu convaincantes. De nombreuses autres molécules ont été suggérées par l'un ou l'autre chercheur. Pour BH, MgH, MgO, ScO, YO, SrF et C_3, l'évidence n'est ni favorable, ni opposée. Pour AlH, MgF et SiF, les avis sont discordants. Quant aux bandes de H_2, BeH, NaH, PH, CoH, NiH, CuH, ZnH, CdH, FeO, CP, N_2, BN, SiN, NO, SiO et CuO, elles sont certainement ou très probablement absentes.

L'absence des bandes d'une molécule dans le domaine spectral de 1750 Å à 24 μ ne signifie évidemment pas que la molécule elle-même est absente dans le soleil. C'est ainsi que la molécule H_2 est certainement abondante par rapport aux autres molécules (mais pas par rapport à l'atome H). Mais les bandes permises

---

[1] C. MOORE SITTERLY et H. P. BROIDA: Coll. Liège 1956, p. 253.

[2] Pour le calcul des nombres de coincidences dues au hasard, voir H. N. RUSSELL et I. S. BOWEN: Astrophys. Journ. **69**, 196 (1929).

[3] Pour OH: G. E. DIEKE et H. M. CROSSWHITE, The Ultraviolet Bands of OH. The Bumblebee Report, No. 87, Johns Hopkins University 1948. — Pour CN: G. RIGHINI et M. RIGUTTI, Oss. Mem. Arcetri **69**, 123 (1953). — J. GENARD et J. WEINARD: Ann. d'Astrophys. **18**, 329 (1955).

de H_2 dans le domaine spectral observé correspondent à des niveaux d'excitation trop élevés[1]. Il y a d'autres molécules dans ce cas, par exemple N_2 et SiO.

La nouvelle révision actuellement en cours de la table des raies solaires donnera de nombreuses identifications moléculaires nouvelles; celles-ci seront seulement limitées par la pénurie de données de laboratoire.

Le spectre des taches est plus riche en bandes que celui du disque. Les taches montrent clairement des bandes moléculaires comme celles de SiH, MgH, CaH et TiO, qu'on peut beaucoup plus difficilement détecter sur le disque. L'effet Zeeman permet de séparer la plupart des raies atomiques. L'étude détaillée du spectre des taches constituera une tâche énorme, étant donné le nombre extrêmement élevé des raies. En fait, celles-ci sont si serrées qu'aucun astronome ne s'est hasardé à les mesurer. D'ailleurs pour qu'un tel travail soit vraiment fructueux, il faudrait disposer, pour une tache bien définie, de spectres à haute résolution, montrant l'effet Zeeman et s'étendant de l'ultraviolet à l'infrarouge. Des taches différentes manifestent des différences spectroscopiques marquées[2].

H. D. Babcock et C. E. Moore ont signalé quelques bandes moléculaires solaires non encore interprétées. Dans la région λ 6600 à λ 13495[3], il reste environ 1300 raies inexpliquées, dont une cinquantaine d'intensité supérieure à 1. Parmi les absorptions d'origine moléculaire, il y a des têtes dégradées vers les grandes longueurs d'onde en $\lambda\lambda$ 7129,13, 8835,54, 8931,76, 9423,14, 9434,78, 9451,35, 10008,72, 10958,55 et 12134,55; des têtes dégradées vers le violet en λ 9210,72, 10971,88, 11386,18 et 11393,65. Dans la région λ 2935—3060[4], environ 25% des raies restent inexpliquées; la plupart sont très faibles, mais 43 ont une intensité au moins égale à 1; beaucoup sont d'origine moléculaire et n'appartiennent pas à OH ou NH.

Les bandes moléculaires sont susceptibles de nous fournir d'importants renseignements au sujet de la basse chromosphère. D. V. Thomas[5] a récemment déterminé la température d'excitation de la basse chromosphère, inférieure à 600 kilomètres, en partant de la bande d'émission λ 3883 CN observée sur les clichés de l'éclipse solaire de 1952 obtenus par Redman. L'étude photométrique est rendue difficile par la présence de réabsorption. D. V. Thomas trouve une température d'excitation de 4500° K pour les hauteurs chromosphériques inférieures à 600 km. B. Pagel[6] a tenté d'expliquer cette valeur en supposant que les molécules CN, à une hauteur chromosphérique de quelques centaines de kilomètres, étaient excitées par un rayonnement sous-jacent ayant déjà subi l'absorption de molécules CN. Si on adopte ce mécanisme «cométaire» d'excitation, on conçoit, d'après Pagel, que la température de rotation puisse être égale ou inférieure à la température cinétique locale.

L'idée d'obtenir des informations sur la basse chromosphère au moyen des variations centre-bord des bandes moléculaires d'absorption a été développée par J. C. Pecker[7], à la suite des observations de J. C. Pecker et R. Peytureaux relatives aux bandes de CN, CH et C_2[8]. On sait que de nombreuses raies de Fraunhofer sont, en grande partie, formées dans la basse chromosphère; c'est le cas,

---

[1] P. Swings: Bull. Acad. Roy. Belg. **20**, 1321 (1934) (Publ. Inst. Astrophys. Liège, in-8°, No. 120) et références y indiquées.

[2] H. D. Babcock: Astrophys. Journ. **102**, 154 (1945).

[3] H. D. Babcock et C. E. Moore: The Solar Spectrum, 6600A to 13495A. Carnegie Instn. Wash. Publ. 579, 1947.

[4] H. D. Babcock, C. E. Moore et M. F. Coffeen: Astrophys. Journ. **107**, 287 (1948).

[5] D. V. Thomas: Coll. Liège 1956, p. 264.

[6] B. Pagel: Coll. Liège 1956, p. 268.

[7] J. C. Pecker: Coll. Liège 1956, p. 332.

[8] J. C. Pecker et R. Peytureaux: Ann. d'Astrophys. **11**, 90 (1948).

en particulier, des raies moléculaires. On ne doit donc pas s'étonner de l'insuccès rencontré dans les tentatives d'interprétation «photosphérique» des variations centre-bord de ces raies. La profondeur moyenne de formation des raies moléculaires au centre du disque est inférieure à $\bar{\tau} = 0,1$; au bord du disque, la valeur de $\bar{\tau}$ est encore beaucoup plus faible. On devrait donc pouvoir, en partant des raies moléculaires d'absorption, lever l'incertitude qui plane actuellement sur notre connaissance des régions de la basse chromosphère, de 0 à 500 kilomètres au-dessus de la photosphère, difficilement accessibles durant les éclipses. Les bandes moléculaires conviennent particulièrement. Au contraire, ces couches sont trop élevées pour affecter appréciablement le spectre continu; d'ailleurs, les raies atomiques fournissent rarement des possibilités comparables aux bandes moléculaires.

PECKER a commencé l'étude de modèles raffinés capables de représenter les observations disque-bord de la bande $\lambda\, 4300$ CH. Ses résultats encore préliminaires semblent indiquer un minimum de température d'environ $3750°$ K; la température de la chromosphère passerait par un minimum assez bas pour augmenter ensuite. Un programme d'études orientées dans cette voie promet des résultats fort importants.

II. Utilisation des bandes moléculaires pour la classification spectrale; description générale des bandes stellaires.

3. Bandes moléculaires des étoiles des classes G et K. Dans le Chap. I nous avons examiné les bandes moléculaires présentes dans le spectre du soleil, étoile $G2$ V de la séquence principale et dans celui des taches qui simulent la classe K. Dans les étoiles G et K, les seules bandes intenses sont celles de CN et de CH. La bande $(0, 0)$ de système $^2\varDelta \to {}^2\Pi$ de CH, près de $\lambda\, 4300$, superposée aux nombreuses raies atomiques de cette région, constitue la dépression du spectre, appelée «bande G». Les bandes de CN et de CH ne sont guère observées dans les étoiles plus chaudes que $F8$[1].

$\alpha)$ *Comportement normal des bandes du système violet de* CN. Celles-ci sont toujours faibles dans les naines, leur maximum d'intensité ayant lieu entre $K0$ et $K3$-4, vers $K1$ V (température effective dans l'échelle de KUIPER, $T_e = 4810°$). Dans les géantes, le maximum a lieu vers $G9$ III ($T_e = 4325°$), et dans les supergéantes vers $G6$ I ($T_e = 3920°$). Les travaux de pionnier sur les bandes de CN, utilisées comme critère de luminosité sont dus à B. LINDBLAD[2] et ses collaborateurs à Upsala et à Stockholm; les principaux travaux ultérieurs ont été effectués par P. C. KEENAN[3] et le Père PLASSART[4]. Le maximum d'intensité est atteint pour des étoiles de moins en moins avancées quand on passe des naines aux supergéantes.

$\beta)$ *Comportement normal des bandes du système rouge de* CN. Ce système a été observé jusqu'à la bande $(0$-$0)$ entre $\lambda\, 10870$ et $\lambda\, 11000$[5]. Il a été beaucoup moins employé que le bleu-violet comme critère de luminosité absolue ou de type spectral. Le maximum d'intensité a encore lieu près de $K0$, mais l'intensité décroît ensuite moins rapidement que celle des bandes violettes lorsqu'on passe du type K au type M. Ce comportement différent des systèmes bleu et rouge

[1] P. SWINGS et O. STRUVE: Phys. Rev. **39**, 142 (1932).
[2] B. LINDBLAD: Astrophys. Journ. **55**, 85 (1922).
[3] P. C. KEENAN: Astrophys. Journ. **93**, 475 (1941).
[4] J. PLASSART: Ann. d'Astrophys. **13**, 1 (1950).
[5] A. McKELLAR: Publ. Astronom. Soc. Pacific **66**, 312 (1954).

de CN, est dû à la diminution de l'opacité continue dans la région infrarouge par rapport à la région violette lorsque la température décroît (voir Chap. III).

γ) *Comportement normal des bandes de* CH. L'étude la plus récente est due à Tcheng-Kien[1]. L'effet de luminosité absolue est faible; les géantes ont leur maximum vers $G9$ III ($T_e = 4325°$) et les naines vers $G6$ V ($T_e = 5420°$).

δ) *Distinction entre les étoiles des populations I et II*[2], *en ce qui concerne les bandes de* CH *et* CN. Si on classe l'étoile de type II, δ Leporis, en partant de critères atomiques, on obtient la classe $G8$ III; mais la bande de CN en λ 4215 y est très faible, alors que cette bande devrait être proche de son maximum d'intensité. En fait, les bandes de CN qui ont, depuis longtemps, été employées pour estimer les magnitudes absolues à cause de leur effet positif de luminosité manifestent une réelle dispersion d'intensité pour des étoiles de même type spectral et de même magnitude absolue, déterminés en partant des raies atomiques. Cette dispersion est en corrélation étroite avec les vitesses spatiales. Les bandes faibles de CN semblent bien être une caractéristique des étoiles de la population II, les exemples d'affaiblissement extrême se trouvant parmi les membres des amas globulaires.

D'autre part, on connaît aussi des étoiles telles que, par exemple, 31 Aql, présentant une intensité anormalement grande des bandes élevées de la séquence λ 4215 CN (parfois appelées «étoiles λ 4150»).

Ces variations d'intensité de CN peuvent être aisément observées dans les étoiles de $G5$ à $K3$ et de luminosité IV à I même avec des dispersions faibles. Il est donc souhaitable de déterminer les luminosités à partir de critères atomiques (comme λ 4077: λ 4063) et de noter l'anomalie éventuelle d'intensité de CN. Les étoiles à CN faible appartiennent au groupe d'étoiles de population II, ayant des raies d'absorption anormalement faibles des métaux. Nous y reviendrons plus loin.

De nombreux travaux ont été consacrés aux bandes de CH et CN des étoiles à grande vitesse, par P. C. Keenan, W. W. Morgan, W. Iwanowska, M. et B. Schwarzschild, N. Roman, W. P. Bidelman, L. Gratton, etc. Les résultats essentiels sont les suivants:

1. 50% des géantes et 30% des naines montrent une intensification prononcée de la bande CH; ce sont des étoiles à grande vitesse.

2. Dans les étoiles de population II, de $G5$ à $K3$, CN est affaibli, mais dans un rapport très variable; quelques étoiles de grande vitesse montrent un affaiblissement extrême de CN.

D'autre part, il existe des étoiles, comme la sous-géante HD 18474 de type G, qui possèdent une bande extrêmement faible de CH et une bande un peu affaiblie de CN. Certaines des étoiles pauvres en CH sont des variables du type R Coronae Borealis; d'autres ne sont pas classées comme variables. Les raies de Balmer y sont anormalement faibles, alors que les raies atomiques de CI, quoique requérant une excitation supérieure à 7 ev, sont présentes.

4. Bandes moléculaires des étoiles de classe M. Celles-ci sont essentiellement caractérisées par les bandes de TiO, dont l'intensité augmente de façon continue en allant vers les types plus avancés. En même temps, les raies ultimes des atomes augmentent d'intensité, tandis que les raies dont les niveaux inférieurs sont supérieurs à 1.5 ev disparaissent progressivement. Dans l'infrarouge proche,

---

[1] Tcheng Kien: Ann. d'Astrophys. **14**, 54 (1951).
[2] Par souci de brièveté, nous ne différentions pas entre les différentes caractéristiques de la population II: positions dans le diagramme H—R; propriétés cinématiques; vitesses de rotation.

les étoiles M avancées montrent les bandes caractéristiques de VO; en fait, les bandes de VO sont particulièrement adaptées à la classification spectrale des étoiles M avancées[1].

La bande de CaH en $\lambda\,6385$ manifeste un effet négatif de luminosité, comme l'a montré Y. ÖHMAN[2]; cette bande est nette dans les naines seulement.

LINDBLAD a attiré l'attention sur l'élargissement considérable de la raie de résonance $\lambda\,4227$ de CaI dans les naines M. La dépression dont le maximum est en $\lambda\,4227$ s'étend parfois jusqu'à $\lambda\,4650$; elle est dissymétrique et provient sans doute d'une quasi-molécule Ca_2. Elle est parfois utilisée pour repérer les naines, notamment à l'Observatoire McCormick.

A très faible dispersion, par exemple avec un prisme-objectif dont la dispersion est de l'ordre de 1000 Å/mm, les étoiles M les moins avancées sont caractérisées par deux dépressions en $\lambda\,7045$ et $\lambda\,7589$ dues à TiO; vers le type $M\,5$, apparaît le groupe TiO en $\lambda\,8432$; pour les M les plus avancées, les critères les plus faciles sont les bandes de VO en $\lambda\,7400$ et $\lambda\,7900$.

Les bandes les plus utiles pour la détection de TiO à faible dispersion ont été décrites par P. C. KEENAN[3]. Le système γ ($\lambda\lambda\,7054$, 7088, 7126) apparaît déjà dans les géantes $K\,4$. Le système α ($\lambda\lambda\,5167$, 4954, 5448, 4761) n'est pas toujours facile à voir à faible dispersion en $M\,0$.

Dans la région de 10000 Å des étoiles M avancées, G. P. KUIPER, puis F. D. MILLER et enfin, à plus haute dispersion, A. McKELLAR ont observé un système intense de bandes dégradées vers les grandes longueurs d'onde et commençant à $\lambda\,10460$. Ces bandes sont dues à VO[4].

Parmi les études d'étoiles M à haute dispersion, la plus détaillée est celle de β Pegasi par D. N. DAVIS[5], basée sur des spectres pris au coudé du 100 pouces et couvrant la région de $\lambda\,3400$ à $\lambda\,8800$. Outre les 11000 raies atomiques, Miss DAVIS a observé les bandes de 16 molécules, les plus intenses étant dues à TiO et VO; viennent ensuite MgH, SiH, AlH; puis ZrO, ScO[6], YO, CrO, AlO, BO; sont également présents SiF, SiN, CN, CH, C_2[7] et, peut-être, MgO. Les difficultés déjà signalées pour les identifications dans le soleil s'appliquent évidemment a fortiori aux étoiles froides. MERRILL a observé des raies du technetium sur un spectre coudé de l'étoile o Ceti de type M.

Aucune molécule polyatomique n'a, jusqu'ici, été trouvée dans une étoile M[8].

5. Bandes moléculaires des étoiles de classe S. La classe S, introduite par MERRILL en 1922, diffère de la classe M par la présence des bandes de ZrO dans les régions bleue et visuelle, les bandes de TiO étant absentes, faibles ou intenses. De plus, les bandes de LaO, YO et SiH sont aussi présentes[9]; les étoiles S sont

---

[1] J. J. NASSAU et D. M. CAMERON: Astrophys. Journ. **119**, 175 (1954).

[2] Y. ÖHMAN: Astrophys. Journ. **80**, 171 (1934). — Stockholm Obs. Ann. **12**, No. 3 (1935).

[3] P. C. KEENAN: Trans. Internat. Astronom. Union **8**, 423 (1952). (Rome meeting.) Voir aussi S. SHARPLESS, Astrophys. Journ. **124**, 342 (1956), pour le classement des étoiles M avec une dispersion de 200 Å/mm.

[4] A. LAGERQVIST: Coll. Liège 1956, p. 550.

[5] D. N. DAVIS: Astrophys. Journ. **106**, 28 (1947).

[6] N. T. BOBROVNIKOFF a observé les bandes de ScO dans des étoiles de $K\,5$ à $M\,3$ en 1933. Astrophys. Journ. **77**, 345 (1933).

[7] Les bandes de C_2 sont extrêmement faibles dans les étoiles M. Le phénomène d'exclusion mutuelle de C_2 et TiO est décrit en détail par R. H. CURTISS, dans Handbuch der Astrophysik, Vol. V/1, p. 97. 1932.

[8] Les spectres des arcs obtenus avec Ca et Mg révèlent des bandes différant de celles des flammes, dues aux oxydes CaO et MgO. C'est à tort que ces bandes des arcs ont été attribuées aux oxydes; elles pourraient être dues à CaOH et MgOH; leur recherche dans les étoiles M serait utile (A. G. GAYDON, Coll. Liège 1956, p. 507).

[9] P. C. KEENAN: Astrophys. Journ. **101**, 420 (1948).

souvent découvertes grâce à leurs bandes de LaO. Les raies de certains atomes, notamment de SrI (λ 4607), Ba II (λ 4554), Y, Zr, Nb, La et les terres rares[1] sont anormalement intenses, par comparaison avec les étoiles M de même température. On y a découvert les raies du technetium neutre[2].

La classification la plus récente, proposée par P. C. Keenan[3] est basée sur la somme des intensités des bandes de ZrO et de TiO ou sur celle de LaO+TiO. Ces sommes semblent croître régulièrement avec la décroissance de température, estimée à partir des raies atomiques. D'autre part, les rapports ZrO: TiO et LaO: TiO varient d'une étoile à l'autre.

A très faible dispersion, les étoiles S les plus froides sont caractérisées par les bandes rouges de LaO à λ 7403 et λ 7910 qui sont très sensibles à la température et absentes dans les étoiles S moins avancées. A faible dispersion, le système β de ZrO ($\lambda\lambda$ 5552, 5629, 5718) surtout λ 5552, est le plus sensible pour la détection de cette molécule. Les systèmes γ (λ 6474) et α ($\lambda\lambda$ 4620, 4638, 4641) ne fournissent pas de critère aussi satisfaisant. La bande longtemps inexpliquée des étoiles S et M en λ 3682 est due à ZrO[4].

On a longtemps cru que toutes les étoiles S étaient des supergéantes. Ceci n'est pas correct; il y a, à la fois, des géantes et des supergéantes S. Ainsi, on a pu déterminer la magnitude absolue de l'étoile S typique, π^1 Gruis, qui a un compagnon physique de type spectral et magnitude absolue connus[5].

6. Bandes moléculaires des étoiles carbonées. La classification des étoiles à fortes bandes de C_2 et CN et faibles bandes de CH, suivant les séquences $R-N$ fut, d'abord, effectuée par les astronomes de Harvard; elle fut ensuite étudiée plus en détail par C. D. Shane. On observe dans ces étoiles les séquences $\varDelta v = +2, +1, 0, -1$ et -2 de C_2; $\varDelta v = +2, +1, 0, -1$ et -2 du système $B^2 \varSigma - X^2 \varSigma$ de CN et $\varDelta v = +3, +2, +1$ et 0 du système $A^2 \varPi - X^2 \varSigma$ de CN; les bandes 0-0 de $A^2 \varDelta - X^2 \varPi$ et $B^2 \varSigma - X^2 \varPi$ de CH. Les spectres atomiques des étoiles carbonées sont très semblables à ceux des autres géantes froides M et S, malgré la différence radicale des spectres moléculaires. La classification $R-N$ est essentiellement basée sur la coloration plus ou moins rouge de l'étoile ou, si l'on veut, sur l'extension des spectres dans l'ultraviolet. On s'est souvent demandé si cette classification correspondait bien à une diminution régulière de la température.

Dès 1928, Shane[6] s'était demandé si la classification $R-N$ représentait bien une séquence de température et avait exprimé des doutes à ce sujet. En 1936 R. Wildt[7] avait suggéré que les atmosphères de la classe N se distinguent de celles de la classe R, principalement par la présence d'un processus d'absorption continue réduisant efficacement l'intensité ultraviolette. En 1941 P. C. Keenan et W. W. Morgan[8] établirent une classification basée sur l'intensité de la raie D de Na, la température vibrationnelle tirée de la séquence λ 5635 C_2, les intensités relatives de diverses raies atomiques et les couleurs déterminées à partir de régions spectrales peu perturbées par les bandes. Ils utilisèrent une notation de C0 à C9, accompagnée d'une indication de l'intensité des bandes de Swan (exemple:

[1] P. W. Merrill et J. L. Greenstein: Astrophys. Journ. Suppl. 2, No. 19, 225—240 (1956). — W. P. Bidelman: Astrophys. Journ. 117, 377 (1953). — P. W. Merrill et W. Buscombe: Astrophys. Journ. 116, 525 (1952).

[2] P. W. Merrill: Science, Lancaster, Pa. 115, 484 (1952). — Trans. Internat. Astronom. Union 8, 832 (1952). — Astrophys. Journ. 116, 21 (1952).

[3] P. C. Keenan: Astrophys. Journ. 120, 484 (1954).

[4] G. H. Herbig: Astrophys. Journ. 109, 109 (1949).

[5] M. W. Feast: Monthly Notices Roy. Astronom. Soc. London 113, 510 (1953).

[6] C. D. Shane: Lick Obs. Bull. 13, 123 (1928).

[7] R. Wildt: Astrophys. Journ. 84, 303 (1936).

[8] P. C. Keenan et W. W. Morgan: Astrophys. Journ. 94, 501 (1941).

$C6_4$). Si la classification C correspond réellement à la diminution de T, il est indispensable d'admettre des différences d'abondance de C.

Cette classification a été discutée plus en détail par R. BOUIGUE[1], en partant de mesures photométriques dans la région $\lambda\,5400$ à $\lambda\,6800$, notamment de déterminations de températures vibrationnelles qui s'échelonnent de 4000 à 1800°. BOUIGUE considère que la classification C est physiquement bien établie.

Il faut remarquer que, au sein des bandes de CN, le système rouge, la séquence $\lambda\,4606$ et la séquence $\lambda\,4215$ se comportent différemment. En fait, les bandes rouges et $\lambda\,4606$ varient à peu près de la même façon, mais très différemment de $\lambda\,4215$ et $\lambda\,3880$ qui atteignent leur intensité maximum dans la classe $C3$ bien avant les bandes de plus grande longueur d'onde (classe $C6$). Il s'agit là d'un effet dû à l'opacité continue qui augmente fortement pour $\lambda < 4500$ dans les étoiles C les plus avancées. Cet effet apparaît de façon extrêmement frappante lorsqu'on compare la bande (0-0) du système rouge de CN qui est très intense dans les étoiles carbonées à la bande (0-0) du système bleu qui y est très faible[2].

Au prisme-objectif de très faible dispersion, le système infrarouge de CN est très net et donne un aspect caractéristique aux spectres des étoiles C. Dans le domaine ordinaire à dispersion faible ou moyenne, les bandes (0-0) $\lambda\,5165$ et (1-0) $\lambda\,4737$ de C_2 définissent bien les étoiles C. Les dépressions en $\lambda\,4216$ et $\lambda\,4150$ peuvent servir à caractériser CN à faible dispersion.

R. WILDT[3] a observé les bandes ultraviolettes de NH dans les étoiles carbonées. W. P. BIDELMAN[4] y a constaté la présence des raies infrarouges de OI. S'il est exact que ces raies requièrent un haut potentiel d'excitation, il faut toutefois remarquer que l'opacité continue dans l'infrarouge est beaucoup plus faible que dans le bleu-violet. Il faudrait tenir compte de ce facteur pour déterminer à partir des intensités des raies de OI, l'abondance de cet atome; des modèles d'atmosphères d'étoiles C n'ont malheureusement jamais été calculés (voir Chap. III).

D'excellentes reproductions de spectres d'étoiles carbonées obtenus au foyer coudé du 100 pouces ont été publiées par R. F. SANFORD. Cet atlas est extrêmement utile.

La région violette et ultraviolette des étoiles carbonées les plus avancées a été étudiée récemment par P. SWINGS, A. McKELLAR et K. N. RAO[5]. De fortes bandes d'absorption, jusqu'ici non expliquées, ont été observées en $\lambda\lambda\,3790$, 3700, 3595, 3480 et 3420. Certaines de ces bandes semblent coïncider avec des émissions cométaires non identifiées[6].

MERRILL[7] a découvert 4 raies du technetium dans l'étoile 19 Piscium, de type Na ou $C6_2$. Les raies de TcI sont moins intenses que dans l'étoile R And de type S, mais à peu près de même intensité que dans un spectre de Mira Ceti (type M). L'étoile 19 Psc a, d'ailleurs, d'autres caractéristiques atomiques la rapprochant du type S. Les raies de TcI ne sont pas observées avec certitude dans HD 156074 ($R0$, $C1_2$) et HD 52434 ($R5$, $C4_4$); elles sont, peut-être, faiblement présentes dans U Hydrae (Nb, $C7_3$).

[1] R. BOUIGUE: Ann. d'Astrophys. **17**, 35 (1954). — C. R. Acad. Sci. Paris **233**, 1424 (1951).

[2] A. McKELLAR: Publ. Astronom. Soc. Pacific **66**, 312 (1954), voir p. 320.

[3] R. WILDT: Astrophys. Journ. **93**, 509 (1941).

[4] W. P. BIDELMAN: Astrophys. Journ. **117**, 25 (1953).

[5] P. SWINGS, A. McKELLAR et K. N. RAO: Monthly Notices Roy. Astronom. Soc. London **113**, 571 (1953). — Trans. Internat. Astronom. Union **8**, 834 (1952).

[6] P. SWINGS: Ann d'Astrophys. **16**, 307 (1953).

[7] P. W. MERRILL: Publ. Astronom. Soc. Pacific **68**, 70 (1956).

McKellar[1] a obtenu le spectre de 7 étoiles carbonées dans la région $\lambda\,9670$ à $\lambda\,11100$, avec une dispersion d'environ 150 Å/mm. A part les bandes du système rouge de CN, la plupart des nombreuses absorptions observées sont inexpliquées; une dispersion plus grande est requise.

A côté des étoiles carbonées typiques, décrites jusqu'ici, il en existe qui sont apparemment déficientes en hydrogène (bandes faibles de CH et raies de Balmer anormalement faibles) et d'autres qui ont une bande CH anormalement intense. Bidelman a dressé une liste d'une vingtaine d'étoiles carbonées qui paraissent pauvres en hydrogène[2], ainsi qu'une liste de 11 étoiles, toutes de population II ayant une bande de CH intense et des bandes de CN faibles.

Dans les étoiles carbonées les plus avancées, apparaissent les bandes de deux molécules polyatomiques: C_3 et SiC_2. Le tricarbone[3] donne lieu au groupe de bandes voisin de $\lambda\,4050$; son spectre s'étend de $\lambda\,3600$ à $\lambda\,4200$[4], mais a son intensité maximum entre $\lambda\,4000$ et $\lambda\,4100$. D'ailleurs, les bandes de Merrill-Sanford, qui sont restées inexpliquées pendant 30 ans ont récemment été reproduites en laboratoire par B. Kleman[5] et il semble bien que la molécule responsable soit SiC_2.

Dans la classification C, les étoiles à fortes bandes de SiC_2 sont dispersées dans le domaine $C\,4$ à $C\,7$. On constate[6] que des étoiles de même classe C, ou de même classe N, peuvent avoir des intensités très diverses des bandes de SiC_2. Celles-ci ont un comportement très différent de C_2; en fait, les variations d'intensité des bandes de SiC_2 sont beaucoup plus grandes que celles de C_2 et de CN. RY Draconis qui, parmi les étoiles étudiées par Humblet et Mannino, a les bandes de SiC_2 les plus intenses, n'est l'étoile la plus avancée, ni dans la classification C ni dans la classification N. On est tenté de croire que les bandes de Merrill-Sanford sont particulièrement sensibles à la luminosité. Cette question devrait être étudiée théoriquement car un critère sensible de magnitude absolue pour les étoiles carbonées serait très utile. On n'a jamais observé de naine C, mais il reste une incertitude considérable sur les luminosités absolues.

A chacune de ces molécules triatomiques est associé un spectre continu couvrant la région violette et ultra-violette. Nous y reviendrons au Chap. III. Il semble que l'un de ces continua soit responsable de l'opacité violette et ultra-violette intense constatée dans les étoiles N avancées.

On n'a, jusqu'ici, observé, dans les étoiles, aucune molécule polyatomique autre que C_3 et SiC_2, mais on peut supposer qu'on en découvrira d'autres. Celles-ci ne seront pas des molécules stables formées de H, C, N et O, comme H_2O, NH_3, CH_4, CO_2, HCN, etc., parce que, d'une part, leurs spectres électroniques se trouvent dans l'ultraviolet lointain et, d'autre part, leurs bandes infrarouges de vibration-rotation exigent un trop long parcours d'absorption. Mais on pourrait trouver des radicaux libres autres que C_3 et SiC_2, car ces radicaux peuvent avoir des spectres électroniques d'absorption dans le domaine observable. C'est le cas de CH_2, C_2H, NH_2, etc. On connaît le spectre de NH_2 qui a été analysé par Ramsay[7] et qu'il faudrait rechercher soigneusement dans des spectres à haute dispersion d'étoiles froides. Le spectre de HCO se trouve dans le visible et est

[1] A. McKellar: Publ. Astronom. Soc. Pacific **66**, 312 (1954), voir p. 320.
[2] W. P. Bidelman: Vistas in Astronomy, éd. Beer, Vol. II, p. 1428.
[3] A. McKellar: Astrophys. Journ. **108**, 453 (1948). — P. Swings et A. McKellar: Astrophys. Journ. **108**, 458 (1948).
[4] N. H. Kiess et H. P. Broida: Coll. Liège 1956, p. 544.
[5] B. Kleman: Astrophys. Journ. **123**, 167 (1956).
[6] J. Humblet et G. Mannino: Ann. d'Astrophys. **18**, 321 (1955).
[7] D. A. Ramsay: Coll. Liège 1956, p. 471.

connu; mais la faible chaleur de dissociation de ce radical est défavorable. On ne connaît pas les spectres de CH_2 et C_2H.

A condition de remplacer «absorption» par «émission», les spectres des étoiles froides ressemblent à ceux des comètes[1]: les bandes de C_2, CN, CH et C_3 sont communes.

7. Comportement des bandes moléculaires dans les étoiles variables. Dans toutes les étoiles variables de type plus avancé que G, les bandes moléculaires varient avec la phase. C'est ainsi que les bandes de CN et CH varient fortement dans δ Cephei[2], apparaissant à la phase 0,16, atteignant leur maximum vers la phase 0,72 (minimum de lumière) et disparaissant vers 0,90. Dans la céphéide de population II, RU Camelopardalis, les bandes de C_2, CN et CH varient de façon considérable. Dans les variables carbonées irrégulières, notamment U Hydrae, les bandes de C_2 et surtout celles de C_3 et de SiC_2 subissent des variations importantes[3]; les bandes de C_3, celles de SiC_2 et le continuum bleuviolet évoluent de la même façon. Dans la variable carbonée U Cygni, le spectre de CaCl est apparu près du minimum[4]. Dans une étoile subissant une variation subite comme ϱ Cassiopeiae, en 1947, il peut apparaître des bandes moléculaires anormales de très grande intensité[5], comme AlO; il semble bien aussi que, pendant un temps très court, les bandes de CaO furent très intenses. MERRILL[6] a aussi observé des bandes d'absorption anormalement intenses de AlO dans le spectre de RT Librae à une certaine époque.

Les variables à longue période ont fait l'objet d'études approfondies, parfois à haute dispersion, notamment par A. H. JOY[7] et par P. W. MERRILL[8]. On trouve de telles variables aussi bien parmi les étoiles S et C que parmi les M. Le spectre, la période et l'amplitude sont en relation étroite. Le spectre varie avec la phase; il est le plus avancé aux environs du minimum. Parmi les résultats surprenants, signalons la présence probable, d'après Y. FUJITA[9], dans l'étoile carbonée V Aquilae, de même que dans U Cygni, du système $^1\Pi_u - {}^1\Sigma_g^+$ de C_2, analysé par J. G. PHILLIPS[10], dont le niveau électronique inférieur n'est pas le niveau normal; cette question mériterait d'être discutée plus en détail. Dans R Cygni de type Se, BIDELMAN[11] suggère la présence possible de ZrF.

Dans l'étoile R Gem de type S, P. C. KEENAN et R. G. TESKE[12] ont observé que les bandes de LaO disparaissent subitement lorsque la température atteint environ 2800° K, alors que ZrO persiste à une température plus élevée. Il est probable que cette différence de comportement de LaO et ZrO est due à l'ionisation plus grande de La (potentiel d'ionisation de La = 5,61 ev contre 6,95 ev pour Zr); le rapport d'intensité de λ 7066 LaII à λ 7068 LaI est compatible avec cette suggestion.

---

[1] P. SWINGS: Ann. d'Astrophys. **16**, 307 (1953). — B. ROSEN et P. SWINGS: Ann. d'Astrophys. **16**, 82 (1953).

[2] P. SWINGS: Monthly Notices Roy. Astronom. Soc. London **92**, 140 (1931).

[3] Voir note[5], p. 117.

[4] R. F. SANFORD: Publ. Astronom. Soc. Pacific **54**, 158 (1942).

[5] A. D. THACKERAY: Nature, Lond. **160**, 370 (1947). — D. M. POPPER: Astronom. J. **52**, 129 (1947). — P. C. KEENAN: Astrophys. Journ. **106**, 295 (1947).

[6] P. W. MERRILL: Astrophys. Journ. **94**, 171 (1941), voir p. 197.

[7] A. H. JOY: Astrophys. Journ. **119**, 468 (1954).

[8] P. W. MERRILL: Nombreuses Mt. Wilson Observatory Contributions (Astrophys. Journ.) de 1940 à 1956.

[9] Y. FUJITA: Astrophys. Journ. **116**, 46 (1952). — Coll. Liège 1954, p. 276 et 1956, p. 297.

[10] J. G. PHILLIPS: Astrophys. Journ. **107**, 389 (1948).

[11] W. P. BIDELMAN et C. B. STEPHENSON: Coll. Liège 1956, p. 292.

[12] P. C. KEENAN et R. G. TESKE: Astronom. J. **61**, 181 (1956).

Les travaux de W. Iwanowska[1] basés sur des spectres à très faible dispersion semblent bien indiquer que les bandes de VO et ScO sont intensifiées dans les variables à longue période de population II.

Les variables à longue période présentent souvent des raies atomiques d'émission; il arrive aussi que les bandes de AlO ou de AlH apparaissent en émission (voir section ultérieure). Les raies brillantes de Balmer sont larges; leur structure révèle des absorptions moléculaires et atomiques qui, d'ailleurs, produisent un décrément très anormal. L'aspect cannelé de la raie brillante H_β est dû à des raies d'absorption de TiO.

8. Molécules observées et inobservables. Comme on a pu le constater, les molécules observées dans les étoiles sont des combinaisons d'élements cosmiquement abondants: hydrures, oxydes, composés carbonés, quelques composés azotés ou halogénés. Mais il existe certainement, comme nous l'avons mentionné pour le soleil, des molécules abondantes, mais inobservables comme les molécules diatomiques H_2, N_2 et SiO et la combinaison triatomique H_2O. Les observations sont, d'ailleurs, encore fort incomplètes dans l'ultraviolet et, surtout, dans l'infrarouge photographique et bolométrique. Par la photographie, on peut à présent atteindre 13 000 Å. Des spectrogrammes stellaires ont été obtenus pour de plus grandes longueurs d'onde, en employant un récepteur au sulfure de plomb[2], mais seulement avec une très faible résolution. Il reste encore quelques bandes inexpliquées dans la région visible et infrarouge photographique des étoiles S; il s'agit vraisemblablement de bandes d'oxydes. Les principales sont toutes dégradées vers les grandes longueurs d'onde; leurs têtes ont les longueurs d'onde suivantes:

$$\lambda\ 5849,1;$$
$$\lambda\lambda\ 8263\ (5),\ 8463,9\ (3),\ 8610,2\ (5)\ \text{et}\ 8820,5\ (4).$$

La première est intense dans R Gem à une magnitude du maximum. Les quatre bandes infrarouges apparaissent dans les étoiles S avancées; les intensités indiquées entre parenthèses correspondent à l'étoile R Cyg à 3 magnitudes du maximum.

9. Effets isotopiques. Les raies atomiques ont fourni quelques renseignements au sujet des abondances relatives des isotopes dans les astres. C'est ainsi qu'en partant de l'absence de la série de Balmer du deuterium dans le soleil, on a trouvé[3]

$$D:H < 4\times10^{-5};$$

un résultat analogue s'applique aux étoiles. Des études de profils ont montré que $Li^6:Li^7$ est normal dans le soleil[4]. Les structures hyperfines des raies solaires de divers éléments n'indiquent aucune notable différence d'abondances relatives d'isotopes entre le Soleil et la terre[5].

L'effet isotopique moléculaire peut se manifester sur les bandes de vibration et sur les raies individuelles de rotation. Aucun résultat spectaculaire n'a été obtenu pour le deuterium (absence de la bande de CD dans le soleil et les étoiles froides, notamment celles à CH), l'azote N^{15} (pas de trace de $C^{12}N^{15}$), l'oxygène (aucune observation de TiO^{18}, TiO^{17}, ZrO^{18} et ZrO^{17}) et le titane (abondances de Ti^{46}, Ti^{47}, Ti^{49} et Ti^{50} relativement à Ti^{48} dans les étoiles M à peu près identiques

[1] W. Iwanowska: Coll. Liège 1956, p. 277.

[2] G. P. Kuiper, W. Wilson et R. J. Cashman: Astrophys. Journ. **106**, 243 (1947).

[3] C. de Jager: Coll. Liège 1953, p. 460. — T. D. Kinman: Monthly Notices Roy. Astronom. Soc. London **116**, 77 (1956).

[4] J. L. Greenstein et R. S. Richardson: Astrophys. Journ. **113**, 536 (1951).

[5] A. Abt: Astrophys. Journ. **115**, 199 (1952).

aux abondances terrestres[1]). Quant au zirconium, aucun essai n'a été effectué à notre connaissance. Pour les autres éléments (B, Al, Ca, Si, ...), les bandes stellaires sont généralement trop faibles pour qu'on puisse les étudier en vue des abondances isotopiques; dans les cas anormaux où l'une ou l'autre bande atteint une forte intensité (comme AlO dans ϱ Cas en 1947), il y aurait lieu d'examiner le problème des isotopes.

Le carbone a fourni des renseignements importants en partant des bandes de C_2 et CN. L'examen des étoiles R et N en vue de la détection des bandes de $C^{12}C^{13}$, $C^{13}C^{13}$ et $C^{13}N^{14}$ a fait l'objet de nombreuses recherches de SANFORD, MENZEL, WURM, FEHRENBACH, HERZBERG et, surtout, de A. McKELLAR[2] et de G. A. SHAJN et V. HASE[3]. Diverses séquences des bandes de SWAN de C_2, du système violet de CN et du système rouge de CN ont fourni des valeurs concordantes du rapport $C^{12}:C^{13}$. Alors que sur la terre et dans les météorites, ce rapport est 90:1, il est d'environ 3 ou 4 pour toutes les étoiles N étudiées. Parmi les étoiles R, 80% environ ont aussi un rapport égal à environ 3, alors que 20% environ montrent un rapport semblable au rapport terrestre.

Il est intéressant de noter que, parmi les étoiles à vitesse élevée (population II), il y en a avec grande et avec petite valeur du rapport $C^{12}:C^{13}$. Lorsque les bandes de CH sont anormalement faibles, le rapport $C^{12}:C^{13}$ est toujours grand (ordre de 90)[4].

Un résultat extrêmement curieux vient d'être obtenu par G. RIGHINI[5]. En superposant de nombreux enregistrements de spectrogrammes solaires pris avec une dispersion de 25 mm/Å (spectrographe dans le vide du McMath-Hulburt Observatory, de pouvoir de résolution supérieur à 500000), RIGHINI a pu mesurer l'intensité de la raie de $C^{13}N^{14}$ à λ 3874,358. En utilisant la courbe de croissance de CN publiée par J. HUNAERTS[6], RIGHINI trouve $C^{12}:C^{13} \sim 10^4$, avec un facteur d'incertitude 2 ou 3. Même si ce facteur était 10, le rapport solaire $C^{12}:C^{13}$ serait encore de beaucoup supérieur à la valeur terrestre.

J. D. SCHOPP[7] a recherché les raies de rotation de $C^{13}N^{14}$ dans 28 étoiles géantes de $G8$ à $K5$. Le rapport $C^{12}:C^{13}$ trouvé est toujours supérieur à 6,5.

C^{13} a aussi été recherché vainement dans la matière interstellaire par O. C. WILSON[8]; le rapport tiré de la raie interstellaire de CN est $C^{12}:C^{13} > 5$. A notre connaissance, aucune étude n'a été faite de l'effet isotopique éventuel des bandes de CO_2 dans Vénus ou Mars, ni de CH_4 dans Jupiter. Il arrive que C^{13} soit plus abondant dans les comètes que sur la terre.

Il est possible que les bandes de SiC_2 révèlent un effet isotopique intéressant. La comparaison des bandes de laboratoire aux bandes stellaires a été effectuée par KLEMAN[9] pour une étoile riche en C^{13}, alors que le travail expérimental utilisait du graphite ordinaire, pauvre en C^{13}. La concordance devrait être justifiée.

Si C^{13} est formé par le cycle C—N de BETHE, la valeur théorique du rapport $C^{12}:C^{13}$ est, d'après W. A. FOWLER[10], 4,3 $\pm$ 1,6. Si le rapport observé est de l'ordre

---

[1] G. H. HERBIG: Publ. Astronom. Soc. Pacific **60**, 378 (1948). — Y. FUJITA: Astrophys. Journ. **113**, 626 (1951).

[2] A. McKELLAR: Publ. Dominion Astrophys. Obs. Victoria **7**, 395 (1948).

[3] G. A. SHAJN et V. HASE: Publ. Obs. Crimée **2**, 131 (1948); **5**, 24 (1950). — Coll. Liège 1953, p. 397 et références y indiquées.

[4] Voir note [2], p. 118.

[5] G. RIGHINI: Coll. Liège 1956, p. 265.

[6] J. HUNAERTS: Ann. d'Astrophys. **10**, 237 (1947).

[7] J. D. SCHOPP: Astrophys. Journ. **120**, 305 (1954).

[8] O. C. WILSON: Publ. Astronom. Soc. Pacific **60**, 198 (1948).

[9] Voir note [5], p. 118.

[10] W. A. FOWLER: Coll. Liège 1953, p. 88.

de 3 ou 4, ou peut supposer que le brassage a été effectif. On peut s'attendre alors à ce que N^{14} formé par le cycle C—N soit aussi abondant; il serait souhaitable qu'une détermination de l'abondance de N soit effectuée dans les étoiles carbonées.

Il semble bien que ce soit de la réaction proton-proton que le soleil tire la plus grande partie de son énergie. Néanmoins, le cycle C—N se produit encore assez rapidement pour établir un rapport $C^{12}:C^{13} \approx 4$ dans les régions centrales. Puisqu'on observe $C^{12}:C^{13} \gg 4$ à la surface, ceci signifie que les noyaux C^{13} n'ont pas eu le temps d'être amenés à la surface par convection. Le soleil est un exemple d'étoile «non brassée».

Les étoiles R pour lesquelles $C^{12}:C^{13} \gg 4$ et les géantes G et K étudiées par J. D. Schopp sont ou bien très jeunes, ou bien non brassées.

Il est logique qu'une étoile à bande de CH très faible (déficience atmosphérique en H) soit pauvre en C^{13}, ce noyau étant formé par C^{12} plus un proton; ceci n'est évidemment correct que s'il y a mélange par brassage entre l'intérieur et la surface de l'étoile. Nous y reviendrons au Chap. V.

10. Bandes moléculaires observées en émission. Nous avons signalé déja dans le Chap. I que les bandes de CN sont observées en émission dans le spectre éclair de la chromosphère. Depuis longtemps, on a mentionné l'intérêt que présenterait l'étude de la distribution des molécules CN en hauteur et de leur température de rotation: des travaux préliminaires ont été effectués dans cette voie[1]. On n'a observé que trois exemples d'émission moléculaire dans les étoiles: AlO dans la variable à longue période de classe Me, Mira Ceti au maximum anormalement bas de 1924; CN dans R CBr près du minimum; et AlH dans les variables à longue période χ Cygni (classe M avec quelques caractéristiques S) et R Cygni (classe S) près du minimum.

L'observation des bandes brillantes de AlO dans Mira Ceti a été faite par A. H. Joy[2], l'identification effectuée par F. E. Baxandall[3]. Quoique la distribution d'intensité au sein des bandes diffère assez fortement de la distribution en laboratoire, il ne peut subsister aucun doute au sujet de l'identification. On pourrait se demander si la distribution anormale d'intensité n'est pas due à une excitation par un rayonnement parsemé de raies et bandes d'absorption, comme dans le cas des bandes cométaires[4]. Il paraît toutefois plus probable que cette distribution résulte — comme le décrément anormal dans la série de Balmer — de la présence d'absorptions dans des couches recouvrant les zones d'émission. On ne connaît pas le mécanisme d'excitation de ces bandes de AlO.

De même, on ne connaît rien de la source d'excitation pour la bande de CN trouvée en émission dans R CBr par G. H. Herbig[5].

Le seul cas clair est celui de l'émission de AlH présente dans χ Cygni et R Cygni près du minimum. χ Cygni, au minimum, est une étoile M très froide, à bandes de TiO très intenses et avec quelques caractéristiques de la classe S. Sa température effective doit être de l'ordre de $1640°$ K, d'après une mesure par thermocouple effectuée par Pettit et Nicholson. Merrill en a fait une étude à haute dispersion[6]. A côté de nombreuses raies d'émission de Fe I, Mg I, Mn I, subsistant du spectre d'émission post-maximum caractéristique des variables à longue période et d'une vingtaine de raies de [Fe II] augmentant à l'approche

---

[1] Voir note [5], p. 112.
[2] A. H. Joy: Astrophys. Journ. **63**, 281 (1926).
[3] F. E. Baxandall: Monthly Notices Roy. Astronom. Soc. London **88**, 679 (1928).
[4] P. Swings: Lick Obs. Bull. **19**, 131 (1941).
[5] G. H. Herbig: Astrophys. Journ. **110**, 143 (1949).
[6] P. W. Merrill: Astrophys. Journ. **118**, 453 (1953).

du minimum, χ Cygni révèle un groupe séparé d'une quarantaine de raies dont l'intensité, comme celle de [Fe II], croît par rapport au spectre continu lorsque l'étoile approche du minimum.

Toutes ces raies, situées entre $\lambda\,4066$ et $\lambda\,4405$, ont, sauf une ou deux, été attribuées par G. H. HERBIG[1] à des fragments des bandes (1-0), (0-0) et (1-1) du système $A^1\Pi - X^1\Sigma^+$ de AlH. Les têtes de ces bandes n'apparaissent pas dans χ Cygni. Seules sont observées les raies de rotation provenant des nombres quantiques de rotation suivants:

$$\text{dans}\,v' = 1, \quad J' \text{ de } 6 \text{ à } 12;$$
$$\text{dans}\,v' = 0, \quad J' \text{ de } 17 \text{ à } 21.$$

Cette sélectivité résulte d'un phénomène de prédissociation inverse très pur. La courbe potentielle de l'état $A^1\Pi$ de AlH est telle que deux atomes normaux Al et H peuvent se combiner pour former AlH à l'état $A^1\Pi$, dans les niveaux J' indiqués ci-dessus, tout en étant protégé de la prédissociation rotationnelle de façon suffisante pour qu'une transition radiative se produise. Que, seule, la molécule AlH se manifeste, en émission, résulte de ce que, seule (ou, en tout cas, dans les meilleures conditions) cette molécule présente les conditions requises: abondances suffisantes des atomes constitutifs à l'état libre et neutre; existence d'un état électronique excité stable résultant de la combinaison de deux atomes à l'état normal. La deuxième condition n'est pas remplie pour les hydrures plus familiers des étoiles M, tels que MgH et CaH.

Les mêmes raies de AlH ont été retrouvées par W. P. BIDELMAN et C. B. STEPHENSON[2] sur des spectres à très faible dispersion de R Cygni, une variable à longue période de type Se, près du minimum de lumière.

Ce remarquable phénomène de prédissociation inverse rend un intérêt nouveau aux phénomènes de luminescence chimique imaginés autrefois par K. WURM[3] pour expliquer certaines raies d'émission des variables à longue période.

III. Absorption continue due aux molécules.

11. Position du problème. A plusieurs reprises, au cours des sections antérieures, nous avons été amenés à envisager la distribution spectrale de l'opacité continue dans les étoiles froides. D'autre part, une difficulté majeure pour l'interprétation théorique des observations est l'absence de «modèles» pour les atmosphères d'étoiles avancées: nous ne connaissons pas la distribution de la température et de la pression dans ces atmosphères à cause de notre ignorance de leur coefficient d'absorption continue. Les meilleurs calculs du coefficient d'absorption stellaire[4] s'arrêtent à $T_e = 4700°\,$K (ou $T_0 = 3840°$; $dK2$ ou $gK5$); les bons modèles d'atmosphère s'arrêtent donc aussi à cette température. Cette limite reflète, sans doute, l'opinion habituelle que l'opacité d'origine moléculaire, autre que celle de H_2^+, devient rapidement dominante au-delà de $T_e = 4700°$. L'ion H_2^+, certes, joue déjà un rôle dans les étoiles plus chaudes[5]. K. OSAWA[6] a dû considérer l'absorption continue de H_2^+, en plus de celles de H et H^-, pour établir ses modèles d'atmosphère d'étoiles A ($T_e = 8900$ et $7560°$); il a constaté que l'absorption par H_2^+ est importante dans le visible et le violet et que son introduction améliore l'accord entre la théorie et l'observation.

[1] G. H. HERBIG: Coll. Liège 1956, p. 288. — Publ. Astronom. Soc. Pacific **68**, 204 (1956).
[2] W. P. BIDELMAN et C. B. STEPHENSON: Coll. Liège 1956, p. 292.
[3] K. WURM: Z. Astrophysik **10**, 133 (1935).
[4] E. VITENSE: Z. Astrophysik **28**, 81 (1950).
[5] D. R. BATES: Monthly Notices Roy. Astronom. Soc. London **112**, 40 (1952).
[6] KIYOTERU OSAWA: Astrophys. Journ. **123**, 513 (1956).

On s'est aussi demandé récemment s'il suffisait de limiter les sources d'opacité continue dans les étoiles froides, aux atomes et molécules à l'état gazeux. Il est permis de penser que les atmosphères les plus froides contiennent des particules solides ou liquides[1] causant, par diffusion, une opacité s'ajoutant à celle qui est due aux molécules gazeuses. A quelle température se forment ces particules liquides ou solides? Le moment est venu pour le théoricien d'appliquer les données récentes sur les tensions de vapeur, de façon plus approfondie qu'on ne l'a fait jusqu'ici.

Il faut, d'ailleurs, envisager deux problèmes bien distincts. Le maximum du flux de rayonnement des étoiles froides se place aux environs de 10 000 Å. C'est donc l'opacité continue dans le domaine infrarouge proche qui concerne les «modèles» de distribution de température et pression; nous l'examinerons un peu plus loin sous l'aspect theorique. Dans le domaine photographique et visuel habituel d'observation, la présence de bandes croissant en intensité lorsqu'on considère des étoiles de plus en plus avancées complique fortement par «effet de couverture», le problème du coefficient monochromatique d'absorption. Nous allons d'abord examiner les observations se rapportant à ce deuxième point.

12. Observations relatives à l'opacité dans le domaine photographique et visuel. On sait depuis longtemps que la présence de bandes intenses dans les étoiles M, S ou C avancées empêche pratiquement de fixer la position du vrai continuum. P. P. Dobronravin[2] a encore examiné cette question récemment pour la région λ 4000 à λ 8000 d'étoiles M à fortes bandes de TiO. Il a comparé les étoiles β Peg (M2 II-III), ϱ Per (M4 II-III) et α Her (M5 II) à α Ari (K2 III) et constaté que l'effet des bandes de TiO est beaucoup plus fort qu'on ne l'admet d'habitude dans les travaux de spectrophotométrie.

C'est surtout dans les étoiles carbonées que d'intéressantes observations relatives à l'opacité continue ont été effectuées. Il existe dans la région jaune, une «fenêtre» où les bandes d'absorption non résolues interfèrent peu avec les raies atomiques ou moléculaires discrètes. W. Buscombe[3] y a mesuré les largeurs équivalentes de nombreuses raies atomiques pour six étoiles de C1 à C5. L'intensité des raies devient généralement plus grande dans les types plus avancés; ceux-ci sont moins opaques au rayonnement continu dans le jaune que les étoiles plus chaudes. D'ailleurs, une étoile C1 déficiente en hydrogène, HD 182040, possède des raies atomiques beaucoup plus intenses qu'une étoile C1 normale: une diminution d'abondance en hydrogène diminue l'opacité de l'atmosphère dans la région visible.

La présence d'une opacité sélective se manifeste clairement par le comportement des bandes de CN et de C_2 dans le bleu-violet, le visible et l'infra-rouge. Si on examine des bandes d'égal potentiel d'excitation et de même probabilité de transition, celles qui sont dans le bleu-violet sont nettement plus faibles que celles de plus grande longueur d'onde, ce qui indique que l'opacité sélective augmente fortement du rouge au violet[4].

Depuis longtemps, on sait que les étoiles carbonées les plus froides présentent une absorption continue dans le domaine $\lambda < 4500$; ce continuum est si intense

---

[1] Pour références récentes, voir «Les particules solides dans les astres», Coll. Liège 1954, notamment O. Struve, p. 193. — Premières références: P. W. Merrill: Publ. Obs. Michigan **2**, 70 (1916). — R. Wildt: Z. Astrophysik **6**, 345 (1933). — J. O'Keefe: Astrophys. Journ. **90**, 294 (1939).

[2] P. P. Dobronravin: Publ. Obs. Crimée **5**, 59 (1950).

[3] W. Buscombe: Astrophys. Journ. **118**, 459 (1953).

[4] A. S. King et P. Swings: Astrophys. Journ. **101**, 13 (1945). — A. McKellar: Publ. Astronom. Soc. Pacific **66**, 312 (1954), voir p. 320.

dans les astres comme Y CVn, RY Dra, U Hya, qu'il est extrêmement difficile d'observer leur spectre dans la région de $\lambda\,4000$. De nombreuses études ont été consacrées à ce continuum; il semble bien que son intensité évolue parallèlement à celle des bandes des deux molécules triatomiques C_3 et SiC_2 et qu'il soit, en fait, dû à une molécule polyatomique. La suggestion qu'il est causé par des poussières de graphite a aussi été émise[1].

En fait, les molécules C_3 et SiC_2 présentent, toutes deux, un continuum dans le violet et l'ultraviolet. La distribution spectrale d'intensité dans le continuum de SiC_2 n'a pas encore été étudiée en laboratoire, alors que celle du continuum de C_3 a fait l'objet d'études de J. G. PHILLIPS[2]. La distribution d'intensité du continuum de C_3 en laboratoire est fort semblable au continuum des étoiles N avancées, tel qu'il a été déterminé par A. McKELLAR et E. H. RICHARDSON[3]. Il reste cependant quelque hésitation à attribuer le continuum des étoiles C à la molécule C_3, car, au laboratoire, le continuum et le groupe $\lambda\,4050$ n'apparaissent pas dans les mêmes conditions expérimentales. Par exemple, le continuum n'apparaît pas en émission dans une décharge sans électrode donnant le groupe $\lambda\,4050$, mais tous deux sont présents dans une flamme acétylène-oxygène avec excès d'acétylène. Dans les comètes, le continuum n'apparaît pas, même lorsque le groupe $\lambda\,4050$ est intense. Les travaux expérimentaux de J. G. PHILLIPS[4] sur les coefficients de température du groupe $\lambda\,4050$ et du continuum sembleraient indiquer que le continuum a un niveau inférieur qui est, au moins, 2.6 ev au-dessus de l'état normal de la molécule C_3 (niveau inférieur du groupe $\lambda\,4050$). Si cette conclusion de PHILLIPS était confirmée, on ne pourrait continuer à attribuer le continuum des étoiles C avancées à la molécule C_3.

Une autre difficulté avait été soulevée par M. W. FEAST[5] qui a observé un continuum violet intense dans les étoiles AM Cen et GP Ori qui n'ont guère de bandes de SWAN. Des observations spectrophotométriques récentes du même auteur ont toutefois montré que la distribution d'intensité du continuum dans AM Cen et GP Ori n'est pas la même que dans l'étoile carbonée avancée typique Y CVn. Les sources d'opacité dans la région violette de AM Cen et de Y CVn sont donc probablement différentes.

13. L'opacité continue dans le domaine infra-rouge. Nous devons l'analyse théorique la plus poussée de cette question à R. WILDT[6]; nous ne possédons malheureusement guère d'observations spectrophotométriques stellaires dans le domaine infra-rouge.

On est porté à croire que l'ion H^- reste l'agent principal d'opacité dans le proche infra-rouge, au moins dans les atmosphères pas trop froides. L'absorption de H^- possède un minimum à $1,6\,\mu$; il serait important d'examiner des étoiles froides dans cette région. Si le minimum était absent, il faudrait bien rechercher un mécanisme autre que H^-. Peut-être les ions C^-, O^-, Si^- et S^- ont-ils une importance astrophysique? Nous ne savons encore rien à ce sujet.

Comment les molécules peuvent-elles affecter l'opacité dans le proche infra-rouge? Il faut évidemment tenir compte de la diffusion RAYLEIGH par les molécules abondantes H_2 tout comme par les atomes H. En dehors de la diffusion, il faut distinguer deux sources moléculaires d'opacité stellaire dans l'infrarouge:

[1] B. ROSEN et P. SWINGS: Ann. d'Astrophys. **16**, 82 (1953).
[2] J. G. PHILLIPS et L. BREWER: Coll. Liège 1954, p. 341.
[3] A. McKELLAR et E. H. RICHARDSON: Coll. Liège 1954, p. 256.
[4] J. G. PHILLIPS: Coll. Liège 1956, p. 538.
[5] M. W. FEAST: Coll. Liège 1954, p. 280 et Coll. 1956, p. 301.
[6] R. WILDT: Coll. Liège 1956, p. 319.

1. l'opacité due aux bandes de vibration-rotation (correspondant, pour les molécules, aux raies discrètes des atomes); 2. l'opacité due aux vrais continua moléculaires (correspondant aux continua d'ionisation atomiques).

L'effet de couverture des bandes de vibration-rotation ne revêt de l'importance que pour les molécules polyatomiques. En effet, les spectres de vibration-rotation des molécules diatomiques ne comportent que la fréquence fondamentale de vibration, plus des bandes faibles dues aux harmoniques; d'ailleurs les molécules homonucléaires comme H_2, C_2 ou O_2 n'ont pas de spectre infrarouge, puisqu'elles ne possèdent pas de moment dipolaire. Au contraire, les molécules polyatomiques manifestent, outre plusieurs fréquences fondamentales, leurs harmoniques et de nombreuses combinaisons. Ces bandes couvrent tout l'infrarouge qui transporte la majeure partie du flux d'énergie. L'effet de couverture des molécules polyatomiques est donc beaucoup plus grand que celui des molécules diatomiques, pour autant que les composés polyatomiques existent. Il est difficile d'estimer où cet effet devient significatif; peut-être serait-ce aux environs de $M\,2$ dans la séquence à oxygène.

Les continua d'ionisation de toutes les molécules abondantes se trouvent dans l'ultraviolet lointain. Quant aux continua de dissociation, il n'y en a guère qui puissent affecter les spectres stellaires dans l'infrarouge, car les énergies de dissociation requises sont très faibles.

La molécule qui présente le plus d'intérêt est l'ion H_2^- formé de H $(1\,s\,{}^2S)$ et $H^-\,(1\,s^2\,{}^1S)$. Ces deux atomes donnent lieu à deux états de H_2^-, l'un stable $(\sigma_g\,1\,s)^2$ $(\sigma_u\,1\,s)\,{}^2\Sigma_u^+$, l'autre instable $(\sigma_g\,1\,s)\,(\sigma_u\,1\,s)^2\,{}^2\Sigma_g^+$, entre lesquels une transition est permise. On n'a pas encore calculé le continuum d'absorption résultant de cette transition, mais il est certain qu'il soit s'étendre sur une vaste région infrarouge. Si les ions H_2^- étaient abondants, on s'attendrait donc à ce que le continuum soit intense. Mais le rapport des abondances $H_2^-:H^-$ est petit, probablement inférieur à 0,01 dans toutes les étoiles. Il est donc probable que la contribution du continuum à l'opacité stellaire est faible.

Il y a lieu de considérer en outre le continuum associé aux transitions free-free d'un électron dans le champ d'une molécule H_2 neutre. On n'en connaît pas les probabilités de transition, mais il n'est pas impossible que ce mécanisme soit important, car l'importance relative des transitions free-free de H^- et H_2^- est proportionelle au rapport des pressions partielles de H et H_2.

On peut, semble-t-il, émettre les conclusions provisoires suivantes: au-delà de $M\,2$ (ou $C\,4$?), les bandes de vibration-rotation des molécules polyatomiques jouent, peut-être, un rôle. Pour les étoiles plus chaudes que $M\,2$, l'opacité de la matière atmospherique est due avant tout à H^-, à la diffusion Rayleigh par H et H_2 et, peut-être, aux transitions free-free de H_2^-. On pourrait, en tout cas, essayer de construire des modèles d'atmosphères d'étoiles K ou M en supposant que, seules, existent ces sources d'opacité.

14. Rôle des associations moléculaires dans la convection au sein des atmosphères d'étoiles froides. La zone de convection est habituellement associée à l'ionisation de H. Mais, dès 1933, H. Siedentopf[1] a attiré l'attention sur un rôle possible des associations moléculaires et R. Wildt[2], en 1934, a appliqué cette idée au cas de H_2. Wildt a repris récemment cette question[3] et a montré que la formation de H_2 cause une extension marquée de la zone de convection vers le haut, dans les étoiles plus avancées que $K\,5$ environ.

---

[1] H. Siedentopf: Astronom. Nachr. **247**, 297 (1933).
[2] R. Wildt: Z. Astrophysik **9**, 176 (1934).
[3] Voir note [6], p. 125.

On peut rapprocher ce résultat de l'hypothèse de A. McKellar et G. J. Odgers[1] qui invoquent la zone de convection pour expliquer l'émission des raies de Balmer dans les variables à longue période.

IV. Déterminations de températures basées sur les bandes moléculaires.

15. Des déterminations de température de vibration et de rotation ont été effectuées pour plusieurs étoiles, à partir des intensités relatives de bandes de vibration ou de raies individuelles de rotation. Ces déterminations se heurtent à de nombreuses difficultés pratiques et théoriques. Il est souvent difficile de fixer le fonds continu du spectre stellaire, surtout pour les types spectraux les plus avancés[2]. La détermination des températures de rotation exige des bandes bien résolues et des raies dépourvues de blend (superposition). La conversion des intensités relatives observées, en abondances relatives véritables est difficile, par suite des effets de courbe de croissance et de la pénurie ou absence de modèle. L'opacité continue a une distribution spectrale très mal connue dans les étoiles les plus froides. En principe, il n'y a pas de différence entre les principes régissant la formation des spectres de raies atomiques ou de bandes moléculaires, mais des difficultés pratiques surgissent lorsqu'il s'agit de mesurer les largeurs équivalentes de bandes non résolues et de prédire la courbe de croissance correspondante. Un sérieux effort théorique et expérimental a été fait en vue de la détermination des probabilités de transition, mais il reste encore beaucoup d'indécision, même pour des molécules courantes. En fait, une comparaison directe des spectres stellaires aux spectres de laboratoire obtenus à des températures bien déterminées paraît encore la technique la plus sûre.

C'est dans le soleil que les meilleures déterminations de température de rotation ont été effectuées. Les valeurs suivantes ont été obtenus par J. Hunaerts[3] pour les températures d'excitation exprimées en degré Kelvin:

$$
\begin{array}{ll}
C_2, & 4870 \pm 300; \\
CH, & 4370 \pm 190; \\
CN, & 4460 \pm 120; \\
OH, & 4770 \pm 100; \\
NH, & 4660 \pm 230.
\end{array}
$$

Au moyen de la bande de vibration-rotation infrarouge de CO, L. Goldberg et E. A. Müller[4] trouvent $4300°$ K. D'autres déterminations ont été effectuées par M. G. Adams[5] et L. Blitzer[6].

Par comparaison avec des spectres pris au four de King, J. G. Phillips trouve des températures de rotation de l'ordre de $1900°$ K pour des étoiles M. Sur les spectres de haute résolution de β Pegasi les bandes de TiO voisines de $\lambda\,7000$ sont résolues et il semble qu'on puisse estimer le véritable continuum; Phillips[7] a déterminé une température de rotation d'environ $3000°$, valeur encore peu précise, notamment à cause des blends. Dans χ Cygni, une variable

---

[1] A. McKellar et G. J. Odgers: Trans. Internat. Astronom. Union **8**, 825 (1952).

[2] Voir note [2], p. 124.

[3] Voir note [6], p. 121.

[4] Voir note [4], p. 110.

[5] M. G. Adams: Monthly Notices Roy. Astronom. Soc. London **98**, 544 (1938).

[6] L. Blitzer: Astrophys. Journ. **91**, 421 (1940).

[7] J. G. Phillips: Astrophys. Journ. **115**, 183 (1952). — Publ. Astronom. Soc. Pacific **63**, 179 (1951).

à longue période de type $Me + Se$, Y. Fujita trouve $T_{\text{rot}} \sim 2200^\circ$ K aux environs du maximum de lumière.

Des déterminations de température de vibration d'étoiles carbonées ont été effectuées en partant des bandes de C_2 par K. Wurm[1], A. McKellar et W. Buscombe[2], R. Bouigue[3], J. G. Phillips[4] et plus récemment A. A. Wyller[5]; les valeurs trouvées s'échelonnent de 6200 à 1500° K. Il semble bien que les déterminations les plus précises de températures de vibration soient celles que A. A. Wyller a basées sur les intensités relatives des bandes (1-2): (0-1) et (1-3):(0-2), mesurées sur des clichés à haute dispersion. Ces déterminations ont été effectuées pour une étoile R et quatre étoiles N. En utilisant les bandes (1-3) et (0-2), Wyller trouve les valeurs suivantes basées sur les déterminations expérimentales des probabilités de transition obtenues par R. B. King:

$$
\begin{array}{lll}
\text{HD } 52\,432 & (R6, \quad C4_4) & T_v = 1440^\circ \text{ K,} \\
19 \text{ Psc} & (N0, \quad C6_2) & T_v = 1410^\circ \text{ K,} \\
\text{Y CVn} & (N3, \quad C5_4) & T_v = 1740^\circ \text{ K,} \\
\text{UU Aur} & (N3, \quad C5_4) & T_v = 1410^\circ \text{ K,} \\
\text{R Lep} & (N6, \quad C7_4) & T_v = 1410^\circ \text{ K.}
\end{array}
$$

Il obtient des valeurs légèrement plus élevées en partant des mêmes bandes et de ses valeurs théoriques des probabilités de transition, ou bien en partant des bandes (0-1) et (1-2). On constate qu'il n'y a guère de corrélation entre la classification spectrale et la température de vibration. Des estimations de température de rotation fournissent des valeurs comprises entre 1260 et 1800° K.

Dans le cas de l'étoile carbonée HD 182040 ($R2$) à bande CH très faible Phillips[4] a déterminé à la fois la température de rotation ($\sim 2300^\circ$ K), et la température de vibration. Pour cette dernière, il trouve 1676° K s'il utilise des bandes de C_2 voisines (1-0) et (2-1) et 4105° K s'il prend les bandes distantes (1-0) et (0-1). De tels résultats discordants s'expliquent par le fait que l'opacité de l'atmosphère augmente considérablement lorsque l'on passe du rouge au bleu; on ne peut comparer des bandes distantes comme (1-0) et (0-1) sans tenir compte de ce facteur d'opacité, mais ceci n'est guère encore possible à présent. D'après Wyller, l'opacité varie même très fortement entre $\lambda\,5635$ et $\lambda\,6191$.

Remarquons que, inversément, si on connaît les probabilités relatives de transition de deux bandes d'un même système, situées en λ_1 et λ_2, le rapport d'intensité des deux bandes d'absorption peut donner quelque information concernant les opacités relatives en λ_1 et λ_2.

V. Interprétation du comportement des bandes moléculaires dans les étoiles froides.

16. Le problème pratique de la détermination des abondances moléculaires à partir des observations spectroscopiques. Il n'est jamais facile et il est même souvent impossible de déduire des observations spectroscopiques, des valeurs d'abondances moléculaires qui soient un peu dignes de confiance. Aux diffi-

---

[1] K. Wurm: Z. Astrophysik **5**, 260 (1932).
[2] A. McKellar et W. Buscombe: Publ. Dominion Astrophys. Obs. Victoria **7**, 361 (1948).
[3] Voir note [1], p. 117.
[4] J. G. Phillips: Proc. Indiana Univ. «Conference on Stellar Atmospheres», p. 88, 1954. — Astrophys. Journ. **125**, 163 (1957).
[5] A. A. Wyller: Astrophys. Journ. **125**, 177 (1957).

cultés pratiques des réductions photométriques (indécision sur le fonds continu, effets de «blending», effets de courbe de croissance, etc.) et à la pénurie de données quelque peu précises sur les valeurs absolues des probabilités de transition, s'ajoute, pour les étoiles froides, l'absence de «modèles». On n'a guère de modèle d'étoile de K à $M2$ ou $C4$, quoique, comme il a été dit dans le Chap. III il soit actuellement possible de calculer de tels modèles. Au delà de $M2$ ou $C4$, la question devient plus complexe. Dans de nombreux cas, les déterminations de rapports d'abondances sont beaucoup plus faciles et moins douteuses que les déterminations absolues. Pour quelques étoiles, comme le soleil, on possède d'assez bons modèles, quoique même ceux-ci devront, sans doute, être revisés par suite des progrès spectroscopiques (notamment les observations solaires à très haute dispersion faites à l'Observatoire McMath, ou les variations centre-bord des raies moléculaires, comme on l'a indiqué dans le Chap. I).

D'habitude, pour les déterminations pratiques tout comme pour l'étude des équilibres de dissociation moléculaire, on se contente du modèle le plus primitif: une atmosphère à température et pression constantes. On a, parfois, tenu compte d'une certaine stratification, mais seulement de façon fort grossière.

17. Quelques considérations intuitives sur la classification des étoiles froides. Pendant longtemps, les astrophysiciens ont répugné à l'idée de différences parmi les compositions chimiques des étoiles. Une telle attitude était entièrement justifiée. Invoquer une différence de composition pour expliquer les différences entre les spectres de deux étoiles paraissant de même température semblait, somme toute, une solution de facilité. Il était désirable d'examiner d'abord si l'un ou l'autre facteur dynamique ou physique — stratification, champ, turbulence, excitation spéciale, ... — ne pouvait pas expliquer les différences observées. Il a pourtant bien fallu se résigner petit à petit à accepter l'idée de différences considérables dans les compositions chimiques des étoiles. A présent, on admet qu'à côté des étoiles chaudes habituelles riches en hydrogène, il y en a d'autres riches en hélium et relativement pauvres en hydrogène. Il existe des étoiles, dont les atmosphères contiennent des proportions anormalement élevées de terres rares, ou de Si, Mn, Sr, Cr. Nous avons vu, dans le Chap. II, que le rapport $C^{12}:C^{13}$ n'est pas le même dans toutes les étoiles R.

Pour interpréter la trifurcation des étoiles en classes M, S et C, il a bien fallu aussi recourir à des différences d'abondances. Ces trois classes couvrent, en effet, des domaines de température et de luminosité semblables. D'ailleurs, dans le groupe des géantes auquel appartiennent les étoiles S et C, des différences de densité (c'est-à-dire de luminosité) n'ont que des effets assez secondaires. Il existe des variables des mêmes types — irrégulières, semi-régulières, variables du type Mira Ceti et variables à longue période — dans les trois groupes M, S et C. Chaque groupe possède à la fois des étoiles ayant des caractères de population I et II.

La molécule CO joue certainement un rôle prépondérant dans les équilibres de dissociation au sein des atmosphères d'étoiles avancées. CO a, en effet, une chaleur de dissociation $(11{,}090 \pm 0{,}019)$ ev beaucoup plus élevée que toutes les autres molécules observées ou certainement présentes quoiqu'inobservables: CH $(3{,}47\,\text{ev})$, CN $(8{,}22\,\text{ev})$, C_2 (incertaine, sans doute proche de 6 ev), TiO $(7{,}0)$, ZrO $(7{,}8)$, LaO $(8{,}1)$, NH $(3{,}76)$, OH $(4{,}40)$, H_2 $(4{,}477)$, O_2 $(5{,}115)$, NO $(6{,}506)$ et N_2 $(9{,}759)$. Si le carbone est plus abondant que l'oxygène dans une atmosphère assez froide, les atomes d'oxygène seront utilisés pour former des molécules CO; le carbone atomique restant libre pourra donner lieu aux molécules C_2, CN et CH observées dans les étoiles carbonées. Au contraire, si l'oxygène est plus abondant que le carbone, les atomes libres de carbone disparaîtront par formation de CO; il restera de l'oxygène libre pour former des oxydes comme TiO, VO, ScO, YO (étoiles M), ou comme ZrO, LaO, YO (étoiles S). Dans la suite $G - K - M$, la présence du maximum d'intensité des bandes de CN est due à ce que, après ce maximum, les pressions partielles de C et N sont réduites par suite de formation abondante de CO et N_2. La molécule CO n'est, d'ailleurs, pas observable spectroscopiquement dans le domaine ordinaire, son spectre électronique de résonance étant situé dans l'ultraviolet. On peut toutefois être sûr qu'on trouvera la bande de vibration-rotation de CO à 2,4 μ dans les spectres stellaires tout comme on l'a observée dans le spectre solaire. Ces considérations intuitives doivent évidemment être précisées mathématiquement. Elles indiquent, en tout cas, que le rapport d'abondance C:O doit sûrement jouer un rôle important dans la trifurcation des étoiles froides. On est tenté de penser que, dans les étoiles carbonées, on a C:O >1 et l'inverse dans les étoiles M et S. On incline aussi à penser que si C:O $= 1$ dans les étoiles très froides, il n'y aura guère d'oxyde, ni de C_2, mais simplement du CO. L'étoile GP Ori pourrait représenter ce cas C:O $= 1$; elle a des bandes de C_2 incertaines et de ZrO très faibles, malgré la basse température indiquée par l'intensité extrêmement grande du doublet D de Na et la forte intensité de la raie de résonance de Sr, λ 4607. UY Centauri et R CMi sont probablement similaires.

A quoi peut être due la différence entre les classes M et S? Les étoiles M, qui sont les plus abondantes parmi les étoiles froides, peuvent être considérées comme ayant une composition chimique normale, analogue à celle du soleil, pour autant qu'on puisse en juger en l'absence de modèle. Depuis longtemps, on pense que la chaleur de dissociation D du ZrO est supérieure à celle de TiO, mais les valeurs de ces deux énergies ont toujours été incertaines et sont encore peu sûres. A l'heure actuelle, on pense qu'elles diffèrent peu: D (TiO) $= (7{,}0 \pm 0{,}3)$ ev et D (ZrO) $= (7{,}8 \pm 0{,}2)$ ev. Une différence aussi faible ne peut, sans doute, pas être la cause du contraste considérable entre les classes S et M. D'ailleurs, il y a des supergéantes et géantes M de même température et luminosité que les S. Il ne paraît plus possible d'expliquer la haute intensité relative des bandes de ZrO par rapport à celles de TiO (rapport de l'ordre de 10) par un simple effet de magnitude absolue comme Wurm[1] avait cru pouvoir le faire. Des travaux récents de P. W. Merrill[2], L. H. Aller et P. C. Keenan[3], W. Buscombe et P. W. Merrill[4] ont montré que dans une étoile S, les raies atomiques du zirconium et des métaux lourds des 5e et 6e périodes du tableau périodique (Sr, Y, Nb, Tc, Ba, La et terres rares) sont nettement plus intenses que dans une étoile M de même température et luminosité, en comparaison avec les raies atomiques des métaux de la 4e période (Ti, V, Sc). Sans vouloir exclure des effets probables de magnitude absolue sur les intensités relatives des bandes des divers oxydes, il est certain que la différence entre les classes M et S réside essentiellement dans le rapport d'abondances:

$$\frac{\text{Métaux lourds (5}^e \text{ et 6}^e \text{ périodes)}}{\text{Métaux légers (4}^e \text{ période)}}\ .$$

R. Bouigue a d'ailleurs montré théoriquement que les abondances relatives de TiO et ZrO sont sensibles à l'abondance en carbone[5]. On est ainsi amené à penser

<hr>

[1] K. Wurm: Astrophys. Journ. **91**, 103 (1940).
[2] P. W. Merrill: Astrophys. Journ. **105**, 360 (1947).
[3] L. H. Aller et P. C. Keenan: Astrophys. Journ. **113**, 72 (1951).
[4] W. Buscombe et P. W. Merrill: Astrophys. Journ. **116**, 525 (1952).
[5] R. Bouigue: Coll. Liège 1956, p. 346.

que les trois paramètres essentiels de classification des étoiles froides sont[1]:

$$1. \text{ la température superficielle;}$$

$$2. \text{ le rapport } O:C;$$

$$3. \text{ le rapport } \frac{\text{métaux lourds}}{\text{métaux légers}}.$$

Pour une température superficielle déterminée, les étoiles C, S et M auraient des rapports $O:C$ croissants, tandis que les rapports $\frac{\text{métaux lourds}}{\text{métaux légers}}$ seraient probablement dans l'ordre S, C, M.

Quand nous parlons d'abondances, il s'agit évidemment des abondances dans les atmosphères stellaires, qui ne sont pas nécessairement identiques aux abondances dans les parties intérieures. Les différences d'abondances atmosphériques sont-elles temporaires ou permanentes? Comment se sont-elles produites? Il est possible que des processus de formation d'éléments lourds soient actuellement (ou aient été récemment) actifs dans certaines étoiles froides. Nous examinerons ces points plus loin.

Les rapports d'abondance ne possèdent-ils que des valeurs discrètes, ou bien observe-t-on des intermédiaires entre les étoiles M, S et C caractéristiques? Par des considérations du genre de celles qui seront exposées plus loin, on est tenté d'attribuer aux étoiles M caractéristiques un rapport $C:O = 1:2$ ou $1:3$ et aux étoiles C, un rapport $C:O = 2:1$ ou $3:1$. Mais, comme nous l'avons déjà vu plus haut, il existe des étoiles froides intermédiaires, pauvres à la fois en TiO et C_2 et qui correspondraient à $C:O \approx 1$. D'ailleurs, si la classification de KEENAN-MORGAN a un sens physique, il existe des valeurs très diverses de l'abondance de C par rapport à H et les autres élements, pour une température bien déterminée[2].

Il y a aussi tous les stades intermédiaires entre les étoiles M et S, caractérisés par des rapports d'intensité TiO: ZrO allant à peu près des $10:1$ à $1:10$. Il existe certainement aussi des intermédiaires entre les S et C[3]. On constate que les étoiles carbonées ayant les bandes de C_2 les plus faibles ont des spectres atomiques fort semblables à ceux des étoiles S ayant les bandes de ZrO les plus faibles. C'est le cas de l'étoile carbonée W Cas et l'étoile SX Pegasi de classe S. Cette relation entre les étoiles S et C devrait être discutée plus en détail en partant d'étoiles ayant des bandes très faibles; il faudrait, en particulier, déterminer le rapport $C^{12}:C^{13}$ dans les étoiles S, au moyen des bandes rouges de CN.

La possibilité de variation de l'abondance de l'azote pourrait être ajoutée comme l'a fait Y. FUJITA[4] qui a considéré des rapports très variables $C:N:O$. On s'imagine que l'abondance de N puisse jouer un certain rôle, vu que la molécule N_2 possède une chaleur de dissociation relativement élevée (9,759 ev).

---

[1] P. W. MERRILL: Publ. Astronom. Soc. Pacific **68**, 356 (1956).

[2] Il y a, peut-être, des effets de luminosité mal connus dans les étoiles C, mais il paraît néanmoins nécessaire d'accepter des différences d'abondance du carbone.

[3] W. P. BIDELMAN: Coll. Liège 1953, p. 402 et références y indiquées. Dans les «étoiles à BaII», on n'observe qu'une trace de la bande λ 5165 de C_2; mais celle-ci, tout comme les bandes de CH et CN, est quand même plus intense que dans les étoiles normales de même classe. Outre l'intensité anormale de BaII et SrII [W. P. BIDELMAN et P. C. KEENAN, Astrophys. Journ. **114**, 473 (1951)], on constate une intensification de ZrII et LaII et des terres rares [R. H. GARSTANG, Publ. Astronom. Soc. Pacific. **64**, 227 (1952); J. L. GREENSTEIN, Coll. Liège 1953]. Ces étoiles carbonées sont, sans doute, en relation avec les S. (Voir note 2, p. 118).

[4] Y. FUJITA: Jap. Journ. Astr. a. Geo. **13**, 21 (1935); **17**, 17 (1939); **18**, 45 (1940); **18**, 177 (1941).

Si les abondances diffèrent dans les atmosphères M, S et C, les opacités diffèrent peut-être également. Il est donc possible que nous observions dans ces trois étoiles, des molécules provenant de profondeurs différentes.

En tout cas, il semble bien que les rapports $O:C$ et $\dfrac{\text{métaux lourds}}{\text{métaux légers}}$ n'ont pas des valeurs définies, mais couvrent toute une gamme.

18. Les variations d'abondances relatives des éléments et des isotopes dans les étoiles M, S et C sont-elles explicables? Les atmosphères des étoiles froides présentent des valeurs différentes des rapports:

$C^{12}:C^{13}$; $C:O$; métaux de la 4e période: métaux des 5e et 6e périodes. De plus, on trouve dans trois étoiles carbonées (WZ Cas, WX Cyg et T Arae) une raie de résonance intense du lithium, un élement dont le noyau est aisément détruit par bombardement protonique (même à 200 kev [1]). Cette raie apparait aussi dans les étoiles S où elle est moins intense que dans WZ Cas, mais beaucoup plus forte que dans les étoiles M [2]. On observe aussi dans les étoiles S et dans quelques étoiles M et C, des raies du technetium, un élément radioactif, dont l'isotope de plus longue vie n'a qu'une période de 200000 ans. L'intensité des raies de Tc correspond en gros à l'intensité des caractéristiques S (bandes de ZrO ou raies de Zr) dans les spectres S, C et M.

Le Li est certainement toujours resté en surface. A-t-il toujours existé dans les atmosphères des trois étoiles carbonées (et du soleil!) qui n'auraient jamais subi de brassage [3], ou bien est-il formé dans l'atmosphère par un «effet beta-tron» [4]? On a considéré récemment des réactions nucléaires se produisant à la surface des étoiles et résultant de processus d'accélération électromagnétique se produisant près de taches stellaires ou sur les étoiles magnétiques; de telles réactions seraient à même de produire des abondances anormales comme on est amené à en envisager dans différentes espèces d'étoiles (Exemple: les terres rares dans α^2 CVn). On imagine bien que les conditions favorables à un «effet betatron» soient relativement rares, de sorte qu'il est normal que 3 seulement des 100 étoiles carbonées observées spectroscopiquement révèlent Li.

La présence de Tc radioactif dans l'atmosphère des étoiles S implique soit que cet élément est actuellement produit à l'intérieur de l'étoile et est amené en surface par un brassage assez rapide (en un temps de l'ordre de 200000 ans ou plus court), soit qu'il est formé directement en surface par un effet betatron.

On peut penser qu'une abondance anormalement élevée de carbone est due à la production de C^{12}, par combinaison de trois noyaux He, dans une région centrale pauvre en hydrogène [5]. Le noyau C^{13} serait produit par la conversion subséquente de C^{12} dans un cycle $C-N$ à des profondeurs où règne une température quelque peu inférieure à celle de la région centrale. Une étoile riche en C^{13} a, sans doute, été bien brassée. Dans ces conditions, N^{14} devrait être abondant (dix fois plus que C^{12}).

Les étoiles ayant $C^{12}:C^{13} > 30$ sont des objets non mélangés ou pauvres en hydrogène. D'une part, le soleil est un astre du type qu'on sait «non brassé»

---

[1] De même, D, Be et B sont aisément détruits.

[2] P. C. Keenan et R. G. Teske: Astrophys. Journ. **124**, 500 (1956).

[3] On a de bonnes raisons théoriques et expérimentales de penser que la circulation de matière entre la surface (observée spectroscopiquement) et l'intérieur (le «réacteur nucléaire») est extrêmement lente. Et, cependant, on accepte souvent ce brassage pour expliquer des abondances atmosphériques.

[4] W. P. Bidelman: Astrophys. Journ. **117**, 25 (1953). — Vistas in Astronomy (Ed. Beer) Vol. II, p. 1428.

[5] E. E. Salpeter: Astrophys. Journ. **115**, 326 (1952). — F. Hoyle: Astrophys. Journ. Suppl. **1**, 121 (1954).

et il est très pauvre en C^{13}. D'autre part, une étoile pauvre en H ne peut fabriquer du C^{13}: des étoiles carbonées étudiées par W. P. BIDELMAN[1] ont de fortes bandes de C_2, un rapport $C^{12}:C^{13} \approx 100$ et ne présentent guère de bande de CH (c'est-à-dire sont pauvres en H).

Les abondances anormales de C ou des métaux lourds résultent de processus nucléaires. Des étoiles géantes M, S ou C peuvent avoir des températures centrales de l'ordre du milliard de degrés, permettant les synthèses des éléments des 4e, 5e et 6e périodes. Les étoiles M normales, relativement jeunes, ont synthétisé les éléments de la 4e période; les étoiles S seraient allées jusqu'aux éléments plus lourds des 5e et 6e périodes. Une discussion plus détaillée de ces questions sortirait toutefois du cadre du présent chapitre.

19. Quelques considérations sur le calcul des abondances moléculaires. Lorsqu'on veut étudier l'évolution, au sein de la séquence spectrale, de l'intensité des bandes d'une molécule diatomique déterminée AB, il faut examiner la variation en fonction de la température effective T_e et de la gravité g, du nombre total de molécules contenues dans une colonne de surface unitaire. On procède de même pour déterminer les effets de magnitude absolue sur l'intensité des bandes. Les premiers travaux fondamentaux sur cette question datent de 1933; ils sont dus à L. ROSENFELD et Y. CAMBRESIER[2] et à H. N. RUSSELL[3]. Ils développaient des idées esquissées antérieurement par R. WILDT[4] et P. SWINGS[5] et ont été suivis de très nombreuses publications de K. WURM, B. LINDBLAD, R. S. RICHARDSON, Y. FUJITA, P. C. KEENAN, M. NICOLET, P. SWINGS, R. BOUIGUE, etc.[6]. Dans tous les cas, le modèle d'atmosphère est réduit à sa plus simple expression. Le problème est semblable à celui de l'équilibre d'ionisation[7].

L'équilibre de dissociation d'une molécule diatomique AB est régi par la relation

$$\frac{p_A \cdot p_B}{p_{AB}} = K_{AB} \tag{19.1}$$

où p_A, p_B et p_{AB} sont les pressions partielles atomiques et moléculaire et K_{AB} le coefficient de dissociation. K_{AB} est une fonction de la température et des constantes atomiques et moléculaires:

$$\mathrm{Log}\, K_{AB} = -\frac{5041\, D}{T} + \frac{3}{2}\,\mathrm{Log}\, T + \mathrm{Log}\left(1 - e^{\frac{-1{,}43\,\omega}{T}}\right) + \sigma \tag{19.2}$$

[1] Voir note 4, p. 132.

[2] Y. CAMBRESIER et L. ROSENFELD: Monthly Notices Roy. Astronom. Soc. London **93**, 710 (1933) (Publ. Inst. Astrophys. Liège, No. 109). — L. ROSENFELD: Monthly Notices Roy. Astronom. Soc. London **93**, 742 (1933) (Publ. Liège, No. 110).

[3] H. N. RUSSELL: Astrophys. Journ. **79**, 317 (1934).

[4] R. WILDT: Z. Astrophysik **54**, 856 (1929).

[5] P. SWINGS: Monthly Notices Roy. Astronom. Soc. London **92**, 140 (1931). — P. SWINGS and O. STRUVE: Phys. Rev. **69**, 142 (1932). — P. SWINGS: Bull. Soc. Roy. Sci. Liège **1**, 77 (1932). — P. SWINGS: Les bandes moléculaires dans les spectres stellaires. Act. Sci. et Ind., No. 50. Paris: Hermann 1932.

[6] K. WURM: Voir note 1, p. 130. — B. LINDBLAD et E. STENQVIST: Publ. Obs. Stockholm **11**, No. 12 (1934). — R. S. RICHARDSON: Astrophys. Journ. **78**, 354 (1933). — Y. FUJITA: Publ. Astron. Soc. Japan **1**, 171, 1950; voir aussi note 4, p. 131. — M. NICOLET: Publ. Inst. Astrophys. Liège No. 166, 189, 203, 204, 205, 207, 214, 215, 233, 236 (en 1936 et 1937). — P. SWINGS: Publ. Inst. Astrophys. Liège No. 117, 118, 141, 156 de 1933 à 1935. — P. SWINGS et D. CRESPIN: Publ. Inst. Astrophys. Liège No. 242 (1938). — E. BODSON: Publ. Inst. Astrophys. Liège No. 150 (1935) et 227 (1937). — E. BODSON et F. E. NISOLI: Publ. Inst. Astrophys. Liège No. 160 (1935). — E. BODSON et P. LEDOUX: Publ. Inst. Astrophys. Liège No. 209 (1937). — P. LEDOUX: Publ. Inst. Astrophys. Liège No. 212 (1937). — R. BOUIGUE: Ann. d'Astrophys. **17**, 35, 104 (1954).

[7] E. A. MILNE et S. CHANDRASEKHAR: Monthly Notices Roy. Astronom. Soc. London **92**, 150 (1932).

où $D=$ énergie de dissociation exprimée en volts; $\omega=$ fréquence fondamentale de vibration en cm^{-1}; $\sigma=$ constante dépendant du moment d'inertie de AB, des masses atomiques de A et B et de la masse de AB, des poids statistiques des termes électroniques en jeu et du caractère symétrique ou non de AB.

L'équation (19.2) montre le rôle fondamental joué par la chaleur de dissociation.

Pour une molécule triatomique, par exemple C_3, on écrira de même

$$\frac{p_{\mathrm{C}} \cdot p_{\mathrm{C_2}}}{p_{\mathrm{C_3}}} = K_{\mathrm{C_3}}.$$

Comme les atomes A et B peuvent prendre part à différentes combinaisons chimiques, on est amené à résoudre des systèmes d'equations simultanées. Par exemple, si on considère seulement les quatre atomes H, C, N et O et leurs dix combinaisons diatomiques, on procédera comme suit. Soient P_{H}, P_{C}, P_{N} et P_{O} les pressions fictives qui seraient présentes si les molécules étaient dissociées. On a

$$P_{\mathrm{H}} = p_{\mathrm{H}}\left[1 + \frac{2p_{\mathrm{H}}}{K_{\mathrm{H_2}}} + \frac{p_{\mathrm{C}}}{K_{\mathrm{CH}}} + \frac{p_{\mathrm{N}}}{K_{\mathrm{NH}}} + \frac{p_{\mathrm{O}}}{K_{\mathrm{OH}}}\right],$$

$$P_{\mathrm{C}} = p_{\mathrm{C}}\left[1 + \frac{p_{\mathrm{H}}}{K_{\mathrm{CH}}} + \frac{2p_{\mathrm{C}}}{K_{\mathrm{C_2}}} + \frac{p_{\mathrm{N}}}{K_{\mathrm{CN}}} + \frac{p_{\mathrm{O}}}{K_{\mathrm{CO}}}\right],$$

$$P_{\mathrm{N}} = p_{\mathrm{N}}\left[1 + \frac{p_{\mathrm{H}}}{K_{\mathrm{NH}}} + \frac{p_{\mathrm{C}}}{K_{\mathrm{CN}}} + \frac{2p_{\mathrm{N}}}{K_{\mathrm{N_2}}} + \frac{p_{\mathrm{O}}}{K_{\mathrm{O_2}}}\right],$$

$$P_{\mathrm{O}} = p_{\mathrm{O}}\left[1 + \frac{p_{\mathrm{H}}}{K_{\mathrm{OH}}} + \frac{p_{\mathrm{C}}}{K_{\mathrm{CO}}} + \frac{p_{\mathrm{N}}}{K_{\mathrm{NO}}} + \frac{2p_{\mathrm{O}}}{K_{\mathrm{O_2}}}\right].$$

En pratique, la solution numérique de tels systèmes d'équations n'est pas compliquée; certains termes sont petits par rapport aux autres et on peut procéder par approximations successives. Dans de nombreux cas, un élément A peu abondant se combine à des atomes en excès tel vis-à-vis de A que la diminution de leurs concentrations résultant des différentes combinaisons est négligeable: alors, l'expression des nombres de molécules est immédiate[1]. Il arrive aussi qu'on puisse considérer l'hydrogène comme tellement abondant par rapport aux autres éléments que très peu de termes subsistent dans les systèmes d'équations. Toutefois, il est souvent admis[2] que les abondances de H, N et C sont du même ordre dans les étoiles R; on ne peut, dans ce cas, négliger a priori aucune combinaison dans le système d'équations.

De tels calculs d'abondances moléculaires ont été effectués dans de nombreux cas. Les plus récents pour les combinaisons diatomiques de H, C, N et O sont ceux de W. Lehmann[3], de C. de Jager et L. Neven[4], de R. Bouigue[5] et de J. Humblet et G. Mannino[6]; des tables utiles ont été préparées par J. C. Pecker et M. Peuchot[7].

On a aussi considéré le cas de C_3 et C_4, dont les abondances augmentent beaucoup plus rapidement que celles de C_2 lorsque la température décroît[8]; il

---

[1] Voir note 2, p. 133.

[2] K. Wurm: Trans. Intern. Astron. Union **8**, 417 (1952).

[3] W. Lehmann: Z. Astrophysik **26**, 334 (1949). — K. Wurm: Chemiker-Ztg. **64**, 261 (1940). — Naturwiss. **29**, 686 (1941).

[4] C. de Jager et L. Neven: Coll. Liège 1956, p. 357.

[5] Voir note 5, p. 130.

[6] Voir note 6, p. 118.

[7] J. C. Pecker et M. Peuchot: Coll. Liège 1956, p. 352.

[8] P. Swings: Trans. Internat. Astronom. Union **9**, 421 (1955). Voir aussi note, 6 p. 118.

doit en être de même pour la molécule triatomique SiC_2. Ceci expliquerait pourquoi le continuum bleu-violet et les bandes de MERRILL-SANFORD augmentent abruptement en intensité lorsque la température décroît dans la séquence C.

Ces calculs permettent d'interpréter, dans leurs grandes lignes, le comportement des bandes moléculaires en fonction du type spectral et de la magnitude absolue. Il reste cependant beaucoup à faire. Par exemple, les observations semblent indiquer que les bandes de MERRILL-SANFORD ont un effet anormalement grand de magnitude absolue, mais on n'en a pas encore d'explication théorique. On n'a guère encore traité le cas des étoiles du type R CBr. L'indécision qui a si longtemps perduré au sujet de certaines chaleurs de dissociation (D) essentielles est en grande partie levée; en particulier, on est à présent sûr de D (CO) et $D(N_2)$. Mais il reste encore beaucoup de doute au sujet d'autres énergies de dissociation, comme $D(C_2)$ pour laquelle on trouve des valeurs s'échelonnant de 3,6 à 7,1 ev. Parfois, les observations astronomiques permettent de préciser la chaleur de dissociation; c'est ainsi que DE JAGER et NEVEN pensent que $D(C_2)$ doit être très proche de 6,7 ev. Dans certains cas, les bandes moléculaires constituent le seul moyen d'estimer les abondances d'éléments (exemple: le bore); malheureusement, ces estimations sont fort imprécises à cause de notre ignorance des probabilités de transition absolues et de l'incertitude sur de nombreuses énergies de dissociation. Lorsque ces difficultés seront résolues, les bandes moléculaires fourniront un outil particulièrement puissant pour l'étude des atmosphères stellaires. Les valeurs les plus récentes des énergies de dissociation ont été données par L. BREWER[1], par G. HERZBERG[2] et par M. G. INGHRAM, W. A. CHUPKA et J. BERKOWITZ[3].

Rappelons encore que toutes les considérations qui précèdent présupposent un équilibre thermodynamique. Il faut pourtant remarquer que le rayonnement qui atteint les couches atmosphériques extérieures où se forment certaines des bandes moléculaires peut déjà avoir été «filtré» par des absorptions à plus grande profondeur, notamment dans l'ultraviolet où se trouvent des continua de dissociation. Il n'est donc pas impossible qu'il y ait des écarts par rapport aux équilibres[4], par exemple dans le cas des novae où la présence des bandes de CN a souvent paru anormale[5].

Un exemple d'objets paraissant particulièrement anormaux est fourni par les étoiles variables symbiotiques[6], qui manifestent à côté de bandes moléculaires parfois très intenses, des raies d'émission correspondant à une très forte ionisation, comme [NeV] ou [FeVII]. La suggestion qu'il s'agit de binaires n'est plus guère maintenue. On a parfois pensé qu'il s'agissait d'étoiles froides à «couronne» de haute excitation, très étendue. On peut plutôt se demander s'il ne s'agit pas

---

[1] L. BREWER: The Dissociation Energy of Some Common Molecules, Univ. of Cal. Radiation Lab., Jan. 1955 et notes inédites.

[2] G. HERZBERG: Coll. Liège 1956, p. 397.

[3] M. G. INGHRAM, W. A. CHUPKA et J. BERKOWITZ: Coll. Liège 1956, p. 513.; voir aussi J. DROWART et R. E. HONIG, Coll. Liège 1956, p. 536.

[4] P. SWINGS: Publ. Astronom. Soc. Pacific **54**, 282 (1942); aussi dans Astrophysics (Ed. J. A. HYNEK), pp. 167—168. 1951.

[5] P. SWINGS et O. STRUVE: Astrophys. Journ. **96**, 268 (1942).

[6] P. W. MERRILL: Nombreuses Mt. Wilson Obs. Contributions de 1933 à 1956. — P. SWINGS et O. STRUVE: Nombreuses McDonald Observatory Contributions, de 1940 à 1948. — TCHENG MAO-LIN et M. BLOCH: Ann. d'Astrophys. **15**, 104 (1952); **17**, 6 (1954) et autres contributions de l'Observatoire de Haute-Provence. — L. H. ALLER: Coll. Liège 1956, p. 305, Publ. Dominion Astrophys. Obs. Victoria **9**, 321 (1954). — J. GAUZIT: Ann. d'Astrophys. **18**, 354 (1955). — M. JOHNSON: Trans. Intern. Astronom. Union **8**, 839 (1952). — D. H. MENZEL: Physica, Haag **12**, 768 (1946).

d'une phase dans l'évolution des géantes rouges. Les observations de A. J. Deutsch[1] et les travaux théoriques de F. Hoyle et M. Schwarzschild[2] semblent indiquer que le stade de géante rouge représente un tournant dans l'évolution d'une étoile. Lorsque la géante rouge continue son évolution, le noyau se contracte et devient plus chaud, tandis que l'enveloppe étendue se dissipe graduellement dans l'espace. Il est possible que, dans une phase de transition, le noyau chaud rayonne à travers une enveloppe extérieure froide non encore totalement dissipée.

20. Considérations sur l'origine des différences d'intensité des bandes moléculaires dans les étoiles de population I et II. Dans le Chap. II nous avons décrit les différences de comportement des bandes moléculaires de CH et CN dans les étoiles de population I et II. L'intensification de la bande de CH dans les étoiles de population II est accompagnée de l'affaiblissement des bandes de CN et des raies métalliques. M. Schwarzschild, L. Spitzer jr. et R. Wildt[3] ont montré que ces observations impliquaient pour les étoiles II comparées aux étoiles I, une réduction générale de l'abondance des éléments lourds par rapport à l'hydrogène et une réduction moins grande du groupe C—N—O. La réduction du rapport métaux: hydrogène réduit la densité en électrons, donc aussi celle en ions H^-; par suite, l'opacité est moins grande, on atteint une profondeur (donc pression) plus grande et il se présente une meilleure possibilité d'abondance des molécules. D'ailleurs, la réduction du rapport C—N—O:H diminue l'abondance de CN relativement à celle de CH. L'interprétation des observations conduit Schwarzschild, Spitzer et Wildt à admettre, pour les étoiles de population II qu'ils considèrent, des facteurs de réduction de 3 pour le rapport métaux: H et de 2 pour le rapport C—N—O:H. Les calculs d'abondances ont été effectués suivant la méthode générale esquissée précédemment. [Il faut remarquer que les auteurs ont utilisé $D(CO) = 9,5$ ev alors que la valeur actuellement admise est 11,09 ev.] Ces calculs ont été repris par C. de Jager et L. Neven[4] qui, pour expliquer l'augmentation d'intensité de CH et la diminution de CN dans un cas extrême de population II, doivent admettre que les rapports métaux: H et C—N—O:H sont respectivement réduits des facteurs 15 et 3. Comme on l'a vu dans le Chap. II on observe, d'ailleurs, divers degrés d'affaiblissement de CN et d'intensification de CH.

Nous avons vu au Chap. II, que les bandes de VO et ScO paraissent intensifiées dans les variables à longue période de population II. Cette observation devrait être confirmée et étendue en partant de clichés obtenus avec une dispersion plus élevée que celle employée par W. Iwanowska[5]. Sur la base des bandes moléculaires, il semble bien que V et Sc ont une abondance plus grande dans la population II, en bon accord avec ce que Mlle Iwanowska avait antérieurement trouvé au moyen de raies atomiques.

Ces considérations montrent que les spectres stellaires sont en relation étroite avec les caractéristiques spatio-temporelles des étoiles. E. Schatzman a clairement insisté récemment[6] sur le fait que des étoiles de caractéristiques spatio-temporelles différentes ont eu des histoires différentes; elles sont nées dans des

---

[1] A. J. Deutsch: Astrophys. Journ. **123**, 210 (1956).
[2] F. Hoyle et M. Schwarzschild: Astrophys. Journ. Suppl. **2**, No. 13 (1955).
[3] M. Schwarzschild, L. Spitzer jr. et R. Wildt: Astrophys. Journ. **114**, 398 (1951).
[4] Voir note 4, p. 134.
[5] Voir note 1, p. 120.
[6] E. Schatzman: Principes fondamentaux de classification stellaire. Public. du C.N.R.S. (Paris), pp. 187—188, 1956.

conditions différentes et peuvent avoir des compositions chimiques différentes. Pour les étoiles plus avancées que $F8$, ce sont surtout les bandes moléculaires qui nous révèlent les variations au sein des atmosphères. Mais insistons encore, à cette occasion, sur le fait que les atmosphères ne révèlent pas nécessairement les compositions des régions centrales! Il n'empêche que les bandes deviennent un outil précieux dans le domaine encore fort obscur de la génétique stellaire.

Conclusions.

21. Dans les rapports qu'elle a publiés dans les Transactions de l'U.A.I., la sous-commission des bandes moléculaires dans les spectres stellaires, après avoir esquissé les progrès des dernières années, a insisté sur les nombreux problèmes qui restaient en suspens dans ce domaine. L'exposé de l'auteur dans l'ouvrage «Astrophysics — A Topical Symposium» (éd. J. A. HYNEK)] contient aussi de nombreuses suggestions d'observations astronomiques nécessaires ainsi que de travaux expérimentaux et théoriques hautement souhaitables. Certes, nous assistons à des progrès réconfortants. Il n'en reste pas moins vrai que ces progrès astronomiques sont ralentis à cause de la pénurie en travaux de laboratoire. Il ne reste plus dans le monde que quelques laboratoires, heureusement de très haute valeur, consacrés à la spectroscopie moléculaire. Parmi eux, celui d'Ottawa, dirigé par le Professeur G. HERZBERG, rend des services considérables à l'Astrophysique; c'est à ce laboratoire que l'on doit les identifications les plus importantes de bandes stellaires en ces dernières années.

Un des besoins les plus urgents est l'extension des observations de spectres stellaires vers l'infrarouge photographique et, surtout, au-delà. Il faudrait aussi faire un effort dans le domaine de la photométrie des bandes. Mais l'astronome dépend, pour cela, des déterminations expérimentales de probabilités absolues et relatives de transition, un domaine où, heureusement, d'importantes contributions sont actuellement apportées.

De bonnes déterminations de température de rotation pourraient et devraient être effectuées, notamment pour des objets spéciaux comme les étoiles S ou les objets difficilement classés. De meilleures valeurs des énergies de dissociation et d'ionisation sont encore nécessaires pour plusieurs molécules présentes dans les étoiles. Pour les identifications, l'Atlas des Spectres d'Oxydes préparé à l'Observatoire du Vatican par le Père GATTERER et par le Père JUNKES rendra des services considérables. A plusieurs reprises, nous avons insisté sur la nécessité de calculer des modèles pour les atmosphères des étoiles avancées.

Les bandes moléculaires fournissent pour les étoiles plus avancées que $F5$, des informations essentielles à tous les points de vue que couvre l'astrophysique: composition chimique, caractéristiques physiques (température, densité, stratification etc.) et caractères spatio-temporels.

Bibliographie.

Exposés généraux.

BOBROVNIKOFF, N. T.: Astrophys. Journ. **89**, 301 (1939).
HERZBERG, G.: Spectra of Diatomic Molecules, pp. 482—497. New York: Van Nostrand 1950.
SWINGS, P.: Chap. 4 dans Astrophysics, éd. J. A. HYNEK. New York: McGraw-Hill 1951. — No. 50 et 162 des Actualités scientifiques et industrielles. Paris: Hermann 1932 et 1934.
WURM, K.: Handbuch der Astrophysik, Vol. 7, pp. 297—332. Berlin: Springer 1936.

Tables.

Herzberg, G.: loc. cit., pp. 501—581.

Landolt-Börnstein: Zahlenwerte und Funktionen, Teil 3, Molekeln II. Berlin: Springer 1951.

Merrill, P. W.: Lines of the Chemical Elements in Astronomical Spectra. Carnegie Inst. Wash. Publ. 610, Washington 1956.

Pearse, R. W. B., and A. G. Gaydon: The Identification of Molecular Spectra. New York: Wiley 1941.

Rosen, B.: Données spectroscopiques concernant les molécules diatomiques (Tables de Constantes, No. 4) et Atlas des longueurs d'onde caractéristiques des bandes d'émission et d'absorption des molécules diatomiques (Tables de Constantes, No. 5). Paris: Hermann & Co. 1952.

Atlas.

Hale, Ellerman and Parkhurst: Publ. Yerkes Observ. **2**, 251 (1903).

Junkes, J., (S. J.): Atlas des spectres d'oxydes, Specola Vaticana, à l'impression, 1957.

Keenan, P. C., et R. G. Teske: Astrophys. Journ. **124**, 499 (1956). (Spectres d'étoiles M et S; 20 Å/mm; de λ 6300 à λ 6830.)

Sanford, R. F.: Astrophys. Journ. **111**, 262 (1950). (Spectres de six étoiles carbonées; dispersion 10 Å/mm dans le bleu et 20 Å/mm dans la région visuelle et infrarouge; de λ 3600 à λ 8800.)

Swings, P., and L. Haser: An Atlas of Representative Cometary Spectra. Liège: Institut d'Astrophysique 1956.

Die Spektren der planetarischen Nebel.

Von

K. WURM.

Mit 9 Figuren.

Vorbemerkung. Den planetarischen Nebeln sind in diesem Bande zwei getrennte Artikel gewidmet. Der vorliegende Artikel bringt nach einer kurzen Darlegung der allgemeinen Eigenschaften der Nebel (Formen, Helligkeiten, Verteilung an der Sphäre) eine Beschreibung der Art und der besonderen Eigentümlichkeiten der Spektren. Gleichzeitig damit werden die Grundzüge der Physik der Nebelhüllen erläutert, die diese Spektren emittieren, ohne jedoch die mathematische Formulierung der Nebelphysik zu entwickeln. Letzteres geschieht gesondert in dem zweiten Artikel am Ende dieses Bandes (S. 399). Beide Artikel sind als zusammengehörig und als sich gegenseitig ergänzend zu betrachten.

Es mag vielleicht manchem Leser als wünschenswert erscheinen, bei der Lektüre sowohl dieses wie auch des zweiten Beitrages ein reichhaltigeres Anschauungsmaterial vor den Augen zu haben, als es hier vorgefunden wird. Diesbezüglich kann besonders auf die vier Monographien hingewiesen werden, die am Schluß der Beiträge aufgeführt sind, und von denen jede eine beträchtliche Anzahl von Bildtafeln aufweist.

I. Allgemeine Eigenschaften der planetarischen Nebel.

1. Die Formen und scheinbaren Helligkeiten. Der am besten bekannte planetarische Nebel ist der Ringnebel in der Leier (s. Fig. 1). Er hat am Himmel die Gestalt eines elliptischen Ringes mit einem Durchmesser von 83″ in der Richtung der großen Achse und von 59″ senkrecht dazu. Die leuchtende Gasmasse, die den Nebel bildet, ist räumlich zweifellos angenähert in einer ellipsoidischen Schale angeordnet. Die scheinbare Ringform kommt durch die Projektion dieser Schale auf den Himmelshintergrund zustande. Die Anregung zur Lichtemission erfolgt bei allen planetarischen Nebeln durch die intensive UV-Strahlung eines Zentralsternes. Die von den Nebelgasen absorbierte, kurzwellige Sternstrahlung wird zu einem hohen Prozentsatz als langwellige, sichtbare Strahlung reemittiert. Das Spektrum besteht vorwiegend aus monochromatischen Emissionslinien. Eine kontinuierliche Emission ist zwar auch vorhanden, die jedoch meist gegenüber der Linienemission stark zurücktritt. Im astrophysikalisch zugänglichen Spektralbereich ($\lambda > 3000$ Å) übertreffen die Nebel in ihrer Helligkeit meist beträchtlich die Helligkeit ihres Zentralsternes. Beim Ringnebel handelt es sich um eine Differenz von rund $5^{\mathrm{m}}5$ (Faktor $10^{2.2}$) für das photographische Gebiet (λ 3000 bis λ 5000).

Insgesamt hat man bis zum Augenblick 371 verschiedene planetarische Nebel aufgefunden. Von diesen sind die meisten so klein, daß sie auch auf photographischen Aufnahmen mit den größten Teleskopen nahezu als sternförmig erscheinen. Etwa ein Dutzend hat scheinbare Durchmesser über einer Bogenminute. Die größte scheinbare Dimension hat der Nebel NGC 7293 mit $15' \times 12'$ (s. Fig. 2). Man ist zu der Annahme berechtigt, daß die wahren Dimensionen der Nebel nicht sehr beträchtlich schwanken und die scheinbaren Durchmesser ein angenähertes Maß für die Distanzen von der Erde sind (s. Ziff. 3).

Reproduktionen von zahlreichen Nebelphotographien findet man in einer schon länger zurückliegenden Publikation von H. D. Curtis[1]. Neben den Ringformen

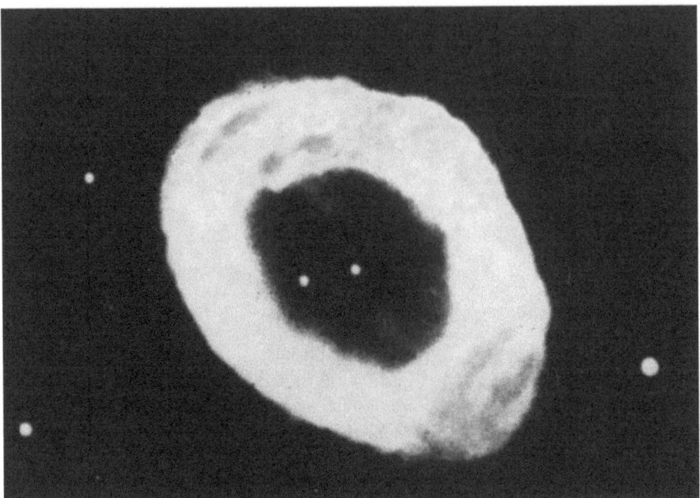

Fig. 1. Ringnebe lin der Leier NGC 6720 (200 inch Teleskop, Mt. Palomar).

sind auch Scheibenformen vom Typus von NGC 3587 (s. Fig. 3) sehr häufig vertreten. Stark irreguläre Strukturen sind jedoch auch nicht ganz selten.

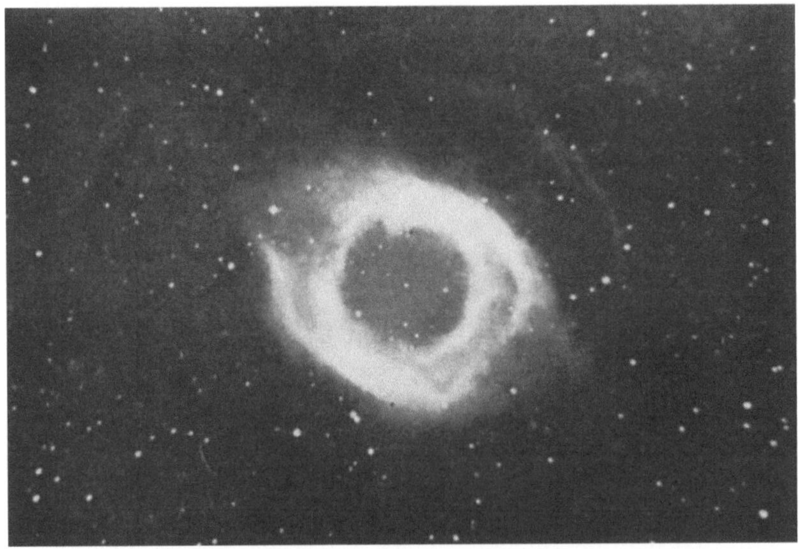

Fig. 2. Planetarischer Nebel NGC 7293 (60 cm Reflektor, Lojano-Bologna).

Scheinbare photographische Gesamthelligkeiten von 130 schon länger bekannten Objekten wurden durch B. Vorontsov-Velyaminov und P. Parenago[2]

[1] H. D. Curtis: Lick Publ. 13 57 (1918).
[2] B. Vorontsov-Velyaminov u. P. Parenago: Russ. Astronom. J. 8, 206 (1931); 11, 40 (1934).

bestimmt. Die Autoren benutzten bei ihren Messungen eine sehr kurzbrennweitige Kamera, so daß auch die größeren Nebel sich sternförmig abbildeten, und die Nebelhelligkeiten an Sternhelligkeiten angeschlossen werden konnten. Das Häufigkeitsmaximum wird bei $12^m_.5$ gefunden. Der scheinbar hellste Nebel ist NGC 7293 mit $6^m_.5$. Der Abfall der Häufigkeit der Nebel über $12^m_.5$ hinaus ist zweifellos nicht reell und beruht auf der Nichterfassung der schwächeren, entfernteren Objekte. Die gemessenen Helligkeiten schließen die der Zentralsterne mit ein, welche jedoch vielfach nur einen unbedeutenden Beitrag zur Gesamthelligkeit von Nebel plus Stern liefern.

Scheinbare Helligkeiten einer großen Anzahl von Zentralsternen findet man bei L. Berman[1], die jedoch größtenteils auf Messungen von H. D. Curtis[2], E. Hubble[3] und von B. Vorontsov-Velyaminov und P. Parenago[4] beruhen und nur kritisch zusammengestellt wurden. Für neun ausgewählte Nebel hat W. Liller[5] kürzlich photovisuelle Helligkeiten auf photoelektrischem Wege bestimmt. Es bleibt zu beachten, daß sowohl die Nebelhelligkeiten wie auch die Zentralsternhelligkeiten wegen der großen Entfernungen stark durch die interstellare Absorption beeinflußt sind, deren Ausmaß sich kaum genau festlegen läßt.

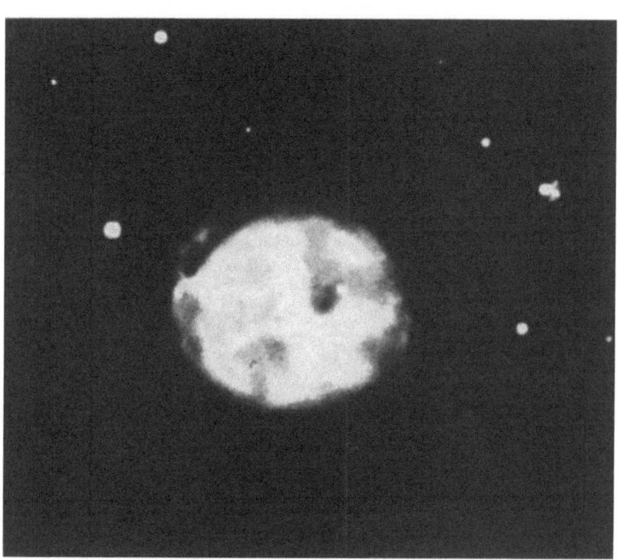

Fig. 3. Planetarischer Nebel NGC 3587 (60 inch Reflektor, Mt. Wilson).

2. Absolute Helligkeiten, absolute Dimensionen. Individuelle Distanzen von planetarischen Nebeln in der Milchstraße sind äußerst schwierig zu bestimmen. Wegen der großen Distanzen selbst der nächsten Objekte sind trigonometrische Pallaxen unsicher. Die spektroskopische Parallaxenmethode (Zentralsterne) führt auch nicht zum Ziel, da es sich bei den Zentralsternen durchweg um spektroskopische Sondertypen handelt. Es ist deshalb von Wichtigkeit, daß es kürzlich W. Baade[6] gelang, genaue absolute Helligkeiten für fünf in Messier 31 (Andromedanebel) aufgefundene planetarische Nebel zu bestimmen. In extragalaktischen Nebeln, auch den nächsten, sind die planetarischen Nebel selbst auf den photographischen Aufnahmen mit dem 200 inch Teleskop des Mt. Palomar-Observatoriums absolut sternförmig. Ihr Nebelcharakter wird nachweisbar durch vergleichende Lichtfilteraufnahmen. Das Spektrum typischer planetarischer Nebel enthält bei $\lambda\,5007$ und $\lambda\,4959$ zwei besonders kräftige Emissionslinien (die sog. Nebuliumlinien), das Gebiet oberhalb von $\lambda\,5007$ bis etwa $\lambda\,6400$ ist dagegen

---

[1] L. Berman: Lick Obs. Bull. **18**, 57 (1937).
[2] Siehe Fußnote 1, S. 140.
[3] E. Hubble: Astrophys. Journ. **56**, 162, 400 (1922).
[4] Siehe Fußnote 2, S. 140.
[5] W. Liller: Astrophys. Journ. **122**, 240 (1955).
[6] W. Baade: Astronom. J. **60**, 151 (1955).

frei von Emissionslinien nennenswerter Stärke. Stellt man ein Plattenpaar her, bei dem einmal (auf Grund einer geeigneten Kombination von Filter und Emulsion) der Spektralbereich λ 4900 bis λ 6400 wirksam wird, das andere Mal aber nur der Bereich von λ 5100 bis λ 6400, so ist zu erwarten, daß ein planetarischer Nebel im ersten Falle relativ hell, im zweiten Falle dagegen nur schwach auf der Platte erscheint. Nach dieser Methode fand der Autor in einem Feld 96′ südlich vom Zentrum von Messier 31 fünf planetarische Nebel auf, deren scheinbare photographische Helligkeiten zwischen $21^{\mathrm{m}}\!,7$ und $22^{\mathrm{m}}\!,1$ liegen. Mit dem für Messier 31 bekannten Entfernungsmodul ergeben sich damit die absoluten photographischen Helligkeiten M_{pg} der Tabelle 1. Bei den entdeckten Exemplaren handelt es sich zweifellos um die absolut hellsten Nebeltypen. Sie sind sehr wahrscheinlich ähnlich den eingangs erwähnten Objekten wie NGC 6720 und NGC 7293. Da bei diesen die Zentralsterne um 5^{m} bis 7^{m} geringere photographische Helligkeiten haben als die zugehörigen Hüllen, so kann man gleich schließen, daß die absoluten photographischen Helligkeiten M_{pg} der Kerne bei $+2,5$ bis $+5,0$ liegen müssen.

Tabelle 1.

Nr.	m_{pg}	M_{pg}
1	22,1	— 2,1
2	22,2	— 2,0
3	22,2	— 2,0
4	22,0	— 2,2
5	21,7	— 2,5

Die Verteilung der planetarischen Nebel an der Sphäre zeigt eine Anhäufung derselben in der Richtung zum galaktischen Zentrum (s. Ziff. 3). Sehr wahrscheinlich handelt es sich bei dieser Häufung um eine Gruppe von Nebeln, die wirklich im Zentrum der Milchstraße liegen und alle angenähert von uns gleich weit entfernt stehen. Unter dieser Annahme und der zusätzlichen, daß die wahre Größenverteilung in allen Gebieten der Milchstraße dieselbe ist, hat R. Minkowski[1] versucht, diese Verteilung zu bestimmen. Aus den gemessenen Winkeldurchmessern und unter der Voraussetzung einer Distanz von 9000 parsec für die Distanz der Nebel bzw. des galaktischen Zentrums findet der Autor die in Fig. 4 dargestellte wahre Durchmesserverteilung. Dieselbe zeigt ein Maximum bei 0,15 parsec und fällt nach größeren Durchmessern bis zu 0,7 parsec steil ab. Absolute Helligkeiten können für diese Nebelgruppe noch nicht angegeben werden, da für dieselbe bisher noch keine scheinbaren Helligkeiten bestimmt worden sind.

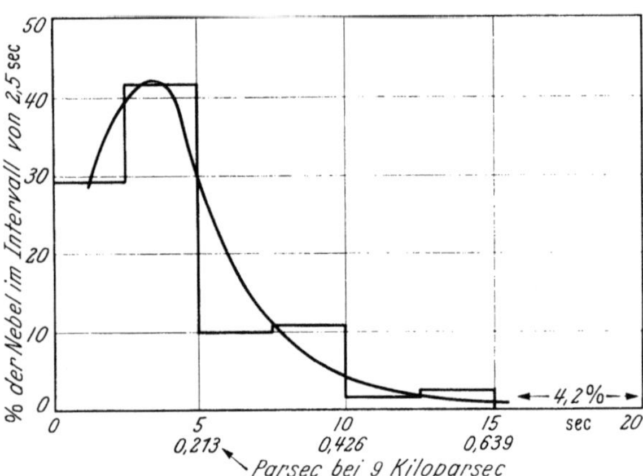

Fig. 4. Verteilung der Durchmesser der planetarischen Nebel.

Auf die weiter zurückliegenden Versuche, zunächst aus den Eigenbewegungen der Zentralsterne mittlere Parallaxen für einzelne Nebelgruppen abzuleiten um dann von diesen unter bestimmten Annahmen über die Dispersion der wahren Durchmesser oder der absoluten Helligkeiten zu individuellen Distanzen zu gelangen, soll hier nicht näher eingegangen werden. Wir verweisen in bezug auf diese Arbeiten auf deren kritische Diskussion bei R. Minkowski[1].

3. Die galaktische Verteilung der planetarischen Nebel. Bis vor 10 Jahren waren insgesamt nur rund 130 planetarische Nebel bekannt. An Hand der Über-

---

[1] R. Minkowski: Publ. Obs. Univ. Michigan **10**, 25 (1951).

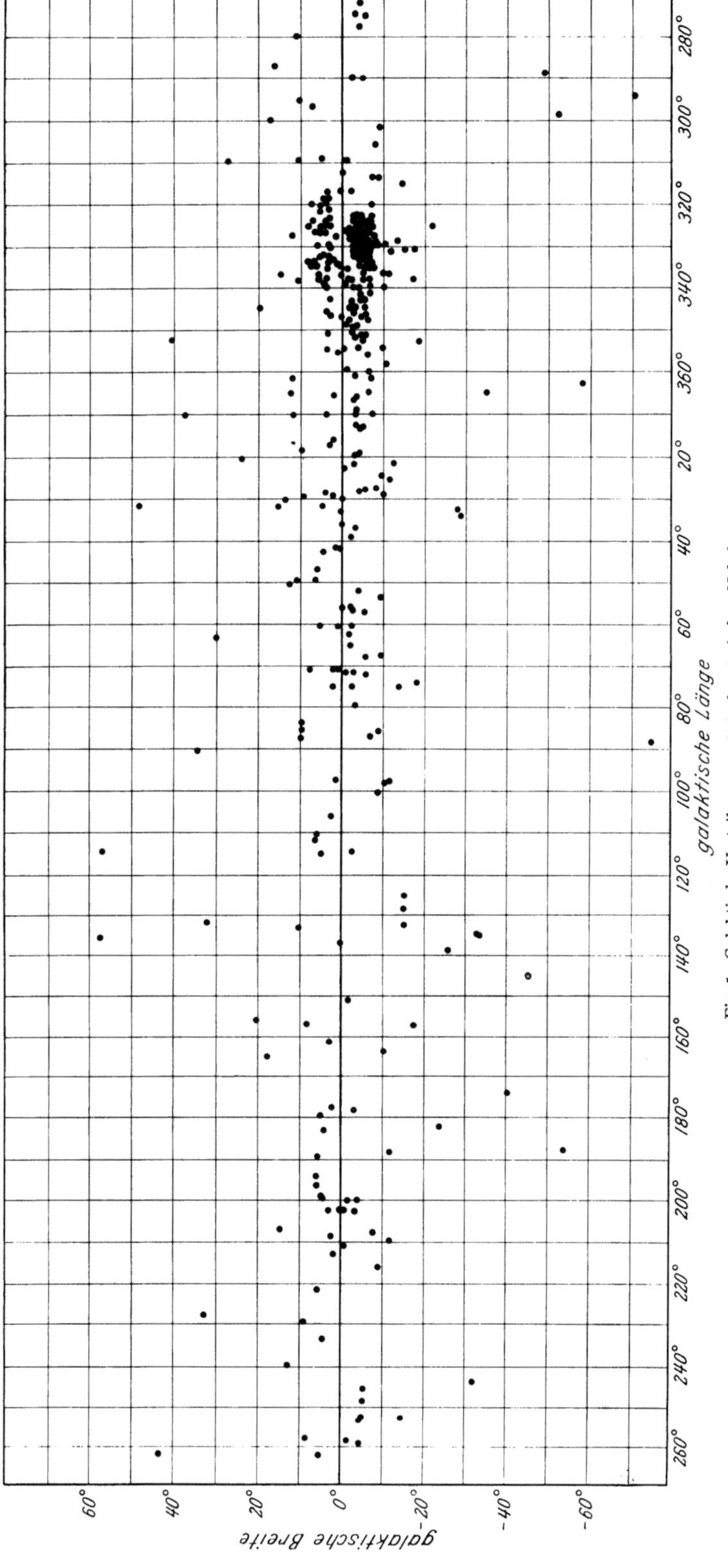

Fig. 5. Galaktische Verteilung von 371 planetarischen Nebeln.

prüfung von spektroskopischen Durchmusterungs-Aufnahmen gelang es dann Minkowski[1] in den Jahren 1946/47 diese Zahl auf 371 zu erhöhen, womit eine breitere Basis für das Studium ihrer Verteilung im galaktischen Raum geschaffen wurde. Die Durchmusterung wurde durchgeführt mit Hilfe von Objektivprismen-Aufnahmen des 10 inch-Refraktors auf dem Mt. Wilson, und dieselbe bedeckt vollständig einen Streifen über $+15°$ bis $-15°$ Breite entlang dem galaktischen Äquator. Nahe dem galaktischen Zentrum wurde ein Areal von $+30°$ bis $-30°$ Breite erfaßt. Außer den 10 inch Kameraplatten benutzte Minkowski ebenfalls eine Anzahl von Objektivprismen-Aufnahmen, die mit dem 18 inch-Schmidt-Teleskop auf dem Mt. Palomar erhalten wurde.

Die Fig. 5, in der jeder Nebel durch einen Punkt angezeigt ist, zeigt die Verteilung derselben über die galaktischen Koordinaten. Die Konzentration ist hoch gegen das galaktische Zentrum ($l = 328°$, $b = 0°$), allgemein nur mäßig stark gegen die galaktische Ebene. Minkowski vergleicht die Verteilung mit jener der Be Sterne, die in hoher Anzahl bekannt sind und zweifellos der Sternpopulation I (nach Baade) angehören. Ein gleiches Diagramm wie in Fig. 5 für diesen Sterntypus zeigt eine wesentlich ausgesprochenere Verdichtung zur galaktischen Ebene, läßt aber keine Anhäufung im galaktischen Zentrum erkennen. Starke Verdichtungen liegen dagegen vor bei $l = 45°$ (Cygnus) und $l = 100°$ (Perseus), die bei den planetarischen Nebeln nicht vorhanden sind. Die Konzentration der planetarischen Nebel gegen die Zentralregion der Milchstraße zeigt, daß sie der Sternpopulation II (nach Baade) zuzuordnen sind. Diese Zuordnung wird weiter gestützt durch die Tatsache, daß manche Nebel Objekte hoher Raumgeschwindigkeit sind. Es steht außerdem fest, daß der Kugelsternhaufen M 15 einen planetarischen Nebel enthält[2].

Die beobachtete Verteilung der planetarischen Nebel ist zweifellos beeinflußt durch die interstellare Absorption. In den Gebieten starker Absorption, wo die Nebel hinter interstellaren Wolken versteckt sind, bleibt ihre Erfassung unvollständig.

Bei den Nebeln in Fig. 5, die in höheren galaktischen Breiten ihre Bildpunkte haben, handelt es sich durchweg um solche mit relativ großen scheinbaren Durchmessern. Die Objekte, welche sternförmig oder nahezu sternförmig sind, liegen in einem engen Streifen $\pm 10°$ um die galaktische Breite Null. Nimmt man eine Unterteilung in mehrere Gruppen nach den scheinbaren Durchmessern vor, so ist die Konzentration gegen die Breite 0 allgemein um so ausgeprägter, je kleiner die scheinbaren Durchmesser einer Gruppe sind. Dieses Verhalten erklärt sich leicht auf Grund der Tatsache, daß die Dispersion in den wahren Dimensionen der Nebel nicht sehr groß ist und die größeren Nebel im Durchschnitt auch die näheren sind. Infolge ihrer Nähe werden die größeren Nebel in höhere galaktische Breiten projiziert, wenn ihre wahre Distanz von der galaktischen Ebene in Wirklichkeit auch nicht größer ist als für die kleinen, entfernteren Nebel.

II. Die Spektren der planetarischen Nebel.

4. Die allgemeine Zusammensetzung der planetarischen Linienspektren. Die spektrographischen Untersuchungen der Nebel werden sowohl mit Spaltspektrographen wie aber auch vielfach mit Spektrographen ohne Spalt (oder sehr weitem Spalt) durchgeführt. Im letzteren Falle wird der Nebel in der Ebene, in der sonst der Spalt liegt, scharf abgebildet. An Stelle einer Spektrallinie erscheint dann auf der photographischen Platte das ganze Bild des Nebels (s. Fig. 6b u. c). Die spaltlosen Spektrogramme dienen einmal zum Studium von Schichtungseffekten

---

[1] Siehe Fußnote 1, S. 142.
[2] A. H. Joy: Astrophys. Journ. **110**, 105 (1949).

in den Nebelhüllen, sie sind jedoch auch die Voraussetzung für die photographisch-photometrische Messung von Totalintensitäten der Nebellinien. Die spaltlose Nebelspektroskopie muß sich auf die mittelgroßen Objekte mit Durchmessern bis etwa 60″ beschränken, da bei größeren Dimensionen eine zu starke, störende Überlagerung der monochromatischen Bilder eintritt.

Mit nur wenigen Ausnahmen erstrecken sich die bisher vorliegenden spektroskopischen Studien der Nebelhüllen auf den Spektralbereich von $\lambda\,3000$ bis $\lambda\,6700$, wobei der kleinere Bereich von $\lambda\,3000$ bis $\lambda\,5000$ besonders bevorzugt bearbeitet worden ist. Die Pionierarbeit auf diesem Gebiet wurde vor etwa 40 Jahren von W. H. WRIGHT[1] am Lick Observatorium geleistet, der die Spektren von 47 Nebeln und ihrer Zentralsterne in dem Bereiche von $\lambda\,3000$ bis $\lambda\,5000$ photographierte. Entscheidend für die leichtere oder schwierigere Erfassung eines

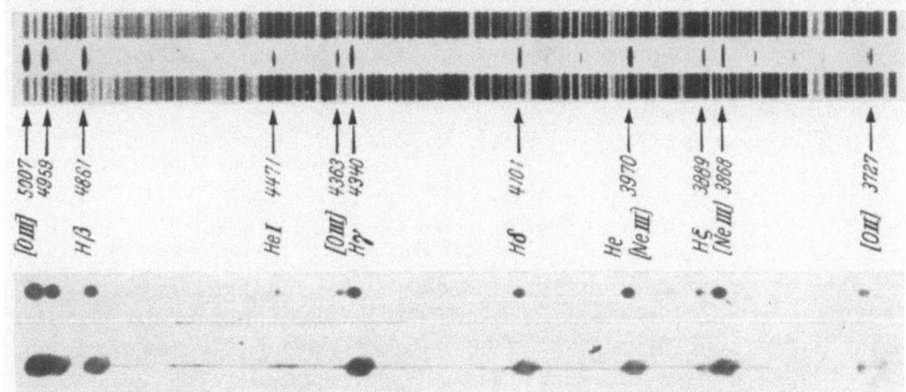

Fig. 6a u. c. a Spalt Spektrogramm von NGC 6572. b Spaltloses Spektrogramm von NGC 6572. c Spalt-Spektrogramm von NGC 6543 (L. ROSINO, Observatorium Asiago, Italien).

Nebels ist nicht, da es sich um flächenhafte Objekte handelt, die Gesamthelligkeit, sondern die *Flächenhelligkeit* desselben. Die höheren Flächenhelligkeiten findet man bei den kleineren und mittelgroßen Objekten wie NGC 7027 $(d = 11″ \times 18″)$, NGC 7662 $(d = 28″ \times 32″)$, NGC 418 $(d = 11″ \times 14″)$ und NGC 7009 $(d = 26″ \times 44″)$. Der Ringnebel in der Leier $(d = 59″ \times 83″)$ gehört schon zu den schwierigeren Objekten und insbesondere der eingangs ebenfalls schon erwähnte, größte Nebel NGC 7293 $(d = 12′ \times 15′)$.

Der Linienreichtum der verschiedenen Nebel ist sehr unterschiedlich. Derselbe ist nicht nur durch die größere oder geringere scheinbare Helligkeit eines Objektes bestimmt, obwohl verständlicherweise bei lichtschwachen Nebeln die schwächeren Emissionen im Spektrum schwierig oder gar nicht zu erfassen sind. Allgemein zeigen Nebel mit einer hohen Zentralstern-Temperatur und einer großen Nebelmasse den größten Linienreichtum. Eine große Nebelmasse garantiert eine vollständige Absorption der anregungsfähigen Sternstrahlung, eine hohe Zentralstern-Temperatur erzeugt einen weiten Ionisationsbereich. In dem Spektrum von NGC 7027, das ganz besonders reich an Linien ist, haben BOWEN, MINKOWSKI und ALLER[2] insgesamt rund 250 Linien identifiziert, als deren Träger die folgenden Ionen auftreten: H, He I, He II, C II, C III, C IV, N I, N II, N III, O I, O II, O III, O IV, O V, F IV, Ne III, Ne IV, Ne V, Mg I, Si II, Si III, S I, S II, S III, Cl III, Cl IV, A III, A IV, A V, K IV, K V, K VI, Ca V, Ca VII,

---

[1] W. H. WRIGHT: Lick Publ. **13**, 193 (1918).
[2] I. S. BOWEN, R. MINKOWSKI u. L. H. ALLER: Astrophys. Journ. **122**, 62 (1955).

Mn V, Mn VI, Fe III, Fe V, Fe VI, Fe VII. In diesem Spektrum erscheinen sowohl Linien von Ne V und Fe VII (Ionisationspotential 96,4 eV und 105 eV) wie aber auch solche von den neutralen Atomen N I, O I und anderen.

Eine Klassifikation der Spektren nach ihrer Zusammensetzung und Anregungshöhe läßt sich nicht konsequent durchführen, da zu viele variable Parameter bei ihrer Erzeugung im Spiele sind. Neben der Höhe der Zentralsterntemperatur wird die Ionisation im Nebel, wie dies ohne weiteres einleuchtend ist, auch durch die Gasdichte in der Hülle, durch deren Abstand vom Stern und schließlich auch noch durch die Gesamtmasse des Nebels wesentlich beeinflußt. Dichtefluktuationen komplizieren dann die Verhältnisse noch weiter. Jedes Nebelspektrum bedarf zur ausreichenden Charakterisierung eigentlich einer besonderen Beschreibung und ist nie das genaue Duplikat eines anderen. Eine rohe Klassifikation nach einer „mittleren Anregungshöhe" läßt sich allerdings leicht an Hand einiger weniger, typischer Linien durchführen, wobei man jedoch bei den höheren Anregungsstufen auf die Widersprüche im Verhalten einiger Linien geringer Anregung (insbesondere von Linien der O II, N II und O I-Ionen) nicht achten darf.

In der Tabelle 2 geben wir eine von L. H. Aller [4] aufgestellte Tabelle wieder, in der 9 Nebel nach steigender Anregung angeordnet sind. Die angegebenen Linienintensitäten sind auf die Intensität von H_β bezogen, welche willkürlich gleich 10 gesetzt wurde. Die Tabelle umfaßt nur den Wellenlängenbereich von λ 3000 bis λ 5000. Die Wahl von H_β als Bezugslinie ist durchaus physikalisch sinnvoll, da von Wasserstoff nur eine Ionisationsstufe mit Linienemission existiert und fast immer der Wasserstoff innerhalb des ganzen Volumens der Nebelhülle praktisch vollständig ionisiert ist. Die Ionisations- und Anregungsbedingungn sind also für das Wasserstoffatom in allen Nebeln gleich oder doch zum mindesten angenähert gleich.

Von den aufgeführten Linien sind neben H_β insbesondere die folgenden von besonderer Wichtigkeit und zwar wegen ihrer hohen Intensitäten und der stärkeren Variation derselben:

das [O II] Dublett $\lambda\lambda$ 3726, 3729,

das (O III] Dublett $\lambda\lambda$ 5007, 4959,

die He II Linie λ 4686 und

das [Ne V] Dublett $\lambda\lambda$ 3345, 3426.

Die Aufführung von Ionen wie O II, O III usw. in eckigen Klammern [ ] bedeutet, daß es sich bei den entsprechenden Linien um „verbotene" Übergänge handelt. Deren starke Bevorzugung in den Nebelspektren werden wir weiter unten erklären. Im ersten Nebel der Tabelle 2 hat die stärkere [O III]-Linie λ 5007 nur ein Zehntel der Intensität des [O II]-Dubletts $\lambda\lambda$ 3726, 3729, und sie ist ebenso wesentlich schwächer als H_β. Die mittlere Ionisation in Anon 18^h15^m ist gering. Nach rechts hin in der Tabelle steigt die Stärke von λ 5007 rapide an, die Intensität des [O II]-Dubletts fällt ab, es ist aber, wie man erkennt, dieser Abfall nicht vergleichbar mit dem Anstieg für die [O III]-Emission. Die He II-Linie λ 4686 erscheint erst mit mäßiger Intensität im Spektrum, wenn [O III] λ 5007 bereits eine hohe Intensität erreicht hat, was physikalisch ohne weiteres verständlich ist wegen der Differenz von etwa 15 eV in den erforderlichen Anregungsenergien. In den höchsten Anregungsstufen erreicht He II λ 4686 ungefähr die Stärke von H_β. Die höheren Intensitäten von He II 4886 sind stets mit dem Auftreten der [Ne V] Linien $\lambda\lambda$ 3345, 3426 verbunden. Die Einordnung sämtlicher Nebel in das Schema der Tabelle stößt insbesondere durch das Verhalten des [O II]-Dubletts auf Schwierigkeiten. Es gibt eine ganze Anzahl von Nebeln, zu

Tabelle 2. *Linienintensitäten nach L. H. Aller ([4], S. 73).*

λ (Å)	Ion	Anon 18h 15m	IC 418	IC 2149	IC 4634	NGC 7026	I 900	NGC 6309	IC 2165	Anon 21h 31m
3132,86	O II						3,1	—	8,8	3,5
3187,74	He I						—	—	0,8	—
3203,10	He II						1,4	—	1,9	3,0
3299,36	O III						—	—	0,7	—
3312,30	O III						0,57	—	1,0	—
3345,82	[Ne V]						1,0	—	2,2	5,6
3425,86	[Ne V]						1,8	4,7	6,0	18,0
3444,10	O III						1,7	—	2,2	1,0
3726,06 3728,82	[O II]	16	15,7	11	3,1	4,7	5,2	4,7	3,1	4,5
3750,15	H 12	0,47	—	0,73	—	—	0,5	—	0,56	0,3
3770,63	H 11	0,47								
3797,90	H 10	0,50								
3835,39	H 9	0,81								
3868,77	[Ne III]	—								
3889,05 3889,65	H 8 He I	1,1	1,3	1,5	2,0	2,1	1,6	—	1,8	1,7
3967,48 3970,07	[Ne III] H_ε	1,6	1,5	2,3	4,0	3,6	3,4	4,5	4,3	3,4
4026,20	He I	0,2	0,1	—	—	—	0,3	—	0,2	0,3
4068,62 4076,36	[S II]	0,5	0,21	—	—	0,41	0,3	—	0,2	0,3
4101,74	H_δ	2,6	2,4	3,0	2,3	2,2	2,1	2,6	2,6	2,3
4199,83	He II	—	—	—	—	—	—	—	0,1	—
4340,47	H_γ	5,1	4,5	5,2	3,9	4,4	4,2	4,2	4,6	4,6
4363,22	[O III]	—	—	0,60	0,52	—	1,3	—	2,1	2,0
4471,50	He I	0,3	0,4	0,76	0,46	0,6	0,4	—	0,3	0,5
4541,59	He II	—	—	—	—	—	0,3	—	0,2	0,8
4634,00 4640,00	N III	—	—	—	—	0,5	0,3	—	0,5	0,2
4685,68	He II	—	—	—	—	1,3	4,7	7,7	6,0	9,0
4711,36	[A IV]	—	—	—	—	0,4	—	—	0,72	1,0
4740,22	[A IV]	—	—	—	—	—	0,4	—	0,65	0,5
4861,33	H_β	10	10	10	10	10	10	10	10	10
4958,91	[O III]	0,5	5	14	28	40	39	40	53	29
5006,85	[O III]	1,6	13,9	41	78	84	126	101	128	75

denen beispielsweise der Ringnebel in der Leier gehört, welche nach der Stärke der [O III] und He II Linien zweifellos zu den hochangeregten Nebeln der rechten Hälfte der Tabelle 2 zu zählen sind, bei denen jedoch gleichzeitig das [O II]-Dublett eine Intensität aufweist, die über der des ersten Nebels Anon 18h15m liegt. Das anscheinend besonders widerspruchsvolle Verhalten der [O II]-Linien ist durchaus nicht unverständlich, wenn es auch Schwierigkeiten bereitet, in jedem gegebenen Falle die wirklichen Ursachen klar aufzudecken (s. Ziff. 6).

5. Die Anregung der Nebellinien, die Linien-Intensitäten. Die Art der Anregung der Emissionen in den Nebelgasen wurde schon relativ früh weitgehend klargestellt und zwar in der Hauptsache durch MENZEL[1], ZANSTRA[2] und BOWEN[3]. Der letzte Autor deckte die Ursache dafür auf, weshalb in den Nebelspektren gerade „verbotene" Ionenübergänge so bevorzugt erscheinen, die im Laboratorium nur äußerst schwierig oder auch überhaupt nicht sichtbar gemacht werden können. Die Partikeldichten in den Nebelhüllen sind äußerst gering und schwanken zwischen

---

[1] D. H. MENZEL: Publ. Astr. Soc. Pacific **38**, 295 (1926).
[2] H. ZANSTRA: Astrophys. Journ. **65**, 50 (1927). — Dom. Astrophys. Obs. Publ. **4**, 209 (1931). — Z. Astrophysik **2**, 1 (1931).
[3] I. S. BOWEN: Astrophys. Journ. **67**, 1 (1928); **81**, 1 (1935).

10^2 bis 10^5 Ionen pro cm³ (s. weiter unten Ziff. 7). Wenn, wie dies in den Nebeln der Fall ist, die Besetzung der Quantenniveaus vorwiegend durch Stoßprozesse zwischen Ionen und Elektronen vor sich geht — wobei wir hier die Rekombination eines Ions mit einem freien Elektron ebenfalls als einen Stoßprozeß betrachten — so ergibt sich, daß bei sehr geringen Dichten die Übergangswahrscheinlichkeiten für die Stärke der Ausstrahlung nicht mehr sehr maßgeblich sind. Entscheidend ist dagegen für die Intensität einer Linie, in welcher Anzahl die Ionen in das Ausgangsniveau gebracht werden. Desaktivierung der Niveaus (Stöße zweiter Art) werden bei den geringen Dichten auch für langlebige Terme selten. Wir werden weiter unten die Verhältnisse noch näher auseinandersetzen.

Die Zentralsternstrahlung wird vorwiegend von Wasserstoff und den Heliumionen He I und He II absorbiert und zwar in deren Hauptserien-Grenzkontinua. Die angeregten Terme dieser Ionen wie auch die aller anderen Ionen haben eine zu geringe stationäre Besetzung, um zur Absorption einen Beitrag zu liefern. Da die Temperaturen der Zentralsterne sehr hoch sind, beginnend bei 30000° bis wahrscheinlich 200000°, so liegt die Strahlungsenergie der Sterne zum größten Teil im ferneren Ultraviolett unterhalb der Hauptseriengrenze des H-Atoms (λ 912). Die Energieaufnahme geschieht somit vorwiegend in Verbindung mit einer Ionisation der Ionen H I, He I, He II. Die freien Elektronen zeigen ziemlich unabhängig von der Temperatur des Zentralsternes eine kinetische Temperatur T_ε zwischen 10000° und 18000° (s. Ziff. 7). Die physikalischen Bedingungen in den Hüllen können als stationär betrachtet werden. Die Häufigkeitsverteilung der Elemente in den Nebeln ist zweifellos sehr ähnlich der allgemeinen kosmischen Verteilung, vielleicht damit identisch. Eine zuverlässige quantitative Analyse liegt bisher aber nicht vor und stößt deshalb auf große Schwierigkeiten, weil kein Ionisationsgleichgewicht vorhanden ist.

In erster Näherung kann vorausgesetzt werden, daß für H I, He I und He II die Besetzung der angeregten Quantenniveaus allein durch den Rekombinationsmechanismus vor sich geht. Die Stoßanregung von den Grundtermen aus ist sicherlich bei He I und He II wegen der hohen Lage der Terme bedeutungslos, bei H I kann sie möglicherweise in manchen Fällen noch ins Gewicht fallen, was jedoch noch nicht geklärt ist. Gegen einen merklichen Beitrag von anregenden Elektronenstößen spricht die hohe Ionisation des Wasserstoffs, und es scheint, daß Elektronentemperaturen wesentlich höher als 15000° doch selten sind.

Wie die hohen Intensitäten der verbotenen Linien zustande kommen läßt sich am klarsten wie folgt beschreiben. Wie von Cillié[1], Menzel und Baker[2] gezeigt worden ist, kann die stationäre Besetzung N_n eines Wasserstoffniveaus $n \geq 2$ der Hauptquantenzahl n bei alleiniger Auffüllung durch den Rekombinationsmechanismus mit folgender Formel dargestellt werden:

$$N_n = b_n(T_\varepsilon) \frac{h^3 n^2}{(2\pi m k T_\varepsilon)^{\frac{3}{2}}} e^{\chi_n / k T_\varepsilon} N_i \cdot N_\varepsilon. \tag{5.1}$$

Abgesehen von den geläufigen Konstanten h, m, k gelten die folgenden Bezeichnungen: T_ε Elektronentemperatur, N_i Dichte der Wasserstoffionen, N_ε Dichte der Elektronen, χ_n Ionisationsenergie des Wasserstoffs gerechnet vom Zustand n aus, $b_n(T_\varepsilon)$ ein theoretisch aus den Einfanghäufigkeiten vom Kontinuum $\rightarrow n+i$ ($i=0$, 1, 2) und den Übergangswahrscheinlichkeiten von $n+i \rightarrow n$ zu berechnender Koeffizient. Obige Darstellung ist so gewählt, daß dieselbe für $b_n = 1$

---

[1] C. G. Cillié: Monthly Notices Roy. Astronom. Soc. London **92**, 820 (1932); **96**, 771 (1936).

[2] D. H. Menzel u. J. G. Baker: Astrophys. Journ. **86**, 70 (1937); **88**, 52 (1938).

mit der Saha-Boltzmann-Formel identisch wird. Betreffs der Ableitung von (5.1) und der noch folgenden Formeln sei auf den Artikel „Die Theorie der planetarischen Nebel" Ziff. 1, in diesem Bande verwiesen.

Anders als die Balmer-Terme werden die Ausgangsniveaus der verbotenen Linien praktisch allein durch Elektronenstöße (Stöße erster Art) angeregt. Dieser Unterschied ergibt sich dadurch, daß die verbotenen Linien durchweg kleine Anregungsenergien von nur wenigen eV besitzen, und die Stoßanregung deshalb besonders ergiebig ist. Fassen wir den vereinfachten Fall ins Auge, daß nur ein angeregtes Niveau B vorhanden ist, und dieses vom Grundzustand A des Ions aus gerechnet die Anregungsenergie χ_{AB} haben möge, so ergibt sich für die stationäre Besetzung dieses Niveaus N_B bezogen auf die stationäre Besetzung N_A des Grundzustandes der Ausdruck:

$$N_B = \frac{\omega_B}{\omega_A} \frac{N_A \cdot N_\varepsilon \cdot S_{BA}}{A_{BA} + N_\varepsilon \cdot S_{BA}}\, e^{-\chi_{AB}/k\,T_\varepsilon} \tag{5.2}$$

N_ε bezeichnet die Dichte der freien Elektronen und T_ε die kinetische Temperatur dieser Elektronen. S_{BA} bedeutet die Wahrscheinlichkeit für einen *Stoß zweiter Art*, infolgedessen ein Ion von dem Niveau B in das Niveau A übergeht und zwar für die Dichte $N_\varepsilon = 1$. S_{BA} ist eine Funktion der Elektronentemperatur T_ε und hängt ebenso von der Größe des effektiven Stoßquerschnittes für den Stoßübergang $B \to A$ ab. Formel (5.2) wird sehr einfach aus einer Gleichsetzung der anregenden Stöße von $A \to B$ und der Prozesse gewonnen, die das Niveau B wieder entleeren. Außer den Stößen zweiter Art $(B \to A)$ kommen im zweiten Falle die spontanen Übergänge $(B \to A)$ noch in Betracht, deren Übergangswahrscheinlichkeit mit A_{BA} bezeichnet ist. ω_A und ω_B sind die statistischen Gewichte der Niveaus A und B.

Zweckmäßig unterscheidet man in bezug auf die Dichteabhängigkeit von N_B die 3 Fälle

$$\text{a) } N_\varepsilon S_{BA} \gg A_{BA}, \qquad \text{b) } N_\varepsilon S_{BA} \ll A_{BA}, \qquad \text{c) } N_\varepsilon S_{BA} \approx A_{BA}.$$

Im Falle a) geht (5.2) in die gewöhnliche Boltzmann-Formel über. Bei sonst gleichbleibenden Verhältnissen (Ionisation, T_ε) ist im Dichteintervall a) die relative Besetzung $N_B : N_A$ unabhängig von der Dichte. Fall b) ergibt eine relative Besetzung proportional N_ε. Im Übergangsbereich c) ist die Dichteabhängigkeit komplizierter.

Es ist nun zu beachten, daß wir in den Nebelspektren die Stärke der Ausstrahlung in den verbotenen Linien relativ zu den anderen Linien (insbesondere der H-Linien) beurteilen. Wie die Formel (5.2) sofort erkennen läßt, ist die absolute Ausstrahlung (gerechnet pro vorhandenes Ion) im Falle a), also bei hohen Dichten, am größten. Relativ zur Wasserstoffemission ergibt sich durch Verbindung der Formeln (5.1) und (5.2) die Emissionsstärke einer verbotenen Linie, ausgedrückt in Quanten pro Zeiteinheit, zu:

$$\left.\begin{array}{ll} \text{a)} & \dfrac{N_B A_{BA}}{N_n A_{n2}} = 10^{15,389}\, \dfrac{\omega_B}{\omega_A}\, \dfrac{T_\varepsilon^{\frac{3}{2}} \cdot 10^{-\frac{5040}{T_\varepsilon}(V_B + V_n)}}{b_n \cdot n^2}\, \dfrac{\varkappa\,\xi}{N_\varepsilon}\, \dfrac{A_{BA}}{A_{n2}}, \\[4ex] \text{b)} & \dfrac{N_B \cdot A_{BA}}{N_n A_{n2}} = 10^{15,389}\, \dfrac{\omega_B}{\omega_A}\, \dfrac{T_\varepsilon^{\frac{3}{2}} \cdot 10^{-\frac{5040}{T_\varepsilon}(V_B + V_n)}}{b_n \cdot n^2}\, \dfrac{(\varkappa\,\xi)\, S_{BA}}{A_{n2}}. \end{array}\right\} \tag{5.3}$$

Wir haben in (5.3) $N_i = N_\varepsilon$ gesetzt, da bei vollständiger Ionisation des Wasserstoffs die vorhandenen Elektronen praktisch sämtlich von diesem Atom geliefert werden. Weiterhin ist für N_A dann $N_\varepsilon \varkappa \xi$ geschrieben. ξ bezeichnet die auf Wasserstoff bezogene Häufigkeit des Elementes, welches das Ion A bildet und $\varkappa$ den Bruchteil der Atome dieses Elementes, welcher in der Form des Ions A vorliegt. V_B und V_n entsprechen χ_{AB} und χ_n ausgedrückt in eV.

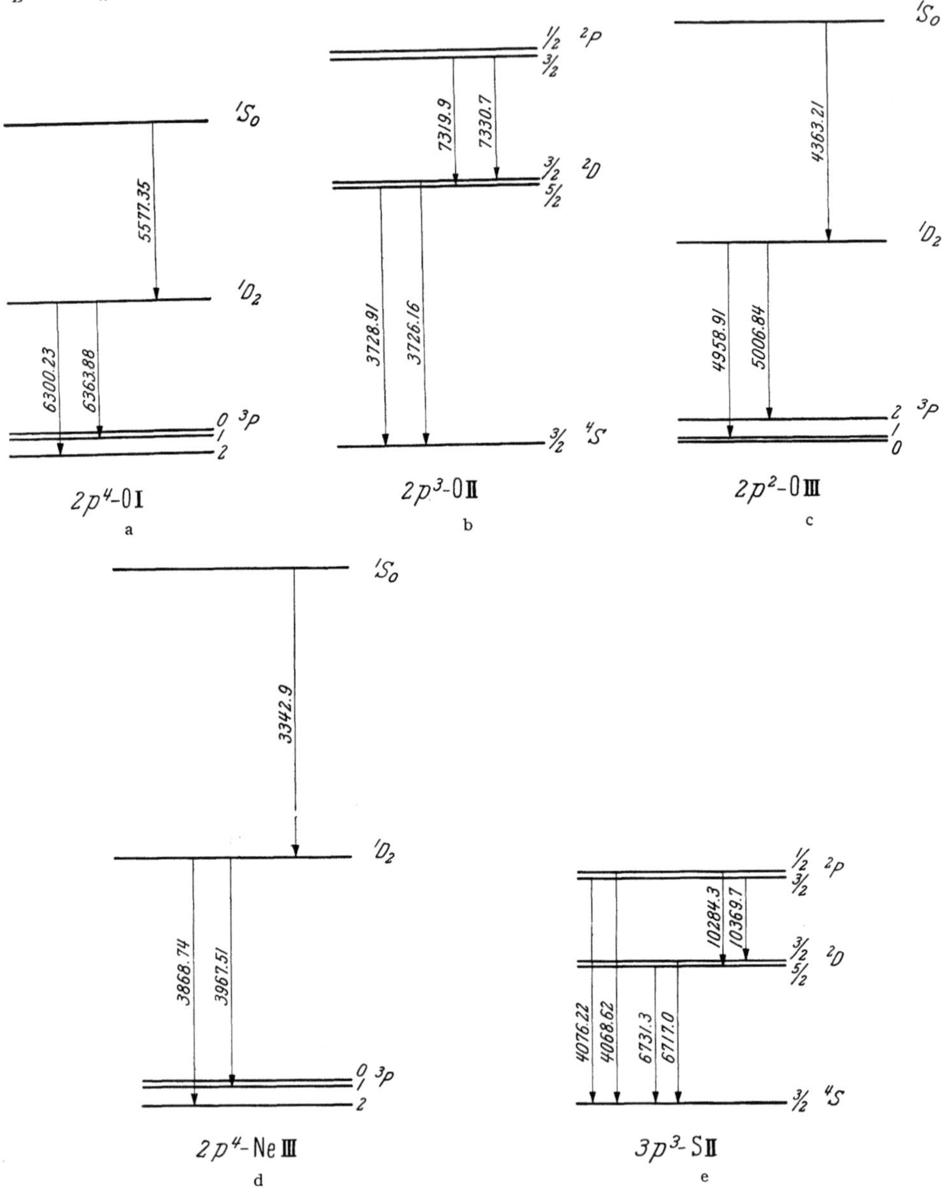

Fig. 7 a—e. Niveau-Diagramme der verbotenen Übergänge der Ionen O I, O II, O III, Ne III und S II.

Die Formeln (5.3 a) und (5.3 b) lassen erkennen, daß das starke Hervortreten der verbotenen Linien bei den geringen Dichten in den Nebeln in Wirklichkeit auf einer starken Verminderung der Ausstrahlung in den normalen Linien beruht. Betreffs weiterer Erläuterungen zur Ausstrahlung in den verbotenen Linien sei auf den Artikel über die Theorie planetarischen Nebel in diesem Bande verwiesen.

6. Weitere Bemerkungen zur Deutung der Linienintensitäten. Die Aufstellung und theoretische Beschreibung eines Nebelmodells, das den wirklichen Verhältnissen einigermaßen gerecht wird, stößt auf ganz beträchtliche Schwierigkeiten. Die quantitative Deutung des Gesamtspektrums eines Nebels kann aber nur an Hand eines quantitativen Modells erfolgen. Die Ausarbeitung solcher Modelle scheitert kurz gesagt daran, daß für die Nebelatmosphären selbst nicht in gröbster Näherung ein thermischer Gleichgewichtszustand postuliert werden kann. Die Beschreibung der Physik der Nebel verlangt deshalb die Verfolgung der Elementarprozesse, die jedoch wegen der Vielzahl der Ionen äußerst kompliziert werden und eine zusammenhängende, quantitative Darstellung unmöglich machen. Die bisher in der Literatur behandelten, stark vereinfachten Modelle eines reinen Wasserstoffnebels und eines Wasserstoff-Helium-Nebels haben sich zwar in mancher Hinsicht durchaus als sehr nützlich erwiesen (s. S. 416 ff.), dieselben können aber verständlicherweise nur wenig zum Verständnis der Gesamtspektren beitragen. Die mittelschweren Atome wie Sauerstoff, Stickstoff und Neon, die mit die stärksten Linien in den Spektren liefern, tauchen in diesen Modellen überhaupt nicht auf.

Die Tatsache, daß jedes Nebelspektrum von einer ganzen Reihe physikalischer Parameter abhängt und verschiedene Parameter einen ganz gleichen Einfluß ausüben können, bringt es mit sich, daß es in vielen Punkten selbst noch an einem qualitativen Verständnis mangelt.

Die in der Tabelle 2 aufgestellte Sequenz steigender Anregung wird man angenähert als eine Anordnung nach steigender Temperatur der anregenden Zentralsterne betrachten können. Es muß aber betont werden, daß diese Temperatursequenz sehr wahrscheinlich nur eine grob statistische Bedeutung hat. Aus mehreren Gründen ist es nicht angängig, von einer höheren Relativintensität der hochangeregten Emissionen ([Ne V], He II, [O III]) ohne weiteres auf eine höhere Zentralsterntemperatur zu schließen. Die Relativintensität der Linien hängt, wie schon bemerkt, außer von der Zentralsterntemperatur weiterhin von der Dichte in der Nebelhülle, sowie von deren Abstand vom Stern ab und schließlich ebenfalls auch noch von der Gesamtmasse des Nebels. Es ist ohne weiteres einzusehen, daß bei sonst gleichbleibenden Verhältnissen die Ionisation in einer Nebelhülle ansteigt, falls die letztere näher an den Zentralstern heranrückt. Der gleiche Effekt, nämlich eine Erhöhung der Ionisation, kann aber ebenfalls durch eine Verminderung der Dichte erzielt werden.

Um einzusehen, daß die relative Stärke der höher angeregten Ionenlinien ebenfalls von der Nebelmasse abhängig ist, hat man sich folgendes klar zu machen. Wie schon bemerkt wurde, ist die Ionisation im Nebel geschichtet, die hohen Ionisationsstufen erscheinen in den inneren Hüllenzonen, die tiefen Stufen am äußeren Rande. Die Ursache dieser Schichtung ist in der Tatsache zu suchen, daß von der in den Nebel eindringenden Sternstrahlung die kürzeren Wellenlängen zunächst stärker absorbiert werden als die längeren, die unmittelbar an die Lyman-Kante des Wasserstoffs anschließen. Die stärkere Absorption der höheren Frequenzen beruht auf der relativ hohen Häufigkeit der Heliumionen He II und He I und deren geringeren Ionisation (vgl. hierzu S. 421 ff.). Die Ionisationsschichtung erweist sich hauptsächlich als eine Folge der hohen kosmischen Häufigkeit des Elementes Helium. Der äußere Rand eines Nebels, soweit dieser durch Lichtemission sichtbar wird, entsteht dort, wo die UV-Sternstrahlung ($\lambda < 912$) durch Absorption vollständig aufgebraucht ist. Wie von B. STRÖMGREN[1] gezeigt worden ist, fällt die H-Ionisation in einem Nebel sehr plötzlich ab, so

---

[1] B. STRÖMGREN: Astrophys. Journ. **89**, 526 (1939).

daß eine relativ scharfe Begrenzung des hellen Nebelteiles entsteht. Die vollständige Ausbildung einer Strömgrenschen Zone setzt aber natürlich voraus, daß eine dazu ausreichende Masse vorhanden ist. Mit anderen Worten, die Nebelhülle muß für die ionisierende Sternstrahlung ($\lambda < 912$) von hoher optischer Dicke sein. Trifft dies nicht zu, so fehlen die Randgebiete, in denen neben den Balmer-Linien die Linien der niedrigen Ionisationsstufen ([O II], [O I], [N II] usw.) emittiert werden. Man kann also erwarten, daß in Nebeln geringerer optischer Dicke die Linien niedriger Anregung eine Schwächung erleiden im Vergleich zu den Linien hoher Anregung. Die häufig zu beobachtende geringe Intensität des [O II]-Dubletts ist sicherlich vielfach auf diesen Effekt zurückzuführen. Für die von Nebel zu Nebel stark schwankende Stärke der [O II]-Linien ergibt sich aber außerdem noch eine zweite Möglichkeit einer Deutung. Die Übergangswahrscheinlichkeiten für die beiden Linien des [O II]-Dubletts sind besonders klein. Das bedeutet, wie man an Hand der oben gegebenen Formeln (5.3) zeigen kann, daß sich für diese Linien erst bei Dichten N_ε der Ordnung 10^3 dieselben günstigen Bedingungen für eine starke Ausstrahlung relativ zur Wasserstoffemission ergeben, wie sie von anderen verbotenen Linien wie beispielsweise dem [O III]-Dublett bereits bei Dichten $N_\varepsilon = 10^4$ erreicht werden. Die relative Intensität des [O II]-Dubletts ist also auch stark dichteabhängig.

Wie sich zeigen läßt[1], [2], kann in einem optisch dicken Nebel die He II-Linie $\lambda 4686$ niemals dieselbe Intensität erreichen wie die Balmer-Linie H_β. Das Intensitätsverhältnis $\Pi = I\,(\text{He II } \lambda 4686) : I\,(H_\beta)$ sollte erst bei einer unendlich hohen Temperatur des anregenden Zentralsternes den Wert 1 erreichen und für $T = 200000°$ noch bei 0,5 liegen. Bei nicht wenigen Nebeln sind jedoch Werte von Π nahe an 1 gemessen worden. Es kann als sicher angenommen werden, daß diese in einer mangelnden optischen Dicke der Nebelhüllen ihre Ursache haben. Zwei besonders auffallende Beispiele dieser Art liefern die beiden Nebel NGC 2022 und NGC 4361, in deren Spektren bezeichnenderweise die niedrigen Anregungsstufen vollständig fehlen oder jedenfalls ganz extrem schwach sind.

7. Die kontinuierlichen Spektren. Die Elektronentemperaturen und Elektronendichten in den Nebelhüllen. Die Balmer-Linien sind in den Spektren der planetarischen Nebel stets sehr kräftig, und die Balmer-Serie läßt sich leicht bis zu höheren Seriengliedern beobachten. Es ist deshalb nicht verwunderlich, daß bei längeren Belichtungszeiten auch das Balmer-Kontinum beobachtbar wird. Der Intensitätsverlauf im Balmer-Kontinuum wird theoretisch durch folgende Formel beschrieben (s. S. 403):

$$\left. \begin{aligned} F_{\varkappa 2}\, h\nu\, d\nu &= N_i N_\varepsilon\, \frac{h\,K\,Z^4}{T_\varepsilon^{\frac{3}{2}}} \cdot \frac{g}{8}\, e^{-\chi_\varkappa / k\,T_\varepsilon}\, d\nu, \\ \chi_\varkappa &= h\,(\nu - \nu_2)\,. \end{aligned} \right\} \tag{7.1}$$

$F_{\varkappa 2}$ bezeichnet die Anzahl der Elektroneneinfänge die bei der Dichte N_i der Protonen und N_ε der Elektronen zur Emission in dem Frequenzbereich ν bis $\nu + d\nu$ führen, wenn die mittlere Geschwindigkeit der Elektronen einer Gleichgewichtstemperatur T_ε entspricht. $\chi_\varkappa$ bedeutet die kinetische Energie der rekombinierenden Elektronen, ν_2 die Frequenz der Balmer-Grenze und Z die Kernladung des Ions. Letztere ist also hier gleich 1. K ist eine Konstante mit dem numerischen Betrage $K = 3,26 \cdot 10^{-6}$. Der Gauntsche Korrektionsfaktor g (vgl. den Artikel von D. Barbier) hat an der Seriengrenze den Wert 0,876, ist aber mit ν veränderlich[2].

---

[1] K. Wurm u. O. Singer: Z. Astrophysik **30**, 153 (1952).

[2] D. H. Menzel u. C. L. Pekeris: Monthly Notices Roy. Astronom. Soc. London **96**, 77 (1936).

Eine photometrische Bestimmung des Intensitätsverlaufs im Balmer-Kontinuum sollte nach (7.1) zur Ermittlung der Elektronentemperatur T_ε in den Nebelhüllen führen. Diese Methode scheitert jedoch leider daran, daß das Balmer-Kontinuum nicht in voller Reinheit beobachtet werden kann. Es existiert nämlich noch ein ausgedehntes Untergrund-Kontinuum anderen Ursprungs, von dem gleich die Rede sein wird. Dieses zweite Kontinuum verzerrt vollständig den Intensitätsabfall im reinen Balmer-Kontinuum.

Die bisher ermittelten Elektronentemperaturen der Nebel sind abgeleitet aus der relativen Intensität ϱ zweier [O III] Übergänge, die eine um 2,83 eV verschiedene Anregungsenergie haben (s. Niveauschema, Fig. 7c). Da die verbotenen Linien durch Elektronenstöße angeregt werden, so muß die relative Intensität der beiden Übergänge — es handelt sich um die [O III]-Linien $\lambda\,5007$, 4959 einerseits und $\lambda\,4363$ anderseits — von der Elektronentemperatur T_ε abhängen.

Der Zusammenhang zwischen dem Intensitätsverhältnis ϱ und T_ε wird dadurch aber nun verwickelt, daß ϱ auch noch von der Elektronendichte N_ε abhängig ist. Wir verzichten darauf, die entsprechenden Formeln hier aufzuführen und verweisen diesbezüglich auf den entsprechenden Abschnitt in der Darstellung der Theorie der Nebel (dieser Band, Ziff. 5, S. 412). Die praktische Anwendung der [O III] Methode führt, wie dort gezeigt wird, auf Elektronentemperaturen die zwischen etwa 8000° und 20000° liegen. Diese Temperaturen sind wesentlich niedriger als die Oberflächentemperaturen der anregenden Sterne, die den Bereich von 30000° bis 200000° einnehmen (s. z.B. Artikel FEHRENBACH und die Ziff. 8 und 9 des Artikels „Theorie der planetarischen Nebel", S. 426ff.). Es ist dies nicht verwunderlich, da T_ε weniger von der Energieverteilung in der anregenden Strahlung sondern im Wesentlichen von der Höhe der Energieverluste abhängt, welche die freien Elektronen im Nebelgas infolge der Linienanregung erleiden. Die Stärke der verbotenen Linien ([O III], [O II], [N II] usw.) im Spektrum zeigt, daß diese Energieverluste eben sehr hoch sind.

Die Elektronendichten N_ε wurden bisher aus der Berechnung der Gesamtemission eines Nebels im Balmer-Kontinuum abgeleitet. Unter der Annahme einer homogenen Dichte und bei Kenntnis des Volumens V des Nebels errechnet sich diese Gesamtemission sofort aus der Formel (7.1). Es genügt, wenn man sich auf die Berechnung und Messung der Ausstrahlung nahe der Balmer-Kante beschränkt, auf die Stelle der höchsten Intensität des Kontinuums, wo das Untergrund-Kontinuum meist noch nicht sehr störend ist. Nach Einsetzung der numerischen Werte der Konstanten kommt man dann auf den Ausdruck:

$$E_\nu\,d\nu = 2{,}37 \cdot 10^{-33} N_i \cdot N_\varepsilon\, T_\varepsilon^{-\frac{3}{2}}\, V\, d\nu. \qquad (7.2)$$

Um aus der scheinbaren Intensität I_ν im Spektrum die absolute Ausstrahlung E_ν und aus dem scheinbaren Durchmesser das wahre Volumen V berechnen zu können, muß natürlich die Distanz des Nebels von der Erde bekannt sein. MENZEL und ALLER[1], welche die vorliegende Methode benutzten, verwenden Distanzen, wie sie von BERMAN[2] publiziert wurden. BERMANs Distanzen basieren im Wesentlichen auf Eigenbewegungen und involvieren die Voraussetzung einer verschwindenden Dispersion in den absoluten Helligkeiten. Die angegebenen individuellen Distanzen sind sicherlich nur wenig genau. Bessere Daten stehen jedoch bis jetzt nicht zur Verfügung. Die von MENZEL und ALLER abgeleiteten N_ε sind vermutlich der Größenordnung nach verläßlich. Dieselben liegen vorwiegend zwischen $N_\varepsilon = 10^3$ und $N_\varepsilon = 10^4$ Elektronen pro cm.

[1] D. H. MENZEL u. L. H. ALLER: Astrophys. Journ. 93, 195 (1941).
[2] L. BERMAN: Lick Obs. Bull. 486 (1937).

In der Tabelle 3 führen wir für einige Nebel die ermittelten N_ε und ebenso T_ε auf, wie sie von ALLER in dessen kürzlich erschienenen Werk über die galaktischen Nebel aufgeführt sind [4].

Kürzlich ist von SEATON[1] darauf hingewiesen worden, daß eine Dichtebestimmung einer Nebelatmosphäre häufig möglich ist auf der Basis der relativen Intentsität der beiden Linien des [O II]-Dubletts $\lambda\lambda\, 3729,\ 3726$. Der Dublettcharakter rührt in diesem Falle von der Zweifachheit des angeregten Termes her. Aus den beiden Spektren, die in Fig. 8 reproduziert sind, wird erkenntlich, daß das Intensitätsverhältnis $\varrho = I\,(\lambda\,3729):I\,(\lambda\,3726)$ veränderlich ist. Diese Veränderlichkeit von ϱ erklärt sich qualitativ in folgender Weise. Bei höheren Elektronendichten [obiger Fall a nach Formel (5.2) sind die beiden Ausgangsniveaus der Linien entsprechend ihren statistischen Gewichten besetzt. Es ergibt sich dann mit den zugehörigen Übergangswahrschein-

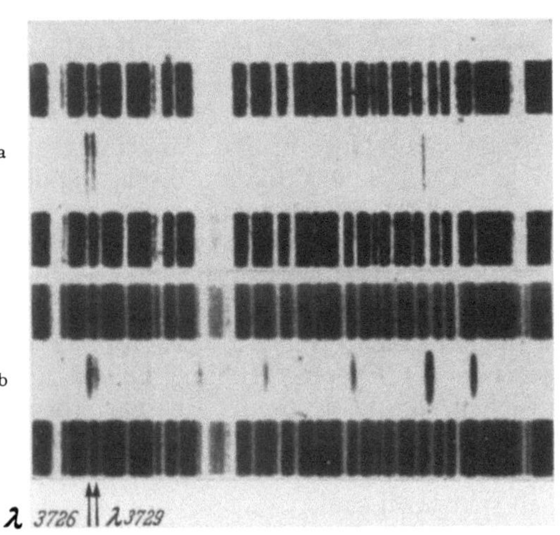

Fig. 8 a u. b. Das [O II] Dublett in NGC 6720 (a) und NGC 6572 (b). (L. ROSINO und G. MANNINO, Observatorium Asiago, Italien.)

Tabelle 3.

Nebel	N_ε	T_ε
IC 418	$10^{4,2}$	18 300
NGC 2392	$10^{3,05}$	19 600
IC 4593	$10^{3,47}$	7 700
NGC 6543	$10^{3,81}$	9 500
NGC 6572	$10^{4,02}$	13 500
NGC 6826	$10^{3,35}$	11 200
NGC 7009	$10^{3,81}$	13 900
NGC 7027	$10^{3,70}$	16 800
NGC 7662	$10^{3,83}$	15 000

lichkeiten ein Wert von $\varrho = 0,47$ wie im thermischen Gleichgewicht. Sind die Elektronendichten sehr niedrig (obiger Fall b), so wird die relative Intensität ϱ gleich dem Verhältnis der Anregungsquerschnitte, das von SEATON zu 1,5 berechnet wurde. In dem Übergangsgebiet von Fall a nach Fall b variert ϱ zwischen den beiden Grenzen. Die Art der Abhängigkeit von N_ε ist durch folgenden Ausdruck gegeben (s. Artikel „Die Theorie der planetarischen Nebel", S. 416):

$$\varrho = \frac{I(3729)}{I(3726)} = 1,5\ \frac{1 + 3.3\,x}{1 + 10.5\,x} \qquad (7.3)$$

mit

$$x = 10^{-2} N_\varepsilon \cdot T_\varepsilon^{-\frac{1}{2}}.$$

Man sieht, daß ϱ neben N_ε auch von T_ε abhängt. Es genügt jedoch, da $x \sim T_\varepsilon^{-\frac{1}{2}}$ wenn T_ε angenähert bekannt ist. Bei einer Elektronentemperatur von 10 000° bis 15 000° wird der Fall a und somit der untere Grenzwert von ϱ bei $N_\varepsilon = 3 \cdot 10^4$ erreicht, der Fall b und damit der obere Grenzwert von ϱ für $N_\varepsilon = 10^2$ (s. Fig. 9). Innerhalb dieses Dichteintervalls gestattet also die Methode eine genauere Ermittlung von N_ε an Hand von exakten photometrischen Daten für die relativen Intensitäten der beiden Dublettlinien. Bis zum Augenblick steht eine quantitative Anwendung noch aus. Nach einer älteren photometrischen Arbeit von ALLER, UFFORD und VAN VLECK[2] kann soviel gesagt werden, daß der größere Teil der erforschten planetarischen Nebel (und zwar sind dies solche mit den höheren

[1] M. J. SEATON: Ann. d'Astrophys. **17**, 296 (1954).
[2] L. H. ALLER, C. W. UFFORD u. J. H. VAN VLECK: Astrophys. Journ. **109**, 42 (1949).

Flächenhelligkeiten) durchweg ein $\varrho \approx 0,5$ zeigt. Zu diesen Objekten gehört auch der Nebel NGC 6572 der Fig. 6. Bei diesen Nebeln hoher Flächenhelligkeiten müssen die Dichten N_ε zwischen $10^{3,8}$ bis $10^{4,4}$ oder darüber liegen. Nach den genannten Autoren hat jedoch IC 4579 ein Verhältnis $\varrho = 0,67$ und NGC 40 zeigt einen noch etwas höheren Wert von 0,84. Für den ersten Nebel sollte N_ε danach bei $10^{3,5}$ liegen und für den zweiten zwischen $10^{3,0}$ und $10^{3,5}$. Bei NGC 6720 findet man ϱ zwischen 0,9 und 1,0 und somit N_ε in der Höhe von 10^3. Die drei zuletzt erwähnten Nebel gehören zu den Objekten geringerer Flächenhelligkeiten.

PAGE[1] entdeckte als erster, daß in den Spektren planetarischer Nebel zwischen $\lambda\,3600$ und $\lambda\,4900$ ein Untergrund-Kontinuum existiert, dessen Intensität in einigen Objekten nahezu 50% der Intensität des Balmer-Kontinuums an der Balmer-Kante erreicht.

SWINGS und STRUVE[2] reproduzieren ein Spektrum von IC 418, welches dieses Kontinuum in auffallender Stärke zeigt, während das von den Autoren gleichzeitig gezeigte Spektrum von IC 2165 bei gleicher Stärke der Emissionslinien das Kontinuum nur schwer erkennen läßt. Der erste Nebel ist ein Objekt niedriger Anregung ohne He II-Linien, IC 2165 zeigt dagegen die He II-Emission $\lambda\,4686$ mit hoher Intensität. Eine allgemeine Korrelation mit der Anregungshöhe scheint für das Kontinuum aber nicht vorzuliegen. Wie spätere Rot- und Infrarotaufnahmen an NGC 7027 gezeigt haben[3], erstreckt sich das Kontinuum weit ins Infrarote. Es ist nicht möglich, dasselbe als frei-frei Strahlung zu deuten, woran man zunächst denken wird, da die Intensität zu hoch ist. Eine Streuung oder Reflexion des Sternlichtes an festen Teilchen steht auch nicht zur Diskussion, da solche Partikel in den Nebelhüllen nicht vorliegen.

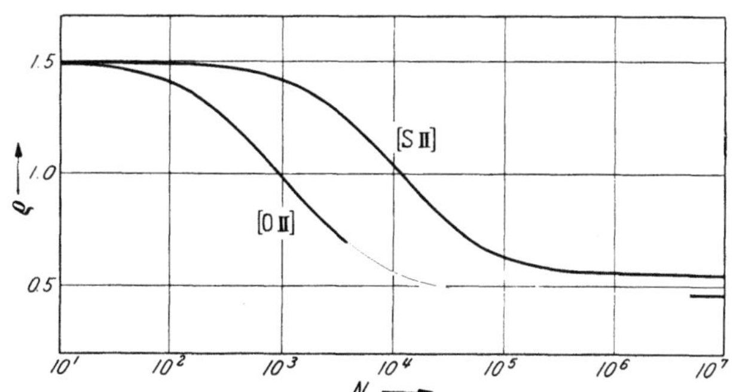

Fig. 9. Dichteabhängigkeit der [O II]- und [S II]-Dublett-Intensitäten.

KIPPER[4] hat dann wohl als erster darauf aufmerksam gemacht, daß nach M. GOEPPERT MAYER[5] eine mit dem metastabilen Übergang H $2s \rightarrow 1s$ im Wasserstoffatom verbundene Ausstrahlung zu einem ausgedehnten Kontinuum führt. Aus dem $2s$-Zustand kann das Wasserstoff-Elektron in den Grundzustand $1s$ mit einer Übergangswahrscheinlichkeit $A = 8,23$ übergehen, wobei dann jedoch stets gleichzeitig zwei Quanten ausgestrahlt werden. Die Summe der Energie der beiden Photonen ist gleich der Energie eines Ly α Photons. Das virtuelle Niveau, das die Aufteilung bestimmt, kann irgendwo zwischen $1s$ und $2s$ liegen.

BREIT und TELLER[6] und vor allem SPITZER und GREENSTEIN[7] haben die Bedingungen der Zwei-Photonen-Ausstrahlung quantitativ untersucht. Nach SPITZER und GREENSTEIN ist die Energieverteilung der Art, daß vom Infraroten

[1] T. PAGE: Astrophys. Journ. **96**, 78 (1942).
[2] P. SWINGS u. O. STRUVE: Astrophys. Journ. **96**, 311 (1942).
[3] L. H. ALLER u. R. MINKOWSKI: Publ. Astr. Soc. Pacific **58**, 258 (1946).
[4] A. J. KIPPER: On the development of science in Easton S.S.R. 1950, Tallin 1950. — Tartu Astr. Obs. Publ. **32**, 63 (1952).
[5] M. GOEPPERT MAYER: Ann. d. Phys. **9**, 273 (1931).
[6] G. BREIT u. E. TELLER: Astrophys. Journ. **91**, 215 (1940).
[7] L. SPITZER u. J. GREENSTEIN: Astrophys. Journ. **114**, 407 (1951).

ausgehend nach kürzeren Wellenlängen hin ein Anstieg der Intensität bis $\lambda\,2430$ erfolgt; von dieser Stelle bis zur Frequenz von Ly α sinkt die Intensität wieder ab.

Der wirkliche Betrag der Zwei-Quanten-Emission in einem Nebel ist nicht leicht zu bestimmen und hängt von mehreren Faktoren ab. Wenn der Wasserstoff hoch ionisiert ist, wie das für die planetarischen Nebel sicher meist für die ganze Nebelhülle zutrifft, so können die H-Atome in den $2s$-Zustand vorwiegend durch den Rekombinationsprozeß gelangen, entweder direkt oder über Kaskadensprünge. Da die Lebensdauer des Zustandes etwa $\frac{1}{8}$ sec beträgt, also relativ lang ist, so besteht außer bei sehr niedrigen Dichten die Gefahr, daß vor Ablauf dieser Zeit das Atom durch einen Elektronenstoß aus dem $2s$-Zustand in den dicht benachbarten $2p$-Zustand gebracht wird. Dieser Stoßübergang besitzt gegenüber allen anderen möglichen Übergängen die größte Wahrscheinlichkeit. Nach Sptizer und Greenstein führen im ungestörten Zustand 32% der Rekombinationen in das Niveau $2s$. Die Berücksichtigung von störenden Elektronenstößen ergibt einen verminderten Bruchteil X, der angenähert durch folgenden Ausdruck bestimmt ist:

$$X = \frac{0,32}{1 + 8,2 \cdot 10^{-6}\,N_\varepsilon}. \tag{7.4}$$

Da in den planetarischen Nebelhüllen N_ε fast immer unter dem Werte 10^5 liegt, so wird von den Autoren geschlossen, daß desaktivierende Stöße in diesem Falle vernachlässigt werden können.

Trifft diese letzte Annahme zu, so zeigt sich trotzdem, daß die stärkeren Untergrund-Kontinua noch nicht erklärt werden können. Die Ausstrahlung ist im Vergleich zum Balmer-Kontinuum noch um etwa einen Faktor 3 zu schwach. Spitzer und Greenstein ziehen deshalb außer der Rekombinations-Besetzung des $2s$-Termes noch eine zweite in Betracht, nämlich die Überführung von H-Atomen aus dem $2p$-Niveau in das $2s$-Niveau infolge von Elektronenstößen. Der Rekombinationsprozeß führt unmittelbar zu einer weit zu geringen stationären Besetzung des $2p$-Niveaus, als daß der ins Auge gefaßte Vorgang im Anschluß an den Rekombinationsvorgang von Bedeutung sein könnte. Die Lebensdauer des $2p$-Zustandes mit $\tau \approx 10^{-8}$ sec ist zu kurz. Es muß jedoch beachtet werden, daß im Nebel eine äußerst intensive Ly α-Strahlungsdichte entsteht, da die mittlere freie Weglänge eines Ly α-Quantes in den Randpartien des Nebels, wo die Ionisation des Wasserstoffs absinkt, sehr klein ist infolge des hohen Absorptionskoeffizienten für Ly α. Es besteht somit die Möglichkeit, daß in den äußeren Partien eines optisch dicken Nebels eine hohe stationäre Besetzung des $2p$-Niveaus entsteht, und eine Auffüllung des $2s$-Niveaus durch Stoßübergänge aus dem $2p$-Niveau vor sich geht. Spitzer und Greenstein zeigen, daß unter Umständen auf diesem Wege die Besetzung des $2s$-Termes und damit die Zwei-Photonen-Ausstrahlung um einen Faktor zwei bis drei erhöht werden kann.

Obwohl wir hier der Besprechung der Zwei-Photonen-Ausstrahlung einigen Raum geopfert haben so muß doch erwähnt werden, daß es durchaus noch fraglich bleibt, ob diese Strahlung wirklich für das Untergrund-Kontinuum verantwortlich zu machen ist. Auf einige Publikationen von Seaton[1] zu diesem Thema, in denen einige Modifikationen der Spitzer-Greensteinschen Gedanken vorgeschlagen werden, können wir nur ohne weitere Besprechung hinweisen.

8. Die Aufspaltung der Nebellinien, Expansion der Nebelhüllen, interne Bewegungen. Campbell und Moore[2] entdeckten schon vor mehr als 30 Jahren bei manchen Nebeln bei Aufnahmen größerer Dispersion eine Aufspaltung der Nebellinien. Eine systematische Untersuchung dieses Effektes mit moderneren

---

[1] M. J. Seaton: Liège Sympos. 1954, S. 462.
[2] W. W. Campbell u. J. H. Moore: Lick Publ. **13**, Teil IV.

Mitteln ist vor einiger Zeit von O. C. WILSON[1] durchgeführt worden. Der Autor benutzte zu seinen Spektralaufnahmen den 100 inch-Reflektor des Mt. Wilson Observatoriums in Verbindung mit einem Gitterspektrographen, welcher eine Dispersion von 10 Å/mm lieferte.

Die von dem Autor aus der Ausmessung der Spektren gewonnenen Daten sind in der Tabelle 4 zusammengestellt. Die Aufspaltungen sind als Doppler-Effekte gedeutet und im km/sec aufgeführt.

Es besteht seit langem darin eine allgemeine Übereinstimmung der Meinungen daß die Aufspaltungen wirklich als Doppler-Effekte herrührend von einer Expansion der Nebelhüllen aufzufassen sind. Eine Aufspaltung unter dem Einfluß elektrischer Felder oder Linien-Umkehreffekte kommen nicht in Frage.

Wie die Tabelle zeigt, sind die Expansionsgeschwindigkeiten durchaus nicht immer für alle Ionen eines Nebels gleich. WILSON erwähnt, daß folgende allgemeine Regel durch die erlangten Daten angedeutet ist: *Falls Differenzen in der Größe der Aufspaltungen existieren, so zeigen die hochangeregten Ionen eine kleinere und die gering angeregten Ionen eine größere Aufspaltung als die* [O III]- *und* [Ne III]-*Linien.* Es liegt zu dieser Regel aber eine stets geltende Ausnahme vor: *die Wasserstofflinien, welche eine geringere Anregungsenergie verlangen als die* [N II]- *und* [O II]-*Linien, stimmen in dem Betrage der Aufspaltung mit den* [O III]- *und* [Ne III]-*Linien überein.*

Besonders beachtenswert ist dann noch folgende Bemerkung des Autors. Abgesehen von den Aufspaltungen selbst werden die Emissionen in den Spektrogrammen als scharfe Linien gefunden. Die gemessenen Linienbreiten liegen noch über den wahren Linienbreiten und sind wesentlich durch die Körnigkeit der Plattenemulsion bestimmt. Es wird geschlossen, daß die gefundene Linienschärfe sowohl stärkere turbulente Bewegungen sowie auch stärkere Geschwindigkeits-Gradienten innerhalb der Zonen individueller Linien ausschließt.

Die Wilsonschen Beobachtungen sind sehr wahrscheinlich in folgender Weise zu deuten [2]. Betrachten wir zunächst das Verhalten der Wasserstofflinien im Vergleich zu den anderen Emissionen. Das Wasserstoffatom ist dadurch ausgezeichnet, daß es nur einmal ionisiert werden kann, und es treten die Balmer-Linien deshalb in allen Teilen des Nebels auf. Die anderen Ionen wie O II, O III, Ne III und Ne V nehmen dagegen nur Teilvolumina ein. Wenn eine differentielle Expansion in einer Hülle vorliegt, so kann es somit nicht überraschen, daß die Balmer-Linien diffuser erscheinen als die Linien der anderen Ionen. Die Übereinstimmung der Lage der Schwerpunkte der Balmer-Linien mit den Wellenlängen der [O III]- und [Ne III]-Linien (die übrigens, wie wir gleich sehen werden, nicht ohne Ausnahme ist) wird folgendermaßen verständlich. In der Mehrzahl der Nebel haben die [O III]-Linien eine herausfallend hohe Intensität. Es sprechen verschiedene Gründe dafür, daß bei den Objekten, für die dieses zutrifft, das Gebiet der [O III]-Ionen den größeren Teil der gesamten Nebelmasse umfaßt, und die hohe Intensität der [O III]-Linien, wenn auch nicht gänzlich, so doch teilweise auf diesen Umstand zurückzuführen ist. Die Balmer-Emission stammt dementsprechend hauptsächlich aus denselben Nebelgebieten wie die [O III]-Emission. Nach dieser Deutung der gleichen Expansionsgeschwindigkeiten der H- und [O III]-Linien wäre zu erwarten, daß bei Nebeln mit einer geringeren mittleren Ionisation (schwächere [O III]-Linien) die H-Geschwindigkeiten nicht mehr mit den [O III]-Geschwindigkeiten übereinstimmen sondern mit denen einer geringeren Ionisationsstufe. Die Daten für die beiden Nebeln niedriger Anregung am Ende der Tabelle 4 sind nicht ausreichend, um diese Erwartung

---

[1] O. C. WILSON: Astrophys. Journ. **111**, 279 (1950).

Tabelle 4. *Linienaufspaltungen in den Spektren planetarischer Nebel nach O. C. Wilson* [Astrophys. Journ. **111**, 279 (1950)].

Nebel NGC, IC	Anregung	Form	[O I] 0,0	[S II] 10,3	H 13,5	[O II] 13,6	[N II] 14,5	He I 24,5	N III 29,5	[O III] 35,0	O III 35,0	[A IV] 40,8	[Ne III] 40,9	He II 54,2	[Ne V] 96	H [Ne III] [O III]	Mittlerer Fehler
II 2165	hoch	R								40,0			39,9		0	40,0	1,7
2392		DR				106,0				105,3			113,9		0	107,3	11,4
2440		irr.				65,6				44,6			44,8		0	44,6	2,0
3242		DR			40,8					39,6	32,5	35,6	39,0	33,6		39,8	1,6
6741		R ?				44,2	42,1			41,6			41,0		0	41,4	3,3
6818		R			55,5	60,2				56,2			58,0	42,4	32,6	56,5	1,8
6886		a			34,4	45,3				32,8			40,6		0	37,1	1,4
7009		R			42,1	40,9		44,1	41,1	41,1	32,9	39,7	38,7	35,8	0	41,2	1,5
7027		irr.	45,5	42,7	42,4	47,2	41,6			40,9	41,4		44,7	39,6	38,2	42,7	2,8
7662		DR			51,9	58,0			47,7	52,7	50,6	46,0	51,8	46,1	38,6	52,2	1,5
I 351	mittel	?								29,0						29,0	0,2
1535		DR								40,0			39,0			39,5	0,3
J 320		?											34,6			34,6	
II 2149		a				40,3									0		2,7
J 900						50,4	45,0			35,8			35,2			35,4	0,8
II 4593		a													0		
6210		a			42,1	71,1	71,1	38,3		42,8			41,6			42,2	1,6
II 4634		a								29,8			28,6			29,6	1,0
6567		a			35,6		71,5			36,9			29,8			35,8	2,6
6572		a	32,0	31,0		33,7	29,5										2,5
6720		R											60,0			60,0	
6803							40,1			29,0			26,6			28,0	0,6
6884					45,6					45,5			42,0			44,9	1,7
7026		irr.			81,7											81,7	
I 418	niedrig	R	49,9	34,7	(0) ?	(0) ?	(0) ?	(0) ?		(0) ?			(0) ?				
BD + 30° 3639		R		43,2	52,8	59,6	51,9									52,8	4,3

Anmerkung. Die Formen der Nebel sind angezeigt durch R = Ringnebel, DR = Doppelringnebel, irr. = irregulär und a = amorph. Die Zahlen unterhalb der Ionenbezeichnungen bedeuten Ionisationspotentiale. Die Werte der vorletzten Kolumne sind Mittelwerte von H, [Ne III] und [O III]. Die letzte Kolumne enthält die mittleren Fehler der Messungen, die sich für jede Linie meist auf mehrere Platten stützen.

prüfen zu können. O. C. Wilson hat jedoch in einer späteren Untersuchung[1] das Spektrum von IC 418 nochmals mit größerer Auflösung photographiert und bei dieser Gelegenheit auch gleichzeitig spaltlose Spektrogramme des Nebels aufgenommen. Das Studium dieses Materials führt den Autor dann wirklich zu dem Schluß, daß das Hauptgebiet der H-Emission bei IC 418 nicht mit dem Emissionsgebiet der [O III]- und [Ne III]-Linien zusammenfällt sondern mit dem der [O II]- und [N II]-Linien.

Es kann mit ziemlicher Sicherheit angenommen werden, daß die differentielle Expansion in den Nebelhüllen durch den Strahlungsdruck hervorgerufen wird. Bei nicht zu kleinen optischen Dicken der Hüllen für die kontinuierliche Sternstrahlung entsteht durch die Degradation dieser Strahlung am Wasserstoff eine intensive Ly α-Strahlung. Wegen des hohen Absorptionskoeffizienten für Ly α ist die freie Weglänge der Ly α-Photonen sehr klein im Verhältnis zu der Dicke einer Hülle, und jedes Ly α-Photon irrt sehr lange in der Hülle umher bis es Gelegenheit findet, diese endgültig zu verlassen. Das Problem des Ly α-Strahlungsstroms in einer Nebelhülle ist inzwischen von einer ganzen Reihe von Autoren[2] aufgegriffen und behandelt worden. Dasselbe erweist sich selbst unter idealisierten Verhältnissen immer noch als äußerst verwickelt, und wir müssen davon Abstand nehmen, auf die diesbezüglichen Arbeiten näher einzugehen.

9. Die anregenden Zentralsterne der planetarischen Nebel. Es macht beträchtliche Schwierigkeiten, genauere Daten über die Zustandsgrößen (Temperaturen, Massen, Radien) der planetarischen Nebelkerne in Erfahrung zu bringen. Es ist bisher weder gelungen individuelle Distanzen noch auch befriedigend genaue Oberflächentemperaturen zu sichern, obwohl in der Kenntnis der Spektren innerhalb der letzten zwei Jahrzehnte große Fortschritte erzielt werden konnten. Es handelt sich bei den Nebelkernen durchweg um frühe Spektraltypen, die an der Spitze der Temperatursequenz der Sterne liegen. Das Temperaturintervall, das von ihnen eingenommen wird, erstreckt sich wahrscheinlich von 30000° bis zu nahezu 200000°. Über die Spitzentemperaturen gehen die Meinungen allerdings noch auseinander.

Wie schon oben bemerkt wurde, sind die Zentralsterne der planetarischen Nebel Mitglieder der Sternpopulation II (nach Baade). Die frühesten Sterntypen der Sternpopulation I werden gebildet von der Spektralklasse O (mit den Unterklassen $O\,5$ bis $O\,9$) und den Wolf-Rayet-Sternen. Während die Klasse O solche Objekte umfaßt, die im wesentlichen noch ein reines Absorptionsspektrum zeigen, ist für die WR Sterne das Vorhandensein von starken und breiten Linien-Emissionen das wichtigste Klassifikations-Merkmal. Die Klassen O und WR sind in der Natur nicht scharf voneinander getrennt, es besteht zwischen ihnen ein kontinuierlicher Übergang. Die existierenden Zwischenglieder, bei denen zum Teil das Absorptionsspektrum, zum anderen Teil das Emissionsspektrum stärkere Ausprägung findet, werden neuerdings allgemein als $O\,f$ Sterne klassifiziert. Die frühen Typen der Sternpopulation I (O, $O\,f$, WR) werden in Sternsystemen dort gefunden, wo der interstellare Raum durch Gas- und Staubmassen ausgefüllt ist (Spiralarme). Soweit sie in näherem Kontakt mit interstellaren Gas- und Staubwolken sind, bringen sie diese in ihrer näheren Umgebung zum Leuchten und schaffen auf diese Weise die weit verbreitete Erscheinung der diffusen Nebel. Der bekannteste diffuse Nebel in der Milchstraße ist der Orionnebel, der recht hell ist

---

[1] O. C. Wilson: Astrophys. Journ. **264** (1953).
[2] H. Zanstra: Monthly Notices Roy. Astronom. Soc. London **93**, 131 (1933); **95**, 84 (1934). — Bull. Astr. Inst. Netherl. **11**, 1 (1949); **11**, 359 (1951). — S. Chandrashekar: Astrophys. Journ. **102**, 402 (1945). — Shotaro Miamoto: Publ. Astronom. Soc. Japan **2**, 23 (1950). — Wasaburo Unno: Publ. Astronom. Soc. Japan **3**, 158 (1951). — T. Saigusa: Publ. Astronom. Soc. Japan **4**, 16 (1952).

und durch einen $O\,6$ Stern aus der engen Sterngruppe des Trapezes zum Leuchten gebracht wird. Die als Trapez bezeichnete Sterngruppe liegt ungefähr im Zentrum des Nebels. Die Temperaturen der O, Of und WR Sterne der Population I sind auch noch nicht genau bekannt. Die weniger heißen Typen dieser Klassen haben Oberflächentemperaturen in der Höhe von 30000° bis 35000°. Für die frühesten Typen ($O\,5$, $O\,f\,5$, WR 5) nehmen einige Autoren 70000° bis 80000° an während andere Werte von nur 40000° bis 45000° bevorzugen. Nach der Zusammensetzung der Spektren sind die Zentralsterne der planetarischen Nebel größtenteils ebenfalls als O, Of, oder WR Sterne zu klassifizieren. Darüber hinaus existiert aber noch eine Gruppe, die man nicht in diesen Klassen unterbringen kann, da sie weder Absorptions- noch Emissionslinien zeigen sondern nur ein reines Kontinuum. Zu diesen letzten gehört beispielsweise der Zentralstern des Ringnebels in der Leier, NGC 6720. Es kann kein Zweifel darüber bestehen, daß die absoluten photographischen Leuchtkräfte der Nebelkerne wesentlich niedriger sind als die der heißen Sterne der Population I. Die neueren Kenntnisse über die Zusammensetzung der Spektren der Nebelkerne verdanken wir vorwiegend den Arbeiten von SWINGS und STRUVE[1], ALLER[2], O. C. WILSON[3] und SWINGS und SWENSSON[4]. Zur näheren Orientierung über die gemessenen Absorptions- und Emissionslinien in den Spektren müssen wir auf diese Arbeiten verweisen.

ALLER[2] und O. C. WILSON und ALLER[5] haben für eine Reihe der helleren Nebelkerne eine Spektralphotometrie durchgeführt und Äquivalentbreiten der Absorptionslinien gemessen. Auf der Basis dieser Daten bestimmen die Autoren das Ionisationsgleichgewicht und Anregungstemperaturen. Letztere sind in der nebenstehenden Tabelle 5 für die bearbeiteten Sterne aufgeführt.

Das Temperaturproblem der Zentralsterne ist äußerst verwickelt. Nach einem Vorschlag von ZANSTRA[6] muß es möglich sein, angenäherte Werte der Temperaturen der Nebelkerne aus der Intensität und der Zusammensetzung der Nebelspektren zu gewinnen. Die Anwendung der Zanstraschen Methode erfordert eine genauere, quantitative Einsicht in die Prozesse des Strahlungsumsatzes in den Nebelhüllen. Aus diesem Grunde ist ihre Darlegung in den Artikel über die Theorie der planetarischen Nebel aufgenommen worden. Wie dort gezeigt wird, sind die in der Tabelle 5 den Zentralsternen der aufgeführten Nebel zugeordneten Temperaturen schwerlich mit der Ionisation und Anregung in den Nebelhüllen in Einklang zu bringen.

Tabelle 5.

Nebel	Spektral-klasse	Anregungs-temperaturen
IC 418	$O\,7$	33 200°
IC 2149	$O\,7{,}5$	32 500°
NGC 2392	$O\,6$	34 500°
IC 4593	$O\,7$	33 400°
NGC 6210	$O\,7$	32 900°
NGC 6543	$O\,7$	33 000°
NGC 6826	$O\,6$	34 600°
NGC 6891	$O\,7$	32 900°

Literatur.

[1] VORONTSOV-VELYAMINOV, B.: Gasnebel und Neue Sterne. Berlin: Verlag Kultur und Fortschritt 1953. (Originalausgabe, russisch, 1948.)
[2] WURM, K.: Die planetarischen Nebel. Berlin: Akademie-Verlag 1951.
[3] DUFAY, J.: Nébuleuses Galactiques et Matière Interstellaire. Paris: Albin Michel 1954.
[4] ALLER, L. H.: Gaseous Nebulae. New York: John Wiley & Sons Inc. 1956.

[1] P. SWINGS u. O. STRUVE: Proc. Nat. Acad. Sci. U.S.A. **26**, 548 (1940); **27**, 225 (1941). — Astrophys. Journ. **91**, 546 (1940); **92**, 289 (1940); **93**, 362 (1941); **97**, 205 (1943).
[2] L. H. ALLER: Astrophys. Journ. **108**, 462 (1948).
[3] O. C. WILSON: Astrophys. Journ. **108**, 201 (1948).
[4] P. SWINGS u. J. W. SWENSSON: Ann. d'Astrophys. **15**, 290 (1952).
[5] O. C. WILSON u. ALLER: Astrophys. Journ. **119**, 243 (1954).
[6] H. ZANSTRA: Astrophys. Journ. **65**, 50 (1927). — Dom. Astrophys. Obs. Publ. **4**, 209 (1931). — Z. Astrophysik **2**, 1 (1931).

The Spectra of the White Dwarfs.

By

JESSE L. GREENSTEIN.

With 12 Figures.

I. Introduction.

1. Current situation. The discovery that stars of low luminosity existed, with masses near that of the sun and radii near that of the earth, was one of the major surprises of astrophysics [1]. After an early period of observation, an extremely successful and complete theory of their structure was developed [2]. These stars are faint both intrinsically and by apparent magnitude, and detailed investigation of their spectra, colors, parallaxes and masses have been few and difficult. The highly efficient spectrographic equipment of the 200-inch Hale reflector on Palomar Mountain has made possible, for the first time, detailed spectroscopic studies of a large number of these objects; in fact, the majority of suspected or known northern white dwarfs can now be observed. In addition, the growth of photoelectric techniques has provided accurate colors, and soon will provide correlations between colors, luminosities and spectra. Theoretical development in model stellar atmospheres, in the theory of line broadening, and more data on parallaxes are badly needed. Nevertheless we now approach a period in which interpretation of white-dwarf spectra in terms of composition will become profitable.

2. Theoretical expectations. From the current theory of stellar evolution, energy generation and element synthesis, certain general predictions can be made. The white dwarfs can be the remnants of those old stars of Population II which had masses greater than about $1.4\,\mathfrak{M}_\odot$, or remnants of more massive and younger stars of Population I, which because of greater luminosity have also reached the end of their nuclear energy supply. The success of the theory of interior structure of white dwarfs is such that we expect[1] their masses to be less than $1.25\,\mathfrak{M}_\odot$, their interiors to be devoid of hydrogen [3] i. e. $\mu_e = 2$. Their compositions may be abnormally rich in heavy elements ($A \geq 4$), but because of high surface gravity, residual hydrogen may be squeezed to the surface [3]. There may be no energy generation in white dwarfs, because of the nearly complete absence of hydrogen; in that case we expect the white dwarfs to cool off at a rate inversely proportional to their luminosity, so that the redder white dwarfs will be very old stars [4]. Differences in composition are to be expected, and with the enormous surface gravity, the spectra observed will be very unlike those of normal stars. For an average white dwarf the mass and radius we shall derive gives the Einstein red-shift of the lines as about 20 km/sec; the velocity of escape is near 4000 km/sec, acceleration due to gravity near 10^8 cm/sec², mean density about $3,5 \times 10^5$ gm/cm³, central density $2,6 \times 10^6$ gm/cm³ (i.e. 40 tons per cubic inch).

---

[1] M. RUDKJÖBING: Publ. Kobenhavns Obs. **1952**, No. 160.

Table 1. *Data on well-observed white dwarfs.*

(1) No.	(2) Star	(3) R.A. 1950	(4) Dec.	(5) μ''/a	(6) p''	(7) V	(8) $B\text{-}V$	(9) $U\text{-}B$	(10) $M_\bullet$	(11) M'_v	(12) Source	(13) Type	(14) $W(H\gamma)$ Å	(15) Remarks on Spectra	(16) Other Remarks
1	W 1	$0^h\,11^m.1$	$+0°03'$	0.41		$15^m.31$	$+0^m.24$	$-0^m.58$		13.1	K	DA	—	FeI, (MgI) K 25.1, H 20.2, Shell Var. Vel. No Hyd.	18 Å/mm = W 28
2	L 1011−71	33.1	$+1\ 37$	0.41		15.52	$+0.24$	-0.68		13.2	L	DA6			
3	V Ma 2	46.5	$+5\ 10$	3.02	0.236	12.36	$+0.56$	$+0.04$	14.23	14.2	G	DG	—		
4	L 796−10	53.3	$-11\ 45$	0.47		15.26	$+0.35$	-0.50		13.3	L	DA7	—	λλ 4135, 4670 weak or absent. No Hyd.	= L 798 − 11
5	W 1516	$1^h\,15.4$	$+15\ 56$	0.65		13.84	$+0.12$	-0.78		12.8	G	DC			
6	R 548	33.7	$-11\ 36$	0.44		14.13	$+0.19$	-0.53		12.4	L	DA3			
7	L 870−2	35.4	$-5\ 14$	0.67		12.84	$+0.34$	-0.50		12.1	G	DAs	6.0		cpm dm
8	Oxf. +25°6725	$2^h\,05.9$	$+25\ 00$	0.43		13.20	-0.02	-0.84	(9.47)	11.7	Ly	DA	[36]		
9	h Per 1166	14.0	$+56\ 53$	0.16	0.015:	13.60	-0.10	-0.91		10.0	K	DA			
10	L 587−77 A	$3^h\,26.8$	$-27\ 34$	0.80	(0.045)	(13.6)	(+0.3)	-0.52	(11.87)	12.3	L	DA4s			
11	W 219	41.6	$+18\ 18$	1.25	0.068	15.20	$+0.30$	-0.67	14.52	14.6	G	Dp		λ 4670 band	Hyades
12	HZ 4	52.5	$+9\ 37$	0.15	0.027	14.47	$+0.15$		11.63	11.4	H	DA			Hyades
13	HZ 10	$4^h\,07.3$	$+17\ 54$	(0.10)		14.14	$+0.17$	-0.58		10.1:	L	DA4	(21.1)		Hyades
14	HZ 2	10.1	$+11\ 45$	(0.10)		13.86	-0.05	-0.88		9.9:	G	DA	31.3		Hyades
15	40 Eri B	13.0	$-7\ 44$	4.08	0.200	9.50	$+0.03$	-0.70	11.01	11.0	G	DA			18 Å/mm. In triple system dG 5 dM 6
16	V R 7	21.0	$+16\ 14$	0.116	0.024	14.29	-0.02	-0.84	11.19	11.2	Ly	DA	[32]		Hyades
17	V R 16	25.7	$+16\ 52$	0.116	0.027	14.02	-0.09	-0.97	11.18	11.2	Ly	DAe	[25]	Composite? Vel. Var.? Ca II, Si I, Hyd. emission complex.	Hyades = L 1239 − 16
18	HZ 9	29.4	$+17\ 38$	0.116	0.027	13.95	$+0.33$	-0.69	11.11	11.1	G	DA	30.2		Hyades
19	HZ 7	31.0	$+12\ 35$	0.116	0.027	14.18	-0.03	-0.89	11.34	11.3	H	DA	(19.8)		Hyades
20	HZ 14	38.2	$+10\ 53$	0.10	0.027	13.83	-0.15	-1.04	10.99	11.0	G	DA	17.5		Hyades
21	L 1244−26	$6^h\,12.4$	$+17\ 45$	0.36		13.40	-0.15	-0.98		11.5	G	DA			
22	SA 26−82	39.6	$+44\ 43$	0.047		16.70	-0.05	-0.95	(11.38)	10.8	K	DA			
23	α C Ma B	43.0	$-16\ 39$	1.32	0.376	(8.5)				(11.4)	A	DA:			Observation difficult.
24	He 3	44.3	$+37\ 36$	0.95	0.059	12.03	-0.06	-0.90	10.88	11.3	G	DA	28.8		= L 1534 − 1
25	α C Mi B	$7^h\,36.7$	$+5\ 21$	1.25	0.294	(10.8)	+0.32:	-0.63:	(13.14)	(13.1)	G	DF	—	K 4.2, H 2.7. No Hyd.	Observation impossible
26	L 745−46 A	38.0	$-17\ 17$	1.26	0.164	13.04:	(+0.5:)		14.12	14.0					cpm dm
27	L 97−12	52.8	$-67\ 38$	2.05	0.170	(14.5)			(15.65)	15.7					
28	L 817−13	52.8	$-14\ 38$	0.32		13.56	-0.02	-0.79	(11.74)	11.4	L	DA4	15.6	K 0.7	
29	L 532−81	$8^h\,39.7$	$-32\ 47$	1.69	(0.102)	(11.7)	(+0.05)			12.1	G	DAs			= CoD −32° 5613; Optical double
30	LDS 235 B	45.3	$-18\ 48$	0.13	(0.013)	(14.6)	(−0.4:)		(10.16)	(10.4)	L	DA:			Double white dwarf
31	LDS 275 AB	$9^h\,35.0$	$-37\ 07$	0.35		(14.3)	(+0.2)			12.2	G	DC			
32	SA 29−130	43.5	$+44\ 08$	0.29	0.037	13.32	$+0.07$	-0.54	11.16	11.2	G	DA	39.3		
33	L 825−14	$10^h\,31.4$	$-11\ 29$	0.33		(12.7)	(0.0)			10.9	G	DA	(17.1)	K 0.9	
34	L 898−25	55.1	$-7\ 15$	0.80		(14.3)	(+0.04)			13.4	L	DA	(35.1)	KUIPER, DC	cpm dM
35	L 970−30	$11^h\,05.5$	$-4\ 53$	0.42		(12.7)	(−0.3)			11.3	G	DA			
36	L 971−14	15.8	$-2\ 58$	0.54		(15.0)	(−0.13)			13.3	G	DC	—		
37	R 627	21.7	$+21\ 39$	1.00	0.080	14.24	$+0.31$	-0.52	13.76	13.7	G	DF	5.6	wk. K 1.2, sharp Hyd. lines	
38	L 145−141	42.9	$-64\ 34$	2.68	0.203	(12.0)	(−0.1:)		(13.54)	13.5	—	DAs:			
39	L 1405−40 A	47.7	$+25\ 35$	0.29	(0.015)	(15.4)	(−0.27)		(11.27)	(11.6)	L	DC:			
40	L 1261−24	$11^h\,54.2$	$+18\ 39$	0.32		(15.6)	(−0.22)	-0.81		12.9	L	DC:			cpm dm
41	HZ 20	$12^h\,10.2$	$+42\ 57$	0.01		14.99	$+0.08$	-0.82							
42	HZ 28	30.0	$+41\ 46$	0.12		15.72	-0.04			11.5:	H	WD:			

No.	Name	R.A.	Dec.	μ	π	m	C.I.	C.I.	M_v	M'_v	Source	Sp.	$W(H_\gamma)$	Remarks	Remarks
43	HZ 29	32^{m}4	+37° 55'	0.045		14^{m}18	−0^{m}23	−1^{m}01		8.9:	G	DBp	—	Broad, possibly double He I (5.1). No Hyd.	
44	HZ 32	48.7	+37 27	0.02		15.66	+0.02	−0.87							
45	W 457	57.7	+ 3 46	1.05	0.078	15.90:	+0.64:	−0.09:	(15.36)	15.2	K	DC:			
46	HZ 43	13^h 14.0	+29 22	0.17		12.86	−0.10	−1.14		10.0:	G	DAwk	9.2		= L 1409−4, 18 Å/mm, cpm dm
47	W 485	27.7	− 8 21	1.17	0.062	12.33	+0.06	−0.62	11.29	11.8	G	DA	31.9		Near −7°3632; LFT 1014
48	W 489	34.3	+ 3 58	3.87	0.131	14.68	+0.96	+0.37	15.27	15.4	G	DK:	—	Possible wk. H(1.3), K(1.0) shallow	
49	LDS 455 A	34.3	−16 04	0.09	(0.008)	(14.9)	(0.0)		(9.50)	(9.8:)	L	DA4?			cpm dm
50	Grw +70°5824	37.8	+70 33	0.40	0.027:	12.79	−0.09	−0.84	(9.95)	10.4	G	DA	35.2		
51	L 619−49/50 B	48.1	−27 18	0.24	(0.023)	(15.4)	(−0.35)		(12.20)	12.2	L	DA2			
52	LDS 500 AB	14^h 40.0	−40 57	0.13		(12.9)				9.6:		??			Probably subdwarf F, but possibly double w.d.
53	L 1126−68	48.4	+ 7 47	0.94		15.50	+0.04	−0.65		14.5	K	DA			= Karpov 12
54	LDS 539 B	15^h 41.9	−38 10	0.13		(14.6)	(+0.3)			10.8:	L	F		Spectrum uncertain	If Luyten color good, this could be w.d.
55	CPD −37°6571 B	44.2	−37 45	0.52	0.069	(13.2)	(0.0)		(12.40)	(12.3)					cpm dG 9
56	R 808	59.6	+36 58	0.57		14.37	+0.20	−0.56		12.9	G	DA	(30.6)		
57	L 770−3	16^h 15.1	−15 28	0.25		13.4	−0.23:	−1.06:		10.9	G	DA	(18.7)		
58	R 640	26.8	+36 51	0.87		13.86	+0.18	−0.68		13.2	G	DFp	—	MgI (6.9), K 19.7, H 16.1. No Hyd.	
59	L 1491−27	37.4	+33 32	0.42		14.64	+0.22	−0.58		12.7	G	DA	(25.3)	(Luyten F, wrong star?)	
60	W 672 A	17^h 16.2	+ 2 00	0.52	(0.025)	14.35	+0.14	−0.55	(11.35)	(11.9)	L	DA 4			cpm dm
61	R 137	18^h 24.8	+ 4 02	0.31		13.96	+0.04	−0.56		11.7	G	DA	(35.8)		
62	Grw +70°8247	19^h 00.6	+70 36	0.52	0.066	13.19	+0.05	−0.85	12.29	12.2	G	DCp	—	λ 4135 stg (7.8), also λλ 3655, 3910, 4480. No Hyd.	
63	LDS 678 A	17.9	− 7 46	0.20	(0.030)	12.34	+0.02	−0.83	(9.74)	(9.8)	G	DAwk	2.3		cpm dm
64	LDS 683 B	32.9	−13 36	0.14	(0.011)	15.78	+0.15	−0.67	(10.98)	(11.1)	L	DA4			
65	L 1573−31	40.4	+37 24	0.22		14.51	−0.09	−0.97		11.6:	G	DB	—	HeI very strong (12.7), λ3888 sharp. No Hyd.	
66	L 997−21	54.0	− 1 09	0.84	0.076	13.69	+0.27	−0.55	13.10	13.1	Ly	DA	[12]		
67	Nova Sge 1913 1946	20^h 05.3	+17 33	0.080	0.012 ±0.005	(15.2)	+0.09	−0.71	(10.60)	(10.5)	G	DAep	(27.1)	Novy spectrum with broad H_γ, H_δ abs. Poss. "dwarf" nova	= WZ Sge
68	W 1346	32.3	+24 53	0.66	0.072	11.54	−0.07	−0.87	10.83	10.7	G	DA	27.0		
69	L 711−10	39.7	−20 16	0.33		(11.9)	(−0.28)			10.3	G	DA	(26.3)		
70	R 198	21^h 24.8	+54 59	0.30		14.70	+0.13	−0.68		12.2	Ly	DA	[52]		
71	Grw +73°8031	26.6	+73 25	0.32		12.88	+0.01	−0.66		11.0	Ly	DA	[47]		
72	LDS 749 B	29.6	+ 0 00	0.48	(0.025)	14.68	−0.05	−0.91	(11.68)	(11.9)	G	DB			cpm K 2
73	Grw +82°3818	36.7	+82 49	0.64		13.02	−0.02	−0.72		12.2	G	DA	24.4		
74	L 1363−3	40.3	+20 45	0.66		(13.3)	(+0.2)			12.8	G	DC	—	wk. CaII once suspected. No Hyd.	
75	L 930−80	44.9	− 7 58	0.39		14.91	−0.14	−0.99		12.7	G	DB	—	He I (10.6) very strong, λ3888 sharp. No Hyd.	
76	LDS 766 A	54.9	−43 42	0.22		(13.9)	(+0.1)			11.1:	L	DA?			cpm dm
77	LDS 785 A	22^h 24.6	−34 27	0.19		(14.3)	(+0.2)			11.3:	L	DA?			cpm dm
78	L 1512−34 B	23^h 41.4	+32 15	0.22	(0.048)	12.90	+0.17	−0.58	(11.31)	(11.2)	G	DA	(39.6)		cpm dm
79	LDS 826 A	51.5	−33 33	0.50	(0.025)	(14.6)			(11.60)	(12.0)	L	DAs?			
80	L 505−42	51.7	−36 50	0.68		(14.8)	(0.0			13.5	L	DA 5?			
81	L 362−81	59.6	−43 25	0.90	0.120	(12·8)			(13.20)	(13.1)	K	DAs			

11*

Column 2. Star lists are abbreviated as follows: W=Wolf; L = Luyten; LDS = Luyten double star (A = visually brighter component); Oxf = Oxford Zone; Grw = Greenwich Zone; HZ = Humason-Zwicky; R = Ross; VMa = Van Maanen; He = Hertzsprung; SA = Selected Area. *Column 6.* Parallax from Yale Catalog (1952). Those in parentheses are based on membership in double star systems (Luyten). Nos. 12, 16−20 possible Hyades members. *Column 7, 8, 9.* Harris photoelectric magnitudes and colors; parentheses uncertain data or Luyten colors, on IC scale, reduced to photoelectric color scale. *Column 10.* Visual absolute magnitude, in parentheses if parallax unreliable or based on double star membership. *Column 11.* M'_v based on reduced proper motions where boldface; the trigonometric parallaxes have been averaged with reduced proper motions if p is small. *Column 12.* Source of spectrum information. G = Greenstein; K = Kuiper; H = Humason; L = Luyten; Ly = Lynds. The latest source only is quoted. *Column 13.* Spectral Type. D = white dwarf; sd = subdwarf. Numerical subdivisions from Luyten: s = sharp lines, e = emission lines, p = peculiar. *Column 14.* Equivalent width of H_γ in Angstroms. A dash indicates probable absence of H_γ. Parentheses for W based on one Palomar plate only. Square brackets rough data from Lynds. *Column 15.* Other elements present, with equivalent width. No Hyd. means no detectable hydrogen; equivalent widths given are for H and K of Ca II, λ 4472 of He I. *Column 16.* Other remarks; cpm is common proper motion star, and color class or type of companion is given as available.

II. Relevant observational data.

3. Lists of white dwarfs. A summary of data up to 1939 is contained in
KUIPER [1]. Since that time numerous scattered discovery lists have been
published, the most useful being those of LUYTEN [5]; he has also given a set
of charts[1] for identification of 96 objects. Most of the recent additions to the
lists of white dwarfs have been made by LUYTEN in the course of the Bruce
proper-motion survey. A few have been found among stars selected by extreme
blue color-index, for example in the HUMASON-ZWICKY[2] survey, in LUYTEN's current search for faint blue stars[3] and in a current search by J. FEIGE on Palomar 48-inch Schmidt survey plates. In the absence of parallax measures it seems that three-color photoelectric work can be used by itself to distinguish between Population II blue stars and white dwarfs [6], over certain ranges of color. The redder white dwarfs have been found only among the stars of very large proper motion. Masses are directly observable for only three white-dwarf members of visual binary systems: $-\alpha$ CMa B $= 0.98\ \mathfrak{M}_\odot$, α CMi B $= 0.4\ \mathfrak{M}_\odot$, 40 Eri B $= 0.43\ \mathfrak{M}_\odot$. Masses of wider pairs discovered by LUYTEN may be available in time, e. g. LDS 275, a double white dwarf. Unfortunately, α CMi B will probably remain unobservable, and α CMa B is only now coming into sight again after close proximity to Sirius. Data are given in Table 1 only (1) for those stars

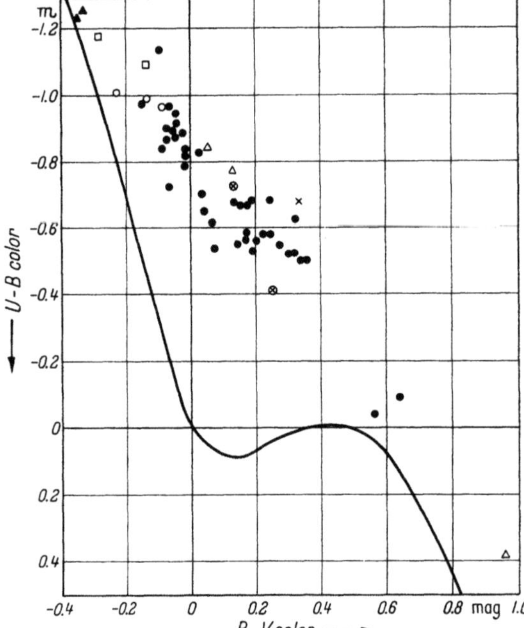

Fig. 1. The photoelectric colors (D. L. HARRIS III) on the Johnson system, U-B, B-V, for white dwarfs (dots). Other symbols are: hot subdwarfs, squares, helium-rich white dwarfs, open circles; possible composite objects, circled crosses; nearly continuous spectra, open triangles; $+28°4211$, HZ 21 solid triangles. The full line represents the normal main sequence. (Courtesy of Dr. D. L. HARRIS III.)

which I have observed spectroscopically (or if not yet reobserved, those for which LUYTEN, LYNDS[4] or KUIPER
have good spectra), or (2) for which photoelectric colors exist sufficient to
distinguish the white dwarf, and (3) those with reliable parallax or proper
motion data. (LUYTEN's colors are statistically useful and reliable; they have
so non-linear a relation to photoelectric colors that it seemed best to confine
the body of this discussion to the most completely observed photoelectric cases.)
(4) For white-dwarf components of double systems LUYTEN has been able to estimate
parallaxes, and these are included even if no photoelectric colors or spectroscopic
data is available. A very large fraction of the as yet not observed stars on LUYTEN's
lists will prove to be white dwarfs, so that about 200 white dwarfs are known.
Table 1 however contains only 81.

---

[1] W. J. LUYTEN: Astrophys. Journ. **109**, 528 (1949).

[2] M. HUMASON and F. ZWICKY: Astrophys. Journ. **105**, 85 (1947). — W. J. LUYTEN and
W. C. MILLER: Astrophys. Journ. **114**, 488 (1951).

[3] W. J. LUYTEN: Astronom. J. **61**, 261, 262, 264 (1956); these give detailed references
to earlier work.

[4] B. T. LYNDS: Astrophys. Journ. **125**, 719 (1957).

4. Photoelectric research. Some stars are distinguishable as white dwarfs photoelectrically by a large negative U-B for moderate negative or positive B-V color. This characteristic may be deceptive if the star is an unresolved double containing a blue and a red star. Fig. 1 shows the U-B, B-V diagram[1] for white dwarfs identified spectroscopically, and the normal main sequence. From Fig. 1 it can be seen that the very bluest white dwarfs can hardly be distinguished photoelectrically from main sequence B and O stars, especially if the latter are space-reddened. The hot subdwarfs are indistinguishable from the bluest main sequence unreddened stars. White dwarfs can be found by three-color photoelectric photometry in the range $-0\overset{m}{.}2 \leq B\text{-}V \leq +0\overset{m}{.}4$; some possibility exists of finding the reddest white dwarfs, but the weak-line and subdwarf stars also lie above the curve for $B\text{-}V > 0\overset{m}{.}5$.

5. Space motions and luminosities. The largest number of white dwarfs have been found in proper-motion surveys such as the enormous list of Luyten's proper-motion stars. It is known that white dwarfs occur with both high and low space motion. If we combine the tangential component of motion, V_T, in km/sec and the proper motion, μ, in seconds of arc per year, we can derive a relation between absolute magnitude, M, and the motion:

$$M = m + 8.4 + 5 \log \mu - 5 \log V_T. \tag{5.1}$$

We find a close relation between color and M, so that a statistical relation exists between the magnitude limit of the survey, the size of the proper motion and the randomly directed V_T. Table 2 shows the range of interesting proper motions, for various types of white dwarfs. It can be seen that very blue stars of 16th

Table 2. *The relation between limiting magnitudes and proper motion in surveys for white dwarfs.*

B-V	M	Limiting m	r psc	Proper motion, μ, for $V_T=20$ km/sec	$V_T=60$ km/sec
$-0\overset{m}{.}2$	$+10$	10	10	$0\overset{\prime\prime}{.}42/a$	$1\overset{\prime\prime}{.}25/a$
		13	40	0.10	0.32
		16	160	0.026	0.08
$+0.3$	$+13$	10	2.5	1.7	5.0
		13	10	0.42	1.25
		16	40	0.105	0.32
$+0.9$	$+16$	10	0.6	6.6	20
		13	2.5	1.7	5
		16	10	0.42	1.2

magnitude can be white dwarfs (and especially hot subdwarfs) with $\mu < 0\overset{\prime\prime}{.}05/a$, and even down to $\mu = 0\overset{\prime\prime}{.}02/a$. The body of white dwarfs to date have $B\text{-}V < +0.2$, so that 16th magnitude surveys down to $\mu \approx 0\overset{\prime\prime}{.}15/a$ are needed. The redder white dwarfs are so faint that they will appear only among stars of very large proper motion $\mu > 0\overset{\prime\prime}{.}4/a$; the volume of space a survey for red white dwarfs covers is only 2×10^{-4} that for the blue white dwarfs stars. Consequently the ratio of red to blue white dwarfs is probably grossly underestimated, and the relative lack of stars with $B\text{-}V > +0\overset{m}{.}4$ in the Table 1, in Fig. 1 and in all our discussions is a very serious defect.

---

[1] I am deeply indebted to Dr. D. L. Harris III, of the Yerkes Observatory, for permission to use his photoelectric colors before publication.

The use of reduced proper motions provides a quick method of selection of intrinsically faint stars. Defining H here as

$$H = m + 5 \log \mu, \qquad (5.2)$$

we can derive a statistically useful relation

$$M = H + 8.4 - 5 \log V_T. \qquad (5.3)$$

Enough trigonometric parallaxes are known to permit the relation between M and H to be found. Statistical errors and the observational selection of stars of

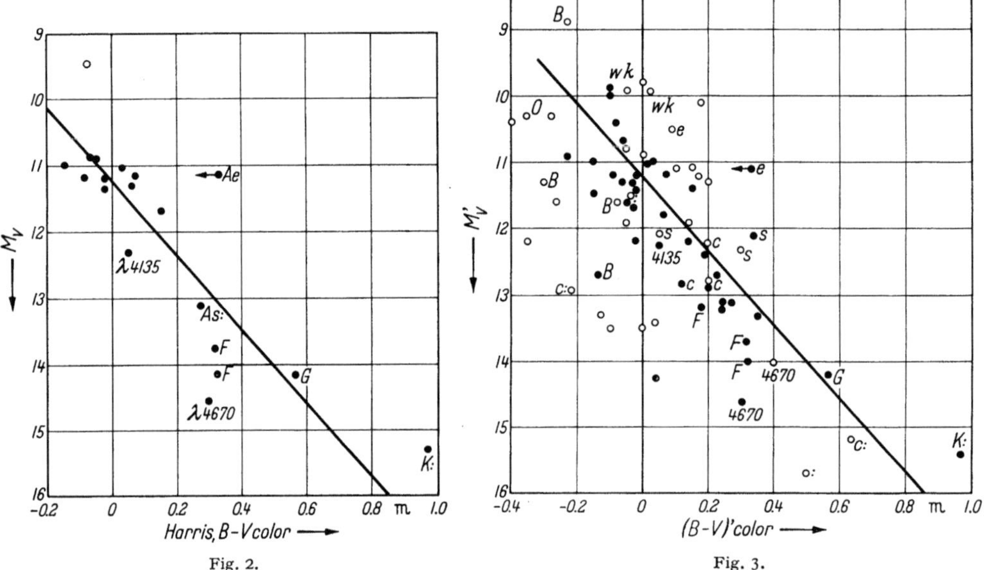

Fig. 2.   Fig. 3.

Fig. 2. Absolute visual magnitudes M_V from trigonometric parallax or membership in Hyades, as function of photoelectric B-V color. Open circles, poor parallax or unknown spectra. All spectra are of type DA unless otherwise indicated.

Fig. 3. Approximate M_V' from all sources; Luyten colors reduced approximately to $(B$-$V)'$ system. Open circles poor parallax or poor color. All spectra are of type DA unless otherwise indicated. Some new data, not in Table 1 are included. The straight line is the same as in Fig. 2. Note that deviations at a given $(B$-$V)'$ are all less than 1.5 mag., including observational error; i.e. less than a factor of two in radius.

progressively larger space motions with increasing M, result in the empirical relation:

$$M_V = 0.708 H_V + 3.62. \qquad (5.4)$$

The observed average deviation from equality between M (trig) and $M(H)$ is about $\pm 0^m\!.7$. Thus proper motions can be used to estimate luminosity. They also show a surprisingly large apparent increase of V_T with M; at $M = +10$, $V_T = 30$ km/sec; $M = +13$, $V_T = 52$ km/sec; and a $M = +16$, $V_T = 93$ km/sec. Not only is our list of white dwarfs incomplete but is systematically weighted towards high-velocity objects as M increases. Thus we can imagine that we have a mixture of Populations I and II in the blue white dwarfs and only the oldest Population II stars in the redder white dwarfs. All Population II stars older than 4×10^9 years, and more massive than about $1.5\,M_\odot$ should now have completely evolved, and some should reach the redder white dwarf region. Important observational progress may be expected from discovery of red white dwarfs.

Fig. 2 is a color magnitude diagram, based on Table 1, for stars with known trigonometric parallax (or cluster membership) and photoelectric color; Fig. 3 contains all objects for which M'_V can be estimated by any means, including the proper motions, Eq. (5.4). In Table 1, column 11 contains the luminosities derived from all possible sources, e. g. parallaxes, double stars, and reduced proper motions. A fairly arbitrary weighting scale was adopted when luminosities were available from several different sources. Fig. 3 also contains stars for which only Luyten's colors are available; these were transformed to an approximately equivalent $B\text{-}V$ scale, labelled $(B\text{-}V)'$.

III. The spectroscopic results.

6. Spectrophotometry. Low dispersion spectra of varying quality and dispersion have been obtained for many white dwarfs listed in Table 1. The 200-inch Hale reflector permits well-widened Coudé grating spectra at 38 Å/mm to be obtained down to $m = 14$; the prime-focus spectrograph can give very wide spectra down to $m = 16$, at 180 Å/mm; moonlight or airglow emission provide the major technical difficulty. Thus an extensive spectrophotometric program was carried out for the brighter stars; the limitation at 38 Å/mm was that the wavelength range was only 670 Å on a plate, so that a choice had to be made of lines studied. Full details of line profiles and equivalent widths are to be published in the *Astrophysical Journal*, but for our purposes the strengths of H_γ are sufficient, and are tabulated in Table 1. The low dispersion spectra can be used for spectrophotometry. They cover about 1300 Å on one exposure and because of their width, the lines are most easily visible at low dispersion. Careful study at dispersions up to 18 Å/mm for three white dwarfs, and up to 10 Å/mm for $+28°$ 4211 show that there are no weak, sharp lines present, so that the range of dispersion used is the correct one. Fig. 4 shows some typical white dwarf spectra of original dispersion 180 Å/mm. Fig. 5 shows the correlation of the equivalent width of H_γ and the $U\text{-}V$ photoelectric colors, derived from the $B\text{-}V$ and $U\text{-}B$ colors of D. L. Harris III. The $U\text{-}V$ color is a function of both temperature and hydrogen content, since the flux in the ultraviolet U region is affected by the Balmer discontinuity. The latter depends both on temperature and the contribution of hydrogen to the opacity. If the absorption coefficient is due to other sources than hydrogen e. g. H^-, He or electron scattering, the discontinuity is reduced and the $U\text{-}V$ decreased. The objects with $W = 0$ in Fig. 4 belong to hydrogen-poor groups, and a star like LDS 678 A (no. 63) which has $W(H_\gamma) = 2.3$ Å at a color, $U\text{-}V = -0\overset{m}{.}81$, is obviously different in composition from objects like Grw $+82°$ 3818 (no. 73) which has $W(H_\gamma) = 24{,}4$ Å at $U\text{-}V = -0\overset{m}{.}79$. Fig. 5 contains sample line profiles of H_γ in objects showing different types of hydrogen lines. HZ 43 (no. 46) is very hot and has weak, shallow and broad lines; L 532—81 (no. 29) has sharp lines (and although its color is not accurately known) probably is near $U\text{-}V = -0\overset{m}{.}3$; 40 Eri B (no. 15) is a normal white dwarf at $U\text{-}V = -0\overset{m}{.}67$, near the maximum of the hydrogen lines. As a first conclusion we can state that white dwarf atmospheres exist both hydrogen-rich and hydrogen-poor, and that a considerable fraction of the hydrogen-rich group behave as a normal sequence with a rather flat maximum of line intensity between $-1\overset{m}{.}0 \leq U\text{-}V \leq -0\overset{m}{.}4$. The stars with weak or no hydrogen lines occur over a wide variety of colors. The most striking peculiarities differentiating white dwarfs from normal main sequence A stars are (1) the color at which the maximum occurs, which in the main-sequence is about $U\text{-}V = +0\overset{m}{.}2$, (2) the greater strength of the lines, e. g. $W(H_\gamma) = 35$ Å for white dwarfs and $W(H_\gamma) = 18$ Å for the main sequence,

(3) the extraordinarily abrupt drop of W in white dwarfs at $U\text{-}V = -0^{\mathrm{m}}3$ with the apparent absence of hydrogen lines in any of the cooler stars (whereas the H lines are still visible in the sun and cooler stars, down to $U\text{-}V = +0^{\mathrm{m}}8$) and (4)

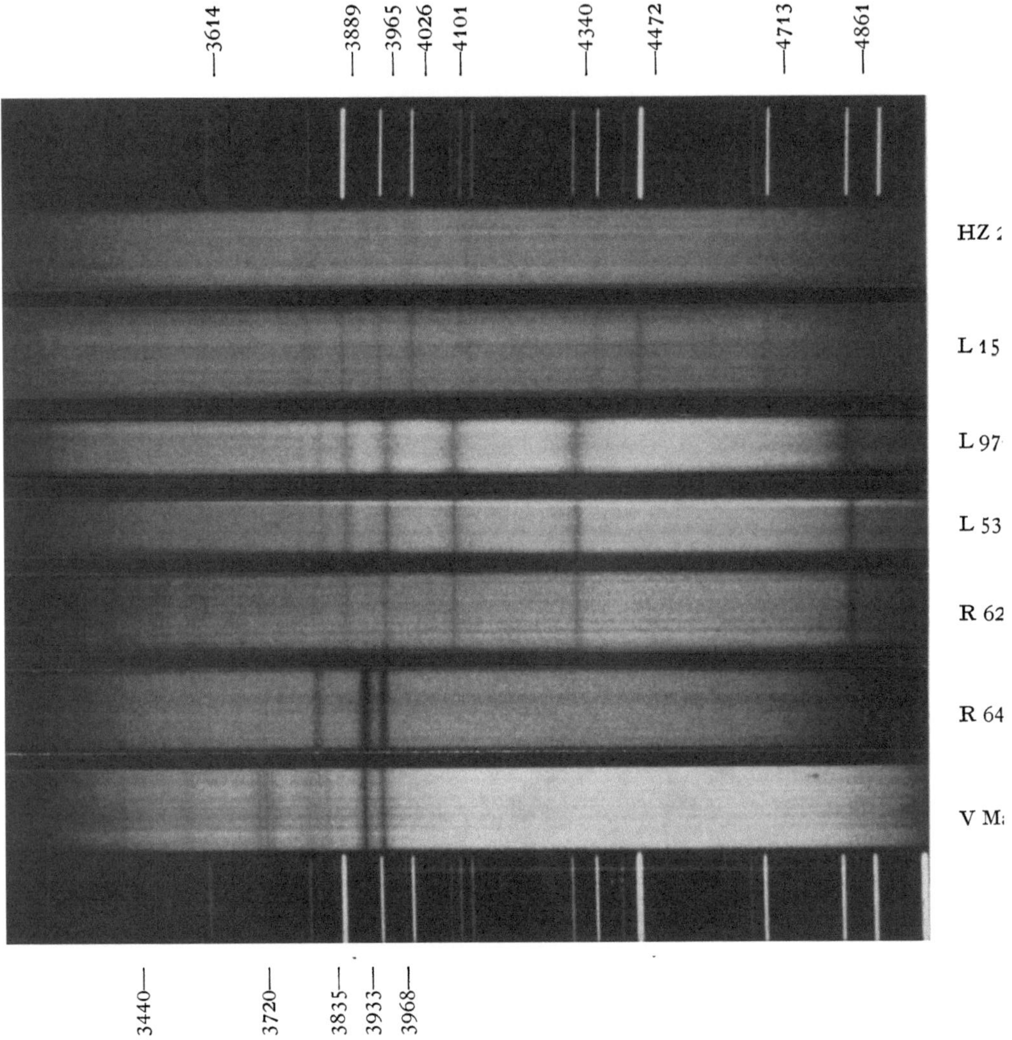

Fig. 4. White-dwarf absorption-line spectra taken with the 200-inch Hale reflector, original dispersion 180 Å/mm. Comparison lines and wavelengths of He and H indicated. Star designation on right. HZ 29 is a *DBp*, L 1573−31 is a *DB*, L 970−30 a *DA*, L 532−81 a *DAs*, R 627 a *DF*, R 640 a *DFp*, and V Ma2 a DG. Emission lines in the ultraviolet are terrestrial air-glow, weak *H* and *K* absorption in HZ 29 are zodiacal light. (Courtesy of: Publications of the Astronomical Society of the Pacific.)

the complete absence of metallic lines, e. g. K of Ca II or Fe I lines, in the bluer white dwarfs (the K line begins to appear in a few yellowish white dwarfs near $U\text{-}V = -0^{\mathrm{m}}4$). A careful search was made for other lines in 40 Eri B, using wide good spectra at 18 Å/mm, and no trace of sharp features, or of broad structure could be found. We shall see that the half-width of lines is of the order of 10 Å, so if the minimum detectable central absorption is about 5 percent, lines of equivalent widths below 0.5 Å would not be measured. Thus zeros in Table 1 and Figs. 5 and 7 should be interpreted as $W < 0.5$ Å; the absence of any visible traces of lines on well-broadened spectra of 180 Å/mm probably means that $W < 0.3$ Å.

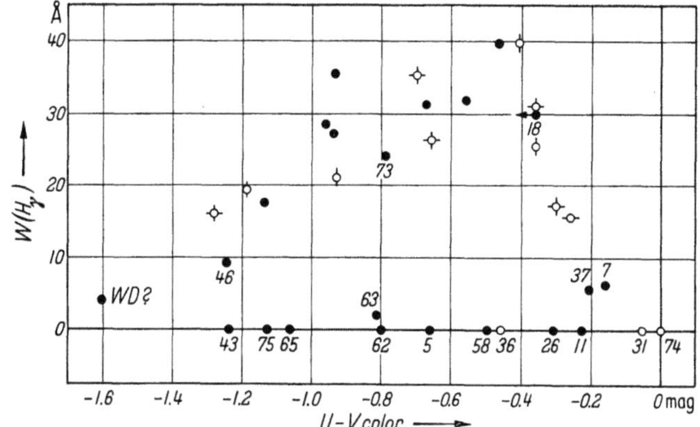

Fig. 5. The equivalent width of H_γ in angstroms for the bluer white dwarfs as a function of wide base-line color, $U\text{-}V$. Open circles represent stars which have uncertain colors (horizontal dashes) or equivalent widths (vertical dashes). The very blue star labelled WD? is $+28° 4211$ which may not be a white dwarf. The star with an arrow pointing to the left is HZ 9, whose color may be affected by a possible red companion. Stars are identified by catalog number in Table 1. Note the stars with weak or absent hydrogen lines, $W = 0$, and the abrupt decrease near $U\text{-}V = -0.3$ mag.

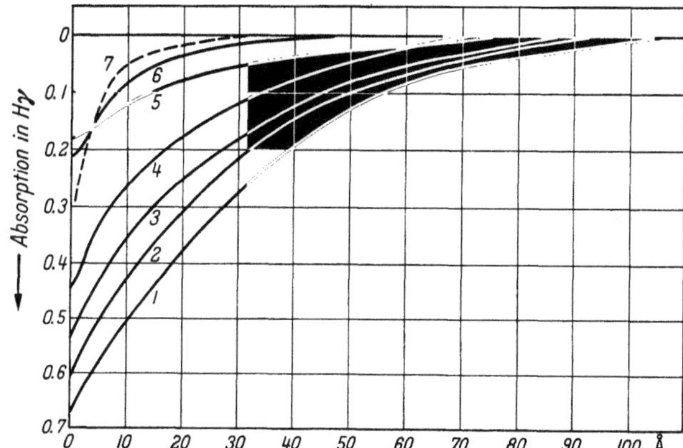

Fig. 6. Spectrophotometric profiles in white dwarfs, giving A_λ, the absorption at a wavelength λ angstroms from the center of the hydrogen line H_γ, reflected about the origin. The stars, numbered alongside each profile, are: $1 = \text{SA } 29-130$; $2 = 40$ Eri B; $3 = \text{W } 1346$; $4 = \text{L } 1244-26$; $5 = \text{HZ } 43$; $6 = +28° 4211$; $7 = \text{HZ } 44$ (a hot subdwarf).

7. The usefulness of spectral classification.

The existence of objects without hydrogen lines among the bluer objects, and the poor correlation of Ca II intensity and color among the cooler stars (Fig. 7) shows that important parameters other than temperature affect the spectra of white dwarfs. Other parameters include the abundance ratios, H/He and H/metals, and the pressure, (which affects both line-broadening and the opacity). Without a detailed theory of opacity and knowledge of abundance ratios we cannot easily obtain the predicted spectrum of white dwarfs. In addition we have no reliable temperature scale. On the other hand, the observations give the beginning of a gross classification, so further discussion can be divided into three parts: a description of the spectra, an attempt to establish the temperature scale and a first analysis of typical spectra. Only in one object, $+28° 4211$, are both H and He II seen; this star may not be a "normal" white dwarf, since its luminosity is not yet accurately known. In a few objects

Ca II and hydrogen co-exist; in R 640 (no. 58) Mg I and Ca II, and in V Ma 2 (no. 3), Fe I and Ca II co-exist. Thus methods used to determine temperatures or "spectral classes" fail if based on the usual line-intensity ratios. In Table 1 and further discussions I have classified the white dwarfs as DB if He I is observed, DA if H is observed, DF if Ca II is weakly present (with H or by itself), DG if Ca II is strong and Fe I is present. The star W 489 (no. 48) has the color of a K dwarf, and is called DK; one available spectrum of fair quality, shows, as possibly present, very shallow H and K of Ca II, and little else that can be called definitely real. It is not certain whether a decimally divided classification should yet be used. Luyten [5] attempted to count the number of hydrogen lines visible on

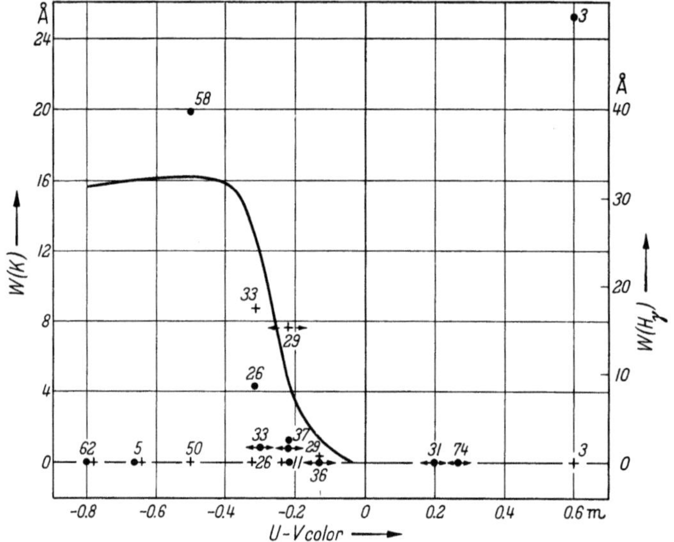

Fig. 7. For cooler stars, the relation between K line intensity (solid dots) and U-V color. The mean smoothed curve for the H_γ lines and individual stars (crosses) are also plotted; stars are labelled by catalog number in Table 1. Note the great scatter in K line intensity. Uncertain colors, horizontal arrows, uncertain equivalent widths, vertical arrows. Star 48 (W 489) is at U-$V = +1.33$, and has $W(K)$ about $1\,A$; it would lie far off the graph to the right near the zero line. Star no. 5 has a continuous spectrum and no. 62 the λ 4135 characteristic.

his spectra; his numerical classification, if new spectra are unavailable, is given in Table 1. It does not correlate well with my measured equivalent widths; there is a slight tendency for the redder stars to have larger numerical Luyten subtypes, presumably correlated with the sudden weakening of the Balmer lines near U-$V = -0^{\mathrm{m}}3$, as shown in Fig. 5. Similarly Fig. 7 which shows the erratic behavior of the K line of Ca II indicates that decimal divisions cannot be used in the DF region. Too few redder white dwarfs exist for detailed classification. The following type descriptions are roughly in order of color; the types are preliminary and no evolutionary scheme is proposed.

IV. Description of typical spectra.

8. DB type. There is little doubt that the stars with He I lines are among the bluer objects, e. g. HZ 29 (no. 43), and L 930—80 (no. 75), L 1573—31 (no. 65). I have called these DB, but it is noteworthy that HZ 43 (no. 46) is as blue, and only has weak, shallow hydrogen lines, while L 1244—26 (no. 21) and HZ 14 (no. 20) are nearly as blue and have strong H lines, i.e. DA type. Thus it cannot be safely asserted that all DB stars will be hotter than all DA stars. It seems probable that the DB have abnormally high helium abundances. In addition, the star $+28°$ 4211 is bluer than either the *DB* or *DA* stars, has both He II and H lines, without He I, i.e. a spectrum which seems to be an anomalous mixture of hot *DB* with *DA* features. Details of some of the spectrum anomalies in *DB* have been given elsewhere [8], but the most striking feature to be noted is the variety of line-broadening shown by the lines of He I. The line λ 3888 of He I is usually very sharp, the other He I lines show a variety of broadened wings and

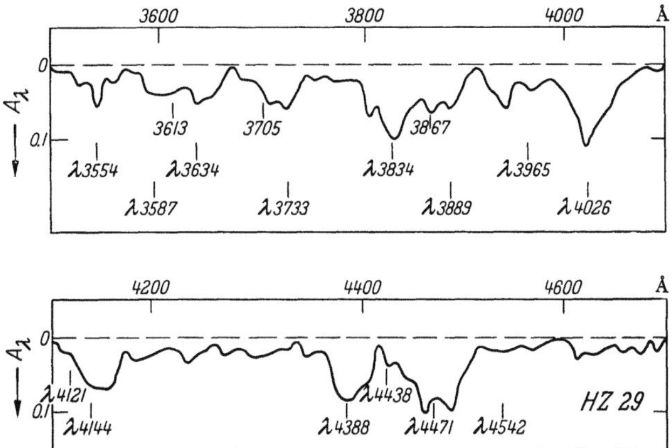

Fig. 8. Spectrophotometric mean intensity tracing of the peculiar *DB* star HZ 29 (no. 43) (based on three plates). Possible He I lines contributing to the broad features are marked by approximate wavelength. The resolution is about 5 *A*, but the lines are greatly broadened, and some appear to be incipient doubles. (Courtesy of Astrophys. Journ.)

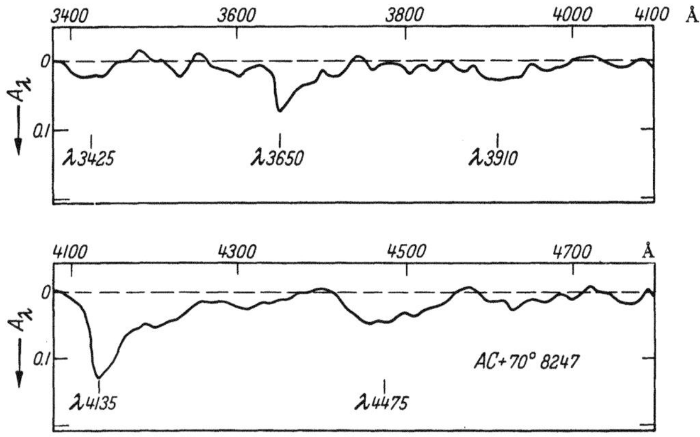

Fig. 9. Spectrophotometric mean intensity tracing of the "λ 4135" star *AC* $+70°$ 8247 (no. 62), mean of four plates. Approximate wavelengths marked. Precision low for $\lambda < 3900$ and $\lambda > 4500$. (Courtesy of Astrophys. Journ.)

some relatively sharp cores. The star HZ 29 (no. 43), whose luminosity is only roughly known, has the most extraordinarily shallow and broadened He I spectrum It is shown in Fig. 8. (In [8] some of the features in HZ 29 were erroneously ascribed to hydrogen lines.) The deepest features reach only about 10% absorption, seem double and more than 50 Å wide. In resumé class *DB* shows He I, represents some but not all of the hotter stars, and lacks hydrogen lines.

9. λ 4135 type. Only one star, Grw $+70°8247$ (no. 62) can as yet be placed in this type. Earlier observations by G. P. KUIPER and by R. MINKOWSKI had indicated the presence of weak, unidentifiable features in this object. It is definitely a white dwarf from its parallax, its color is moderately blue, and Fig. 9 shows its peculiar spectrum. A strong, broad and bandlike feature occurs near λ 4135; broad but less distinct features at other wavelengths, notably $\lambda\lambda$ 4475, 3910, 3650. These features are not far from He I lines, but the intensities are very anomalous. They do not match HZ 29, nor do they seem to be related to the spectrum of hydrogen. Only λ 4135 is clearly visible to the eye at any dispersion used, and reaches a depth of only 13% absorption. No reliable identifications can yet be made. It has been suggested[1] that the λ 4135 line could be a Si II blend, but other lines of Si II and Si III are not seen, even though the star has fairly high temperature. Extreme pressure (or even velocity) shifts may be important here. Discovery of other objects of this type might provide clues for identification.

10. DC type. In older work many stars with weak lines had been grouped together as having "continuous" spectra. Better spectrograms, and the use of spectrophotometric techniques have shown that shallow features exist in some of these objects; (e. g. Wolf 219, LDS 678 A, HZ 29, HZ 43, AC $+ 70°$ 8247 etc.) But even with the best spectrograms now available, lines or bands have not been seen in several objects of widely different color and luminosity. It is not yet known whether high-contrast plates, or studies of the red or far ultraviolet region would show lines. The effective limit of my technique permits detection of lines only 3 to 5% in central absorption. By continuous, therefor, I mean stars with no lines between λ 3600 and λ 4900 deeper than 5%.

The star W 219 (no. 11) is yellowish, almost identical in color and luminosity with R 627 (no. 37); the former has a single broad band near λ 4670, the latter sharp Balmer lines and a weak K line. The star L 1363—3 (no. 74), for which Luyten gives an approximate color of $+ 0^{m}2$ shows no lines[2], nor does W 1516 (no. 5), which is fairly blue. LDS 275 (no. 31) and L 971—14 (no. 36) also bluish, seem to be DC. The DK star, K 489 (no. 48), would on plates of inferior quality show no lines, since the Ca II lines present reach less than 5% central absorption. It may be true that some DC stars, so classified by other observers or myself, will eventually prove to have weak lines. On the other hand there is no a priori reason why DC stars should not exist at any color, given a peculiar composition and high pressure. E. g., at $T < 10000$ °K a pure helium atmosphere would show no observable lines. It is my impression that DB, λ 4135, λ 4670 and DC stars are examples of peculiar, hydrogen-poor composition, with other added composition peculiarities.

The density at which lines will completely vanish may be estimated roughly as that at which the inter-atomic spacing is roughly the same as the size of the electronic orbits, roughly 4×10^{-8} cm; i. e. a density of 0.02 gm/cm³, or a pressure (at 10^4 °K) of 4×10^3 atmospheres. This is considerably higher than expected in any white-dwarf atmospheres, and the upper layers of the atmosphere at lower pressures would still contribute relatively sharp cores.

11. DA type. The majority of bright blue white dwarf spectra so far observed show only Balmer lines, greatly broadened, shallow or deep, dependent on both temperature, pressure and composition. Typical line profiles of H_{γ} are shown in Fig. 6. The widths at half-intensity are from 20 to 40 Å for typical broad-lined stars, and below 10 Å for those with sharper lines, e. g. L 532—81 (no. 29) or R 627 (no. 37), (the latter bordering on DF). The pressure and Stark broadening combine to produce an overall width in extended wings of H_{γ} reaching 180 Å. The spacing between H_{γ} and H_{δ} is not far from the sum of the wing extensions, so that the continuum may be depressed there, and is certainly badly affected

---

[1] G. R. and E. M. Burbidge: Publ. Astr. Soc. Pacific **66**, 308 (1954).
[2] In [8] I stated that broad, shallow Ca II lines existed. Other plates do not confirm this.

below H_δ. In general H_ζ is the last line certainly detectable, visually or on microphotometer tracings, so that the Balmer discontinuity effectively moves to about $\lambda\,3850$. In normal stars an estimate of the electron density has been obtained by the number of Balmer lines visible. From an Inglis-Teller formula[1], one obtains $n_e = 3 \times 10^{16}/cm^3$, or P_e about 6×10^4 bar, in white dwarfs.

The spectrophotometric program for line intensities will be described elsewhere, with details of technique and line profiles. It is clear that H_γ may provide a reliable indication of line strength, since it is on a relatively undisturbed continuum. The decrease of equivalent width towards the higher series numbers is very steep — while in main-sequence A stars the equivalent widths are nearly independent of upper quantum numbers. The Balmer discontinuity can also not be measured in the normal manner, because of the distortion of the blue-violet continuum. New observational methods of defining this important quantity are needed and may be found in photoelectric scanning of the spectra on an absolute energy scale.

In the 20 stars I classified as DA in Table 1, there is no trace of other lines. From photoelectric colors these objects straddle the range normally occupied by B to early F stars. But neither He I, in the bluer objects, nor metallic lines in the yellower ones can be seen or detected spectrophotometrically, (i. e. central depths less than 5% and equivalent widths less than 0,5 Å). Spectra from H_β to $\lambda\,3300$ have been searched carefully at dispersions from 18 to 180 Å/mm. An abrupt weakening and sharpening of the Balmer lines, accompanied by the appearance of a broad shallow K line marks the yellower objects of DA, and I have put these in DF type. The absence of He I in the bluer DA objects is unexpected, since clearly He I lines can appear in white dwarfs (e. g. the DB types). The DA stars cover a wide range of temperature ($-1^m_{\cdot}2 < U\text{-}V < -0^m_{\cdot}4$, or $-0^m_{\cdot}15 < B\text{-}V < +0^m_{\cdot}35$). The absence of other lines shows both that the atmosphere has high opacity and that the H/He or H/metal ratios may be abnormally high.

The equivalent widths of H_γ observed run from 5 to 40 Å for normal DA stars, and show a flat maximum near $U\text{-}V = -0^m_{\cdot}7$. However there are real variations in line strength at a given color. Clearly, an object like LDS 678 A (no. 63) is a weak-line star, intermediate between DA and DC, or it has so high a pressure that the hydrogen discrete levels cease to exist. An additional parameter is line sharpness. Weak H lines are found for HZ 43 (no. 46), a very blue star, and for L 870−2 (no. 7) a yellow star; in general, the weak shallow lines are found in the bluer objects, while the weak sharp lines are in the yellower ones. There seems to be an abrupt drop in the Balmer line broadening at the lower temperature end of the DA sequence. Towards the high temperature side, it is natural for the Balmer lines to become shallow and possibly disappear, as they do in normal O stars. In Table 1 the weak-line DA stars are denoted as $DAwk$, the sharp-line objects as DAs; the latter probably grade into the DF group. The DAs cover a range of luminosity from about $+10$ to $+13$.

12. *DAe* type. Two objects have been found to show emission lines; HZ 9 (no. 18) and Nova WZ Sge (1913, 1946) (no. 67). HZ 9 is a member of the Hyades Cluster, $M \approx +11$, and has an anomalous color ($B\text{-}V = +0^m_{\cdot}33$, $U\text{-}B = -0^m_{\cdot}69$). It has been pointed out by W. J. Luyten and D. L. Harris III that such a color may arise from the combination of a fainter dM and a white dwarf. In addition, dM stars with emission lines are not uncommon. The spectrum of HZ 9 shows typical, broad deep hydrogen absorption lines, with superposed sharp emission lines of H, Ca II, Si I, the velocity of which is near that expected for a Hyades member. Variations in intensity and velocity of the emission are very

---

[1] D. R. Inglis and E. Teller: Astrophys. Journ. **90**, 439 (1940).

probable; H_β emission showed a redshift of 3 Å and P Cygni characteristics on March 20, and normal velocity on Nov. 9, 1956. A trace of the $\lambda 4955$ band of TiO may be seen on one plate. Thus the star may be an unresolved wide binary, $DA + dM\,5\,e$, or a true interacting binary in which close proximity causes erratic emission of gas clouds and emission lines. As yet no spectra at longer wavelengths are available for decisive proof of the existence of the dMe star; the emission-line strength required is extraordinarily large, since colorimetrically the WD star continuum must be at least 25 times brighter than the dM at the position of the emission K line of Ca II. The presence of $\lambda 3905$ of Si I is also unusual in dMe stars.

Even more puzzling may be my inclusion among the white dwarfs of the recurrent nova, Nova WZ Sge (1913, 1946). However there is no doubt that the typical hydrogen emission lines of an old nova are superposed on the broad absorption lines of a white dwarf. The emission is broad, and double-peaked, about 30 Å wide, so that the core of the absorption line is obliterated. But in H_β, and H_δ and very clearly in H_γ, there are broad absorption wings. From the parallax little can be concluded, but van Maanen's proper motion of $0''.080/a$ indicates a low luminosity. If treated together with the normal white dwarfs, the value of H yields (at minimum) $M_V = +10.5$—i. e. a normal white dwarf. The strength of H_γ absorption as reconstructed under the emission line is also that of a white dwarf. It has been long conjectured that stars must pass through the nova stage on the path towards the white dwarfs. There is no reason to assume, however, that all white dwarfs go through the nova stage, and the other normal old novae so far observed do not show white dwarf characteristics. In addition their luminosity is statistically too high. Nova WZ Sge may be near the end of its evolution towards the white dwarf and its low luminosity, short period and relatively small amplitude of outburst (about 8 magnitudes) may indicate the dying out of nova activity. However, another recurrent nova of similar amplitude and period, T Pyx, does not show white-dwarf characteristics or broad emission lines.

13. *DF* type. This group contains few known members, is generally of lower luminosity $(+13$ or $+14)$, but exhibits an unexpected diversity. The earliest members have relatively sharp lines of hydrogen and show K in varying strength. However, the hydrogen lines disappear completely and abruptly (see Fig. 7) at about $U\text{-}V = -0^{\text{m}}1$, while the K line behaves in a completely erratic fashion. This inconsistency provides one of the greatest puzzles in the DF group. Thus R 640 (no. 58), which in color resembles a DA, has no hydrogen and an extraordinarily strong K line (20 Å); L 745—46 A (no. 26) has moderate K (4 Å), no hydrogen, and is yellower in color than R 640. Wolf 219 (no. 11), of about the same color, has no H or Ca II but an anomalous band at $\lambda 4670$. It appears that between DA and DF there is an abrupt change of atmospheric parameters, and possibly composition. The star R 640 has one of the most amazing spectra I have seen, (Fig. 4), showing a very strong line near $\lambda 3835$, presumably the Mg I blend, strong H and K of Ca II, and nothing else. It is tempting to view this star as the remnant of an object in which nuclear evolution had been carried far towards heavier elements. Although this may be true of all white dwarfs, R 640 shows the effect most clearly, and may indicate that a further parameter—the degree of mixing between envelope and interior—is an important factor in the spectroscopic appearance of the white dwarfs. Subclasses in DF cannot yet be assigned.

14. $\lambda 4670$ type. The star W 219 (no. 11) had till recently been only poorly observed. The photoelectric color would lead one to expect a DF spectrum;

however, two excellent spectra ($\lambda\lambda\,3700-5000$) show no trace of metallic or hydrogen lines, but instead a single, strong band, nearly 150 Å wide, centered near $\lambda\,4670$. This band is not present in the $\lambda\,4135$ star, or in other objects classed here as *DC*. Interestingly enough, a suspected white dwarf, L 879—14, a yellowish star (not included in the Table) has just been observed, and shows the same band in even greater strength. W 219 has a very low luminosity ($+14.6$), based on a single trigonometric parallax. For L 879—14, only the proper motion of $1''\!.5/a$ is known, indicating a luminosity between $+12$ and $+14$, and no photoelectric color is available. Though there are only two of these objects yet known, they are presumably fairly common, since the discovery chance of faint, yellowish white dwarfs is very small. No identification of $\lambda\,4670$ can be given; if it were not for the yellow color of W 219, He II $\lambda\,4686$ is tempting, blended with C III,

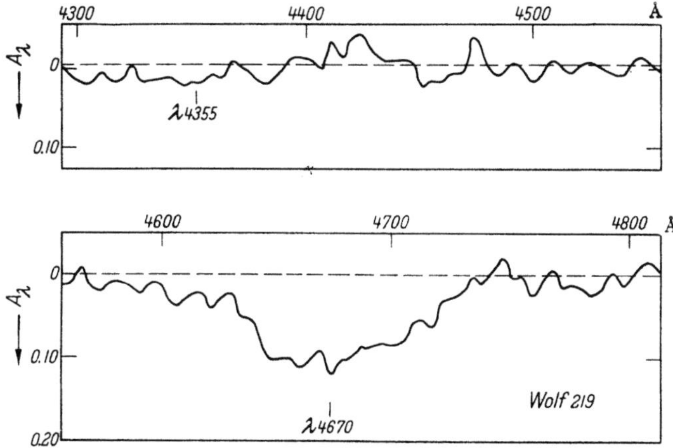

Fig. 10. Spectrophotometric mean intensity tracing of the peculiar "$\lambda\,4670$" star, Wolf 219 (no. 11), mean of two plates. (Courtesy of Astrophys. Journ.)

C IV, and N III features at $\lambda\lambda\,4630-4650$. Considering the color, a pressure-broadened band of C_2 is also a possibility.

15. DG, DK. The fainter and redder white dwarfs ($M \gtrsim +14$) become extremely difficult to discover, and to observe. It is clear that V Ma 2 (no. 3) is near type G, from color and spectral characteristics (see Fig. 4). Note that hydrogen cannot be seen, that H and K are strong, and that blends of broadened Fe I lines are very strong in the near ultraviolet. This spectrum has been described elsewhere[1]; it apparently requires an extended envelope or shell to produce the cores of H and K, and the velocity variation. The absence of Fe I lines in the blue-green is very striking; upper energy states of lines from excited states do not apparently exist. The absence of Ca I is also puzzling. Finally, in the one star yet observed W 489 (no. 48) which has the color of a dK or dM star, and the well-established low luminosity, $M = +15.4$, nearly all lines vanish. At this low temperature weak Ca II might be understood, but the absence of Ca I is even more puzzling. (It should be remembered that the transition probability for $\lambda\,4227$ of Ca I is even higher than that of $\lambda\,3933$ of Ca II, and that both lines arise from the ground level). The discovery and study of more of the late-type white dwarfs is of the utmost cosmological significance. As will be seen below, their age is so great that they may be good samples of the oldest stage of star formation and composition.

[1] J. L. GREENSTEIN: Vistas in Astronomy, Vol. II, p. 1299. London: Pergamon Press 1957.

16. The effect of lines on the colors of white dwarfs. It has been known that substantial distortion of the energy curves of normal stars arises from the many lines. In particular, the $B\text{-}V$ color of stars later than $A\,5$ becomes more positive, and $U\text{-}B$ even more so, because of the steadily increasing number and strength of the metallic lines at shorter wavelengths. In the normal A stars the Balmer lines hardly affect V, depress B, and together with the Balmer discontinuity, also seriously affect the U point. In the white dwarfs of all types except DA these effects seem not to be serious, because of the weakness or absence of lines or bands. However, in a treatment of the problem of the three-color system [9] we pointed out that the $B\text{-}V$ color of normal strong-line A's is seriously perturbed, in the sense that B is depressed, but not V or U; the latter, containing the Balmer depression, need not be corrected for lines, and the lines disappear into the continuum after H_ζ. Thus, dependent on the strength of H_γ, H_δ, H_ε etc. the $B\text{-}V$ color becomes more negative, and the $U\text{-}B$ color more positive, equivalent to a vector pointed downwards and to the left, at $45°$, in the two-color diagram, Fig. 1. The length of the vector varies from zero for stars with nearly continuous spectra or weak lines, to about $0\overset{m}{.}25$ for the stars with strongest lines. The quantity $U\text{-}V$ is not affected, and for this reason was used in our preceding discussion as an indicator of stellar temperature (although also dependent on hydrogen content). The $B\text{-}V$ color itself is not directly useable. Table 3 shows some of the estimated corrections to $B\text{-}V$. They are based on observed equivalent widths, which may be an underestimate, since the continuum is depressed by the extended line wings. However, as a first indication they show that the body of bright DA white dwarfs, near $M=+10$, are much bluer than $B\text{-}V$ would indicate, reaching corrected $B\text{-}V$ of about $-0\overset{m}{.}25$. This correction must be taken into account in estimating the effective temperatures.

Table 3. *Correction of B-V, U-B colors for absorption lines.*

Cat. No.	$\Delta(B\text{-}V)$ $=-\Delta(U\text{-}B)$	$W(H_\gamma)$ Å	Type
43	$-0\overset{m}{.}23$	0	DBp
21	-0.13	17	DA
46	-0.06	9	$DA\,wk$
50	-0.23	35	DA
68	-0.19	27	DA
73	-0.12	24	DA
63	-0.02	2	$DA\,wk$
15	-0.17	31	DA
37	-0.05	6	DF
26	-0.00	0	DF

It is clear that this correction for lines does not satisfactorily smooth out the relation between $W(H_\gamma)$ and $B\text{-}V$ color. Certain blue objects like L 1244—26 (no. 21) and 40 Eri B (no. 15) have very large $W(H_\gamma)$, so that the line corrections makes them extremely blue, while others like HZ 43 (no. 46) or LDS 678 A (no. 63) with weak lines, hardly change their $B\text{-}V$ color. The net effect of correction for lines is to confirm the impression that real deviations exist from a unique color-line-strength relation. Table 3 may overcorrect the colors, since the flux subtracted in the lines reappears at other wavelengths, and affects the temperature distribution in the atmosphere. The use of $U\text{-}V$ colors, which depend on a combination of temperature and $H/He/H^-$ abundance ratios, will naturally show a better correlation with H line strength than with a mainly temperature-dependent parameter like $B\text{-}V$ color.

V. Theoretical interpretations.

17. The temperature scale from colors. Except for the theoretical mass-radius relation for completely degenerate stars [2] the temperature and radii of white dwarfs can only be determined from the relation

$$L = R^2\,T_e^4 \tag{17.1}$$

in solar units. The line spectra do not provide sufficient data to establish the temperature from the level of ionization or excitation. In addition the composition is probably variable. Thus only rough considerations can be applied. The color temperature of the continuous spectrum, as distorted by lines and the Balmer discontinuity, can be used; in those stars with weak lines a black-body approximation might be sufficient. The central depths and strengths of the hydrogen lines are a measure of T, if we can assume that H is the dominant source of opacity. The effective width of the Stark and collisional broadening in hydrogen lines provides a combination of P_e and T_e, but line profiles are useful only if the theory of Stark broadening is applied to a detailed model atmosphere- and none are available except that of GRENCHIK[1] for 40 Eri B. Thus only a rough scale of T_e can now be derived.

Consider the U-V colors of a gray-body atmosphere, in which the temperature distribution is based on $\bar{k}=k_\nu$, but in which we may later allow k_ν to vary. The emergent flux[2] can be computed from the theory of stellar atmospheres. Table 4 gives the results as a function of $\Theta_e = 5040/T_e$, in the second column for $\beta = 1$ ($\bar{k}=k_\nu$). The technique is described in [9], in which it is found, semi-empirically that the U-V color is given by:

Table 4. *Theoretical U-V colors, in magnitudes.*

Θ_e	$\bar{k}=k_\nu$	Pure H	Half normal Balmer jump
0.1	$- 1\overset{m}{.}65$	$- 1\overset{m}{.}55$	$- 1\overset{m}{.}60$
0.2	$- 1.42$	$- 1.18$	$- 1.30$
0.3	$- 1.20$	$- 0.76$	$- 0.98$
0.4	$- 0.92$	$- 0.32$	$- 0.62$
0.5	$- 0.65$	$+ 0.25$	$- 0.20$
0.6	$- 0.40$	$+ 0.70$	$+ 0.15$
0.7	$- 0.15$	$-$	$-$
0.8	$+ 0.08$	$-$	$-$
0.9	$+ 0.38$	$-$	$-$
1.0	$+ 0.65$	$-$	$-$

$$U\text{-}V = - 2.5\left[\log \frac{F(U)}{B_U(T_0)} - \log \frac{F(V)}{B_V(T_0)} + \log \frac{B_U(T_0)}{B_V(T_0)}\right] + 0.18. \qquad (17.2)$$

Here the fluxes F at $U\,(\lambda=3500)$, $B\,(\lambda=4430)$ and $V\,(\lambda=5540)$ are compared to the Planck function $B_\lambda(T_0)$, where T_0 is the boundary temperature.

For a star with no lines, the U-V values in the second column determine Θ_e. Next assume that only hydrogen exists and that we can neglect the opacity of electrons, He I, He II, H_2 and H^- in the atmosphere. We can then correct U-V for the Balmer discontinuity. For $\Theta_e \lesssim 0.2$ and ≥ 0.5 He or H^- will in fact play some part; but the corrections for the Balmer jump embodied in column 3, headed "pure H", will be *maximum* values, so that a star of a given observed U-V must be cooler than deduced from column 3. We assume that the entire photoelectric U band lies beyond the Balmer limit, since from observation of spectra, the Balmer lines become confluent at $\lambda\,3800$ (i. e. the mean line-absorption is the same as the continuous absorption coefficient at $\lambda>3647$). Then:

$$\Delta m(U) = - \frac{5}{2} \log \frac{F(3647^-)}{F(3647^+)}. \qquad (17.3)$$

From tables of the hydrogen absorption the fluxes can be computed for $k_\nu \neq \bar{k}$; I assumed $k_\lambda = \bar{k}$ for the blue and green regions of the spectrum (B and V photoelectric points) and also:

$$k_\lambda(3647^-) = \bar{k}\,\frac{k(3647^-)}{k(3647^+)}, \qquad (17.4)$$

<hr>

[1] R. GRENCHIK: In press.
[2] S. CHANDRASEKHAR: Radiative Transfer, p. 307. Oxford 1950.

Table 5. *Temperatures and radii.*

(1)	(2)	(3)	(4)	(5)	(6)	(7)	(8)
		First Approximation			Second Approximation		
No.	Spectrum	M_b	Θ_e	$-\log_{10}R/R_\odot$	M_b	Θ_e	$-\log_{10}R/R_\odot$
3	DG	$+14.1$	0.98	**1.77**			**1.77**
5	DC	$+12.2$	0.50	1.99			1.99
7	$DАs$	$+11.2$	0.43:	1.93:	$+11.5$	0.51:	1.83:
11	$\lambda\,4670$	$+14.5$	0.67	**2.19**			**2.19**
14	DA	$+\ 7.7:$	0.25	1.69:	$+\ 8.3:$	0.32	1.61:
15	DA	$+\ 9.4$	0.32	**1.83**	$+\ 9.8$	0.38	**1.77**
20	DA	$+\ 8.3:$	0.20	2.03:	$+\ 8.6:$	0.23	1.95:
21	DA	$+\ 8.9$	0.21	2.09	$+\ 9.3$	0.25	2.01
24	DA	$+\ 9.1$	0.25	**1.97**	$+\ 9.6$	0.31	**1.89**
26	DF	$+13.8$	0.64	**2.09**			**2.09**
32	DA	$+10.8$	0.37	1.97	$+11.2$	0.43	1.93
37	DF {	$+13.6$	0.67	**2.01**			**2.01**
		$+12.7$	0.42	**2.25**			**2.25**
43	DBp	$+\ 7.0:$	0.28	1.45:			1.45:
46	$DAwk${	$+\ 8.1:$	0.28	1.67:	$+\ 7.6:$	0.22	1.79:
		$+\ 7.1:$	0.18	1.87:			
47	DA	$+10.4$	0.35	**1.94**	$+10.8$	0.41	**1.89**
48	DK	$+14.3$	1.25	**1.61**			**1.61**
50	DA	$+\ 8.2:$	0.25	1.79	$+\ 8.8$	0.32	1.71
56	DA	$+11.8$	0.39	2.13	$+12.1$	0.47	2.03
58	DFp	$+12.8$	0.56	2.01			2.01
59	DA	$+11.6$	0.39	2.09	$+11.9$	0.47	1.99
62	$\lambda\,4135$	$+11.3$	0.44	**1.93**			**1.93**
63	$DAwk$	$+\ 9.0:$	0.44	1.47:			1.47:
65	DB	$+10.2:$	0.35	1.90:			1.90:
68	DA	$+\ 8.6$	0.26	**1.85**	$+\ 9.0$	0.31	**1.77**
73	DA	$+10.4$	0.29	2.11	$+10.8$	0.35	2.02
75	DB	$+11.0$	0.32	2.15			2.15
78	DA	$+10.0$	0.38	1.79	$+10.4$	0.45	1.73

In the columns giving radii, objects with trignometric parallaxes are bold face. Objects with colons have either poor data, or weak Balmer lines; so that it is uncertain which column of Table 4 to use; the results are sometimes given for the two different possibilities, as double entries. M_b, Θ_e and $R/R_\odot$ are the same for DG, DC, DB stars; only the radius is repeated in column (8) for these objects.

i. e. that the U band alone is in a region where k_λ deviates substantially from $\overline{k}$. It can be seen that Eq. (17.3) gives substantial corrections even at $\Theta_e = 0.4$, and that it is almost certain that other opacity sources reduce $\Delta m(U)$. Thus only in the hottest, bluest objects with hydrogen lines can the temperature be derived from this rough computation of $\Delta m(U)$ in column 3. We will return to this subject in Sects. 18 and 21 where the colors in the last column will be discussed.

Finally, radii can be derived from absolute bolometric magnitudes, M_b, of the stars from:

$$\log \frac{R}{R_\odot} = \frac{1}{2} \log \frac{L}{L_\odot} - 2 \log \frac{T_e}{T_e(\odot)}, \tag{17.5}$$

$$-\log \frac{R}{R_\odot} = -2 \log \Theta_e + 0.2\, M_b - 1.05. \tag{17.6}$$

Table 5 gives data on the temperatures and radii of those objects to which colorimetric methods can now be applied. The approximate T_e gives the bolometric correction. Columns 3 to 5 gives the results based on the assumption $\overline{k} = k_\lambda$ for stars with DC or nearly lineless spectra, and on column 3 of Table 4 (pure hydrogen), for the *DA* stars. Columns 6 to 8 are based on column 4 of Table 4, the revised, and in my opinion better temperature scale using half-normal Balmer depressions. (For *DC* stars there is no change in temperatures, of course). Only those white dwarfs are listed for which I have spectra and for which photoelectric colors exist.

The most interesting result is that from a purely colorimetric approach, with rough allowance for the Balmer jump, we derive radii which show surprisingly little range. For stars with reliable parallax and radii, the extreme range is from -1.61 to -2.19, or a factor of about 4; an error in the parallax $\Delta p/p$ produces an error $0.43\,\Delta p/p$ in $\log_{10} R/R_\odot$. An error in temperature results in $0.87\,\Delta\Theta/\Theta$ error in $\log_{10} R/R_\odot$. Thus errors of about 20% in individual temperatures would account for the major part of the observed spread in radii. There is no obvious correlation of radius with spectral type or peculiarity. A few objects like no. 43 $=$ HZ 29, $DB\,p$ have so high a bolometric luminosity and large a radius that one might wish to eliminate them from the list of completely degenerate stars, but no. 48 $=$ W 489, DK has a good parallax and is nearly as large. No. 11, W 219, $DC\,p$, with the λ 4670 band, has a good parallax, and temperature, and seems to be the smallest. Its radius, 4500 km, is close to that of the earth. The largest in this group are about three times the radius of the earth.

18. The temperature scale from line depths. If the white dwarf atmospheres have normal structure, the contrast between boundary and effective temperatures is known from the theory of radiative equilibrium. For a hydrogen line, except in the core, the lines are formed by pure absorption ($\varepsilon = 1$). In an atmosphere in which $\eta_\nu\,(=l_\nu/k_\nu)$ is not a function of optical depth, the residual intensity, R, is obtained from:

$$1 - A_\nu = R_\nu = \frac{2}{\frac{4}{3}\sqrt{3} + \frac{x_0}{2m_\nu}}\;\frac{\frac{4}{3}\sqrt{3\lambda_\nu} + \frac{x_0}{2m_\nu}\frac{1}{1+\eta_\nu}}{1+\sqrt{\lambda_\nu}}, \tag{18.1}$$

with

$$x_0 = \frac{h\nu/k\,T_0}{1 - e^{-h\nu/k\,T_0}}\,, \qquad m_\nu = k_\nu/\bar{k}, \tag{18.2}$$

$$\lambda_\nu = \frac{1 + \varepsilon_\nu\,\eta_\nu}{1 + \eta_\nu}\,. \tag{18.3}$$

In case $\eta_\nu \to \infty$, the value of $\lambda_\nu \to \varepsilon_\nu$ (i. e. $\to 1$ for pure absorption), and (18.1) simplifies to:

$$1 - A_c = R_c = \frac{2}{\frac{4}{3}\sqrt{3} + \frac{x_0}{2m_\nu}}\;\frac{\frac{4}{3}\sqrt{3\,\varepsilon_\nu}}{1+\sqrt{\varepsilon_\nu}}\,. \tag{18.4}$$

For the special case of $\varepsilon_\nu = 1$, for a line of any strength, $\lambda_\nu = 1$, and for η_ν finite:

$$1 - A_c = R_c = \frac{2}{\frac{4}{3}\sqrt{3} + \frac{x_0}{2m_\nu}}\left(\frac{2}{3}\sqrt{3} + \frac{x_0}{4m_\nu}\frac{1}{1+\eta_\nu}\right). \tag{18.5}$$

Eqs. (18.4) and (18.5) permit computation of the central depth of lines as a function of ε_ν (the ratio of absorption to scattering processes in the formation of the line), of η_ν, the concentration of effective atoms and of x_0/m_ν, a measure of the limb-darkening, or temperature contrast, in the star. The behavior of x_0/m_ν is obtained from the stellar temperature and the opacity source; the latter can be taken as H for the hotter stars; I will assume $m_\nu = 1$ for the peculiar stars (*DB*,

DF etc). For the *DF* stars we could use the *K* line of Ca II; however, its central depth will be dominated by scattering processes, i. e. $\varepsilon_\nu \to 0$. The assumption $\varepsilon_\nu = 1$, $\eta_\nu = \infty$ in very hot stars predicts very shallow Balmer lines, Eq. (18.5), and in general, the *predicted central absorption is less than the observed value* for most *DA* stars if we use the temperature scale of column 4 in Table 5. The suggested downwards revision of Θ_e for the bluer *DA* stars with strong lines is compatible with the presence of other sources of opacity than H in these stars; the high temperatures are largely a result of the assumed large effect of the Balmer discontinuity on the *U* magnitudes. We return to this point later (see Fig. 11 and Sect. 21).

19. The strength of the Balmer lines. If the Balmer lines are formed completely by Stark broadening in a pure hydrogen atmosphere, an elementary theory of the equivalent widths can be derived. Again neglecting other sources of opacity results in a prediction that will give too large a line strength. Let us take the simplest interpolation formula for the strength of a line in terms of the absorption coefficient, for ease of integration:

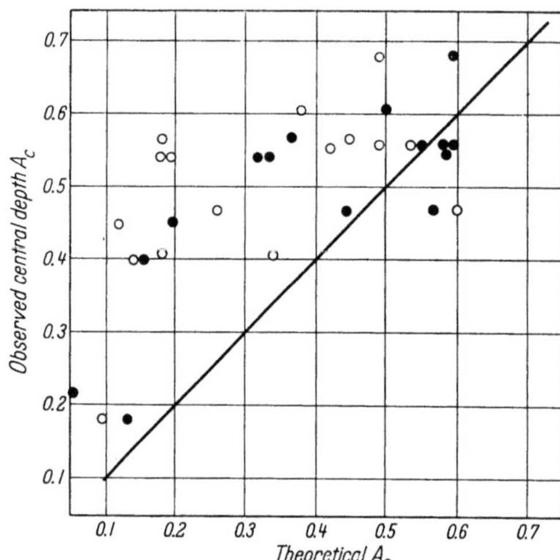

Fig. 11. Comparison of the observed central absorption, A_c, in *DA* stars, with the theoretical values derived from the temperature scales. Open circles, first approximation, dots second approximation. The 45° line is closer to the revised scale. The hot stars still deviate in the sense that the observed lines are too deep.

$$\frac{1}{A_\lambda} = \frac{1}{A_c} + \frac{1}{l(\Delta\lambda)}, \quad (19.1)$$

where A_c, the central depth, is based on observation; $l(\Delta\lambda)$, the line absorption coefficient is the product of the number of atoms above the photosphere in the second quantum state, $N_2 h$, and the simple Stark broadening formula, with C a known for constant each line:

$$l(\Delta\lambda) = \frac{N_2 h C F_0^{\frac{3}{2}}}{\Delta\lambda^{\frac{5}{2}}}. \quad (19.2)$$

Now $N_2 h$ can be obtained from the darkening coefficient in a Schuster-Schwarzschild model, since the effective depth above the photosphere, $\tau_0(\nu)$ is, approximately:

$$\tau_0(\nu) \approx \frac{1}{1 + 4m_\nu/x_0}, \quad (19.3)$$

$$\tau_0(\nu) = (1 - x)\,\varrho\,h\,\overline{k}\,m_\nu, \quad (19.4)$$

where ϱ is the density in a homogenous atmosphere of depth h, k_ν or $\overline{k}$ are the absorptions per gram of neutral hydrogen, and $(1 - x)$ is the degree of ionization of hydrogen. The number of atoms in the $n = 2$ states is, when hydrogen is largely ionized,

$$N_2 h = (1 - x)\,\varrho\,h\,4\times10^{-10.16\Theta}/H, \quad (19.5)$$

where H is the mass of the hydrogen atom, and we have used the Boltzmann factor. Then, combining (19.3), (19.4) and (19.5) we find:

$$N_2 h = \frac{4\times10^{-10.16\Theta}\,\tau_0(\nu)}{H\,\overline{k}\,m_\nu}. \quad (19.6)$$

The field-strength F_0 in (19.2) is given by:

$$F_0 = 46.8 \left(\frac{2 P_e}{T}\right)^{\frac{2}{3}}.$$

(19.7)

Then the line absorption coefficient can be written as:

$$l(\Delta\lambda) = \frac{B}{\Delta\lambda^{\frac{5}{2}}},$$

(19.8)

with the constant B given by:

$$B \equiv \frac{4\times10^{-10.16\Theta}}{H\bar{k}m_\nu}\frac{2CP_e}{T}(46.8)^{\frac{2}{3}}\tau_0(\nu),$$

(19.9)

$$B = [+7.13]\frac{P_e\tau_0(\nu)}{k_\nu}\Theta\,10^{-10.16\Theta}.$$

(19.10)

The equivalent width of a line is obtained from:

$$W_\lambda = 2\int_0^\infty A_\lambda d(\Delta\lambda) = 2A_c\int_0^\infty\frac{d(\Delta\lambda)}{1+(A_c/B)\Delta\lambda^{\frac{5}{2}}}$$

(19.11)

or:

$$W_\lambda = 2B^{\frac{2}{5}}A_c^{\frac{3}{5}}\int_0^\infty\frac{dy}{1+y^{\frac{5}{2}}} = 2.64\,B^{\frac{2}{5}}A_c^{\frac{3}{5}}.$$

(19.12)

since the definite integral has the value 1.32. The unknown electron pressures enter (19.10) for B, appearing in the 0.4 power in W. The temperature, which occurs in the exponential term, and the opacity, which also has an exponential dependence on T, are critical, but the factors tend to cancel. If we use a constant pressure, say 10^5, (since main-sequence stars have $P_e = 10^3$), we can predict line intensities which are probably an upper limit at the hot end of the sequence and are certainly too high when other sources of opacity enter. The value for the mean T of the atmosphere is that at the level where the bulk of the line's equivalent width is contributed; since the line wings are important, $T = T_e$ is used for $\bar{k}$, F_0 and the Θ in the exponential term of (19.9); the core of the line is probably formed near Θ_0, but then (19.8) is invalid. Unsöld gives C for H_γ as 4.4×10^{-17} with $\Delta\lambda$ in angstroms. The correlation of A_c and Θ can be taken from computations in Sect. 18. A straightforward application of (19.12) gives $\log P_e$ for DA stars between $+3.1$ and $+4.4$, with a steady decrease of $\log P_e$ as Θ drops from 0.2 to 0.45. This seems very improbable; H would be highly ionized, and the P_e is too low to provide much H^- opacity. Consequently the actual use of Eq. (19.12) has been in a differential fashion, comparing main-sequence and DA hot stars. Applying (19.12) directly to main-sequence stars, I find that the derived $\log P_e$ averages $+2.3$; this is too low by about 0.9 as compared to the available detailed analyses of hot main-sequence stars. I apply this systematic correction to the $\log P_e$ for white dwarfs, using the preliminary Θ_e of column 4 of Table 5. The results are that $\log P_e$ drops from $+4.2$ at $\Theta_e = 0.25$ to 3.2 at $\Theta_e = 0.35$, to $+2.5$ at $\Theta_e = 0.45$. Even these pressures are clearly too low—since main-sequence stars have $\log P_e$ in the range $+3$ to $+4$, and since the drop in P_e with decreasing temperature is too sharp, and at too high a temperature.

It appears from the argument in Sect. 18 and the present discussion that a downwards revision of the temperature scale is required. In addition, data on the emergent flux from a detailed model atmosphere for 40 Eri B has been kindly communicated by R. Grenchik, which show that very elaborate theoretical treatment still predicts a Balmer jump larger than observed, i. e., too red a $U\text{-}V$ color. It appears that some dilution of the Balmer jump (and Balmer lines) occurs, perhaps another opacity source. Therefor, I compromise between the T given by the $U\text{-}V$ colors, with and without Balmer jump. A revised scale, labelled "half-normal Balmer jump" is given in the fourth column of Table 4. This was used to give the revised lower T_e''s in the seventh column of Table 5, labelled "second approximation", for stars with strong hydrogen lines. Then the analyses of Sects. 18 and 19 were carried out again. The results are that the radii of the DA's are larger by 20% and the temperatures somewhat lower. The log P_e, from line strengths, computed with the same systematic correction are now larger, and quite reasonable, i. e. log $P_e = +4.9$ for $\Theta_e < 0.25$, $+4.5$ for $\Theta_e = 0.30$, $+3.8$ for $\Theta_e > 0.35$, i. e. have only small range. Fig. 11 shows the correlation of the observed and predicted absorption at the center of strong lines on both temperature scales. Fig. 12 shows the log P_e on both scales, as derived from the strength of H_γ in the DA stars. There are still some anomalies. The lines are still observed too deep in Fig. 11; this may reflect an abnormally large ratio of effective to boundary temperature, possibly due to blanketing by the strong lines. In objects of high temperature, say 20000° K, one might expect to see lines of He I. But the DA stars nos. 20, 21, 46, have only H, while the DB nos. 65, 78 have only He I, in spite of the similarity of temperature. The further improvement of the temperature scale might conceivably raise T_e for the DB stars, since their colors can be slightly and differently affected by the line absorption. Nevertheless, it is clear that the *He/H ratio in the atmosphere must be variable.*

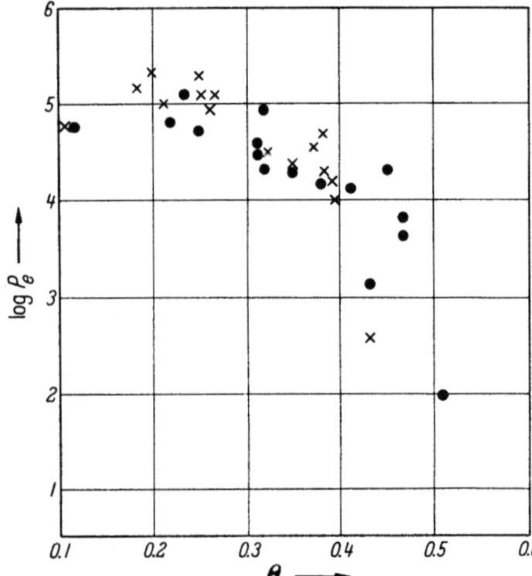

Fig. 12. The electron pressures for normal DA stars, as derived from Balmer line equivalent widths. Note that P_e remains more nearly constant on the second approximation to the temperature scale, especially or the cooler stars. Crosses: first approximation, dots: second approximation.

20. Abundances and opacity in DA. As remarked, even with the revised temperature scale, the derived P_e's seem too low. As can be seen from Eqs. (19.9) and (19.12) this may arise from too low a value of k_ν or from low abundance ratio of hydrogen to the element producing the opacity. The constant B contains P_e/k_ν, where k_ν is per gram of neutral hydrogen; if H is largely ionized, P_e/k_ν is a slow function of T alone, since there is a rough cancellation of the exponential terms. The strength of a Balmer line depends on the limb-darkening factor times a factor approximately $(P_e\Theta)^{0.4} 10^\Theta$. At a given T, the line varies as $P_e^{0.4}$; from 25000° K to 10000° K the line strength should increase by a factor of three. Obviously, a large variation in H-line strengths at a given color requires a large variation in the abundances. For example, stars near $U\text{-}V = -0^m85$ range from $W = 0$ (no. 62), $W = 2$Å (no. 63), $W = 24$ Å (no. 73), $W = 35$ Å (no. 50). Since the range of P_e cannot possibly suffice, it is certain that the abundance of hydrogen with respect to the source of opacity is variable. In hot stars this probably is the H/He ratio; in cool stars the H/H$^-$ ratio, which depends on P_e and on the H/metal ratio, is involved. For stars at $\Theta \geq 0.5$ it is clear that H$^-$ opacity becomes very important, if H still exists, and the line intensities should drop. Thus it is likely that the abrupt drop in W at $U\text{-}V = -0.3$, (see Fig. 5) which corresponds to $\Theta_e = 0.45$ arises from the H$^-$ opacity. The temperatures for those early DF stars with sharp and rather weak hydrogen lines, and weak Ca II (e. g. no. 37) are therefore probably close to 9000 or 10000° K. The disappearance of Balmer lines at $U\text{-}V \geq 0$ is completely different from their behavior in main-sequence stars, where the maximum strength lines is at this T_e and where H lines persist to $\Theta_e = 1.0$. Even though at log $P_e = +5$, k_ν (H$^-$) greatly exceeds k_ν(H) for $\Theta_e > 0.5$, the normal abundance ratio of H/metals would not permit so rapid a drop in line intensities; as Θ_e increases, the ratio of P_e/P_g ultimately approaches the metal/hydrogen ratio. It seems probable that this ratio must be abnormally large, or that other sources of opacity appear.

21. The masses of the white dwarfs. The well developed theory of completely degenerate stars gives the mass as a function of radius and mean molecular weight per electron, μ_e; the latter is essentially a function only of hydrogen content in the interior:

$$\mu_e = \frac{2}{1 + X_{\mathrm{H}}} . \tag{21.1}$$

Since vibrational instability and lack of energy generation precludes large values of X_{H} ($< 10^{-5}$ probably), $\mu_e = 2$. Table 5 gives the mean log $R/R_\odot = -1.85 \pm 0.03$ for DA and -1.92 ± 0.05 for all other types. The gross mean is -1.88 ± 0.03. The average deviation of a radius (logarithm to base ten) from the mean is ± 0.10 for DA and ± 0.20 for the others, i.e. a significantly greater spread in the peculiar objects. The mean error of the means given is purely internal, and systematic errors in the luminosity and temperature calibrations cannot be estimated. Part of the spread may be due to an intrinsic variety of evolutionary history in the pre-white dwarf stage, as evidenced by the DB and DC stars. Some objects in Table 5 (nos. 43, 63) seem large to be completely degenerate; others like nos. 11, 37 seem significantly small, i.e. have larger mass. However, we can best treat these objects as having a very nearly constant mass, and therefor derive from log $\overline{R/R_\odot} = -1.88$, $\overline{R} = 9100$ km. From [2] $\dfrac{\mathfrak{M}\mu_e^2}{\mathfrak{M}_\odot} = 2.25$, or $\mathfrak{M} = 0.56\ \mathfrak{M}_\odot$, i.e. 1.1×10^{33} gm, $\bar{\varrho} = 3.5 \times 10^5$ gm/cm^3. The central density is then 2.6×10^6 gm/cm i.e. about 40 tons per cubic inch.

The remarkable feature is the small average mass, considerably lower than that of the companions of Sirius and Procyon (nos. 23, 25) whose spectra I have not investigated, but which have $M \approx M_\odot$. The mass of 40 Eri B (no. 15) is well known[1, 2] and is $\mathfrak{M} = (0.43 \pm 0.04)\ \mathfrak{M}_\odot$, close to my statistical value. The Einstein red shift is given by:

$$V = 0.635\ \frac{\mathfrak{M}/\mathfrak{M}_\odot}{R/R_\odot}\ \text{km/sec}, \tag{21.2}$$

so that its expected value is $V = +27$ km/sec. POPPER's observed value for 40 Eri B is $(+21 \pm 4)$ km/sec. Based on the revised T_e scale of Table 5, I predict $+16$ km/sec for 40 Eri B; (the older scale giving $+18$ km/sec).

A few preliminary values of radial velocity for white dwarfs have been measured. Ultimately, a mean red shift could be derived by averaging over a large enough number of stars. The mean tangential peculiar velocity for DA stars is between 30 and 50 km/sec, so that the expected mean peculiar radial velocity is 20 to 30 km/sec. To get a useful mean Einstein shift good to 25% requires velocities of about 20 white dwarfs. It is hoped that these will become available from the Palomar material now being accumulated.

[1] N. M. ARTUKHINA: Astronom. Journ. USSR. **25**, 180 (1948).
[2] D. M. POPPER: Astrophys. Journ. **120**, 316 (1954).

22. Evolutionary significance of the masses. From Table 5 it is clear that the spread in radius is small though real. The mean mass derived in Sect. 21 is remarkably small; even the extremely deviant radii (ranging from -1.5 to -2.2 in $\log_{10} R/R_\odot$) results in a spread in masses only from about 0.2 $\mathfrak{M}_\odot$ to 1.2 $\mathfrak{M}_\odot$. Included in this spread, obviously, are all the observational and theoretical uncertainties. Thus it can be concluded that all white dwarfs have masses below CHANDRASEKHAR's critical mass $\mathfrak{M}_3$, which is 5.76 $\mathfrak{M}_\odot/\mu_e^2$, i. e. 1.44 $\mathfrak{M}_\odot$ for $\mu_e = 2$. (As revised by RUDKJÖBING the critical mass is about 1.25 $\mathfrak{M}_\odot$). Thus there is a strong observational indication that μ_e is near 2, i.e. that the hydrogen content is nearly zero in the interior.

The small mass is startling if we consider the normal processes of stellar evolution. No objects of mass greater than about 1.3 $\mathfrak{M}_\odot$ can have existed for the lifetime of our galaxy. All initially formed stars in population II exceeding this mass have evolved away from the main sequence, presumably through the subgiant and red-giant stages. Thus a considerable loss of mass is required in the amount initial minus mean white-dwarf mass, i.e. $> (1.3 \ \mathfrak{M}_\odot - 0.6 \ \mathfrak{M}_\odot)$, more than one-half the mass of every completely evolved population II star. If we consider population I, it has been suggested that there exists an equilibrium between star formation from interstellar gas and their rapid evolution, mass-loss and extinction[1,2]. In currently rapidly evolving population I stars the initial mass is large, so that a larger fraction of matter, some of which has been subject to thermonuclear processes and nucleogenesis, will be returned to the interstellar medium. Thus, in both populations mass-loss at some evolutionary stage must be important, either at the end of the red-giant stage, or from the red-giant through hot-subdwarf or horizontal-branch stages [8]. There may be some mass-loss during the white-dwarf stage; the near constancy of the radii indicate that this is not large. However, Wolf 489 (no. 48), a very old star, does have a well-determined radius, significantly larger than average. This, and spectroscopic indications of instability in V Ma 2 (no. 3), and in the DB stars, indicate that possibly deep-seated instabilities exist.

If any of the white dwarfs had a large enough initial mass to reach high central temperatures, ($T > 80$ million degrees) at some stage in evolution thermonuclear processes would occur producing He, C, O, Ne, and by neutron-releasing processes, the metals. These are now being extensively discussed and indicate that the heavy elements, up to lead, can be built in a non-catastrophic fashion [10]. Some white dwarfs would then represent the remnant core of such parent stars. On such a picture, variations in the He/metal, He/C, N, O ratios could well occur, depending on the initial mass and history of the parent star.

The occurrence of novae in population II suggests that the mass of some currently evolving stars is such that violent instability occurs in the pre white-dwarf stage, and if Nova WZ Sge (no. 67) is a white dwarf, even into the DA stage. White dwarfs have recently been formed in population I also, since α CMa A must be a young star, and α CMa B is a white dwarf. The absence of population I novae suggests that non-catastrophic mass-loss is possible. The supernovae of light-curve type II, of population I, probably expel large masses, and together with the supernovae of population II may have a white-dwarf remnant. Again, if current theories on nucleogenesis on a short time scale [10] are correct, these remnants may have strange composition (e. g. DC's, $\lambda\,4135$, $\lambda\,4670$ types).

---

[1] E. E. SALPETER: Astrophys. Journ. **121**, 161 (1955).
[2] A. R. SANDAGE: Astrophys. Journ. **125**, 422 (1957).

23. The ages of the white dwarfs. The white dwarfs can have no substantial nuclear energy sources. Theoretical developments are reviewed by E. Schatzman[1]. Experimental evidence comes from the color-magnitude diagram, the low luminosity (in spite of high central density and temperature) and the age of these objects. In [4] Mestel derived approximate ages based on the hypothesis that white dwarfs radiate by cooling at constant radius. Energy lost from the surface come from the interior, at the expense of the energy of the non-degenerate nuclei (only the electrons being degenerate). The cooling rate depends on the opacity of the non-degenerate envelope. The available heat content of the interior is:

$$E = \frac{3}{2}\frac{k T_b M}{\mu_A H},\qquad(23.1)$$

where T_b is the temperature at the transition between the normal envelope and the nearly isothermal degenerate core; μ_A is the mean atomic weight in the interior. Mestel's opacity theory differs somewhat from that of Schwarzschild [4], but both investigators derive long cooling times for the white dwarfs. The luminosity is:

$$L = -\frac{dE}{dt},\qquad(23.2)$$

Table 6. *Theoretical cooling time.*

$L/L_\odot$	$\log \varrho_b$ gm/cm^3	T_b	$\Delta R/R$	t_L years
10^{-2}	3.5	17×10^6	0.011	0.2×10^9
10^{-3}	3.1	9×10^6	0.006	1.0×10^9
10^{-4}	2.7	5×10^6	0.003	5.0×10^9

and for stars of low L the time scale, which is of the order E/L is very long. If t_L is the age in years for the star to cool from some high initial T_b' and L', down to the observed L, Schwarzschild gives:

$$t_L = 1.2 \times 10^7 \cdot \frac{M/M_\odot}{(L/L_\odot)^{\frac{5}{7}}}.\qquad(23.3)$$

In this computation $\mu_A = 4.44$ (90% He, 10% heavier elements). Table 6 gives the results for t_L, and for the density, temperature and fractional radius, $\Delta R/R$, (measured inwards) at which the degenerate core begins. The assumed mass $= 0.6\ \mathfrak{M}_\odot$.

According to Mestel, the T_b are higher, and the red white dwarfs like W 489 (no. 48), which have $L/L_\odot = 10^{-4}$, have an age near $10^{11}/\mu_A$ years. Thus, Mestel would require 25×10^9 years for $\mu_A = 4$, helium, and suggests that A may be near 20, i.e. neon. Even with Schwarzschild's shorter time scales, it is obvious that the red white-dwarf stage is very long lived, and that the oldest now known are uncomfortably close to the present age of the Galaxy. It is also clear why few low-velocity stars of population I are found among the fainter white dwarfs— they are simply not old enough.

The longer time-scale indicated must be added to the time required by the parent star to exhaust all its energy sources, traverse a complex evolutionary track and lose appreciable mass before it enters the cooling stage. Thus the parent of Wolf 489 must have been a massive star of primordial population II, or we would need a very long total age. In any case it seems unlikely that an age of less than 6 or 7×10^9 years can be sufficient. The possible existence of massive stars in the early days of our Galaxy is of particular importance. They could have evolved quickly and have altered the composition of the interstellar gas so as to have permitted formation of second generation population II stars [10] containing at

---

[1] Vol. LI, this Encyclopedia.

least some metals and helium. At the other end of history, one can predict that the cooling, reddening and nearly "black" white dwarf represents the ultimate dying stage of matter in our Galaxy.

Acknowledgments.

I would like to take this opportunity to thank W. J. Luyten of the University of Minnesota who supplied much data and helpful assistance in advance of publication and also D. L. Harris III of the Yerkes Observatory for kind permission to use his unpublished photoelectric magnitudes and colors. I am indebted to the Office of Naval Research for support of an early part of this program, and to Mrs. Mildred Shapley Matthews who carried out the spectrophotometric measures.

General bibliography.

[1] Adams, W. S.: Publ. Astronom. Soc. Pacific **27**, 236 (1915). For a summary of older work see G. P. Kuiper in: Colloquium on Novae and White Dwarfs. Paris: Hermann 1941; also Publ. Astronom. Soc. Pacific **53**, 248 (1941).

[2] Chandrasekhar, S.: An Introduction to the Study of Stellar Structure, Chap. XI. Chicago: University of Chicago Press 1939; see also Chap. 14 in: Astrophysics, a Topical Symposium (ed. Hynek). New York: McGraw-Hill 1951.

[3] Schatzman, E.: This Encyclopedia, Vol. LI. — Lee, T. D.: Astrophys. Journ. **111**, 625 (1950). — Ledoux, P. J., and E. Sauvenier-Goffin: Astrophys. Journ. **111**, 611 (1950).

[4] Mestel, L.: Monthly Notices Roy. Astronom. Soc. London **112**, 583 (1952). — Schwarzschild, M.: In press.

[5] Luyten, W. J.: Astrophys. Journ. **109**, 528 (1949); **112**, 268 (1950); **113**, 701 (1951); **116**, 283 (1952); see also Landolt-Börnstein: Zahlenwerte und Funktionen, Vol. III, p. 216. Berlin: Springer 1952.

[6] Johnson, H. L., and W. W. Morgan: Astrophys. Journ. **117**, 313 (1953).

[7] Harris, D. L. III: Unpublished and kindly communicated in advance of publication. This work includes colors of white dwarfs and Humason-Zwicky stars in the U-B, B-V system; see Astrophys. Journ. **124**, 665 (1956).

[8] Greenstein, J. L.: Proc. 3rd Berkeley Symp. on Mathematical Statistics, Vol. III pp. 11—29. Berkeley: Univ. of California Press 1956. (Mount Wilson and Palomar Reprint no. 202.) Astrophys. Journ. **126**, 14, 19, 23 (1957).

[9] Bonsack, W. et. al.: Astrophys. Journ. **125**, 139 (1957).

[10] Greenstein, J. L.: Mem. Soc. Roy. Liège, ser. IV **14**, 307 (1953) (Mount Wilson and Palomar Reprint no. 116). — Fowler, W. A., and J. L. Greenstein: Proc. Nat. Acad. Sci. U.S.A. **42**, 173 (1956). — Cameron, A. G. W.: Astrophys. Journ. **121**, 144 (1955). — Burbidge, E. M., G. R. Burbidge, W. A. Fowler and F. Hoyle: Rev. Mod. Phys. (in press).

Visual Binaries.

By

P. van de Kamp.

With 19 Figures.

1. Introduction. Close apparent proximity of two stars may indicate a true spatial proximity, or may be due to a chance arrangement of two stars seen in nearly the same direction, but at widely differing distances. The latter case represents the so-called *optical double star,* which is of little or no interest, and in statistical studies of binaries may generally be safely ignored[1]. The former case of the true *physical double star* system, or *binary,* is the topic of the present article. While no fundamental distinction may exist between binaries, multiple stars, associations, and star clusters, the designation "visual binary" refers to pairs of stars falling within arbitrary, limited angular separations.

Generally the discovery of the true physical binary is attributed to William Herschel (1803), after he had studied the problem for a quarter of a century. Earlier references to the nature of binary stars go back to Lambert, Mitchell and others.

The study of visual binaries is concerned primarily with the orbital motion and with the magnitudes and spectra of the binary components. The two-dimensional projection of the orbit on the plane of the sky represents the *astrometric* component of the orbital motion, or *apparent orbit,* as contrasted with the one-dimensional *spectroscopic* component, the radial velocity curve, in the line of sight.

Historically the first discoveries and studies of the astrometric component were made by the visual technique and led to the designation *visual* binaries. Later techniques for study of the apparent orbital motions include the *photographic* and *interferometric* methods. Historically the study of the relative orbital motion of the two components of a binary star first received attention. The most important results of such studies are a knowledge of the size a'' (in angular measure) and period of revolution of the system. If the parallax p'' of the system is known the size can be expressed in linear measure $a = a''/p''$ and the sum of the masses is obtained from the harmonic relation

$$\mathfrak{M}_A + \mathfrak{M}_B = \frac{a^3}{P^2}$$

where $\mathfrak{M}_A$ and $\mathfrak{M}_B$ are the masses of the components, a the semi-axis major of the relative orbit, and P the period of revolution. Astronomical units are used, i.e., the measured quantities are expressed in terms of the sun's mass, the astronomical unit of distance and the sidereal year.

A next step is the study of the orbital motion of either component separately, as referred to a background of other stars. Some work of this type has been done

[1] W. J. Luyten: Publ. Astronom. Obs. Minnesota 2, No. 9, 187 (1939).

through both micrometer and meridian circle observations (Fig. 1). At present this field of "absolute orbits" is almost exclusively done by photography. By these studies the mass-ratio of the binary components may be derived; they are essential for the determination of individual stellar masses (Sect. 16). Of particular interest is the case of binaries discovered from the variable proper motion of the primary component, or of the center of light of both components (Sect. 17).

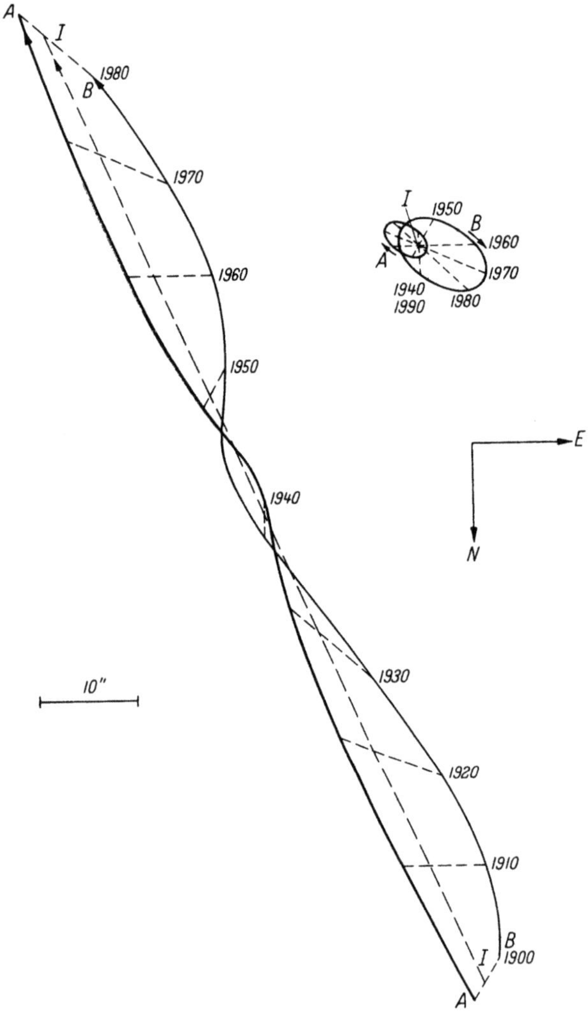

I. Observational.

2. Relative positions. The visual measurements of a double star are the *distance* ϱ and *position angle* ϑ, of the fainter relative to the brighter component. The distance is expressed in seconds of arc; the position angle, in degrees, is counted from the North through the East (Fig. 2).

Position angle and distance are related to the rectangular equatorial coordinates as follows:

$$\Delta\alpha\cos\delta = \Delta x = \varrho\sin\vartheta,$$

$$\Delta\delta = \Delta y = \varrho\cos\vartheta.$$

The earliest accurate double star measurements were made by F. J. W. Struve, who made a systematic survey of stars north of $-15°$ declination with the 9-inch refractor of the Dorpat Observatory. Struve used a filar micrometer; his "Mensurae Micrometricae" published in 1837 lists over 3000 binaries, with less than 32" separation. Among the other early observers must be mentioned the amateur, S. W. Burnham, who discovered 1290 double stars between 1871 and

Fig. 1. Heliocentric paths and orbital motions (upper right) of Sirius A and B, relative to their center of mass I.

1899 with his 6-inch refractor. The beginning of this century witnessed the beginning of the important surveys for binaries by R. G. Aitken and W. J. Hussey. Using the 36-inch refractor of the Lick Observatory, these observers surveyed all stars down to the ninth magnitude in the northern hemisphere and part of the southern hemisphere. They discovered some 5600 new double stars. A survey by R. A. Rossiter, with the 27-inch refractor at Bloemfontein, South Africa, yielded some 7350 new pairs. The only objects included were those falling within the (arbitrary) magnitude separation formula: $\log d'' = 2.5 - 0.2\,m$, where d'' is the separation in seconds of arc and m the combined magnitude of the components. The survey started by R. T. A. Innes with the 26.5-inch refractor of the Johannesburg Observatory led to the discovery of some 4000 pairs, closer than 5″.

The earliest discoveries of binary stars through variable proper motion were made by BESSEL, who thus established the existence of companion stars for Sirius and Procyon. BESSEL's interpretation, given in 1844, was not verified by visual observations until 1862, when the companion of Sirius was observed by ALVAN G. CLARK with the 18-inch refractor now at the Dearborn Observatory, while the much fainter companion of Procyon was not seen until 1896 by SCHAEBERLE with the 36-inch refractor of the Lick Observatory.

As in other fields of astronomy, surveys based on magnitude are not necessarily the most productive in yielding results. The historical surveys undoubtedly include predominantly physical pairs, but the majority of these are at great distances and have long periods. From the tremendous range in stellar absolute magnitude it is obvious that the majority of nearby stars, single or double, have faint apparent magnitudes and are not included in the above surveys. Nearby double stars are of particular importance for the determination of stellar masses; it is extremely desirable to obtain as complete a survey as possible for binaries among the stars of large or at least appreciable parallax. Surveys of this kind have been made by LUYTEN and by KUIPER, but more remains to be done.

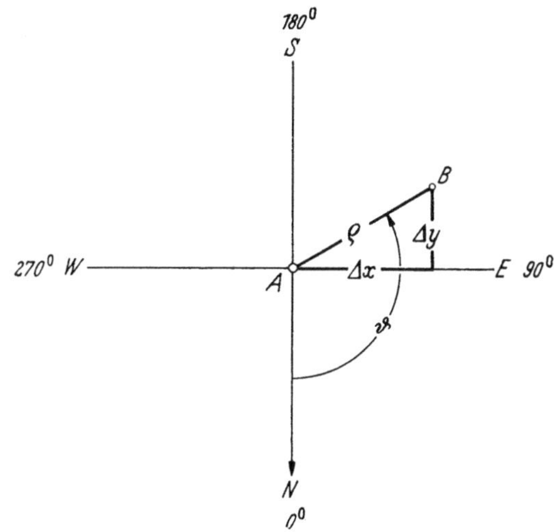
Fig. 2. Relative position of double star components.

α) *Visual measurements.* The filar micrometer appears to remain the ideal instrument for measuring the relative positions of close double star components from several seconds' separation down to about a tenth of a second of arc, the smaller separations being most accurately obtained by the modern version of the so-called double image micrometer[1]. Interferometer techniques[2] have been used with scattered success for the measurement of extremely close pairs (ANDERSON, MAGGINI, VAN DEN BOS, FINSEN, WILSON, JEFFERS); the results can give higher accuracy than micrometer measures; the interferometer method, however, is delicate and vulnerable, and the results obtained thus far have at times been unreliable. A beginning has been made with electronic methods[3]. For wide pairs the conventional filar micrometer gives good results in position angle, but the photographic method is much to be preferred, particularly in regard to distance measures.

β) *Photographic measurements.* The photographic technique has proved to be extremely accurate for the measurement of wider pairs—about 3″ and wider. The precise technique of long-focus photographic measurements of double stars was first developed by EJNAR HERTZSPRUNG with the visual refractor of 12.5 meter focal length of the Potsdam Observatory, during the years 1914 to 1919.

[1] P. MULLER: Rev. Opt. 18, 172—196 (1939). — Bull. Astronomique, Sér. II 14, 177—256 257—313 (1949).
[2] W. S. FINSEN: Popular Astronomy 59, 399—418 (1951).
[3] P. LACROUTE and P. BACCHUS: C. R. Acad. Sci. Paris 234, 408 (1952).

This type of observation has been continued by others, notably by K. Aa. Strand. Hertzsprung perfected the photographic technique from the beginning, and it has been used, essentially unaltered, by his followers. Applied to visual refractors, the use of appropriate emulsion and filter in each case has established a *photovisual* technique yielding positional results of extreme accuracy. General details about long-focus photographic technique are found in Chap. IV of this article.

The photographic method is limited to doubles with separations exceeding about 0.15 mm on the plate. Below this limit it is, in general, difficult to obtain satisfactory exposures. The neighboring images affect each other, causing either a diminution or an increase in the separation between the images. The complexity of the causes of these errors makes it impossible to get anything but a rough estimate of the amount of the various effects, while corrections determined by laboratory experiments are of limited value only. Hence there is every reason to observe the "close" double stars visually, either by micrometer or by interferometer, and to limit the photographic observations to wider pairs for which the images are clearly resolved, i.e., separated on the photographic plate.

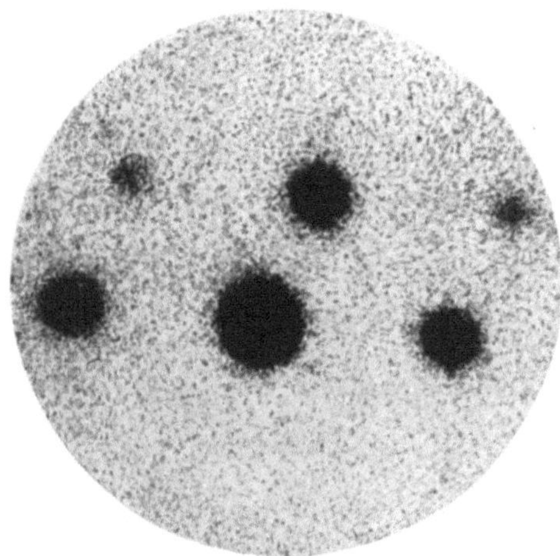

Fig. 3. A 5-seconds exposure of Castor, enlarged 75 times. The separation of the components is 3″.14 or 0.198 mm on the plate. The first order spectra are one magnitude fainter than the central image. Photographed 1939 December 1, by K. Aa. Strand with the Sproul 24-inch refractor, aperture reduced to 13 inches, Eastman IV G emulsion, Wratten No. 12 (minus blue) filter.

$\beta 1$) *Magnitude compensation*. The so-called magnitude error, due to difference in magnitude between different stars, is caused by coma effects off center and by imperfect guiding of the telescope. In observing the relative positions of the components of a resolved astrometric binary by the photographic method, magnitude error is compensated for by the use of a coarse grating in front of the objective. Such a grating produces diffraction images symmetrically located with respect to the central image; these images can be given any desired intensity with respect to the central image by proper choice of the thickness of the bars and of their spacing.

The linear separation, Δ, between the central and n-th order images in the focal plane is given by the formula

$$\Delta = \frac{n F \lambda}{l + d}$$

where F is the focal length, λ the (effective) wave length, l the width of the space between the bars, and d the width of a bar. The extinction in magnitudes for the central image is

$$5 \log \left(\frac{l + d}{l} \right).$$

The difference in magnitude between the n-th order and central image is given by

$$\Delta m = 5 \left[\log \frac{n l \pi}{l + d} - \log \sin \frac{n l \pi}{l + d} \right].$$

The diffraction images are really spectra; in the photo visual technique, however, the first and even higher order spectra look like star images due to the narrow range in wavelength.

By employing a grating for which the first (or higher) order spectra of the brighter component are of approximately the same intensity as the central image of the fainter component, a compensation for possible magnitude error is provided by using the mean of the measured positions of the two spectral images instead of the central image. So long as the difference in intensity between the images does not exceed half a magnitude, the magnitude error is usually negligible; it is therefore sufficient to have a limited number of gratings, producing first-order spectra which are a whole number of magnitudes fainter than the central image. For example, in his work with the Sproul refractor, STRAND used four gratings, made of duraluminum, giving differences of one, two, three, and four magnitudes, respectively, between the central image and the first-order spectra (Fig. 3, 4).

For differences exceeding four or five magnitudes, a limited number of unequally spaced wires proves to be an effective "grating". In these as well as other cases, a hexagonal diaphragm in front of the telescope, through diffraction creates comparatively clear spaces, in which the companion may be placed[1].

$\beta 2)$ *At the telescope and measuring machine.* Multiple exposures are taken; each plate has two rows of exposures, in a west-to-east sequence parallel to the daily motion. After a series of about 30 to 40 exposures has been thus obtained, either manually or by some automatic device, the telescope is given a small shift in declination and the double star itself, or a neighboring bright star, is used to impress a trail giving the equator of the date. As a rule a second row of exposures is then taken, followed by a second trail. Since the exposures are taken without any guiding, the exposure times never exceed 30 sec; on the other hand, no exposures below 3 sec are used.

Fig. 4. A view through the slit of the dome of the Sproul refractor with one of the duraluminum gratings in front of the 24-inch objective.

The relative position of the two components is obtained from the difference in $\Delta\alpha \cos\delta (\Delta x)$ and $\Delta\delta (\Delta y)$, measured for example on a precision long-screw machine. In each coordinate the plates are measured with the film turned toward the microscope, and also through the glass, the plate being turned 180° between the two measures around an axis parallel to the vertical bisecting wire in the

---

[1] G. B. van ALBADA: Contributions from the Bosscha Observatory, No 3.

microscope. This eliminates errors arising from inaccuracy in the orientation between the axis of the screw, the bisecting wire and the motion of the plate at right angles to the screw.

γ) Accuracy. For an average plate with 40 to 50 measured exposures, the relative position Δx, Δy of the two components is obtained with a probable error of $\pm 0''.006$. Part of this error, about $\pm 0''.004$, is due to the personal error of the measurer; it affects the distances rather than the position angles. As a rule the error in orientation arising from inaccuracies in the trail is below $0°.01$ for any one plate, and would therefore be less than $0''.002$ for a pair with a separation of $10''$.

One good photographic exposure with a long-focus refractor yields about the same accuracy as one visual measure with the micrometer. Herein lies the power of the photographic method. More than a hundred visual observations are required to obtain an accuracy comparable to that of one photographic plate, taken and measured as described above. These visual observations are all independent measures, each representing a single night's observation by one observer, and the mean result is considered made up of observations by many observers with different telescopes. In the case of visual observations of double stars, systematic and personal errors are appreciable; generally not more than a few settings make a single night's observation, and not more than three or four observations each year are warranted.

The superiority of the photographic observations is even more pronounced if the distances are considered. The visually observed distances between the components may be off by as much as $0''.06$ even though they represent the mean of many observers with different telescopes. The systematic errors in visual measures do not cancel out even over several decades, and may be found to depend on the separation of the components. For example, in the case of 70 Ophiuchi, the visual distances have been found to be systematically too small when the separation is over $2''.5$, and systematically too large when the separation is less than $2''.5$. Such a result may be due to one observer, who may have observed the star over several decades. In general, in very bright pairs, such as γ Virginis for example, the visual distances are measured too large. Systematic errors are not entirely absent in the photographic measures, but they are only about one-tenth as large and their effect can be partly eliminated by repeated measurements of the same plate by different persons. In other words, photographic measurements take us one decimal further. Hence it pays to have 40 to 50 measurable images on each plate and to take four to six plates each year.

δ) Catalogues. Double-star catalogues, containing relative positions of binary components, have been published from time to time. Burnham's General Catalogue (β GC), published in 1906, lists observations for 13665 pairs. Aitken's Double Star Catalogue (ADS), published in 1927, contains 17180 entries; the only objects included were those defined by the magnitude-separation formula: $\log d'' = 2.8 - 0.2\,m$. A catalogue of southern double stars is in preparation at the Johannesburg Observatory, and contains about 16000 pairs. It is estimated that at present some 40000 binaries are known, falling within Aitken's magnitude-separation formula.

So far we have considered only the discovery and measurement of double stars through their relative positions. The other obvious approach depends on the observed "absolute" paths of apparently close stars, whose physical connection may often be conclusively established from the nearly identical paths which the components pursue. Often referred to as "proper motion" double stars, this class of objects, or rather this approach, yields additional information beyond what relative positions can provide. The path of a star reveals parallax as well as orbital motion, and is therefore indispensable for the ultimate complete study of the geometric properties of a binary system. This approach is described in Chap IV.

3. Magnitudes. The combined magnitude m of a binary and the magnitude difference Δm (secondary *minus* primary) are related to the magnitudes of the separate components by the relation

$$m_A = m + x,$$
$$m_B = m_A + \Delta m$$

where

$$x = 2.5 \log_{10} (1 + 2.512^{-\Delta m}).$$

Conversion tables have been given, among others, by HERTZSPRUNG[1].

Magnitude differences for close binaries have been obtained by means of the objective grating, double image micrometer, and wedge photometer[2-4].

By means of objective gratings KUIPER has measured accurate Δm for double stars north of $-18°$, brighter than 6^m5, and with distances between $0\rlap{.}''5$ and $5\rlap{.}''0$. These data are still unpublished.

With the double-image micrometer, MULLER and others have measured and published several series of accurate Δm for visual binaries.

DETRE and WALLENQUIST have measured Δm with the wedge photometer for numerous binaries.

For the wider pairs accurate values for Δm have been obtained from multiple exposure plates, e.g., by STRAND and by KOOREMAN, the magnitude scales being derived from the grating images. Photometric measures of the exposures thus have led to a probable error of only 0^m02.

The photoelectric method of course is preferred for wider pairs and for the combined magnitudes of closer pairs. Recent results by JOHNSON[5] clearly demonstrate the accuracy and potential significance of the photoelectric method applied to double stars.

4. Spectra and radial velocities. Information on the spectra of the components of the brighter and wider visual binaries is contained in the Henry Draper Catalogue, Mount Wilson Contributions and miscellaneous publications. For the closest pairs the spectrum may appear composite, or it may represent the brighter component only for magnitude differences exceeding one magnitude. In many respects our knowledge about spectra must be considered scattered and incomplete.

The importance of radial velocities is obvious, since no study of a binary can be considered complete or final, without knowledge of the motion in the line of sight. In a few cases (e.g., Procyon), a combined study of astrometric and spectroscopic data has been made[6]. Generally, however, there has been little or no coordinated effort in this direction.

---

[1] E. HERTZSPRUNG: Nord. Astronom. Tidsskr. H. 1 (1921).
[2] P. MULLER: Popular Astronomy **57**, 389—390 (1949).
[3] Å. WALLENQUIST: Popular Astronomy **57**, 9—14 (1949).
[4] Å. WALLENQUIST: A general catalogue of differences in magnitude of double stars with a survey of double star photometry, Uppsala Astronom. Obs. Ann. **4**, No. 2, 1—79 (1954).
[5] H. L. JOHNSON: Astrophys. Journ. **117**, 361—365 (1953).
[6] K. Aa. STRAND: The orbit and parallax of Procyon, Astrophys. Journ. **113**, 1—20 (1951).

II. Theoretical.

A brief review is given of the theoretical basis of the orbital motion of a binary star, based on Newton's Law of Gravitation. This two-body problem is conveniently presented in polar coordinates (r and ϑ) in the orbital plane.

5. Fundamental formulae. For any plane curvilinear motion we have:

linear velocity
$$V^2 = \left(\frac{dr}{dt}\right)^2 + r^2\left(\frac{d\vartheta}{dt}\right)^2,$$

acceleration

along radius vector
$$q_r = \frac{d^2 r}{dt^2} - r\left(\frac{d\vartheta}{dt}\right)^2,$$

perpendicular to radius vector
$$q_\vartheta = \frac{1}{r}\frac{d}{dt}\left(r^2\frac{d\vartheta}{dt}\right),$$

areal velocity
$$A = \frac{r^2}{2}\cdot\frac{d\vartheta}{dt},$$

hence
$$q_\vartheta = \frac{2}{r}\cdot\frac{dA}{dt}.$$

6. Two-body problem. Newton's law of gravitation may be written as

$$q_r = -G\frac{\mathfrak{M}_A + \mathfrak{M}_B}{r^2}$$

where q_r is the relative gravitational acceleration of the fainter, secondary component B with respect to the brighter, primary component A.

Since $q_\vartheta = 0$, Newton's law implies $dA/dt = 0$, and hence a constant areal velocity A.

Substituting $\mu = G(\mathfrak{M}_A + \mathfrak{M}_B)$ we have for the case of Newton's law:

$$q_r = -\frac{\mu}{r^2} = \frac{d^2 r}{dt^2} - r\left(\frac{d\vartheta}{dt}\right)^2$$

which may be transformed to

$$-\frac{\mu}{r^2} = -\frac{4A^2}{r^2}\left(\frac{d^2\frac{1}{r}}{d\vartheta^2} + \frac{1}{r}\right)$$

or

$$\frac{d^2\frac{1}{r}}{d\vartheta^2} + \frac{1}{r} = \frac{\mu}{4A^2} = c.$$

Substituting $1/r = x$ and $y = x - c$ we obtain

$$\frac{d^2 y}{d\vartheta^2} + y = 0$$

which leads to

$$y = \alpha\cos(\vartheta - \vartheta_0),$$
$$x = \alpha\cos(\vartheta - \vartheta_0) + c$$

and hence

$$r = \frac{1}{c + \alpha\cos(\vartheta - \vartheta_0)} = \frac{1/c}{1 + \alpha/c\,\cos(\vartheta - \vartheta_0)}.$$

Substitution of $1/c = p$ and $\alpha/c = e$ leads to

$$r = \frac{p}{1 + e\cos(\vartheta - \vartheta_0)}$$

or

$$r = \frac{p}{1 + e \cos v}.$$

This is the formula of a conic section, referred to the focus; e is the eccentricity, $p = a(1 - e^2)$, the so-called parameter or half the latus rectum. r is the *radius vector*, v is the *true anomaly*, counted from periastron in the direction of orbital motion.

The following formula for the linear orbital velocity is easily derived:

$$V^2 = \mu \left(\frac{2}{r} - \frac{1}{a} \right) = G \, (\mathfrak{M}_A + \mathfrak{M}_B) \left(\frac{2}{r} - \frac{1}{a} \right).$$

7. KEPLER'S problem. In the case of binary stars we are almost exclusively concerned with elliptical orbits, although in certain cases a parabolic orbit may be used as a first approximation. Elliptical motion, resulting from the law of gravitation reveals KEPLER'S first two laws, and is referred to as Keplerian motion. We now derive the formulae for the relative position of component B with respect to component A, as a function of the time τ elapsed since the time T of closest approach of B to A, called the time of *periastron* passage (Fig. 5). The so-called *auxiliary circle* is coplanar with the *true* elliptical orbit, and tangent to it at periastron and apastron. The true orbit is obtained from the auxiliary circle by the reduction or projection factor $\sqrt{1 - e^2}$. The *eccentric anomaly* E is the angle measured at the center of the circle between the direction to periastron and to the point C on the circle from which the position of component B may be obtained by the aforementioned reduction factor

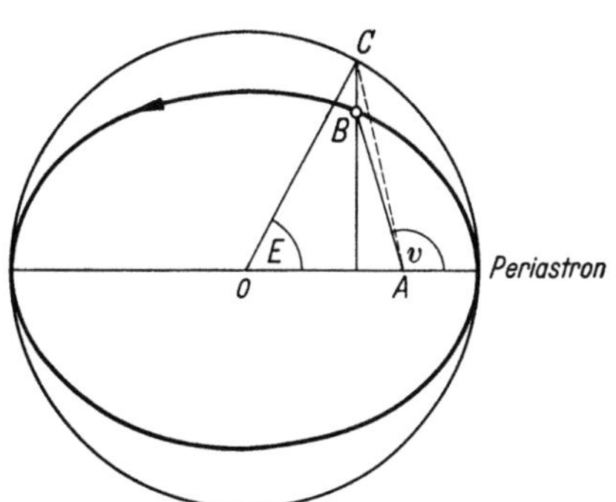

Fig. 5. KEPLER's problem; relation between position B in true orbit and related position C in auxiliary circle.

$\sqrt{1 - e^2}$. The orbital sector from periastron to the point B is therefore obtained from the sector PAC by the same reduction factor. The area of this latter sector equals the area of the sector POC minus the triangle OAC. Hence

$$a^2 \frac{E}{2} - \frac{a^2 e \sin E}{2} = \frac{\tau}{T} \pi a^2,$$

from which follows:

$$E - e \sin E = 2\pi \frac{\tau}{P} = M,$$

which is known as KEPLER'S equation. The right-hand member of the equation is the *mean anomaly M*.

For a certain value of τ, E may be found from tables[1] with the double entries M and e. From E we may derive v through the equation

$$\tan \frac{v}{2} = \sqrt{\frac{1 + e}{1 - e}} \tan \frac{E}{2}.$$

This equation is derived by combining the equation in polar coordinates for the ellipse and the relation

$$r = a \, (1 - e \cos E)$$

---

[1] J. J. ÅSTRAND: Hülfstafeln zur leichten und genauen Auflösung des Keplerschen Problems. Leipzig: Wilhelm Engelmann (1890).

which is easily derived. Knowing v, the position of B is found by calculating r, and hence the rectangular coordinates follow:

$$r \cos v = a (\cos E - e),$$
$$r \sin v = a \sin E \sqrt{1 - e^2}.$$

A simpler approach exists through the use of tables[1] giving

$$x = \cos E - e,$$
$$y = \sin E \sqrt{1 - e^2}$$

directly in terms of the double entries M and e. Thus the relative positions are given directly by the two so-called *elliptical rectangular coordinates* ax and ay referred to the focus.

III. Analysis of relative orbit.

8. Orbital elements. The true orbit in space of the companion relative to the primary may be defined by seven elements which fall into three groups[2].

α) *Dynamical elements.* $P = period$, $e = eccentricity$, $T = epoch$ of $periastron$ $passage$. P and T are usually expressed in years.

β) *Scale of orbit* i.e., semi-axis major or mean distance a, the average between periastron and apastron distances. For visual binaries this element is expressed in seconds of arc and may be converted to linear measure (astronomical units) if the parallax p is known, by the relation

$$a \text{ (a.u.)} = \frac{a''}{p''}.$$

The dynamical elements P, e, T and the scale a determine the position in the true orbit. It is sometimes useful to introduce the *unit orbit*, defined by the dynamical elements only, which is converted into the true orbit by applying the scale factor a.

γ) *Orientation elements* (Fig. 9). Ω represents the position angle of the "ascending" node, i.e., the point on the intersection of the orbital plane and the plane tangential to the sky at the primary, at which the companion approaches us. In the absence of appropriate radial velocity observations the ascending node cannot be distinguished and Ω refers simply to that "nodal point" for which $\Omega < 180°$.

ω is the angle counted from the ascending node (or nodal point) to periastron, in the direction of orbital motion.

i is the inclination of the orbital plane to the plane tangent to the sky. For direct motion, i.e. position angles increasing with the time, i is between $0°$ and $90°$, for retrograde motion $90° < i < 180°$. The sign $\pm$ of the inclination corresponds to that of the radial velocity of the companion (relative to the barycenter) at the ascending node.

Generally the derivation of the orbital elements takes place in two steps. First the dynamical elements are derived, after which the scale and the orientation elements are derived, either by geometric or by analytical methods.

Scale and orientation elements are also called *geometric elements*; and in orbital studies these four elements may be transformed into other "natural" geometric elements (Sect. 11 β).

---

[1] Union Observatory Circular No. 71 (1927).
[2] Trans. Internat. Astronom. Union 5, 332—336 (1935).

9. Relation between true and apparent orbits. Projection of the Keplerian motion yields an elliptical motion for the secondary, which still obeys the law of areas with respect to the primary, although this is not at the focus of the apparent ellipse. The center of the apparent ellipse corresponds to the projected center of the true ellipse (Fig. 6, 7).

Generally no valid analysis of the orbit can be made till a part of the orbit has been covered sufficient to permit an acceptable estimate of the course of the apparent orbit through its complete revolution. The degree of completeness of the analysis depends on the apparent size of the orbit, and the accuracy and the time interval covered by the observations.

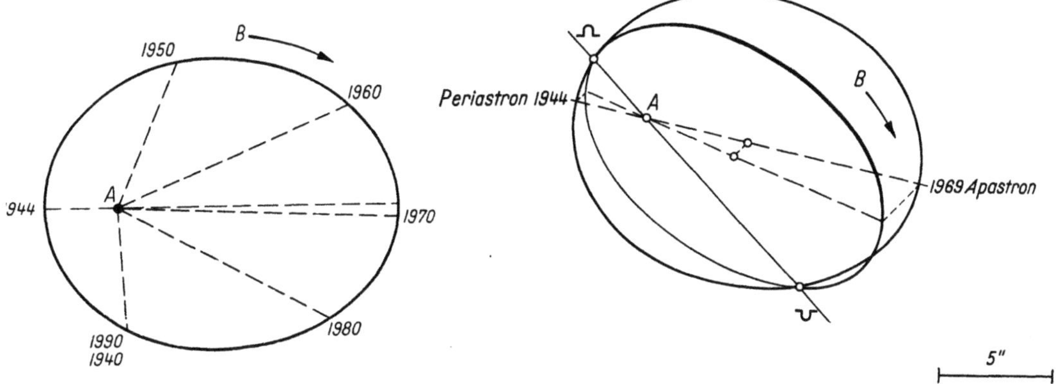

Fig. 6. Keplerian motion in true orbit for the visual binary Sirius.　　　Fig. 7. Relation between true and apparent orbits of the visual binary Sirius.

The position angle at epoch t is corrected to the equator of epoch 2000 by adding

$$+ 0\overset{\circ}{.}0056 \sin \alpha \sec \delta \,(2000 - t) \quad \text{for precession},$$

and

$$+ \mu''_\alpha \sin \delta \,(2000 - t) \quad \text{for proper motion}.$$

Here α and δ are the right ascension and declination, μ''_α is the proper motion in right ascension expressed in seconds of arc. To permit a more accurate drawing of the orbit it is generally desirable to make two diagrams—one of the position angle ϑ and one of the distance or separation ϱ, both plotted against the time t, i.e. the epoch of observation. These diagrams permit an examination of the internal consistency and reveal extreme discordances of the observations. Normal places may be used by combining several observations. Except for very short periods the observations are usually combined into weighted means for each year. Visual and photographic observations are kept separate, and different weights are assigned to the corresponding normal points. For a general statement we may say that photographic normal places have about ten times the weight of visual normal places. In visual observations of double stars the distances are generally much less reliable than the position angles. Hence, whenever possible, in combination with more recent photographic observations, the visual distances are not used, but only the position angles.

The (projected) law of areas requires that $\varrho^2\, d\vartheta/dt = $ constant. $d\vartheta/dt$ may be expressed in radians per year; the quantity $\varrho^2\, d\vartheta/dt$ is called the areal constant. By drawing smooth interpolation curves through the normal places the quantities ϱ and $d\vartheta/dt$ can be read off for a number of epochs, and the constancy of $\varrho^2\, d\vartheta/dt$ tested. Thus the reliability of the observations is revealed, and the interpolation curves may be adjusted to some extent, in order to yield more nearly equal values of $\varrho^2 \dfrac{d\vartheta}{dt}$ for different times. Adjusted interpolation curves are used to draw the apparent orbit, which most nearly satisfies the law of areas.

The (adjusted) apparent ellipse may now be analyzed and the orbital elements determined. The center of the true orbit corresponds to the center of the apparent ellipse. The diameter of the apparent ellipse passing through the primary is the projected major axis of the true orbit; the extremes of this diameter are periastron and apastron. Any line parallel to the intersection of the true and apparent orbits, the so-called line of nodes, remains parallel and is not foreshortened in the apparent ellipse. Any line perpendicular to the line of nodes remains perpendicular, but its length is foreshortened in the apparent ellipse by the factor $\cos i$. The auxiliary circle ("Kepler" circle) appears as an ellipse (Fig. 10).

There are different ways in which to derive the orbital elements; we shall outline the natural and most frequently used methods of analysis. Most of them require first a determination of the dynamical elements, and we therefore consider this problem first.

10. Derivation of dynamical elements. α) *From apparent orbit.* The *period P* is measured from the graph in which the position angle ϑ is plotted against the epoch of observation. In cases where more than one revolution has been completed, the derivation is quite straightforward. If less than one revolution has been completed, the interpolation curves for ϱ and ϑ may be extrapolated, always trying to satisfy the relation $\varrho^2 \dfrac{d\vartheta}{dt} = \text{const.}$ In this way the period may be estimated and the apparent ellipse is thus also tentatively completed.

The *eccentricity e* is measured from the apparent ellipse as the ratio of the lengths, primary-center and periastron-center; this ratio is not changed by projection.

The epoch of *periastron passage T* is obtained from the interpolation curve for ϑ by measuring the position angle of periastron passage as revealed by the projected major axis of the true ellipse.

The above procedure is inadequate in certain cases, particularly when the inclination of the orbit is near 90°. In this case the apparent ellipse may be very slender, or may appear as a straight line, so that the law of areas ceases to be revealed and other methods must be used.

In this case, but also for any general case, another approach may be used. Instead of studying the apparent ellipse and its implicit time element, it is equally, and often more convenient and profitable, to make use of the so-called *time-displacement curves*[1].

β) *From time-displacement curves.* Project the apparent orbital motion in any chosen direction, and plot this projection as a function of the time. In the case of an orbit in or near a straight line, the projection on this line recommends itself. Generally it is natural and convenient to study the projection of the apparent orbital motion in the two coordinates right-ascension (x) and declination (y), and plot these projected motions against the time. This is completely analogous to the orbital study of spectroscopic binaries, where there is no other choice but to study the orbital motion in the one coordinate available to the spectroscopic observer, namely the line of sight. The visual double star observer has two coordinates at his disposal, as contrasted with the one coordinate avail-

---

[1] P. van de Kamp: Astronom. J. **52**, 185—189 (1947).

able to the spectroscopic observer. The latter has the one radial velocity curve; the visual observer has his two displacement curves whose combination gives the projection of the three-dimensional orbital motion on the two-dimensional plane of the sky.

The advantage of using displacements (and velocities) plotted against the time is that the best known observed datum, the time, enters explicitly. Periastron and apastron are located by the fact that their mean anomalies differ by 180° and their ordinates are equal and opposite when referred to the center of the orbit. Periastron and apastron are conveniently located by making a copy of the displacement curve, reversing it along the central line representing the center of the orbit and shifting the reversed curve half a period along the time axis. Generally two pairs of intersections result (Fig. 8). Of these the single intersection on the shorter, steeper branch and the central intersection on the longer branch represent periastron and apastron, respectively.

The slopes of any displacement curve represent projected velocities (dR/dt). The ratio of the true velocity vectors at periastron and apastron is $-(1+e)/(1-e)$, their directions being opposite. Since this ratio remains the same in projection, the ratio of the slopes $(dR/dt)_P$ and $(dR/dt)_A$ at periastron and apastron respectively amounts to $-(1+e)/(1-e)$,

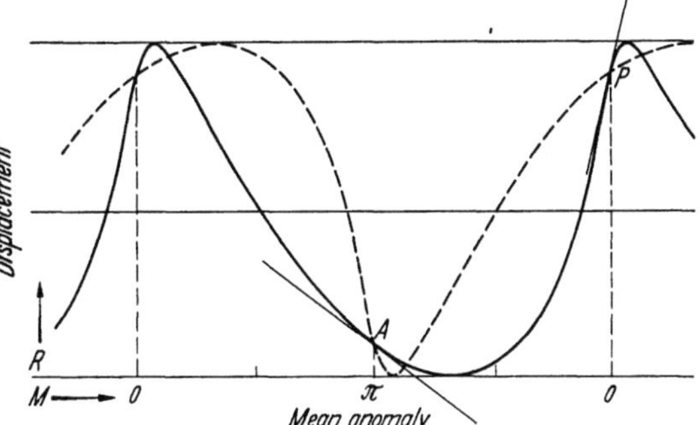

Fig. 8. Graphical evaluation of periastron (P), apastron (A), and of eccentricity (e) from slopes of time-displacement curves at periastron and apastron respectively. The curve illustrated is $\cos E + 0.714 \sin E$, corresponding to $e = 0.7$.

for any displacement curve, including those of astrometric orbits seen on edge. We thus can not only distinguish periastron from apastron, but also derive the eccentricity of the orbit, independently of the focus, through the relation:

$$
e = \frac{\left(\dfrac{dR}{dt}\right)_P + \left(\dfrac{dR}{dt}\right)_A}{\left(\dfrac{dR}{dt}\right)_P - \left(\dfrac{dR}{dt}\right)_A}.
$$

The method becomes unreliable when periastron and apastron are close to the extreme amplitudes; this occurs if the major axis is at a small angle with the line of nodes,—for any spectroscopic orbit and for any astrometric orbit with a high inclination. In this case a combination of graphical and analytical methods may be used to derive the eccentricity from the observed cosine of the eccentric anomaly for selected values of the mean anomaly[1].

The above described analysis of time-displacement curves is equally applicable to resolved and to unresolved astrometric binaries (Sect. 17), provided, of course, that in the latter case the orbital motion of the center of light is appreciable and well separated from the proper motion and parallax of the system. While the time-displacement curve method may often be superfluous for resolved binaries, it is of particular significance for unresolved binaries. In this case the conventional geometric derivation of the eccentricity is awkward or fails, while the time-displacement curve methods are effective, accurate, and generally applicable.

---

[1] P. van de Kamp: Astronom. J. **52**, 187 (1947).

11. Derivation of geometric elements. After the dynamical elements have been obtained by either of the methods outlined above, the geometric elements may be determined by either geometric or analytic methods.

α) Geometric method. This is often referred to as Zwiers' method[1]; it was independently presented by Henry Norris Russell in a slightly different form[2]. We follow essentially Russell's presentation. The projected minor axis is obtained as the conjugate diameter of the orthogonal projection of the true major

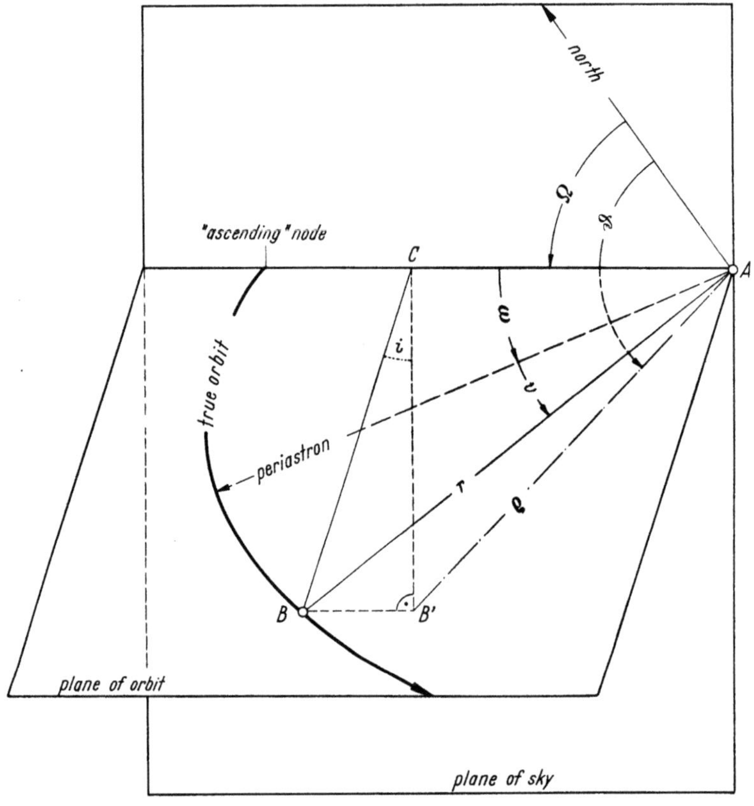

Fig. 9.

axis. The projection of the auxiliary or Kepler circle has as conjugate diameters the projection of the major axis and the projection of the minor axis increased in the ratio $k = \dfrac{1}{\sqrt{1-e^2}}$, e having been previously measured. The projection of the auxiliary circle may be readily constructed, and it is called the *auxiliary ellipse* (Fig. 10). Its major axis is the only diameter of the auxiliary circle, which appears unforeshortened and is therefore equal in length, $2a$, to the major axis of the trueorbit and parallel to the line of nodes, thus yielding the element Ω. The cosine of the inclination i of the true orbit is given by the ratio of the minor to the major axes of the auxiliary ellipse. All orbital distances perpendicular to the line of nodes are foreshortened by the factor $\cos i$. If we wish, we can therefore construct the true ellipse by applying the factor $1/\cos i$ perpendicular to the

[1] H. F. Zwiers: Astronom. Nachr. **139**, 369—380 (1895).
[2] H. N. Russell: Astronom. J. **19**, 9—10 (1898).

line of nodes to all points of the apparent orbit. In particular we may thus construct the unprojected position of the periastron in the true orbit, and hence measure the angle ω.

β) *Analytic method.* In its current form this method is referred to as the THIELE-INNES method[1, 2].

The position in the (projected) apparent orbit can be expressed in the polar coordinates *distance ϱ* and *position angle ϑ*, which are related to the rectangular equatorial coordinates as follows:

$$\Delta\alpha\cos\delta = \Delta x = \varrho\sin\vartheta,$$

$$\Delta\delta = \Delta y = \varrho\cos\vartheta.$$

It should be noted that the x- and y-coordinates in the current presentation correspond to the y- and x-coordinates in the original derivation.

The position in the true orbit can be expressed by the polar coordinates *radius-vector r* and *true anomaly v*, which are related to the rectangular coordinates in the true orbit through the relation:

$$a x = r\cos v, \qquad a y = r\sin v.$$

The two sets of polar coordinates are related as follows (Fig. 9):

$$AC = \varrho\cos(\vartheta - \Omega) = r\cos(v + \omega),$$

$$B'C = \varrho\sin(\vartheta - \Omega) = r\sin(v + \omega)\cos i.$$

Working out these relations we find

$$\Delta x = B x + G y, \qquad \Delta y = A x + F y$$

where

$$B = a\,(\cos\omega\sin\Omega + \sin\omega\cos\Omega\cos i),$$

$$A = a\,(\cos\omega\cos\Omega - \sin\omega\sin\Omega\cos i),$$

$$G = a\,(-\sin\omega\sin\Omega + \cos\omega\cos\Omega\cos i),$$

$$F = a\,(-\sin\omega\cos\Omega - \cos\omega\sin\Omega\cos i).$$

In these formulae x and y are the elliptical rectangular coordinates in the unit orbit (Sect. 7, 8); they are functions of the dynamical elements only; B, A, G and F contain the scale a and the three orientation elements. These four *geometric* elements are also called "natural" elements, or "Thiele-Innes" constants.

The conventional geometric elements are given by the following relations:

$$\tan(\omega + \Omega) = \frac{B - F}{A + G},$$

$$\tan(\omega - \Omega) = -\frac{B + F}{A - G},$$

$$\cos i = \frac{m}{a^2}, \qquad a^2 = j + k,$$

$$2k = A^2 + B^2 + F^2 + G^2, \qquad m = A G - B F, \qquad j^2 = k^2 - m^2.$$

The projections on any coordinate R are given by $\gamma_1 a x + \gamma_2 a y$ for the orbit, and by $\gamma_1 a\cos E + \gamma_2 a\sin E$ for the auxiliary circle. Here γ_1 and γ_2 are the direction cosines of the projected coordinates on the directions x and y in the true

[1] W. H. VAN DEN BOS: Union Observatory Circular No. 68, 354—359 (1926).
[2] W. H. VAN DEN BOS: Bull. Astronom. Inst. Netherl. **3**, 149—155 (1926).

orbit. Note that $\gamma_1 a$ is the projected coordinate of periastron $(E=0)$, $\gamma_2 a$ the projected coordinate of the auxiliary circle for $E=90°$; both coordinates are referred to the center of the orbit. Hence in the equatorial coordinate system B, A and G, F represent the projections of periastron and of the point $E=90°$ of the auxiliary orbit. These quantities are proportional to the scale a and to the various direction cosines, and are referred to the center of the orbit (Fig. 10).

It has generally been found practical to determine the dynamical elements P, e, and T geometrically from photographic as well as visual normal places, since generally the photographic normal places cover too short a part of the orbit to be used alone. Next the geometric elements B, A, G, and F are determined from a least squares solution based on the photographic normal places alone. The dynamical elements P, e, and T are given slight variations to test the stability of the solution and, if possible, to establish a set of elements which give the best fit,—as shown for example, by a minimum value of the sum of the squares of the residuals, $O-C$. A simultaneous least squares solution for corrections to all seven elements may be made in cases where the available accuracy warrants such a procedure. Final residuals may be given both in x and y and in ϱ and ϑ; the residuals in position angle may be stated in angle as well as in arc, i.e., $\varrho_{\mathrm{comp}} \sin(\vartheta_{\mathrm{obs}} - \vartheta_{\mathrm{comp}})$.

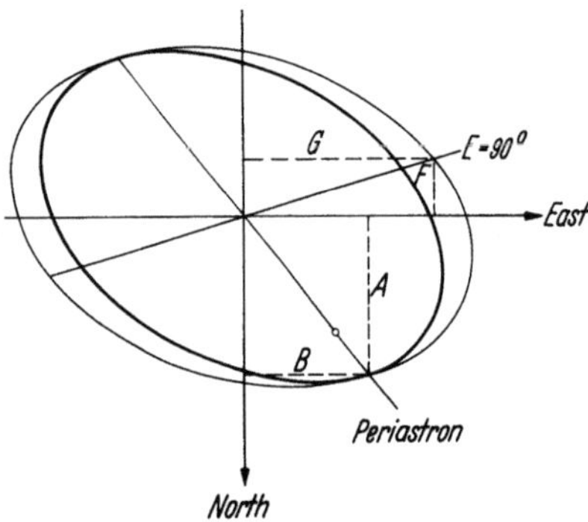

Fig. 10. Thiele-Innes constants as projected rectangular equatorial coordinates of periastron and of the point $E = 90°$ of auxiliary circle.

12. Results. More or less reliable orbits of several hundred visual binaries have been published. Of the numerous examples we mention the orbital calculations by Strand of several "classical" binaries, such as η Cas, γ Vir, ξ Boo, 70 Oph, and others (Fig. 11).

Catalogues of orbits are published frequently, the most recent ones being those of Finsen[1], Baize[2], and Muller[3]. New orbits and other information regarding visual binaries are published regularly by Muller[4].

There is no evidence for any systematic tendencies of the orientation of the orbital planes or of any other orbital elements.

Perturbations. For several binaries the residuals from the best possible orbit have revealed systematic deviations, which point to a perturbation caused by a third component, close to one of the visible components. While perturbations have been noticed even in visual measures, it is obvious that the chances for discovery are immensely increased with the accurate photographic technique[5].

In these cases the systematic behaviour of the residuals in both coordinates is analyzed for Keplerian motion, care being taken to introduce a slight run with the time in either coordinate, thus providing corrections to the orientation elements of the "large" orbit. After the orbital motion in the "small" orbit has been determined, the original observations are corrected for the perturbation

[1] W. S. Finsen: Union Observatory Circular **100**, 466—479 (1938).
[2] P. Baize: J. Observateurs **33**, 1—31 (1950).
[3] P. Muller: J. Observateurs **36**, 61—105 (1953); **37**, 153—172 (1954).
[4] P. Muller: Circulaire d'Information, Union Astronomique Internationale, Commission des Etoiles Doubles, since 1954.
[5] K. Aa. Strand: Astronom. J. **51**, 12—13 (1946).

and the geometric elements for the large orbit are re-computed. From the analysis it cannot be decided whether the third body is close to the visual primary or secondary component; this can only be decided by measuring the orbital motion on an astrometric background of other stars (Chap. IV).

In accurate long-term problems the perspective change in the apparent orbit due to motion of the center of mass in the line of sight, must be taken into account. In the future this feature of orbital analysis will undoubtedly become more and more important. An example of the required reduction is the orbital analysis of the 61 Cygni system by A. FLETCHER[1].

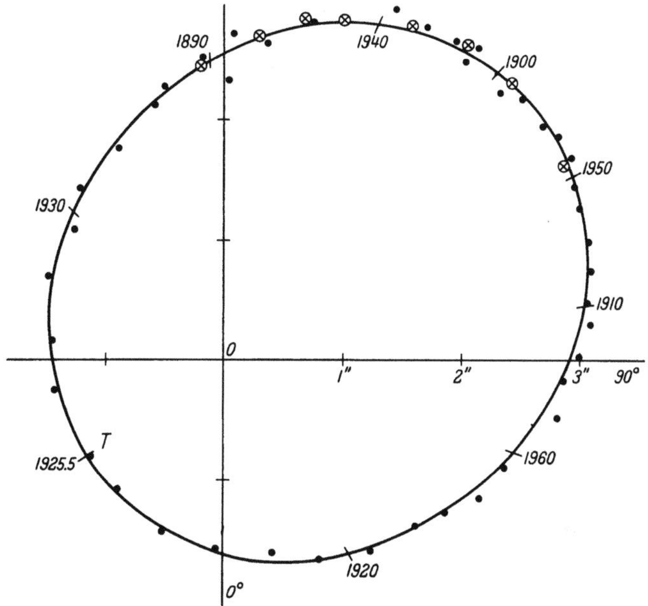

Fig. 11. Relative orbit of the visual binary Krüger 60. ● visual observations. ⊗ photographic observations.

IV. Analysis of orbit referred to external reference system.

13. Introduction. In the preceding Chap. III we dealt with the analysis of the relative orbit of the two components of a binary star. We now extend the analysis to the measurements and orbits of the individual components referred to a system of, presumably distant, reference stars. Both micrometer measurements and, particularly, meridian circle positions have been successfully employed in the past; the current observing technique is primarily long-focus photographic astrometry. The problems studied include those of mass-ratio and parallax, and of perturbations. Long-focus technique and analysis are in the first place suitable for the so-called *resolved binaries*, whose components are clearly separated. However, a valuable extension is obtained by including binary stars for which the images of the components are blended, the so-called *unresolved astrometric binaries*.

In both problems high accuracy and a long time interval generally are required; hence the need for long-focus instruments and for specific aspects of the analysis,

---

[1] A. FLETCHER: Monthly Notices Roy. Astronom. Soc. London **92**, 119—121, 121—131 (1931).

which have been presented in considerable detail elsewhere. A brief outline of the principles and technique of long-focus photographic astrometry follows[1].

14. Long-focus photographic astrometry. α) *Observational.* It is of importance to be aware of the effects on the photographic positions due to differences in the magnitudes and colors of the stars. Residual guiding error is minimized by aiming at magnitude compensation between central and reference stars. For the case of a bright star referred to a background of faint stars, a small rotating sector in front of the plate, or a "coarse" diffraction grating in front of the objective may be used to reduce differences in the apparent sizes of star images, with a resulting increase in the accuracy of measurement.

Color effects are primarily due to dispersion in our atmosphere; imperfect collimation of the objective may contribute its share also. At moderate zenith distances the atmospheric refraction at zenith distance ζ may be represented to a high degree of approximation by the formula $(\mu - 1) \tan \zeta$, where μ is the index of atmospheric refraction at the observer's location. We write the above relation as $R \tan \zeta$, where R, the atmospheric refraction at $\zeta = 45°$ is the so-called *refraction constant*; this is shown in Table 1, together with the dispersion per 100 Å (both in seconds of arc).

Table 1.

λ Å	R	Dispersion per 100 Å
4000	61″34	− 0″108
4500	60.89	− 0.072
5000	60.58	− 0.050
5500	60.33	− 0.037
6000	60.19	− 0.028
6500	60.06	− 0.021
7000	59.96	− 0.017
7500	59.89	− 0.014
8000	59.83	− 0.011

Except at the zenith, each star appears as a spectrum, whose blue end is closer to the zenith than the red end. For stars of different spectral types the energy distribution is different; moreover, the spectra differ in brightness. For positional work the spectral range should be reduced in order to have as nearly "monochromatic" images as possible. The approach to monochromatism is obtained by the triple "filtering" through the combination of objective (transparency and color curve), filter, and emulsion. Sharp, round star images are obtained as long as the effective radiation is within Rayleigh's criterion for focal accuracy. According to the latter, all images obtained within $4f^2 \lambda$ of the focus of a theoretically perfect objective are equally good. In this expression λ is the wavelength that corresponds to minimum focal length and f is the ratio of focal length to aperture. Generally, for long-focus refractors, this focal ratio is between 15 and 20, and hence Rayleigh's limit is less than one millimeter.

Proper choice of filter and emulsion keeps the range of light close to the wave length corresponding to the minimum focal length of the color curve of the objective. The photographic position still depends on the residual energy distribution in the star's spectrum. The effective wave lengths of these star images depend on the spectrum, and to some extent the magnitude; however, with proper choice of filter and emulsion this dependence may be reduced to a minimum. Even with the best possible spectral compensation, small differences in effective wave length remain.

The rapid decrease of atmospheric dispersion toward longer wavelengths, gives an advantage to the photographic technique, as applied with visual refractors,—referred to as *photovisual technique.* As an illustration, the Sproul visual refractor has an aperture of 61 cm; the minimum focal length is 1093 cm for λ 5607 yielding a scale of 1 mm = 18″87 or $1'' = 0.053$ mm. A minus-blue (No. 12) Wratten filter is used in contact with a 5×7-inch plate, eliminating practically

---

[1] P. van de Kamp: Elements of long-focus photographic astrometry. Photogrammetric Engineering **22**, No. 2, 314—325 (1956).

all radiation on the blue side of approximately $\lambda\,5100$. A suitable range of radiation is admitted to the photographic plate by using the Eastman G-type emulsion, for which the sensitivity is greatest at $\lambda\,5650$, but extends hardly beyond $\lambda\,6000$. Sharp images are obtained with effective wave lengths ranging only from about $\lambda\,5480$ for a blue star of spectral type A to about $\lambda\,5525$ for a red star of spectral type M. This corresponds to a small difference in refraction constants of $\Delta R = 0\overset{''}{.}017$ at an altitude of $45°$, the A star appearing comparatively that much closer to the zenith than the M star. Variations in the flexure of the objective and possible relative shift of the two lens components may further cause prismatic effects which have the same effect as refraction. It is desirable to limit the photographic observations as much as possible to the same position of the telescope, preferably close to the meridian.

β) *Measurements*. Long-focus astrometric problems are customarily studied in rectangular coordinates x and y, which coincide closely with the directions of right ascension and declination of the equatorial coordinate system. For an angular extent α on the celestial sphere, a third order distortion $\alpha^3/3$ between plane and angular portrayal exists, which is ordinarily negligible because of the limited areal extent of the field used. For an extended stellar path, a disparity between rectangular and spherical coordinates exists which may be represented to a high degree of approximation as a slowly changing orientation of the equatorial with respect to the rectangular coordinate system, amounting to

$$\Delta\vartheta = + \Delta x \sin\delta$$

where Δx is the projection of the path on the x-coordinate and δ the declination.

Because of atmospheric refraction, any vertical angular distance suffers a minute contraction, for which the first order term is represented by the factor $R\,(1+\tan^2\zeta)$; any horizontal distance, measured along the great circle suffers a contraction R. For a wide range in wave lengths in the visual spectrum, R is close to $60''$, hence the scale reduction in the zenith amounts to 0.00029.

The positions of star images in any one coordinate are conveniently obtained from the bisection of the images, with the aid of a long-screw measuring machine. The plates are measured in 4 positions, differing by $90°$ each, representing the "direct" and "reversed" directions of the rectangular celestial coordinates; the averages of the direct and reversed values in each coordinate are reasonably free from systematic errors of bisection, varying with the measurer and the intensity of the photographic image. It is customary to record the measurements to 0.001 millimeter (one micron), but to carry out averages and further calculations to 10^{-4} mm.

The accuracy of the positions is much higher than the photographic resolving power; the smallest star images are rarely below $1''$ in diameter. Although the diameters of star images ordinarily range from 0.04 mm to 0.20 mm, or even more, the relative location of two stars may be deduced with an uncertainty which is only a small fraction of the size of the image. With the Sproul refractor, the relative location of two star images is obtained with a probable error of about 0.002 mm, or less than $0\overset{''}{.}04$. Experience has shown that the positional accuracy is hardly dependent on atmospheric turbulence or "seeing", provided inferior definition is avoided. Apart from such an obvious image quality as symmetry the most important requirement for high positional accuracy is that the images be well blackened, i.e., give a good representation of the position of the star; the sharpness of the image is of secondary importance. Astrometric series of plates often extend over several decades; it is not always feasible nor advisable to measure all the plates of a series during a limited span of time. Where measurements are made at different times, the stability of the measuring technique is of prime importance.

Increase in positional accuracy on any one night is obtained by increasing the number of exposures per plate and the number of plates. *Plate errors*, common to all exposures on one and the same plate, are to a great extent due to emulsion shifts, and are reduced by the use of "double plates", obtained by turning the same photographic plate 180° in its own plane between the two successive sets of exposures, representing the two "single" plates. The two sets of exposures for the central star are close together on the emulsion; here the effects of a general film shift are virtually equal and are opposite for the two successive single plates. The number of plates on any one night is limited by the *night errors*, which are probably due to refraction or instrumental anomalies.

Generally it is not warranted to take more than four exposures on any one plate, and more than four plates on any one night. The resulting positional accuracy (probable error) is about 0.001 mm or about $0\rlap{.}''02$ for plates taken with the Sproul refractor. This accuracy for any one night may be regarded as the limit beyond which it is not easy to go. Greater accuracy can be reached by forming normal places over several nights. Here the limitation seems to be a "year error" amounting to something like $\pm 0\rlap{.}''002$ (probable error). As for the case of normal points based on six or more multiple-exposure photographs of relative positions of double star components, the quantity $\pm 0\rlap{.}''002$ (probable error) appears to represent the ultimate in positional accuracy obtainable for yearly normal positions with the long-focus photographic technique.

γ) *Reductions*. The measured positions for any one epoch are adjusted to permit a precise analysis of the star's path. All measurements are reduced by a linear transformation to a common origin, scale, and orientation. The effect of plate tilt and other higher order terms is generally negligible for long-focus instruments.

In order to permit a comparison of measured positions on different plates, a reduction is made to a *standard frame* as defined by approximate positions of the reference stars, rounded off to say 0.01 mm. Let X', Y' and x', y' be the measured positions of central and reference stars as recorded at the measuring machine. The zero point is arbitrary, the scale and orientation are close to that of the adopted standard frame given by the configuration of n reference stars, at least three, and seldom more than four in number. The coordinates of the standard frame of reference are relative to their mean position, i.e.,

$$[x_s] = [y_s] = 0.$$

All measured positions are reduced to the scale, orientation and origin of the standard frame (x_s, y_s) through *plate constants* a, b, and c, which are given by the linear equations of condition for the reference stars:

$$a_x x_s + b_x y_s + c_x = x_s - x',$$
$$a_y x_s + b_y y_s + c_y = y_s - y'$$

which may be solved by the least squares method. For the central star the position X, Y reduced to the standard frame is given by

$$X = X' + a_x X_0 + b_x Y_0 + c_x,$$
$$Y = Y' + a_y X_0 + b_y Y_0 + c_y$$

where X_0, Y_0 are values of X, Y rounded off to a sufficient number of significant figures.

For the case of linear plate constants, considerable time may be saved and insight gained by expressing the reduced position as an explicit linear function of the measured coordinates. The resulting reduction statement, regardless of the zero-point of the measured coordinates, is

$$X = X' + [D_i(x_s - x')_i],$$
$$Y = Y' + [D_i(y_s - y')_i]$$

where the numbers D_i, $i = 1, 2, \ldots, n$, are SCHLESINGER's so-called *dependences*[1]. It is obvious that $[D] = 1$, and in keeping with least squares procedure, that $[D^2]$ is a minimum. In the plate-constant method X and Y are implicit functions of (x') and (y'); the dependence method provides a direct expression that greatly simplifies the reduction calculations.

The dependence method leaves only a small segment uncorrected, the so-called *plate solution*, also called *offset:*

$$\xi = X' - [Dx'], \qquad \eta = Y' - [Dy'].$$

Because of their explicit use in the dependence reduction method, it is convenient to substitute the plate solution ξ, η in the reduced position so that

$$X = [Dx_s] + \xi, \qquad Y = [Dy_s] + \eta.$$

The position $[Dx_s]$, $[Dy_s]$ defines a point close to the central star; it is called the *dependence center*; $[Dx']$, $[Dy']$ is the measured *dependence background*. The primed symbols refer to the measured coordinates, their zero-point is eliminated; the coordinates, x_s, y_s used in the computation of the dependence center, however, refer to their mean. In general, if the plates are carefully oriented, the plate constants are factors of less than 0.0002 and their effects on the plate solutions are negligible if the plate solutions are kept sufficiently small, say less than 0.5 mm. Linear plate constant reduction is obtained within the errors of observation, and a number of plates can be reduced with one set of dependences calculated for one position X_0, Y_0 of the central star. For example, in the case of parallax determinations extending over a few years only, all plates, as a rule, are reduced by one dependence set. The dependence method has another advantage; it reveals the significance or weight of the different reference stars. The dependence method gives no information about the plate constants, which are eliminated; in general, however, the plate constants are of no particular interest.

For the case of appreciable displacement of the central star, successive dependence sets are so chosen that the dependence center is kept close to the central star. Since many measured positions are reduced by the same set of dependences, the economy of the dependence method is maintained. The dependences are computed to four decimals, but rounded off to three, always taking care that their sum shall rigorously equal unity.

δ) *Reference stars.* The choice of reference stars is guided by various considerations. Generally one need have little concern about the proper motions and parallaxes of the reference stars; almost any set of faint stars represents an acceptable close approximation to a fixed background. The choice depends on the exposure time and limitations due to required magnitude compensation. In any long-term astrometric problem it is important to study carefully all possible choices of reference stars, so that one will not be faced with early obsolescence, but instead will have a well-planned foundation for the present, and possible future, configurations of reference stars. As to the number of reference stars,

---

[1] F. SCHLESINGER: Astrophys. Journ. **33**, 161—184 (1911).

even for a central star at the origin, the accuracy does not increase much with the number of reference stars. Considering the extra work involved, generally not much accuracy is gained by using more than four reference stars. Graphical methods are very useful for an initial exploration and evaluation of the dependences for different configurations of reference stars; they are particularly effective for three-star combinations.

The geometrical accuracy of the reduced position of the central star depends on the distribution of the dependences for the reference stars. The error squared, or inverse weight of the position measured on the dependence background is proportional to $1 + [D^2]$. In case of a central star of appreciable proper motion the dependences change and result in a corresponding change in accuracy for the changing dependence background. For any investigation covering a limited time interval, greatest accuracy is reached if the position of greatest dependence accuracy is reached about the middle of that interval. The absolute minimum value of $[D^2]$ in the configuration (x_s, y_s) exists for the origin defined by $[x_s] = [y_s] = 0$, where each of the dependences equals $1/n$. For any central star, therefore, to insure a satisfactorily small $[D^2]$ it is important to choose a configuration whose origin will not lie too far off the path of the star.

15. Analysis of path. $\alpha)$ *Resolved astrometric binaries.* The equations of condition for a uniform rectilinear heliocentric path are

$$X = c_x + \mu_x t, \qquad Y = c_y + \mu_y t.$$

Here c_x, c_y is the heliocentric position at a zero epoch, say 1950.000, μ_x, μ_y the yearly proper motion; the time t in years is counted from the zero epoch.

The equations of condition for a geocentric path are

$$X = c_x + \mu_x t + \pi P_\alpha,$$

$$Y = c_y + \mu_y t + \pi P_\delta.$$

Here π is the relative parallax; P_α, P_δ are the parallax factors in right ascension (reduced to great circle measure) and declination, respectively, conveniently expressed as follows:

$$P_\alpha = R\,(p \sin \odot + q \cos \odot),$$

$$P_\delta = R\,(a \sin \odot + b \cos \odot)$$

where R is the radius vector of the earth's orbit expressed in astronomical units, $\odot$ the sun's true longitude,

$$p = +\,0.9174 \cos \alpha, \qquad a = +\,0.3979 \cos \delta - 0.9174 \sin \alpha \sin \delta,$$

$$q = -\,\sin \alpha, \qquad\qquad b = -\,\cos \alpha \sin \delta.$$

Here α and δ are the right ascension and declination of the star. The positions are oriented close to the equatorial coordinate system of say, the year 2000. Hence in the calculations of P_α, P_δ the position α, δ is reduced to the equator and equinox of the year 2000; any appreciable effect of proper motion is applied up to the epoch of the observation. A precession correction of $+0\overset{\text{s}}{.}838$ (2000-Epoch) is applied to the values of $\odot$ to refer them also to the equinox of the year 2000.

For the case of orbital motion another term has to be added to the equations of condition. For a resolved binary the above geocentric equations hold for the barycenter, while the positions of the brighter component A and the fainter component B referred to the barycenter are as follows:

orbital effect of A in x-coordinate: $- \text{B} \cdot \varDelta x$,

orbital effect of A in y-coordinate: $- \text{B} \cdot \varDelta y$,

orbital effect of B in x-coordinate: $(1 - \text{B}) \cdot \varDelta x$,

orbital effect of B in y-coordinate: $(1 - \text{B}) \cdot \varDelta y$.

Here B is the fractional mass $\dfrac{\mathfrak{M}_{\text{B}}}{\mathfrak{M}_{\text{A}} + \mathfrak{M}_{\text{B}}}$ of the companion in terms of the combined mass of primary and companion; $\varDelta x$, $\varDelta y$ is the relative position of the secondary B referred to the primary A. Hence, limiting ourselves to the primary component, the equations of condition for the position of the primary are:

$$X = c_x + \mu_x t + \pi P_\alpha - \text{B} \cdot \varDelta x,$$
$$Y = c_y + \mu_y t + \pi P_\delta - \text{B} \cdot \varDelta y.$$

Another, more elegant, and often more revealing form of these equations is obtained as follows[1]. The orbits of primary and secondary are similar; the semi-axis major α of the orbit of the primary is related to the semi-axis major a of the relative orbit of primary and companion as follows: $\alpha = \text{B} a$; the phases in the respective orbits differ by 180°.

Since (Sect. 11β)

$$\varDelta x = B x + G y,$$
$$\varDelta y = A x + F y,$$

we may write the orbital displacements for the primary as follows:

orbital displacement in x: $- \text{B} \cdot \varDelta x = - \dfrac{\alpha}{a} (B x + G y)$,

y: $- \text{B} \cdot \varDelta y = - \dfrac{\alpha}{a} (A x + F y)$

or

orbital displacement in x: $\alpha \left(- \dfrac{B}{a} x - \dfrac{G}{a} y \right) = Q_\alpha \cdot \alpha$,

y: $\alpha \left(- \dfrac{A}{a} x - \dfrac{F}{a} y \right) = Q_\delta \cdot \alpha$.

The quantities Q_α, Q_δ are named *orbital factors*; they are the projected values in right-ascension (reduced to great circle) and declination, of the radius-vector barycenter-primary, for a unit orbit, i.e., orbit with unit semi-axis major (Sect. 8β). The orbital factors are analogous to the parallax factors; the latter refer to the star's *parallactic* orbit, the former to the star's own *apparent* orbit.

Q_α and Q_δ may be expressed as follows:

$$Q_\alpha = (b) \, x + (g) \, y,$$
$$Q_\delta = (a) \, x + (f) \, y$$

where

$$(b) = - \cos \omega \sin \Omega - \sin \omega \cos \Omega \cos i,$$
$$(a) = - \cos \omega \cos \Omega + \sin \omega \sin \Omega \cos i,$$
$$(g) = + \sin \omega \sin \Omega - \cos \omega \cos \Omega \cos i,$$
$$(f) = + \sin \omega \cos \Omega + \cos \omega \sin \Omega \cos i.$$

---

[1] P. van de Kamp: Astronom. J. **51**, 161—162 (1945).

These *orientation factors* are related to the Thiele-Innes constants as follows:

$$B = - (b) \, a,$$
$$A = - (a) \, a,$$
$$G = - (g) \, a,$$
$$F = - (f) \, a.$$

We thus obtain the following equations of condition for the observed positions of the primary:

$$X = c_x + \mu_x t + \pi P_\alpha + \alpha Q_\alpha,$$
$$Y = c_y + \mu_y t + \pi P_\delta + \alpha Q_\delta.$$

$\beta)$ *Unresolved astrometric binaries; photocentric orbit.* In many cases the distance between the components is below the resolving power of the photographic plate, in which case no separation is possible and a composite image results. These photographically unresolved astrometric binaries are important, since so many interesting objects fall in this group. We can measure the position of the composite image, but these questions arise: What do we measure? What do the measures signify?

Table 2. *Theoretical relation between Δm and β.*

Δm	β	Δm	β
0.0	0.500	2.0	0.137
0.5	0.387	3.0	0.060
1.0	0.285	4.0	0.025
1.5	0.201	5.0	0.010
2.0	0.137	6.0	0.006

The smallest star images on long-focus photographs are rarely below $1''$ in diameter; blended exposures of components separated $1''$, or sometimes even more, generally present circular images. A self-luminous, though photographically not resolved, companion would, generally, draw the center of light toward the center of mass, for visual separations up to $1''$ and even more. While for periods of half a century and more there would be no danger of photographic blending—except for stars of small parallax—blending generally is to be expected for periods up to several decades, except possibly for a few of the very nearest stars. The blended image of the unresolved binary may still appear circular, but the orbit of the center of the image generally will be appreciably smaller than the actual perturbation orbit described by the primary. Since the dimensions of this orbit are a measure for the mass of the companion, the observations in the case of a blended image thus generally yield a lower limit for the mass of the companion.

We assume that the measured position of the blended image represents the weighted center of light intensity or *photocenter* of the components. In this case the fractional distance β of the primary to the photocenter, in terms of the distance between the two components, is given by the fractional luminosity

$$\beta = \frac{l_B}{l_A + l_B}.$$

Here l_A and l_B are the luminosities of the components. Or, if we introduce the difference in magnitude Δm, companion *minus* primary, we have

$$\beta = \frac{1}{1 + 10^{0.4 \Delta m}}.$$

Experiments made by R. G. HALL[1] at the Yerkes Observatory with artificial binaries show systematic deviations from the theoretical relation. For separations of less than 0.12 mm there is a discrepancy, beginning at about $\Delta m = 2\overset{\text{m}}{.}0$; for larger values of Δm the observed value of β is less than the theoretical value, reaching the value zero, at $\Delta m = 4\overset{\text{m}}{.}0$ (Fig. 12).

The fractional difference of photocenter to barycenter is therefore $B - \beta$, and the semi-axis major of the *photocentric orbit* relative to the barycenter is

$$\alpha = (B - \beta)\,a.$$

Referred to the barycenter, the orbits of primary, companion, and photocenter are all similar to the orbit of the companion relative to the primary in the ratios B, $1 - B$ and $B - \beta$ (Fig. 13). Note that α has the sign of $B - \beta$. A positive value for α indicates that photocenter and companion are on opposite sides of the barycenter, a negative value, that they are on the same side. Except for the abnormal possibility, that

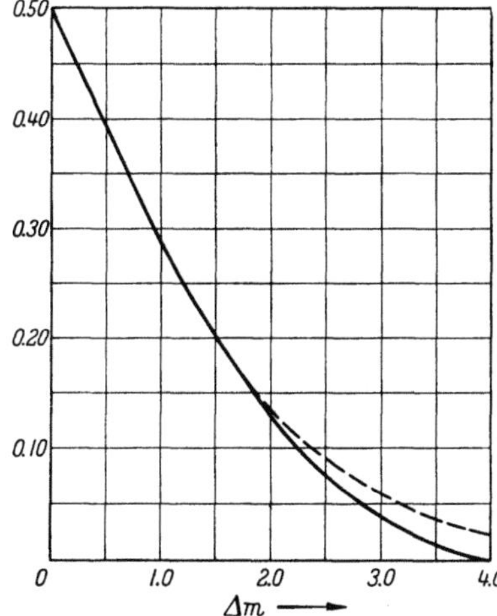

Fig. 12. Relation between Δm and β.
– – – – theoretical; ———— observed.

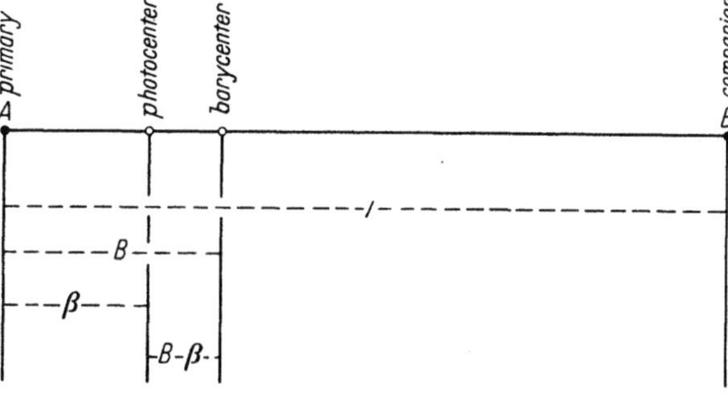

Fig. 13. Relative spacings between components, barycenter and photocenter for photographically unresolved binaries.

$\beta - B > B$, i. e., a comparatively luminous companion of low mass, the photocentric orbit is always smaller than the orbit of the primary.

The orbital displacement of the photocenter is represented by

$$- (B - \beta)\,\Delta x, \qquad - (B - \beta)\,\Delta y,$$

but the form

$$\alpha\,Q_\alpha, \quad \alpha\,Q_\delta$$

remains of particular value because of the explicit way in which α appears.

The formulae for analyzing the positions of the photocenter for proper motion, parallax, and orbital motion are therefore

$$X = c_x + \mu_x t + \pi P_\alpha - (B - \beta)\,\Delta x,$$

$$Y = c_y + \mu_y t + \pi P_\delta - (B - \beta)\,\Delta y$$

or

$$X = c_x + \mu_x t + \pi P_\alpha + \alpha\,Q_\alpha,$$

$$Y = c_y + \mu_y t + \pi P_\delta + \alpha\,Q_\delta.$$

---

[1] R. G. HALL Jr.: Astronom. J. **55**, 215—218 (1951).

16. Parallax and mass-ratio; example. As a rule, parallax and mass-ratio are determined simultaneously, using either of the above sets of formulae. If both components are visible and well separated on the photographic plate, the orbit need not be known; Δx, Δy are directly furnished by the measurements, and B or $B - \beta$ may be obtained with the aid of the first set of formulae.

In general only the primary or the photocenter of primary and secondary is measured; in this case the second set of formulae are most conveniently used. Assuming the relative orbit to be known, the dynamical and orientation elements are used to compute the orbital factors Q_α, Q_δ. From material covering a sufficiently extended part of the orbit, a least squares solution yields values of π and α. To analyze a series of positions, the equations of condition are assigned night weights p, in accordance with the total plate weight and an assumed night error[1]. The positions X, Y for each night are often corrected for provisional values of the unknowns c, μ, and often π and α. The least squares solutions are carried out for the differential corrections, which afterwards are added to the provisional values, to yield the final values of c, μ, π and α. All calculations are carried out in units of 0.0001 mm; the final results for the unknowns are reduced to seconds of arc by multiplying by the scale value (1 mm $= 18''\!.87$ for the Sproul refractor). If the measured positions refer to a primary component whose image is unaffected by a well separated, or an invisible companion, then the value α yields directly a determination of the quantity $B = \alpha/a$, i.e., the fractional mass $\dfrac{\mathfrak{M}_B}{\mathfrak{M}_A + \mathfrak{M}_B}$ of the companion in terms of the combined mass of primary and companion. If the measured positions refer to the blended image of primary and companion, the resulting photocentric orbital displacements yield a determination of $B - \beta = \alpha/a$.

The general relation

$$B = \frac{\alpha}{a} + \beta$$

shows explicitly how the total error of B depends on errors in α, a and β. For large, well-established orbits the fractional accuracy of α is simply transferred to B. For small or provisional orbits the accuracy of B is also limited by the accuracy of a, while for blended images it is directly affected by any uncertainty in β, which in turn depends on the accuracy of Δm and on the reliability of the assumed theoretical relation between β and Δm (Sect. 15β). It looks as if the principal uncertainty in β is due to errors in Δm. An error 0.10 in Δm yields an error 0.02 in β for a small magnitude difference; this error gradually diminishes for larger values of Δm, where, however, the systematic errors in β may increase up to 0.02[2] (Fig. 12).

An illustration is given for the binary 99 Herculis[3] (Fig. 14). This star was photographed at the Sproul Observatory during the years 1915—1917, and again since 1937. The period is 56 years; periastron was passed in 1942; hence sufficient orbital motion for an accurate mass-ratio determination is covered by the 89 plates taken on 38 nights between 1915 and 1947. A set of three reference stars was used; the image of 99 Herculis was reduced to close equality, $10^m\!.1$, with that of the reference stars by the use of rotating sector of 1.0% opening. The separation of the components never exceeded $1''\!.5$ or about 0.09 mm; the difference in magnitude between the components is $3^m\!.4$.

[1] P. van de Kamp: Astronom. J. **51**, 159—160 (1945).
[2] R. G. Hall: Astronom. J. **55**, 215—218 (1951).
[3] L. Binnendyk: Astronom. J. **54**, 21—23 (1948).

The orbital factors were computed from the elements for the relative visual orbit of companion and primary

$$P = 56.0\,\mathrm{y}, \qquad e = 0.76, \qquad T = 1942.00,$$

$$\Omega = 55°\!.8, \qquad \omega = 105°\!.0, \qquad i = 32°\!.0.$$

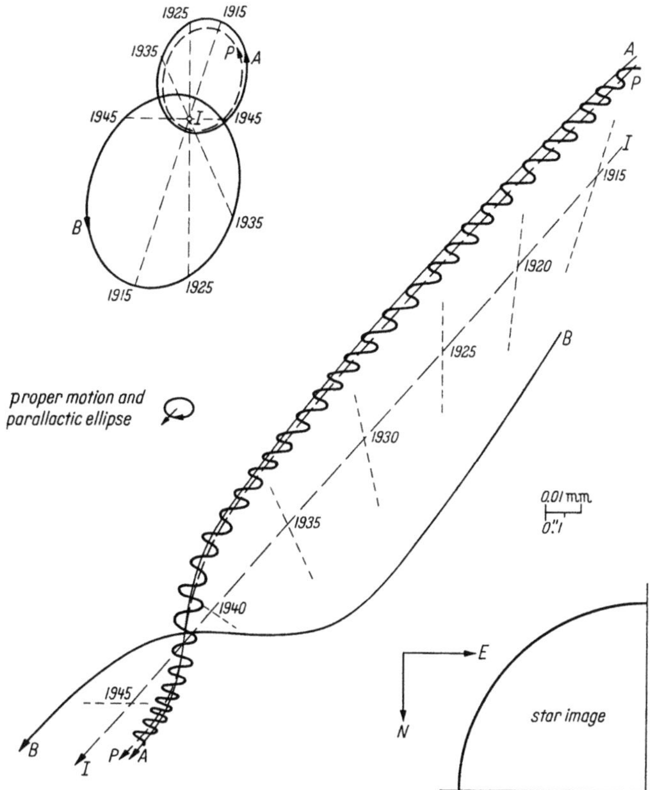

Fig. 14. Heliocentric and geocentric paths and orbital motions (upper left) of the components A and B and the photo-center P of 99 Herculis, relative to center of mass I. From photographs with the Sproul refractor. Enlargement 450 times.

The results for π and α from the combined solution of the R.A. and Decl. material are

$$\pi = +\,0''\!.069 \pm 0''\!.006 \;(\text{p. e.}),$$

$$\alpha = +\,0''\!.344 \pm 0''\!.009 \;(\text{p. e.}).$$

The relative orbit gives $a = 1''\!.03$; hence we obtain

$$B = +\,0.334 + \beta.$$

With the value of 3.40 for Δm we derive $\beta = 0.040$; hence $B = 0.374$ with a probable error ± 0.009 due to the astrometric determination of α.

Combining the above value of the parallax with others, we obtain a value of $0''\!.055$ for the parallax of 99 Herculis, and $2.0\,\odot$ for the sum of the masses of the components. Hence the mass of 99 Herculis A is $1.3\,\odot$, that of 99 Herculis B is $0.7\,\odot$. The mass-ratio is probably more accurate than the masses themselves, since any error in the parallax appears threefold in the sum of the masses.

17. Perturbations. α) *General formulae for observed path.* The field of unresolved astrometric binaries includes the discovery and subsequent study of photocentric orbits revealed through variable proper motion. In this case, where no *a priori* orbital elements are known, it is convenient to use the following formulae for the orbital displacements:

$$\alpha\,Q_\alpha = \alpha\,(b)\,x + \alpha\,(g)\,y = (B)\,x + (G)\,y\,,$$

$$\alpha\,Q_\delta = \alpha\,(a)\,x + \alpha\,(f)\,y = (A)\,x + (F)\,y\,.$$

The dynamical elements P, e, and T are represented by the elliptical rectangular coordinates x and y in the unit orbit. The geometric elements (B), (A), (G), and (F) refer to the observed photocentric orbit of the unresolved system. They are related to the orientation factors and to the Thiele-Innes constants as follows:

$$(B) = -\left(\frac{\alpha}{a}\right)B = \alpha\,(b) = \alpha\,(-\cos\omega\sin\Omega - \sin\omega\cos\Omega\cos i)\,,$$

$$(A) = -\left(\frac{\alpha}{a}\right)A = \alpha\,(a) = \alpha\,(-\cos\omega\cos\Omega + \sin\omega\sin\Omega\cos i)\,,$$

$$(G) = -\left(\frac{\alpha}{a}\right)G = \alpha\,(g) = \alpha\,(+\sin\omega\sin\Omega - \cos\omega\cos\Omega\cos i)\,,$$

$$(F) = -\left(\frac{\alpha}{a}\right)F = \alpha\,(f) = \alpha\,(+\sin\omega\cos\Omega + \cos\omega\sin\Omega\cos i)\,.$$

The general formulae for analyzing the positions of the photocenter for proper motion, parallactic and orbital motion are therefore

$$X = c_x + \mu_x t + \pi P_\alpha + (B)\,x + (G)\,y\,,$$

$$Y = c_y + \mu_y t + \pi P_\delta + (A)\,x + (F)\,y\,.$$

These formulae are useful if the dynamical elements are known, for example, from spectroscopic information (Sect. 19). They are very suitable if nothing whatsoever is known about the orbital elements. This is the case, *par excellence*, resulting from the discovery and subsequent study of an astrometric binary revealed by variable proper motion. First the observed positions are corrected for provisional values of proper motion and parallax, aiming for the adopted proper motion to be as close as possible to that of the barycenter. The remainders are then analyzed for orbital motion; successive approximations are generally necessary. The corresponding analysis for an unresolved binary component of a visual binary was mentioned in Sect. 12.

Recall that $\alpha = (\mathrm{B} - \beta)\,a$. Experience with blended images of known binaries has commonly failed to reveal any elongation of images for separations up to $1''$ or even more, and for magnitude differences as small as 2.0, for which β is as high as 0.14; for smaller separations binaries with even smaller magnitude differences may go undetected on photographic plates.

A close companion may be too faint to be detected visually or spectroscopically but affects the center of light by pulling it toward the barycenter. The photocentric orbit of the unresolved binary generally is smaller than the orbit of the primary. In the case that the companion is very much fainter, or when its image is not blended with that of the primary, the measured positions refer to the primary and β is zero.

β) *Orbital analysis.* The dynamical elements may be determined by Zwiers' method, which in this case involves locating the invisible focus or barycenter.

It is generally advisable, however, to use the time-displacement curves for determining the dynamical elements, by the method described earlier (Sect. 10β).

With the set of dynamical elements P, e, and T thus obtained, x and y are computed and the observations represented by the general formulae for orbital displacement (Sect. 17α). An analysis of the equations yields the four geometric elements, (B), (A), (G) and (F) from which the scale α and the three orientation elements Ω, ω, and i may be computed. Successive approximations are used, and as in the case of resolved binaries (Sect. 11β), the dynamical elements are varied in order to test the stability of the results. While it is possible to solve simultaneously for differential corrections to all orbital elements, and to parallax and proper motion, such procedure is hardly warranted at the current stage of this problem. The process of variations is certainly to be preferred and has the great advantage of remaining in close touch with the real worth of the available material.

γ) General considerations. The astrometric study of photographically unresolved binaries consists of two parts: (1) to establish the existence of deviations, which cannot be accounted for by proper motion and parallax, and (2) to determine the photocentric orbit from these deviations. While it may be relatively simple to detect initial deviations, the second step is much more difficult.

Thousands of parallax determinations of "single" stars have been made and, with few exceptions, it has always been possible to represent the observed positions satisfactorily by uniform proper motion and a parallactic orbit of appropriate size. Moreover, no increase in the probable error of unit weight has been found for stars of large parallax[1]. This general absence of observable orbital motion may often be due to a negligible value of the semi-axis major of the photocentric orbit. For example, α is zero if both components have the same mass and the same luminosity. However, even with an appreciable value of α, orbital motion may not be found because of the small number of plates, 20 or 30, and the short time interval, often only two years, employed in conventional parallax determinations. If the period is short, the amplitude of the photocentric orbit may be too small to be detected. If the period is long, more time is required to detect orbital motion. Moreover, the orbital motion may be partly absorbed in the parallactic and in the proper motions, or it may be temporarily or accidentally disguised through gaps in the series of observations. The conventional parallax determinations generally are neither suitable for the discovery of orbital motion nor affected by any existing orbital motion.

For any thorough investigation it is desirable to go beyond the extent and also beyond the occasional repetition of conventional parallax series. Observations over an interval of several decades are desirable; the chances of discovery depend on the particular portion of the orbit in which the star happens to be. Even for shorter periods an extended observational series is in order to insure complete coverage of the orbit; plates should be taken without particular regard to parallax factor so as to ensure as complete and uniform a distribution in time as possible. The narrow hour-angle requirements of the observations cause annual gaps of at least six or seven months, which in turn may result in spurious periods; with limited accuracy, scattered positions in successive cycles of a short-period orbit may be interpreted as an orbit with a period a multiple of the actual one unless plates are also taken in close temporal succession. The danger of interpreting a long-period orbit by a spurious short period exists also. So long as the binary is not resolved, the analysis lacks the control of the harmonic relation $a^3/P^2 = \mathfrak{M}_A + \mathfrak{M}_B$

---

[1] F. Schlesinger: Astronom. J. **46**, 85, Table 3 (1937).

which for resolved binaries may serve as a guide for the period. The danger of interpreting a limited, initial set of residuals by a fortuitous orbit should always be avoided through additional observations.

A satisfactory orbit is generally not obtained until all phases of the orbit have been covered. Correct dynamical interpretation is aided by the fact that the Keplerian motion as a rule is observed in two coordinates. The blending of the two components, and variability of either component, remain potential sources of error in any analysis for a photocentric orbit.

δ) *Dynamical interpretation; mass function.* The analysis of the astrometric orbit of an unresolved binary gives two data of principal interest—the period P (years) and the semi-axis major α (reduced to astronomical units). In case of a completely dark companion, or in the case of sufficient separation of the components, $\alpha = B\,a$ and we derive the mass function

$$\frac{\alpha^3}{P^2} = B^3 \left(\mathfrak{M}_A + \mathfrak{M}_B\right).$$

Compare this with the mass function for a spectroscopic binary with one component visible:

$$B^3 \sin^3 i \left(\mathfrak{M}_A + \mathfrak{M}_B\right).$$

Or we may write

$$\mathfrak{M}_B = \alpha\, P^{-\frac{2}{3}} \left(\mathfrak{M}_A + \mathfrak{M}_B\right)^{\frac{2}{3}}.$$

By making an assumption about the sum of the masses, or about the mass of the primary, complete knowledge of the separate masses is obtained. Generally, however, we do not know whether the observed orbit refers to the pure image of the primary or to the photocenter of primary and companion. In the latter case $\alpha = (B - \beta)\, a$ and our knowledge about the masses is limited to the mass function

$$\frac{\alpha^3}{P^2} = (B - \beta)^3 \left(\mathfrak{M}_A + \mathfrak{M}_B\right).$$

Thus a combined astrometric and spectroscopic study becomes significant in the case of appreciable inclination e. g. eclipsing binaries, since the astrometric study furnishes the inclination i, while the spectroscopic study may not be influenced by the blend effect β. In such a combined study the mass function $B^3 (\mathfrak{M}_A + \mathfrak{M}_B)$ and the ratio β/B may be determined. So long as the companion remains unseen, visually or spectroscopically, the masses of the components cannot be rigorously derived. With a reasonable assumption about $(\mathfrak{M}_A + \mathfrak{M}_B)$, however, a value for B, and hence β, can be found and corresponding values of $\mathfrak{M}_A$ and $\mathfrak{M}_B$ derived.

So long as the astrometric information is not supplemented by spectroscopic data, we remain in the dark as to the evaluation of the luminosity correction β. Generally, therefore, we are confronted with the interpretation of the mass function which contains the three unknowns $\mathfrak{M}_A$, $\mathfrak{M}_B$ and β. We may write the mass function as follows:

$$\mathfrak{M}_B - \beta \left(\mathfrak{M}_A + \mathfrak{M}_B\right) = \alpha\, P^{-\frac{2}{3}} \left(\mathfrak{M}_A + \mathfrak{M}_B\right)^{\frac{2}{3}}.$$

This expression gives a *lower* limit for the mass of the companion, for an adopted value of the combined mass. Note that the astrometric observations alone do not yield the sign of α; hence the above expressions for the mass function have the double sign. In order to interpret the observations, we generally make different assumptions of the sum of the masses $(\mathfrak{M}_A + \mathfrak{M}_B)$, which then will yield different limiting values for the mass of the companion.

If we take $B - \beta$ positive, we find the following limiting values for the masses of the components: upper limit primary: $\mathfrak{M}_A + \beta(\mathfrak{M}_A + \mathfrak{M}_B)$, lower limit companion: $\mathfrak{M}_B - \beta(\mathfrak{M}_A + \mathfrak{M}_B)$.

If $B - \beta$ is negative, we find the following limiting values for the masses of the components: lower limit primary: $\mathfrak{M}_A - (1 - \beta)(\mathfrak{M}_A + \mathfrak{M}_B)$, upper limit companion: $\mathfrak{M}_B + (1 - \beta)(\mathfrak{M}_A + \mathfrak{M}_B)$. Hence without additional information, the absolute size of the photocentric orbit fails to distinguish between the two components. A minimum value of the mass always is found for that component which is revealed as the perturbing influence on the photocenter, i.e., the component which is on the side of the barycenter opposite the photocenter.

Often a choice between the alternate interpretations can be made by considering the implications of the results for mass and luminosity. The definition of primary and companion

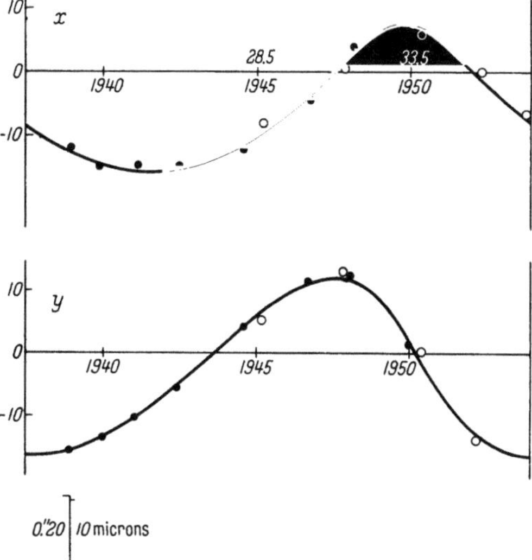

Fig. 15. The astrometric binary Ross 614. Displacement curves in right ascension, x, and declination, y. ●, Sproul normal points; ○, Mc Cormick normal points.

implies in all cases $0 < B < 1$ and $0 < \beta < 0.5$. Any admissible value of β may satisfy the condition $0 < B - \beta < 1$, in which case the photocentric orbit is always smaller than the orbit of the primary. The alternate interpretation is

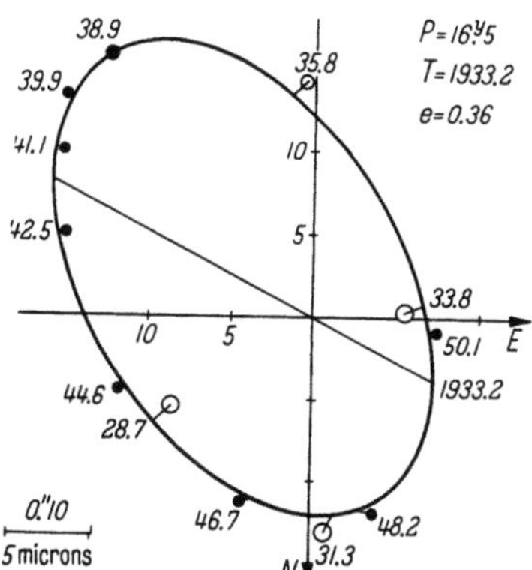

Fig. 16. Photocentric orbit of Ross 614. ●, Sproul normal points; ○, McCormick normal points. The radius in each case indicates the probable error.

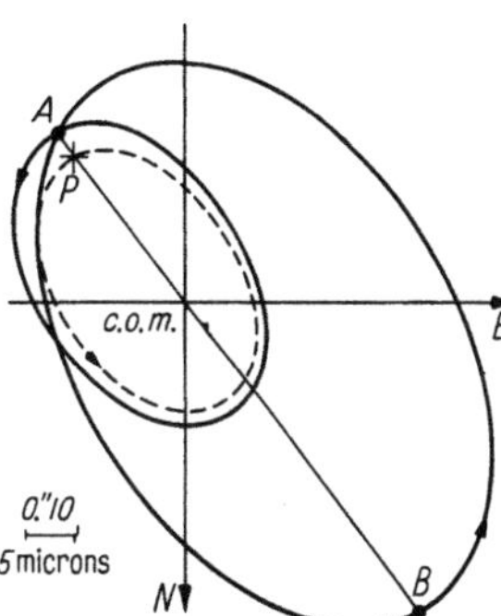

Fig. 17. Ross 614. The dashed ellipse is the orbit of the photocenter, P. The positions of A, B, and P are shown for the discovery data of March 23, 1955.

subject to the restriction that $0 < \beta - B < 0.5$. In this case the photocentric orbit may be larger than the orbit of the primary, i.e., $\beta - B > B$ or $\beta > 2B$, which implies a value of $B < 0.25$. Generally, however, the photocentric orbit is smaller than the orbit of the primary. Since the dimensions of the latter are a measure for the mass of the companion, the observations give a lower limit for the mass of the companion. One has to be very careful, therefore, about ascribing a very small photocentric orbit to the influence of a planetary companion.

The accompanying table illustrates the interpretation of the mass function for the case $|B - \beta| = 0.2$.

Δm	β	$B - \beta = 0.2$ B	$\beta - B = 0.2$ B
0	0.500	$+ 0.700$	$+ 0.300$
1	0.285	$+ 0.485$	$+ 0.085$
2	0.137	$+ 0.337$	$(- 0.063)$
3	0.060	$+ 0.260$	$(- 0.140)$
...	...	...	...
∞	0	$+ 0.200$	$(- 0.200)$

For the case $\beta - B = 0.2$, the value of β has to be larger than 0.2, that is, the companion may not be more than 1.5 magnitudes fainter than the primary, since B must remain positive. Generally it has not been observed that such a small difference in magnitude goes together with such a large discrepancy in masses, and we therefore are inclined to assume that the $B - \beta$ solution has to be accepted and a corresponding choice made of possible B, β combinations. However, it is questionable in how far the known mass-luminosity relation for visible stars should be permitted to influence any choice. In no case can a rigorous interpretation be made till a relative visual orbit or a spectroscopic orbit of either or both components is observed.

ε) *Example.* The best example of an unresolved astrometric binary discovered photographically is Ross 614[1]. The perturbation was discovered in 1940. Accurate elements of the photocentric orbit were published in 1950. Greatest elongation was predicted for 1955, at which time the companion was first seen and photographed by Baade with the 200-inch Hale telescope[2,3]. The companion of Ross 614 proves to have the small mass of $0.08 \odot$[2] (Fig. 15, 16, 17, 18).

18. Planetary companions. The study of planetary companions of stars other than our sun is part of the astrometric study of perturbations of stars. The least massive stars found so far are Ross 614 B $(0.08 \odot)$[2], and very likely the components of L 726-8[4], whose masses may prove to be as small as $0.04 \odot$. On the other hand, the most massive planet known is Jupiter, whose mass is $1/1047 \odot$. We must be prepared to find stars less massive than $0.04 \odot$, as well as planets more massive than Jupiter. It looks now as if the borderline between stars and planets is rather lower than the value $0.05 \odot$, previously calculated[5].

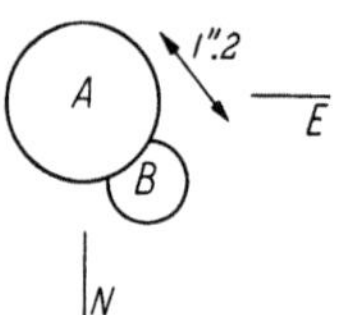

Fig. 18. Three successive five-second exposures of Ross 614, taken by W. Baade with the 200-inch telescope, March 23, 1955. The faint companion is visible at position angle 36°, at the time of its greatest elongation. This is a 20-times enlargement from the original negative, on which the scale was 11.12 sec of arc to one millimeter. Mount Wilson and Palomar Observatories photo.

[1] S. L. Lippincott: Astronom. J. **55**, 236—242 (1950).
[2] S. L. Lippincott: Astronom. J. **60**, 379—382 (1955).
[3] S. L. Lippincott: Sky a. Telescope **14**, No. 9, 364—365 (1955).
[4] W. J. Luyten: Publ. Astronom. Soc. Pacific **68**, 258—259 (1956).
[5] H. N. Russell: Astronom. J. **51**, 13—17 (1943).

There is observational evidence for unresolved binaries whose fainter companions have masses of about 0.01 $\odot$ or more. It remains to be seen whether in these cases we are dealing with planetary companions or whether the calculated mass simply refers to a *lower limit*, whose upward correction depends on the still unknown difference in magnitude of the components. Recall that all we can find from the observed space-time dimensions of the photocentric orbit is the following:

$$\mathfrak{m} - \beta\,(\mathfrak{M} + \mathfrak{m}) = \alpha\,P^{-\frac{2}{3}}\,(\mathfrak{M} + \mathfrak{m})^{\frac{2}{3}}$$

which gives a *lower* limit for the mass $\mathfrak{m}$ of the companion for any value $(\mathfrak{M} + \mathfrak{m})$ of the combined mass of primary and companion. The fundamental difficulty is that a *small* perturbation, such as would be expected from a planetary companion, *may* be caused also by an unresolved binary whose photocenter falls close to the barycenter. We must not be premature therefore in attributing a very small perturbation to the influence of a planetary companion. The various interpretations of the mass function must be carefully weighed; the choice may be limited by direct visual observations and by spectroscopic observations, the latter especially for short-period binaries.

The only well documented evidence for a very small perturbation appears to be that in the 61 Cygni binary[1, 2]. From extensive multiple exposure material (232 plates taken over the period 1914 to 1955) STRAND finds a period of 4.8 years, a semi-axis major of $0\overset{''}{.}0102 \pm 0\overset{''}{.}0007$ (p.e.), yielding a lower limit of $0.008 \odot$ for the mass of the unseen companion. If the companion has no light whatsoever, the above quantity would actually represent its mass; however, any blending effect, due to appreciable light of the companion, would raise the above quantity possibly to a value that would classify the companion as a star.

19. Spectroscopic and eclipsing binaries. In principle every visual binary can also be observed spectroscopically. Every spectroscopic and every eclipsing binary is a visual binary—unresolved at the present state of technique. Although little has been done in this direction, astrometric research on spectroscopic and eclipsing binaries has begun, and we shall briefly report on the methods employed and the results obtained so far.

α) *Orbital analysis.* The general formulae for the observed orbital displacements are:

$$\text{in}\quad x \ldots (B)\,x + (G)\,y,$$
$$\text{in}\quad y \ldots (A)\,x + (F)\,y$$

where

$$(B) = \alpha\,(- \cos \omega \sin \Omega - \sin \omega \cos \Omega \cos i),$$
$$(A) = \alpha\,(- \cos \omega \cos \Omega + \sin \omega \sin \Omega \cos i),$$
$$(G) = \alpha\,(+ \sin \omega \sin \Omega - \cos \omega \cos \Omega \cos i),$$
$$(F) = \alpha\,(+ \sin \omega \cos \Omega + \cos \omega \sin \Omega \cos i).$$

Both for known spectroscopic and eclipsing binaries the quantities P, e, T are more accurately determined than they possibly could be obtained from astrometric data. For both spectroscopic and eclipsing binaries properly distributed astrometric material permits a determination of the geometric elements (B), (A), (G), and (F), or the related elements, α, i, Ω, ω. Neither spectroscopic nor eclipsing observations yield Ω,—this quantity can be determined from astrometric data only—while the spectroscopic observations do not yield i.

[1] K. Aa. STRAND: Proc. Amer. Philos. Soc. **86**, 364—367 (1943).
[2] K. Aa. STRAND: Astronom. J. **61**, 319 (1956).

If in addition to the dynamical elements we adopt the value ω furnished by the spectroscopic or eclipsing data, the following formulae for the orbital displacements may be used:

$$\text{in } x \dots (B)\, x + (G)\, y = (\alpha \sin \Omega)\, U - (\alpha \cos \Omega \cos i)\, V,$$

$$\text{in } y \dots (A)\, x + (F)\, y = (\alpha \cos \Omega)\, U + (\alpha \sin \Omega \cos i)\, V,$$

where

$$U = - x \cos \omega + y \sin \omega,$$

$$V = + x \sin \omega + y \cos \omega.$$

Suitable astrometric material then yields values for α, Ω, and i. For eclipsing binaries the value of i is known, and values of α and Ω are obtained in a very simple fashion.

β) *Astrometric results for spectroscopic binaries.* Studies of the astrometric orbits of spectroscopic binaries have been made by Alden, both at the McCormick and Yale Observatories[1]. Generally the astrometric orbits prove to be very small, witness recent studies carried out at the Sproul Observatory for Polaris, η Pegasi A and 58 Persei. An excellent example of an orbital investigation, using astrometric and spectroscopic material, is Strand's study of Procyon[2]. Of the Sproul Observatory studies we mention the apparent orbit of the spectroscopic binary Algol AB, C [3]. Algol AB is the well known eclipsing binary with a period of 2.867 days. The best established of the longer periods, first detected spectroscopically, is that of 1.873 years, attributed to the unseen companion Algol C.

Algol has been on the Sproul astrometric program since 1920. A solution based on 560 plates yields the very small value $0\overset{\prime\prime}{.}015 \pm 0\overset{\prime\prime}{.}003 = (0.35 \pm 0.07)$ a.u. for the semi-axis major α, of the 1.873 year orbit of the photocenter of Algol AB and Algol C. The inclination of the orbit is found to be $63°$. Photometric results of Eggen yield a value of 0.52 a.u. for the quantity B $a \sin i$. With the aid of the Sproul value of i we find B $a = 0.58$ a.u. Assuming $6 \odot$ for the combined mass of Algol AB, the mass of Algol C is found to be $1.45 \odot$; no conclusive evidence of the luminosity of Algol C is obtained.

γ) *Astrometric results for eclipsing binaries.* Astrometric studies of VV Cephei and ε Aurigae are underway at the Sproul Observatory. These studies will not be completed for several years. Provisional solutions indicate a value of α less than 0.002 mm $(0\overset{\prime\prime}{.}037)$ for VV Cephei.

V. Masses and luminosities of visual binaries.

20. Resolved binaries. Perhaps the most significant result of the study of visual binaries is their contribution to the general mass-luminosity relation and its internal dispersion. We present here the results based on a small number of visual binaries for which mass-ratio, parallax, orbital elements, magnitudes, and spectra are well determined (Table 3). The present survey is limited to the best determinations of those given in recent articles[4,5], using improved data on η Cas[6] and 85 Peg[7] and including o² Eri B, C, which previously had been omitted.

[1] H. L. Alden: Astronom. J. **52**, 37—38 (1946).

[2] K. Aa. Strand: Astrophys. Journ. **113**, 1—20 (1951).

[3] P. van de Kamp, S. M. Smith and A. Thomas: Astronom. J. **55**, 251—257 (1951).

[4] P. van de Kamp: Astronom. J. **59**, 447—454 (1954).

[5] S. L. Lippincott: Astronom. J. **60**, 379—382 (1955).

[6] P. van de Kamp and E. Flather: Astronom. J. **60**, 448—453 (1955).

[7] A. A. Wyller: Astronom. J. **61**, 76—79 (1956).

Table 3a. *Masses of visual binaries.*

Name	1900		a	P	p	(p.e.)	$\mathfrak{M}_A+\mathfrak{M}_B$	B
	R.A.	Decl.		years				
η Cas	$0^{\mathrm{h}}\,01^{\mathrm{m}}0$	$+57°53'$	$11''99$	480	$+''170$	$\pm0''003$	1.52	0.38
o² Eri B, C . .	4 10.7	$-\ 7$ 49	6.894	247.92	.201	3	.66	.32
Ross 614 A, B	6 24.3	$-\ 2$ 44	.98	16.5	.251	3	.22	.35
Sirius	6 40.7	-16 35	7.62	49.94	.379	4	3.26	.30
Procyon . . .	7 34.1	$+\ 5$ 29	4.55	40.65	.287	4	2.41	.268
α Cen A, B . .	14 32.8	-60 25	17.665	80.09	.760	5	1.96	.45
ξ Boo	14 46.8	$+19$ 31	4.884	149.95	.148	4	1.60	.47
ζ Her	16 37.5	$+31$ 47	1.35	34.42	.104	3	1.85	.42
Fu 46	17 09.2	$+45$ 50	.71	13.12	.155	3	.56	.44
70 Oph . . .	18 00.4	$+\ 2$ 31	4.551	87.85	.199	5	1.55	.42
Krü 60 . . .	22 24.5	$+57$ 12	2.412	44.6	.253	3	4.36	.377
85 Peg . . .	23 56.9	$+26$ 33	0.83	26.27	0.080	3	1.62	0.49
Sun								

Table 3b. *Masses of visual binaries.*

Name	Apparent visual magnitude		Spectrum		Absolute bolometric magnitude		Mass		log $\mathfrak{M}_A$	log $\mathfrak{M}_B$
	A	B	A	B	A	B	$\mathfrak{M}_A$	$\mathfrak{M}_B$		
η Cas	6.44	7.18	G0 V	K5+	4.54	7.51	0.94	0.58	$-.03$	$-\ 0.24$
o² Eri B, C . .	9.62	11.10	B9	M5e	10.26	9.5	.45	.21	$-.35$	$-\ .68$
Ross 614 A, B	11.3	14.8	dM6+	...	9.9	11.9	.14	.08	$-.85$	-1.10
Sirius	-1.47	8.64	A1 V	A5	.80	11.22	2.28	.98	$+.36$	$-\ .01$
Procyon . . .	.34	10.64	F5 IV$-$V	wd	2.59	12.62	1.76	.65	$+.25$	$-\ .19$
α Cen A, B . .	.09	1.38	G4	K1	4.40	5.65	1.08	.88	$+.03$	$-\ .06$
ξ Boo	4.66	6.70	G8 V	K5	5.41	6.70	.85	.75	$-.07$	$-\ .12$
ζ Her	2.91	5.54	G0 IV	dK0	2.94	5.52	1.07	.78	$+.03$	$-\ .11$
Fu 46	10.01	10.39	M4	M4	8.26	8.64	.31	.25	$-.51$	$-\ .60$
70 Oph . . .	5.09	8.49	K0 V	K4	5.56	6.85	.90	.65	$-.05$	$-\ .19$
Krü 60 . . .	9.80	11.46	dM4	dM6	9.11	9.97	.272	.164	$-.57$	$-\ .79$
85 Peg . . .	5.81	8.85	G2 V	...	5.26	7.18	.82	.80	$-.09$	$-\ .10$
Sun	-26.95		G2 V		4.62		1.00			.00

Ross 614B has been assumed a red dwarf. Not included in the present summary is the important visual binary L 726-8, a pair of faint red dwarf stars, each of which very probably will prove to have even smaller masses[1], 0.04 $\odot$ is the provisional estimate—than the well established mass of 0.08 $\odot$ for Ross 614 B.

The present limited, but accurate, material indicates the well-defined relation between mass and bolometric magnitude, with the striking exception of the three white dwarfs and the components of ζ Her and 85 Peg. The slope of the relation for the red dwarfs differs appreciably from that for the earlier type of main sequence stars. Compared with their masses, ζ Her A is over-luminous, 85 Peg B under-luminous. For ξ Boo, ζ Her, and 85 Peg the differences in bolometric magnitude are considerably greater—for the difference in mass—than might be expected from the "general" mass-luminosity relation for main sequence stars (Fig. 19).

Again we conclude by emphasizing the need for improved determinations of magnitudes, colors and spectra, and of the mass-ratio and orbital elements—par-

---

[1] W. J. Luyten: Publ. Astronom. Soc. Pacific **68**, 258—259 (1956).

ticularly the semi-axis major of the "visual orbit"—and of still more accurate parallax determinations.

The comparatively narrow range in stellar masses permits the calculation of *dynamical parallaxes*, based on an adopted value of the sum of the masses. Dynamical parallaxes may be calculated with fair accuracy even when only part of the orbit is known[1].

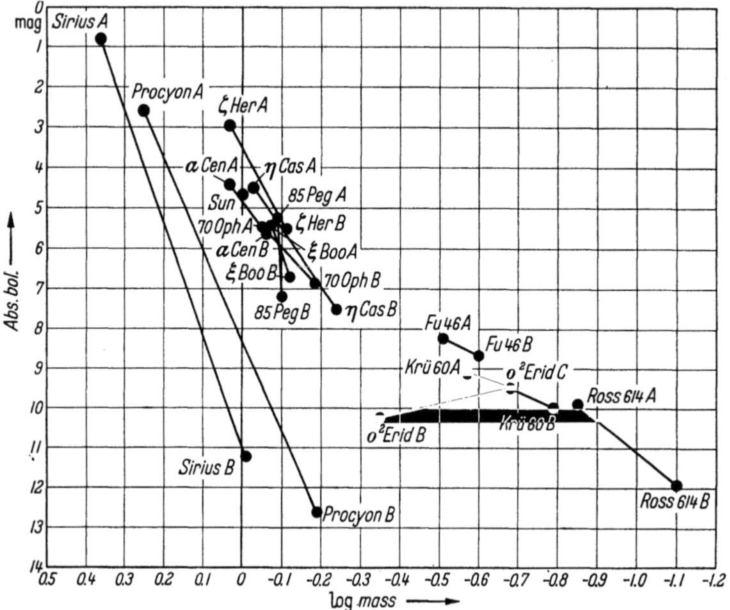

Fig. 19. Mass-luminosity relation for visual binaries. First class data only.

21. Unresolved astrometric binaries. The classical predictions of the unseen companions of Sirius and Procyon were eventually followed by the visual observations of these companions. Similarly, the more recently discovered unseen companion of Ross 614 has now joined the realm of visible components; Ross 614 A, B is no longer an unresolved astrometric binary, but is a full fledged visua binary, for which improved observational data are still very desirable (Sect. 17ε).

For a number of stars perturbations have been established, and for a much smaller number photocentric orbits have been derived. We mention a few of the best established cases:

ζ Cnc C, c. One of the best established orbits of an unresolved astrometric binary is that of the "distant" companion of the classical binary ζ Cnc A, B. The parallax is 0″.047, the period 17.8 years, the semi-axis major 0″.20 or 4.26 a.u. Investigations by the author[2] and by Gasteyer[3] indicate that the still unseen, companion is a white dwarf, having a mass close to that of the sun.

BD + 20°2465. First discovered by Reuyl[4], who assigned a period of 26.5 years. The parallax is 0″.224. An investigation in progress at the Sproul Observatory yields a provisional value of 9 years for the period, and 0″.04 = 0.2 a.u.

[1] H. N. Russell and C. E. Moore: The Masses of the Stars. Chicago: University Chicago Press 1940.
[2] P. van de Kamp: Astronom. J. **53**, 207—209 (1948).
[3] C. Gasteyer: Astronom. J. **59**, 243—250 (1954).
[4] D. Reuyl: Astrophys. Journ. **97**, 186—189 (1943).

for the semi-axis major of the photocentric orbit; the corresponding lower limit for the mass of the unseen companion is 0.02 $\odot$.

Ci 2354. The parallax is $0\overset{''}{.}184$. A provisional solution of Sproul material yields a period of 10.8 years, a semi-axis major of $0\overset{''}{.}028$ or 0.15 a.u. The lower limit for the mass of the unseen companion is 0.02 $\odot$.

ζ Aqr. The long-period binary has a period of four centuries and a semi-axis major of $3\overset{''}{.}403$. The parallax is $0\overset{''}{.}04$. A perturbation is found with a period of 25 years and a semi-axis major of $0\overset{''}{.}08$ or 2.0 a.u., yielding a mass of 0.38 $\odot$ for the unseen third component[1].

The perturbation in the 61 Cygni system has been presented in Sect. 18.

VI. Special topics.

22. Distant companions. Vyssotsky and Williams[2] find a frequency of at least 7% for distant "proper motion" companions to stars brighter than the 5th magnitude, with annual proper motion over $0\overset{''}{.}100$; the percentage drops to 3% for stars fainter than $5\overset{m}{.}3$. The results are selective and incomplete; the actual percentages must be appreciably higher. Nearly all pairs have (projected) separations larger than 1000 astronomical units, the largest being about $\frac{1}{4}$ parsec.

23. Multiple systems. A study by Luyten[3] indicates that separations within one and the same multiple system are not comparable. In triple systems the space-time dimensions of the "large" orbit of the "third" distant component are always found to be of a much higher order than those of the "smaller" orbit of the close binary. From a study of 20 triple systems Strand[4] finds that in 16 systems the orbital motion of the distant component has the same direction as that of the closer pair, while for 4 systems the orbital motion is in the opposite direction.

An interesting example of a multiple system is σ Coronae Borealis[5]. Here we find a quadruple system, representing the widely different periods of 7.974 days for the spectroscopic system A, 1162 years for the visual system A, B and a period of the order of a million years for the orbit of the distant companion c around A, B. The semi-axis major of the visual orbit is 151.5 a.u., the projected separation of the distant companion σ CrB c to the center of mass of σ CrB A, B is 13 000 a.u.

In the case of Castor[6,7] the visual binary A, B has a period of revolution of 380 years. Both Castor A and B are spectroscopic binaries with periods of 9.21 and 2.93 days respectively. The distant companion C is an eclipsing binary, with a period of 0.81 days and is at least 1000 a.u. distant from the system A, B which has a semi-axis major of 86.1 a.u.

24. Frequency of double and triple stars. Binary stars are very common. Among the fifty-five stars within five parsecs, including the sun, twenty appear as members of visual binaries, while six are grouped in two triple systems[8,9].

[1] K. Aa. Strand: Astronom. J. **49**, 165—172 (1941).

[2] E. T. R. Williams and A. N. Vyssotsky: Publ. Astronom. Soc. Pacific **54**, 260—263 (1942).

[3] W. J. Luyten: Publ. Astronom. Obs. Minnesota **2**, No. 9, 207—208 (1939).

[4] K. Aa. Strand: Astronom. J. **49**, 172 (1941).

[5] P. van de Kamp: Astronom. J. **49**, 66—70 (1940); **58**, 25—28 (1952).

[6] O. Struve: Sky a. Telescope **11**, 302—304 (1952).

[7] K. Aa. Strand: Astronom. J. **49**, 41—49 (1941).

[8] P. van de Kamp: The Nearest Stars. Amer. Scientist **42**, 572—588 (1954).

[9] P. van de Kamp: List of stars nearer than five parsecs. Sky a. Telescope **14**, 497—499 (1955).

Of the remaining twenty-nine single stars, at least two are unresolved binaries, thus further reducing the comparative abundance of "single" stars. Of the 167 stars between five and ten parsecs we find ninety-four single stars, twenty-seven binary stars, five triple and quadruple systems[1]. For obvious reasons the observed relative abundance of double and multiple systems decreases with increasing distance; there is no reason to believe that the true abundance is higher for the nearest stars than for more distant ones.

Among the twenty brightest stars[2] there are twelve single, five double, and three triple systems, yielding a total of thirty-one visible stars. In addition there are five spectroscopic binaries, bringing the total number of known components for the twenty brightest stars up to thirty-six.

General references.

[1] AITKEN, R. G.: The Binary Stars, 2. edit. New York: McGraw-Hill Book Co. 1935.
[2] BIESBROECK, G. VAN: Visual binary stars and stellar parallaxes. Astrophysics (J. A. HYNEK, Editor), p. 425—447. New York: McGraw-Hill Book Co 1951.
[3] Bos, W. H. VAN DEN: The visual binaries. Vistas in Astronomy 2, 1035—1039 (1956).
[4] DANJON, ANDRÉ: Orbites des Etoiles Doubles Visuelles, Chap. XVI, p. 381—393. Paris: Astronomie Générale 1952/53.
[5] EGGEN, OLIN J.: Photometric parallaxes and the mass-luminosity relation. Astronom. J. 61, 361—380 (1956).
[6] EGGEN, OLIN, J.: The nearest visual binaries. Astronom. J. 61, 405—429 (1956).
[7] HENROTEAU, F. C.: Double and multiple stars. Handbuch der Astrophysik, Bd. VI, Teil 2, S. 299—468. 1928.
[8] HERTZSPRUNG, E.: Photographische Messungen von Doppelsternen von 1914.0 bis 1919.4. Publ. Astrophys. Obs. Potsdam 24, Nr. 75, 1—68 (1920).
[9] KAMP, PETER VAN DE: Long-focus photographic astrometry, A survey with particular emphasis on resolved and unresolved astrometric binaries, Popular Astronomy 59, 65—79, 129—137, 176—191, 243—254 (1951); also Contribut. Inst. d'Astrophysique, Ser. A Nr. 81, 1951. Sproul Obs. Reprint No. 73, 1951.
[10] KAMP, PETER VAN DE: Planetary companions of stars, Vistas in Astronomy 2, 1040 to 1048 (1956).
[11] MULLER, P.: Bilan des observations modernes d'etoiles doubles. Bull. Astronomique, Sér. 2 16, 161—174 (1952).
[12] OLIVIER, CHARLES P.: Double stars, — A survey over the past half century. Popular Astronomy 52, 417—428 (1944).
[13] PETRIE, R.W., and others: Proceedings of the National Science Foundation Conference on Binary Stars. J. Roy. Astronom. Soc. Canada 51, 11—108 (1957).
[14] RABE, W.: Doppelsterne. Handbuch der Astrophysik, Bd. VII, S. 685—718. 1936.
[15] RUSSELL, H. N. and others: Symposium: Double Stars; organized by the American Astronomical Society. Astronom. J. 52, 25—39 (1946).
[16] RUSSELL, H. N., and C. E. MOORE: The masses of the stars. Chicago: University Chicago Press 1940.
[17] STRAND, K. AA.: Photographic measurements of the six double stars, η Cassiopeiae, γ Virginis, ξ Bootis, 44i Bootis, σ Coronae Borealis, 70 Ophiuchi, and the computation of their orbits with special attention to these measurements. Ann. Sterrewacht Leiden 18, 1—138 (1937).
[18] STRAND, K. AA.: Photographic measurements of double stars. Sky a. Telescope 5, No. 7, 6—8 (1941).
[19] STRAND, K. AA.: The present status of double star astronomy, paper presented at the conference: Problems in astrometry, in Evanston, Illinois, September 3—5, 1953. Astronom. J. 59, 61—66 (1954).
[20] STRUVE, O.: Visual double stars. Sky a. Telescope 9, 186—187, 216—217 (1950).

---

[1] W. H. VAN DEN BOS: The visual binaries. Vistas in Astronomy 2, 1035—1039 (1956).
[2] P. VAN DE KAMP: The twenty brightest stars. Publ. Astr. Soc. Pacific 65, 30—31 (1953).

The Eclipsing Binaries.

By

Sergei Gaposchkin.

With 4 Figures.

1. Introduction. The history of the eclipsing variables may be divided into three periods.

1. From the first discovery of the light changes of Algol in 1670 until 1895. During this time a few eclipsing variables were accidentally discovered, but contemporary astronomers could not and did not pretend to know the nature of eclipsing variables.

2. From 1895 until 1935. In these years, the number of known eclipsing variables grew from a dozen or so to more than fourteen hundred, due to the systematic and masterly discovery programs at many observatories, notably in America, Germany, and Russia; about two dozen eclipsing systems were studied with high accuracy. The successful application of gravitational laws led to an era of confidence in the geometrical interpretation of eclipsing variables, which were visualized as sharply-bounded figures, spherical, spheroidal, or ellipsoidal. If some observations revealed facts which did not agree with this picture (for example, the discrepancy between the spectroscopic and photometric eccentricities of U Cephei) they were disregarded.

3. From 1935 until the present. Today, the extraordinary physical properties of the eclipsing variables are well recognized. Study of their physical properties has become as important as that of their geometric properties and has ushered the stars themselves into the wide domain of astrophysics. For example, they provide the best information on the properties of extensive stellar atmospheres.

Two fascinating challenges in astronomy are the problems of Novae and of eclipsing variables. Different as they appear, they have been linked together by the recent discovery (Walker) that the Nova Herculis, twenty years after its maximum in 1934, exhibited a light curve like that of an eclipsing variable.

2. Definitions. Eclipsing variables are defined as stars whose variation in brightness can be satisfactorily interpreted, at least in general, in terms of two stars that revolve around, and periodically eclipse, each other. If the two components are widely separated,—that is, if each has a radius not larger than 21% of the distance between the centers,—they display a light curve of approximately even brightness at maximum. The minima in such cases are well defined. If the components are closer together, their shapes are usually not spherical and the variation of brightness is continuous throughout the period of revolution. The eclipses themselves are then poorly defined.

The great variety of eclipsing pairs with different relative brightnesses and sizes produces a corresponding variety of light curves. We might expect to find an eclipse with a depth of more than five magnitudes, but this has never been observed. When the amplitude at minimum is smaller than $0^{m}\llap{.}15$, the eclipsing nature of the stars is difficult to establish on purely photometric grounds. Spectroscopic observation will then be decisive.

3. Formulae used in computing the elements. The multitude of interrelationships in the properties of double stars is demonstrated by a collection of the fundamental formulae:

$$L_1 + L_2 = 1.00, \tag{3.1}$$

$$L = \pi r^2 J, \tag{3.2}$$

$$\frac{J_2}{J_1} = \gamma, \tag{3.3}$$

$$\frac{L_2}{L_1} = \eta, \tag{3.4}$$

$$\frac{r_2}{r_1} = k \tag{3.5}$$

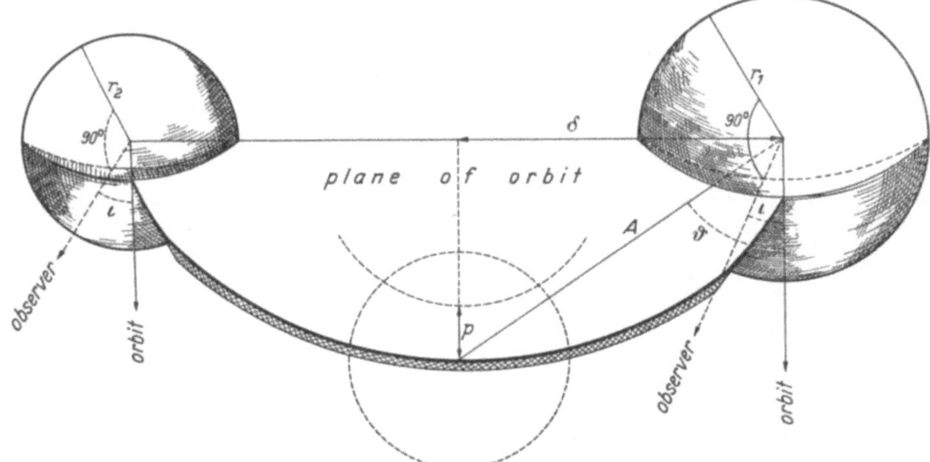

Fig. 1. Schematic picture of an eclipsing system. The two shaded bodies are the two components in an eclipsing system at elongation. The dotted circle represents the left component just before the beginning of the eclipse. The dotted arc together with the circle, indicates the situation at the primary minimum.

where L is total brightness, J is surface brightness, r is the radius of the star (see Fig. 1), and the subscripts identify the two components. For two successive eclipses, we have for the amplitudes A_m

$$A_{m_1} = m_1 - M; \quad A_{m_2} = m_2 - M, \tag{3.6}$$

where m_1 and m_2 are the brightness of the system at the primary and at the secondary minima, and M is the brightness at maximum, all expressed in stellar magnitudes. The corresponding intensity is usually expressed by $1 - \lambda_1$ and by $1 - \lambda_2$; the maximum eclipsed area (α_0) is expressed by the equation:

$$\alpha_0 = 1 - \lambda_1 + \frac{(1 - \lambda_2)}{k^2}. \tag{3.7}$$

The quantity α_0 is usually expressed in terms of the smaller star. For a total eclipse it is usually equal to unity. The relation between the distance A between the centers of the two components, and the apparent distance δ is given by the formula:

$$\delta^2 = A^2(\sin^2\vartheta \sin^2 i + \cos^2 i) = A^2(\sin^2\vartheta + \cos^2\vartheta \cos^2 i), \tag{3.8}$$

where ϑ is the angle (the phase) counted from the position of the primary minimum (see Fig. 1).

The decrease of brightness during an eclipse depends on the size of the eclipsed area (α), and on the relative surface brightness (γ). If the eclipse is total we have the relations:

$$r_1^2 = \frac{(\sin^2 \vartheta' \cos^2 \vartheta'' - \sin^2 \vartheta'' \cos^2 \vartheta')}{(1 + k)^2 \cos^2 \vartheta'' - (1 - k)^2 \cos^2 \vartheta'} , \tag{3.9}$$

$$\cos^2 i = \frac{r_1^2 (1 - k)^2 - \sin^2 \vartheta''}{\cos^2 \vartheta''} \tag{3.10}$$

where i, the inclination of the orbit, is $90°$ when the orbit is in the line of sight, ϑ' is the phase at the beginning of the eclipse; ϑ'' is the phase at the beginning of totality (or annularity). For any point of the eclipse,

$$r_1^2 (1 + kp)^2 = \sin^2 \vartheta + \cos^2 \vartheta \cos^2 i , \tag{3.11}$$

where p is the distance between the center of the smaller star and the periphery of the larger star, expressed in terms of the smaller star. For the middle of the eclipse:

$$\cos^2 i = r_1^2 (1 + kp)^2 . \tag{3.12}$$

If the components are not spherical bodies but ellipsoids of the same shape, instead of r_1^2, we write: $r_1^2 (1 - z \cos^2 \vartheta)$ where $z = \varepsilon^2 \sin^2 i$; $\varepsilon^2 = (a^2 - b^2)/a^2$. If the orbital velocities of the components are observed, we have

$$a_1 \sin i = C_1 K_1 P \qquad \text{in km} \tag{3.13}$$

and

$$f_2 = \frac{\mathfrak{M}_2^3 \sin^3 i}{\mathfrak{M}_1 + \mathfrak{M}_2} = C_2 K_1 P \qquad \text{in solar units} \tag{3.14}$$

for the brighter star observed; and

$$(a_1 + a_2) \sin i = C_1 (K_1 + K_2) P \qquad \text{in km,} \tag{3.15}$$

$$(\mathfrak{M}_1 + \mathfrak{M}_2) \sin^3 i = C_2 (K_1 + K_2)^3 P \qquad \text{in solar units,} \tag{3.16}$$

and

$$\frac{K_1}{K_2} = \frac{\mathfrak{M}_2}{\mathfrak{M}_1} = \frac{a_1}{a_2} \tag{3.17}$$

for both components observed. There C_1 and C_2 are constants (in logarithms, 4.1383 and -6.0164). If the orbit is an eccentric one, then we must add the following factors: $(1 - e^2)^{\frac{1}{2}}$ for Eqs. (3.13) and (3.15); and $(1 - e^2)^{\frac{3}{2}}$ for Eqs. (3.14) and (3.16). In Eqs. (3.14) to (3.18) $\mathfrak{M}$ denotes mass, and P the period.

For computing physical data:

$$\mathfrak{M}_1 + \mathfrak{M}_2 = c_1 A^3 P^{-2} = 74.4^{-1} A^3 P^{-2} , \tag{3.18}$$

$$L = c R^2 T^4 \quad \text{with} \quad c = 7.64 \times 10^{-15} , \tag{3.19}$$

$$R = r A , \tag{3.20}$$

$$M_{\text{bol}} = 4.85 - 10 \, [T] - 5 \, [R] . \tag{3.21}$$

Visual or photographic magnitudes are obtained by applying the bolometric correction (see Table 2). Between the parallax (π), the apparent (m), and the absolute magnitude (M), we have a relation,

$$\frac{(m - M)}{5} + 1 = - [\pi] \tag{3.22}$$

where $m - M$ is a modulus. (In all these formulae, the brackets indicate the Briggs logarithm.) For computing the spectrum of the fainter component from

SERGEI GAPOSCHKIN: The Eclipsing Binaries.

Table 1. *The absolute dimensions of eclipsing variables* (cf. Sect. 4, p. 233).

Star	Period	Mx	Masses	Radii	Spectra	Class	Authority
RT And	$0^d.628$ $1^m.15$	$8^m.99$ $0^m.19$	$1.50\odot, 0.99\odot$ 0.55	$0.73\odot, 1.41\odot$ $0.177\ A$	$G\,0\quad G\,8$ $5^m.72,\ 5^m.41$	I I	C. P. GAPOSCHKIN; GAPOSCHKIN
AB And	0.331 0.68	10.29 0.65	1.73, 1.00 0.55	1.07, 1.07 0.380	$G\,5\quad G\,5$ 5.52, 5.52	I	GAPOSCHKIN; STRUVE
S Ant	0.648 0.38	7.34 0.37	0.66, 0.40 0.60	1.45, 1.15 0.40	$A\,8\quad A\,8$ 2.73, 3.22	II	GAPOSCHKIN; JOY
V 599 Aql	1.849 0.08	6.51 0.05	11.80, 6.40 0.83	7.80, 4.40 0.46	$B\,5\quad B\,8$ $-2.63,\ -1.05$	II	GAPOSCHKIN; PEARCE
σ Aql	1.950 0.18	5.02 0.08	6.25, 5.30 0.52	3.98, 3.75 0.210	$B\,3\quad B\,4$ $-1.51,\ -1.24$	II	GAPOSCHKIN; JORDAN
SX Aur	1.210 0.74	8.30 0.40	10.80, 5.66 0.70	5.18, 4.76 0.435	$B\,3.5\quad B\,3.5$ $-2.05,\ -1.66$	I	POPPER; POPPER
TT Aur	1.33 0.96	8.43 0.37	6.70, 5.30 0.68	3.85, 3.51 0.380	$B\,3\quad B\,3$ $-1.44,\ -1.24$	I	SITTERLY; JOY
WW Aur	2.525 0.77	5.41 0.62	2.20, 1.90 0.54	2.22, 2.20 0.161	$A\,7\quad A\,7$ 1.70, 1.72	I	KOPAL and HUFFER; JOY
AR Aur	4.134 0.78	5.90 0.67	2.55, 2.30 0.54	1.81, 1.81 0.098	$B\,9\quad A\,0$ 1.10, 0.30	I	HUFFER and EGGEN; HARPER, WYSE
EO Aur	4.066 0.37	7.56 0.34	26.60, 26.70 0.40	16.30, 13.10 0.406	$B\,3\quad B\,3$ $-4.57,\ -4.10$	I	GAPOSCHKIN; PEARCE
β Aur	3.960 0.09	2.07 0.09	2.40, 2.36 0.52	2.78, 2.36 0.142	$A\,1\quad A\,1$ 0.49, 0.95	I	STEBBINS, PIOTROWSKI; PETRIE
ζ Aur	972.15 0.71	4.93	16.40, 9.50 0.55	245.0, 4.90 0.200	$K\,5\quad B\,9$ $-2.53.\ -1.06$	I	GAPOSCHKIN, SWOPE; HARPER, TREMBLOT
ε Aur	9898.50 0.85	3.13	$42.0^1,$ 28.0 0.96	1278.0, 716.0 0.160	$F\,5\quad (M)$ $-10.6,\ -2.45$	II[1]	GAPOSCHKIN; GAPOSCHKIN
SS Boo	7.606 1.04	10.17 0.13	1.25, 1.14 0.80	1.89, 1.55 0.120	$G\,5\quad G\,5$ 4.29, 4.42	I	GAPOSCHKIN; SANFORD
ZZ Boo	4.991 0.77	6.99 0.70	1.79, 1.70 0.53	1.76, 1.71 0.095	$F\,0.5\quad A\,9.5$ 2.41, 2.48	I	GAPOSCHKIN; SHAIN
i Boo	0.268 0.65	6.00 0.60	1.00, 0.50 0.56	0.63, 0.70 3.60	$G\,2\quad G\,2$ 6.28, 6.06	I	EGGEN; EGGEN

TZ	Cnc	0.382	10.50	1.50, 0.80 0.55	0.76, 0.76 0.270	$F8$ 5.43,	$F8$ 5.43	I	Haffner; Struve
RS	CVn	4.797 1.92	8.12 0.12	1.80, 1.70 0.72	1.77, 4.83 0.097	$F4$ 3.06,	$G8$ 2.75	I	Keller and Limber; Joy
SW	CMa	10.092 0.68	9.05 0.64	1.50, 1.50 0.50	3.15, 3.15 0.120	$A8$ 1.03,	$A8$ 1.03	I	Gaposchkin; Struve
UW	CMa	4.393 0.36	4.45 0.34	40.0, 31.0 0.60	23.40, 17.00 0.44	$O7$ −6.08,	$O7$ −5.56	I	Gaposchkin, Seyfort; Pearce
X	Car	1.082 0.66	8.04 0.64	0.83, 0.83 0.53	1.53, 1.53 0.300	$A0$ 1.67,	$A0$ 1.67	I	Gaposchkin; Sahade
RX	Cas	32.315 1.10	10.03 0.29	0.60, 0.58 0.55	7.48, 17.50 0.170	$A5$ −1.08,	$G5$ −0.55	II	Gaposchkin; Struve
TV	Cas	1.813 0.93	7.66 0.05	1.82, 1.01 0.93	2.73, 2.24 0.307	$B9$ 0.21,	$A0$ 0.84	I	Huffer and Kopal; Plaskett
AO	Cas	3.523 0.16	6.08 0.12	23.30, 16.80 0.50	11.80, 11.80 0.360	$O8$ −4.99,	$O8$ −4.99	II	Dadaiev; Struve and Horak
AQ	Cas	11.720 0.97	10.48 0.53	15.00, 11.30 0.65	13.10, 6.55 0.200	$B8$ −3.34,	$B8$ −1.65	I	Gaposchkin; Struve
CC	Cas	3.369 0.16	7.25 0.12	20.10, 10.02 0.65	7.30, 6.30 0.250	$O8$ −3.95,	$O8$ −3.63	II	Gaposchkin; Pearce
U	Cep	2.49 2.76	6.99 0.06	4.26, 2.02 0.83	2.02, 3.28 0.160	$A0$ 1.06,	$K0$ 3.54	I	Viola, Gaposchkin; Struve
VV	Cep	7430.0 0.80	6.62	24.20, 24.20 0.55	1943.0, 19.43 0.333,	$M2$ −5.47,	$B8$ −3.36	I	Gaposchkin; Gaposchkin
VW	Cep	0.278 0.41	8.10 0.28	1.10, 0.35 0.60	0.60, 0.38 0.520	$K0$ 7.56,	$K0$ 8.45	I	Huffer; Pupper
WX	Cep	3.378 0.47	9.44 0.40	1.02, 1.02 0.55	2.42, 2.66 0.200	$A2$ 0.80,	$A5$ 1.17	I	Gaposchkin, Gaposchkin; Sahade and Cesco
ZZ	Cep	2.141 0.66	9.57 0.06	4.22, 1.98 0.65	2.89, 1.95 0.180	$B7$ −0.13,	$F2$ 2.56	I	Gaposchkin; Herbig
AH	Cep	1.774 0.21	6.57 0.17	17.10, 14.70 0.57	6.50, 6.00 0.360	$B0$ −3.23,	$B0$ −3.08	I	Huffer, Eggen; Pearce
CW	Cep	2.729 0.37	7.63 0.35	10.00, 9.80 0.57	4.46, 4.01 0.20	$B3$ −1.76,	$B3$ −1.53	I	Gaposchkin; Petrie

[1] Computed without the mass function.

Table 1. (Continued.)

Star	Period	Mx	Masses	Radii	Spectra	Class	Authority
RW Com	$0^{d}.237$ $0^{m}.62$	$11^{m}.28$ $0^{m}.57$	$0.70\odot,\ 0.60\odot$ 0.55	$0.88\odot,\ 0.88\odot$ $0.400\ A$	$G2,\ G2$ $5^{m}.56,\ 5^{m}.56$	I	Gaposchkin; Struve
RZ Com	0.338 0.72	10.09 0.69	$1.63,\ 0.77$ 0.56	$0.97,\ 0.97$ 0.342	$K0,\ K0$ $6.71,\ 6.71$	I	Gaposchkin; Struve and Gratton
Y Cyg	2.996 0.60	7.16 0.44	$17.71,\ 17.62$ 0.58	$4.37,\ 4.37$ 0.167	$O9,\ O9$ $-2.51,\ -2.51$	I	Dugan; Plaskett
GO Cyg	0.717 0.72	7.83 0.26	$3.20,\ 1.70$ 0.93	$2.05,\ 1.02$ 0.50	$B9,\ A0$ $0.83,\ 1.95$	II	Ovenden; Pearce
MR Cyg	1.676 0.82	8.56 0.23	$3.07,\ 2.59$ 0.78	$2.13,\ 2.13$ 0.200	$A0,\ A0$ $0.95,\ 0.95$	I	Gaposchkin; Pearce
V380 Cyg	12.425 0.13	5.26 0.09	$9.70,\ 7.30$ 0.81	$9.60,\ 3.40$ 0.347	$B3.5,\ B7$ $-3.49,\ -3.49$	I	Kron; Plaskett
V444 Cyg	4.212 0.31	8.39 0.14	$25.90,\ 10.17$ 0.85	$9.68,\ 5.81$ 0.270	$O9,\ Wn7[1]$ $-4.24,\ -2.24$	I	Gaposchkin; Wilson
V470 Cyg	1.874 0.09	8.71 0.05	$11.10,\ 12.50$ 0.60	$7.20,\ 6.00$ 0.47	$B2,\ B2$ $-3.01,\ -2.51$	II	Gaposchkin; Pearce
V478 Cyg	2.880 0.46	8.92 0.44	$14.70,\ 14.50$ 0.51	$7.12,\ 7.12$ 0.27	$B0.5,\ B0.5$ $-3.49,\ -3.49$	I	Gaposchkin; McDonald
WW Dra	4.630 1.22	9.12 0.08	$3.92,\ 2.31$ 0.74	$2.70,\ 4.90$ 0.125	$G2,\ K2$ $3.12,\ 3.49$	I	Plaut; Joy
YY Eri	0.321 0.63	8.43 0.58	$0.78,\ 0.54$ 0.55	$0.82,\ 0.82$ 0.350	$G5,\ K0$ $6.70,\ 6.88$	I	Gaposchkin, Cellie; Struve
YY Gem	0.814 0.62	8.98 0.62	$0.63,\ 0.57$ 0.52	$0.98,\ 0.90$ 0.195	$M1,\ M1$ $9.33,\ 9.52$	I	Joy and Sanford; Joy and Sanford
Z Her	3.992 0.84	7.35 0.07	$1.52,\ 1.30$ 0.82	$3.17,\ 2.72$ 0.210	$F2,\ F2$ $1.51,\ 1.84$	I	Fetlaar; Joy
RX Her	1.778 0.63	7.53 0.47	$2.10,\ 1.90$ 0.64	$2.26,\ 1.83$ 0.232	$A0,\ A0$ $0.82,\ 1.28$	I	Wood; Sanford
TX Her	2.059 0.72	8.53 0.25	$2.12,\ 1.82$ 0.53	$2.58,\ 2.58$ 0.150	$A2,\ A2$ $0.79,\ 0.79$	I	Baker; Baker
DI Her	10.550 0.82	9.09 0.63	$6.30,\ 5.90$ 0.51	$2.89,\ 2.61$ 0.061	$B4,\ B5$ $-0.67,\ -0.25$	I	Jacchia, Gaposchkin; McKellur

u	Her	2.051 0.69	5.54 0.19	6.18, 0.58	2.48	5.28, 0.388	3.67	$B\,3$ $-2.12,$	$F\,0$ 0.83	II	Hügeler; Smith
RT	Lac	5.073 0.83	9.69 0.75	1.90, 0.58	1.00	5.00, 0.277	5.00	$G\,0$ 1.52,	$K\,1$ 3.19	I	Fowler; Joy
SW	Lac	0.321 0.82	9.20 0.68	0.37, 0.50,	0.32	0.98, 0.410	0.98	$G\,3$ 5.44,	$G\,3$ 6.34	I	Schilt, Gaposchkin; Struve
AR	Lac	1.938 0.93	6.46 0.13	1.33, 0.54	1.32	2.76, 0.306	1.70	$K\,0$ 4.44,	$G\,5$ 4.52	I	Gaposchkin; Sanford
CM	Lac	1.604 1.10	8.45 0.20	2.01, 0.64	1.51	1.26, 0.148	1.01	$A\,2$ 2.85,	$A\,8$ 3.47	I	Wachmann; Sanford
UV	Leo	0.600 0.84	8.44 0.76	1.34, 0.52	1.22	1.12, 0.400	1.17	$G\,0$ 4.79,	$G\,2$ 4.91	I	Gaposchkin; Gaposchkin
β	Lyr	12.925 1.05	3.43 0.35	9.74, 0.87	19.48	19.15, 0.271	13.78	$B\,8$ $-4.01,$	$F\,5$ -1.08	I	Gaposchkin; Rossiter, Belopolsky
UX	Mon	5.904 1.07	8.70 0.05	0.73, 0.69	0.74	1.34, 0.085	4.46[2]	$A\,6$ 2.72,	$G\,2$ 1.98	I	Gaposchkin; Gaposchkin
AO	Mon	1.884 0.62	9.27 0.55	5.60, 0.57	5.20	2.14, 0.165	2.00	$B\,3$ $-0.16,$	$B\,5$ 0.33	I	Gaposchkin; Struve
U	Oph	1.677 0.75	5.99 0.65	5.32, 0.56	4.66	3.38, 0.263	3.20	$B\,5$ $-0.81,$	$B\,5$ -0.69	I	Huffer, Kopal Plaskett
WZ	Oph	4.183 0.74	9.72 0.71	1.41, 0.51	1.35	1.24, 0.081	1.21	$G\,0$ 4.57,	$G\,0$ 4.63	I	Gaposchkin; Sanford
V 502	Oph	0.453 0.52	8.13 0.44	1.28, 0.50,	0.53	1.00, 0.33	1.00	$G\,2$ 5.23,	$F\,9$ 4.91	I	Nekrassova; Struve
VV	Ori	1.485 0.33	5.10 0.27	1.70, 0.89	1.70	3.30, 0.416	1.65	$B\,2$ $-2.31,$	A 1.45	I	Huffer, Kopal; Struve, Luyten
ER	Ori	0.423 0.67	9.56 0.62	0.48, 0.60	0.29	0.63, 0.33	0.55	$G\,1$ 6.13,	$G\,3$ 6.63	I	Gaposchkin; Struve
δ	Ori	5.732 0.15	2.48 0.15	30.0, 0.75	11.4	14.80, 0.370	9.20	$B\,0$ $-5.02,$	(A) -2.23	II	Stebbins, Gaposchkin; Luyten, Struve
U	Peg	0.374 0.63	9.73 0.57	0.72, 0.53	0.63	0.72, 0.325	0.88	$G\,0$ 4.29,	$G\,0$ 5.32	I	Gaposchkin; Struve, Horan

[1] The elements of another Wolf-Rayet Nitrogen System CQ Cephei: radii: $5.55\odot$ and $6.16\odot$; masses: $13.90\odot$ and $16.70\odot$; luminosities: $-2^{\mathrm{m}}5$ and $-2^{\mathrm{m}}6$; spectra: $Wn\,6$ and $(B\,?)$.

[2] In the yellow light the radii are larger: $3.14\odot$ and $5.11\odot$.

Table 1. (Continued.)

Star	Period	Mx	Masses		Radii		Spectra		Class	Authority
AG Per	$2^\text{d}028$ $0^\text{m}.32$	$6^\text{m}38$ $0^\text{m}.27$	$5.74\odot$, 0.60	$5.20\odot$	$6.00,\odot$ $0.40\,A$	$5.24\odot$	$B3$ $-3^\text{m}.41,$	$B3$ $-2^\text{m}.12$	II	GAPOSCHKIN; PLASKETT
β Per	2.867 1.13	2.20 0.04	4.70, 0.74	0.94	2.60, 0.220	2.90	$B8$ 0.17,	$G0$ 1.71	I	STEBBINS, KOPAL; MCLAUGHLIN
V Pup	1.454 0.51	4.74 0.49	16.50, 0.55	9.70	6.10, 0.38	5.30	$B1$ $-2.80,$	$B3$ -2.14	I	VAN GENT, POPPER; POPPER
UZ Pup	0.794 0.95	10.00 0.56	1.13, 0.65	1.13	1.68, 0.35	1.44	$A5$ 2.16,	$A7$ 2.65	I	GAPOSCHKIN; STRUVE
U Sge	3.380 2.88	6.52 0.03	6.70, 0.93	2.03	4.40, 0.220	5.60	$B9$ $-0.85,$	$G2$ 1.55	I	FETLAAR; JOY
V356 Sgr	8.896 0.96	7.20 0.18	12.10, 0.75	4.70	4.90, 0.10	12.70	$B3$ $-1.97,$	$A2$ -1.68	I	POPPER; POPPER
μ Sco	1.446 0.29	3.16 0.18	12.00, 0.57	12.00	5.26, 0.340	5.86	$B3$ $-2.12,$	$B3$ -2.36	I	RUSTNICK, ELVEY; Miss MAURY
V453 Sco	12.004 0.49	6.55 0.44	44.38, 0.54	40.9	13.40, 0.134	12.10	$O8$ $-6.27,$	$(O8)$ -6.04	I	GAPOSCHKIN; HUMANSON, NICKOLSON
CV Ser	29.675 0.14	9.02 0.08	29.86, 0.65	10.0	21.00, 0.150	14.00	$O8$ $-6.02,$	$Wc7$ -3.95	II	GAPOSCHKIN; HILTNER
W UMa	0.333 0.75	8.98 0.57	0.76, 0.55	0.57	1.20, 0.480	1:05	$F8$ 4.42,	$F8$ 4.71	I	VIOLA, GAPOSCHKIN; STRUVE, HORAK
TX UMa	3.063 2.06	6.94 0.02	2.84, 0.90	0.86	2.12, 0.154	3.49	$B8$ 0.56,	$F2$ 0.32	I	HUFFER, EGGEN; HILTNER
W UMi	1.701 1.11	8.68 0.08	0.51, 0.89	0.48	2.47, 0.380	2.14	$A4$ 1.28,	$F0$ 2.36	I	DUGAN, GAPOSCHKIN; JOY
CV Vel	6.892 0.00	6.61 0.00	5.62, 0.52	5.42	4.26, 0.126	4.26	$B2.5$ $-1.55,$	$B2.8$ -1.45	I	GAPOSCHKIN; FEAST
AH Vir	0.407 0.48	10.26 0.32	1.33, 0.65	0.56	1.11, 0.50	0.67	$K2$ 6.68,	$K2$ 7.77	II	LAUSE, CHANG; CHANG
Z Vul	2.454 1.55	7.05 0.13	5.25, 0.86	2.37	4.83, 0.323	4.50	$B3$ $-1.94,$	$B3$ -1.79	I	BAKER; PLASKETT
RS Vul	4.477 0.79	6.70 0.08	4.36, 0.80	1.35	4.22, 0.205	5.47	$B8$ $-0.89,$	$A0$ 1.10	I	GAPOSCHKIN; PLASKETT

the brighter one, we have:

$$\text{Spec, f} = \text{Spec, b} + \Delta m; \quad \text{where} \quad \Delta m \text{ is } 2.5\,[\gamma]. \tag{3.23}$$

For computing the temperature (in absolute scale) of the component, if the parallax is known we may use the formula:

$$[T] = 4.156 - (0.1\,m - 0.1\,m_b + 0.5\,[\pi] + 0.5\,[R] + 0.407). \tag{3.24}$$

To compute the absolute visual magnitude, we may use the formula:

$$M_{\text{vis}} = 10\left[\frac{c_2}{T}\right] - 5\,[R] + 0.98 + \Delta m \quad \text{with} \quad c_2 = 14320. \tag{3.25}$$

To compute a mass without having recourse to the orbital radial velocities of the star we may use the formula:

$$[\mu] = 0.263\,(1.871 + [1 + \alpha] + 2\,[P] + 3\,[r] + 6\,[T]) \tag{3.26}$$

where α can be assumed one and $6\,[T]$ may be taken from the following table:

Spec.	$6\,[T]$	Spec.	$6\,[T]$
$O\,7$	4.20	$G\,0$	-0.11
$B\,0$	3.34	$K\,0$	-0.82
$A\,0$	1.55	$M\,0$	-1.86
$F\,0$	0.64		

4. The absolute dimensions of eclipsing variables. The eclipsing variables are the foundation of our knowledge of the size, mass, and temperature of the stars. The absolute dimensions of 82 eclipsing systems are given in Table 1, where the first column gives the name of the stars, the second gives the period of revolution in days, and, immediately below, the depth of the primary minimum expressed in magnitude; Column 3 gives the apparent brightness of the system, Mx, and immediately below, the depth of the secondary minimum. The fourth and fifth columns give the masses of each component; under the first component is shown its relative luminosity; Columns 6 and 7 give the radii of the components in solar units and under the first is given its radius in terms of distance between the centers of the two components. Columns 8 and 9 give the spectral type of the components with the absolute visual magnitudes on the second line. The tenth column gives the probable degree of accuracy. The last column lists the source of the data, where the top names refer to photometric observations, and the ones below refer to spectroscopic data.

Table 1 contains some stars which have made history in astronomy:

β Aurigae, one of the very first spectroscopic binaries and a cornerstone of our knowledge about the physical data of a main sequence star for the spectral class $A\,0$.

ζ Aurigae, a unique case of a perfect combination of a red supergiant and a small blue star.

ε Aurigae, one of the two largest stars; their diameters are larger than that of the orbit of Jupiter.

UW Canis Majoris, the system with the largest masses that have been accurately determined.

VV Cephei, a system with an incredibly large red supergiant, and a greatly extended atmosphere surrounding both components.

Table 2. *Spectrum temperature.*

Sp	Temp.	Δm	Sp	Temp.	Δm	Sp	Temp.	Δm
Main sequence			$A\,0$	10 700	-0.35	Giants		
			$A\,1$	10 300	-0.30			
$O\,7$	28 600	-2.10	$A\,5$	8 650	-0.12	$G\,0$	5 300	-0.06
$O\,8$	25 600	-1.92				$G\,5$	4 600	-0.20
$O\,9$	23 000	-1.77	$F\,0$	7 400	-0.01	$K\,0$	3 950	-0.45
			$F\,5$	6 400	0.00	$K\,5$	3 200	-0.85
$B\,0$	21 400	-1.60	$G\,0$	5 650	-0.02	$M\,0$	2 500	-1.25
$B\,1$	19 400	-1.47	$G\,5$	5 000	-0.12	$M\,2$	2 380	-1.40
$B\,2$	18 200	-1.34	$K\,0$	4 350	-0.30			
$B\,3$	16 800	-1.21	$K\,5$	3 600	-0.60	Supergiants		
$B\,4$	15 800	-1.08	$M\,0$	2 900	-1.05			
$B\,5$	14 650	-0.95	$M\,1$	2 750	-1.14	$G\,0$	5 000	-0.12
$B\,6$	13 700	-0.83				$G\,5$	4 150	-0.40
$B\,8$	12 200	-0.58				$K\,0$	3 550	-0.65
$B\,9$	11 500	-0.46				$K\,5$	2 800	-1.10
						$M\,0$	2 100	-1.60
						$M\,2$	2 010	-1.80

Y Cygni, basic to our understanding of the normal O stars.

V 444 Cygni, an incomparable example of a binary with the striking Wolf-Rayet spectrum and the first system to provide an unambiguous idea about the physical data of the Wolf-Rayet stars.

YY Geminorum, our best clue to knowledge of the red dwarfs.

DI Herculis, unusual in the large size of its orbital eccentricities.

β Lyrae, the most celebrated double system with its variety of astrophysical phenomena in the atmosphere surrounding the system.

UX Monocerotis, an unsurpassed example of a system with an extended atmosphere.

ER Orionis, the system with the smallest mass that has been accurately determined.

β Persei, the first eclipsing variable discovered; although it has been studied for almost three hundred years, it still presents unsolved problems.

μ Scorpii, the standard for the physical data of the spectral class of $B\,3$.

V 453 Scorpii, perhaps the heaviest system yet known.

CV Serpentis, a rare case in which the Wolf-Rayet component is a carbon star.

W Ursae Majoris, prototype of a class of close binaries consisting of two bodies whose physical properties are similar to those of the sun.

The best relation between the spectra and absolute visual magnitudes for these 164 eclipsing components of our galaxy is given in Fig. 2.

5. Eclipsing variables and astrophysical problems. The eclipsing variables do more than provide us with the absolute dimensions of stars. They also present complicated astrophysical problems. In systems like ε Aurigae, V 444 Cygni, β Lyrae, UX Monocerotis, RY Scuti, UX Ursae Majoris, and many others, the unorthodox behavior of spectral lines, the small irregularities in brightness, and the light variation due to the geometric configurations of the components, all indicate the existence of various forms of gaseous envelopes, streams of gases, and ejected matter. Under the influence of rotation, revolution, and the impact of the interstellar gas, any extended atmosphere will be set into motion which may not be altogether regular. Because the rotational and revolutional velocities are changed, the ordinary circular orbit may be distorted into an eccentric one. Moreover, the rarified and displaced masses of gas around the components may produce additional absorption and emission lines. The atoms of the thick atmosphere, set in violent motion and under the impact of the radiation of the star, may produce their own changeable spectrum, with the result that the spectra of the stars themselves will be modified and disguised; in other words, "camouflaged".

The camouflaged eclipsing variables present a bewildering array of physical properties. How their physical qualities are connected with the structural form of our galaxy we do not yet know. Nevertheless, when we group the material into

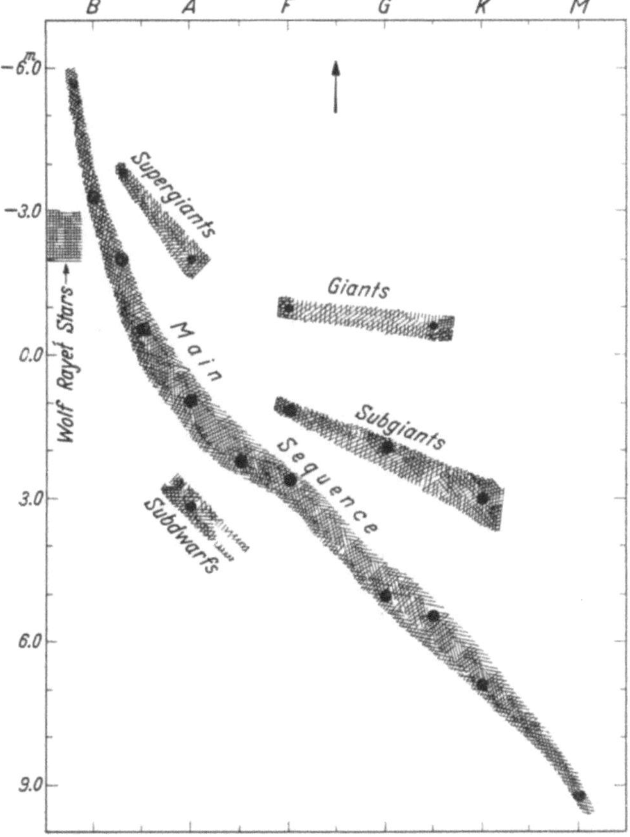

Fig. 2. Luminosity-spectrum relation for eclipsing variables; abcissa: spectrum; ordinate: absolute visual magnitude. The sizes of the black dots are proportional to the number of entered stars.

coherent samples, we obtain a glimpse of the morphological characteristics of the systems with camouflage.

First, these systems can be classified according to the appearance of the emission lines. About two dozen eclipsing systems exhibit only calcium lines in emission; a second group of some three dozen shows chiefly hydrogen lines in emission; and a third group comprises a dozen star systems with broad bright lines of helium and other elements. These groups fall approximately into the spectral classes of G and later, of A, and of O respectively.

We may also group these systems according to the degree of their camouflage. Some systems are well camouflaged like DN Orionis (see Table 3); the camouflaging is so effective that no orbital velocities have been obtained. The gases in some systems are close and compact, in others loose and dispersed, and in still others they are far out and extremely violent. And finally, we can differentiate them by

Table 3.

Star		Period	Spectra	Radii				Masses	
	Group I: UX Monocerotis or SX Cassiopeiae.

Star		Period	Spectra	Radii				Masses	
UX	Mon	$5^{d}.904$	$A\,6,\,G\,2$	0.085 A	0.283 A	1.34$\odot$	4.46$\odot$	0.73$\odot$	0.74$\odot$
SX	Cas	36.567	$A\,6,\,G\,6$	0.044	0.200	4.0	19.0	5.0	5.0
WW	And	23.286	$A\,5,\,F\,3$	0.070	0.110	5.50	7.60	4.6	3.6
ε	Aur	9898.5	$F\,5,\,(M)$	0.160	0.090	1278.0	716.0	42.0	28.0
RX	Cas	32.315	$A\,5,\,G\,5$	0.170	0.490	7.48	17.50	0.60	0.58
AQ	Cas	11.720	$B\,8,\,B\,8$	0.200	0.100	13.10	6.55	15.00	11.30
RS	CVn	4.797	$F\,4,\,G\,8$	0.097	0.265	1.77	4.83	1.80	1.70
U	Cep	2.492	$A\,0,\,K\,0$	0.160	0.260	2.02	3.28	4.26	2.02
RS	Cep	12.420	$A\,5,\,G$	0.060	0.200	2.20	7.60	2.00	1.00
VV	Cep	7430.0	$M\,2,\,B\,8$	0.333	0.003	1943.0	19.43	24.00	24.00
WX	Cep	3.378	$A\,2,\,A\,5$	0.200	0.220	2.42	2.66	1.02	1.02
U	CrB	3.452	$B\,5,\,A\,0$	0.105	0.412	—	—	—	—
SW	Cyg	4.573	$A\,2,\,K\,0$	0.081	0.342	—	—	—	—
VW	Cyg	8.430	$A\,3,\,K\,0$	0.056	0.400	—	—	—	—
31	Cyg	3802.84	$B\,8,\,K\,5$	—	—	—	—	7.0	12.0
32	Cyg	1140.7	$A\,0,\,K\,5$	—	—	—	—	4.5	9.0
W	Del	4.806	$A\,9,\,G\,5$	0.126	0.195	—	—	—	—
RX	Gem	12.208	$A\,4,\,K\,4$	0.065	0.192	2.20	5.50	3.10	0.80
RY	Gem	9.300	$A\,2,\,K\,2$	0.079	0.225	2.70	6.40	3.50	0.70
TT	Hya	6.953	$A\,3,\,G\,5$	0.063	0.252	—	—	—	—
TU	Mon	5.049	$B\,5,\,F(5)$	0.075	0.295	—	—	—	—
AU	Mon	11.113	$G\,5,\,F\,0$	0.080	0.280	—	—	—	—
EY	Ori	16.787	$A\,7,\,(G)$	0.102	0.306	3.70	11.10	1.16	1.16
AQ	Peg	5.548	$A\,2,\,G\,5$	0.095	0.235	3.50	5.60	4.10	1.30
RY	Per	6.863	$B\,4,\,F\,5$	0.260	0.109	8.00	3.30	8.00	4.20
Y	Psc	3.765	$A\,3,\,K\,0$	0.100	0.250	—	—	—	—
U	Sge	3.380	$B\,9,\,G\,2$	0.220	0.300	4.40	5.60	6.70	2.03
V 356	Sgr	8.896	$B\,3,\,A\,2$	0.10	0.28	4.90	12.70	12.10	4.70
RW	Tau	2.768	$A\,0,\,G\,5$	0.150	0.209	—	—	—	—
TX	UMa	3.063	$B\,8,\,F\,2$	0.154	0.254	2.12	3.49	2.84	0.86
	Subgroup I: DN Orionis.
DN	Ori	12.966	$A\,2,\,F(5)$	0.063 A	0.190 A	4.30	12.90	0.01	0.01
R	Ara	4.425	$B\,9,\,(F)$	0.106	0.207	1.2	2.3	0.7	0.6
V 377	Cen	8.251	$A\,3,\,(F)$	0.070	0.170	0.5	1.1	0.05	0.04
S	Vel	5.933	$A\,5,\,(K\,5)$	0.110	0.240	—	—	0.003	0.003
	Group II: RT Andromedae or RZ Ophiuchi.
RT	And	0.628	$G\,0,\,G\,8$	0.177	0.180	0.73	1.41	1.50	0.99
TW	And	4.122	$G\,0,\,K\,0$	0.250	0.150	1.25	0.45	0.05	0.05
AB	And	0.331	$G\,5,\,G\,5$	0.380	0.380	1.07	1.07	1.73	1.00
SS	Boo	7.606	$G\,5,\,G\,5$	0.120	0.100	1.89	1.55	1.25	1.14
RU	Cnc	10.173	$G\,0,\,G\,9$	0.064	0.173	—	—	—	—
RZ	Cnc	21.642	$K\,0,\,K\,5$	0.210	0.250	—	—	—	—
VW	Cep	0.278	$G\,5,\,K\,1$	0.300	0.520	0.38	0.60	0.35	1.10
RW	Cam	0.237	$G\,2,\,G\,2$	0.400	0.400	0.80	0.80	0.70	0.60
SS	Cam	4.824	$F\,5,\,G\,1$	0.250	0.200	—	—	—	—
RZ	Com	0.338	$K\,0,\,K\,0$	0.342	0.342	0.97	0.97	1.63	0.77
WW	Dra	4.630	$G\,2,\,K\,2$	0.125	0.228	2.70	4.90	3.92	2.31
RZ	Eri	39.282	$F\,5,\,G\,8$	0.040	0.134	1.23	4.13	0.22	0.22
YY	Eri	0.321	$G\,5,\,K\,0$	0.350	0.350	0.82	0.82	0.78	0.54
YY	Gem	0.814	$M\,1,\,M\,1$	0.195	0.175	0.98	0.90	0.63	0.57
Z	Her	3.992	$F\,2,\,F\,2$	0.210	0.180	3.17	2.72	1.52	1.30
AW	Her	8.800	$G\,4,\,K\,2$	—	—	—	—	—	—
RT	Lac	5.073	$G\,0,\,K\,1$	0.277	0.277	5.00	5.00	1.90	1.00
SW	Lac	0.321	$G\,3,\,G\,3$	0.410	0.410	0.98	0.98	0.37	0.32
AR	Lac	1.983	$K\,0,\,G\,5$	0.306	0.159	2.76	1.70	1.33	1.32
UV	Leo	0.600	$G\,0,\,G\,2$	0.400	0.420	1.12	1.17	1.34	1.22
AR	Mon	21.208	$G\,?,\,K\,0$	0.260	0.340	—	—	—	—

Table 3. (Continued.)

Star		Period	Spectra	Radii				Masses	
RZ	Oph	261$\overset{d}{.}$943	$G0,\ K5$	0.160 A	0.050 A	—	—	—	—
U	Peg	0.374	$G0,\ G0$	0.325	0.397	0.72⊙	0.88⊙	0.72⊙	0.63⊙
W	UMa	0.333	$F8,\ F8$	0.480	0.422	1.20	1.05	0.76	0.57
RW	UMa	7.328	$G0,\ G9$	0.071	0.204	1.48	4.22	1.16	1.16
AH	Vir	0.407	$K2,\ K2$	0.50	0.30	1.11	0.67	1.33	0.56

Group III: v Sagittarii or β Lyrae.

Star		Period	Spectra	Radii				Masses	
v	Sgr	137.939	$F2,\ (B8)$	0.440	0.440	160.0	160.0	16.0	16.0
β	Lyr	12.925	$B8,\ (F5)$	0.271	0.195	19.15	13.78	9.74	19.48
UW	CMa	4.393	$O7,\ O7$	0.440	0.350	23.40	17.00	40.0	31.0
AO	Cas	3.523	$O8.5,\ O8.5$	0.36	0.36	11.80	11.80	23.30	16.80
367	Cyg	18.598	$A3,\ (F5)$	0.200	0.150	15.20	11.40	7.7	7.7
γ	Leo	1.686	$A3,\ (G)$	0.220	0.300	—	—	—	—
AW	Peg	10.622	$A2,\ (F)$	0.090	0.220	1.91	4.66	0.55	0.55
RW	Per	13.198	$A5,\ (G)$	0.060	0.180	0.60	1.80	0.04	0.04
β	Per	2.867	$B8,\ (G)$	0.220	0.240	2.60	2.90	4.70	0.94
TY	Pup	0.580	$A9,\ (G)$	0.288	0.288	0.21	0.21	0.008	0.008
W	Sct	10.270	$B3,\ (F)$	0.313	0.313	—	—	—	—
RZ	Sct	15.194	$B2,\ (F)$	0.152	0.253	—	—	—	—
V453	Sco	12.104	$O8,\ (O8)$	0.134	0.123	13.40	12.10	44.4	40.8
W	Ser	14.153	$G3,\ (G)$	0.300	0.300	—	—	—	—
λ	Tau	3.953	$B3,\ (A)$	0.300	0.224	—	—	—	—
AG	Vir	0.642	$A0,\ (A)$	0.350	0.35	0.70	0.70	0.14	0.14

Group IV: V444 Cygni or DQ Herculis (nova)

Star		Period	Spectra	Radii				Masses	
V444	Cyg	4.212	$O9,\ Wn7$	0.270 A	0.160 A	9.68	5.81	25.90	10.17
CQ	Cep	1.641	$Wn5,\ O$	0.323	0.359	5.92	6.58	13.90	16.70
DQ	Her	0.194	$A,\ (G)$	0.27	0.38	0.37	0.53	0.56	0.42
AR	Pav	605.150	$B,\ (G)$	0.20	0.27	—	—	—	—
RY	Sct	11.125	O	0.34	0.34	24.0	24.0	22.0	18.5
CV	Ser	29.675	$Wc7,\ (O)$	0.10	0.15	14.0	21.0	10.0	26.0
UX	UMa	0.197	$A,\ (G)$	0.50	0.132	0.26	0.23	1.26	0.63
AE	Aqr[1]	0.701	$B,\ K0$	—	—	—	—	—	—
SS	Cyg[1]	0.300	$A,\ (G)$	—	—	—	—	—	—

Group V: The odd ones; VV Orionis or XZ Sagittarii

Star		Period	Spectra	Radii				Masses	
VV	Ori	1.485	$B2,\ A$	0.416	0.209	3.30	1.65	1.70	1.70
XZ	Sgr	3.275	$A3,\ (G)$	0.080	0.180	0.23	0.52	0.016	0.016
SX	Aur	1.210	$B3.5,\ B3.5$	0.435	0.400	5.18	4.76	10.80	5.66
WX	Cep	3.378	$A2,\ A5$	0.200	0.220	2.42	2.66	1.02	1.02
GO	Cyg	0.717	$B9,\ A0$	0.50	0.25	2.05	1.02	3.20	1.70
AB	Per	7.160	$A5,\ F5$	0.216	0.216	—	—	—	—
BF	Vir	0.639	$A2,\ (A)$	0.30	0.30	0.44	0.44	0.10	0.10

the amount of matter ejected from their atmosphere; in other words, how far they have progressed toward a non-stationary state.

Combining these two approaches, I have made a tentative subdivision of the camouflaged eclipsing variables, many of which may also be called non-stationary close binaries; the groups are given in detail in the five sections of Table 3, and Fig. 3 sketches imaginative patterns of systems with extensive atmospheres.

α) *Group I. UX Monocerotis, or SX Cassiopeiae.* This group is characterized by: (1) the light curve with most diverse minima (e.g., the common Algol stars) and the components with the most widely varying spectra; (2) bright lines of hydrogen (seldom of helium), whose behavior is often synchronous with period; (3) spurious spectroscopic eccentricity; (4) the brighter component occupies a very

---

[1] AE Aqr and SS Cyg are not yet shown to be eclipsing, yet they may well be.

238

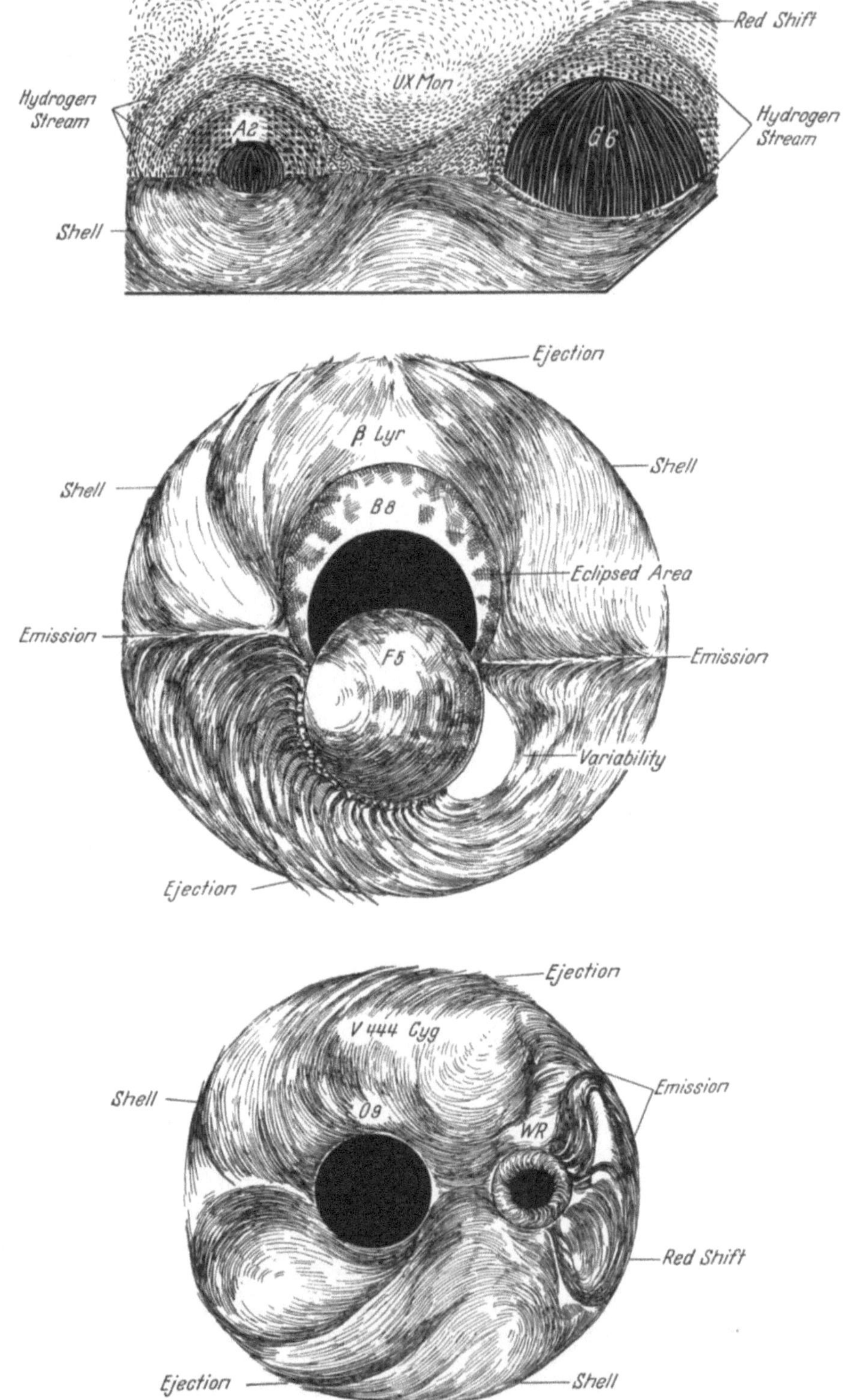

Fig. 3. Suggested patterns of the atmosphere surrounding both components. The top picture is full face, the middle at the primary minimum a little from above, the last a profile. They represent successively the different degrees of motion in the extended atmospheres of the binaries. Top—with small emissions; middle—with stronger emission and outbursts of matter forming a shell; last—most violent ejection of matter producing the strongest emission lines together with a red shift. The inner circle represents the dimension of the star drawn to the scale representing the groups I, III, and IV.

narrow group around the spectral class $A\,0$; the other component is usually more than two spectral classes later; (5) both components are strongly camouflaged but may be seen; (6) there is an indication of a red shift of some lines; (7) shells are few.

β) Subgroup I. DN Orionis. This group is an extreme case of Group I.

γ) Group II. RT Andromedae, or RZ Ophiuchi. The characteristics of this group are: (1) light curves are non-elliptical as well as elliptical, with about equal minima; (2) emission only in calcium which invariably behaves synchronously with the period; (3) spectra of both components are practically of the same class, of G or later type; (4) if the components are wide apart, a spurious eccentricity is present; (5) both components are strongly camouflaged but may be seen; (6) shells are very rare.

δ) Group III. υ Sagittarii, or β Lyrae group. This group is characterized by: (1) light curves mostly elliptical; (2) bright lines chiefly of helium, which are often synchronous with period; (3) complex behaviour of lines and clear indication of ejected matter, of stellar hurricanes, together with the existence of a tenuous envelope-like medium far around both components; (4) the heavier component in some systems is spectroscopically fainter; (5) only one component is completely camouflaged so that its spectrum is almost never seen; (6) the components usually are not greatly different in spectral class; (7) shells are very common.

ε) Group IV. V 444 Cygni, or D Q Herculis Group. The characteristics are: (1) light curves with two minima; (2) strongest emission lines, and the most violent nova-like ejection matter; (3) close binaries of the hottest components in which one is so camouflaged that only the emission spectrum is seen, with a large red shift of the systemic velocity; the other component is faintly observed spectroscopically so that it is camouflaged only partially; (4) only a few lines behave synchronously with the period; (5) one component, at least, belongs to the earliest spectral class, O; (6) there are always shells.

ζ) Group V. The odd ones: VV Orionis or XZ Sagittarii. Related to I, II, or III with the common characteristic that the properties of masses, minima and spectra are incongruous.

6. Population of eclipsing variables in the galaxy. Since the spectroscopic studies of eclipsing binaries are limited to the apparently bright stars, and since there are relatively few eclipsing variables of great absolute visual magnitude (say brighter than $-3^{\mathrm{m}}0$), the space volume which is penetrated by the known ensemble of eclipsing binaries amounts to about 4% of the whole galaxy.

From the collection of data in Tables 1 and 3, we may conclude in general, that the eclipsing binaries exhibit the whole range of spectral characteristics, and that their spectral properties depend on their location in our galaxy. The brightest systems, whether red or blue, that is, whether of normal or abnormal size, seem to occupy the broad thick lanes along the spiral arms, or more precisely, among the whirlpools of gas and dust.

Few eclipsing variables are observed which are beyond or in the great mass of gas, dust and stars towards the galactic center. But the eclipsing binaries recently studied at Harvard, in the direction of the galactic bulge, break this limitation. Assuming their spectral temperature on the basis of their red color, and, using a well established method for deriving sizes and masses of the components [see Eq. (3.26)] without knowing the radial velocities, I was able to compute the distances of thirty eclipsing binaries, as shown in Table 4. The first column gives the number of the star, in order of discovery; Mx is the apparent photographic magnitude of the system; Sp is the spectrum of the system; M is the absolute

Table 4. *Eclipsing binaries in the direction of the galactic bulge* (RA: 18^h00; D: $-30°.2$).

No.	Period	Mx	Sp	M	k	r	Distances
36	$0^d.584$	$18^m.54$	$F0$	$4^m.17$	0.55	0.212	2850
223	0.891	16.35	$B8$	0.74	0.90	0.216	4630
279	0.979	17.71	$F0$	3.96	1.00	0.162	2290
274	1.156	17.47	$A3$	1.81	0.78	0.220	4290
6	1.185	16.95	$B8$	3.07	0.25	0.088	2610
39	1.186	18.63	$A8$	1.94	0.95	0.291	8170
18	1.207	17.36	$A3$	0.87	0.80	0.278	5950
107	1.212	17.90	$A3$	1.22	0.85	0.263	7520
233	1.239	17.81	$A1$	0.23	1.00	0.326	11800
80	1.254	18.15	$A1$	1.61	0.60	0.194	7080
75	1.298	17.84	$A5$	0.75	0.58	0.351	7380
92	1.445	17.24	$F0$	2.54	1.00	0.210	3060
205	1.482	17.23	$A2$	0.93	1.00	0.225	6920
41	1.547	17.74	$A5$	0.41	0.98	0.349	10000
130	1.559	19.36	$A7$	1.23	1.00	0.185	17900
263	1.602	18.29	$A5$	2.35	0.40	0.168	6000
219	1.614	18.57	$A5$	1.89	1.00	0.125	7690
257	1.778	18.15	$A7$	2.45	1.00	0.112	5380
81	1.848	17.74	$A3$	-0.02	1.00	0.314	15100
199	1.869	18.20	$F2$	1.46	1.00	0.283	9510
150	2.236	18.18	$A5$	0.64	0.63	0.251	12100
284	2.255	15.44	$A1$	0.15	1.00	0.142	8100
280	2.264	18.04	$A4$	2.86	1.00	0.113	4570
156	2.284	18.88	$A2$	2.98	1.00	0.093	6520
282	2.525	17.74	$A5$	1.37	1.00	0.167	7840
246	2.908	18.44	$A2$	-0.12	0.55	0.224	18300
139	2.979	17.89	$A8$	0.45	0.40	0.262	8630
7	3.186	15.34	$A5$	0.30	0.93	0.224	3490
159	3.676	18.27	$A9$	1.05	1.00	0.119	11900
73^1	249.5	16.08	$A5$	-5.07	0.31	0.084	55800

magnitude of the brighter component; k is the ratio of the radii; and r is the radius of the brighter component. Distances are in parsecs.

Table 5 presents the distances of the 82 eclipsing binaries listed in Table 1. Both sets of stars are plotted in Fig. 4.

7. Eclipsing binaries in other galaxies. The two galaxies nearest to us, the Magellanic Clouds, contain several dozen eclipsing binaries which have been studied in detail. In general, their brightness does not seem to differ from that of eclipsing binaries in our galaxy. Only one of them has an absolute magnitude of about $-5^m.0$, while our galaxy, in the vicinity of the sun, contains at least six such binaries, as shown in Table 1. It is obvious, however, that we could not have observed faint eclipsing binaries in the Magellanic Clouds until the present time. The distribution of the eclipsing binaries observed in these galaxies does not reveal any conspicuous population preference.

Another bright extra-galactic nebula, Andromeda, also shows many eclipsing binaries. Some of them reach the brightest magnitude ($-6^m.0$) and are obviously associated with the dust cloud regions along the spiral, a distribution resembling that of the brightest eclipsing binaries in our own galaxy.

In some other galaxies, a few individual eclipsing binaries are known which very closely resemble those of our galaxy.

The majority of the eclipsing binaries in extra-galactic spirals observed up to the present time belong, for obvious reasons, to the earlier spectral classes, B or O.

---

[1] Exceptional star, probably a peculiar eclipsing variable.

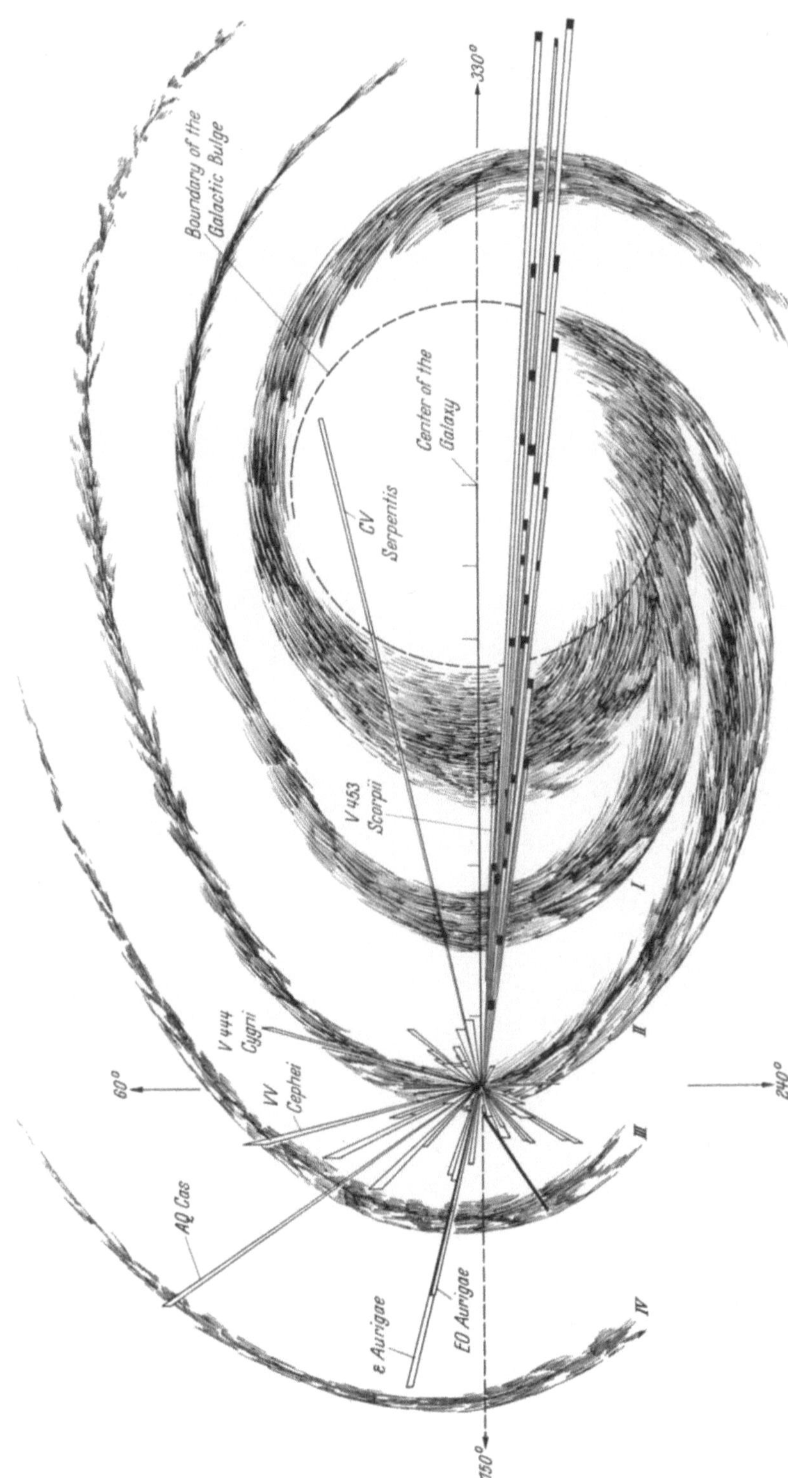

Fig. 4. Spatial distribution of 112 eclipsing binaries on the schematic structure of the galaxy. The slender triangular wedges refer to the eclipsing systems in the vicinity of the sun, the rectangular dots to the 30 systems in the direction of the galactic bulge. The solid arrow in the lower left corner indicates the position of the sun; each division on the solid bar is equivalent to one kiloparsec. The greater part of the underlying spiral is drawn in analogy with NGC 2903. A few individual stars are marked. Four spiral arms are indicated which seem to have been observed in the fields of radio astronomy, star counts, bright nebulae, and eclipsing variables.

Table 5. *Distance of 82 eclipsing systems.*

Star		m	Distance	Star		m	Distance	Star		m	Distance
RT	And[1]	9.64	54	VV	Cep[1]	7.27	3160	UV	Leo	9.17	75
AB	And	10.94	121	VW	Cep	8.65	16.7	β	Lyr	3.58	330
S	Ant	7.89	108	WX	Cep	9.64	530	UX	Mon[1]	9.10	200
V 599	Aql[1]	9.44	670	ZZ	Cep[1]	10.27	950	AO	Mon[2]	9.87	730
σ	Aql[1]	5.72	250	AH	Cep[1]	7.17	1070	U	Oph	6.62	300
SX	Aur[1]	8.70	1260	CW	Cep[2]	8.23	720	WZ	Oph	10.45	150
TT	Aur[1]	8.86	1020	RW	Com	11.93	200	V 502	Oph	8.88	51
WW	Aur	6.09	76	RZ	Com	10.72	64	VV	Ori	5.22	360
AR	Aur[1]	6.58	1110	Y	Cyg[1]	7.76	1000	ER	Ori	10.11	62
EO	Aur[2]	8.56	3060	GO	Cyg	7.90	230	δ	Ori	2.78	570
β	Aur[1]	2.77	25	MR	Cyg	8.84	340	U	Peg	10.43	170
ζ	Aur[2]	5.58	300	V 380	Cyg[1]	5.49	560	Ag	Per	6.83	1120
ε	Aur[2]	3.18	4130	V 444	Cyg[2]	8.59	2670	β	Per	2.52	30
SS	Boo	10.42	170	V 470	Cyg[2]	9.26	2060	V	Pup	5.39	520
ZZ	Boo	7.69	114	V 478	Cyg[2]	9.65	3080	UZ	Pup[1]	10.48	390
i	Boo	6.63	11.7	WW	Dra	9.44	180	U	Sge	6.59	100
TZ	Cnc	11.20	140	YY	Eri	9.08	29	V 356	Sgr[1]	7.50	700
RS	CVn	8.47	120	YY	Gem	9.68	11.7	μ	Sco[2]	3.76	109
SW	CMa[1]	9.80	500	Z	Her	7.56	160	V 435	Sco	7.23	4470
UW	CMa[1]	5.00	1470	RX	Her[1]	8.01	240	CV	Ser[2]	9.50	9200
X	Car	8.72	260	TX	Her	9.18	480	W	UMa	9.63	110
RX	Cas[1]	10.68	2000	DI	Her[1]	9.82	1120	TX	UMa	7.05	200
TV	Cas	7.73	320	U	Her	6.14	450	W	UMi	8.80	320
AO	Cas	6.83	2300	RT	Lac[1]	10.79	640	CV	Vel[1]	7.31	320
AQ	Cas[2]	10.98	5180	SW	Lac	9.75	73	AH	Vir	10.74	65
CC	Cas[2]	7.75	1590	AR	Lac	7.14	31	Z	Vul[1]	7.20	600
U	Cep	7.19	160	CM	Lac[1]	9.00	170	RS	Vul[1]	6.95	330

8. Conclusion. We have presented here in condensed form a summary of the multifarious known data on eclipsing binaries: their fundamental physical data, their unstable atmospheres, their distribution in our galaxy, and in galaxies beyond our own.

About a thousand individual papers, large and small, were consulted at one time or another in the preparation of this summary. A few of the compendiums published in the modern period may be listed here.

Bibliography.

[1] Gaposchkin, S.: Die Bedeckungsveränderlichen. Veröff. der Univ. Berlin-Babelsberg. Berlin: Ferd. Dümmler 1932.

[2] Payne-Gaposchkin, Cecilia, and Sergei Gaposchkin: Variable Stars, Chap. I. Cambridge: Harvard College Observatory 1938.

[3] Gaposchkin, Sergei: Masses, Radii, and Other Absolute Dimensions for 224 Eclipsing Variables. Proc. Amer. Phil. Soc. **82**, No. 3 (1940).

[4] Kopal, Zdenek, and Charlotte G. Treuenfels: The Effective Temperatures of Components of Eclipsing Binary Systems. Harvard College Observatory, Circular 457, 1951.

[5] Kopal, Zdenek: An Introduction to the Study of Eclipsing Variables, Harvard Observatory Monograph, No. 6. Cambridge 1946.

[6] Lavrov, M. I.: Nekotorye Statisticheskie Zakonomernosti u Zatmennyh Peremennyh Zvezdi i ih Fizicheskoe istolkovanie (Some Statistical Relations of the Eclipsing Binaries and Their Interpretation). Kazan (USSR.) 1955.

[7] Plaut, L.: The Elements of the Eclipsing Binaries Brighter Than Photographic Magnitude 8.50 At Maximum. Publ. of the K. A. L. at Groningen. Groningen: Hoitsema Brothers 1950.

---

[1] Denotes latitude of less than $10°$ but not less than $3°$; the total obscuration due to interstellar matter is assumed to be $0^{\mathrm{m}}25$.

[2] Denotes latitude of less than $3°$, with a total obscuration of $0^{\mathrm{m}}70$.

Spectroscopic Binaries.

By

Otto Struve and Su-Shu Huang.

With 22 Figures.

1. Introduction. Because of their orbital motion the components of a binary system show periodic oscillations in radial velocity indicated by the Doppler shifts of the spectral lines. If, in the spectrum of a star, two sets of spectral lines can be observed which oscillate in opposite directions, the star is called a double-lined spectroscopic binary. If only one set of lines is present, the star is called a single-lined spectroscopic binary. Many intrinsic variable stars also show cyclic variations in radial velocity; but these can be excluded from the group of single-lined spectroscopic binaries by the peculiar character of their velocity and light curves. Most stars which we now recognize as single-lined spectroscopic binaries are true double stars, although one cannot absolutely rule out the possibility that a few single stars of a peculiar nature have been included in this group.

The study of the orbital motion of a binary through spectroscopic observations is the latest development in double star astronomy. The first (double-lined) spectroscopic binary was discovered by Pickering[1] in 1889. Since then, progress in this field has been rapid. By 1936, more than 1400 stars with variable radial velocities had been observed[2]. Spectroscopic orbits of more than 500 systems were collected in the *Fifth Catalogue of the Orbital Elements of Spectroscopic Binary Stars*. This catalogue has been supplemented by several additional compilations which list the orbital elements of spectroscopic binaries determined after 1948 [6].

A number of stars have *combination spectra*[3] which combine features that normally exist in spectra produced at relatively low temperatures with features that are characteristic of extremely high temperatures. Most of these stars are probably binaries[4]. But a few may be peculiar single stars; we shall not discuss them in this article.

There has been a marked change in recent years in the study of binary stars. While astronomers of previous generations were concerned solely with the dynamical processes [1], [2], recent developments have been concerned mostly with the physical nature of the systems. For a review of these developments the reader is referred to several summarizing articles listed in the bibliography [3], [4], [5].

2. The determination of orbital elements. The observational material needed for the determination of an orbit consists of measurements of the radial velocities at different epochs. These velocities are plotted against the time to form a radial

---

[1] E. C. Pickering: Monthly Notices Roy. Astronom. Soc. London **50**, 296 (1890).

[2] J. H. Moore: Lick Obs. Bull. **18**, 1, No. 483 (1936).

[3] J. A. Hynek: Contr. Perkins Obs. **1938**, No. 10. — P. W. Merrill: Astrophys. Journ. **99**, 15 (1944).

[4] O. Struve: Astrophysics, Chap. 3. Edit. J. A. Hynek. New York: McGraw-Hill Comp. 1951.

velocity curve. Let us first consider the velocity curve of the primary component of a binary system.

With respect to the center of mass of the system, the orbit can be expressed as

$$r_1 = \frac{a_1(1 - e^2)}{1 + e \cos v}, \qquad (2.1)$$

where a_1 is the semi-major axis, e is the eccentricity of the orbit, and v is the true anomaly. Let i be the inclination of the orbital plane, i.e., the angle between the line of sight and the normal to the orbital plane. If z is the projection of r_1 on the line of sight, we have at any moment,

$$z = r_1 \sin(v + \omega) \sin i, \qquad (2.2)$$

where ω denotes the longitude of the periastron which is defined as the angular distance of the periastron from the ascending node measured in the direction of orbital motion. Therefore when the line-of-sight component of the motion of the earth has been removed, the observed radial velocity is given by

$$V = \gamma + \frac{dz}{dt}, \qquad (2.3)$$

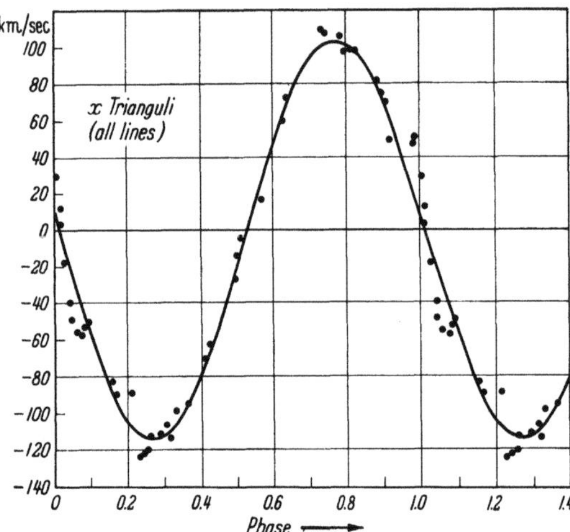

Fig. 1. Radial velocity curve of a single-lined spectroscopic binary. The period is 0.97 day. The velocities show a pronounced rotational distortion during the partial phases of the eclipse.

γ being the radial velocity of the center of mass of the system. The line $V = \gamma$ (the γ-axis) is characterized by the fact that the area of the velocity curve above it should be equal to that below it.

We shall assume that the orbit is stationary, i.e., e, ω, and i are constant. We can then derive from (2.1), (2.3) and from Kepler's laws the following fundamental equation:

$$V = \gamma + K_1[e \cos \omega + \cos(v + \omega)], \qquad (2.4)$$

where

$$K_1 = \frac{2\pi a_1 \sin i}{P(1 - e^2)^{\frac{1}{2}}} \qquad (2.5)$$

and P is the period of the binary. It should be remembered that because of the relative motion of the binary system as a whole with respect to the earth, the observed period is slightly different from the true period. The difference, which is of the order of γ/c where c denotes the velocity of light, is usually neglected. In the study of spectroscopic binaries, we use conventionally the solar mass ($\odot$) as the unit of mass, the km/sec as the unit of velocity, the day as the unit of time, and the kilometer as the unit of length. In these units, (2.5) assumes the form

$$a_1 \sin i = 1.375 \times 10^4 K_1 P (1 - e^2)^{\frac{1}{2}} \text{ km.} \qquad (2.6)$$

If A_1 and B_1 are the absolute values of the maximum and minimum velocity reckoned from the γ-axis, we have from (2.4)

$$A_1 = K_1(1 + e \cos \omega) \qquad (2.7)$$

and

$$B_1 = K_1(1 - e \cos \omega). \qquad (2.8)$$

In other words, the radial velocity reaches maximum at the ascending node since we have $v + \omega = 0$ in (2.7), and minimum at the descending node since we have

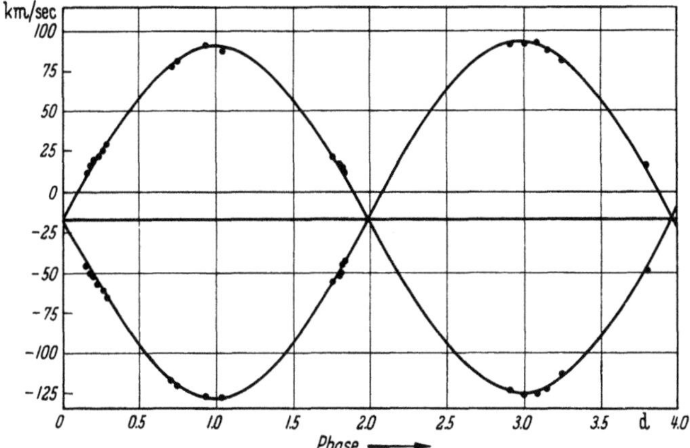

Fig. 2. The velocity curves of the double-lined spectroscopic binary β Aurigae. The period is 4.0 days and the orbit is nearly circular.

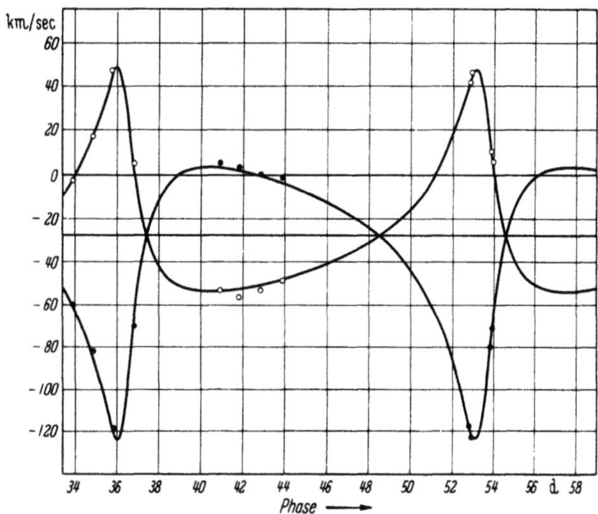

Fig. 3. The velocity curves of the double-lined spectroscopic binary ϑ Aquilae. The period is 17.1 days and the eccentricity $e = 0.60$. The weaker component is represented by solid circles, the stronger component by open circles.

$v + \omega = \pi$ in (2.8). From (2.7) and (2.8) it follows that

$$\frac{A_1 + B_1}{2} = K_1 \tag{2.9}$$

and

$$\frac{A_1 - B_1}{A_1 + B_1} = e \cos \omega, \tag{2.10}$$

and (2.4) becomes

$$V = \gamma + \frac{A_1 - B_1}{2} + K_1 \cos (v + \omega). \tag{2.11}$$

Because of (2.9) K_1 is called the semi-amplitude of the velocity curve. The line $V = \gamma + \dfrac{A_1 - B_1}{2}$ in the diagram representing the velocity curve is frequently called the mean axis, because it represents the average value of maximum and minimum velocity.

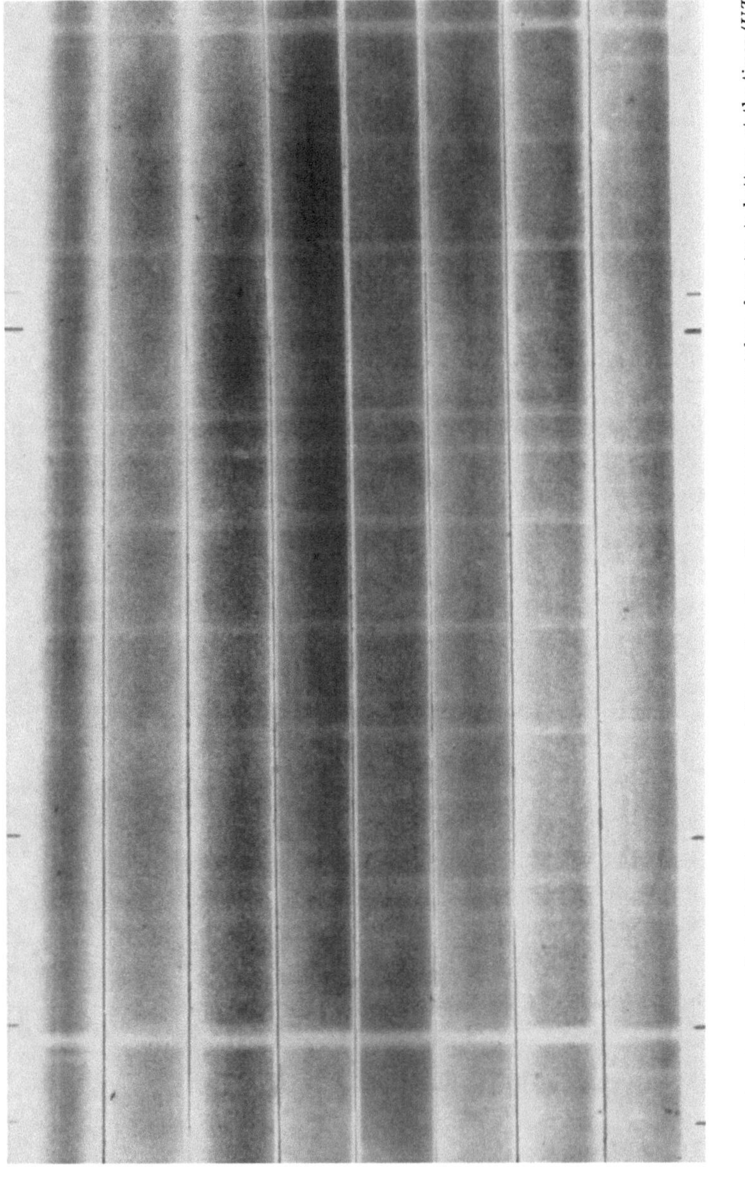

Fig. 4. A series of spectra of the double-lined spectroscopic binary ϑ Aquilae. The spectrograms were taken, from top to bottom, at the times (UT): 9:55 July 17, 10:14 July 4, 8:25 July 5, 9:51 July 9, 9:13 July 10, 8:45 July 12, 7:33 July 13, and 10:16 July 16. On July 16 and 17 the faint component is displaced toward the violet. On July 4 and 5 it is displaced slightly toward the red.

The true anomaly v is related to the time, t, by the following two equations

$$\tan\frac{1}{2}v = \left(\frac{1+e}{1-e}\right)^{\frac{1}{2}}\tan\frac{1}{2}E \tag{2.12}$$

and

$$\frac{2\pi}{P}(t-T) = E - e\sin E, \tag{2.13}$$

where T denotes the time of periastron passage.

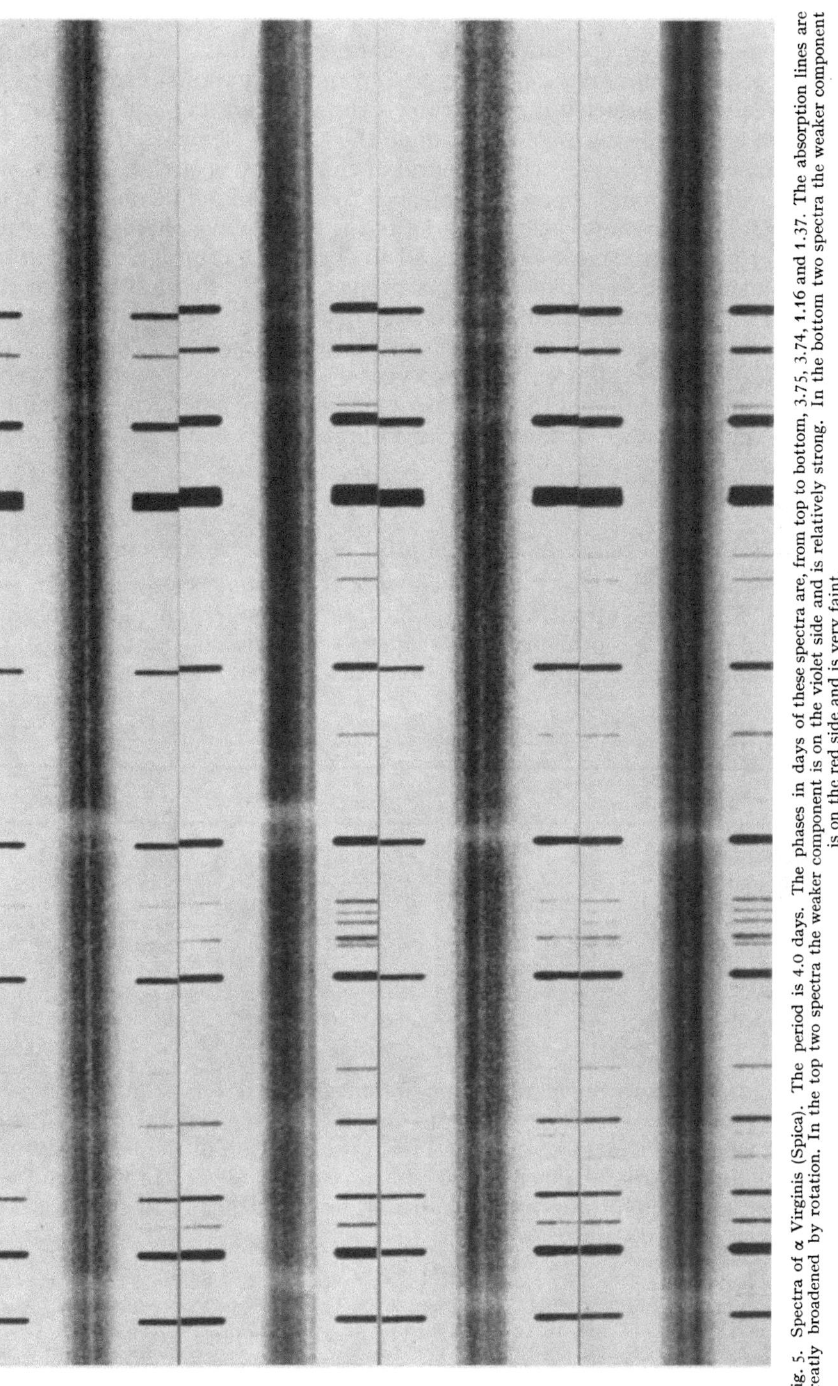

Fig. 5. Spectra of α Virginis (Spica). The period is 4.0 days. The phases in days of these spectra are, from top to bottom, 3.75, 3.74, 1.16 and 1.37. The absorption lines are greatly broadened by rotation. In the top two spectra the weaker component is on the violet side and is relatively strong. In the bottom two spectra the weaker component is on the red side and is very faint.

The problem consists in determining the orbital elements, P, γ, K_1, e, ω, T, and $a_1 \sin i$ from the velocity curve. Among these seven elements, only six are independent, as can be seen from (2.5). Therefore theoretically six different values of V within a single cycle would suffice to solve for the orbital elements. But the equations we encounter here are transcendental, and are consequently difficult to solve. Moreover, V is not free from observational errors. These two facts make a direct solution impracticable. In practice we obtain as many points as possible in a single cycle and determine the orbital elements from the over-all shape of the velocity curve. If the period of the binary is already known, we can shift the observed points along the time axis to make all points observed in different cycles fall in the same cycle without altering the relative phases of these points.

Various procedures have been devised to derive the orbital elements from the velocity curve. The first paper on this subject was by RAMBAUT[1], immediately after the first spectroscopic binary had been discovered. Other references may be found in the two review articles [1] [2] mentioned previously. Only a few papers of this nature[2] have appeared in recent years.

If the star is a double-lined spectroscopic binary, we can derive K_2 and $a_2 \sin i$ from the velocity curve of the secondary (faint) component. K_2 and $a_2 \sin i$ are related by

$$K_2 = \frac{2\pi a_2 \sin i}{P(1 - e^2)^{\frac{1}{2}}} , \qquad (2.14)$$

where a_2 is the semi-major axis of the orbit of the secondary component.

3. Apsidal motion. Observations show that for some close binaries, such as δ Orionis, α Virginis, etc., the longitude of periastron, ω, changes progressively with time, while the other orbital elements remain constant. For example, Table 1 which combines the compilations by LUYTEN, STRUVE, and MORGAN[3]

Table 1. *The orbital elements of δ Orionis determined at different epochs from spectroscopic observations*[4].

Observatory	γ km/sec	K_1 km/sec	e	ω degree	t	No. of plates
Potsdam . . .	22	100.5	0.080	355	1902	24
Potsdam . . .	21	102.0	0.136	352	1903	13
Allegheny . . .	15	100.0	0.090	0:	1910	36
Michigan . . .	20	101.0	0.097	359	1913	74
Vienna[5]	19	99.5	0.13	351	1920	17
Yerkes	12	101.0	0.079	38	1936	140
McDonald . . .	12	99.7	0.085	71	1948	48
Heidelberg[6] . .	13	88.6	0.047	352	1951	73
Lick	14	99.9	0.089	73	1956	125

and by STONE[7] shows the change in ω observed in δ Orionis during the past half century. In such cases, the periastron revolves in the orbital plane, instead of being stationary as should be expected from the solution of the two-body problem in Newtonian dynamics. Since the periastron rotates always in the same sense as that of the component stars in their orbits, we sometimes call this phenomenon the advance of periastron.

---

[1] A. A. RAMBAUT: Monthly Notices Roy. Astronom. Soc. London **51**, 316 (1891).

[2] W. J. LUYTEN: Minn. Publ. **2**, 53 (1936). — T. E. STERNE: Proc. Nat. Acad. Sci. U.S.A. **27**, 175 (1941). — J. B. IRWIN: Astrophys. Journ. **116**, 218 (1952).

[3] W. J. LUYTEN, O. STRUVE and W. W. MORGAN: Publ. Yerkes Obs. **7**, 251 (1939).

[4] The photometric solutions of the light curves of this star obtained at different epochs also indicate an advance of periastron of the same order of magnitude [C. E. WORLEY, Publ. Astronom. Soc. Pacific **67**, 330 (1955)].

[5] Based on the measures of numerous metallic lines which were not seen by other observers.

[6] Because of the large probable errors in this determination, small weight should be assigned to these values.

[7] S. N. STONE: Thesis, Berkeley Astronomical Department, 1956.

The problem of apsidal motions has been discussed extensively from the empirical point of view in two papers[1,2] by Yerkes astronomers as a result of spectroscopic studies of several close binaries. The advance of periastron in a two-body system may be interpreted either as a relativistic effect or as a perturbation due to rotational flattening and tidal elongation of the two components. Applying the results of calculations by LEVI-CIVITA[3] for the relativistic problem of two bodies of finite mass, LUYTEN, STRUVE, and MORGAN found that the predicted values are much too small to account for the observed advance of periastron. To be exact, they are from $\frac{1}{10}$ to $\frac{1}{40}$ of the observed values. Consequently the observed phenomenon could only be attributed to perturbation due to rotational flattening and tidal elongation of the component stars, if no third star is present in the system.

By considering rotational flattening, RUSSELL[4] derived a formula for the ratio of the period P of the orbital motion to the period P' of the apsidal motion. His formula has been later improved by COWLING[5] and STERNE[6]. The principal term of the improved formula for the ratio is given by

$$\frac{P}{P'} = k_1 \left(\frac{r_1}{a}\right)^5 \left(1 + \frac{16\,\mathfrak{M}_2}{\mathfrak{M}_1}\right) + k_2 \left(\frac{r_2}{a}\right)^5 \left(1 + \frac{16\,\mathfrak{M}_1}{\mathfrak{M}_2}\right), \qquad (3.1)$$

where k_1 and k_2 are constants depending upon the density distribution inside the component stars, while r_1 and r_2 are their radii, $\mathfrak{M}_1$ and $\mathfrak{M}_2$ are their masses, and $a = a_1 + a_2$. It is evident from (3.1) that we can derive, from the observed value P/P', the degree of central condensation of the stars. This makes the investigation of apsidal motion very important to the study of stellar interiors.

Since the period of the advance of the periastron is much longer than that of orbital motion, we can always regard the osculating ellipse as being stationary in a time interval of a few cycles. Therefore, this effect does not invalidate the method for determining the orbital elements outlined in the previous section.

Formulae for P/P' derived on the basis of other physical assumptions have been given by various authors. For a brief review of these theoretical investigations, we refer the reader to LUYTEN, STRUVE, and MORGAN's article. Since the apsidal motion is better determined from the light curves of eclipsing binaries than from the velocity curves, we shall not enter into this subject in greater detail.

4. The determination of stellar masses. Our knowledge of stellar masses is derived entirely from the study of the orbital motions of the components of binary systems (or of the planets in the case of the solar system). It is true that other methods have been proposed, but they depend either upon a calibration curve, like the mass-luminosity relation which uses the masses obtained from binary systems, or upon a phenomenon (such as the relativity red shift), the cause of which cannot be uniquely attributed to the mass of a star.

It follows from the laws of motion in an inverse square (of the distance) field of force that

$$\left(\frac{P}{2\pi}\right)^2 = \frac{a^3}{G\,(\mathfrak{M}_1 + \mathfrak{M}_2)}, \qquad (4.1)$$

where

$$a = a_1 + a_2 = a_1 \left(\frac{\mathfrak{M}_1 + \mathfrak{M}_2}{\mathfrak{M}_2}\right) \qquad (4.2)$$

[1] See footnote 3, p. 248.
[2] W. J. LUYTEN and E. EBBIGHAUSEN: Astrophys. Journ. **81**, 305 (1935).
[3] T. LEVI-CIVITA: Amer. J. Math. **59**, 225 (1937).
[4] H. N. RUSSELL: Monthly Notices Roy. Astronom. Soc. London **88**, 641 (1928).
[5] T. G. COWLING: Monthly Notices Roy. Astronom. Soc. London **98**, 734 (1938).
[6] T. E. STERNE: Monthly Notices Roy. Astronom. Soc. London **99**, 451, 662, 670 (1939).

represents the semi-major axis of the relative orbit, $\mathfrak{M}_1$ and $\mathfrak{M}_2$ are the masses of the two component stars, and G is the gravitational constant. From (4.1) and (4.2) we obtain

$$\frac{\mathfrak{M}_2^3}{(\mathfrak{M}_1 + \mathfrak{M}_2)^2} = \left(\frac{2\pi}{P}\right)^2 \frac{a_1^3}{G}. \tag{4.3}$$

We define the *mass function* $f_1(\mathfrak{M})$ for the primary component as

$$f_1(\mathfrak{M}) = \frac{\mathfrak{M}_2^3 \sin^3 i}{(\mathfrak{M}_1 + \mathfrak{M}_2)^2}. \tag{4.4}$$

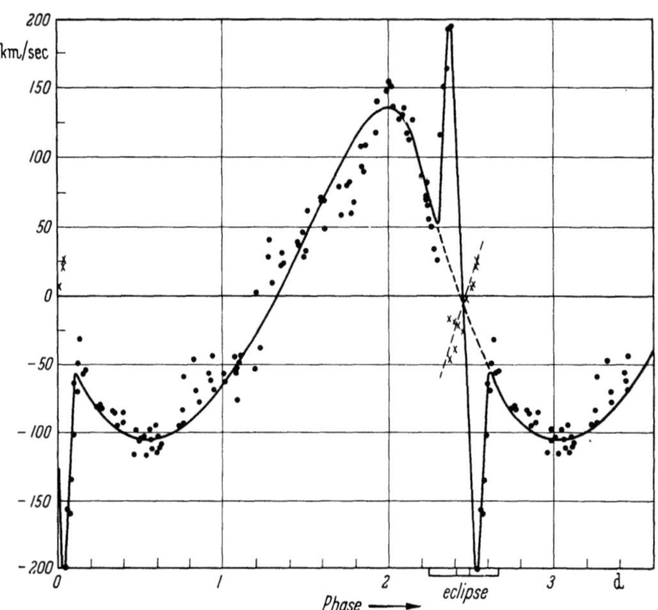

Fig. 6. The velocity curve of the spectroscopic binary U Cephei. The period is 2.5 days. The rotational distortion is exceptionally large. Outside of the eclipse the velocity curve is unsymmetrical, leading to a spurious eccentricity. During the eclipse the spectrum of the subgiant star can be observed.

Combined with (2.5) and (4.3), (4.4) becomes

$$f_1(\mathfrak{M}) = \frac{\mathfrak{M}_2^3 \sin^3 i}{(\mathfrak{M}_1 + \mathfrak{M}_2)^2} = \frac{1}{2\pi G} K_1^3 P (1 - e^2)^{\frac{3}{2}}. \tag{4.5}$$

Hense, the mass function is an observable quantity which has the dimension of mass. Expressing (4.5) in the conventional units, we have

$$f_1(\mathfrak{M}) = 1.035 \times 10^{-7} K_1^3 P (1 - e^2)^{\frac{3}{2}} \odot. \tag{4.6}$$

If the velocity curve of the secondary component of the system is observable, we can define a mass function $f_2(\mathfrak{M})$ for the secondary component, which is given by the same expression as that on the right side of (4.6), with K_1 replaced by K_2.

From (4.5) and a similar equation for $f_2(\mathfrak{M})$, we derive

$$(\mathfrak{M}_1 + \mathfrak{M}_2) \sin^3 i = \frac{P}{2\pi G} (K_1 + K_2)^3 (1 - e^2)^{\frac{3}{2}}. \tag{4.7}$$

Since

$$\frac{\mathfrak{M}_2}{\mathfrak{M}_1} = \frac{K_1}{K_2}, \tag{4.8}$$

it can be shown with the aid of (4.7) that

$$\mathfrak{M}_1 \sin^3 i = 1.035 \times 10^{-7} (K_1 + K_2)^2 K_2 P (1 - e^2)^{\frac{3}{2}} \odot \qquad (4.9)$$

in the conventional units. A similar equation for $\mathfrak{M}_2 \sin^3 i$ can be written down by interchanging K_1 and K_2 in (4.9). The inclination, i, can be determined only when the spectroscopic binary is, at the same time, a visual or an eclipsing binary.

In a statistical study we can eliminate the effect of $\sin i$. This will be discussed in Sect. 9. In the present section, however, we consider only the determination of the masses of individual stars.

Frequently a single-lined spectroscopic binary is also an eclipsing binary. In such a case, $\mathfrak{M}_2^3/(\mathfrak{M}_1 + \mathfrak{M}_2)^2$ can be determined. If the primary component, which is spectroscopically the only observable one in the present case, is a normal star, we can estimate its mass from its spectral type and/or luminosity. Let α be the mass ratio, such that

$$\alpha = \frac{\mathfrak{M}_1}{\mathfrak{M}_2}, \qquad (4.10)$$

which is greater than or equal to unity in most cases. Substituting the estimated mass $\mathfrak{M}_1$ in the following equation

$$\alpha (1 + \alpha)^2 = 9{,}66 \times 10^6 \frac{\mathfrak{M}_1 \sin^3 i}{K_1^3 P (1 - e^2)^{\frac{3}{2}}} \qquad (4.11)$$

which is simply (4.5) expressed in the conventional unit, we obtain α and therefore $\mathfrak{M}_2$. This method has been widely used[1] in estimating the mass of the secondary component.

The stellar radius can also be determined from spectroscopic and photometric studies of binary systems. The photometric solution gives the inclination, i, and the radius of the component stars in terms of the semi-major axis of the relative orbit, while the spectroscopic data give the value of $a \sin i$ in kilometers. Conversely one can estimate the absolute value of the semi-major axis, a, from the photometric solution, if the absolute measure of the radius of the component star can be obtained from other data, such as the spectral type and the luminosity. The total mass of the system can then be derived from (4.1) without knowledge of the velocity curve. This method of estimating stellar masses occassionally proves to be useful[2].

5. Rotation of binary stars. The diffuse appearance of the spectral lines observed in many stars may be attributed to a number of factors. It is mainly through the spectroscopic study of eclipsing binaries that in most cases the phenomenon of stellar rotation has been proved to be the cause of the diffuseness of spectral lines.

One of the most convincing proofs of stellar rotation is the distortion, first discovered by Schlesinger[3], of the velocity curves of eclipsing variables during their eclipses. Fig. 7 shows the configuration of an Algol-type eclipsing binary and its velocity curve. In such a system, the primary is smaller, though brighter, than its companion. Outside of eclipse, only the primary component can ordinarily be observed spectroscopically. Its velocity curve is shown by the solid

[1] O. Struve: Ann. d'Astrophys. **11**, 117 (1948). — P. P. Parenago: Russ. Astronom. J. **27**, 41 (1950). — L. Plaut: Publ. Kapteyn Astronom. Labor., Groningen **1950**, No. 54; **1953**, No. 55.

[2] M. F. Walker: Astrophys. Journ. **123**, 68 (1956).

[3] F. Schlesinger: Publ. Allegheny Obs. **1**, 134 (1909); **3**, 28 (1916). — Monthly Notices Roy. Astronom. Soc. London **71**, 719 (1911).

line in the figure. The secondary component can be observed only during the eclipse; therefore only a short segment of the velocity curve denoted by the broken line in Fig. 7 is empirically determinable. The distortion of the velocity curve of the primary component at A and B is due to its rotation. If the component rotates in the same sense in which it moves in its orbit, the dark secondary in front will encroach, during the early stage of the eclipse, upon that part of the disk of the bright star which is approaching the observer. The other, receding, part of the disk remains visible; consequently the spectral line which before eclipse was symmetrically broadened by the rotation of the stars, now becomes

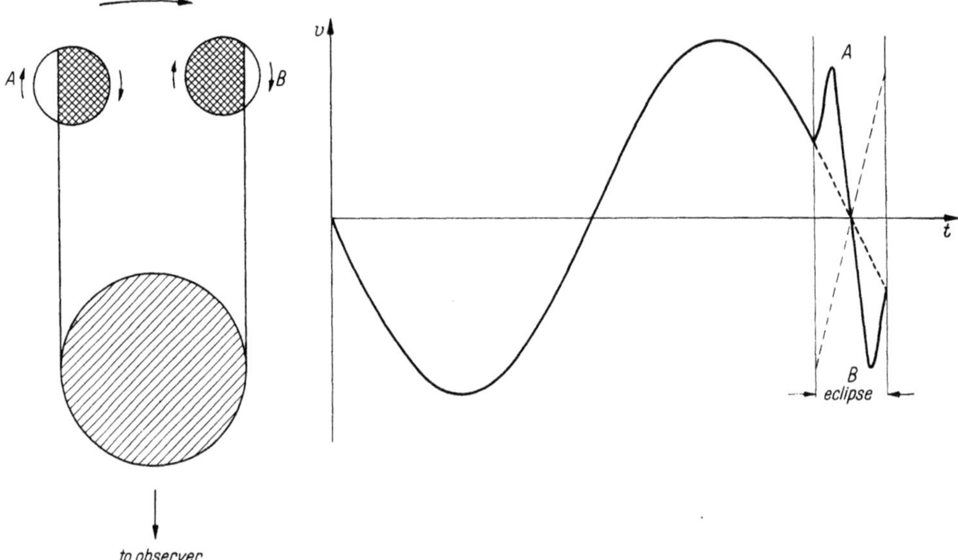

Fig. 7. Rotational distortion of the velocity curve of an eclipsing variable during the partial phases of the eclipse.

asymmetrical. The positive values predominate and the measured point falls above the true velocity curve which is denoted by the dotted line in the figure. In the later stage of the eclipse, the obscuring body covers those portions of the disk of the rotating star which are receding, while the approaching portion of the disk is uncovered. The spectral line is again asymmetrical and its center of gravity appears displaced toward the violet side of the spectrum. The distortion of the velocity curve shows clearly the rotation of the primary component, and furnishes a fruitful method of studying the rotation of an eclipsing binary star[1].

It is also interesting to investigate the change in the profiles of the spectral lines as the eclipse proceeds. These changes are of great theoretical interest. Various shapes of lines can be produced by assuming different relative diameters of the two stars and different inclination of their orbits. Struve and Elvey[2] have recorded, with the microphotometer, the line profiles of Algol at different phases in the eclipse and found good agreement with the computed profiles. But the study of the individual line profiles has not progressed very far because most of the eclipsing variables are too faint to be observed with high-dispersion instruments.

---

[1] R. A. Rossiter: Astrophys. Journ. 60, 15 (1924). — D. B. McLaughlin: Astrophys. Journ. 60, 22 (1924).

[2] O. Struve and C. T. Elvey: Monthly Notices Roy. Astronom. Soc. London 91, 663 (1931).

The distortion of velocity curves and the asymmetry of the spectral lines have been observed in several dozen systems [4]. This phenomenon is not limited to the Algol-type variables. It is always present when the primary component has an appreciable rotation and the area of obscuration on the primary disk by the secondary component is large enough to disturb the line profile. In all these cases the direction of axial rotation is the same as that of orbital revolution. This result is of great cosmogonical interest.

In most close binary systems the rotation and the revolution of the component stars are synchronized. ADAMS and JOY[1] found that the two components of the eclipsing system W Ursae Majoris rotate with a period comparable to that of their orbital revolution.

The problem of synchronization has been examined quantitatively by SHAJN and STRUVE[2]. Let r_1 and r_2 be the radii of the two components of a binary. The observed rotational velocity, V_{rot}, from the spectral lines of the primary component is

$$V_{\mathrm{rot}} = \frac{2\pi r_1}{P_{\mathrm{rot}}} \sin i, \tag{5.1}$$

if P_{rot} denotes the period of rotation. Eliminating $\sin i$ from (4.5) and (5.1), we obtain

$$V_{\mathrm{rot}} = \frac{(2\pi)^{\frac{2}{3}}}{G^{\frac{1}{3}}} \frac{(\mathfrak{M}_1 + \mathfrak{M}_2)^{\frac{2}{3}}}{\mathfrak{M}_2} (1 - e^2)^{\frac{1}{2}} \frac{r_1 K_1 P^{\frac{1}{3}}}{P_{\mathrm{rot}}}. \tag{5.2}$$

If rotation and revolution are synchronized, we have $V_{\mathrm{rot}} \propto P^{-\frac{2}{3}}$ by setting $P_{\mathrm{rot}} = P$ in (5.2). If the two periods are completely uncorrelated, $V_{\mathrm{rot}} \propto P^{\frac{1}{3}}$. According to the observations, the rotational velocities are large for close binary stars of short period and large velocity amplitude, indicating synchronization. But in systems of relatively long period—longer than four or five days—the synchronization breaks down, and we frequently observe components which rotate more rapidly than they would if the two periods were synchronized [4]. Even among close binaries, there are a few systems for which the periods of rotation and of revolution are not equal[3]. In the eclipsing binary U Cephei whose period is 2.5 days, the equatorial rotational velocity of the smaller, brighter, hotter and more massive star is 200 km/sec—twice its orbital velocity; the rotational velocity of the larger, fainter, cooler and less massive star is less than 50 km/sec. Several other systems show a similar absence of synchronization.

6. Peculiar line profiles. Although the phenomenon of axial rotation satisfactorily explains the broadened profiles of the absorption lines in many spectroscopic binaries, there is conclusive evidence that in several close O-type systems the lines of one, and sometimes of both, components are broadened by other mechanisms, such as irregular motions of gas streams circulating inside the appropriate lobes of the inner contact surface.

The fainter component of PLASKETT's star (HD 47129) is especially interesting in this respect. Its absorption lines vary in an irregular manner in intensity, width, and shape. This is illustrated in Fig. 8. The period of the system is 14.4 days. The radial velocities of the violet component of He I 3819 and 4026 should be nearly the same at phases 8.7, 9.5 and 10.6 days; yet in cycle I, at 9.5 days this component was fairly strong and sharp and its separation from the red component was smaller than at phases 8.7 of cycle III and 10.6 of cycle I.

[1] W. S. ADAMS and A. H. JOY: Astrophys. Journ. **49**, 189 (1919).
[2] G. SHAJN and O. STRUVE: Monthly Notices Roy. Astronom. Soc. London **89**, 222 (1929).
[3] O. STRUVE: Astrophys. Journ. **99**, 222 (1944).

Similar erratic changes are present in AO Cassiopeiae, δ Orionis and a few other systems.

A different type of distortion of the smooth rotational profile is observed in the brigther component of α Virginis (Spica), a double-lined binary of type $B2$, with a period of 4.01 days. Several lines of brigther component are often resolved into two or three partly blended absorption lines. The separation between the outermost pair of these lines remains approximately constant—as though in all phases the limb of the rapidly-rotating star contributed more to the formation of the line profile than the center of the star.

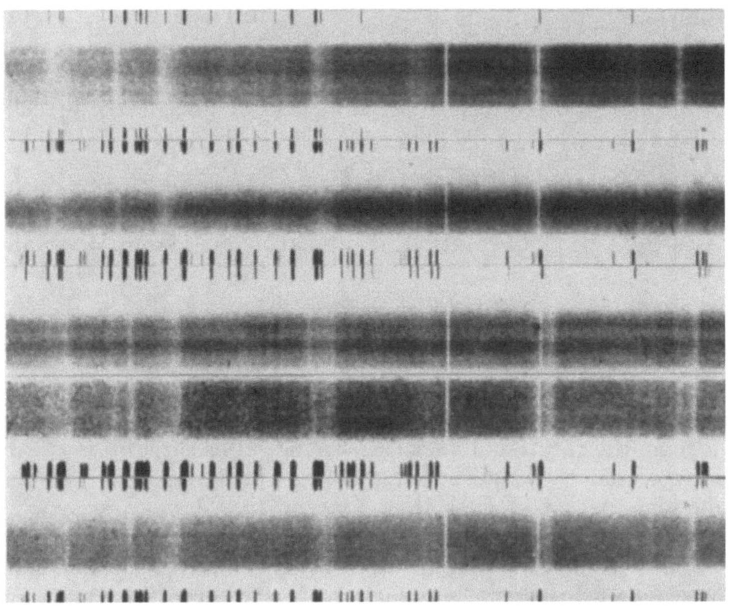

Fig. 8. Spectra of PLASKETT's star HD 47129. The period is 14.4 days. The phases in days of these spectra are, from top to bottom, 1.718 (Cycle III), 4.716 (Cycle I), 8.688 (Cycle III), 9.537 (Cycle I) and 10.640 (Cycle I).

Still another type of line-doubling occurs in the MgII 4481 line of Algol (β Persei) during its principal mid-eclipse. Since the eclipse is partial, being produced by the partial occultation of a bright $B8$ star by a somewhat larger and darker star of later spectral type, the lines were expected to become unsymmetrical —in opposite directions—before and after mid-eclipse. They were not expected to split into two components at mid-eclipse. The fact that they do so may be explained by assuming that the absorbing atoms (of MgII in this case) are mostly concentrated in a relatively narrow equatorial zone of the $B8$ star: the uneclipsed polar cap of this star contributes relatively little to the line profile; most of the absorption comes from the uneclipsed cusps of the bright $B8$ crescent whose rotational velocities are sufficient to separate their contributions to the integrated line-profile.

Attention may also be directed to the remarkable changes in the profiles of the H and HeI lines immediately before and after total eclipse in U Cephei, RZ Scuti and several other stars. In these systems it is possible to observe the absorption lines produced by an exceedingly narrow rim of the bright component.

In several early-type double-lined spectroscopic binaries (for example, α Virginis) the fainter component is relatively stronger when it is approaching us than when it is receding. This effect may be caused by a marked asymmetry in the distribution of gaseous material in the streams which circulate around the star inside its inner contact surface lobe.

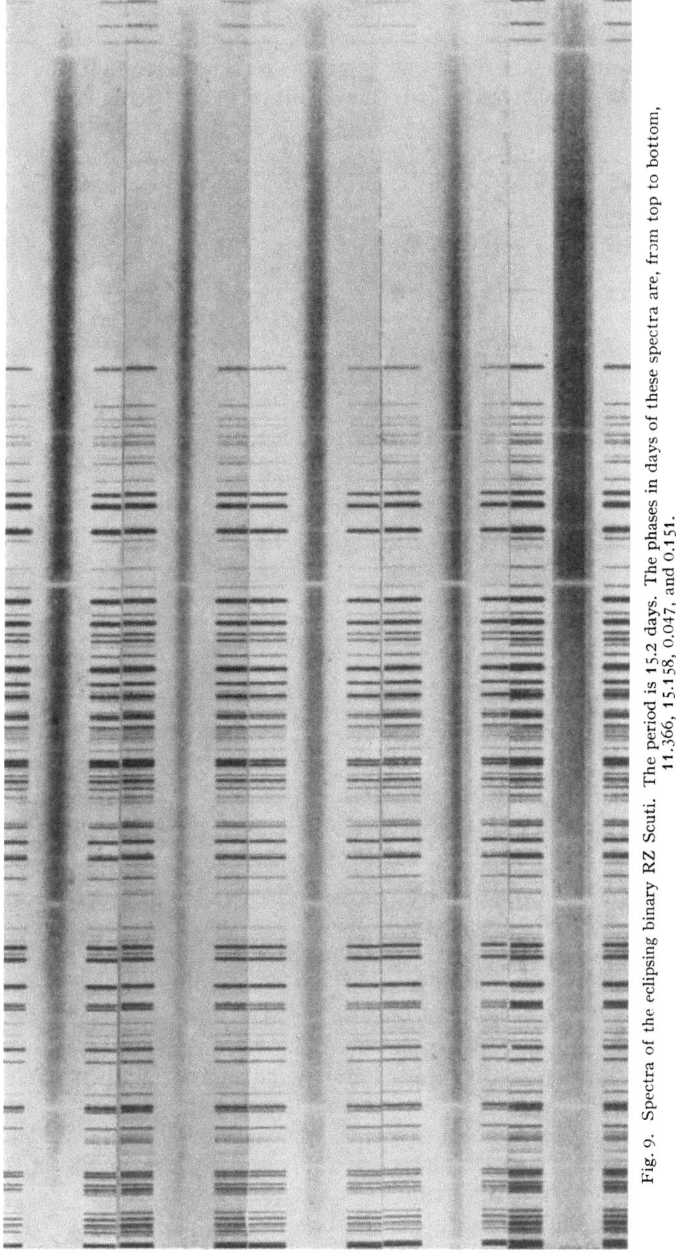

Fig. 9. Spectra of the eclipsing binary RZ Scuti. The period is 15.2 days. The phases in days of these spectra are, from top to bottom, 11.366, 15.158, 0.047, and 0.151.

7. The luminosities of binary stars from spectroscopic studies. The distinction between single-lined and double-lined spectroscopic binaries rests on the difference in the luminosities of the component stars. Because of the imperfection of the photographic plate, we cannot detect the existence of spectral lines produced in the secondary component if it is much fainter than the primary component. If we know the spectral type and luminosity-class of the primary component and also the sensitivity of the photographic plate at different wave lengths, we can compute a curve in the Hertzsprung-Russell (H-R) diagram below which no secondary could be observed spectroscopically. Such curves have been computed by HYNEK for primaries in different positions in the H-R diagram, and have been called by him threshold curves of the secondary component [3]. According to him, the threshold curves are always concave downward, and the position of the

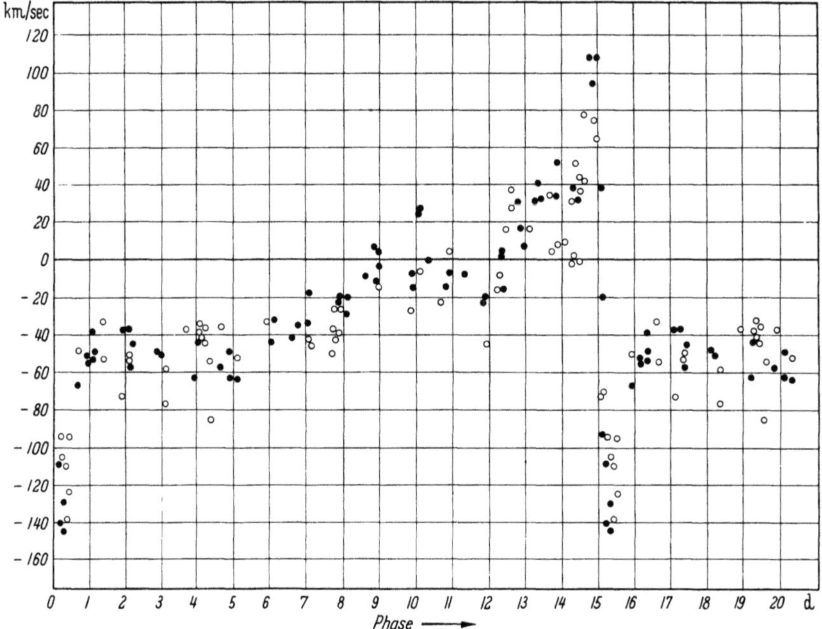

Fig. 10. The velocity curve of the eclipsing binary RZ Scuti. The rotational distortion is very pronounced.

maximum of the curve is about 2 magnitudes below the primary. A knowledge of the domain in the H-R diagram in which the secondary component of a single-lined spectroscopic binary must lie helps in statistical studies of binaries. For example, it becomes at once apparent that we should observe more single-lined than double-lined spectroscopic binaries.

For double-lined spectroscopic binaries, we can estimate the ratio of the luminosities of the two components from the equivalent widths of the absorption-lines[1,2]. As an illustration, let us first consider a special case: that the absorption lines produced by the two components are completely separated as a result of the difference in their radial velocities. If A_1 and A_2 are the measured equivalent widths of two lines from the same atomic transition in the two component stars and L_1 and L_2 are their luminosities, it can be easily seen that[1]

$$\frac{L_1}{L_2} = \frac{A_1}{A_2},$$
(7.1)

[1] O. STRUVE: Astrophys. Journ. 72, 1 (1930).
[2] A. B. WYSE: Publ. Astronom. Soc. Pacific 46, 350 (1934). — R. O. REDMAN: Monthly Notices Roy. Astronom. Soc. London 96, 498 (1936). — G. SHAJN: Poulkova Circ. 22, 1 (1937).

from which we obtain the difference between the absolute magnitudes M_1 and M_2, at the wave length considered,

$$\Delta M = M_2 - M_1 = 2.5 \log \frac{A_1}{A_2}. \qquad (7.2)$$

PETRIE[1] has developed an ingenious method for determining ΔM of a double-lined spectroscopic binary even when the lines produced by its two components are blended during the entire period of orbital motion. This procedure enabled him to determine ΔM for a large number of double-lined spectroscopic binaries[2]. After combining his own material with that of POPPER[3], PETRIE[2] made a statistical study of the mass-luminosity relation of double-lined spectroscopic binaries. Since the mass ratio α of a double-lined spectroscopic binary is known, a statistical relation between ΔM and α can be derived solely from the spectroscopic data. The slope of the mass-luminosity relation being thus obtained, its zero point can be ascertained from a star of known mass and luminosity. PETRIE found that the mass-luminosity relation derived in this way agrees reasonably well with the empirical relations obtained previously by KUIPER[4] and by RUSSELL and MOORE[5].

PETRIE has also discussed various sources of error which may influence the determination of L_1/L_2. By far the most serious error is the assumption that the original profiles of the absorption lines formed in the two components are identical.

8. Departures from the mass-luminosity relation in close binary stars. Investigations of the velocity curves of spectroscopic binaries indicate numerous cases of departures from the mass-luminosity relation. Three groups of binary stars do not follow this relation[6]:

1. the W Ursae Majoris eclipsing variables,

2. the fainter components of the Algol-type binaries, and

3. the fainter components of double-lined binaries of spectral type O.

α) All W Ursae Majoris stars are double-lined spectroscopic binaries with periods of the order of half a day. The spectral types of the components of these systems are nearly alike. The mass ratios determined from the observed values of K_1 and K_2 of 10 systems give a mean value $\langle\alpha\rangle_{\mathrm{Av}} = 2$ [4], while the threshold curves of ordinary double-lined binaries, discussed in the preceding section, lead us to expect $\langle\alpha\rangle_{\mathrm{Av}} = 1.25$. From the mass-luminosity relation, a value of 2 for the mass ratio α corresponds to a difference in bolometric magnitude of

$$\Delta M = \frac{\log \alpha}{0 \cdot 1\,048} = 2^{\mathrm{m}}\!.9. \qquad (8.1)$$

However, from the appearance of their spectra, the luminosities of the two components of each system differ only slightly, since both sets of absorption lines are easily visible. The light curves also give nearly equal magnitudes. The value obtained in (8.1) is clearly incorrect. Therefore at least one component violates the mass-luminosity relation. This departure may be due to the close

---

[1] R. M. PETRIE: Publ. Dominion Astrophys. Obs. Victoria **7**, 205 (1939).

[2] R. M. PETRIE: Publ. Dominion Astrophys. Obs. Victoria **8**, 319, 341 (1950). — Harvard Obs. Mon. **7**, 231 (1948).

[3] D. M. POPPER: Astrophys. Journ. **97**, 394 (1943).

[4] G. P. KUIPER: Astrophys. Journ. **88**, 472 (1938).

[5] H. N. RUSSELL and C. E. MOORE: The Masses of the Stars. Chicago: University of Chicago Press 1940.

[6] O. STRUVE: Ann. d'Astrophys. **11**, 117 (1948).

proximity of the two components such that there is a common envelope [4], in which matter and energy exchange freely. This exchange suppresses any difference—spectroscopic and photometric—which the two components may have underneath their common envelope.

β) The Algol-type eclipsing variables outside of eclipse usually show only the spectrum of the smaller, brighter and hotter component. The other component, frequently a subgiant, can sometimes be observed during total eclipse. The orbital velocity of the brighter component is usually small. It follows from (4.5) and (4.11) that either $\mathfrak{M}_2$ is small or $\mathfrak{M}_1$ is large. Since the spectrum of the brighter component is normal for its spectral type, it is reasonable to suppose that its mass is also normal. Consequently we can assign for each system a value of $\mathfrak{M}_1$ according to its spectral type and luminosity. Since the system is an eclipsing variable, $\sin i$ is known from the photometric solution. The mass ratio α, and consequently $\mathfrak{M}_2$, can be obtained from (4.11) and (4.10). We can illustrate this procedure by a remarkable example, the eclipsing system XZ Sagittarii for which Sahade[1] has derived $f_1(\mathfrak{M}) = 0.004 \odot$ and $\mathfrak{M}_2 = 0.35 \odot$ if $\mathfrak{M}_1 = 3 \odot$ is assumed for the primary, $A3$-component. According to the mass-luminosity relation, this corresponds to a difference $\Delta M_{\mathrm{vis}} = 7^{\mathrm{m}}3$ between the two components, while the photometric solution gives $\Delta M_{\mathrm{vis}} = 2^{\mathrm{m}}5$. Thus, the luminosity of the secondary component is about 10^2 times greater than would be expected from the mass-luminosity relation. In general, we find that the masses of the secondary components of the Algol-type systems range from 0.2 to 1.0 $\odot$, but, according to the mass-luminosity relation, their luminosities (and also their effective temperatures) are much too high to be compatible with such small masses.

Following an investigation by Parenago and Massevich[2] on the subgiant components of Algol-type variables, Struve[3] found that the departure of the subgiant components from the mass-luminosity relation seems to be statistically a function of the mass ratio. Further investigations[4] show that this phenomenon is connected with the fact that the secondary subgiant component fills one lobe of the inner contact surface of the binary system.

γ) The fainter components of several double-lined spectroscopic binaries of spectral type O have smaller values of K than their brighter components. Typical examples are Plaskett's star (HD 47129) and AO Cassiopeiae. This remarkable result has not been explained. Since, however, the lines of the secondary components of these binaries are undergoing rapid, and probably erratic, changes in equivalent width, profile, and radial velocity [4], it is likely that the measure of K_2 in these binaries may not be used to determine α with confidence.

In addition to these three groups of stars there are several individual systems which also apparently violate the mass-luminosity relation. For example, Pearce[5] found for the double-lined spectroscopic binary HD 698, $\mathfrak{M}_1 \sin^3 i = 113 \odot$ and $\mathfrak{M}_2 \sin^3 i = 45 \odot$. The large mass of $\mathfrak{M}_1$ would correspond to an extremely high luminosity according to the mass-luminosity relation. But the spectrum, which is probably that of a late main-sequence B-star, corresponds to a visual absolute magnitude of the order of only -1. This discrepancy could also be caused by a distortion of the velocity curve.

[1] J. Sahade: Astrophys. Journ. **102**, 474 (1945); **109**, 439 (1949).

[2] P. P. Parenago and A. G. Massevich: Trudy Gos. Astronom. Inst. im P. K. Shternberga **20** (1950).

[3] O. Struve: Mém. Soc. Roy. Liège **14**, 236 (1954). — O. Struve and N. Gould: Publ. Astronom. Soc. Pacific **66**, 28 (1954).

[4] S.-S. Huang and O. Struve: Astronom. J. **61**, 300 (1956).

[5] J. A. Pearce: Monthly Notices Roy. Astronom. Soc. London **92**, 877 (1932).

It is interesting to note that all systems considered in the present section are close binaries. Perhaps the failure of the mass-luminosity relation is due to physical interaction between the components which takes the form of gaseous streams, mass tranfer, etc. Consequently it is not surprising that the luminosities of even the primaries of several eclipsing systems are statistically higher than would be predicted by the mass-luminosity relation derived from visual binaries.

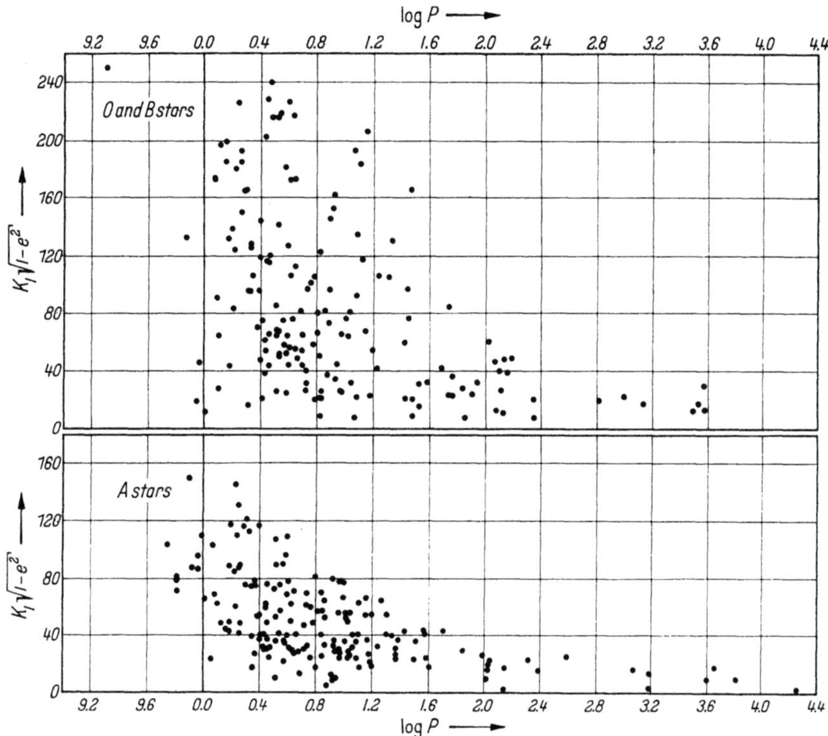

Fig. 11. Distribution of the values of K_1 with respect to period for spectroscopic binaries of spectral types O and B (top and A (bottom).

9. Statistical studies of spectroscopic binaries. Let us consider a single-lined spectroscopic binary. From (4.5) and (4.10) we find:

$$K_1 = \left[\frac{2\pi G \mathfrak{M}_1}{\alpha(1 + \alpha)^2} \right]^{\frac{1}{3}} \frac{\sin i}{(1 - e^2)^{\frac{1}{2}}} \frac{1}{P^{\frac{1}{3}}} . \tag{9.1}$$

If we plot K_1 against P for the primary components whose spectral types, luminosities and masses are known, all points should fall below a limiting curve which is obtained from (9.1) by setting $\sin i = 1$, and $\alpha = 1$. Struve[1] has found that for ordinary spectroscopic binaries (most of which consist of two components on the main sequence), the points do indeed scatter nearly uniformly below this limiting curve. His plot further shows that the density of points tends toward zero abruptly at a vertical line at about $P = 1.2$ days for the B stars and $P = 0.8$ day for the A stars. This is obviously due to the limitation imposed by the radii of the stars because their distance apart, a, must be greater than $r_1 + r_2$. We expect that a similar plot for the eclipsing binaries would show a concentration of points

---

[1] O. Struve: Astrophys. Journ. **60**, 167 (1924). — Monthly Notices Roy. Astronom. Soc. London **86**, 163 (1925).

near the limiting curve as a consequence of the large inclinations necessarily associated with these systems. Actually, a large fraction of the eclipsing variables fall far below the limiting curve. This is due to the large values of α associated with a great number of eclipsing systems discussed in Sect. 8.

It is obvious from (9.1) that the distribution of points for a given $\mathfrak{M}_1$ in the $K_1 \sim P$ diagram is related to the distribution of α and $\sin i$. The next question is whether we can derive the distribution functions of α and i from the observed distribution of points on the $K_1 \sim P$ plot. KUIPER[1] has studied this problem in a simplified form. In view of (4.5) he first writes

$$y \equiv \frac{\mathfrak{M}_2 \sin i}{\mathfrak{M}_1 + \mathfrak{M}_2} = \left(\frac{1}{2\pi G}\right)^{\frac{1}{3}} \frac{K_1 P^{\frac{1}{3}} (1 - e^2)^{\frac{1}{2}}}{(\mathfrak{M}_1 + \mathfrak{M}_2)^{\frac{1}{3}}} \tag{9.2}$$

and estimates, with some approximation, $(\mathfrak{M}_1 + \mathfrak{M}_2)^{\frac{1}{3}}$ from the mass-luminosity relation. The frequency distribution function $\varphi(y)$ of y is thereby empirically determined. KUIPER then assumes that the inclination, i, is completely random, i.e., the probability of finding a binary with an inclination between i and $i + di$ is $\sin i \, di$. If we now denote $\mathfrak{M}_2/(\mathfrak{M}_1 + \mathfrak{M}_2)$ by x, the frequency distribution function, $f(x)$ of x can be derived by solving the integral equation:

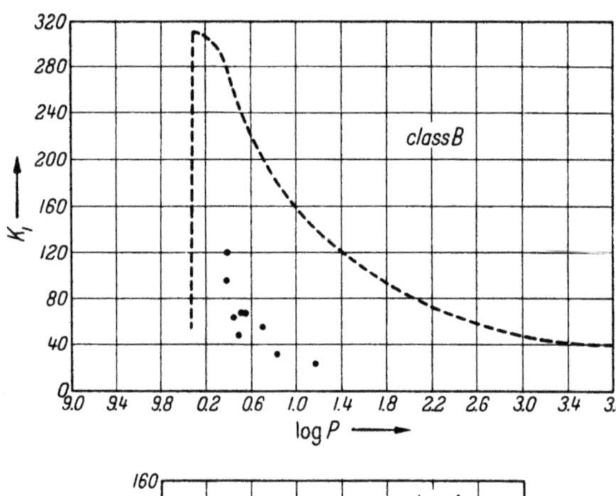

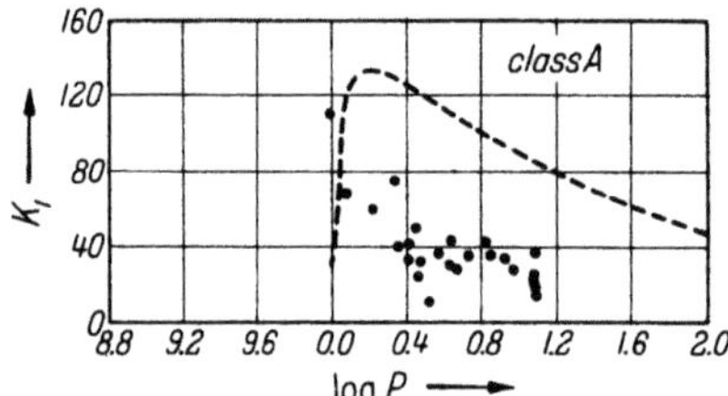

Fig. 12. Distribution of the values of K_1 for eclipsing variables whose primary components have spectral types B (top) and A (bottom).

$$\varphi(y) = y \int_y^\alpha \frac{f(x) \, dx}{x (x^2 - y^2)^{\frac{1}{2}}} \tag{9.3}$$

where α is the value of x for binaries on the threshold curve discussed in Sect. 7, and is, according to KUIPER, somewhere between 0.40 and 0.45. KUIPER adopts 0.42. The distribution function $f(x)$ for double-lined spectroscopic binaries, i.e., for x from 0.42 to 0.50, can be directly obtained from the observational data with proper adjustment for incompleteness. In this way, KUIPER is able to derive some information regarding the distribution of α for spectroscopic binaries. Combining this result with that obtained from the visual binaries, he concludes that the brighter visual and the brighter spectroscopic binaries of the main sequence (excluding those earlier than $B5$) have the same frequency distribution of mass ratios given by $f(x) = 2$, $0 \leq x \leq 0.5$. A similar analysis for spectroscopic binaries based on MOORE's fourth catalogue has been carried out by COLACEVICH[2].

Similarly we can derive the frequency distribution of a_1 from the observed distribution of $a_1 \sin i$ which is given by (2.6). Since $a = a_1 (\mathfrak{M}_1 + \mathfrak{M}_2)/\mathfrak{M}_2$, the distribution of a from the single-lined spectroscopic binaries can be obtained by a simple transformation[3].

[1] G. P. KUIPER: Publ. Astronom. Soc. Pacific **47**, 15 (1935).
[2] A. COLACEVICH: Mem. Astronom. Soc. Italy **11**, 115 (1938).
[3] V. M. BLANCO: Astrophys. Journ. **115**, 423 (1952).

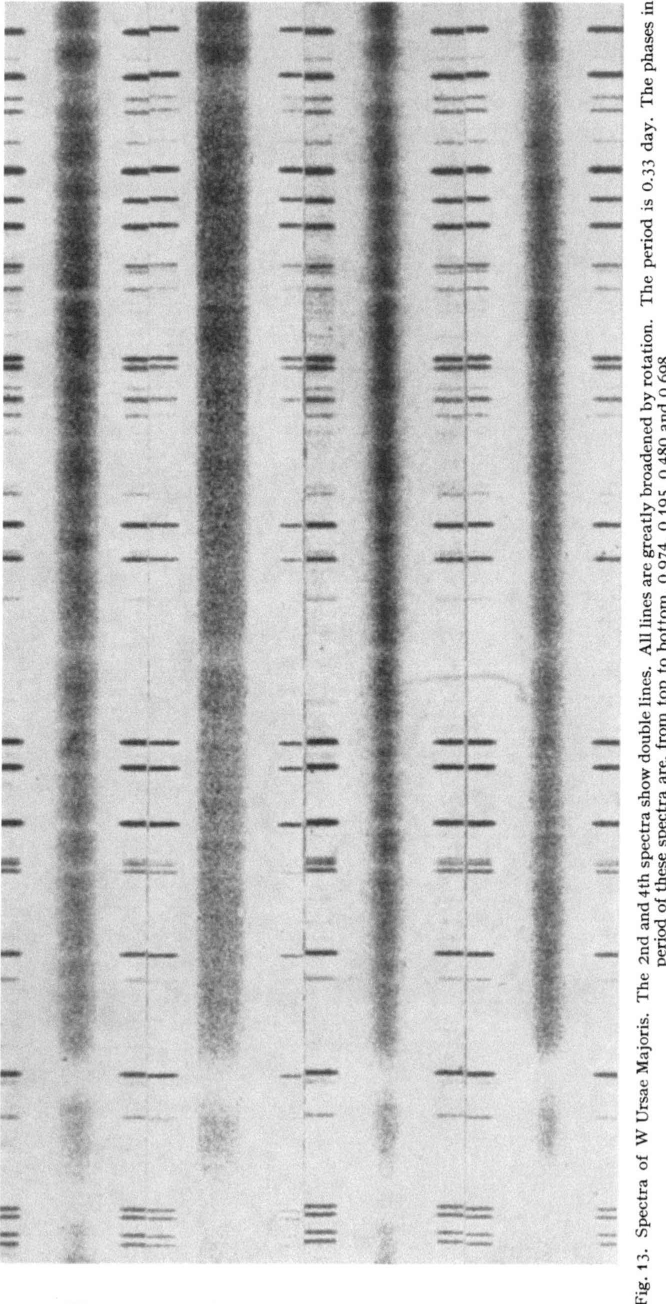

Fig. 13. Spectra of W Ursae Majoris. The 2nd and 4th spectra show double lines. All lines are greatly broadened by rotation. The period is 0.33 day. The phases in period of these spectra are, from top to bottom, 0.974, 0.195, 0.480 and 0.698.

Let us now consider another statistical study. It was first pointed out by BARR [1] that the distribution of the longitude of periastron of the primary components is not uniform. There is a decided tendency for the angle ω to be more often between 0 and 90° than in the other quadrants of the circle. Later investigations by several authors have confirmed BARR's discovery. A list of fairly

[1] J. M. BARR: J. Roy. Astronom. Soc. Canada **2**, 70 (1908).

complete references regarding this problem can be found elsewhere [5]. This empirical result is not what we would have expected from the random orientation of the orbits in space. This leads us to suspect that ω obtained from the velocity curves may not represent the true value, but is biased as a result of a distortion in the velocity curves. Indeed, as we shall see in the next section, our suspicion proves to be correct.

The general problem of the effects of observational selection and random errors on the distributions of orbital elements has also been discussed in a Berkeley symposium[1].

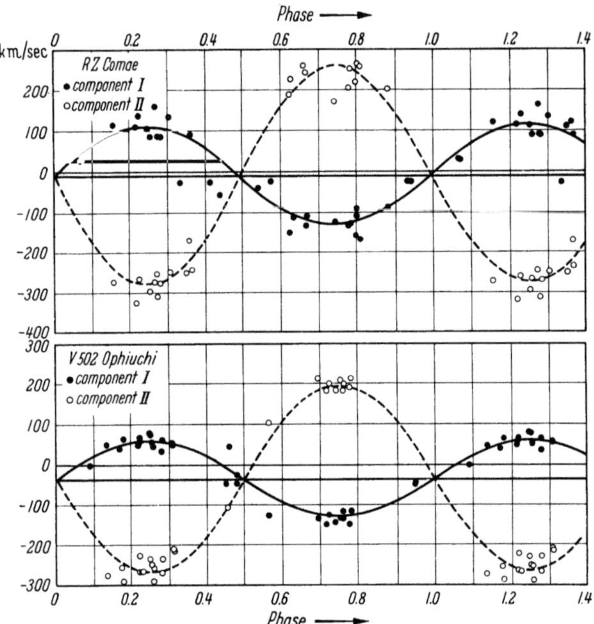

Fig. 14. Velocity curves of two systems of the W Ursae Majoris type. RZ Comae has a period of 0.34 day, and V 502 Ophiuchi a period of 0.45 day.

The distribution of the orbital elements for all binaries have been studied by Kuiper[2]. However Shapley's[3] demonstration of the preponderance of very close binaries, like the W Ursae Majoris stars, may modify Kuiper's earlier result.

10. Gaseous motions and other effects. In order to investigate the underlying reason for the distortion of the velocity curve, let us consider the typical case of U Cephei. The star whose light we observe at all phases except for two hours during the total eclipse, is of spectral type $B8$ or $B9$. The fainter component is a G-type subgiant. The velocity curve of the B-type star obtained by several authors[4] shows a pronounced asymmetry and therefore leads to an elliptical orbit of e about 0.5, while the light curve strongly favors a circular orbit[5]. Struve[6] suggests that the true velocity curve of the star is really symmetrical, corresponding to a circular orbit. He attributes the observed asymmetry to the motion of a gaseous stream away from the observer, when the principal eclipse has not yet begun. A stream of gas moving in the same direction as, but generally faster than, the binary component itself, produces absorption lines similar in character to those of the star, blending with them, and producing Doppler shifts in excess of those that are normally to be expected. An indication that such blending effects actually exist can be seen by the asymmetry of the profiles of the absorption lines during the critical phases.

[1] E. L. Scott: Proc. Berkeley Symposium on Mathematical Statistics and Probability 2, 417 (1951). — R. J. Trumpler: Proc. Berkeley Symposium on Mathematical Statistics and Probability 2, 437 (1951).

[2] G. P. Kuiper: Publ. Astronom. Soc. Pacific 47, 121 (1935).

[3] H. Shapley: Harvard Obs. Mon. 7, 249 (1948).

[4] E. F. Carpenter: Astrophys. Journ. 72, 205 (1930). — O. Struve: Astrophys. Journ. 99, 222 (1944). — R. H. Hardie: Astrophys. Journ. 112, 542 (1950).

[5] R. S. Dugan: Contr. Princeton U. Obs. 1920, No. 5.

[6] O. Struve: Publ. Astronom. Soc. Pacific 60, 160 (1948). — Monthly Notices Roy. Astronom. Soc. London 109, 487 (1949). — Pop. Astronom. 58, 9 (1950).

The distortion of the velocity curve is not limited to U Cephei. Indeed, the radial velocity observations of many eclipsing binaries can be explained in a similar way. A list of such stars has been given previously [5]. From the published data we can conclude [4] that in nearly all eclipsing variables whose periods are approximately between 2 days and 5 days, and in several other systems of longer periods, gaseous streams produce blended absorption lines which distort the velocity curve primarily at phases between $0.8\,P$ and $1.0\,P$ and to a somewhat lesser extent between $0.0\,P$ and $0.2\,P$. This conclusion is consistent with the anomalous distribution of ω discussed in the previous section.

The picture of gaseous streams also finds support in theoretical studies[1] of close binary systems. WOOD[2] has pointed out that in several cases the subgiant component of an eclipsing system actually touches the inner contact surface. Accordingly, this component becomes superficially unstable, and gases in its atmosphere escape. KUIPER has suggested two possible processes for ejection of mass: Type A ejection occurs when one component touches the inner contact surface, while the other component has a much smaller size than its lobe of the inner contact surface. The ejection takes place near the inner Lagrangian point[3], and the ejected matter either falls into the other component or forms a ring or shell around it, depending on the extent of free space between the star and the inner contact surface[4]. Most Algol-type eclipsing systems belong to this class. Type B ejection occurs when both components touch the inner contact surface. In these cases the two components have a common envelope from which mass flows out near one or both of the two outer Lagrangian points on the axis joining the two stars. The escaped gas then forms a ring or a shell enveloping both components and gradually escapes into outer space. β Lyrae may be an example of this case[5]. In the case of the Algol-type variables, the streams which distort the velocity curve at phases just before the eclipse come from the superficially unstable component and move towards the brighter component [4]. This stream will be in front of the brighter component when it is seen just before eclipse so that its existence can be detected by the absorption lines it produces. At other phases, the stream is projected upon either the background sky or the fainter component. Consequently at these phases the gaseous stream has little to do with the observed lines and the velocity curve is not distorted. But in these phases emission lines may be present.

Calculations of the gaseous motion in a binary system have been carried out by various authors referred to before, but thus far our knowledge of the kinematical behavior of the streams has been derived mainly from the observations.

There are some minor factors which also distort the velocity measurements: (1) the time exposure effect, (2) the rotational effect of a darkened ellipsoid, and (3) the reflection effect. Compared to gaseous motion, these effects are quite small.

If the radial velocity varies during the exposure time, the spectral lines are broadened and may become unsymmetrical[6]. Therefore the measured velocity

<hr>

[1] G. P. KUIPER: Astrophys. Journ. **93**, 133 (1941). — V. A. KRAT: Izvestia Poulkova Astronom. Obs. **1952**, No. 149, 1. — A. N. DADAEV: Izvestia Poulkova Astronom. Obs. **1954**, No. 152, 31. — A. KRANJC: Mem. Astronom. Soc. Italy **22**, 131 (1951). — Z. KOPAL: Jodrell Bank Annals **1**, 37 (1954).

[2] F. B. WOOD: Contr. Princeton U. Obs. **1946**, No. 21.

[3] The Lagrangian point is identical with the double point in the restricted three body problem; see e.g., F. R. MOULTON: An Introduction to Celestial Mechanics, Chap. 8. MacMillan Comp., 1914.

[4] S.-S. HUANG and O. STRUVE: Astronom. J. **61**, 300 (1956).

[5] O. STRUVE: Astrophys. Journ. **93**, 104 (1941). — G. P. KUIPER: Astrophys. Journ. **93**, 133 (1941).

[6] S.-S. HUANG and O. STRUVE: Astrophys. Journ. **122**, 119 (1955).

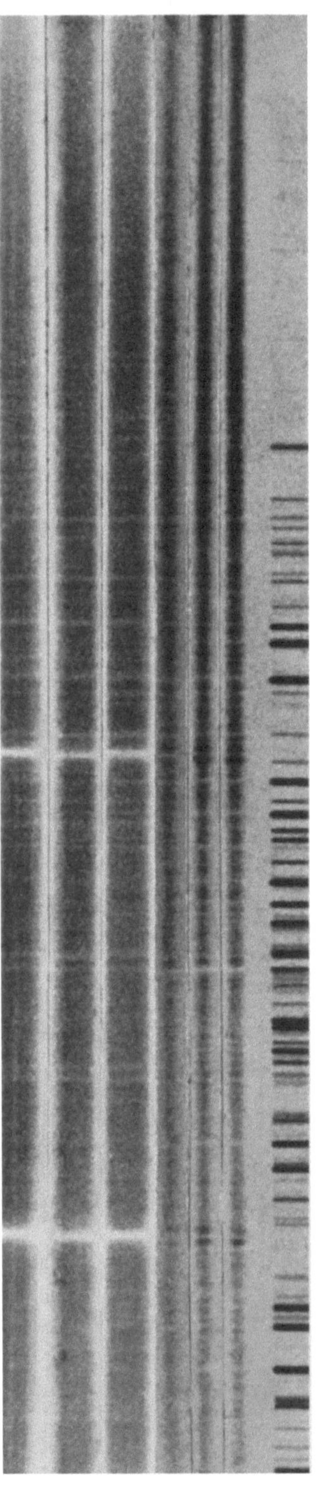

RW Persei-Phases 0.203, 0.522, 0.897, 0.969, 0.983, 0.988.

Fig. 15. Spectra of the eclipsing variable RW Persei. The period is 3.2 days. The emission lines of hydrogen appear only during the eclipse; the red component of each emission line is stronger before mid-eclipse and the violet component in stronger after mid-eclipse. The ring is larger than the occulting star and the emission components do not disappear at mid-eclipse.

does not correspond to the mean time of the exposure. By taking the measured velocity to be the time average of the true velocities during the exposure time and by assuming a circular orbit, Schlesinger[1] gave a formula for removing this effect.

The velocity distortion by the rotation of a darkened ellipsoid has been investigated by Sterne[2]. It can be easily seen that axial rotation of an undarkened ellipsoid simply broadens the spectral lines. But the limb-darkening allows the axial rotation to contribute to the radial velocity. Sterne shows that the velocity curve thus distorted leads to a spurious distribution at $\omega = \pi/2$ or $\omega = 3\pi/2$. Statistically we do not observe a peak distribution at these two values of ω (see Sect. 9). Consequently this effect is not important.

Because of the reflection effect, the line consists of two components: one due to the radiation coming directly from the emitting star and the other from the reflected radiation which is displaced with respect to the former because of their relative motion. This produces an unsymmetrical line or even a double line[3]. If the line is asymmetric, the velocity measure will be distorted. If two components can be resolved, the correct radial velocity can be derived from one of the components.

11. The nature of emission lines in close binaries. The occurence of emission lines in eclipsing systems first noticed and studied by Wyse[4] provides independent evidence of the existence of tenuous gaseous streams or envelopes. When the tenuous gases are not seen projected upon the disk of either star, they may give rise to emission lines. Sometimes emission lines can be detected only during eclipse when the continuous background radiation of stellar origin is weakened.

[1] F. Schlesinger: Astrophys. Journ. **43**, 167 (1916).

[2] T. E. Sterne: Proc. Nat. Acad. Sci. U.S.A. **27**, 168 (1941).

[3] E. L. McCarthy: Astrophys. Journ. **82**, 261 (1935). — O. Struve: Astrophys. Journ. **86**, 198 (1937).

[4] A. B. Wyse: Lick Obs. Bull. **17**, 37, No. 464 (1934).

We can divide the eclipsing systems showing emission lines into two groups[1]:
(1) Systems consisting of at least one component of spectral type $B8$ to $F5$ often show double bright line of H, CaII, FeII and MgII. (2) Systems consisting of components both of which are later than $F5$ sometimes show single bright

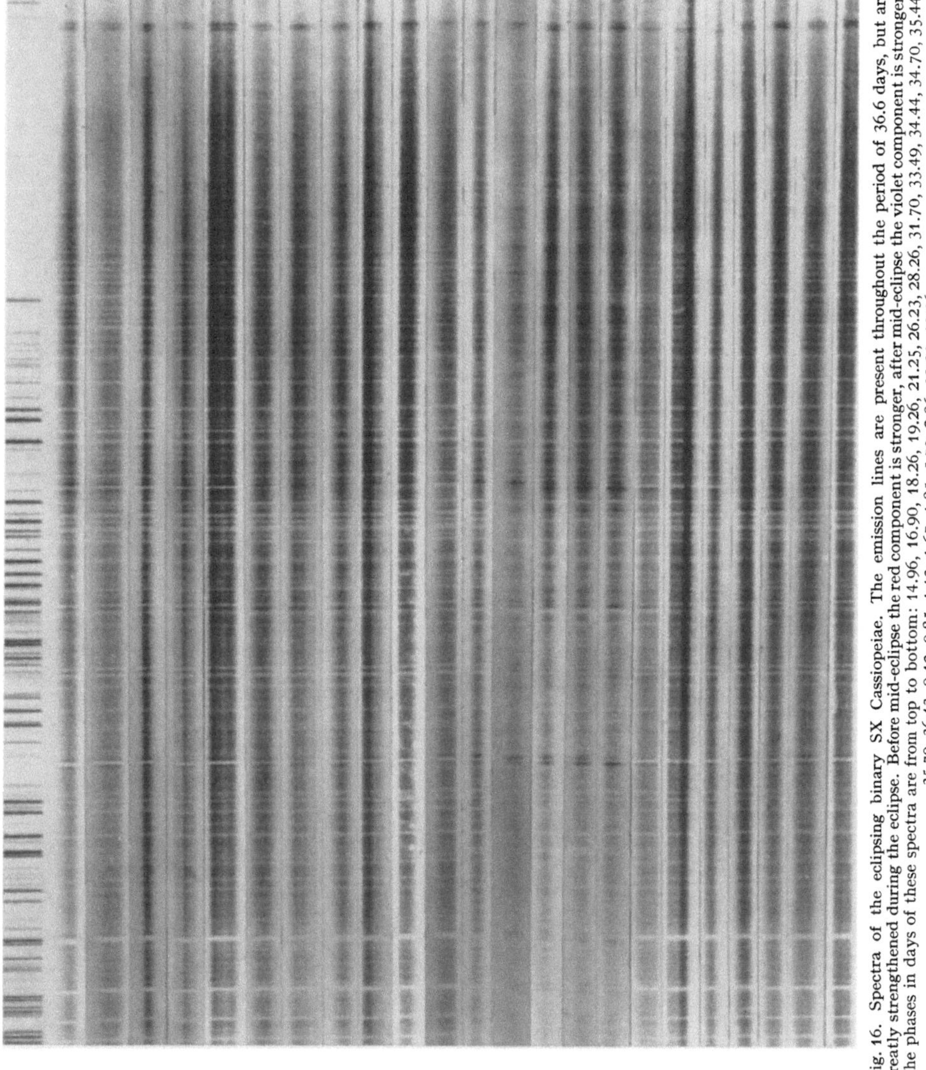

Fig. 16. Spectra of the eclipsing binary SX Cassiopeiae. The emission lines are present throughout the period of 36.6 days, but are greatly strengthened during the eclipse. Before mid-eclipse the red component is stronger, after mid-eclipse the violet component is stronger. The phases in days of these spectra are from top to bottom: 14.96, 16.90, 18.26, 19.26, 21.25, 26.23, 28.26, 31.70, 33.49, 34.44, 34.70, 35.44, 35.70, 36.43, 0.12, 0.85, 1.12, 1.67, 1.85, 5.70, 8.86, 10.91, 12.26.

lines of CaII. The emission features of these two groups of eclipsing binaries have, observationally, different characteristics: (1) While the double bright lines of H, etc. in early-type systems resemble the emission lines of ordinary, single, Be stars, the bright lines of CaII in late-type systems resemble the emission lines which are often observed in ordinary single K-type dwarfs. (2) While the bright lines of H, etc. are double and very broad, the CaII emission lines in late-type systems are usually single, narrow or slightly broadened. (3) The emitting mass

[1] O. STRUVE: Ann. d'Astrophys. **9**, 1 (1946).

which produces the CaII lines in late-type systems belongs dynamically to one of the components of the binary and is carried with the latter in its orbital motion. The H emission lines show radial velocities which greatly exceed those of the stellar components.

Joy[1] suggests that the component which is associated with emission lines in a late-type system is surrounded by a chromospheric envelope of calcium gas in which the emission lines are formed. The calcium chromosphere may be greatly distorted by tidal forces. This model explains the observational results very satisfactorily.

Recent investigations[2] show that there exists a correlation between period and absolute magnitude for late-type systems showing CaII emission lines.

Let us now turn to the case of emission in early-type systems [4], [5]. Having found that the emission lines of RW Tauri consist of two components and also undergo eclipses, Joy[3] proposed that these emission lines originate in an extended gaseous ring surrounding the equatorial region of the primary $B9$ component and rotating in the same sense as the orbital motion. During the eclipse, the larger $K0$ star first occults the approaching side of the ring, leaving only the red emission component. When the entire ring is behind the $K0$ star, no emission lines are observable. Finally, the receding side of the ring is occulted and we can see only the violet emission component. It turns out that the emission lines found in most early type eclipsing systems can be explained in terms of a gaseous ring[4].

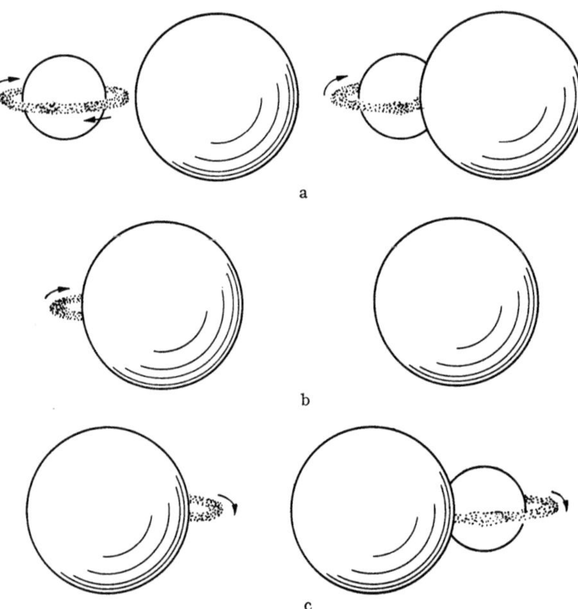

Fig. 17 a—c. A. H. Joy's explanation of the eclipse of a ring surrounding the bright component of the eclipsing binary RW Tauri.

As a matter of fact, ring formation is a necessary consequence of the fact that the secondary component which ejects matter has a considerably smaller mass than the primary (see Sect. 8). It can be easily shown[5] that the extra angular momentum per unit mass caused by a transfer of mass from the secondary to the primary is

$$\Delta h = \left(\frac{\mathfrak{M}_1 - \mathfrak{M}_2}{\mathfrak{M}_1 + \mathfrak{M}_2}\right) \frac{2\pi a^2 (1 - e^2)^{\frac{1}{2}}}{P} . \tag{11.1}$$

This supplies the angular momentum for the gaseous ring. If the ejected mass takes away from the secondary an angular momentum in excess of its average

[1] A. H. Joy: Astrophys. Journ. **94**, 411 (1941).

[2] L. Gratton: Astrophys. Journ. **111**, 31 (1950). — W. R. Hossack: J. Roy. Astronom. Soc. Canada **48**, 211 (1954).

[3] A. H. Joy: Publ. Astronom. Soc. Pacific **54**, 35 (1942); **59**, 171 (1947).

[4] O. Struve: Astrophys. Journ. **103**, 76 (1946). — A. McKellar: Publ. Dominien Astrophys. Obs. Victoria **8**, 235 (1950).

[5] S.-S. Huang: J. Roy. Astronom. Soc. Canada **51**, 91 (1957).

share, the extra angular momentum per unit mass will be greater than given by (11.1).

Moreover, there are several empirical reasons which support the ring hypothesis. If the ring is revolving in a circular orbit around the primary component in a frame of reference moving with the latter, like Saturn's ring in the solar system, it can be shown under certain conditions that[1] the observed velocity $V_{\rm em}$

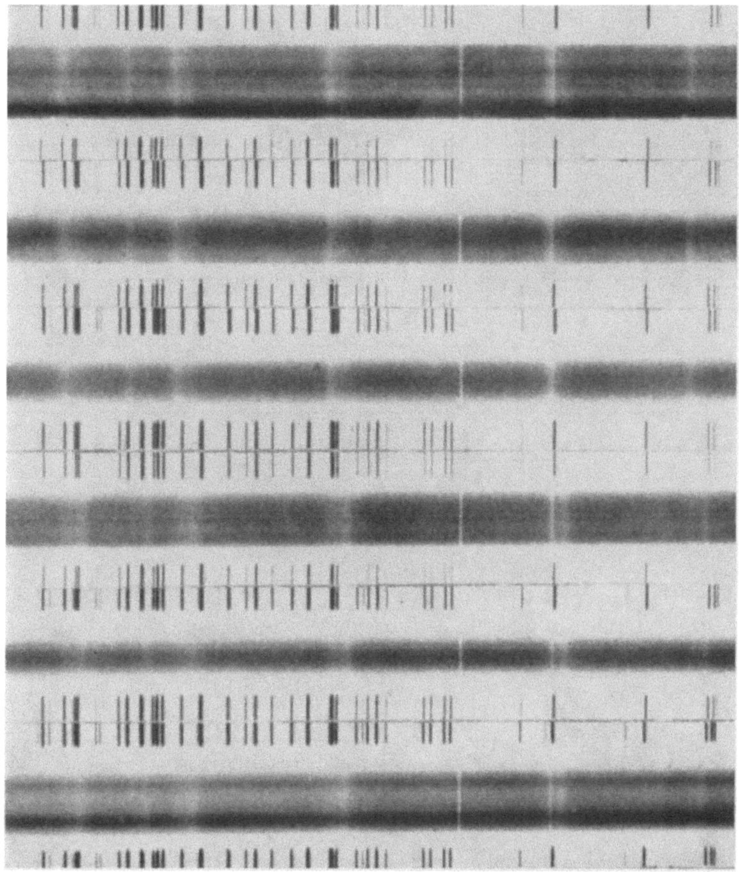

Fig. 18. Spectra of the double-lined eclipsing binary AO Cassiopeiae. The period is 3.52 days and the spectral types of both components are $O8$. The phases in period of these spectra are from top to bottom: 0.219, 0.253, 0.260, 0.687, 0.698, and 0.796. They illustrate the great differences in the intensities of the fainter component in the two elongations.

of the particles in the ring as derived from the shift of the emission lines, and the period P of the binary system should satisfy the relation

$$V_{\rm em}^3 \propto P^{-1}, \tag{11.2}$$

which was first empirically obtained by STRUVE.

Denoting by $a_{\rm em}$ the radius of the emission ring, we can readily show that[1]

$$\frac{a_{\rm em}}{a} = \alpha(1+\alpha)\frac{K_1^2(1-e^2)}{V_{\rm em}^2}. \tag{11.3}$$

---

[1] S.-S. HUANG and O. STRUVE: Astronom. J. **61**, 300 (1956).

This equation, together with (4.11) determines $\mathfrak{M}_1$ and α simultaneously, since a_{em}/a is an observable quantity. Although for most systems the exact value of a_{em}/a has not been determined, we can nevertheless set an upper and a lower limit to this ratio from the nature of the eclipse of the emission lines. Consequently, limits of the mass of the primary component can be determined, which agree with the mass derived from the spectral type and luminosity.

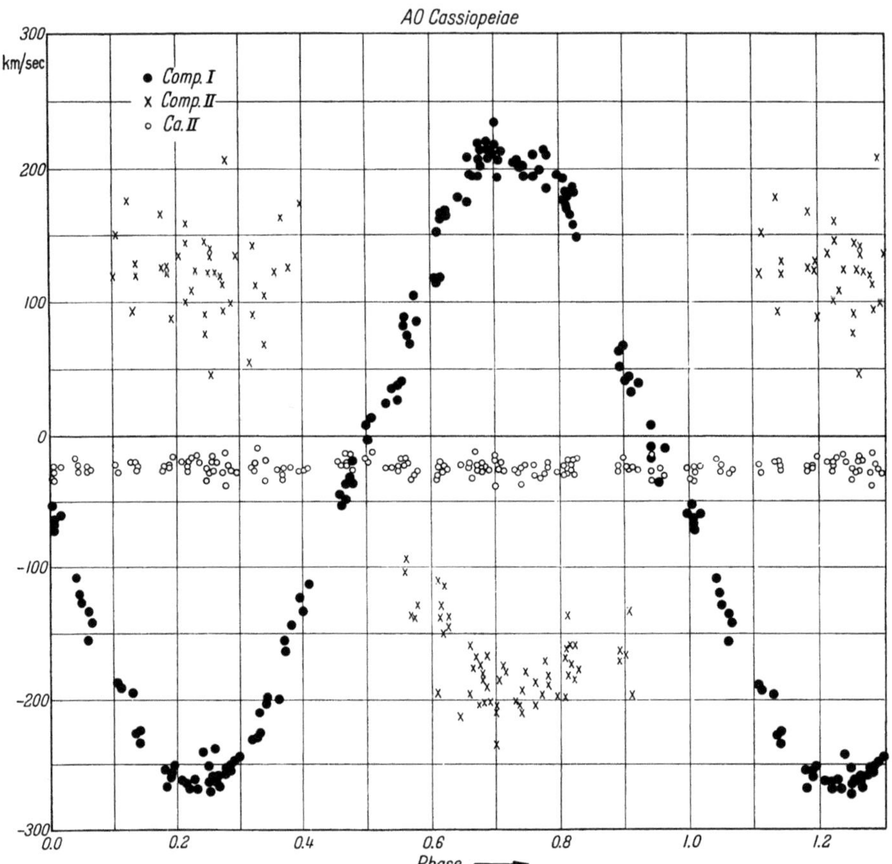

Fig. 19. The velocity curves of AO Cassiopeiae. Filled circles represent the radial velocities of the stronger component Crosses indicate the velocities of the faint component. The large scatter of the crosses indicates that there are irregular changes in the profiles of the absorption lines. The open circles represent the interstellar lines of ionized calcium. The binary has a period of 3.52 days.

HUANG and STRUVE have also shown that in all systems which have emission lines, the secondary components touch the inner contact surfaces. On the other hand, systems in which the secondary component fills the corresponding lobe of the inner contact surface do not all show emission lines. This suggests that the filling up of one lobe of the contact surface by the secondary component is not a sufficient condition for forming a semi-stable ring around the primary component. Empirical evidence seems to indicate that formation of a semi-stable ring depends also upon the amount of free space between the primary and the corresponding lobe of the contact surface. The ring, in order to be formed, must be larger than a certain critical size. If the free space is too small, no semi-stable ring can be formed, and emission lines appear only as long as the subgiant component ejects matter. Since the ejection, like the solar prominences, may not represent a steady process, we should not expect the emission feature to be a permanent phenomenon. Indeed, in RW Tauri[1] and U Sagittae[2] the emission lines sometimes disappear completely.

12. The peculiar system UX Monocerotis. Sometimes we encounter stars of such a peculiar nature that each must be considered in detail. β Lyrae, whose properties have recently been summarized [5] is one good example. In the present section we shall review another peculiar system, namely UX Monocerotis.

WYSE[1] classified the brighter component of this system as $A5$ and the fainter component as $dG1p$. According to a recent study by LYNDS[3], the spectral types and luminosity classes of the two component stars are $A5$ III and $G2$ III, which agrees with his photometric solution. He suggested that the A component may be some kind of intrinsic variable related, perhaps, to the RR Lyrae stars. Several interesting peculiarities of this system were discovered by GAPOSCHKIN[4] at the McDonald Observatory and led STRUVE[5] to make an extensive spectroscopic study.

In Fig. 22 we have shown the configuration

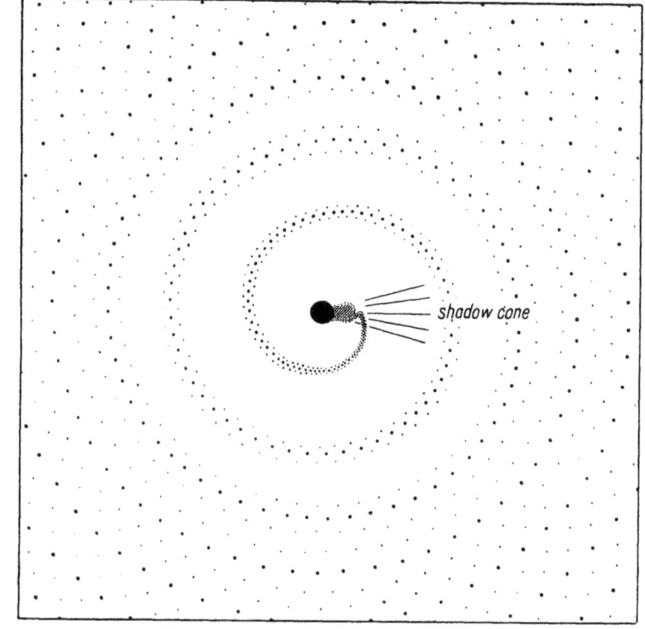

Fig. 20. G. P. KUIPER's model of β Lyrae.

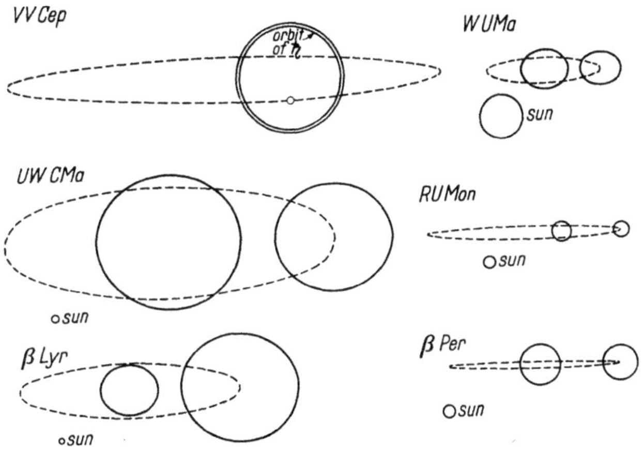

Fig. 21. Orbits and dimensions of several eclipsing and spectroscopic binaries (after C. PAYNE-GAPOSCHKIN and S. GAPOSCHKIN, Variable Stars, 1938).

of the system which combines LYNDS' recent result with STRUVE's earlier model. The inner contact surface is based on a mass ratio of 2.3 from the velocity

[1] A. B. WYSE: Lick Obs. Bull. **17**, 37 (1934). — A. H. JOY: Publ. Astronom. Soc. Pacific **59**, 171 (1947).

[2] D. H. McNAMARA: Publ. Astronom. Soc. Pacific **63**, 38 (1951).

[3] C. R. LYNDS: Thesis, Berkeley Astronomical Department, 1955. — Publ. Astronom. Soc. Pacific **68**, 339 (1956).

[4] S. GAPOSCHKIN: Astrophys. Journ. **105**, 258 (1947).

[5] O. STRUVE: Astrophys. Journ. **106**, 255 (1947).

curve. From the observational results, we can now construct a working model for this system.

At phase 0.96 P the emission lines of H are very strong. They are entirely on the red sides of the corresponding absorption lines and are about 4 or 5 Å in width. At phase 0.963 P the emission lines decrease in intensity and become quite aint after zero phase. Only H_β remains visible with considerable strength (H_α

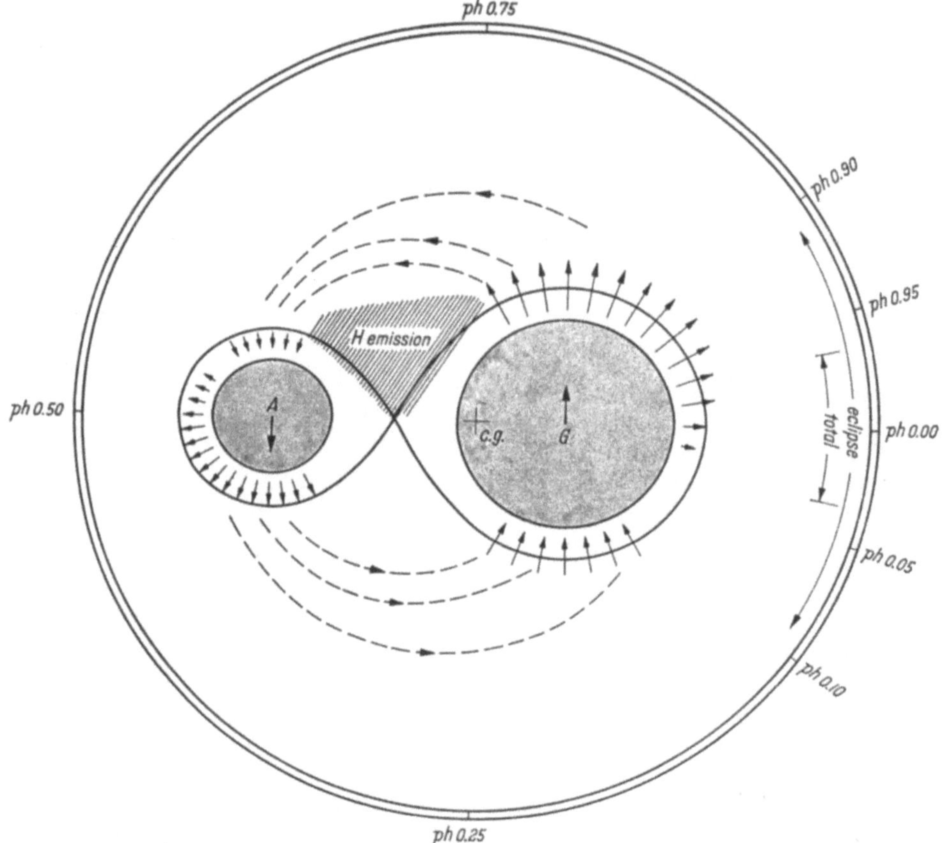

Fig. 22. Schematic model of the binary UX Monocerotis. The outflow and inflow of prominences are shown for ionized calcium.

was not observed) and is somewhat stronger than at maximum light. We conclude that a mass of emitting hydrogen gas is not occulted until about mid-eclipse. This would place the emitting mass of gas approximately within the shaded area of Fig. 22.

During the total eclipse, the CaII lines give large negative values. They are broad, symmetrical and more shallow than ordinary CaII lines in stars of type G. The radial velocities of the CaII lines between phases 0.96 P and 0.03 P show a tendency to change from about -250 km/sec to about -150 km/sec. This may be an effect of projection so that the calcium ions are expelled predominantly in the direction of phase 0.9 P. There is little or no expulsion in the direction 0.1 P or greater. Combined with the observational results at other phases, this suggests a picture of gaseous motion as shown in Fig. 22.

Outside the two eclipses the CaII and H absorption lines change rapidly with phase, and markedly from cycle to cycle, both in intensity and in velocity. This strongly suggests that the gaseous motion pictured here behaves like prominence action. In other words, it should not be regarded as a regular flow of gas, but only as an irregular rising and falling of gaseous clouds, whose large-scale tendencies follow the arrows indicated in the figure. It should be mentioned that the arrows outside the two stars are not drawn to scale.

Because of the distortion of the velocities by the prominence action in the H and CaII lines, the orbital elements could be derived only from the metallic lines. We believe that the lines of FeI, CaI, SrII, NiII, etc. originate mostly in the reversing layer of the G-type star and those of FeII come mostly from the A-type component. Combining STRUVE's spectroscopic study and LYNDS' photometric study, we obtain for the system

$$a_1 = 4.9 \times 10^6 \,\mathrm{km}, \qquad a_2 = 11.5 \times 10^6 \,\mathrm{km},$$

$$\mathfrak{M}_1 = 3.5 \odot, \qquad \mathfrak{M}_2 = 1.5 \odot,$$

$$r_1 = 5.87 \times 10^6 \,\mathrm{km}, \qquad r_2 = 3.06 \times 10^6 \,\mathrm{km},$$

where we have taken the G-type star as the primary and the A-type star as the secondary.

13. Recent developments regarding the evolution and origin of binary stars. Let us first consider the W Ursae Majoris stars. On the average, the total mass of such a system is 1.5 $\odot$ and its spectral type is G or K. It is revolving rapidly around the center of mass. Let us now imagine what would be the resultant star, if the two components should coalesce [4]. This question is of more than academic interest: even now their component stars are nearly in contact; and they are surrounded by tenuous common envelopes. They can form a single rapidly-rotating star of mass equal to or less than 1.5 $\odot$. Such a star has never been observed. Or, there may be a catastrophic explosion such that the entire mass is converted into a cloud. Both theoretically and observationally this is improbable. The third possibility is that the gas from the common envelope escapes through the two outer Lagrangian points and forms a rotating ring around the system while the two stars coalesce. Angular momentum is transfered from the stars to the ring through turbulence or by means of a magnetic field[1]. Eventually the gaseous ring condenses to form planet-like objects. In other words, the W Ursae Majoris star could form a planetary system [4].

This hypothesis rests upon the observed fact that single stars of spectral type G or later always rotate slowly: they do not have enough angular momentum to form a planetary system. On the other hand, all W Ursae Majoris stars have a large supply of orbital momentum—enough to provide a number of planets with their proper shares of orbital and rotational angular momenta. It is reasonably certain that the total angular momenta of the single late-type stars must be much larger than the rotational momentum of the star itself: a large fraction could be concealed in the orbital motions of invisible planets. The question thus is: what kind of stars should be regarded as the ancestors of the slowly rotating single stars? One possibility is that they were originally very close binaries of the W Ursae Majoris type. Another, and in some respects more attractive, hypothesis is that they were young, T Tauri type variables and related objects, which are known to have fairly rapid rotations and are believed to be in the stage

---

[1] H. ALFVÉN: Ark. Mat., Astronom. Fys., Ser. A **28**, No. 6 (1942).

of gravitational contraction; they have not yet reached the main sequence, and their evolutionary tracks in the H-R diagram carry them along roughly horizontal lines from right (low temperature) to left (high temperature).

Another interesting idea is the evolution of close binaries whose components are both early-type stars. The more massive component evolves faster than its companion because of its higher energy output. Eventually this component will reach the stage of expansion according to the model of stellar evolution of Sandage and Schwarzschild[1]. When the star touches the inner contact surface, its size can no longer increase and it becomes stationary. Further expansion of the subgiant component leads to the ejection of mass through the contact surface. Therefore a binary consisting of two early-type components evolves into an Algol-type system[2]. This idea explains why the subgiant component has a small mass. A recent statistical study of the observational results by Huang and Struve seems to support this idea.

We concluded in the preceding section that many close binaries have gaseous streams resulting from the overflow of mass of the superficially unstable component through the inner contact surface. This stream acts as an agency for transferring mass from one star to its companion or to outer space. If it persists for a long interval of time, its effect will show up not only as a change in the orbital elements of the dynamical system but also as a change in the internal constitution of the component stars. It has also been suggested[3], as a result of the discovery of the binary nature of Nova Hercules by Walker[4] that all novae and nova-like objects may be close binary systems. Consequently an hypothesis has been advanced[5] of the existence of a sequence of unstable stars caused by the same kind of instability that develops in the core of a star in its later stages of evolution. The sequence covers Population II cepheids and cluster-type variables as one extreme and novae as the other extreme, with stars like SS Cygni, etc., as intermediate objects. This hypothesis emphasizes the effect of the loss of mass of a star by ejection on its internal structure, and consequently also on its evolution. Since the ejection process is a common phenomenon in close binary systems[6] [4], we believe that calculations of the evolution of stars in close binary systems should take this effect into account.

While one component of a close binary may evolve rapidly because of its loss of mass, the other component of the system may have to readjust its internal structure as a result of accretion of mass from its companion. In the case of AE Aquarii, Crawford and Kraft suggest that[7] this adjustment gives rise to nova-like outbursts observed in this system. Therefore a systematic investigation by observation of such systems[8] should be one of the most important problems in spectroscopic binaries.

Finally let us consider the formation of binary systems. All former hypotheses seem to have failed. A brief but essential discussion of the difficulties of each hypothesis can be found, e.g. in Hynek's article [3]. Recently two ideas connected with binary star formation have attracted attention. One emphasizes the importance of turbulence in the formation of star systems. This idea was first

---

[1] A. R. Sandage and M. Schwarzschild: Astrophys. Journ. **116**, 463 (1952). — F. Hoyle and M. Schwarzschild: Astrophys. Journ. Suppl. **2**, 1 (1955).

[2] J. A. Crawford: Astrophys. Journ. **121**, 71 (1955).

[3] O. Struve: Sky a. Telescope **14**, 275 (1955).

[4] M. F. Walker: Publ. Astronom. Soc. Pacific **66**, 230 (1954).

[5] S.-S. Huang: Astronom. J. **61**, 49 (1956).

[6] A. J. Deutsch: Astrophys. Journ. **123**, 210 (1956).

[7] J. A. Crawford and R. P. Kraft: Astrophys. Journ. **123**, 44 (1956).

[8] A. H. Joy: Astrophys. Journ. **120**, 377 (1954); **124**, 317 (1956).

advanced by VON WEIZSÄCKER[1] and was further developed by KUIPER[2] and others. Another idea is the suggestion of star capture in a resisting medium[3]. Calculations show, however, that the capture rate is too small to account for the large number of binaries that are observed. All investigations seem to indicate that binary systems were formed by capture in their early stages of evolution. A more recent calculation[4] shows that the probability of capture is inversely proportional to a high power of the velocity dispersion among stars or protostars. Therefore captures must have occurred in clusters or in associations during their formative stages when the velocity dispersion among their member stars was still small. Binary stars thus formed would populate the general star field after the clusters or associations have been disrupted by galactic rotation. As a consequence, we believe that the massive binaries were formed in O associations and the W Ursae Majoris stars in T associations.

14. Concluding remarks. We have briefly discussed the more important topics connected with the spectroscopic study of binary stars. Our intention was to show the general trend of development in this field and its bearing upon stellar evolution. Details of the techniques used in such studies can be found elsewhere [1]. For example, we have omitted the discussion of methods for determining the orbital elements from the velocity curve. We have also omitted discussions which consider the binary stars as an entity, such as the general distribution of orbital elements, the relative frequency distribution of binaries in different population groups, the existence of Wolf-Rayet stars and white dwarfs as binary components, etc. For lack of space we have not been able to discuss many individual spectroscopic binaries. For this we refer the reader to a previous compilation [4].

General references.

[1] AITKEN, R. G.: The Binary Stars. New York: McGraw-Hill Book Comp. 1935. Second edit. remains the standard reference work in the field of double-star astronomy. Chap. 5, written by J. H. MOORE, deals with the radial velocity of a star. The orbit of a spectroscopic binary star in Chap. 6 gives a good account of several procedures which are commonly used in deriving the orbital elements from the velocity curve.
[2] HENROTEAU, F. C.: Handbuch der Astrophysik, Chap. 4, Vol. 6. Berlin: Springer 1928. — This review paper has been superseded by reference [1].
[3] HYNEK, J. A.: Astrophysics. New York: McGraw-Hill Book Comp. 1951. — Chap 10, covers recent developments and trends in the study of spectroscopic binaries.
[4] STRUVE, O.: Stellar Evolution, Chap. 3. Princeton: Princeton University Press 1950. — A comprehensive review of our present knowledge of close binaries. It emphasizes the problems of the origin and evolution of binary stars.
[5] STRUVE, O., and S.-S. HUANG: Occasional Notes. J. Roy. Astronom. Soc. London 3, 161, No. 19 (1957). — This is a supplement to the preceding paper.
[6] MOORE, J. H., and F. J. NEUBAUER: Lick Obs. Bull. 20, No. 521 (1948). — R. BOUIGUE: Ann. Obs. Toulouse 21, 31 (1952); 22, 49 (1954); 23, 45 (1955); 24, 67 (1956). — These compilations contain up to date catalogues of the orbital elements of spectroscopic binaries.

---

[1] C. F. V. WEIZSÄCKER: Z. Astrophys. 22, 319 (1944).
[2] G. P. KUIPER: Publ. Astronom. Soc. Pacific 67, 387 (1955).
[3] K. N. DODD: Monthly Notices Roy. Astronom. Soc. London 114, 664 (1954). — S.-S. HUANG: Astronom. J. 61, 49 (1956).
[4] S.-S. HUANG: Unpublished.

Théorie générale des atmosphères stellaires.

Par

Daniel Barbier.

Avec 32 Figures.

Introduction.

Le rayonnement qui nous parvient d'une étoile est issu de couches situées à des profondeurs variées dans la matière stellaire, la lumière émise dans chaque couche étant d'ailleurs affectée par la traversée des couches moins profondes. Par définition nous appelons atmosphère d'une étoile l'ensemble des couches situées à des profondeurs suffisamment petites pour que leur rayonnement ne soit pas complètement absorbé. La théorie des atmosphères stellaires se propose d'établir les conditions chimiques et physiques qui règnent dans chacune des couches constitutives de l'atmosphère des étoiles, de manière que le rayonnement qui en émerge soit identique au rayonnement réellement observé.

La théorie des atmosphères stellaires intéressante en soi, rend compte, déjà dans son état actuel, de beaucoup de faits observés par les spectroscopistes. Il n'est pas déraisonnable d'imaginer que son développement ultérieur conduira à une véritable détermination de magnitudes absolues stellaires indépendantes des méthodes statistiques, inapplicables dans certains cas et toujours quelque peu incertaines, qui servent actuellement à leur étalonnage; lorsque l'on saura calculer de telles luminosités absolues on pourra s'attendre à des progrès importants aussi bien dans les recherches sur la structure de la galaxie et de l'univers des galaxies que dans les études sur l'état intérieur des étoiles qui font grand usage des luminosités absolues globales (pour l'ensemble des longueurs d'ondes) déduites actuellement des observations par des procédés assez grossiers.

La théorie des atmosphères stellaires fournit aussi la composition des couches extérieures des étoiles; la précision de cette analyse chimique n'est pas encore bien grande mais elle s'améliore de jour en jour. La différence de composition entre les atmosphères d'étoiles d'ages différents ou appartenant à des populations stellaires différentes constituera un élément essentiel pour asseoir nos conceptions cosmogoniques.

Le dernier groupe des applications de la théorie des atmosphères stellaires est celui qui a trait aux binaires à éclipses. Les courbes de lumière de ces variables dépendent de l'assombrissement au bord de leurs composantes. Cet effet est malheureusement très difficile à séparer d'autres causes produisant des effets observables analogues. La théorie peut faire connaître l'assombrissement au bord et par conséquent permettre de préciser les autres éléments du système. L'effet de réflexion dans les binaires à éclipses est aussi une question qui relève de la théorie des atmosphères stellaires.

La théorie des atmosphères stellaires a déjà fait l'objet de nombreux exposés d'ensemble. Le premier, qu'on consulte encore avec intérêt, est celui d'Eddington qui constituait seulement un chapitre de son traité sur les intérieurs stellaires [1];

puis sont venus les ouvrages de Rosseland [2], Unsöld [3] d'Aller [4] et de Woolley et Stibbs [5]. Beaucoup de traités généraux d'astrophysique font une large place à la théorie des atmosphères stellaires, on peut citer en particulier les articles du Handbuch der Astrophysik de Milne [6], Pannekoek [7] et Strömgren [8], les paragraphes du Lehrbuch der Astronomie de E. et B. Strömgren relatifs à l'interprétation des spectres stellaires [9], l'article de Minnaert [10] plus spécialement consacré au Soleil dans le traité du Kuiper et l'article d'Aller [11] dans Astrophysics de Hynek. Enfin, pour les lecteurs de langue française, il existe un exposé d'un niveau très élémentaire [12].

A. Position du problème.

I. Le rayonnement des étoiles.

1. Remarques générales. Le but final de la théorie consiste, on vient de le dire, à rendre compte de l'observation du rayonnement des étoiles parmi lesquelles l'une des plus importantes, tant par l'étendue des données recueillies que par la possibilité qu'elle offre d'observer le rayonnement émergeant en différents points de son disque, est le Soleil.

Le domaine spectral sur lequel portent nos observations est limité par l'absorption de l'atmosphère terrestre. Du côté des courts λ la limite est de 3000 Å, ce qui est très fâcheux car la région la plus intense du spectre des étoiles de types jeunes est bien au delà de cette limite; le Soleil cependant a pu être observé au delà de 3000 Å à l'aide des fusées. Du côté des grands λ, l'atmosphère possède plusieurs régions de transparence au moins partielle en sorte que c'est surtout à la faiblesse du rayonnement infrarouge de la plupart des étoiles et au peu d'efficacité des détecteurs que l'on doit attribuer le caractère très fragmentaire de nos informations dans cette région. Le domaine connu avec précision est en fait limité à 3000 à 6500 Å, avec une précision un peu plus faible il s'étend jusqu'à 9000 Å environ.

Les caractéristiques spectrales du rayonnement d'une étoile se rangent sous les trois rubriques: spectre continu, raies d'absorption, raies d'émission. Ce n'est pas ici l'endroit pour rassembler l'ensemble des données sur ces sujets, mais il convient de rappeler quelques points essentiels.

2. Les spectres continus stellaires. Dans les premiers types spectraux, jusqu'au type $F5$, les raies sont peu nombreuses, il n'y a donc pas de difficulté à observer leur spectre continu. Lorsqu'on arrive aux étoiles de type solaire, c'est-à-dire voisin de $G0$, les raies deviennent très serrées surtout dans la région des courts λ. R. Canavaggia et D. Chalonge[1] ont cependant montré qu'il existe dans le spectre solaire un certain nombre de «fenêtres» entre les raies, telles que si on se borne à mesurer l'intensité du spectre dans les petites régions correspondantes, les intensités se placent en fonction de la longueur d'onde sur une courbe régulière qu'on peut légitimement considérer comme représentant le spectre continu du Soleil. Dans les spectres de types plus avancés que le Soleil l'encombrement par les raies devient tel que le spectre continu ne peut plus être observé et que la notion même de spectre continu perd sa signification.

L'intensité du spectre continu des étoiles varie d'une manière régulière avec la longueur d'onde (Fig. 1) si l'on fait abstraction des discontinuités qui prennent place aux limites des séries de l'hydrogène, dont seules les discontinuités de Balmer et de Paschen se trouvent dans le domaine généralement observé. Ces

---

[1] R. Canavaggia et D. Chalonge: Ann. d'Astrophys. **9**, 143 (1946)

discontinuités ne sont d'ailleurs pas des discontinuités au sens mathématique du mot, car le recouvrement des ailes des dernières raies de chaque série de l'hydrogène constitue un faux spectre continu qui assure un raccordement adouci entre deux domaines consécutifs du spectre continu vrai. Ces régions de recouvrement des raies de l'hydrogène ont une étendue variable avec la largeur de celles-ci: pour des étoiles normales le recouvrement s'étend pour la série de Balmer jusque vers 4000 Å et pour la série de Paschen il doit s'étendre au delà de la limite de sensibilité des plaques généralement utilisées (vers 8800 Å) en sorte que les discontinuités de Paschen mesurées jusqu'ici ne doivent être vraiment significatives que pour les étoiles supergéantes dont les raies sont fines.

Outre les discontinuités de l'hydrogène, une seule discontinuité analogue a été observée jusqu'ici, la discontinuité de l'hélium observée à 4320 Å dans trois étoiles seulement.

Entre les discontinuités de l'hydrogène le spectre continu se laisse assimiler, dans des intervalles de longueurs d'onde assez grands, à un spectre de corps noir, ce qui permet dans ces intervalles, de le caractériser par une température de couleur. Trois températures de couleur, relatives aux intervalles 6500—5000 Å, 5000—4000 Å, 3750—3000 Å jointes à la grandeur D de la discontinuité de Balmer suffisent à caractériser le spectre continu des étoiles des types O à $G0$[1].

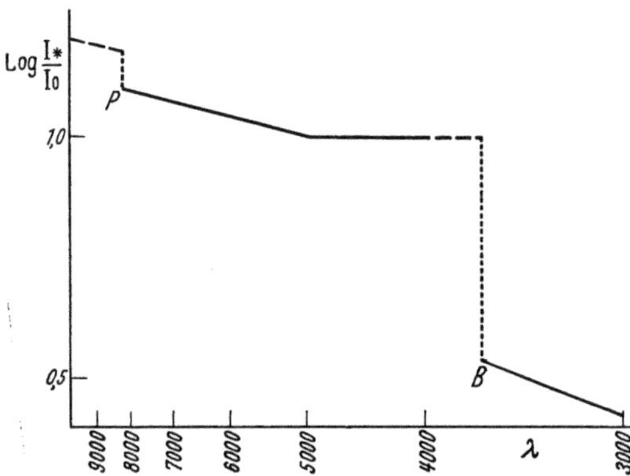

Fig. 1. Spectre continu d'une étoile A 0. En traits interrompus les régions pour lesquelles le recouvrement des raies empêche les mesures. On a porté $\log_{10} I/I_0$ en fonction de $1/\lambda$. I_0 est l'intensité du corps noir à 16000° K. Avec cette représentation dans des domaines étendus, le rayonnement est représenté par des segments de droites. La pente changée de signe d'un de ces segments $-\dfrac{d\log_e (I/I_0)}{d(1/\lambda)}$ représente le gradient relatif $G_{*\,0}$ de l'étoile par rapport au corps noir à 16000° K. Le gradient absolu est défini par $\varphi = \dfrac{c_2}{T}\left(1 - e^{-c_2/\lambda T}\right)^{-1}$ où λ est une longueur d'onde moyenne pour l'intervalle considérée et T la température de couleur. On a $G_{*\,0} = \varphi(T_*) - \varphi(T_0)$. En B et P les discontinuités de Balmer et Paschen.

3. Les raies dans les spectres stellaires. Une raie se caractérise essentiellement par son contour. La Fig. 2 montre la répartition d'énergie spectrale $I(\lambda)$ dans le domaine d'une raie d'absorption. Le spectre continu, interpolé au-dessus de la raie, correspond à une répartition d'énergie $I_0(\lambda)$. On appelle *intensité restante* la quantité $\dfrac{I(\lambda)}{I_0(\lambda)}$; *intensité de la raie* (en absorption est sous entendu), ou *profondeur*, la quantité $\dfrac{I_0(\lambda) - I(\lambda)}{I_0(\lambda)}$.

L'intensité totale de la raie, ou *largeur équivalente*, est donnée par

$$W = \int \frac{I_0(\lambda) - I(\lambda)}{I_0(\lambda)}\, d\lambda$$

elle s'exprime en milliangström[2].

Ces définitions se transposent immédiatement pour les raies d'émission.

---

[1] D'après J. Berger, D. Chalonge et A.-M. Fringant [J. des Observ. **38**, 100 (1955)], la décomposition de l'intervalle 6500—4000 Å en deux intervalles partiels ne serait pas seulement un moyen simple de rendre compte d'une petite variation continue de la température de couleur avec la longueur d'onde, mais correspondrait à une réalité physique, brisure ou discontinuité du spectre vers 5000 Å.

[2] Certains auteurs font usage de la *largeur réduite* $F = 10^6\, W/\lambda$ qui s'exprime en Fraunhofers.

Déterminer le contour d'une raie spectrale c'est déterminer la variation de son intensité en fonction de la longueur d'onde, ce qui implique que l'emplacement du spectre continu est connu; certaines raies et en particulier celles de l'hydrogène ont des «ailes» qui s'étendent très loin de leurs centre (50 Å par exemple) en sorte qu'une erreur minime sur la position du spectre continu peut entraîner une erreur appréciable sur le contour des ailes qui par intégration peut donner une erreur considérable sur les intensités totales.

Pour les étoiles de types avancés, les contours de raies établis d'après un spectre continu supposé n'ont plus de signification vraiment quantitative.

Le contour observé d'une raie n'est pas le contour vrai tel qu'on l'obtiendrait avec un instrument idéal. Les défauts de l'instrument, y compris ceux de la plaque photographique, tendent à l'élargir. Le contour des raies faibles, même avec une résolution considérable telle qu'on peut l'utiliser sur le soleil, est purement instrumental. Le contour des raies plus larges doit être corrigé des effets instrumentaux si l'on veut obtenir le contour vrai.

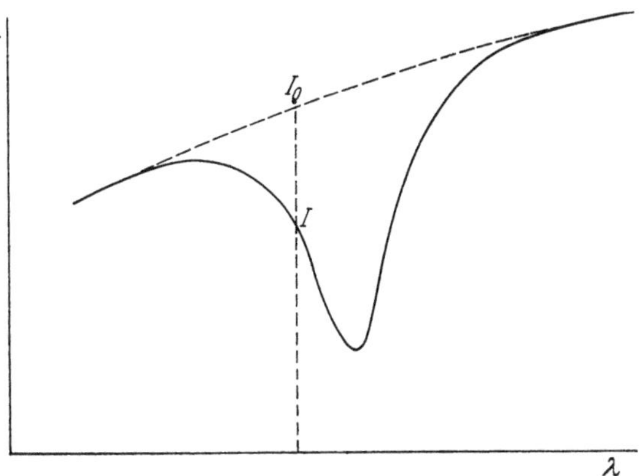

Fig. 2. Contour d'une raie.

Théoriquement, les effets instrumentaux devraient être sans influence sur la mesure de l'intensité totale d'une raie. En fait, des causes d'erreurs encore mal précisées font que les intensités totales dépendent dans une mesure très appréciable (de l'ordre de 25%) des résolutions utilisées[1].

II. Ordre de grandeur des paramètres caractéristiques d'une atmosphère stellaire.

4. Nécessité d'une première approximation. La théorie des atmosphères stellaires après une longue suite d'efforts qui, partant d'idées simplistes et d'approximations grossières, grâce à des perfectionnements successifs, l'ont amenée à son état actuel, est déjà satisfaisante et elle sera certainement améliorée dans l'avenir. Le caractère du développement de la théorie provient essentiellement du fait que le problème pris dans son ensemble est inextricable; il s'est décomposé en deux problèmes partiels:

a) Supposant connues certaines grandeurs caractéristiques des atmosphères stellaires et leur composition chimique, déterminer leur structure physique.

b) La structure des atmosphères stellaires étant supposée connue, préciser la composition spectrale de la lumière qui en émerge et par comparaison avec le rayonnement observé en déduire des grandeurs caractéristiques et la composition chimique. Certaines différences systématiques entre résultats théoriques et données de l'observation peuvent mettre alors en évidence des points faibles du problème partiel résolu précédemment. Il ne reste plus qu'à en reprendre l'étude.

---

[1] Les Trans. Internat. Astronom. Union **8**, 590 (1952) donnent des références à ce sujet.

Ce caractère d'approximations successives du développement de la théorie est si impératif qu'on ne peut exposer logiquement son état actuel sans s'y soumettre.

Ce paragraphe est donc destiné, en utilisant les données actuelles et sans entrer dans le détail des calculs, à exposer une première approximation, insoutenable aujourd'hui, mais qui a eu le mérite en fournissant les premiers ordres de grandeur, d'assurer le démarrage du processus qui a conduit à la théorie actuelle.

Dans cette première approximation on admet que l'atmosphère d'une étoile est formée de trois parties distinctes: une *photosphère* où le coefficient d'absorption serait très grand, en sorte qu'elle rayonnerait comme un corps noir à une température T, une *couche renversante* de température voisine de celle de la photosphère où prendraient naissance les raies d'absorption et qui ne donnerait pas de réémission (!). Cette atmosphère interne serait entourée d'une *atmosphère externe*, constituée dans le cas du Soleil par la chromosphère et par la couronne. C'est à cette atmosphère externe qu'il convient d'attribuer des effets exceptionnels apparaissant dans le spectre de certaines étoiles anormales, en particulier les raies d'émission.

Ayant fixé quelque peu arbitrairement la constitution d'une atmosphère stellaire nous nous proposons maintenant de résoudre le problème b, c'est-à-dire de déterminer d'après les observations ses caractéristiques physiques et sa composition chimique.

5. Ordres de grandeur. Dans cette hypothèse le rayonnement de la photosphère étant celui d'un corps noir, la température de couleur d'une étoile serait alors la température de la photosphère; il en serait de même de la température effective. La température de couleur T_c (entre 6500 et 4000 Å) et la température effective T_e du soleil sont bien connues; d'après les meilleures données on a

$$T_c = 6500° \pm 200°, \qquad T_e = 5770° \pm 30°.$$

Ces deux températures ne sont certes pas identiques mais leur ordre de grandeur est le même.

La température de couleur, dans l'intervalle 4000 à 5000 Å est de 14000° K pour les étoiles $A\,0$ et de 25000° K pour les étoiles $B\,0$. La possibilité d'obtenir la température effective des étoiles de ces types est limitée par la nécessité de connaître leurs diamètres angulaires qu'on a, en fait, obtenus pour les deux seules étoiles β Aur $(A\,1)$ et μ^1 Sco $(B\,3)$; en outre, le manque d'informations sur les rayonnement ultraviolet des étoiles laisse planer une incertitude appréciable sur les résultats. Quoi qu'il en soit, ceux-ci sont $T_e = 9800°$ K pour β Aur et $T_e = 16000°$ K pour μ^1 Sco. Les températures de couleur sont encore du même ordre de grandeur mais un peu plus grandes que les températures effectives pour les étoiles A et B, comme on l'a trouvé pour le soleil.

Les raies dans les spectres stellaires appartiennent à des atomes neutres et à des atomes plus ou moins ionisés. La formule de Saha montre que le degré d'ionisation d'une espèce donnée dépend des deux paramètres, température et pression électronique. Fowler et Milne, en joignant à la formule de Saha la formule de Boltzmann, qui précise la proportion des atomes se trouvant portés aux divers états d'excitation, et en admettant pour la température de la couche renversante des étoiles des divers types spectraux la température déduite de leur spectre continu, montrèrent que la pression électronique dans la «couche renversante» des étoiles de la série principale est de l'ordre de 100 baryes[1]. Avec des données plus actuelles on réduirait pour le soleil, cette valeur à 20 baryes.

---

[1] 1 barye = 1 dyne/cm².

Il est encore possible d'évaluer la pression électronique d'après le nombre de raies visibles dans la série de BALMER. F. L. MOHLER[1] par l'étude au laboratoire d'un atome hydrogénoïde, le césium, a obtenu une pression de l'ordre de 100 baryes pour les étoiles A de la série principale, de 1 barye pour α Cygni et de 10^4 baryes pour les naines blanches.

L'analyse chimique quantitative des astres est difficile si l'on veut atteindre à quelque précision, mais il est possible dès maintenant de mettre en relief la très grande abondance de l'hydrogène. L'intensité de la raie H_α dans le soleil est plus grande (de l'ordre de trois fois) que la somme des intensités des deux raies D du sodium; disons pour simplifier qu'il y a égalité. D'autre part les ordres de grandeur des probabilités de transition sont les mêmes. On peut en conclure sans gros risque d'erreur que les nombres d'atomes neutres d'hydrogène à l'état $n=2$ et des atomes neutres de sodium à l'état fondamental sont du même ordre de grandeur. Le rapport du nombre d'atomes de sodium se trouvant à l'état neutre au nombre total des atomes (neutres et ionisés) de sodium est pour le soleil de l'ordre de 0,004 (formule de SAHA)tandis que le rapport du nombre d'atomes d'hydrogène se trouvant à l'état $n=2$ au nombre total d'atomes d'hydrogène est de l'ordre de $4 \cdot 10^{-9}$ (formule de BOLTZMANN). Il en résulte immédiatement que le rapport total des atomes (ou ions) de l'hydrogène et du sodium est de l'ordre de 10^6. Des comparaisons entre les abondances de l'hydrogène et d'autres métaux (par exemple le calcium) conduiraient à des résultats analogues.

Deux travaux de pionniers ont fait époque dans l'analyse chimique des atmosphères stellaires et solaires: ils sont dus à C. H. PAYNE[2] et H. N. RUSSELL[3]. Sans entrer dans les détails on peut les résumer par les propositions suivantes:

a) La composition chimique des atmosphères solaires et stellaires est, en ce qui concerne les métaux, analogue à celle de la terre ou des météorites.

b) L'abondance de l'hydrogène y est considérable; de l'ordre de 10^4 atomes pour 1 atome métallique.

c) L'abondance de l'oxygène est assez grande par rapport aux métaux tout en restant faible par rapport à l'hydrogène (1 atome pour 300 d'hydrogène).

d) L'abondance de l'hélium est sans doute très grande, mais difficile à préciser.

Ayant quelque idée de la composition des atmosphères stellaires, il devient possible d'évaluer à quelle pression elles sont soumises. Admettons que pour A atomes d'hydrogène il y ait 1 atome métallique; on établit facilement la relation

$$\frac{p_e}{p} = \frac{x_H}{1 + x_H} + \frac{1}{A} \frac{x_M}{1 + x_H} \tag{5.1}$$

où x_H et x_M sont les fractions des nombres d'atomes d'hydrogène et de métaux qui sont ionisés.

Il est possible alors de calculer par la formule de SAHA les fractions x_H et x_M (celle-ci avec un potentiel d'ionisation moyen de l'ordre de 5 volts) et on trouve que la pression dans l'atmosphère solaire par exemple est de l'ordre de 10^5 baryes, soit $\frac{1}{10}$ d'atmosphère. Dans l'atmosphère d'une étoile $A0$ où l'hydrogène est complètement ionisé la pression du gaz serait le double de la pression électronique, donc de l'ordre de 200 baryes.

6. Insuffisances de la première approximation. La schématisation d'une atmosphère stellaire par une photosphère isotherme surmontée d'une couche

[1] F. L. MOHLER: Astrophys. Journ. **90**, 429 (1939).

[2] C. H. PAYNE: Stellar atmospheres. Harvard Observatory Monograph No. 1. Cambridge, U.S.A. 1925.

[3] H. N. RUSSELL: Astrophys. Journ. **70**, 11 (1929).

renversante est évidemment insoutenable d'un point de vue théorique. On ne peut concevoir qu'il ne se produise pas de gradient de température dans la photosphère dont les parties les plus superficielles rayonnent librement vers l'extérieur alors que les parties profondes sont protégées par leur environnement. D'autre part il n'est pas admissible à priori que la couche renversante ne soit pas en même temps émissive. Si cependant ce schéma expliquait complètement des observations il serait sans doute futile de tenter de l'améliorer mais ce n'est pas le cas et, en se bornant à quelques considérations, on va montrer qu'il rend très mal compte des observations.

1. Comme on l'a dit les températures de couleurs sont sensiblement plus grandes que les températures effectives.

2. Les températures de couleur varient avec le domaine spectral considéré. Par exemple pour une étoile $A\,0$, $14\,000°$ K dans la région $5000-4000$ Å et seulement $10\,000°$ K dans la région $3700-3000$ Å.

3. Le disque du soleil et des étoiles (binaires à éclipses) est assombri vers le bord.

4. Des discontinuités (Balmer en particulier) sont présentes dans les spectres. Ces remarques sont en contradiction formelle avec l'hypothèse de la photosphère isotherme. Si on voulait tenter cependant de sauver celle-ci on devrait admettre qu'il se produit une absorption continue, sans réémission, dans la couche renversante, or cela n'est pas possible car on sait que la théorie du coefficient d'absorption de l'hydrogène imposerait une décroissance en λ^3 de l'absorption Balmer, à partir de son origine, alors qu'en réalité les observations (pour les étoiles voisines de $A\,0$) interprétées de cette manière, imposeraient une absorption croîssante vers les courtes longueurs d'ondes.

Les insuffisances de ce premier schéma nous amènent donc à renoncer à la distinction entre photosphère et couche renversante. Nous considérons l'atmosphère d'une étoile comme un milieu qui est à la fois émissif et absorbant. Qualitativement les observations s'expliquent bien suivant ce schéma, pourvu que l'émission par unité de volume croisse avec la profondeur dans l'étoile. Si en effet, nous observons une étoile dans deux longueurs d'onde différentes correspondant à des coefficients d'absorption différents de la matière on verra moins profondément, dans l'étoile, pour celle des longueurs d'onde qui est la plus absorbée et par conséquent l'intensité lumineuse provenant de régions plus faiblement émissives sera plus faible, ce qui fournit l'explication des raies d'absorption et des discontinuités du spectre continu. L'assombrissement au bord solaire résulte aussi de cette même idée: si on observe le bord du disque on voit à une profondeur plus faible que si on observe son centre puisque le rayon visuel est alors très incliné par rapport à la normale et par suite on voit des régions de l'atmosphère d'émission moindre.

III. Le champ de rayonnement et son interaction avec la matière.

7. Intensité du rayonnement. Flux. Il nous faut d'abord décrire le champ de rayonnement. Soit une direction D, l'énergie $dE_\nu(D)$ qui correspond à un rayonnement de fréquence comprise entre ν et $\nu+d\nu$, qui est compris dans l'angle solide $d\omega$ autour de D et qui traverse un élément de surface $d\sigma_1$, normal à D, par unité de temps est évidemment proportionnelle à $d\nu\,d\omega\,d\sigma_1$. Par définition le coefficient de proportionnalité $I_\nu(D)$ est *l'intensité spécifique* du rayonnement, ou par abréviation, son *intensité* dans la direction D et pour la fréquence ν

$$dE_\nu(D) = I_\nu(D)\,d\nu\,d\omega\,d\sigma_1. \tag{7.1}$$

On appelle *densité de rayonnement* la quantité

$$\varrho_\nu = \frac{1}{c} \int I_\nu \, d\omega \qquad (7.2)$$

(*c* vitesse de la lumière).

Considérons un élément de surface $d\sigma$ et caractérisons la direction D par l'angle ϑ qu'elle fait avec la normale à $d\sigma$ et par un angle φ mesuré dans le plan de l'élément. On a

$$d\sigma_1 = \cos\vartheta \, d\sigma, \qquad d\omega = \sin\vartheta \, d\vartheta \, d\varphi,$$

en sorte que l'énergie traversant le petit élément $d\sigma$ suivant la direction considérée est

$$dE_\nu(\vartheta, \varphi) = I_\nu(\vartheta, \varphi) \cos\vartheta \sin\vartheta \, d\nu \, d\sigma \, d\vartheta \, d\varphi. \qquad (7.3)$$

Une quantité très importante dans la théorie est le *flux* πF_ν qui traverse l'élément de surface unité par unité de temps, c'est-à-dire la quantité

$$\pi F_\nu = \int\limits_0^\pi \int\limits_0^{2\pi} I_\nu(\vartheta, \varphi) \cos\vartheta \sin\vartheta \, d\vartheta \, d\varphi. \qquad (7.4)$$

Dans cette expression, les contributions des rayonnements correspondant à $0 < \vartheta < \pi/2$ d'une part et à $\pi/2 < \vartheta < \pi$ d'autre part sont l'une positive et l'autre négative. Elles tendent donc à se neutraliser et se neutralisent complètement dans le cas où I_ν est indépendant de la direction (rayonnement isotrope). Il est parfois intéressant de séparer ces deux contributions et on écrira

$$\pi F_\nu^+ = \int\limits_0^{\pi/2} \int\limits_0^{2\pi} I_\nu(\vartheta, \varphi) \cos\vartheta \sin\vartheta \, d\vartheta \, d\varphi, \qquad (7.5)$$

$$\pi F_\nu^- = -\int\limits_{\pi/2}^\pi \int\limits_0^{2\pi} I_\nu(\vartheta, \varphi) \cos\vartheta \sin\vartheta \, d\vartheta \, d\varphi, \qquad (7.6)$$

et il vient

$$F_\nu = F_\nu^+ - F_\nu^-. \qquad (7.7)$$

Lorsqu'on mesure ce qu'on appelle couramment l'intensité lumineuse (monochromatique) d'une étoile, c'est-à-dire l'intensité du rayonnement intégré pour l'ensemble du disque, on mesure en réalité la quantité $\pi F_\nu(r/\varrho)^2$ où r est le rayon de l'étoile et ϱ sa distance à l'observateur, à condition bien entendu, que le flux sortant par la surface de l'étoile soit le même en tous les points de celle-ci. Dans ce cas, seule la quantité F_ν est accessible à l'observation alors que dans le cas du soleil, on peut soit mesurer I_ν en un point du disque, soit F_ν pour le rayonnement intégré du disque.

8. Extinction et émissivité. Un faisceau lumineux I_ν traversant un élément de matière de longueur ds est en général affaibli, son intensité varie de dI_ν. On appelle *coefficient d'extinction* la quantité

$$\beta_\nu = -\frac{dI_\nu}{I_\nu \, ds}. \qquad (8.1)$$

Il est important pour la suite de préciser que l'extinction provient de deux phénomènes distincs, *la diffusion* et *l'absorption*.

Il y a diffusion lorsque les quanta de fréquence ν soustraits au faisceau incident ne sont pas détruits mais seulement répartis à nouveau entre les différentes directions. Il y a absorption lorsque les quanta disparus ont été utilisés pour modifier l'état physique de la matière. On désignera par $\varkappa_\nu$ et σ_ν les coefficients d'absorption et de diffusion par unité de longueur. On a

$$\beta_\nu = \varkappa_\nu + \sigma_\nu. \qquad (8.2)$$

Ces coefficients peuvent également être considérés comme des coefficients par unité de volume si on suppose que le faisceau lumineux a une section unité. On peut enfin définir des coefficients $\varkappa_\nu'$ et σ_ν' par unité de masse reliés aux précédents par les relations

$$\varkappa_\nu = \varkappa_\nu'\varrho, \qquad \sigma_\nu = \sigma_\nu'\varrho \tag{8.3}$$

où ϱ est la densité de la matière.

L'énergie rayonnée par un élément de volume, de section unité et de longueur ds dans l'angle solide $d\omega$ pendant l'unité de temps entre les fréquences ν et $\nu + d\nu$ a pour expression $\varepsilon_\nu\, d\nu\, ds\, d\omega$.

ε_ν est le *coefficient d'émissivité*.

Ce coefficient d'émission se compose de deux éléments: le premier qui provient de la diffusion peut s'écrire

$$\sigma_\nu \int I_\nu f(\Theta)\, \frac{d\omega}{4\pi}\,.$$

L'angle Θ est l'angle entre le rayon incident et le rayon diffusé. Le facteur $f(\Theta)$ s'appelle *fonction de phase*. Dans le cas d'une diffusion RAYLEIGH la fonction de phase a pour expression

$$f(\Theta) = \tfrac{3}{4}\,(1 + \cos^2\Theta)\,. \tag{8.4}$$

Dans les problèmes que nous aurons à envisager et qui font intervenir une diffusion RAYLEIGH, on réalise une très grosse simplification en prenant $f(\Theta) \equiv 1$ sans nuire appréciablement à la précision numérique des résultats.

Le second élément constitutif de l'émissivité constitue l'émissivité proprement dite qui provient de la transformation en rayonnement de l'énergie comprise dans la matière sous d'autres formes, telles qu'ionisation, agitation de ses particules constitutives, etc. On la désignera par j_ν, en sorte qu'on aura avec la simplification adoptée pour la fonction de phase

$$\varepsilon_\nu = j_\nu + \sigma_\nu J_\nu \tag{8.5}$$

où l'on a posé

$$J_\nu = \int I_\nu\, \frac{d\omega}{4\pi}\,. \tag{8.6}$$

9. Rayonnement global. On considère parfois l'énergie transportée dans un faisceau par l'ensemble des radiations des différentes fréquences, ce qu'on appelle le rayonnement global. On a

$$I = \int I_\nu\, d\nu; \quad F = \int F_\nu\, d\nu; \quad j = \int j_\nu\, d\nu. \tag{9.1}$$

On ne peut pas définir de coefficients d'absorption ou de diffusion pour le rayonnement global.

10. L'équation de transfert. Nous considérons le champ de rayonnement dans une matière qui émet et qui absorbe.

Ecrivons que la variation d'intensité dI_ν subie par un faisceau de section unité sur une longueur ds provient de l'extinction et de l'émission dans l'élément de volume correspondant. On a d'après les définitions précédentes

$$dI_\nu = -\beta_\nu I_\nu\, ds + \varepsilon_\nu\, ds\,. \tag{10.1}$$

C'est *l'équation de transfert*[1].

---

[1] En réalité, la diffusion polarise partiellement la lumière. On peut tenir compte de cette polarisation et établir des équations de transfert correspondantes. En dehors de cas très particuliers on se contentera de cette approximation.

Supposons maintenant que la matière soit stratifiée en couches planes et caractérisons la profondeur dans la matière par une coordonnée x. On a (Fig. 3) $ds = - \sec \vartheta \, dx$ et par suite

$$\cos \vartheta \, \frac{dI_\nu(\vartheta, x)}{dx} = \beta_\nu \, I_\nu(\vartheta, x) - \varepsilon_\nu(x) \tag{10.2}$$

ou en explicitant β_ν et ε_ν

$$\cos \vartheta \, \frac{dI_\nu}{dx} = (\varkappa_\nu + \sigma_\nu) \, I_\nu - j_\nu - \sigma_\nu \, J_\nu. \tag{10.3}$$

Posons

$$(\varkappa_\nu + \sigma_\nu) \, dx = d\tau_\nu \tag{10.4}$$

et

$$\frac{\varkappa_\nu}{\varkappa_\nu + \sigma_\nu} \frac{j_\nu}{\varkappa_\nu} + \frac{\sigma_\nu}{\varkappa_\nu + \sigma_\nu} \, J_\nu = E_\nu(\tau_\nu) \tag{10.5}$$

où nous avons mis en évidence le quotient $j_\nu/\varkappa_\nu$ pour une raison qui apparaîtra par la suite quand nous introduirons l'hypothèse de l'équilibre thermodynamique local. Dans la formule (10.5) τ_ν est la *profondeur optique* pour la fréquence ν et $E(\tau_\nu)$ est la *fonction source* (Allemand: Ergiebigkeit).

L'équation (10.3) devient

$$\cos \vartheta \, \frac{dI_\nu(\vartheta, \tau_\nu)}{d\tau_\nu} = I_\nu(\vartheta, \tau_\nu) - E_\nu. \tag{10.6}$$

Si E_ν est connu, c'est une équation différentielle dont la solution générale est

$$I_\nu(\vartheta, \tau_\nu) = - \, e^{\tau_\nu \sec \vartheta} \sec \vartheta \int_C^{\tau_\nu} E_\nu(t) \, e^{-t \sec \vartheta} \, dt, \tag{10.7}$$

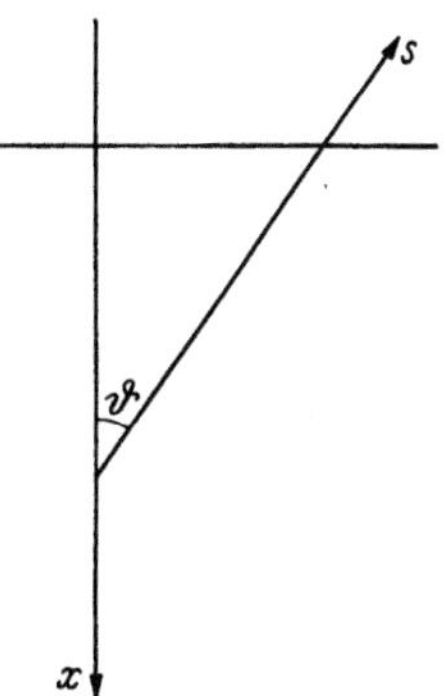

Fig. 3. Notations concernant l'équation de transfert.

la limite inférieure de l'intégrale étant à fixer pour satisfaire à des condition initiales propres au problème posé. Ces conditions diffèrent suivant que l'on considère le rayonnement sortant de l'atmosphère $(0 < \vartheta < \pi/2)$ ou le rayonnement entrant dans l'atmosphère $(\pi/2 < \vartheta < \pi)$.

Dans le cas d'une atmosphère de profondeur illimitée, et afin que l'intégrale représente la superposition des effets dus aux différentes couches entrant en œuvre, modifiés par l'extinction, on prend $C = \infty$ pour le rayonnement sortant et $C = 0$ pour le rayonnement entrant. On a donc

$$\left.\begin{aligned} 0 < \vartheta < \frac{\pi}{2}: \quad & I_\nu(\vartheta, \tau_\nu) = \int_{\tau_\nu}^{\infty} E_\nu(t) \, e^{-(t - \tau_\nu) \sec \vartheta} \sec \vartheta \, dt, \\[2ex] \frac{\pi}{2} < \vartheta < \pi: \quad & I_\nu(\vartheta, \tau_\nu) = - \int_0^{\tau_\nu} E_\nu(t) \, e^{-(t - \tau_\nu) \sec \vartheta} \sec \vartheta \, dt. \end{aligned}\right\} \tag{10.8}$$

En portant ces expressions dans l'équation (8.6) on obtient

$$J_\nu = \tfrac{1}{2} \int_0^{\infty} E_\nu(t) \, K(|\tau_\nu - t|) \, dt \tag{10.9}$$

et en les portant dans (7.4) on obtient

$$\tfrac{1}{2} F_\nu = \int_{\tau_\nu}^{\infty} E_\nu(t) \, K_2(t - \tau_\nu) \, dt - \int_0^{\tau_\nu} E_\nu(t) \, K_2(\tau_\nu - t) \, dt. \tag{10.10}$$

Les fonctions $K = K_1$ et K_2 qui figurent dans les formules précédentes appartiennent à la famille des fonctions K_n définies par

$$K_n(t) = \int_1^\infty e^{-tx} \frac{dx}{x^n}. \qquad (10.11)$$

Rappelons que ces fonctions satisfont aux relations

$$n K_{n+1}(t) = e^{-t} - t K_n(t), \qquad (10.12)$$

$$\frac{d}{dt} K_n(t) = - K_{n-1}(t). \qquad (10.13)$$

Multiplions les deux membres de l'équation (10.3) par $d\omega/4\pi$ et intégrons sur la sphère. Il vient

$$\frac{dF_\nu}{dx} = \varkappa_\nu J_\nu - j_\nu. \qquad (10.14)$$

Considérons maintenant le cas important de l'équilibre radiatif d'une atmosphère correspondant au cas où toute l'énergie est transportée sous forme de rayonnement. Le flux global doit alors être constant et par conséquent, $dF/dx = 0$ ce qui entraîne

$$j = \int_0^\infty \varkappa_\nu J_\nu \, d\nu \qquad (10.15)$$

qu'on peut aussi écrire

$$\int_0^\infty \left(\frac{j_\nu}{\varkappa_\nu} - J_\nu \right) \varkappa_\nu \, d\nu = 0, \qquad (10.16)$$

ou encore en tenant compte de (10.5)

$$\int_0^\infty (\varkappa_\nu + \sigma_\nu) E_\nu \, d\nu = \int_0^\infty (\varkappa_\nu + \sigma_\nu) J_\nu \, d\nu. \qquad (10.17)$$

Cette équation [ou ses équivalents (10.15) et (10.16)] s'appelle *l'équation de continuité*.

V. Kourganoff a rassemblé les formules et les tables[1] relatives à des expressions où entrent les fonctions K_n et A. Reiz[2] a proposé les formules approchées suivantes pour calculer certaines expressions:

$$\tfrac{1}{2} \int_0^\infty f(\tau) K_1(\tau) \, d\tau = \sum a_j f(\tau_j), \qquad (10.18)$$

$$2 \int_0^\infty f(\tau) K_2(\tau) \, d\tau = \sum a_j f(\tau_j), \qquad (10.19)$$

$$\tfrac{1}{2} \int_0^\tau f(t) K_1(\tau - t) \, dt = a_1 f(t_1) + a_2 f(t_2), \qquad (10.20)$$

$$2 \int_0^\tau f(t) K_2(\tau - t) \, dt = a_1 f(t_1) + a_2 f(t_2). \qquad (10.21)$$

On trouvera les tables donnant les points de division et les coefficients dans l'article de Reiz ou dans le traité de Chandrasekhar [13].

---

[1] V. Kourganoff: Ann. d'Astrophys. **10**, 282, 329 (1947).
[2] A. Reiz: Ark. Mat. Astronom. Fys. **29** (1943).

11. Le cas gris. Une atmosphère, dont le coefficient d'extinction est indépendant de la longueur d'onde constitue ce qu'on appelle une atmosphère grise. On a

$$\varkappa_\nu \equiv \varkappa; \quad \sigma_\nu \equiv \sigma; \quad (\varkappa + \sigma)\, dx = d\tau. \tag{11.1}$$

L'équation de transfert pour l'intensité globale devient

$$\cos\vartheta \, \frac{dI(\vartheta,\tau)}{d\tau} = I(\vartheta,\tau) - E(\tau) \tag{11.2}$$

avec

$$E(\tau) = \int\limits_0^\infty E_\nu(\tau)\, d\nu \tag{11.3}$$

et l'équation de continuité, si l'atmosphère est en équilibre radiatif, se réduit à

$$E(\tau) = J(\tau) = \tfrac{1}{2} \int\limits_0^\pi I(\vartheta,\tau) \sin\vartheta\, d\vartheta. \tag{11.4}$$

L'ensemble des deux relations (11.2) et (11.4) peut se condenser en une seule équation, soit par l'élimination de $E(\tau)$, soit par l'élimination de $I(\vartheta,\tau)$. Dans le premier cas on obtient l'équation intégro-différentielle

$$\cos\vartheta \, \frac{dI(\vartheta,\tau)}{d\tau} = I(\vartheta,\tau) - \frac{1}{2} \int\limits_0^\pi I(\vartheta,\tau) \sin\vartheta\, d\vartheta \tag{11.5}$$

et dans le deuxième cas, en utilisant la valeur de $I(\vartheta,\tau)$ donnée par les formules (10.8), où l'on néglige l'indice ν, qu'on porte dans (11.4)

$$\left.\begin{aligned}
E(\tau) = \tfrac{1}{2} \int\limits_0^{\pi/2} \int\limits_\tau^\infty E(t)\, \mathrm{e}^{-(t-\tau)\sec\vartheta} \sec\vartheta \sin\vartheta\, dt\, d\vartheta - \\[4pt]
- \tfrac{1}{2} \int\limits_{\pi/2}^\pi \int\limits_0^\tau E(t)\, \mathrm{e}^{-(t-\tau)\sec\vartheta} \sec\vartheta \sin\vartheta\, dt\, d\vartheta.
\end{aligned}\right\} \tag{11.6}$$

En intégrant par rapport à ϑ on obtient l'équation intégrale à laquelle satisfait $E(\tau)$

$$E(\tau) = \tfrac{1}{2} \int\limits_0^\infty E(t)\, K(|\tau - t|)\, dt. \tag{11.7}$$

12. Formules d'approximation. Soit d'une manière générale à évaluer l'intégrale

$$\int f(x)\, g(x)\, dx.$$

Développons $f(x)$ autour d'une certaine valeur $\overset{*}{x}$, l'intégrale devient

$$f(\overset{*}{x}) \int g(x)\, dx + \left(\frac{d\overset{*}{f}}{dx}\right) \int (x - \overset{*}{x})\, g(x)\, dx + \cdots.$$

Fixons alors $\overset{*}{x}$ par la condition

$$\overset{*}{x} = \frac{\int x\, g(x)\, dx}{\int g(x)\, dx} \tag{12.1}$$

on a

$$\int f(x)\, g(x)\, dx \approx f(\overset{*}{x}) \int g(x)\, dx. \tag{12.2}$$

Ce procédé ne conduit évidemment à un résultat suffisamment correct que si, dans le domaine où $g(x)$ est assez grand pour apporter une contribution appréciable à l'intégrale, la fonction $f(x)$ ne s'écarte pas trop d'une fonction linéaire.

Les fonctions $E_\nu(\tau)$ et $E(\tau)$, comme on le verra plus tard, ne diffèrent pas trop de fonctions linéaires, et la méthode d'approximation qui vient d'être indiquée, conduit à des formules simples, et souvent employées en première approximation. C'est ainsi que l'intensité sortant de la surface d'une atmosphère stellaire est d'après (10.8)

$$I_\nu(\vartheta, 0) = E_\nu(\cos\vartheta) \tag{12.3}$$

et que le flux à la surface est d'après (10.10)

$$F_\nu(0) = E_\nu(\tfrac{2}{3}). \tag{12.4}$$

B. Conditions locales.

I. L'équilibre thermodynamique local.

13. Le cas général. Si nous voulons décrire d'une manière complète l'état de la matière en un point de l'atmosphère d'un étoile nous devons spécifier le nombre N_i de particules d'espèce P_i. Par espèces nous entendons des particules ayant une vitesse donnée qui sont des atomes et des molécules dans chacun de leurs états d'excitation et d'ionisation ainsi que des électrons libres.

Il y a interaction des particules entre elles et avec le champ de rayonnement. Ces interactions conduisent à transformer une particule P_i en une particule P_j, elles conduisent également parfois à l'absorption ou à l'émission d'un quantum $h\nu$. Chacun des processus possibles fait intervenir un coefficient de probabilité.

L'équilibre dans le temps étant réalisé, on peut écrire des équations

$$\frac{dN_i}{dt} = 0, \tag{13.1}$$

ces équations signifiant que dans l'état stationnaire considéré le nombre des particules qui deviennent des particules P_i est égal au nombre de celles qui cessent d'être des particules P_i.

Le champ de rayonnement étant supposé donné au point considéré et l'ensemble infini des équations (13.1) étant supposé résolu, on obtient les nombres N_i et en outre le nombre de quanta soustraits au champ de rayonnement, qui fait connaître le coefficient d'absorption pour chaque fréquence, ainsi que le nombre de quanta émis pour chaque fréquence, qui constitue l'émissivité.

Il y a une simplification: la fréquence des collisions entre les particules est suffisante pour assurer l'équipartition de leurs énergies cinétiques et pour établir une distribution Maxwellienne des vitesses. La *température électronique* suffit ainsi à caractériser complètement l'état d'agitation du milieu.

Le problème posé est inabordable en général. Non seulement il y a la difficulté de la résolution des équations (13.1) mais encore le champ de radiation n'est pas connu à priori en sorte qu'il faudrait considérer simultanément ces équations et celles relatives au transfert du rayonnement. C'est seulement dans le cas des nébuleuses planétaires, cas qui donne lieu à d'importantes simplifications, que des résultats ont pu être obtenus dans cette voie[1].

14. L'équilibre thermodynamique local. Nous considérons une enceinte fermée, imperméable á la chaleur. Elle contient de la matière et du rayonnement qui sont dans un état d'équilibre, caractérisé par une température T, qu'on appelle *équilibre thermodynamique*. Les principes de la thermodynamique et la théorie des quanta permettent alors de décrire complètement le champ de rayon-

---

[1] Voir l'article de K. Wurm, dans ce volume, sur la théorie des nébuleuses planétaires.

nement et l'état de la matière en fonction du paramètre T. Rappelons les résultats de la théorie qui nous serons utiles par la suite.

$\alpha)$ *Champ de rayonnement.* Le rayonnement est isotrope et son intensité monochromatique est donnée par la loi de PLANCK

$$I_\nu\, d\nu = \frac{2\,h\,\nu^3}{c^2}\left(e^{\frac{h\nu}{kT}} - 1\right)^{-1} d\nu \tag{14.1}$$

avec

$$h = 6{,}6237 \cdot 10^{-27} \text{ erg sec} \qquad \text{(constante de PLANCK)},$$

$$k = 1{,}3803 \cdot 10^{-16} \text{ erg/degré} \qquad \text{(constante de BOLTZMANN)},$$

$$c = 2{,}9978 \cdot 10^{10} \text{ cm/sec} \qquad \text{(vitesse de la lumière)}.$$

Le rayonnement global en résulte par intégration ce qui conduit à la loi de STEFAN

$$I = \frac{\sigma}{\pi}\, T^4 = \frac{2\pi^4 k^4}{15\, c^2 h^3}\, T^4, \tag{14.2}$$

$$\sigma = 5{,}75 \cdot 10^{-5} \text{ erg } /\text{cm}^2 \times \sec \times \text{degré}^4 \quad \text{(constante de STEFAN)}.$$

$\beta)$ *Interaction du rayonnement et de la matière.* Rapport des coefficients d'émissivité et d'absorption.

Loi de Kirchhoff:

$$\frac{i_\nu}{x_\nu} = B_\nu(T) = \frac{2\,h\,\nu^3}{c^2}\left(e^{\frac{h\nu}{kT}} - 1\right)^{-1}. \tag{14.3}$$

$\gamma)$ *Etat de la matière.* La probabilité pour qu'une particule de masse M ait une vitesse comprise entre v et $v + dv$ est

loi de Maxwell

$$P(v)\, dv = \left(\frac{M}{2\pi\,kT}\right)^{\frac{3}{2}} 4\pi^2\, v^2\, e^{-\frac{M v^2}{2\,kT}}\, dv. \tag{14.4}$$

L'état d'excitation, d'ionisation et de dissociation est décrit par *les lois de Boltzmann, de Saha* et par *l'équation de dissociation* que nous examinerons plus en détail par la suite.

Une atmosphère stellaire n'est pas en équilibre thermodynamique car elle n'est pas enclose dans une enceinte puisqu'il en sort le rayonnement que nous observons. Si la fuite de rayonnement pouvait être considérée comme négligeable, comme c'est le cas dans un corps noir de laboratoire, il en résulterait que l'atmosphère serait isotherme et que le rayonnement satisferait à la loi de PLANCK, ce qui est contraire aux résultats de l'observation.

On a été ainsi amené à formuler l'hypothèse suivante: en chaque point d'une atmosphère stellaire la loi de KIRCHHOFF est valable, et l'état de la matière est décrit par les lois énumérées ci-dessus. Nous admettons donc que la température varie avec la profondeur et nous renonçons à décrire le champ de rayonnement par la loi de PLANCK. Cette hypothèse a été baptisée par MILNE *hypothèse de l'équilibre thermodynamique local.*

Cette hypothèse ne présente un intérêt pratique que si elle permet de décrire avec suffisamment d'exactitude l'état d'une atmosphère stellaire, ce qui est pratiquement impossible à démontrer à priori. Par contre, après coup, lorsqu'on aura complètement décrit une atmosphère grâce à cette hypothèse, il deviendra possible de s'assurer que ses caractéristiques ne contredisent pas l'hypothèse de base.

Précisons dès maintenant sur quelques exemples comment on pourrait reconnaître que des déviations par rapport à l'équilibre thermodynamique sont à craindre.

a) L'ionisation d'une espèce atomique dépend de l'intensité moyenne $J_\nu = \int I_\nu \frac{d\omega}{4\pi}$ du champ de rayonnement pour les fréquences où cette espèce est particulièrement absorbante. Si J_ν dans ce domaine de fréquences était beaucoup plus grand que l'intensité moyenne du champ de rayonnement correspondant à la température locale, l'ionisation serait plus grande qu'il n'est prévu par la formule de SAHA et si l'espèce atomique était suffisamment abondante pour que la densité en électrons libres soit substantiellement accrue, il en résulterait une augmentation du coefficient d'émission continue provenant de la recombinaison des électrons libres et le rapport $j_\nu/\varkappa_\nu$ ne serait plus donné par la loi de KIRCHHOFF.

b) Des atomes formant un gaz très peu dense soumis à un champ de rayonnement très faible par rapport au champ de rayonnement correspondant à la température locale, n'auraient pas leurs différents états peuplés suivant la loi de BOLTZMANN mais suivant les probabilités des processus élémentaires qui les auraient excités à partir du niveau fondamental ou celles de la recombinaison des ions. Si au contraire le champ de rayonnement était plus intense ou si la densité du gaz était plus grande, les atomes ne resteraient pas sur l'état d'excitation auquel ils auraient été amenés par un processus primaire car les chocs, plus spécialement avec les électrons libres, ou l'absorption de rayonnement les redistribueraient entre les divers états excités. On voit donc qu'un faible intensité du rayonnement en même temps qu'un faible densité électronique seraient des éléments défavorables à l'établissement de l'équilibre thermodynamique local, les différences se traduiraient alors par une déviation par rapport à la loi de BOLTZMANN.

Disons dès maintenant que l'hypothèse de l'équilibre thermodynamique local s'est révélée dans l'ensemble très satisfaisante.

II. Excitation, ionisation, dissociation.

15. Formules de BOLTZMANN et de SAHA. La formule de BOLTZMANN fait connaître le nombre des atomes, dans leur état d'ionisation r, qui se trouvent à l'état excité s par rapport au nombre des atomes, dans le même état d'ionisation, qui se trouvent à l'état fondamental

$$\frac{n_{r,s}}{n_{r,0}} = \frac{g_{r,s}}{g_{r,0}} \, e^{-\frac{\chi_{rs}}{kT}} . \tag{15.1}$$

χ_{rs} est l'énergie d'excitation $h\nu_{rs}$; g_{rs} et g_{r0} sont les poids statistiques[1] des deux états.

Si on préfère rapporter le nombre d'atomes excités au nombre total n_r des atomes qui se trouvent dans l'état d'ionisation r comme $n_r = \sum_0^\infty n_{rs}$ on obtient

$$\frac{n_{rs}}{n_r} = \frac{g_{rs}}{u_r} \, e^{-\frac{\chi_{rs}}{kT}} \tag{15.2}$$

---

[1] Rappelons que dans le cas très fréquent du couplage RUSSELL-SAUNDERS, les termes sont symbolisés par une lettre majuscule (S, P, D, F, etc.) accompagnée en haut à gauche d'un indice. La majuscule indique le moment orbital résultant L et l'indice la multiplicité ($2S + 1$). L est donné par la convention suivante

$$\begin{array}{cccccc} & S & P & D & F & G \\ L = & 0 & 1 & 2 & 3 & 4. \end{array}$$

On a alors $g = (2S + 1)(2L + 1)$.

et la *fonction de partition* u_r est donnée par

$$u_r(T) = \sum_0^\infty g_{rs}\, e^{-\frac{\chi_{rs}}{kT}}. \tag{15.3}$$

La formule de SAHA fait connaître le nombre des atomes $(r+1)$ fois ionisés se trouvant à l'état fondamental, par rapport au nombre des atomes r fois ionisés également à l'état fondamental.

$$\frac{n_{r+1,0}\, n_e}{n_{r,0}} = 2\,\frac{g_{r+1,0}}{g_{r,0}}\,\frac{(2\pi\,k\,m\,T)^{\frac{3}{2}}}{h^3}\, e^{-\frac{\chi_r}{kT}}. \tag{15.4}$$

χ_r est l'énergie d'ionisation de l'atome r fois ionisé, à l'état fondamental et n_e le nombre d'électron libres.

Par combinaison des formules (15.2) et (15.4) on obtient le rapport des nombres d'atomes $(r+1)$ fois et r fois ionisés

$$\frac{n_{r+1}\, n_e}{n_r} = 2\,\frac{u_{r+1}}{u_r}\,\frac{(2\pi\,k\,m\,T)^{\frac{3}{2}}}{h^3}\, e^{-\frac{\chi_r}{kT}}. \tag{15.5}$$

Ces formules qui résolvent complètement les problèmes d'excitation et d'ionisation appellent quelques commentaires.

$\alpha)$ Il est d'usage assez général dans la formule de SAHA (15.4) ou dans la formule (15.5) qui en résulte de faire apparaître la pression électronique au lieu de la densité électronique ce qui se fait par l'intermédiaire de la loi des gaz parfaits,

$$p_e = n_e\,kT. \tag{15.6}$$

$\beta)$ Dans la pratique courante, les potentiels d'ionisation sont exprimés en e-volts et l'on préfère utiliser des logarithmes décimaux en sorte qu'il vient

$$e^{-\frac{\chi\,(\text{ergs})}{kT}} = 10^{-\Theta\,\chi\,(e\text{-volts})}.$$

On a posé (e charge de l'électron)

$$\Theta = \frac{e}{300\,k}\,\mathrm{Log}_{10}\,e \cdot \frac{1}{T} = \frac{5040}{T}. \tag{15.7}$$

La variable Θ est d'un usage très pratique dans les calculs.

$\gamma)$ La fonction de partition donnée par (15.3) est en fait une série divergente. Dans la réalité les niveaux correspondant à des états d'excitation élevés d'un atome sont détruits par les perturbations produites par les atomes et surtout par les ions voisins. UNSÖLD[1] a obtenu la formule simple suivante qui donne la valeur limite de s pour des atomes hydrogénoïdes de charge Z

$$\log s < 1{,}620 + \frac{2}{3}\log Z - \frac{\Theta}{\sigma}\log p_e. \tag{15.8}$$

$\delta)$ Dans la pratique courante, on se contente d'une précision limitée dans les calculs relatifs à l'excitation et à l'ionisation car il est fort possible que les déviations relatives à l'équilibre thermodynamique local faussent appréciablement les résultats. Dans ces conditions, si on se contente d'une précision de l'ordre de 1 %, la fonction de partition se réduit à son premier terme g_0, lorsque le deuxième terme est à plus d'un volt au dessus du niveau fondamental pour une température

---

[1] A. UNSÖLD: Z. Astrophys. **24**, 355 (1947).

de 5000° ou de deux volts pour une température de 10000°. Ces cas sont très fréquents.

ε) La formule de Saha s'applique sans modification pour un ion négatif qu'on considère comme un état ionisé de numéro -1. C'est ainsi que pour l'hydrogène on a

$$\frac{n\,(\mathrm{H})\,n_e}{n\,(\mathrm{H}^-)} = 4\,\frac{(2\pi\,\mathrm{k}\,m\,T)^{\frac{3}{2}}}{h^3}\,\mathrm{e}^{-\frac{A}{\mathrm{k}T}} \tag{15.9}$$

où A est l'affinité électronique de l'hydrogène (0,75 si on l'exprime en électron-volts).

ζ) Les potentiels d'ionisation des molécules sont élevés. En équilibre thermo-dynamique, les molécules sont donc pratiquement toujours dissociées avant que les quanta d'énergie élevée nécessaires à leur ionisation ne soient disponibles.

La Table 1 fait connaître le poids statistique g_0 du niveau fondamental et le potentiel d'ionisation en e-volts pour quelques uns des atomes et ions les plus intéressants du point de vue des atmosphères stellaires.

Tableau 1. *Potentiels d'ionisation.*

	g	χ		g	χ
H I	2	13,59	Mg I	1	7,64
He I	1	24,58	Mg II	2	15,03
He II	2	54,40	Si I	9	8,15
C I	9	11,28	Si II	6	16,34
C II	6	24,38	Si III	1	33,46
C III	1	47,86	Ca I	1	6,11
N I	4	14,54	Ca II	2	11,87
N II	9	29,60	Ti I	21	6,83
N III	6	77,45	Ti II	28	13,57
O I	9	13,61	Mn I	6	7,43
O II	4	35,15	Mn II	7	15,64
O III	9	54,93	Fe I	25	7,90
Na I	2	5,14	Fe II	30	16,18
Na II	7	47,29			

16. Formule de dissociation. La formule reliant les densités (en nombre d'atomes et nombre de molécules) à la température T est d'après Gibson et Heitler[1] pour des molécules diatomiques AB formées des deux atomes A et B

$$\frac{n_{\mathrm{A}}\,n_{\mathrm{B}}}{n_{\mathrm{AB}}} = \sigma\,\frac{g_{\mathrm{A}}\,g_{\mathrm{B}}}{g_{\mathrm{AB}}}\,\frac{(2\pi\,M\,\mathrm{k}T)^{\frac{3}{2}}}{8\pi^2\,\mathrm{k}T\,h\,I}\,\mathrm{e}^{\frac{D}{\mathrm{k}T}}\left(1-\mathrm{e}^{-\frac{h\,w}{\mathrm{k}T}}\right). \tag{16.1}$$

σ est égal à l'unité si les deux atomes sont différents et égal à 2 s'ils sont identiques. g_{A} et g_{B} sont les poids statistiques des états fondamentaux des deux atomes et g_{AB} le poids statistique de la molécule à l'état fondamental[2], w est la fréquence fondamentale de vibration de la molécule, I le moment d'inertie, D l'énergie

---

[1] Gibson et Heitler: Z. Physik **47**, 470 (1928).

[2] $g_{\mathrm{AB}}=2\,(2\Lambda+1)\,(2\Sigma+1)$ sauf dans le cas d'un niveau Σ où le facteur 2 disparaît. Connaissant la désignation d'un terme spectral on trouve facilement Λ et Σ. La lettre grecque majuscule donne Λ d'après la convention

$$\begin{array}{cccc} \Sigma & \Pi & \Delta & \Phi \\ \Lambda = 0 & 1 & 2 & 3 \end{array}$$

et l'indice inférieur à droite de cette majuscule est égal à $\Lambda + \Sigma$.

Il est en général suffisant de considérer le poids statistique pour l'ensemble des sous-niveaux. La somme des $(2\Sigma+1)$ est la multiplicité $(2S+1)$ qui se trouve en indice supérieur à gauche de la capitale grecque.

de dissociation, $M = \dfrac{m_A\, m_B}{m_A + m_B}$ la masse réduite de la molécule, h et k les constantes atomiques usuelles.

La formule (16.1) repose sur certaines simplifications: rotation et vibration moléculaires indépendantes, la molécule pouvant être regardée comme un rotateur simple et un oscillateur harmonique.

Dans l'usage courant on préfère substituer les pressions partielles aux densités grâce à la loi des gaz parfaits

$$p = n\,k T. \tag{16.2}$$

On utilise une simplification dont l'idée est due à Russell[1] et qui résulte de l'approximation

$$1 - e^{-x} = x\, e^{-0,46\,x}$$

valable à 1 % près pour $x < 1,2$ et à 8 % pour $x = 2$.

On pose en outre

$$I = M\, r_0^2, \qquad \frac{h w}{k} = 1,43\, \omega,$$

r_0 distance d'équilibre des deux atomes, ω fréquences fondamentale en cm^{-1}, et il vient

$$\frac{p(A)\, p(B)}{p(AB)} = K(AB), \tag{16.3}$$

$$\operatorname{Log} K = A + \frac{1}{2} \operatorname{Log} T - \frac{B}{T} \tag{16.4}$$

où les constantes A et B se calculent par

$$A = \frac{1}{2} \operatorname{Log} M - 2 \operatorname{Log} r_0 + \operatorname{Log} \omega + \operatorname{Log} \frac{g_A\, g_B}{g_{AB}} + 5,953 + \operatorname{Log} \sigma, \tag{16.5}$$

$$B = 5040\, D + 0,286\, \omega, \tag{16.6}$$

r_0 en Å, D en e-volts, M en masses atomiques.

Le Tableau 2 donne à titre d'exemple les constantes A et B pour un certain nombre de molécules importantes en astrophysique.

Tableau 2. Constantes de dissociation.

	Molécule							
	H_2	C_2	CH	CN	CO	OH	N_2	TiO
A	10,595	10,261	9,456	10,477	11,497	9,696	11,162	10,083
B	23 800	18 600	18 300	41 400	56 500	23 000	49 900	28 000

La constante B dépend de l'énergie de dissociation D qui est assez mal connue, parce que difficile à déterminer. En particulier les valeurs pour CN et CO ont été calculées avec des valeurs de D respectivement de 8,1 et 11,1 alors que d'autres valeurs sont regardées comme possibles par certains chercheurs.

Certaines molécules polyatomiques existent dans les atmosphères stellaires. Russell[1] a considéré les dissociations suivantes pour lesquelles il a utilisé les formules

$$H_2O = H + OH, \qquad \operatorname{Log} K = 12,50 - 25\,700/T,$$
$$C_2N_2 = 2\,CN, \qquad \operatorname{Log} K = 14,04 - 16\,800/T,$$
$$CO_2 = CO + O, \qquad \operatorname{Log} K = 17,54 - 0,505 \operatorname{Log} T - 31\,800/T.$$

<hr>

[1] H. N. Russell: Astrophys. Journ. **79**, 317 (1934).

La molécule ionisée H_2^+ est probablement présente dans l'atmosphère solaire ainsi que R. Wildt[1] l'a montré. Cet auteur a donné les valeurs suivantes (Tableau 3) de la constante de dissociation.

Tableau 3. *Constante de dissociation de H_2^+.*

T	10080	8400	7200	6300	5600	5040
Log K	9,80	9,51	9,22	8,93	8,65	8,36

17. Pression gazeuse. Localement, une atmosphère peut être décrite par sa température, sa pression électronique et sa composition chimique, cette dernière caractéristique étant défini par la proportion de chaque espèce d'atomes, ionisés ou non, combinés ou non, par rapport au nombre total des atomes. C'est-à-dire qu'on considère connues pour chaque espèce i les abondances relatives

$$\varepsilon_i = \frac{n_i}{N}. \tag{17.1}$$

Pour les étoiles de types avancés, dont les atmosphères sont faiblement ionisées, la pression totale du gaz constitue un paramètre bien préférable à la pression électronique.

Considérons d'abord le cas d'une atmosphère où les abondances moléculaires sont négligeables.

La pression du gaz est

$$p_g = (N + n_e)\, kT \tag{17.2}$$

et le rapport de cette pression à la pression électronique

$$\frac{p_g}{p_e} = \frac{N + n_e}{n_e} = \frac{1 + E}{E}. \tag{17.3}$$

E est le nombre d'électrons fourni en moyenne par un atome du gaz.

Considérons l'espèce i: ceux de ses atomes qui sont une fois ionisés fournissent un électron et ceux qui sont deux fois ionisés en fournissent deux, c'est-à-dire qu'en moyenne un atome de cette espèce fournit

$$\left(\frac{n_1 + 2 n_2}{n_0 + n_1 + n_2} \right)_i = \left(\frac{1 + 2 \dfrac{n_2}{n_1}}{\dfrac{n_0}{n_1} + 1 + \dfrac{n_2}{n_1}} \right)_i; \tag{17.4}$$

les rapports n_0/n_1 et n_2/n_1 peuvent être calculés par la formule de Saha. Le nombre total d'électrons fourni en moyenne par atome pour la constitution chimique donnée est donc:

$$E = \sum_i \varepsilon_i \left[\frac{1 + 2 \dfrac{n_2}{n_1}}{\dfrac{n_0}{n_1} + 1 + \dfrac{n_2}{n_1}} \right]_i. \tag{17.5}$$

Dans la pratique on peut grouper les éléments qui ont des potentiels d'ionisation voisins et traiter les groupes ainsi constitués comme des espèces ce qui abrège les calculs.

Si par exemple avec Aller [4] nous adoptons le groupement, donné au Tableau 4, des éléments nous obtenons la relation entre p et p_e représentée par la

---

[1] Relations entre les phénomènes solaires et géophysiques. Centre National de la Recherche Scientifique. Paris 1947.

Fig. 4. La masse moléculaire moyenne de la matière stellaire est, en tenant compte des électrons libres

$$\mu = \frac{\Sigma\, \varepsilon_i\, \mu_i}{1 + E}, \qquad (17.6)$$

les μ_i étant les masses atomiques des différentes sortes d'atomes.

Dans le cas considéré présentement, qui correspond aux faibles abondances moléculaires (cas du soleil par exemple), les pressions atomiques partielles ayant été obtenues, les formules de dissociation font connaître les pressions partielles des composés moléculaires.

L'autre cas important est celui où certaines abondances moléculaires sont comparables aux abondances atomiques mais où l'ionisation est négligeable.

Tableau 4. *Composition simplifiée de la matière stellaire* (ALLER).

Atomes	χ	Nombre d'atomes
Hélium	24,5	200
Hydrogène . . .	13,54	1000
Fe, Si, Mg, Ni .	7,9	0,43
Al, Ca, Na . . .	5,8	0,011

L'abondance totale des atomes d'une espèce A est la somme des abondances partielles de ces atomes isolés et de ceux qui figurent dans les combinaisons telles que A_2, AB, AC etc.

On a alors

$$\left. \begin{aligned} n'(A) = n(A) + 2n(A_2) + \\ + n(AB) + n(AC) + \cdots \end{aligned} \right\} \quad (17.7)$$

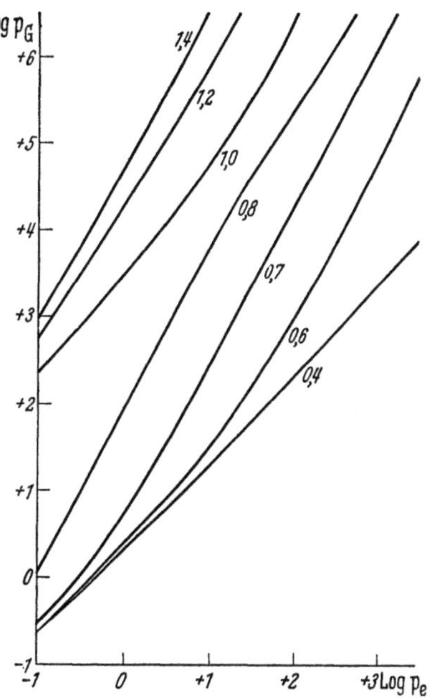

Fig. 4. Relation entre p_g et p_e. Les courbes sont chiffrées en $\Theta = 5040/T$.

ce qui, à l'aide des formules de dissociation devient

$$p'(A) = p(A) \left[1 + \frac{2p(A)}{K(A^2)} + \frac{p(B)}{K(AB)} + \frac{p(C)}{K(AC)} + \cdots \right]. \qquad (17.8)$$

Si les $p'(A)$ sont connus, c'est-à-dire si les pourcentages des différentes sortes d'atomes (liés ou non) dans l'atmosphère sont connus et si en outre la pression totale est connue en un point, on pourra en résolvant l'ensemble des équations (17.8) écrites pour l'ensemble des espèces atomiques trouver les pressions partielles des différentes espèces atomiques, puis les pressions partielles des espèces moléculaires.

Les abondances des différentes espèces étant très différentes entre elles et les possibilités de formation de certains composés étant négligeables, le système des équations (17.8) se simplifie beaucoup et devient maniable.

Un travail classique de H. N. RUSSELL a été conduit suivant la ligne précédente et d'après un modèle extrêmement simplifié des atmosphères stellaires. Il a permis d'obtenir une explication de plusieurs de leurs caractéristiques pour les étoiles des types G et postérieurs. De nouvelles données étant maintenant à notre disposition, il paraîtrait souhaitable de reprendre ce travail dans son ensemble.

III. Absorption, diffusion.

Dans l'immédiat, nous aurons à prendre en considération plus spécialement l'absorption continue, cependant il est préférable dès maintenant de considérer aussi les phénomènes d'absorption prenant naissance entre états discrets.

18. Définitions. Considérons deux niveaux n et m d'un atome (ou d'une molécule), m étant plus élevé que n. Si N_m atomes sont à l'état m, une fraction dN_m, évidemment proportionnelle à N_m tombe pendant le temps dt à l'état n en sorte qu'on a

$$dN_m = A_{m,n} N_m dt. \tag{18.1}$$

Le coefficient $A_{m,n}$ est une constante atomique, indépendante des propriétés physiques du milieu, on l'appelle *probabilité de transition spontanée* (dimension t^{-1}) bien qu'il ne s'agisse pas d'une probabilité au sens mathématique du terme.

Les atomes situés à l'état n, peuvent atteindre l'état m par absorption de quanta de fréquence ν_{nm}. Soit ϱ_ν la densité du rayonnement correspondant; le nombre dN_n des atomes portés à l'état m pendant le temps dt est

$$dN_n = B_{n,m} \varrho_\nu N_n dt. \tag{18.2}$$

$B_{n,m}$ est encore une constante atomique appelée *probabilité d'absorption*.

Enfin les atomes à l'état m peuvent passer à l'état n sous l'influence du rayonnement de fréquence ν_{nm}. Les quanta émis lors de cette transition ne sont pas émis isotropiquement comme c'est le cas pour une transition spontanée mais *ils sont émis dans la direction des photons incidents* en sorte que le phénomène est en réalité une absorption négative. Le nombre dN_m de transitions induites pendant le temps dt est

$$dN_m = B_{m,n} \varrho_\nu N_m dt. \tag{18.3}$$

$B_{m,n}$ est la *probabilité d'émission induite*.

C'est Einstein qui a introduit les trois coefficients $A_{m,n}$, $B_{n,m}$ et $B_{m,n}$ et il a montré qu'ils satisfont aux deux relations suivantes

$$B_{m,n} = \frac{g_n}{g_m} B_{n,m}, \tag{18.4}$$

$$A_{m,n} = \frac{g_n}{g_m} B_{n,m} \frac{8\pi h \nu^3}{c^3}. \tag{18.5}$$

Le résultat global des transitions produites par le rayonnement peut s'écrire en supposant que le rapport des peuplements des états m et n est donné par la formule de Boltzmann

$$[B_{n,m} N_n - B_{m,n} N_m] \varrho_\nu dt = B_{nm}\left[N_n - \frac{g_n}{g_m} N_m\right]\varrho_\nu dt = B_{nm} N_m\left(1 - e^{-\frac{h\nu}{kT}}\right)\varrho_\nu dt. \tag{18.6}$$

Il en résulte donc que l'effet des émissions induites est de réduire les absorptions de quanta dans le rapport $1 - e^{-h\nu/kT}$.

Notons encore que la *vie moyenne* d'un atome sur un certain état m est donnée par

$$\tau = \frac{1}{\sum\limits_n A_{m,n}} \tag{18.7}$$

en admettant que le rayonnement auquel l'atome est soumis soit négligeable.

L'usage s'est établi dans la pratique de remplacer la probabilité d'absorption par *la force d'oscillateur* f qui lui est reliée par la relation

$$B_{n,m} = \frac{\pi e^2}{m h \nu} f. \tag{18.8}$$

Le quantité f est un nombre sans dimension, c'est elle qu'on trouve dans les tables. Bien entendu, les probabilités $A_{m,n}$ et $B_{m,n}$ s'expriment aussi en fonction de f grâce aux relations (18.4) et (18.5).

L'absorption dans le domaine d'une transition n'est pas strictement limitée à la fréquence ν comme on le précisera par la suite; elle s'exprime par une fonction $a(\nu)$ représentant le coefficient d'absorption pour un atome. En écrivant l'énergie absorbée dans un élément de volume de deux manières différentes, d'après la définition du coefficient d'absorption et d'après la définition du coefficient B_{nm} on obtient

$$\int a_\nu \, d\nu = \frac{h \nu_{nm}}{c} B_{n,m} = \frac{\pi e^2}{mc} f. \tag{18.9}$$

Cette relation s'étend sans difficulté: si le niveau supérieur est en réalité constitué de l'ensemble continu des niveaux correspondant à l'atome ionisé et à un électron libre, f est alors la force d'oscillation pour le continuum d'ionisation correspondant au niveau n. On écrit encore parfois le coefficient d'absorption pour un continuum

$$a_\nu = \frac{\pi e^2}{mc} \frac{df}{d\nu}. \tag{18.10}$$

19. Coefficient d'absorption continue de l'hydrogène neutre. Soit un atome dans un état n tel que son énergie d'ionisation soit $h\nu_n$. Il peut absorber tout photon d'énergie $h\nu$ tel que $\nu > \nu_n$ ce qui a pour effet de l'ioniser. A chaque état de l'atome correspond ainsi un continuum d'émission commençant brusquement à la fréquence ν_n et s'étendant vers les grandes fréquences.

Le coefficient d'absorption de l'hydrogène pour la fréquence ν en cm^{-1} et pour l'état de nombre quantique n est donné par la formule de KRAMERS-GAUNT

$$a_n(\nu) = \frac{64 \pi^4}{3 \sqrt{3}} \frac{m e^{10}}{c h^6 n^5} \nu^{-3} g, \qquad \nu > \nu_n \tag{19.1}$$

où g, *facteur de Gaunt*, est voisin de l'unité et sera négligé par la suite.

La valeur du coefficient pour les fréquences limites ν_n en tenant compte de ce que

$$\nu_n = \frac{2 \pi^2 e^4 m}{h^3 n^2} \tag{19.2}$$

devient

$$a_n(\nu_n) = \frac{8}{3 \sqrt{3} \pi^2} \frac{h^3}{e^2 m^2 c} n = 7{,}9 \cdot 10^{-18} n, \tag{19.3}$$

expression qui permet de préciser les idées sur la grandeur du coefficient.

Les atomes d'hydrogène étant supposés répartis entre leurs différents niveaux suivant la loi de BOLTZMANN

$$\frac{N_n}{N_1} = n^2 e^{-\chi_1\left(1 - \frac{1}{n^2}\right)/kT} \quad \text{avec} \quad \chi_1 = \frac{2 \pi^2 e^4 m}{h^2} \tag{19.4}$$

on obtient pour le coefficient d'absorption de l'hydrogène rapporté à un atome

$$a(\nu) = \sum_n a_n(\nu) = \frac{64 \pi^4}{3 \sqrt{3}} \frac{m e^{10}}{c h^6} \nu^{-3} e^{-\frac{\chi_1}{kT}} \sum_{n=n'}^{\infty} \frac{1}{n^3} e^{\frac{\chi_1}{n^2 kT}}. \tag{19.5}$$

La valeur limite n' de n dans la sommation dépend de la fréquence: c'est celle qui correspond à la valeur la plus petite de n qui permette de satisfaire à l'inégalité

$$h\nu > \chi_1\left(1 - \frac{1}{n^2}\right)\!\Big/ kT.$$

On remplace dans la somme l'ensemble des termes correspondant à $n \geq 5$ par une intégrale et on obtient

$$a(\nu) = \frac{64\,\pi^4}{3\sqrt{3}}\,\frac{m\,e^{10}}{c\,h^6}\,\frac{e^{-\frac{\chi_1}{kT}}}{\nu^3}\left[\sum_{n=n'}^{4}\frac{1}{n^3}\,e^{\frac{\chi_1}{n^2\,kT}} + \frac{kT}{2\chi_1}\left(e^{\frac{\chi_1}{25\,kT}} - 1\right)\right]. \qquad (19.6)$$

L'ensemble d'un proton et d'un électron voisin forme ce qu'on appelle parfois, d'ailleurs improprement, un atome d'hydrogène «non quantifié». L'absorption d'un photon fait passer l'électron d'une orbite non périodique à une autre orbite non périodique (*free-free transition* en anglais).

Si dans l'unité de volume il y a n_1 protons et n_e électrons le coefficient d'absorption pour les électrons de vitesse v correspondant à ce processus est

$$n_1\,n_e\,\frac{4\pi}{3\sqrt{3}}\,\frac{e^6}{hc}\,\frac{1}{m^2 v}\,\nu^{-3}. \qquad (19.7)$$

Le produit $n_1\,n_e$ est donné par l'équation de Saha en fonction de n_0 nombre des atomes neutres. La probabilité pour que la vitesse des électrons soit comprise entre v et $v+dv$ est donnée par la loi de Maxwell. On obtient ainsi

$$a(\nu) = n_0\,\frac{16\,\pi^2}{3\sqrt{3}}\,\frac{e^6}{c\,h^4}\,\frac{kT}{\nu^3}\,e^{-\frac{\chi_1}{kT}} \qquad (19.8)$$

et cette formule en faisant apparaître la quantité χ_1 d'après (19.4) et en la rapportant à un atome neutre devient

$$a(\nu) = \frac{64\,\pi^4}{3\sqrt{3}}\,\frac{m\,e^{10}}{c\,h^6}\,\frac{1}{\nu^3}\,\frac{kT}{2\chi_1}\,e^{-\frac{\chi_1}{kT}}. \qquad (19.9)$$

Lorsqu'on fait la somme de cette absorption avec celle qui est due aux transitions quantifiées (19.6) on obtient pour l'absorption totale rapportée à un atome d'hydrogène neutre

$$a(\nu) = \frac{64\,\pi^4}{3\sqrt{3}}\,\frac{m\,e^{10}}{c\,h^6}\,\frac{e^{-\frac{\chi_1}{kT}}}{\nu^3}\left[\sum_{n=n'}^{4}\frac{e^{\frac{\chi_1}{n^2\,kT}}}{n^3} + \frac{kT}{2\chi_1}\,e^{\frac{\chi_1}{25\,kT}}\right]. \qquad (19.10)$$

20. Coefficient d'absorption continue de l'ion négatif d'hydrogène. Le détachement d'un électron d'un ion négatif est en tout point équivalent à l'ionisation d'un atome.

L'ion négatif d'hydrogène est le constituant des atmosphères stellaires qui, au voisinage du type solaire, contribue pour la plus grande part au coefficient d'absorption continue de la matière stellaire. L'étude la plus complète du coefficient de l'ion H[-] a été faite par Chandrasekhar[1]. L'ion négatif n'a qu'un niveau stable, son coefficient d'absorption ne présente pas de discontinuités. Ces valeurs sont certainement assez précises. Des travaux de laboratoire[2] les confirment.

---

[1] S. Chandrasekhar: Astrophys. Journ. **102**, 395 (1945).
[2] W. Lochte-Holtgreven et W. Nissen: Z. Physik **133**, 124 (1952).

Tableau 5. *Coefficient d'absorption de* H⁻ (CHANDRASEKHAR).

λ(Å)	$10^{17}\,a$	λ(Å)	$10^{17}\,a$	λ(Å)	$10^{17}\,a$
505	0,0657	3960	2,62	8275	4,52
1066	0,333	4443	2,97	8669	4,50
1642	0,740	5059	3,39	9102	4,44
2249	1,231	5875	3,87	10111	4,13
2987	1,84	6280	4,06	12131	2,96
3572	2,32	7283	4,41	13994	1,50
				16500	0,00

On remarque que l'absorption passe par un maximum vers 8275 Å. Le coefficient est grand, plus grand que celui des atomes neutres et des ions positifs usuellement rencontrés dans les atmosphères stellaires.

L'ensemble d'un atome neutre et d'un électron voisin peut être considéré comme un ion négatif dans un état «non quantifié» et ce système peut produire une absorption donnant lieu à une transition de l'électron sur un autre état «non quantifié». Le coefficient d'absorption correspondant a été calculé par CHANDRASEKHAR et BREEN[1]; il croît

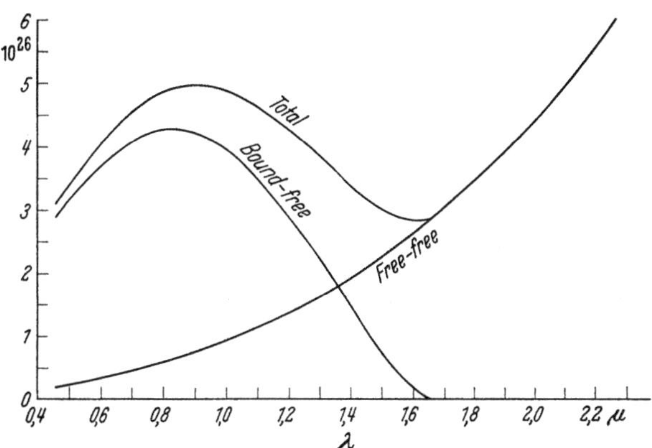

Fig. 5. Coefficient d'absorption de l'ion négatif d'hydrogène d'après S. CHANDRASEKHAR et F. H. BREEN.

rapidement lorsque la longueur d'onde croît. Le travail de ces auteurs comprend une table assez étendue du coefficient d'absorption de l'ion négatif, aussi bien pour le continuum de détachement que pour le continuum dû aux transitions entre états «non quantifiés», ce coefficient étant rapporté à 1 atome neutre d'hydrogène et à une pression électronique $p_e = 1$.

La Fig. 5 montre l'allure de la variation de ce coefficient avec la longueur d'onde pour deux températures.

21. Coefficient d'absorption continue de l'hélium et de l'hélium ionisé. La détermination du coefficient d'absorption de l'hélium neutre pose déjà un problème de mécanique ondulatoire compliqué.

Voici d'après VINTI[2], GOLDBERG[3] et SU-SHU HUANG[4] les valeurs du coefficient pour divers états à l'origine de chaque continuum ainsi que le type de la variation au voisinage de celle-ci.

L'accord entre les différentes déterminations n'est pas excellent et cependant il n'entraîne pas de conséquences importantes dans les calculs car l'absorption par l'hélium reste faible par rapport à l'absorption par l'hydrogène dans presque tous les cas étudiés en détail.

Pour les états de nombre quantique 3 et supérieur, un électron est très excité alors que l'autre ne l'est pas, le comportement de l'atome d'hélium se rapproche

[1] S. CHANDRASEKHAR et F. H. BREEN: Astrophys. Journ. **104**, 430 (1946).
[2] VINTI: Phys. Rev. **44**, 524 (1933).
[3] L. GOLDBERG: **90**, 414 (1939).
[4] SU-SHU HUANG: Astrophys. Journ. **113**, 704 (1951).

Tableau 6. *Coefficient d'absorption de* He I.

Etat λ(Å)	$1\,^1S$ 504	$2\,^3S$ 2600	$2\,^1S$ 3121	$2\,^3P$ 3421	$2\,^1P$ 3679
Vinti	$8{,}45 \cdot 10^{-18}$				
Goldberg		$5{,}0 \cdot 10^{-18}$	$10{,}0 \cdot 10^{-18}$	$17{,}0 \cdot 10^{-18}$	$12{,}6 \cdot 10^{-18}$
Huang	$7{,}6 \cdot 10^{-18}$	$2{,}8 \cdot 10^{-18}$	$10{,}5 \cdot 10^{-18}$		
Vinti	$\nu^{-2,4}$				
Goldberg		$\nu^{-2,2}$	$\nu^{-3,2}$	$\nu^{-1,8}$	$\nu^{-1,7}$
Huang	$\nu^{-2,2}$	$\nu^{-0,5}$	$\nu^{-1,6}$		

alors beaucoup de celui de l'atome d'hydrogène et le coefficient d'absorption peut être calculé comme celui de l'hydrogène en tenant compte des différences des potentiels d'ionisation et des poids statistiques des états.

L'ion He⁺ est hydrogénoïde, son coefficient d'absorption se calcule facilement en introduisant dans la formule de Kramers (19.1) un facteur Z^4, où Z est la charge du noyau, égale à 2, et en tenant compte des modifications aux potentiels d'excitation.

22. Absorptions continues diverses. Les éléments les plus abondants dans les atmosphères stellaires sont ensuite *l'oxygène, le carbone* et *l'azote*. Bates et Seaton[1] ont calculé le coefficient de ces atomes neutres pour le niveau fondamental. Voici leurs résultats qui ne sont pas garantis à 10% près. Les discon-

Tableau 7. *Coefficients d'absorption de* OI, CI *et* NI.

λ(Å)		1102	911	854	732	665	475
$10^{18}a$	OI		2,6		3,6 7,6	8,6 11,3	13,1
	CI	11	11		10	9	6
	NI			9	10	11	9

tinuités du coefficient d'absorption de l'oxygène correspondent à des ionisations qui laissent l'ion dans un état excité (^2D ou ^2P).

Les coefficients d'absorption de divers autres atomes et de quelques ions ont été calculés avec plus ou moins de précision pour leur niveau fondamental[2]. Dans presque tous les cas, les valeurs à la tête du continuum sont de l'ordre de quelques unités $\times 10^{-18}$. A noter la valeur particulièrement faible du sodium ($3 \cdot 10^{-19}$).

L'abondance des particules lourdes est heureusement faible par rapport à l'hydrogène et à l'hélium; un calcul approché, comme celui effectué par E. Vitense[3], peut, semble-t-il, suffire à en rendre compte.

Unsöld [3] utilise la formule

$$a_\nu = \frac{16\pi^2}{3\sqrt{3}} \frac{e^6(Z+s)^2}{ch(2\pi m\,\mathrm{k})^{\frac{3}{2}}} \frac{p_e}{T^{\frac{3}{2}}} \frac{e^{h\nu/kT}}{\nu^3} \tag{22.1}$$

qui donne le coefficient rapporté à *un ion* de l'espèce considérée. On prend $Z = 1$ pour l'atome neutre, $Z = 2$ pour l'atome une fois ionisé etc. et $s = 1$.

L'ion négatif d'oxygène pourrait être intéressant, il est encore beaucoup trop mal connu pour qu'on puisse considérer que son coefficient d'absorption a

---

[1] D. R. Bates et M. J. Seaton: Monthly Notices Roy. Astronom. Soc. London **109**, 698 (1949).

[2] Une revue générale de la question a été faite par D. R. Bates: Monthly Notices Roy. Astronom. Soc. London **106**, 432 (1946).

[3] E. Vitense: Z. Astrophys. **28**, 81 (1951).

été déterminé mais il doit être de l'ordre de 10^{-17}. Pour l'ion négatif de carbone qui pourrait aussi présenter de l'intérêt, MASSEY et SMITH[1] arrivent à une prévision de $2{,}1 \cdot 10^{-17}$ pour le maximum qui se produirait à 1200 Å. D'après les possibilités de formation de ces ions négatifs, c'est seulement dans les étoiles plus froides que le soleil que leur contribution à la formation du coefficient d'absorption pourrait être appréciable.

Les molécules donnent lieu à des continua d'absorption correspondant à divers processus. R. WILDT[2] a, en particulier, envisagé le continuum d'absorption provenant de la dissociation de la molécule H_2^+ et celui provenant de l'association de la molécule neutre d'hydrogène. BATES[3] a calculé le coefficient d'absorption pour la dissociation de H_2^+ et pour les transitions qui se produisent lors d'une collision entre un atome d'hydrogène et un proton. Il ne semble pas que ces causes d'absorption jouent un rôle appréciable dans l'atmosphère solaire et à fortiori dans les atmosphères des étoiles plus chaudes.

Dans les étoiles plus froides que le soleil, les composés moléculaires deviennent abondants, leurs continua d'absorption étant fort mal connus encore, il est impossible de décrire numériquement les propriétés absorbantes de leurs atmosphères. Dans les étoiles de type N, la grande absorption découverte par SHANE[4], commençant à 4050 Å et s'étendant vers l'ultraviolet pourrait, d'après SWINGS[5], s'interpréter comme une absorption par des particules de noir de fumée en suspension dans l'atmosphère.

23. Coefficient de diffusion. Le coefficient de diffusion pour un électron libre est

$$\sigma = \frac{8\pi}{3}\left(\frac{e^2}{mc^2}\right)^2 = 0{,}6655 \cdot 10^{-24}. \tag{23.1}$$

Pour l'hydrogène neutre le coefficient de diffusion est

$$\sigma = \frac{8\pi}{3}\left(\frac{e^2}{mc^2}\right)^2 \frac{\lambda_0^4}{\lambda^4} \tag{23.2}$$

où $\lambda_0 = 1026$ Å est une longueur d'onde correspondant à la moyenne pondérée des fréquences des raies de la série de LYMAN.

La contribution des autres atomes à la formation du coefficient de diffusion est négligeable, par suite de leurs faibles abondances.

24. Coefficient d'absorption de la matière stellaire. Tables numériques. Naturellement, on doit connaître le coefficient d'absorption continue, non pas seulement dans le domaine spectral sur lequel les observations portent (3000 à 9000 Å), mais bien pour toutes les longueurs d'onde car les propriétés physiques de l'atmosphère sont conditionnées par le transfert du rayonnement dans l'ensemble des longueurs d'onde.

Pour calculer le coefficient d'absorption d'un échantillon de matière, de constitution chimique donnée, soumis à une température T et à une pression p (ou à une pression électronique p_e), il faut d'abord fixer le nombre des atomes se trouvant dans les différents états d'ionisation et d'excitation puis multiplier par le coefficient d'absorption correspondant et faire la somme. Certaines formules comme la formule (19.10) qui donne l'absorption par l'hydrogène neutre pour l'ensemble de ses états possibles y compris les états non quantifiés permettent

[1] MASSEY et SMITH: Proc. Roy. Soc. Lond., Ser. A **155**, 472 (1936).
[2] Relations entre les phénomènes solaires et géophysiques. Centre National de la Recherche Scientifique p. 1. Paris 1947.
[3] D. R. BATES: Monthly Notices Roy. Astronom. Soc. London **112**, 40 (1952).
[4] C. D. SHANE: Lick Obs. Bull. **13**, 123 (1928).
[5] P. SWINGS: Ann. d'Astrophys. **16**, 287 (1953).

d'abréger les calculs après qu'on les a réduites en tables. On aura par exemple à calculer une expression telle que

$$a(\nu) = n(\mathrm{H})\left[a_{\mathrm{H}}(T) + a_{\mathrm{H}^-}(T, p_e)\right] \\ + n(\mathrm{He})\,a_{\mathrm{He}}(T) + n(\mathrm{He}^+)\,a_{\mathrm{He}^+}(T) + \sum_{\mathrm{M}} n(\mathrm{M})\,a_{\mathrm{M}}(T, p_e) \quad (24.1)$$

dans laquelle $n(\mathrm{H})$, $n(\mathrm{He})$, $n(\mathrm{He}^+)$, $n(\mathrm{M})$ représentent les nombres d'atomes neutres d'hydrogène et d'hélium, d'ions He^+ et de chacune des particules lourdes rapportés à un atome d'hydrogène (neutre ou ionisé), et où les coefficients a_{H}, a_{He}, a_{He^+} et a_{M} sont les coefficients d'absorption rapportés à une particule de l'espèce précisée en indice et a_{H^-} le coefficient de l'ion négatif d'hydrogène rapporté à un atome neutre du même corps.

Tableau 8. *Composition chimique de la matière stellaire* (E. Vitense).

H	25 100	Mg	1,55
He	4 570	Al	0,0955
C	6,31	Si	1,41
N	13,5	S	0,371
O	24,5	K	0,00794
Ne	28,8	Ca	0,0759
Na	0,0575	Fe	2,34

Pour les étoiles de type solaire l'absorption par l'hélium neutre et ionisé est complètement négligeable et l'absorption par les particules lourdes est peu importante. Pour les étoiles chaudes l'absorption par l'ion négatif d'hydrogène et par les particules lourdes est négligeable, sauf en ce qui concerne l'extrême ultraviolet pour ces dernières.

Le coefficient obtenu comme il vient d'être dit doit être multiplié par $(1 - e^{-h\nu/kT})$ pour tenir compte des émissions induites (Sect. 18). Dans des recherches de première approximation on lui ajoute encore le coefficient de diffusion, mais ce procédé n'est qu'approché car dans les équations de transfert l'absorption et la diffusion jouent des rôles différents.

E. Vitense[1] a donné sous forme de graphiques les coefficients d'absorption (y compris la diffusion) pour les températures comprises entre 3840° et 100 800° et les Log p_e compris entre 0,5 et 5, calculés pour la composition chimique du tableau 8 (exprimée en nombre d'atomes).

Pour des compositions différentes les calculs seraient abrégés par les tables de Sueo Ueno[2] qui contiennent des tables de coefficients d'absorption pour H, He et He$^+$. Rappelons encore que les tables de l'ion négatif d'hydrogène se trouvent dans le travail de Chandrasekhar et Breen[3].

C. Problèmes de transfert.

I. Atmosphère semi-infinie. Cas gris.

25. Solution approchée. Ecrivons à nouveau l'équation (11.2) correspondant au problème de transfert dans le cas gris, pour le rayonnement global (intégré sur toutes les fréquences) et pour une atmosphère stratifiée en couches planes et parallèles

$$\cos\vartheta\,\frac{dI(\vartheta,\tau)}{d\tau} = I(\vartheta,\tau) - E(\tau) \quad (25.1)$$

avec

$$E(\tau) = J(\tau) = \int I(\vartheta,\tau)\,\frac{d\omega}{4\pi} = \frac{1}{2}\int_0^\pi I(\vartheta,\tau)\sin\vartheta\,d\vartheta. \quad (25.2)$$

[1] E. Vitense: Z. Astrophys. **28**, 81 (1951).
[2] Sueo Ueno: Contr. Inst. Astrophys. Tokyo **1954**, No. 42 et 43.
[3] S. Chandrasekhar et F. H. Breen: Astrophys. Journ. **104**, 430 (1946).

Rappelons encore que le flux πF est donné par

$$F = 4 \int I(\vartheta, \tau) \cos \vartheta \, \frac{d\omega}{4\pi} \tag{25.3}$$

et que sa valeur est constante dans le cas de l'équilibre radiatif. Posons encore

$$K(\tau) = \int I \cos^2 \vartheta \, \frac{d\omega}{4\pi} . \tag{25.4}$$

Multiplions les deux membres de l'équation (25.1) par $\cos \vartheta \, \dfrac{d\omega}{4\pi}$ et intégrons sur la sphère. Il vient

$$\frac{dK}{d\tau} = \frac{F}{4} , \tag{25.5}$$

relation qui a été découverte par EDDINGTON et dont il s'est servi pour former une solution approchée (approximation de MILNE-EDDINGTON), solution qui consiste à poser

$$K = \overline{\cos^2 \vartheta} \int I \, \frac{d\omega}{4\pi} = \overline{\cos^2 \vartheta} \, J = \frac{1}{3} \, J. \tag{25.6}$$

Cette approximation serait rigoureuse pour un rayonnement isotrope. Il en résulte

$$\frac{dJ}{d\tau} = \frac{3F}{4} \tag{25.7}$$

et comme on sait que F est une constante on obtient

$$J = \tfrac{3}{4} F \tau + J_0 \tag{25.8}$$

où J_0 est la valeur de J pour $\tau = 0$.

A la même approximation (25.3), devient à la surface

$$F = 4 \, \overline{\cos \vartheta} \int I(\vartheta, 0) \, \frac{d\omega}{4\pi} = 4 \, \overline{\cos \vartheta} \, J_0 = 2 \, J_0 \tag{25.9}$$

la valeur moyenne de $\cos \vartheta$ étant prise sur l'hémisphère $0 < \vartheta < \dfrac{\pi}{2}$ puisque sur l'autre hémisphère $I \equiv 0$ (pas de rayonnement entrant par la surface). On obtient donc

$$J = \tfrac{1}{2} F(1 + \tfrac{3}{2} \tau). \tag{25.10}$$

Nous supposons maintenant que l'atmosphère est en équilibre thermodynamique local et que le coefficient de diffusion est nul. Par conséquent

$$J = \frac{j}{\varkappa} = \frac{\sigma}{\pi} \, T^4$$

d'après (14.3) intégré sur toutes les fréquences.

Posons en outre

$$F = \frac{\sigma}{\pi} \, T_e^4, \tag{25.11}$$

équation de définition de la température effective d'une étoile. On obtient

$$T^4 = \tfrac{1}{2} \, T_e^4 (1 + \tfrac{3}{2} \tau), \tag{25.12}$$

relation qui donne la température en fonction de la profondeur optique. En particulier la température superficielle est donnée par

$$T_0 = \sqrt[4]{\tfrac{1}{2}} \, T_e = 0{,}841 \, T_e. \tag{25.13}$$

L'intensité du rayonnement sortant est donné par l'intégration de (25.1)

$$I(\vartheta, \tau) = \int_\tau^\infty J(t)\, e^{-(t-\tau)\sec\vartheta}\, \sec\vartheta\, dt \tag{25.14}$$

et $J(\tau)$ étant donné par (25.10), il vient:

$$I(\vartheta, \tau) = \frac{F}{2}\left(1 + \frac{3}{2}\cos\vartheta + \frac{3}{2}\tau\right). \tag{25.15}$$

Il en résulte pour l'assombrissement vers le bord à la surface d'une étoile (toujours dans le cas gris) et pour le rayonnement intégré:

$$\frac{I(\vartheta, 0)}{I(0, 0)} = \frac{2}{5} + \frac{3}{5}\cos\vartheta. \tag{25.16}$$

Déterminons encore la répartition spectrale du rayonnement sortant. L'intensité correspondant à chaque fréquence satisfait à une équation de la forme (25.1) où l'on introduit l'indice ν. On a en outre d'après l'hypothèse de l'équilibre thermodynamique local [Eq. (14.3)]

$$J_\nu = \frac{j_\nu}{\varkappa} = \frac{2h\nu^3}{c^2}\left(e^{\frac{h\nu}{kT}} - 1\right)^{-1} \tag{25.17}$$

et il en résulte d'après (25.14) pour $\tau = 0$

$$\left.\begin{aligned}
I_\nu(\vartheta, 0) &= \frac{2h\nu^3}{c^2}\int_0^\infty \left(e^{\frac{h\nu}{kT}} - 1\right)^{-1} e^{-t\sec\vartheta}\, \sec\vartheta\, dt \\
&= \frac{2h\nu^3}{c^2}\int_0^\infty \left[e^{\frac{h\nu}{kT_e}\left(\frac{1}{2} + \frac{3}{4}t\right)^{-\frac{1}{4}}} - 1\right]^{-1} e^{-t\sec\vartheta}\, \sec\vartheta\, dt
\end{aligned}\right\} \tag{25.18}$$

en posant

$$\varkappa = t\sec\vartheta; \qquad \alpha = \frac{h\nu}{k\,T_e\,2^{\frac{1}{4}}}; \qquad p = \frac{3}{2}\cos\vartheta \tag{25.19}$$

on obtient

$$I(\vartheta, 0) = \frac{2h\nu^3}{c^2}\,\alpha^{-5}\,f(\alpha, p) \tag{25.20}$$

où l'on a posé

$$f(\alpha, p) = \alpha^5 \int_0^\infty \frac{e^{-x}\, dx}{e^{\alpha(1+px)^{-\frac{1}{4}}} - 1}. \tag{25.21}$$

Il existe des tables de la fonction $f(\alpha, p)$ calculées par Lindblad[1] et par Milne[2]. Appliquons la méthode d'approximation de la Sect. 12 à (25.18). On obtient

$$\left.\begin{aligned}
I(\vartheta, 0) &= \frac{2h\nu^3}{c^2}\left(e^{\frac{h\nu}{kT}} - 1\right)^{-1}, \\
T^4 &= \frac{1}{2}\,T_e^4\left(1 + \frac{3}{2}\cos\vartheta\right).
\end{aligned}\right\} \tag{25.22}$$

Au bord du disque le rayonnement est celui du corps noir à la température superficielle de l'étoile, T_0. Au centre du disque il est celui du corps noir à la température $T = \sqrt[4]{\frac{5}{4}}\,T_e = 1{,}046\,T_e$. Les formules (25.22) permettent également de déterminer l'assombrissement monochromatique vers le bord.

---

[1] B. Lindblad: Uppsala Univ. Årsskr. **1**, 33 (1920).

[2] E. A. Milne: Phil. Trans. Roy. Soc. Lond., Ser. A **223**, 247 (1922).

26. Les approximations de CHANDRASEKHAR. Ecrivons à nouveau l'équation (25.1) où on a porté la valeur de $E(\tau)$ d'après (25.2) en posant

$$\mu = \cos\vartheta, \tag{26.1}$$

$$\mu\,\frac{dI(\mu,\tau)}{d\tau} = I(\mu,\tau) - \frac{1}{2}\int_{-1}^{+1} I(\mu,\tau)\,d\mu. \tag{26.2}$$

La méthode de CHANDRASEKHAR [*13*] consiste à remplacer l'intégrale du second membre par application de la méthode de quadrature approchée de GAUSS.

$$\int_{-1}^{+1} I(\mu,\tau)\,d\mu = \sum_{j=-n}^{+n} a_j I(\mu_j,\tau). \tag{26.3}$$

Les μ_j sont les zéros des polynomes de LEGENDRE $P_{2n}(\mu)$ et les poids a_{ij} sont donnés par

$$a_j = \frac{1}{P_{2n}'(\mu_i)}\int_{-1}^{+1}\frac{P_{2n}(\mu)}{\mu-\mu_j}\,d\mu. \tag{26.4}$$

La formule (26.3) est rigoureuse dans tous les cas où la fonction $I(\mu,\tau)$ peut être représentée par un polynome en μ de degré au plus égal à $(2n-1)$. Les a_i et les μ_i satisfont aux conditions suivantes

$$\left.\begin{array}{l} a_{-j}=a_j;\quad \mu_{-j}=-\mu_j;\quad \displaystyle\sum_{0}^{n} a_i=1;\\[2mm] \displaystyle\sum_{-n}^{+n} a_j\mu_j^m = \int_{-1}^{+1}\mu^m\,d\mu = \begin{cases} 0 & m\text{ impair}\\ \dfrac{2}{m+1} & m\text{ pair.} \end{cases} \end{array}\right\} \tag{26.5}$$

Ceci posé, l'équation (26.2) se transforme en un système de $2n$ équations différentielles linéaires à coefficients constants

$$\mu_i\,\frac{dI_i}{d\tau} = I_i - \frac{1}{2}\sum_j a_j I_j, \quad i = \pm 1 \cdots \pm n. \tag{26.6}$$

La solution générale de ce système est

$$I_i = b\left[\sum_{\alpha=1}^{n-1}\frac{L_\alpha e^{-k_\alpha\tau}}{1+\mu_i k_\alpha} + \sum_{\alpha=1}^{n-1}\frac{L_{-\alpha} e^{k_\alpha\tau}}{1-\mu_i k_a} + \tau + \mu_i + Q\right]. \tag{26.7}$$

Les k_α sont les solutions non nulles de l'équation caractéristique

$$1 = \frac{1}{2}\sum_{j=-n}^{+n}\frac{a_j}{1+\mu_j k} \tag{26.8}$$

qu'on peut encore écrire, en tenant compte de (26.5)

$$1 = \sum_{j=1}^{n}\frac{a_j}{1-\mu_j^2 k^2}. \tag{26.9}$$

Multiplions les deux membres de l'équation par $\displaystyle\prod_{j=1}^{n}(1-\mu_j^2 k^2)$ et désignons le produit précédent, où le facteur correspondant à l'indice i est remplacé par l'unité par Π_i'. L'équation devient

$$\Pi(1-\mu_j^2 k^2) - \sum_{j=1}^{n} a_j \Pi_j'(1-\mu_j^2 k^2) = 0.$$

Le terme constant de cette équation est $1 - \sum\limits_{j=1}^{n} a_j$ et en vertu de (26.5) il est nul. Le terme en k^{2n} a pour coefficient $(-1)^n \Pi \mu_j^2$ et le terme en k^2 a pour coefficient

$$- \sum \mu_j^2 - \sum a_j [- \sum \mu_j^2 + \mu_j^2] = - \sum_1^n a_j \mu_j^2 = - \tfrac{1}{3}$$

en sorte que le produit des racines de l'équation en k^2 est

$$\prod_{\alpha=1}^{n-1} k_\alpha^2 = \frac{1}{3 \, \Pi \, \mu_j^2}\,, \tag{26.10}$$

relation que nous utiliserons par la suite. b, Q, les $(n-1)$ constantes L_α et les $(n-1)$ constantes $L_{-\alpha}$ sont les $2n$ con-stantes d'intégration à déterminer d'après les conditions du problème.

Première condition: Lorsque τ augmente indéfiniment, l'intensité varie linéairement avec τ. Ceci résulte de ce que, le rayonnement étant isotrope aux grandes profondeurs, l'équation (25.7) est rigoureuse et qu'on a aussi $J(\tau) = I(\tau)$. Cette condition entraîne donc

$$L_{-\alpha} \equiv 0. \tag{26.11}$$

Deuxième condition: Aucun rayonnement n'entre dans l'atmosphère par la surface $\tau = 0$, c'est-à-dire qu'on a

$$I_{-i}(\tau = 0) \equiv 0, \quad i = 1, 2 \ldots n \tag{26.12}$$

ce qui entraîne

$$\sum_{\alpha=1}^{n-1} \frac{L_\alpha}{1 - \mu_i k_\alpha} - \mu_i + Q = 0, \quad i = 1, 2 \ldots n. \tag{26.13}$$

Ce système de n équations linéaires fait connaître les $(n-1)$ constantes L_α et Q.

Troisième condition. Le flux est donné. L'équation (25.3) devient

$$F = 2 \int_{-1}^{+1} I(\mu, \tau) \, \mu \, d\mu = 2 \sum_i a_i \mu_i I(\mu_i, \tau)$$

c'est-à-dire

$$F = 2b \left[\sum_{\alpha=1}^{n-1} L_\alpha \, e^{-k\alpha\tau} \sum_i \frac{a_i \mu_i}{1 + \mu_i k_\alpha} + (\tau + Q) \sum a_i \mu_i + \sum a_i \mu_i^2 \right]. \tag{26.14}$$

Or, d'après (26.5), $\sum a_i \mu_i = 1$ et $\sum a_i \mu_i^2 = 0$ et, comme en outre on a

$$\sum_{-n}^{+n} \frac{a_i \mu_i}{1 + \mu_i k_\alpha} = \frac{1}{k_\alpha} \sum_{-n}^{+n} \left(a_i - \frac{a_i}{1 + \mu_i k_\alpha} \right) = \frac{1}{k_\alpha} \left(2 - \sum_{-n}^{+n} \frac{a_i}{1 + \mu_i k_\alpha} \right), \tag{26.15}$$

mais puisque k_α est solution de (26.8), il vient

$$\sum_{-n}^{+n} \frac{a_i \mu_i}{1 + \mu_i k_\alpha} = 0 \tag{26.16}$$

et par suite

$$b = \tfrac{3}{4} F. \tag{26.17}$$

Donc, en définitive

$$I_i = \frac{3}{4} F \left[\sum_{\alpha=1}^{n-1} \frac{L_\alpha e^{-k\alpha\tau}}{1 + \mu_i k_\alpha} + \tau + \mu_i + Q \right]. \tag{26.18}$$

Calculons maintenant la fonction source

$$J = \tfrac{1}{2} \int_{-1}^{+1} I(\mu, \tau)\, d\mu = \tfrac{1}{2} \sum_i a_i I_i, \tag{26.19}$$

$$J = \frac{3}{8} F \left[\sum_{\alpha=1}^{n-1} L_\alpha e^{-k_\alpha \tau} \sum_i \frac{a_i}{1 + \mu_i k_\alpha} + (\tau + Q) \sum a_i + \sum a_i \mu_i \right] \tag{26.20}$$

qui se réduit à

$$J = \tfrac{3}{4} F \left(\tau + Q + \sum_{\alpha=1}^{n-1} L_\alpha e^{-k_\alpha \tau} \right) \tag{26.21}$$

qu'on écrit en général

$$J = \tfrac{3}{4} F \left[\tau + q(\tau) \right] \tag{26.22}$$

avec

$$q(\tau) = Q + \sum_{\alpha=1}^{n-1} L_\alpha e^{-k_\alpha \tau}. \tag{26.23}$$

Il est maintenant possible de calculer $I(\tau, \mu)$ à l'aide des équations (10.8) et on obtient pour l'intensité vers l'extérieur

$$I(\tau, \mu) = \frac{3}{4} F \left[\sum_{\alpha=1}^{n-1} \frac{L_\alpha e^{-k_\alpha \tau}}{1 + k_\alpha \mu} + \tau + \mu + Q \right] \tag{26.24}$$

et pour l'intensité vers l'intérieur

$$I(\tau, -\mu) = \frac{3}{4} F \left[\sum_{\alpha=1}^{n-1} \frac{L_\alpha}{1 - k_\alpha \mu} (e^{-k_\alpha \tau} - e^{-\tau/\mu}) + \tau + (Q - \mu)(1 - e^{-\tau/\mu}) \right]. \tag{26.25}$$

L'intensité sortant par la surface est

$$I(0, \mu) = \frac{3}{4} F \left[\sum_{\alpha=1}^{n-1} \frac{L_\alpha}{1 + k_\alpha \mu} + \mu + Q \right]. \tag{26.26}$$

Il est possible de trouver la valeur de $q(0)$. Considérons la fonction

$$S(\mu) = \sum_{\alpha=1}^{n-1} \frac{L_\alpha}{1 - \mu k_\alpha} - \mu + Q \tag{26.27}$$

qui s'annule pour $\mu = \mu_i$ $(i = 1 \ldots n)$ d'après (26.13). Multiplions $S(\mu)$ par $\prod_{\alpha=1}^{n-1} (1 - \mu k_\alpha)$. Le produit s'annule aussi pour tous les $\mu = \mu_i$ et comme c'est un polynome de degré n on peut écrire

$$S(\mu) \prod_{\alpha=1}^{n-1} (1 - \mu k_\alpha) = (-1)^n \prod_{\alpha=1}^{n-1} k_\alpha \prod_{i=1}^{n} (\mu - \mu_i), \tag{26.28}$$

le coefficient constant étant trouvé en formant le coefficient de μ^n. D'après (26.10) il vient

$$S(\mu) = \frac{(-1)^n}{\sqrt{3}} \prod \mu_i \frac{\prod (\mu - \mu_i)}{\prod (1 - \mu k_\alpha)}. \tag{26.29}$$

Remarquons encore que d'après (26.26) et (26.27) on a

$$I(0, \mu) = \tfrac{3}{4} F \, S(-\mu) \tag{26.30}$$

et que par suite il vient

$$I(0,\mu) = \frac{\sqrt{3}}{4} F H(\mu) \qquad (26.31)$$

où l'on a posé

$$H(\mu) = \frac{\prod\limits_{i=1}^{n}(\mu+\mu_i)}{\prod\limits_{i=1}^{n}\mu_i \prod\limits_{\alpha=1}^{n-1}(1+k_\alpha\mu)}. \qquad (26.32)$$

En particulier pour $\mu=0$ il vient $H(\mu)=1$ et $I(0,0)=\frac{\sqrt{3}}{4}$, or $I(0,0)$ est donné par

$$I(0,0) = \tfrac{3}{4} F \left(\sum_{\alpha=1}^{n-1} L_\alpha + Q\right) \qquad (26.33)$$

en sorte qu'on a, d'après (26.23)

$$q(0) = \frac{1}{\sqrt{3}}, \qquad (26.34)$$

valeur exacte, puisqu'elle ne dépend pas du degré de l'approximation, qui avait été trouvée grâce à une autre méthode par Hopf [14] et par Bronstein[1] et qui conduit à $T_0/T_e = \left(\frac{\sqrt{3}}{4}\right)^{\frac{1}{4}} = 0{,}811$.

Il est alors facile d'introduire dans la solution du problème la condition d'équilibre thermodynamique local et de poursuivre les calculs comme à la Sect. 25 pour trouver la distribution de l'énergie dans le spectre en différents points du disque d'une étoile.

27. Données numériques pour les approximations de Chandrasekhar.
α) *Points de divisions et poids pour l'évaluation des intégrales:*

$n=1$	$\mu_{\pm1} = \pm\,0{,}57735$	$a_{\pm1} = 1$
$n=2$	$\mu_{\pm1} = \pm\,0{,}33998$	$a_{\pm1} = 0{,}65215$
	$\mu_{\pm2} = \pm\,0{,}86114$	$a_{\pm2} = 0{,}34785$
$n=3$	$\mu_{\pm1} = \pm\,0{,}23862$	$a_{\pm1} = 0{,}46791$
	$\mu_{\pm2} = \pm\,0{,}66121$	$a_{\pm2} = 0{,}36076$
	$\mu_{\pm3} = \pm\,0{,}93247$	$a_{\pm3} = 0{,}17132$
$n=4$	$\mu_{\pm1} = \pm\,0{,}18343$	$a_{\pm1} = 0{,}36268$
	$\mu_{\pm2} = \pm\,0{,}52553$	$a_{\pm2} = 0{,}31371$
	$\mu_{\pm3} = \pm\,0{,}79667$	$a_{\pm3} = 0{,}22238$
	$\mu_{\pm4} = \pm\,0{,}96029$	$a_{\pm4} = 0{,}10123$.

β) *Racines k_α et constantes d'intégration:*

$n=1$	$Q = 1/\sqrt{3}$	
$n=2$	$Q = +\,0{,}6940$	
	$k_1 = 1{,}9720$	$L_1 = -\,0{,}1167$
$n=3$	$Q = 0{,}7039$	
	$k_1 = 3{,}2029$	$L_1 = -\,0{,}1012$
	$k_2 = 1{,}2252$	$L_2 = -\,0{,}02530$
$n=4$	$Q = 0{,}7069$	
	$k_1 = 4{,}4581$	$L_1 = -\,0{,}08392$
	$k_2 = 1{,}5918$	$L_2 = -\,0{,}03619$
	$k_3 = 1{,}1032$	$L_3 = -\,0{,}00946$.

---

[1] Bronstein: Z. Physik **59**, 144 (1929).

28. Les approximations de KOURGANOFF. La définition du flux πF entraînant l'équation (7.4) écrite à nouveau ci-dessous pour le cas d'une atmosphère plane

$$F = 2 \int_0^\pi I_\nu(\vartheta, \tau) \cos\vartheta \sin\vartheta \, d\vartheta \qquad (28.1)$$

$I(\vartheta, \tau)$ est donné par les équations (10.8). On obtient donc en remplaçant F par J, puisque ces quantités sont équivalentes dans le cas gris:

$$F = 2 \int_\tau^\infty J(\tau) K_2(t - \tau) \, dt - 2 \int_0^\tau J(\tau) K_2(\tau - t) \, dt. \qquad (28.2)$$

La fonction $K_2(x)$ étant l'une des fonctions définies par (10.11).

KOURGANOFF [15] s'est alors proposé de satisfaire en moyenne à cette équation en représentant J par une fonction de forme donnée à priori mais dépendant d'un certain nombre de coefficients arbitraires. Dans son travail définitif, il a adopté en suivant LE CAINE[1] l'expression

$$J(\tau) = \tfrac{3}{4} F \left[A_0 + \tau + A_2 K_2(\tau) + \cdots + A_n K_n(\tau) \right]. \qquad (28.3)$$

Soit alors $\mathfrak{F}(\tau)$ la fonction représentant le second membre de l'équation (28.2) où l'on porte cette expression de $J(\tau)$. KOURGANOFF détermine les constantes de manière à rendre minimum la quantité

$$\int_0^\infty \left[\frac{\mathfrak{F}(\tau)}{F} - 1 \right]^2 d\tau. \qquad (28.4)$$

Il a ainsi déterminé les valeurs suivantes des coefficients.

Tableau 9. *Valeurs de $10^6 A_n$.*

Approximation n	A_0	A_2	A_3	A_4	A_5	A_6
1	686608					
2	715005	−113007				
3	710381	−238877	216489			
4	710489	−259739	323258	−102582		
5	710438	−279901	538809	−646705	372129	
6	710447	−283903	642454	−1224316	1423034	−590226
						...

A partir de $n=3$ l'approximation es très bonne, suffisante pour toutes les applications astronomiques. Pour $n=6$ elle est excellente. Voici la table de $q(\tau) = \sum_2^6 A_n(\tau)$ qui en résulte, calculée par KOURGANOFF.

Tableau 10. *Fonction $q(\tau)$.*

τ	$q(\tau)$	τ	$q(\tau)$	τ	$q(\tau)$	τ	$q(\tau)$
0,00	0,577351	0,08	0,621854	0,70	0,690109	2,25	0,708673
0,01	0,588236	0,09	0,624993	0,80	0,693535	2,50	0,709191
0,02	0,595391	0,10	0,627919	0,90	0,696294	2,75	0,709551
0,03	0,601242	0,20	0,649550	1,00	0,698540	3,00	0,709806
0,04	0,606287	0,30	0,663365	1,25	0,702572	3,25	0,709985
0,05	0,610758	0,40	0,673090	1,50	0,705131	∞	0,710447
0,06	0,614789	0,50	0,680293	1,75	0,706802		
0,07	0,618468	0,60	0,685801	2,00	0,707916		

[1] Une méthode différente due à MENZEL et SEN [Astrophys. Journ. **110**, 1 (1949)] fait usage du même développement.

29. Solution exacte. La solution exacte du problème a demandé beaucoup d'ingéniosité mathématique. Plusieurs méthodes élégantes ont été proposées par AMBARZUMIAN, CHANDRASEKHAR, MARK, PLACZEK et SEIDEL, WIENER et HOPF. Le lecteur est prié de se reporter au traité de KOURGANOFF [15] pour l'exposé de ces méthodes et de leurs relations entre elles ou au traité de CHANDRASEKHAR [13] pour les méthodes utilisées par cet auteur. Il n'est possible en effet de donner ici qu'un très bref aperçu sur l'une des méthodes de CHANDRASEKHAR.

Dans cette méthode, CHANDRASEKHAR généralise la fonction $H(\mu)$, introduite par l'équation (26.32) sous forme d'approximation, grâce au principe d'invariance formulé par AMBARZUMIAN: *le rayonnement émergeant d'une atmosphère plan-parallèle, semi-infinie est invariant par rapport à l'addition (ou à la soustraction) de couches d'épaisseurs optiques arbitraires à (ou de) l'atmosphère.* Il montre que $H(\mu)$ satisfait à l'équation intégrale

$$H(\mu) = 1 + \frac{\mu}{2} H(\mu) \int_0^1 \frac{H(\mu')\,d\mu'}{\mu + \mu'}. \tag{29.1}$$

Cette équation admet la solution donnée par la formule de WIENER et HOPF

$$\log \frac{H(\mu)}{1+\mu} = \frac{\mu}{\pi} \int_0^{\pi/2} \log \frac{\sin^2 \vartheta}{1 - \vartheta \cot \vartheta} \cdot \frac{d\vartheta}{\cos^2 \vartheta + \mu^2 \sin^2 \vartheta}. \tag{29.2}$$

La fonction source est donnée par la formule de MARK

$$J(\tau) = \frac{3}{4} F \left[\tau + q(\infty) - \frac{1}{2\sqrt{3}} \int_0^1 \frac{e^{-\frac{\tau}{u}}\,du}{H(u)\,Z(u)} \right] \tag{29.3}$$

où l'on a

$$Z(u) = \left(1 - \frac{1}{2}\,u \log \frac{1+u}{1-u}\right)^2 + \frac{1}{4}\,\pi^2 u^2 \tag{29.4}$$

et

$$q(\infty) = \frac{6}{\pi^2} + \frac{1}{\pi} \int_0^{\pi/2} \left(\frac{3}{\vartheta^2} - \frac{1}{1 - \vartheta \cot \vartheta}\right) d\vartheta = 0{,}710\,446. \tag{29.5}$$

II. Atmosphère semi-infinie. Cas réel.

30. Généralités. Le problème réel, c'est-à-dire celui ou l'on considère que le coefficient d'absorption dépend de la longueur d'onde, présente de très grandes difficultés. On doit en effet, pour chaque fréquence, satisfaire à une équation (10.6) écrite à nouveau ici:

$$\cos \vartheta \, \frac{d I_\nu(\vartheta,\, \tau_\nu)}{d\tau_\nu} = I_\nu(\vartheta,\, \tau_\nu) - E_\nu \tag{30.1}$$

et à l'équation de continuité (10.17)

$$\int_0^\infty (\varkappa_\nu + \sigma_\nu)\, E_\nu\, d\nu = \int_0^\infty (\varkappa_\nu + \sigma_\nu)\, J_\nu\, d\nu. \tag{30.2}$$

Rappelons encore que l'on a

$$J_\nu(\tau_\nu) = \int I_\nu(\vartheta,\, \tau_\nu) \frac{d\omega}{4\pi}. \tag{30.3}$$

Si on intègre (30.1) comme on l'a fait dans le cas gris, puis calcule $J_\nu(\tau_\nu)$ d'après (30.3) et si on porte dans (30.2) on trouve que $E_\nu(\tau_\nu)$ doit satisfaire à l'équation

$$\int\limits_0^\infty (\varkappa_\nu + \sigma_\nu)\, E_\nu(\tau_\nu)\, d\nu = \tfrac{1}{2} \int\limits_0^\infty K(\tau_\nu - t) \left[\int\limits_0^\infty (\varkappa_\nu + \sigma_\nu)\, E_\nu(t)\, d\nu \right] dt. \qquad (30.4)$$

Pour pouvoir utiliser cette équation il faudrait faire choix d'une profondeur optique τ_0, correspondant à une fréquence donnée ν_0, connaître en fonction de τ_0 chacun des τ_ν ainsi que les $\varkappa_\nu$ et σ_ν. On voit donc que le problème ainsi posé n'est pas maniable et on a été amené à proposer des solutions plus ou moins approchées.

31. La moyenne de Rosseland. Nous ne partons pas de l'équation (30.4) mais de l'équation (10.10) qui donne le flux monochromatique, écrite à nouveau sous la forme équivalente

$$\tfrac{1}{2} F_\nu = \int\limits_0^\infty E_\nu(\tau_\nu + x)\, K_2(x)\, dx - \int\limits_0^{\tau_\nu} E_\nu(\tau_\nu - x)\, K_2(x)\, dx \qquad (31.1)$$

et de la constante du flux intégré

$$F = \int\limits_0^\infty F_\nu\, d\nu. \qquad (31.2)$$

Lorsque τ_ν tend vers l'infini, (31.1) devient

$$F_\nu = \frac{4}{3}\, \frac{dE_\nu}{d\tau_\nu}, \qquad (31.3)$$

$dE_\nu/d\tau_\nu$ étant la valeur de cette dérivée lorsque τ_ν tend vers l'infini. Faisons choix d'une profondeur optique standard τ_0 correspondant à un coefficient d'extinction β_0 (il peut s'agir soit d'un coefficient correspondant à une fréquence ν_0 soit d'un coefficient d'extinction moyen). On a par définition

$$\frac{d\tau_\nu}{d\tau_0} = \frac{\beta_\nu}{\beta_0} \qquad (31.4)$$

et par conséquent

$$F = \frac{4}{3} \int\limits_0^\infty \frac{dE_\nu}{d\tau_0}\, \frac{\beta_0}{\beta_\nu}\, d\nu = \frac{4}{3}\, \frac{dE}{d\tau_0} \int\limits_0^\infty \frac{dE_\nu}{dE}\, \frac{\beta_0}{\beta_\nu}\, d\nu. \qquad (31.5)$$

On sait que dans le cas gris $E(\tau)$ est sensiblement une fonction linéaire de τ, admettons qu'il en est de même de $E_\nu(\tau_\nu)$ en fonction de τ_ν, ce qui est l'hypothèse qui va nous permettre d'introduire un coefficient d'absorption moyen. On a alors

$$\frac{1}{2} F_\nu = \int\limits_0^\infty E_\nu(x)\, K_2(x)\, dx = \frac{1}{2} E_\nu(0) + \frac{1}{3}\, \frac{dE_\nu}{d\tau_\nu} \qquad (31.6)$$

et par suite

$$F = E(0) + \frac{2}{3}\, \frac{dE}{d\tau_0} \int\limits_0^\infty \frac{dE_\nu}{dE}\, \frac{\beta_0}{\beta_\nu}\, d\nu. \qquad (31.7)$$

En résolvant (31.5) et (31.7) il vient

$$E(0) = \frac{1}{2} F, \qquad \frac{dE}{d\tau_0} = \frac{\tfrac{3}{4} F}{\displaystyle\int\limits_0^\infty \frac{dE_\nu}{dE}\, \frac{\beta_0}{\beta_\nu}\, d\nu}, \qquad (31.8)$$

c'est-à-dire

$$E(\tau) = \frac{F}{2} \left[1 + \frac{3}{2} \frac{\tau_0}{\int\limits_0^\infty \frac{dE_\nu}{dE} \frac{\beta_0}{\beta_\nu} d\nu} \right],$$ (31.9)

et on retrouve l'expression correspondant au cas gris en posant

$$\frac{1}{\beta_0} = \int\limits_0^\infty \frac{dE_\nu}{dE} \frac{d\nu}{\beta_\nu}.$$ (31.10)

Dans le cas où la diffusion est négligeable ($\beta_\nu = \varkappa_\nu$), E_ν et E sont donnés en fonction de la température par les lois de Planck et Stefan et il vient

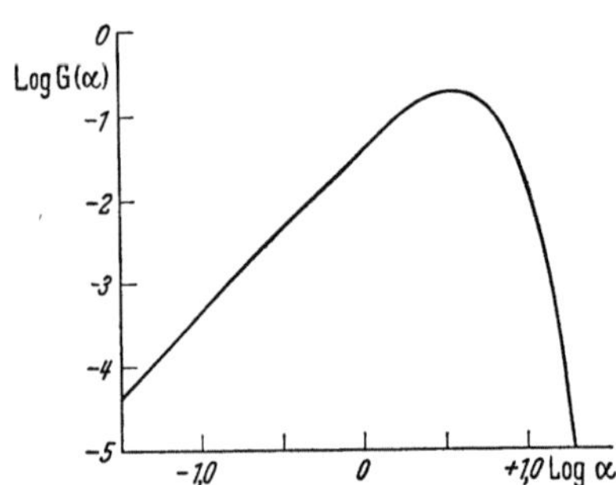

Fig. 6. Variation de Log $G(\alpha)$ avec α.

$$\frac{1}{\varkappa_0} \frac{dB}{dT} = \int\limits_0^\infty \frac{1}{\varkappa_\nu} \frac{dB_\nu}{dT} d\nu.$$ (31.11)

C'est la relation qui sert à définir $\varkappa_0$ appelé *moyenne de Rosseland* du coefficient d'absorption ou encore *coefficient d'opacité*. Cette moyenne a été imaginée pour la première fois par Rosseland[1] en vue de son application à la théorie de l'intérieur des étoiles. Elle a depuis été très utilisée dans les problèmes d'atmosphères stellaires où elle a été introduite d'une manière différente de celle que nous avons utilisée ici.

Calcul pratique de la moyenne de Rosseland. L'équation (31.11) peut s'écrire

$$\frac{1}{\varkappa_0} = \int\limits_0^\infty \frac{1}{\varkappa_\nu} G(\alpha) \, d\alpha$$ (31.12)

où l'on a posé

$$G(\alpha) = \frac{dB_\nu}{dB} = \frac{15}{4\pi^4} \frac{\alpha^4 e^\alpha}{(e^\alpha - 1)^2}$$ (31.13)

avec

$$\alpha = \frac{h\nu}{kT}.$$ (31.14)

Le coefficient d'absorption a bien entendu au préalable été multiplié par $(1 - e^{-\alpha})$ pour tenir compte de l'émission induite.

La Fig. 6 représente la variation de $G(\alpha)$ en fonction de α et la Fig. 7 la variation de la moyenne de Rosseland, en fonction de la température et de la pression, calculée par E. Vitense[2] pour la composition chimique donnée à la Sect. 24.

32. La moyenne de Chandrasekhar. Chandrasekhar[3] se limite au cas d'une absorption pure $E_\nu = B_\nu$, en sorte que l'équation (30.1) devient

$$\cos\vartheta \frac{dI_\nu}{d\tau_\nu} = I_\nu - B_\nu.$$ (32.1)

[1] S. Rosseland: Monthly Notices Roy. Astronom. Soc. London **84**, 525 (1924).
[2] E. Vitense: Z. Astrophys **28**, 81 (1951).
[3] S. Chandrasekhar: Astrophys. Journ. **101**, 328 (1945).

Il postule l'existence d'un coefficient d'absorption moyen $\bar{\varkappa}$ fournissant une solution de première approximation et correspondant à une profondeur optique τ, et il pose

$$\delta_\nu = \frac{\varkappa_\nu}{\bar{\varkappa}} - 1. \tag{32.2}$$

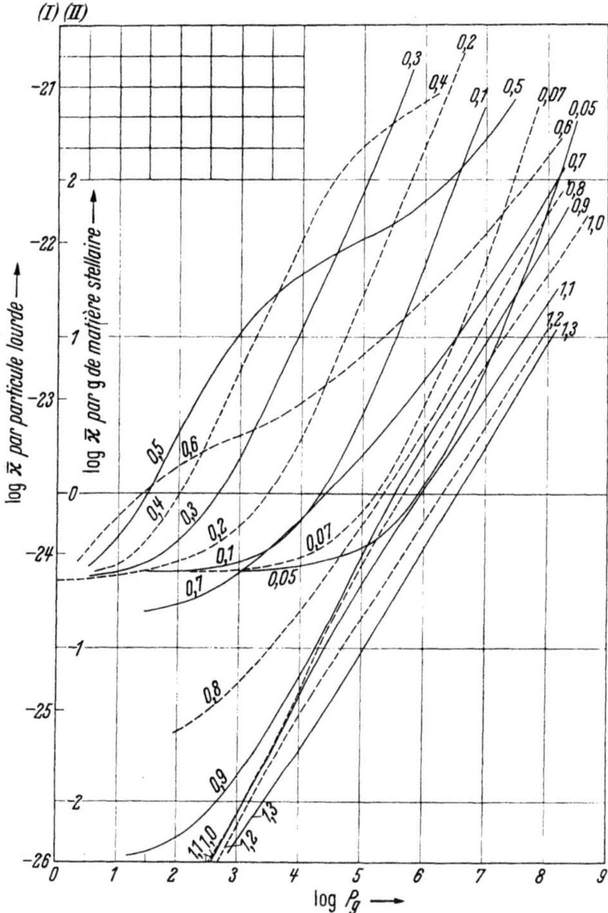

Fig. 7. Moyenne de Rosseland de l'absorption en fonction de la pression gazeuse et de $\Theta = 5040/T$ (d'après E. Vitense).

δ_ν constitue une mesure de l'écart par rapport au cas gris. L'équation (32.1) devient

$$\cos \vartheta \, \frac{d I_\nu}{d\tau} = I_\nu - B_\nu + \delta_\nu (I_\nu - B_\nu). \tag{32.3}$$

Obtenant une première solution en supposant $\delta_\nu \equiv 0$

$$\cos \vartheta \, \frac{d I_\nu^{(1)}}{d\tau} = I_\nu^{(1)} - B_\nu^{(1)} \tag{32.4}$$

il calcule la deuxième approximation à partir de

$$\cos \vartheta \, \frac{d I_\nu^{(2)}}{d\tau} = I_\nu^{(2)} - B_\nu^{(2)} + \delta_\nu \cos \vartheta \, \frac{d I_\nu^{(1)}}{d\tau}. \tag{32.5}$$

Les équations (32.4) et (32.5) s'intègrent par rapport à ν et donnent

$$\cos\vartheta\,\frac{d\,I^{(1)}}{d\tau} = I^{(1)} - B^{(1)}, \tag{32.6}$$

$$\cos\vartheta\,\frac{d\,I^{(2)}}{d\tau} = I^{(2)} - B^{(2)} + \cos\vartheta \int_0^\infty \delta_\nu\,\frac{d\,I_\nu^{(1)}}{d\tau}\,d\nu. \tag{32.7}$$

La conservation du flux pour (32.6) qui est l'équation de transfert usuelle du cas gris conduit à

$$B^{(1)} = J^{(1)} \tag{32.8}$$

et pour (32.7) par le procédé d'intégration usuel à

$$B^{(2)} = J^{(2)} + \frac{1}{4} \int_0^\infty \delta_\nu\,\frac{d\,F_\nu}{d\tau}\,d\nu. \tag{32.9}$$

Chandrasekhar montre alors, en utilisant des méthodes d'intégration analogues à celles de la Sect. 26 que la meilleure approximation de $\bar\varkappa$ est donnée par

$$\bar\varkappa = \frac{1}{F} \int \varkappa_\nu\, F_\nu^{(1)}\, d\nu. \tag{32.10}$$

En se bornant à une approximation du type Milne-Eddington il obtient

$$B^{(2)} = \frac{3}{4} F \left(\tau + \frac{1}{\sqrt{3}} + \frac{1}{3F} \int_0^\infty \delta_\nu\,\frac{d\,F_\nu^{(1)}}{d\tau}\,d\nu \right). \tag{32.11}$$

Le mémoire de Chandrasekhar, contient encore des formules permettant d'établir des approximations meilleures ainsi que des tables de F_ν/F et de $\frac{1}{F}\frac{d\,F_\nu}{d\tau}$.

Une simplification de la moyenne de Chandrasekhar consiste à définir le coefficient d'absorption par

$$\bar\varkappa = \frac{1}{B} \int_0^\infty \varkappa_\nu\, B_\nu\, d\nu,$$

c'est *la moyenne de Planck*.

On trouvera des discussions étendues sur le choix de la meilleure façon de former un coefficient d'absorption moyen dans les traités d'Unsöld [3], de Kourganoff [15] et dans un article de Michard[1], ainsi que dans l'article de Chandrasekhar précédemment analysé.

Beaucoup d'arguments théoriques ont été avancés. Toutes les moyennes proposées n'étant que des approximations, il est facile à leurs adversaires de montrer qu'elles sont incorrectes. Le meilleur critérium entre les moyennes réside, en fait, dans une comparaison numérique des résultats auxquels elles conduisent. Cette comparaison a été faite par Michard qui a construit, à partir des mêmes données, des modèles gris de l'atmosphère du soleil avec chacune des trois moyennes, Rosseland, Chandrasekhar et Planck. Il a ensuite calculé en fonction de la profondeur optique le flux. Les résultats sont reportés sur la Fig. 8. La valeur vraie de F est $1{,}96 \cdot 10^{10}$. On constate d'une part que la moyenne de Rosseland donne le modèle dont le flux est partout le plus voisin de cette valeur mais que d'autre part les moyennes de Chandrasekhar et surtout

---

[1] R. Michard: Ann. d'Astrophys. **12**, 291 (1949).

de PLANCK conduisent à des flux beaucoup plus constants en fonction de la profondeur optique. Si donc on ne se fixe pas d'avance avec exactitude le flux auquel doit satisfaire un modèle, il sera préférable d'utiliser une de ces deux dernières moyennes; c'est seulement dans le cas du soleil que le flux (température effective) est bien connu à l'avance et dans ce seul cas la moyenne de ROSSELAND serait à préférer.

Evidemment il est peut-être hasardeux, d'après cet unique exemple numérique, de généraliser ce résultat; cependant il faut bien remarquer que Anne B. UNDERHILL en étudiant le cas très différent d'une étoile B avec al moyenne de CHANDRASEKHAR a trouvé une bonne constance du flux (voir p. 321) ce qui laisse penser que la propriété est assez générale.

33. Procédé des deux domaines. Dans l'atmosphère des étoiles B, le coefficient d'absorption est cent fois plus grand (ordre de grandeur) du côté des courts λ par rapport à la discontinuité de LYMAN que du côté des grands λ.

Le problème de l'équilibre radiatif d'une atmosphère stellaire a été traité par S. CHANDRASEKHAR[1], qui avait d'ailleurs plus spécialement en vue l'étude de l'effet produit par les raies sur cet équilibre, dans un cas schématique. Il considère qu'il existe deux domaines spectraux (qui ne sont pas obligatoirement

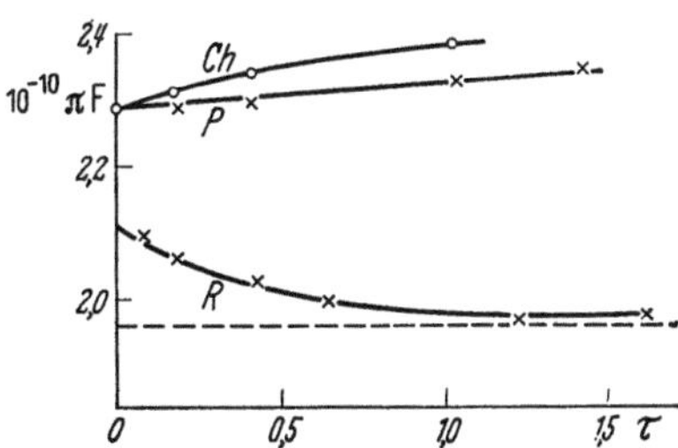

Fig. 8. Flux, en fonction de la profondeur optique, pour trois modèles gris de l'atmosphère solaire calculés à l'aide des moyennes de ROSSELAND (R), CHANDRASEKHAR (Ch) et PLANCK (P). La droite en trait interrompu représente le flux vrai: $1{,}96 \cdot 10^{10}$.

d'un seul tenant); dans le premier de ces domaines qui représente en fréquences la fraction a_1 du spectre, le coefficient d'absorption est $\varkappa_1$, et le coefficient de diffusion σ_1; dans l'autre domaine représentant la fraction $a_2 = 1 - a_1$ du spectre, le coefficient d'absorption est $\varkappa_2$ et le coefficient de diffusion σ_2.

Les équations de transfert s'écrivent

$$\cos \vartheta \, \frac{d I_1}{d x} = (\varkappa_1 + \sigma_1) I_1 - \sigma_1 J_1 - \varkappa_1 a_1 B, \tag{33.1}$$

$$\cos \vartheta \, \frac{d I_2}{d x} = (\varkappa_2 + \sigma_2) I_2 - \sigma_2 J_2 - \varkappa_2 a_2 B \tag{33.2}$$

et l'équation de l'équilibre radiatif devient

$$\varkappa_1 J_1 + \varkappa_2 J_2 = (\varkappa_1 a_1 + \varkappa_2 a_2) B. \tag{33.3}$$

La méthode d'intégration approchée, du type MILNE-EDDINGTON, utilisée déjà dans le cas gris (Sect. 25) permet d'obtenir la solution suivante (dans le cas $\sigma_1 = 0$)

$$\left. B(x) = \frac{\frac{3}{4} F}{\dfrac{a_1}{\varkappa_1} + \dfrac{a_2}{\varkappa_2 + \sigma_2}} \, x + \frac{2}{\varkappa_1 (\varkappa_2 + \sigma_2)} \times \right.$$
$$\left. \times \frac{a_1 (\varkappa_2+\sigma_2)^2 + a_2 \varkappa_1^2 + \frac{2}{3}[a_1(\varkappa_1+\sigma_2) + a_2 \varkappa_1]\varkappa_1 q - \dfrac{a_1 a_2}{a_1\varkappa_1 + a_2\varkappa_2}[\varkappa_2(\varkappa_2+\sigma_2) - \varkappa_1^2][\varkappa_2+\sigma_2 - \varkappa_1]\, e^{-\varkappa_1 q x}}{3[a_1(\varkappa_2+\sigma_2) + a_2\varkappa_1] + 2\varkappa_1 q} \right\} \tag{33.4}$$

avec

$$\varkappa_1^2 q^2 = 3\varkappa_1 \varkappa_2 \, \frac{a_1(\varkappa_2 + \sigma_2) + a_2\varkappa_1}{a_1\varkappa_1 + a_2\varkappa_2}. \tag{33.5}$$

---

[1] S. CHANDRASEKHAR: Monthly Notices Roy. Astronom. Soc. London **96**, 21 (1935).

Dans un cas réel, on est amené à calculer pour chacun des domaines spectraux des valeurs moyennes des coefficients d'absorption d'après les coefficients d'absorption vrais.

Cette méthode est approchée, non seulement parce que la solution du système (33.1) à (33.3) résulte d'une méthode approchée, connue d'ailleurs pour être assez correcte, mais surtout parce qu'elle repose sur l'hypothèse que $\varkappa_1, \varkappa_2, \sigma_1, \sigma_2$ varient proportionnellement lorsqu'on s'enfonce dans l'atmosphère et que a_1 est indépendant de la profondeur optique. R. CAYREL[1] a récemment réussi à s'affranchir de cette dernière restriction. Il montre qu'on peut subdiviser une atmosphère stellaire en trois zones et dans chacune d'elles le coefficient d'absorption peut être soit petit, soit grand. Dans la première zone ou corps de l'atmosphère on a

$$a_1 B = \tfrac{3}{4} F(\tau_1 + q(\tau_1)].$$ (33.6)

τ_1 étant la profondeur optique pour le domaine transparent. Puis vient la zone de transition où B est donné par l'équation différentielle

$$\frac{4}{3} \frac{d^2(a_2 B)}{d\tau_2^2} - 4 a_1 B \frac{\varkappa_1}{\varkappa_2} = 0$$ (33.7)

avec pour conditions aux limites

$$B = \frac{\sqrt{3}\,F}{4 a_1} \quad \text{pour} \ \tau_2 \to \infty; \quad a_2 B(0) = q(\infty) \left[\frac{d(a_2 B)}{d\tau_2} \right]_0.$$ (33.8)

Le flux correspondant au domaine opaque est alors

$$F = \frac{4}{3} \left[\frac{d(a_2 B)}{d\tau_2} \right]_0.$$

Enfin on a la zone superficielle où B est donné par

$$a_2 B = F_2 [\tau_2 + q(\tau_2)].$$ (33.9)

34. Procédés d'itération. Le premier procédé dû à B. STRÖMGREN[2] utilise les équations

$$J_\nu(\tau_\nu) = \int\limits_0^\infty B_\nu(t_\nu) K(|\tau_\nu - t_\nu|)\, dt_\nu,$$ (34.1)

les fonctions B_ν devant encore satisfaire pour chaque profondeur optique τ_0, calculée à l'aide d'un coefficient moyen ou du coefficient relatif à une certaine fréquence, à la conservation du flux

$$\int\limits_0^\infty \varkappa_\nu J_\nu\, d\nu = \int\limits_0^\infty \varkappa_\nu B_\nu\, d\nu.$$ (34.2)

Nous supposons que les effets de la diffusion sont négligeables. B_ν s'exprime en fonction de la fréquence et de la température par la loi de PLANCK. La fonction à déterminer est la relation entre la température T et τ_0.

On part d'une première approximation. Chacune des équations (34.1) donne J_ν pour chaque τ_0. Portant dans (34.2) on obtient la température corrigée correspondant à chaque τ_0. On peut alors procéder à une ou plusieurs itérations nouvelles sur le même principe.

La convergence de ce procédé est malheureusement très lente, sauf pour les petites valeurs de τ_ν.

---

[1] R. CAYREL: C. R. Acad. Sci. Paris **239**, 1354 (1954).
[2] Décrit par J.-CL. PECKER: Ann. d'Astrophys. **13**, 294 (1950).

Un autre procédé proposé par Unsöld[1] utilise une idée de Cayrel[2] et Woolley[3]: on part des équations

$$F_\nu(\tau_\nu) = 2 \int\limits_{\tau_\nu}^{\infty} B_\nu(t_\nu)\, K_2(t_\nu - \tau_\nu)\, dt_\nu - 2 \int\limits_{0}^{\tau_\nu} B_\nu(t_\nu)\, K_2(\tau_\nu - t_\nu)\, dt_\nu \qquad (34.3)$$

et la conservation du flux s'exprime par

$$\int\limits_{0}^{\infty} F_\nu\, d\nu = F_0 \qquad (34.4)$$

pour chaque valeur de τ_0.

A l'aide d'une première approximation de B_ν on calcule pour chaque profondeur optique τ_0 le flux global qui ne satisfait pas en général à (34.4) et donne lieu à un résidu ΔF. Unsöld montre alors qu'il faut corriger la fonction B correspondant au cas gris d'une quantité ΔB donnée par

$$- \Delta B(\tau_0) = \frac{1}{2}\, \Delta F_{\tau_0 = 0} + \frac{3}{4} \int\limits_{0}^{\tau_0} \Delta F(\tau_0)\, d\tau_0 - \frac{1}{4}\, \frac{dF(\tau_0)}{d\tau_0}. \qquad (34.5)$$

Ce procédé d'ailleurs seulement approché, que revient à calculer ΔB en se plaçant dans le cas gris, laisse à désirer pour les faibles profondeurs optiques. Un autre procédé, qui paraît plus difficile à justifier semble avoir donné de bons résultats à Böhm[4].

35. Méthodes faisant usage d'une représentation donnée a priori de la fonction source. Kourganoff [15] a proposé de représenter la fonction source monochromatique par une somme de fonctions données à priori

$$E_\nu(\tau_\nu) = \sum_{k=1}^{n} A_k(\nu)\, \Phi_k(\tau_\nu) \qquad (35.1)$$

et il a montré comment on peut étendre sa méthode variationnelle développée dans le cas gris (Sect. 28) à ce nouveau problème.

Swihart[5] tout à fait dans le même ordre d'idées, a exprimé la température en fonction d'un coefficient d'absorption (moyen ou pour une certaine longueur d'onde) par

$$T^4 = \tfrac{3}{4}\, T_e^4 \left[a + b\,\tau + c K_2(\tau) + d K_3(\tau)\right]. \qquad (35.2)$$

Dans le cas gris on a

$$B(\tau) = \frac{\sigma}{\pi}\, T^4. \qquad (35.3)$$

Cette expression portée dans l'équation du flux

$$\frac{1}{2}\, \frac{\sigma}{\pi}\, T_e^4 = \int\limits_{\tau}^{\infty} B(t)\, K_2(t - \tau)\, dt - \int\limits_{0}^{\tau} B(t)\, K_2(\tau - t)\, dt \qquad (35.4)$$

conduit à

$$\tfrac{4}{3} = a\,\varphi_0 + b\,\varphi_1 + c\,\varphi_2 + d\,\varphi_3 \qquad (35.5)$$

où les expressions des fonctions φ sont évidentes.

Ayant calculé une solution grise approchée, en déterminant les quatre constantes par un système de quatre équations (35.5) écrites pour quatre valeurs

[1] A. Unsöld: Naturwiss. **38**, 252 (1951).
[2] R. Cayrel: Ann. d'Astrophys. **14**, 1 (1951).
[3] R. v. d. R. Woolley: Monthly Notices Roy. Astronom. Soc. London **101**, 52 (1941).
[4] K. H. Böhm: Z. Astrophys. **34**, 182 (1954).
[5] T. L. Swihart: Astrophys. Journ. **123**, 139 (1956).

de τ, on peut déterminer les écarts ΔF_g, par rapport au flux constant, auxquels elle donne lieu et calculer les corrections qu'il convient d'apporter aux constantes a, b, c, d par des équations de la forme

$$\Delta F_g(\tau) = \frac{3\sigma}{4\pi} T_e^4 [\varphi_0 \Delta a + \varphi_1 \Delta b + \varphi_2 \Delta c + \varphi_3 \Delta d]. \tag{35.6}$$

Cette méthode appliquée au soleil et à une étoile $F\,5$ a donné de bons résultats à son auteur.

III. Divers problèmes de transfert.

36. Remarques générales. Nous avons étudié avec quelques détails le problème d'une atmosphère plane de profondeur illimitée sur la surface de laquelle ne tombe aucun rayonnement, car sa solution a une importance capitale dans le problème des atmosphères stellaires.

Par la suite nous pourrons être amenés à envisager d'autres problèmes de transfert et nous indiquerons alors les solutions approchées dont nous aurons besoin. Il peut être utile cependant de rassembler ici quelques indications sur ces problèmes.

Le problème d'une atmosphère plane d'épaisseur limitée, qui reçoit un rayonnement donné sur l'une de ses surfaces limites a reçu une certaine considération pour la théorie des raies. Il est d'une grande importance dans la théorie des atmosphères planétaires. On le trouvera exposé dans l'ouvrage de CHANDRA-SEKHAR plus spécialement pour le cas de la diffusion et en prenant en considération la polarisation du rayonnement.

Le cas de l'atmosphère illimitée sur laquelle tombe un rayonnement trouve son application dans la théorie de «l'effet de réflexion» des étoiles doubles. Il n'est pas difficile en principe de tenir compte de ce rayonnement: la deuxième des équations (10.8) devient

$$I_\nu(\tau_\nu, \vartheta) = I_{\nu,0}(\vartheta) - \int_0^{\tau_\nu} E_\nu(t)\, e^{-(t-\tau_\nu)\sec\vartheta} \sec\vartheta\, dt. \tag{36.1}$$

où $I_{\nu,0}(\vartheta)$ est le rayonnement entrant par la surface de l'atmosphère. Les calculs permettant d'arriver à l'équation intégrale donnant $E(\tau)$ se déroulent sans difficultés. Pour l'application aux étoiles doubles, on se reportera à l'article de MILNE du Handbuch der Astrophysik [6].

Le problème du transfert dans une atmosphère sphérique illimitée a été envisagé par KOSSIREV[1] et par CHANDRASEKHAR[2] qui, en vue d'applications à des étoiles à atmosphères étendues, ont proposé des solutions de première approximation.

D. Modèles d'atmosphères stellaires.

I. Le calcul des modèles.

37. Introduction. Première approximation. On se propose de déterminer comment varient avec la profondeur dans l'atmosphère d'une étoile diverses grandeurs physiques telles que température, pression, pression électronique, densité, coefficients d'absorption, degré d'ionisation, de dissociation etc. En réalité, deux seulement des variables que nous venons d'énumérer suffisent à décrire l'atmosphère en chacun de ses points dans l'hypothèse de l'équilibre

<hr>

[1] N. A. KOSSIREV: Monthly Notices Roy. Astronom. Soc. London **94**, 430 (1934).
[2] S. CHANDRASEKHAR: Monthly Notices Roy. Astronom. Soc. London **94**, 444 (1934).

thermodynamique local comme on l'a vu au chapitre B en admettant que l'équilibre hydrostatique soit réalisé.

Nous considérerons ici ce que nous appellerons des *modèles standard*, c'est à dire satisfaisant à un certain nombre d'hypothèses de base:

Atmosphère stratifiée en couches planes parallèles,
Equilibre radiatif,
Equilibre thermodynamique local,
Equilibre hydrostatique,
Composition chimique normale (Tableau 8, p. 300),
Indice de réfraction égal à l'unité.

A l'aide de ces modèles, nous pourrons calculer le spectre continu émis par une étoile et constater s'il est identique au spectre continu observé, puis dans un chapitre suivant nous verrons comment calculer les contours de raies et leurs intensités totales.

Considérons d'abord un cas très simplifié qui servira de guide pour la suite, celui où l'on peut admettre comme suffisante l'approximation suivant laquelle on introduit le coefficient d'absorption, en réalité fonction de la fréquence, par sa valeur moyenne, soit $\bar{\varkappa}\varrho$, où $\bar{\varkappa}$ désigne le coefficient par unité de masse, à priori fonction de la température et de la pression, et ϱ la densité. On a ainsi

$$d\tau = \bar{\varkappa}\,\varrho\,d x \tag{37.1}$$

x étant la profondeur géométrique dans l'atmosphère. Les hypothèses de l'équilibre radiatif et de l'équilibre thermodynamique local conduisent[1] [équation (25.12)] à une relation entre la température T et la profondeur optique τ qui fait intervenir la température effective de l'étoile T_e

$$T^4 = \tfrac{1}{2}\,T_e^4(1 + \tfrac{3}{2}\tau). \tag{37.2}$$

Nous introduisons encore l'hypothèse de l'équilibre hydrostatique. Supposant négligeable la pression de radiation, on a

$$d p_G = g\,\varrho\,d x, \tag{37.3}$$

p_G pression du gaz, g gravité à la surface.

Cette dernière équation jointe à (37.1) permet d'éliminer x et ϱ

$$\frac{d p_G}{d\tau} = \frac{g}{\varkappa} \tag{37.4}$$

ou encore

$$\frac{d p_G}{d T}\frac{d T}{d\tau} = \frac{g}{\varkappa(p_G T)}, \tag{37.5}$$

ce qui est une équation différentielle entre p_G et T qui, intégrée avec la condition $p_G = 0$ pour $T = \sqrt[4]{\tfrac{1}{2}}\,T_e$, résoud le problème. On a en effet, par l'intermédiaire de (37.2), T en fonction de τ, et par suite p_G en fonction de τ. La loi des gaz parfaits donne ϱ en fonction de τ; l'une des équations (37.1) ou (37.3) permet alors d'exprimer τ en fonction de l'ordonnée x.

38. Calculs définitifs. Prenant pour point de départ cette première approximation, on calcule une approximation meilleure (ou plusieurs approximations successives) par les méthodes des Sects. 33 à 35 afin d'obtenir la variation de T

---

[1] Puisqu'on se contente ici de l'approximation grossière fournie par un coefficient d'absorption moyen, il serait illusoire d'utiliser une solution plus précise du cas gris.

avec la profondeur optique; les équations du paragraphe précédent permettent de trouver la variation des autres éléments.

Un autre point à prendre en considération dans les calculs exacts et concernant en particulier les étoiles des types O et B, est l'existence de la pression de radiation. L'équation (37.3) doit être remplacée par

$$d\left(p_G + p_R\right) = g\,\varrho\,dz \qquad (38.1)$$

où p_R représente la pression de radiation.

Pour les fréquences comprises entre ν et $\nu + d\nu$ la pression de radiation s'écrit

$$p_R(\nu) = \frac{4\pi}{c} \int I_\nu(\vartheta) \cos^2\vartheta\, \frac{d\omega}{4\pi} = \frac{2\pi}{c} \int_0^\pi I_\nu(\vartheta) \cos^2\vartheta \sin\vartheta\, d\vartheta \qquad (38.2)$$

ou par suite de (25.4) et de l'approximation d'EDDINGTON (25.6) suivant laquelle $\overline{\cos^2\vartheta} = \frac{1}{3}$

$$p_R(\nu) = \frac{4\pi}{3c} J_\nu. \qquad (38.3)$$

En intégrant sur toutes les fréquences on a

$$p_R = \frac{4\pi}{3c} J \qquad (38.4)$$

et, comme on a toujours à l'approximation d'EDDINGTON (25.7)

$$\frac{3F}{4} = \frac{dJ}{d\tau} = \frac{dJ}{dx}\,\frac{1}{\overline{\varkappa}\varrho}, \qquad (38.5)$$

on obtient

$$\frac{1}{\varrho}\,\frac{dp_R}{dx} = \frac{\pi F}{c}\,\overline{\varkappa} = g_R. \qquad (38.6)$$

On voit qu'on introduit la pression de rayonnement sous forme d'une correction à l'accélération de la pesanteur. On utilise donc l'équation (37.3) avec une gravité effective

$$g_{\mathrm{eff}} = g - g_R. \qquad (38.7)$$

Bien entendu, tout ceci n'est qu'approximatif, mais l'approximation est suffisante à l'heure actuelle.

Une autre difficulté dans le calcul des modèles précis provient de l'existence dans le rayonnement des raies d'absorption dont il n'a été tenu aucun compte jusqu'ici. C'est MILNE[1] qui a le premier examiné ce problème. Il a admis que les raies se forment dans une «couche renversante», située au dessus de la photosphère, dont l'effet serait de renvoyer vers cette dernière une fraction η de l'énergie, fraction qui représente le rapport de l'énergie soustraite du spectre par suite de l'existence des raies à l'énergie présente dans le spectre continu. On se trouve dans le cas d'un problème de transfert avec énergie entrant par la surface de l'étoile (Sect. 36). Les calculs se développent sans difficulté et on trouve en particulier à l'approximation grise linéaire

$$T_0^4 = \frac{1}{2}\,T_e^4\,\frac{1+\eta}{1-\eta}. \qquad (38.8)$$

La température superficielle serait ainsi plus élevée qu'en l'absence de la couche renversante. La dernière évaluation de η dans le cas du soleil, due à

---

[1] E. A. MILNE: Phil. Trans. Roy. Soc. Lond., Ser. A **223**, 201 (1922).

Michard[1], est de 0,124. C'est à cette conception, suivant laquelle la couche renversante agirait comme une couverture, que l'effet dû à la présence des raies doit son nom *d'effet de couverture* (anglais: blanketing effect). Le modèle de la «couche renversante» est sans doute assez peu représentatif de la formation des raies dans une atmosphère stellaire. Ceci a conduit Chandrasekhar[2] à construire un modèle où les raies absorbent et diffusent, à toute profondeur, une fraction invariable du spectre continu, la même dans chaque intervalle de longueur d'onde. Ce modèle conduit à un *abaissement* de la température superficielle et à une *élévation* de la température dans les couches plus profondes.

Enfin il est possible de tenir compte de la présence des raies d'une manière moins schématique, tout au moins dans le cas du soleil. Connaissant les raies réelles dans le spectre du soleil on peut en faire une statistique d'après leurs intensités et d'après d'autres paramètres intervenant dans la théorie des raies, telle qu'elle sera exposée dans un chapitre ultérieur, de manière à obtenir le coefficient d'absorption en fonction de la profondeur optique et de la fréquence. Ce coefficient s'ajoute au coefficient d'absorption continue lors du calcul du modèle. Cette méthode a été en particulier utilisée par Pecker[3] et par Böhm[4] pour le soleil.

39. Résultats. Mentionnons brièvement l'existence de tables de modèles construites pour le cas gris, telles les tables de B. Strömgren[5] couvrant le domaine des étoiles naines F.

Nous allons examiner ici quelques modèles plus raffinés parmi ceux qui ont été publiés.

α) *Soleil.* La table reproduit un extrait de la table de Böhm, en fonction de τ_0, profondeur optique monochromatique pour $\lambda\,5010$.

Il faut noter que le rapport $T_0/T_e = 0,59$ est beaucoup plus petit dans ce modèle que celui qui convient au cas gris qui, rappelons le, est 0,811 (Sect. 26).

La plupart des modèles modernes sont très comparables à ce modèle pour $\tau_0 > 0,10$. Quelques différences constatées pour les profondeurs optiques plus faibles proviennent essentiellement du traitement qu'ont adopté les différents auteurs pour l'effet de couverture produit par les raies. Des températures de 4200° K $(T_0/T_e = 0,73)$ trouvées par D. Labs[6] et J.-Cl. Pecker[3], ont été critiquées par Böhm car le processus d'itération utilisé par ces auteurs (méthode de Strömgren) ne converge pas suffisamment vite.

β) *Etoiles de type A.* K. Hunger[7] a calculé quatre modèles pour Log $g = 4,3$ ayant des températures effectives de 8160, 8660, 9000 et 9500° K. Ces modèles doivent représenter assez bien les conditions régnant dans l'atmosphère d'une étoile de type voisin de $A\,0$ telle que Véga. Les trois modèles relatifs aux températures les plus basses satisfont à 1% près à la conservation du flux, le quatrième est un peu moins satisfaisant. Les températures superficielles sont de 6730, 7140, 7410 et 7810° c'est-à-dire dans un rapport très voisin de 0,825 par rapport aux températures effectives. Il est à remarquer combien peu ce rapport s'éloigne de la valeur 0,811 valable dans le cas gris.

---

[1] R. Michard: Bull. Astr. Inst. Netherl. **11**, 227 (1950).
[2] S. Chandrasekhar: Monthly Notices Roy. Astronom. Soc. London **96**, 21 (1935).
[3] J.-Cl. Pecker: Ann. d'Astrophys. **14**, 152 (1951).
[4] K. H. Böhm: Z. Astrophys. **34**, 182 (1954); **36**, 295 (1955).
[5] B. Strömgren: Publik-Københavns Obs. **1944**, No. 138.
[6] D. Labs: Z. Astrophys. **29**, 199 (1951).
[7] K. Hunger: Z. Astrophys. **36**, 42 (1955).

La table suivante donne un abrégé de la table de HUNGER pour le modèle dont la température effective est de 9000° K; elle est établie en fonction de la profondeur optique correspondant à un coefficient d'absorption moyen.

<table>
<tr><td colspan="4">Tableau 11. Modèle de la photosphère solaire
(K. H. BÖHM).</td><td colspan="4">Table 12. Modèle de la photosphère d'une étoile
A0 (K. HUNGER).</td></tr>
</table>

τ_0	T	Log p_G	Log p_e	$\bar\tau$	T	Log p_G	Log p_e
0	3400	$-\infty$	$-\infty$	0	7410	$-\infty$	$-\infty$
0,001	3810	3,51	$-0,69$	0,005	7430	2,39	1,16
0,005	4100	3,87	$-0,25$	0,01	7450	2,60	1,28
0,01	4300	4,01	$-0,01$	0,05	7610	3,09	1,62
0,05	4850	4,41	0,47	0,10	7790	3,36	1,86
0,10	5030	4,56	0,70	0,50	8840	3,75	2,62
0,50	5800	4,95	1,35	1,00	9690	3,82	2,96
1,00	6410	5,08	1,77	1,50	10340	3,86	3,16
1,50	6860	5,13	2,10	2,00	10880	3,88	3,27
2,00	7260	5,15	2,32	5,00	13090	3,98	3,60
				10,0	15310	4,15	3,81

γ) Etoiles B. Un assez grand nombre de modèles ont été calculés pour les étoiles $O5$ à $B2$ de la série principale.

Le tableau suivant en fournit une liste.

Tableau 13. Modèle de la photosphère des étoiles $O5$ a $B2$.

Auteur	Type spectral	Log g	T_e	T_0	T_0/T_e	Référence
ANNE B. UNDERHILL .	$O5$	4,20	44600	30000	0,68	Publ. Dominion Astrophys. Obs. **8**, 357 (1951)
	$O9,5$	4,20	36800	25200	0,68	Publik-København **1950**, Nr 151
M. RUDKJØBING . . .	$B0$	4,54	35000	25200	0,72	Publik-København **1947**, Nr 145
G. TRAVING	$B0$	4,80	32800	21200	0,65	Z. Astrophys. **36**, 1 (1955)
J.-CL. PECKER	$B1$	4,48	27300	17700	0,66	Ann. d'Astrophys. **13**, 433 (1950)
JEAN K. McDONALD .	$B2$	3,80	22700	16800	0,74	Publ. Dominion Astrophys. Obs. **9**, 269 (1953)

Ces six modèles s'accordent assez bien entre eux pour former une séquence à peu près continue. On notera que le rapport T_0/T_e qui varie de 0,65 à 0,74 est toujours nettement plus petit que celui qui correspond au cas gris (0,811), ce qui provient essentiellement de ce que le coefficient d'absorption est énormément plus grand pour les longueurs d'onde inférieures à la limite de la série de Lyman que pour les longueurs d'ondes supérieures. A partir des types $B2-B3$ cet effet tend à disparaître car la valeur de $B_\nu(T)$ dans le premier intervalle spectral devient négligeable.

La Fig. 9 fait connaître 4 modèles représentant sensiblement une étoile $B0$: le modèle préliminaire et le modèle définitif de TRAVING, le modèle de RUDKJØBING et le modèle de A. B. UNDERHILL ($O9,5$). Ils sont données sous la forme des relations entre Log p_G et T. Ces quatre modèles à première vue semblent assez différents. Les différences ne tiennent d'ailleurs pas à une différence de composition chimique; ils ont tous été calculés avec un rapport, en nombre d'atomes He/H $= 18\%$, l'hydrogène et l'hélium étant les seuls corps présentant une importance pratique pour ce type d'étoiles.

Dans la région des températures élevées, la cause primordiale qui produit les différences de pression entre les différents modèles relatifs à une même température réside dans les gravités différentes adoptées par les auteurs. Ceci est facile à voir en adoptant pour une toute première approximation les formules (37.2) et (37.4). En admettant en outre que $\bar{\varkappa}$ est indépendant de τ on obtient

$$\operatorname{Log} p_G = \operatorname{Log} g - \operatorname{Log} \varkappa + \\ + \operatorname{Log}\left(\frac{4}{3}\,\frac{T^4 - \tfrac{1}{2}T_e^4}{T_e^4}\right) \Biggr\} \quad (39.1)$$

par suite, dès que T est suffisamment grand pour que les différences entre les valeurs de T_e^4 des divers modèles soient négligeables devant T^4 il vient bien que $\operatorname{Log} p_G$ varie comme $\operatorname{Log} g$. C'est d'ailleurs ce qu'on peut vérifier sur la Fig. 9.

Les différents modèles correspondent à des températures effectives un peu différentes, ce qui explique pour une part les différences de températures superficielles[1].

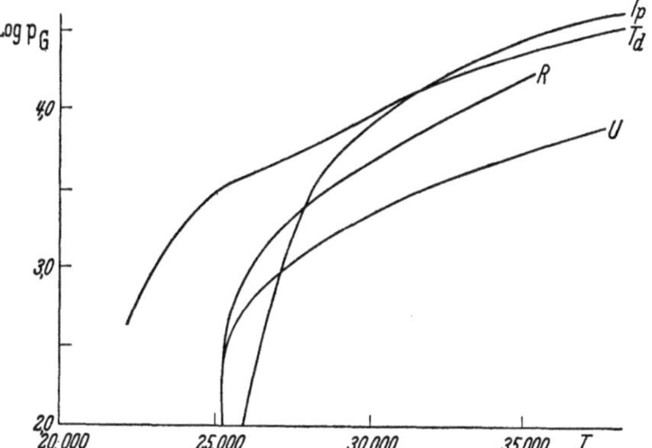

Fig. 9. Modèles d'étoiles $O\,9,5$ à $B\,0$. U: UNDERHILL, R: RUDKJØBING, Tp: TRAVING préliminaire, Td: TRAVING définitif.

Une partie importante des différences entre températures superficielles, mises en évidence par les rapports T_0/T_e, provient du traitement différent du problème adopté par les divers auteurs pour résoudre l'équation de transfert, et de l'approximation dont ils se sont contentés pour la constance du flux, comme le montre le tableau suivant.

ΔF représente la variation du flux quand la profondeur optique passe de 0 à 1,0 (il s'agit d'une profondeur optique moyenne qui n'est pas calculée de la même façon par les divers auteurs, ce qui n'a pas grande importance ici). On voit qu'en gros le rapport T_0/T_e est d'autant plus petit qu'on a assuré une meilleure constance du flux.

Tableau 14. *Dépendance de T_0/T_e et de la précision avec laquelle la constance du flux ΔF a été réalisée.*

	TRAVING préliminaire	RUDKJØBING	TRAVING définitif	UNDERHILL
ΔF	-28%	-10%	$-3,4\%$	$+5,3\%$
T_0/T_e	0,78	0,72	0,65	0,68

De tous ces modèles, celui qui a été traité avec le plus de rafinements, en ce qui concerne l'étude du transfert, est le modèle définitif de TRAVING. La constance du flux reste assurée pour les profondeurs optiques supérieures à 1,0. A. B. UNDERHILL est parvenue du premier coup à une bonne constance du flux entre $\tau = 0$ et $\tau = 1,0$ par le simple emploi de la moyenne de CHANDRASEKHAR, mais il paraît certain qu'aux profondeurs optiques plus grandes le flux donné par son modèle doit croître rapidement.

Des modèles stellaires, correspondant à des températures effectives de $10\,630°$, $15\,390$ et $20\,530°$, ont été calculés par S. SAITO[2]. Les spectres continus que en résultent ont été comparés aux observations. Les résultats de ce travail parvenus tout récemment n'ont pu être introduits dans la présente discussion.

---

[1] Le modèle préliminaire de TRAVING qui ne figure pas dans la Table 13 est relatif à $T_e = 33\,040$, $T_0 = 25\,800$ $T_0/T_e = 0,78$.

[2] SUMISABURO SAITO: Contr. Kyoto **1956**, No. 69.

40. Les spectres continus déduits des modèles. Nous laissons de côté dans cette section le cas du soleil, car la comparaison de la théorie et des observations ne se fait pas en général sur le spectre continu mais plutôt par comparaison avec des modèles empiriques (Sect. 49 et suivantes).

La répartition de l'énergie dans le spectre d'une étoile est donnée par le flux sortant par sa surface, c'est-à-dire d'après (10.10) par la quantité

$$F_\nu(0) = 2 \int_0^\infty E_\nu(\tau_\nu)\, K_2(\tau_\nu)\, d\tau_\nu \qquad (40.1)$$

relation qui, dans les recherches de première approximation, peut se réduire d'après la Sect. 12 à

$$F_\nu(0) = E_\nu\left(\tfrac{2}{3}\right) \qquad (40.2)$$

expression en général correcte à quelques % près (voir Kourganoff [15]). La Fig. 10 représente la répartition d'énergie dans des spectres stellaires calculés par divers auteurs.

La comparaison avec les observations des valeurs absolues du flux est impossible car les parallaxes et les diamètres stellaires ne sont pas connus avec une précision suffisante. Elle doit porter sur des rapports de flux, ou des quantités

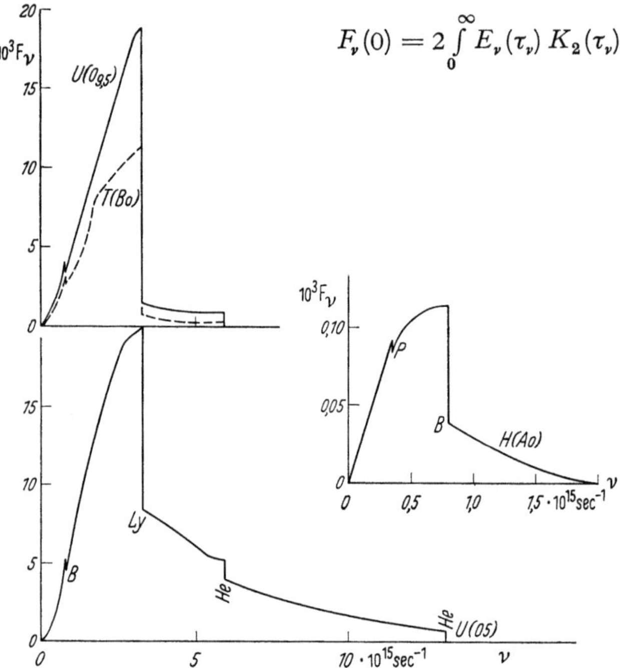

Fig. 10. Spectres continus calculés. U: Underhill, T: Traving, H: Hunger. Les discontinuités de l'hélium (He) sont indiquées.

équivalentes, donc essentiellement sur les grandeurs des discontinuités et sur les gradients absolus (ou les températures de couleur).

La grandeur de la discontinuité de Balmer est sans doute la quantité qui est donnée par les observations avec la meilleure précision et qui a l'avantage de ne pas être modifiée par l'absorption interstellaire. En outre, cette grandeur ne parait pas extrêmement sensible aux approximations faites dans la résolution du problème de transfert.

On doit à E. Vitense[1] un travail théorique, de caractère préliminaire, sur les spectres continus stellaires. La Fig. 11 qui en est extraite montre la variation théorique de la discontinuité de Balmer en fonction de la température effective (ou du type spectral) et de la gravité. Les observations auxquelles ces résultats sont comparés sont celles de Barbier et Chalonge[2] peu différentes de celles publiées dans leur liste plus complète[3] dont les valeurs moyennes en fonction du type spectral sont reproduites dans le Tableau 15.

Cette théorie simplifiée donne une représentation assez fidèle des observations relatives aux étoiles de la séquence principale, représentées par la courbe Z et dont le $\text{Log}\, g$ est de l'ordre de 4,0; c'est seulement au voisinage du type $A\,0$

[1] E. Vitense: Z. Astrophys. **29**, 73 (1951).
[2] D. Barbier et D. Chalonge: Ann. d'Astrophys. **2**, 254 (1939).
[3] D. Barbier et D. Chalonge: Ann. d'Astrophys. **4**, 30 (1941).

qu'il y a un désaccord appréciable. Par contre, la théorie ne rend absolument pas compte de la courbe observée pour les supergéantes (marquée G), tout au moins pour les types antérieurs à $F\,0$. Le fait que la discontinuité observée pour ces étoiles soit beaucoup plus petite que celle des étoiles de la série principale reste inexpliqué et semble indiquer que les étoiles supergéantes en question sont dans un état très éloigné de celui qui correspond au modèle standard.

Les auteurs des modèles plus raffinés que nous avons discutés précédemment ont calculé des valeurs théoriques de la discontinuité de BALMER. Le tableau suivant rassemble ces valeurs.

D'une manière générale les D calculés par les divers auteurs s'accordent assez bien entre eux, tout au moins en ce qui concerne les étoiles O et B pour lesquelles les recoupements sont possibles. Les valeurs théoriques sont en bon accord avec les valeurs observées (Tableau 15), accord qui est peut-être un peu

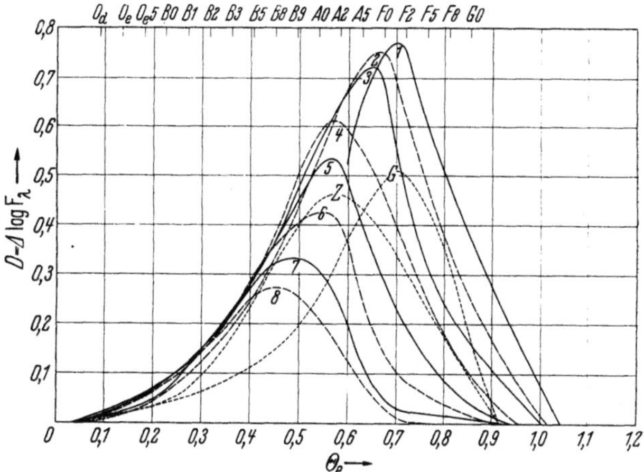

Fig. 11. Discontinuité de Balmer calculée en fonction de $\Theta_e = 5040/T_e$ (ou de la classe spectrale); les courbes sont chiffrées en Log g_e. Les courbes pointillées représentent les observations de BARBIER et CHALONGE (Z étoiles de la série principale, G supergéantes). D'après UNSÖLD.

Tableau 15. *Valeurs moyennes de D observées.*

Sp	(1941)	(1952)	Sp	(1941)	(1952)	Sp	(1941)	(1952)
$O\,9$	—	0,06	$B\,8$	0,32	0,38	$A\,7$	0,36	0,41
$O\,9,5$—$B\,0$	0,06	08	$B\,9$	44	47	$F\,0$	26	33
$B\,0,5$—$B\,1$	07	10	$A\,0$	49	51	$F\,2$	25	25
$B\,2$	11	14	$A\,1$	46	53	$F\,5$	18	18
$B\,2,5$	—	16	$A\,2$	46	52	$F\,6$	} 12 {	15
$B\,3$	19	21	$A\,3$	45	49	$F\,8$		13
$B\,5$	25	29	$A\,5$	42	46			

Ce tableau reproduit les mesures de la discontinuité de BALMER par BARBIER et CHALONGE (1941) (moyennes faites en fonction de la classe spectrale de Yerkes) et les mesures de CHALONGE et DIVAN (1952)[1].

meilleur avec les mesures de 1941 qu'avec celles de 1952. Bien que cette comparaison soit satisfaisante, il n'est pas inutile d'attirer l'attention sur quelques particularités des observations qui limitent légèrement sa portée.

α) La discontinuité de BALMER dans les spectres stellaires, n'est pas la discontinuité géométrique que laisserait prévoir la discontinuité du coefficient d'absorption de l'hydrogène neutre; le recouvrement des dernières raies de la série de BALMER empêche en effet de mesurer l'intensité du spectre continu pour les longueurs d'onde comprises entre 3900 et 3700 Å et il contraint les observateurs à procéder à une extrapolation du spectre bleu jusqu'à la longueur d'onde conventionnelle de 3700 Å où ils font la mesure de D. L'extrapolation sur Log I est faite linéairement, ce qui est légitime d'après les observations mais ne l'est

---

[1] D. CHALONGE et L. DIVAN: Ann. d'Astrophys. 15, 201 (1952).

peut-être pas rigoureusement en théorie. Il serait souhaitable que les théoriciens déterminent leurs valeurs de la discontinuité suivant les mêmes conventions que les observateurs.

β) Les observateurs ne sont pas parfaitement d'accord entre eux en ce qui concerne les valeurs de la discontinuité comme le montre le Tableau 15. Ce fait a été discuté par Chalonge et Divan[1]. Il ne tient pas tant à ce que les mesures des étoiles les plus faibles observées par Barbier et Chalonge (1941) sont

Tableau 16. *Valeurs de D calculées pour divers modèles.*

Auteur	Sp Supposé	T_e degré	Log g	D calculé
Anne B. Underhill . . .	$O\,5$	44 600	4,20	0,025
Anne B. Underhill . . .	$O\,9,5$	36 800	4,20	0,072
M. Rudkjøbing	$B\,0$	35 000	4,54	0,051
G. Traving	$B\,0$	32 800	4,80	0,083
J.-Cl. Pecker	$B\,1$	27 300	4,48	0,072
Jean K. McDonald. . . .	$B\,2$	22 700	3,80	0,105
K. Hunger	$A\,0$	8 160 à 9 500	4,30	0,46 à 0,50

entachées de légères erreurs systématiques mais essentiellement au fait que la granulation de la couche sensible de la plaque photographique introduit une incertitude, fonction du noircissement, dans l'emplacement du fond continu. Il n'est pas absolument certain que l'interprétation de 1952 soit préférable à celle de 1941.

D'autres discontinuités que la discontinuité de Balmer apparaissent dans les spectres calculés comme le montre la table suivante:

Tableau 17. *Discontinuités calculées autres que celle de Balmer.*

Auteur	$S\,p$	Lyman	Paschen	He 504 Å
Underhill .	$O\,5$	0,38		0,11
Underhill .	$O\,9,5$	1,09		0,27
Pecker . . .	$B\,1$	1,46		
McDonald .	$B\,2$		0,025	
Hunger . . .	$A\,0$		0,05 à 0,085	

Seule la discontinuité de Paschen tombe dans le domaine spectral observable; il est probable que l'intensité mesurée du côté infrarouge de la discontinuité est perturbée par les ailes des raies de la série de Paschen. Les mesures de J. S. Hall et R. C. Williams[2] et de M. Bloch et Tcheng Mao-Lin[3] donnent cependant une discontinuité Paschen de 0,09 pour les étoiles $A\,0$, qui est bien comparable à la valeur 0,085 de Hunger pour $T_e = 9500°$ K.

Reproduisons encore les gradients absolus déduits des modèles qui sont directement comparables aux gradients absolus moyens observés par Barbier et Chalonge (1941) et par Chalonge et Divan (1952).

En moyenne, les gradients observés pour les étoiles B sont un peu plus grands que les gradients calculés, ce qui peut à la rigueur s'expliquer par l'intervention de l'absorption interstellaire. Il convient de remarquer en outre le peu de stabilité de la différence entre les gradients bleus et ultraviolets, d'après les différents modèles d'étoiles B, qui varie de $-0,355$ à $+0,204$ ce qui paraît difficile à expliquer, car pour des étoiles montrant une si faible discontinuité de Balmer, les

[1] D. Chalonge et L. Divan: Ann. d'Astrophys. **15**, 201 (1952).
[2] J. S. Hall et R. C. Williams: Astrophys. Journ. **95**, 225 (1942).
[3] Principes fondamentaux de Classification Stellaire. Colloque du CNRS Paris 1955, p. 75.

couches de l'atmosphère intéressées dans l'émission des régions bleues et ultra-violettes du spectre ne peuvent pas être à des profondeurs très différentes.

Tableau 18. *Gradients absolus observés et calculés.*

Sp	Auteur du modèle	φ (Bleu)			φ(UV)		
		Modèle	Observé		Modèle	Observé	
			1941	1952		1941	1952
$B\,0$	Rudkjøbing	0,57	} 0,72	0,74	0,53	} 0,77	0,76
$B\,0$	Traving	0,695			0,34		
$B\,1$	Pecker	0,484	0,71	0,73	0,688	0,77	0,77
$A\,0$	Hunger	1,24 à 1,00	1,03	1,09			

41. Correction bolométrique. La magnitude bolométrique d'une étoile est la magnitude qu'on mesurerait avec un récepteur intégral tel que le bolomètre si son rayonnement n'était pas filtré par l'atmosphère terrestre. On appelle correction bolométrique la différence entre les magnitudes visuelles et bolométriques

$$\Delta m_b = m_v - m_b. \tag{41.1}$$

Cette correction calculée pour des corps noirs passe par un minimum pour une température de l'ordre de 6800° K; on a fixé le zéro de l'échelle bolométrique de manière que cette correction soit nulle pour cette température.

La magnitude bolométrique du soleil est connue avec une bonne précision car la fraction d'ailleurs très faible de son rayonnement qui ne peut être observée au sol ($\lambda < 2950$ Å) a pu être observée récemment grâce aux fusées. La magnitude bolométrique des étoiles est une donnée dont les théoriciens de l'intérieur des étoiles font un emploi constant; or, le rayonnement des étoiles des premiers types spectraux est presque complètement inclus dans le domaine spectral inobservable de longueur d'onde inférieure à 3000 Å. Les corrections bolométriques pour ces étoiles reposent donc entièrement sur le calcul de leur spectre continu[1].

Par définition des magnitudes visuelles et bolométriques on a

$$\Delta m_b = -2{,}5 \operatorname{Log} \frac{\int\limits_0^\infty S_\nu\, F_\nu\, d\nu}{\int\limits_0^\infty F_\nu\, d\nu} + A. \tag{41.2}$$

S_ν est la courbe de sensibilité de l'œil et A une constante qui dépend essentiellement du choix du zéro de l'échelle des magnitudes visuelles et qui est déterminée de manière à ce que l'application de la formule au soleil fournisse sa correction bolométrique (0,11).

Certains auteurs ont déterminé les corrections bolométriques auxquelles conduisent leurs modèles. On a ainsi

Tableau 19. *Corrections bolométriques calculées.*

Sp	Auteur	T_e	Δm_b calculé	Δm_b Kuiper
$B\,0$	Traving	32800	3,20	3,33
$B\,1$	Pecker	27300	3,00	2,89
$A\,0$	Hunger	8160 à 9500	0,15 à 0,28	0,13 à 0,48

Les Δm_b Kuiper[2] sont les valeurs de la correction bolométrique données par cet auteur, qui sont les plus usuelles. L'accord est excellent.

---

[1] Initialement on faisait l'hypothèse hasardée qu'elles rayonnaient comme des corps noirs.
[2] G. Kuiper: Astrophys. Journ. **88**, 429 (1938).

42. Assombrissement vers le bord des étoiles. Lorsqu'on a construit un modèle stellaire, il est facile de calculer l'intensité émergeant de sa surface sous l'angle ϑ [formule (10.8) avec $\tau_\nu = 0$]. Le quotient $I(\vartheta)/I(0)$ est appelé assombrissement. Les modèles de Anne B. Underhill conduisent aux valeurs suivantes:

Tableau 20. *Assombrissement vers le bord de deux modèles* (A. B. Underhill).

cos ϑ	Etoile $O\,5$		Etoile $O\,9{,}5$	
	$\lambda\,6251$	$\lambda\,4234$	$\lambda\,6251$	$\lambda\,4234$
1,00	1,000	1,000	1,000	1,000
0,50	0,912	0,897	0,892	0,845
0,20	0,833	0,791	0,777	0,726
0,05	0,790	0,684	0,688	0,574
0,00	0,586	0,517	0,561	0,476

K. Hunger ne donne pas des valeurs de l'assombrissement mais le coefficient d'assombrissement x_ν qui entre dans la loi de première approximation (valable lorsque cos ϑ n'est pas trop petit)

$$\frac{I_\nu(\vartheta)}{I_\nu(0)} = 1 - x_\nu + x_\nu \cos \vartheta. \tag{42.1}$$

Tableau 21. *Coefficient d'assombrissement vers le bord x_ν pour des modèles d'étoile $A\,0$* (K. Hunger).

λ	$T_e = 8160°$	$T_e = 9500°$
3500 Å	0,58	0,40
4000 Å	0,72	0,57
6000 Å	0,45	0,36

Toutes ces valeurs calculées sont sans doute plus précises que les valeurs qu'on a tenté de déduire des courbes de lumière des variables à éclipses.

II. Examen des hypothèses de base.

43. Indice de réfraction. Sphéricité. L'indice de réfraction de l'atmosphère solaire a été calculé par Proisy[1] pour une longueur d'onde de 0,5 μ. Il ne diffère de l'unité que de 10^{-7} à 10^{-6}. Aucun effet observable ne peut en résulter.

Les modèles que nous avons examinés ont été construits en utilisant, pour l'étude du transfert du rayonnement, le schéma d'une atmosphère stratifiée en couches planes et parallèles possédant une température *superficielle* non nulle.

Le soleil apparaît comme un disque à bord bien défini, la limitation de l'atmosphère est donc un fait d'observation, si l'on entend par atmosphère la seule photosphère. Les couches plus extérieures, chromosphère, couronne, ne donnent lieu qu'à une absorption et à une émission continues très faibles sans conséquences pour la constitution de la photosphère. On n'a pas de preuve directe que les étoiles apparaissent toutes sous la forme d'un disque bien limité, l'analyse des courbes de lumière des binaires à éclipses ne permet pas d'arriver à une certitude complète à ce sujet.

L'assimilation d'une atmosphère stellaire au cas plan revient à admettre que cos ϑ est une constante tout le long d'un rayon lumineux alors qu'en réalité

[1] P. Proisy: Ann. d'Astrophys. **12**, 123 (1949).

on a (Fig. 12)

$$r \sin \vartheta = r_0 \sin \vartheta_0, \qquad\qquad (43.1)$$

r étant la distance d'un point du rayon lumineux au centre de l'étoile, r_0 le rayon de l'étoile, ϑ_0 l'angle d'incidence du rayon lumineux à la surface de l'étoile. Si r reste très voisin de r_0, c'est-à-dire si l'épaisseur géométrique de l'atmosphère est faible par rapport au rayon de l'étoile, $\cos\vartheta$ reste voisin de $\cos\vartheta_0$, sauf pour les rayons provenant de l'extrême bord de l'étoile. Dans ce cas, Unsöld[1] a montré qu'il faut remplacer l'expression $\Delta x \sec\vartheta$, de la longueur du trajet sous l'angle ϑ, convenant au cas plan par

$$\Delta x \sec\vartheta \left(1 - \frac{\Delta x}{2R} \tan\vartheta\right). \qquad (43.2)$$

Dans le cas du Soleil, à l'aide du modèle établi par Böhm[2], on obtient facilement l'épaisseur géométrique de l'atmosphère entre les profondeurs optiques 0,001 et 2,00

$$\left. \begin{aligned} \Delta x &= \frac{R}{g\mu} \int_{0,001}^{2,00} T \, \frac{dp}{p} = 1{,}60 \cdot 10^7 \,\mathrm{cm} \\ &= 2{,}3 \cdot 10^{-4} \, R_\odot \end{aligned} \right\} \qquad (43.3)$$

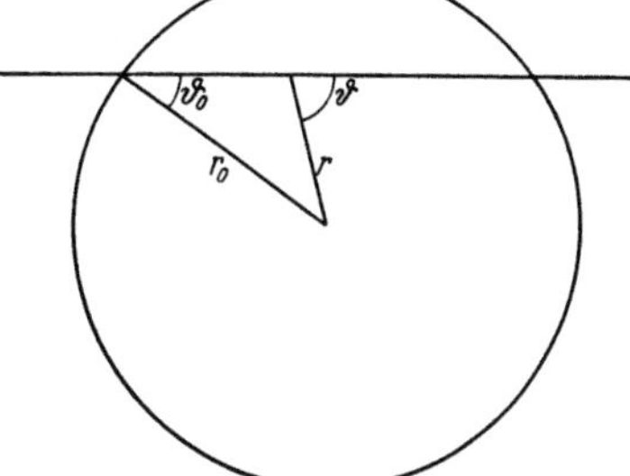

Fig. 12. Notations pour une atmosphère à symétrie sphérique.

valeur très petite, qui dans la formule (43.2) ne produit un effet appréciable que si $\tan\vartheta > 10$ c'est-à-dire $\cos\vartheta < 0{,}1$.

A. B. Underhill donne dans un de ses mémoires[3] l'épaisseur géométrique des atmosphères des étoiles $O5$ et $O9{,}5$ pour lesquelles elle a calculé des modèles. Elle a obtenu les valeurs suivantes: $2{,}0 \cdot 10^9$ cm pour $O5$ et $1{,}4 \cdot 10^9$ cm pour $O9{,}5$, c'est-à-dire que pour un rayon probable triple du rayon solaire, les épaisseurs géométriques des atmosphères de ces deux étoiles sont de l'ordre du centième de leur rayon. S'il était possible de mesurer l'assombrissement à leur bord, on constaterait presque certainement un petit effet de courbure, mais dans le calcul du flux cet effet reste négligeable.

44. Composition chimique. Une erreur sur la composition chimique adoptée pour la construction d'un modèle peut se manifester soit directement soit indirectement. Directement si elle a pour conséquence de changer le coefficient d'absorption de la matière stellaire dans le domaine spectral observé; indirectement si le changement limité au domaine spectral inobservable est la source d'une erreur dans la stratification du modèle.

Dans les étoiles, B les deux seuls corps produisant une absorption appréciable sont l'hydrogène et l'hélium neutre, cette dernière absorption étant beaucoup plus faible. On discute encore sur le rapport des abondances He/H (voir Sect. 76), mais il n'apparaît pas possible qu'une erreur sur ce rapport entraîne une grave erreur sur le modèle, en tout cas pas une erreur qu'on puisse constater d'après les observations du spectre continu car d'une part l'hélium n'absorbe pratiquement pas dans le domaine observé et d'autre part les températures effectives et gravités de ces étoiles ne sont pas connues directement avec une grande précision.

[1] A. Unsöld: Ann. Physik (6) **3**, 124 (1948).
[2] K. H. Böhm: Z. Astrophys. **34**, 182 (1954).
[3] A. B. Underhill: Publ. Dominion Astrophys. Obs. **8**, 357 (1951).

Le cas du soleil au contraire, peut donner lieu à une discussion très poussée grâce à la possibilité d'observer le rayonnement en divers points du disque et à la bonne connaissance qu'on a des paramètres fondamentaux T_e et g.

Chalonge et Kourganoff[1] reprenant une idée de Lundblad[2] ont montré que, à partir des observations, on peut déterminer le coefficient d'absorption continue de la matière solaire et par suite obtenir une vérification de la constitution chimique pour autant qu'elle intervient dans la formation du coefficient d'absorption.

L'intensité sortant du disque solaire sous l'angle ϑ est donnée par (10.8)

$$I_\nu(\vartheta) = \int_0^\infty E_\nu(\tau_\nu)\, e^{-\tau_\nu \sec \vartheta} \sec \vartheta \, d\tau_\nu. \tag{44.1}$$

On peut procéder à l'inversion de cette relation par divers procédés que nous examinerons dans la Sect. 50.

Ayant obtenu $E_\nu(\tau_\nu)$ on a alors

$$E_\nu(\tau_\nu) = \frac{2 h\nu^3}{c^2}\,(e^{h\nu/kT} - 1)^{-1} \tag{44.2}$$

qui est une relation entre ν, τ_ν et T.

La Fig. 13 due à Chalonge[3] montre les courbes τ_λ en fonction de λ à température constante. Les τ_λ correspondant à un même niveau de température T sont proportionnels à des coefficients d'absorption moyens entre la surface du soleil et ce niveau. On reconnaît sur ces courbes la participation au coefficient d'absorption de l'ion négatif d'hydrogène par son photodétachement qui donne lieu au gros maximum d'absorption situé vers 9000 Å, et par ses transitions entre états du continuum qui expliquent la croissance du coefficient d'absorption vers l'infrarouge. On reconnaît aussi l'apparition de l'absorption continue Balmer par la discontinuité qui se produit dans le coefficient d'absorption vers 3700 Å. Cette absorption devrait décroître ensuite avec la longueur d'onde, ce qui n'est pas le cas. Chalonge pense qu'il doit y avoir une cause d'absorption inconnue, autre que H$^-$ et H, dans cette région spectrale. Enfin Chalonge montre qu'on peut obtenir les coefficients d'absorption à un coefficient près, d'après la définition de la profondeur optique:

$$\varkappa_\nu = \frac{d\tau_\nu}{dT}\,\frac{dT}{dx} \tag{44.3}$$

les coefficients d'absorption observés sont bien proportionnels aux coefficients calculés en tenant compte de H et H$^-$, sauf dans l'ultraviolet.

Barbier[4] a signalé que cette absorption inconnue ne décroît pas lorsque la profondeur augmente. Michard[5] a confirmé l'existence de cette absorption inconnue; il a montré qu'elle débute avec une valeur nulle vers 5000 Å et croît jusqu'à la limite du spectre observable à 3000 Å; elle augmente avec la profondeur optique jusqu'au niveau $T = 6000°$ puis décroît; la diffusion moléculaire et l'absorption par les métaux seraient trop faibles pour en rendre compte. Il y aurait donc bien une cause d'absorption encore non identifiée.

Il serait intéressant de rechercher si ce n'est pas cette absorption inconnue, qui serait alors beaucoup plus considérable, qui provoquerait la brisure des spectres continus des étoiles de type A et surtout B, située à 5000 Å, mentionnée

[1] D. Chalonge et V. Kourganoff: Ann. d'Astrophys. 9, 69 (1946).
[2] R. Lundblad: Astrophys. Journ. 58, 113 (1923).
[3] D. Chalonge: Physica 12, 721 (1946).
[4] D. Barbier: Ann. d'Astrophys. 9, 173 (1946).
[5] R. Michard: Ann. d'Astrophys. 16, 217 (1953).

p. 276. Si tel est le cas, les modèles d'étoiles B et A devraient être révisés et peut-être en résulterait-il une amélioration de l'accord entre gradients absolus observés et calculés.

Sur la Fig. 13 les profondeurs optiques observées et calculées ne sont pas en très bon agrément pour les longueurs d'ondes supérieures à 16000 Å. Pey-turaux[1] a montré en utilisant ses propres mesures que l'accord est en réalité bon et qu'il n'y a pas lieu d'envisager une absorption d'origine inconnue dans ce domaine spectral.

Le coefficient d'absorption dans l'atmosphère solaire a surtout pour origine l'ion négatif d'hydrogène? L'abondance de celui-ci est conditionnée par la pression électronique qui dépend essentiellement de la concentration $1/A$ du nombre des atomes des métaux par rapport au nombre des atomes d'hydrogène, car les métaux facilement ionisables donnent la majorité des électrons libres, et à un degré moindre de la concentration B de l'hélium par rapport à l'hydrogène, car les atomes d'hélium ne se laissent pas ioniser dans l'atmosphère solaire. R. Michard a construit six modèles d'atmosphère solaire (trois valeurs de A et deux valeurs de B) qui sont à vrai dire très voisins entre eux. Ces modèles ne conduisent évidem-

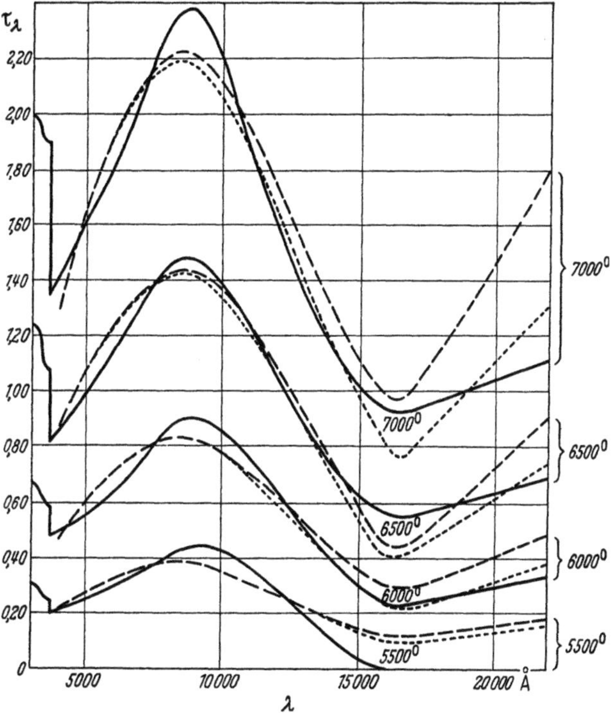

Fig. 13. Les courbes en trait plein représentent, en fonction de la longueur d'onde, la profondeur optique monochromatique à laquelle se trouve la couche de température T. Les courbes en trait interrompu représentent les courbes calculées d'après les valeurs théoriques du coefficient d'absorption de H⁻. En raison de l'incertitude sur le coefficient d'absorption provenant des transitions entre états du continuum, les courbes en pointillé ont été calculées en réduisant ces coefficients à 75% de leurs valeurs théoriques (D. Chalonge).

ment pas à des valeurs D de la discontinuité de Balmer identiques entre elles. Compte tenu de l'erreur sur sa grandeur observée, qu'on peut craindre assez grande car l'emplacement du spectre continu solaire est mal défini par suite de la présence des raies, il semble douteux qu'on puisse affirmer qu'un de ces modèles rende mieux compte des observations que les autres.

En résumé, à l'exception du doute provenant de la présence d'une absorption inconnue dans la partie de faible longueur d'onde du spectre solaire et peut-être des étoiles chaudes, les compositions chimiques adoptées semblent correctes.

45. Equilibre radiatif. Jusqu'ici, nous nous sommes placés dans l'hypothèse de l'équilibre radiatif, c'est-à-dire que nous avons supposé négligeable l'énergie transportée par convection. Si nous avions fait l'hypothèse inverse, nous aurions eu un problème d'équilibre adiabatique; cette dernière hypothèse aurait été à première vue moins vraisemblable, car s'il est bien certain qu'aux températures élevées qui règnent dans les atmosphères stellaires une grande quantité d'énergie

---

[1] R. Peyturaux: Ann. d'Astrophys. **15**, 302 (1952).

est transportée par rayonnement, il n'est pas certain que des courants de convection puissent s'établir et encore moins évident que ces courants transportent une énergie appréciable.

C'est K. SCHWARZSCHILD[1] qui a donné, il y a cinquante ans déjà, un critère permettant de prévoir la possibilité d'établissement de courants convectifs: imaginons que, dans une atmosphère en équilibre radiatif, un élément gazeux ayant la température ambiante T, pour une cause quelconque, soit porté rapidement de sa profondeur géométrique x dans l'atmosphère à une profondeur $x + dx$; suivant que dx est positif ou négatif il subit une compression ou une détente adiabatique qui fait varier sa température de $(dT)_{\mathrm{ad}}$. Le nouvel environnement de l'élément gazeux n'est plus à la température initiale T mais à une température $T + (dT)_{\mathrm{rad}}$ et l'élément ne se trouve plus en équilibre thermique avec son nouvel entourage. Si la valeur absolue de $(dT)_{\mathrm{ad}}$ est plus petite que la valeur absolue de $(dT)_{\mathrm{rad}}$ il ne s'est pas déplacé suffisamment pour se trouver en équilibre avec le milieu et il est contraint à faire un nouveau déplacement dans le même sens, en sorte qu'un courant de convection prend naissance. La condition de formation du courant de convection est donc

$$\left|\frac{dT}{dx}\right|_{\mathrm{ad}} < \left|\frac{dT}{dx}\right|_{\mathrm{rad}}. \tag{45.1}$$

En tenant compte de la formule d'équilibre hydrostatique et de l'équation d'état du gaz on a

$$\frac{1}{p}\frac{dp}{dx} = \frac{g\mu}{\mathsf{R}\,T} \tag{45.2}$$

et la condition peut s'écrire

$$\left(\frac{d\log T}{d\log p}\right)_{\mathrm{ad}} < \left(\frac{d\log T}{d\log p}\right)_{\mathrm{rad}}. \tag{45.3}$$

En équilibre adiabatique $p\varrho^{-\gamma}$ reste constant, ce qui avec l'équation d'état des gaz conduit à

$$\left(\frac{d\log T}{d\log p}\right)_{\mathrm{ad}} = \frac{\gamma - 1}{\gamma}. \tag{45.4}$$

γ pour un gaz monoatomique a la valeur $\frac{5}{3}$, donc $\frac{\gamma - 1}{\gamma} = 0{,}40$. Cette valeur n'est d'ailleurs pas correcte quand la modification adiabatique apportée au gaz entraîne un changement de son état d'ionisation, ce qui est le cas lorsque le gaz est partiellement ionisé comme cela a été remarqué par FOWLER et GUGGENHEIM[2] à propos de la théorie de l'intérieur des étoiles. UNSÖLD a montré[3] que dans la photosphère solaire il existe bien une couche convective.

Si on considère un gaz constitué d'un seul constituant, les équations du problème sont simples. Pour une transformation adiabatique on doit satisfaire à

$$dE + p\,dv = 0. \tag{45.5}$$

S'il y a N atomes ou ions dans le volume v et si le nombre des électrons est Nx on a

$$p = (1 + x)\frac{N\mathsf{k}T}{v}. \tag{45.6}$$

---

[1] K. SCHWARZSCHILD: Göttinger Nachr. **1906**, 41.
[2] R. H. FOWLER et E. A. GUGGENHEIM: Monthly Notices Roy. Astronom. Soc. London **85**, 961 (1925).
[3] A. UNSÖLD: Z. Astrophys. **1**, 138; **2**, 209 (1931).

L'énergie interne du système est

$$E = \left[(1 + x)\tfrac{3}{2}\,\mathrm{k}\,T + x\,\chi\right] N, \qquad (45.7)$$

χ étant le potentiel d'ionisation.

Enfin l'équation de SAHA avec les variables x et p s'écrit[1]

$$\frac{x^2}{1 - x^2}\,p = \mathrm{Cte} \times T^{\frac{5}{2}}\,e^{-\frac{\chi}{\mathrm{k}\,T}} . \qquad (45.8)$$

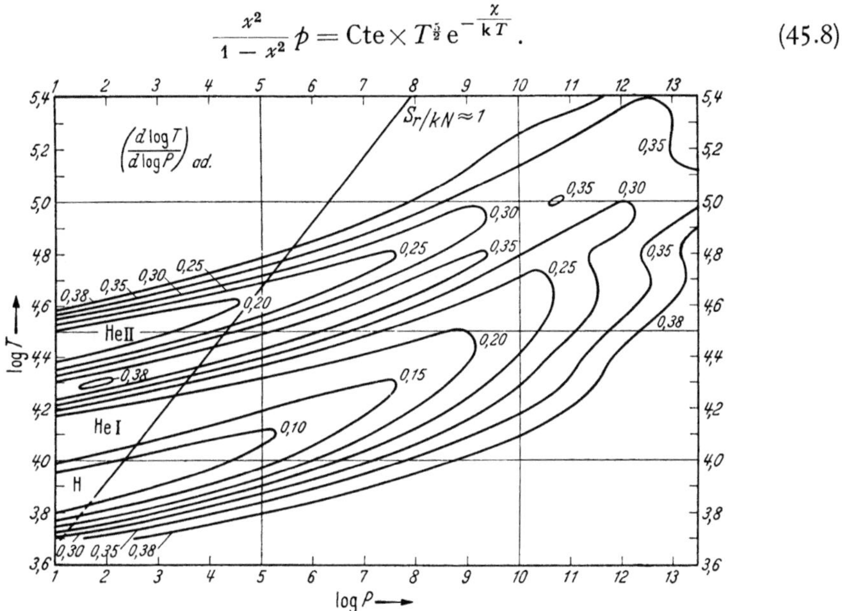

Fig. 14. Gradient adiabatique de la température de la matière stellaire calculé par A. UNSÖLD.

Cette dernière équation, différentiée, donne dx en fonction de dp et dT; (45.6) et (45.7) permettront alors d'avoir dE et dv et en portant dans (45.5) on obtient

$$\left(\frac{d\log T}{d\log p}\right)_{\mathrm{ad}} = \frac{2 + x\,(1 - x)\left[\dfrac{5}{2} + \dfrac{\chi}{\mathrm{k}\,T}\right]}{5 + x\,(1 - x)\left[\dfrac{5}{2} + \dfrac{\chi}{\mathrm{k}\,T}\right]^2}, \qquad (45.9)$$

expression qui se reduit bien à $\tfrac{2}{5}$ lorsque l'ionisation est soit négligeable soit totale, mais qui est beaucoup plus petite lorsque l'ionisation est partielle. Cette formule peut se généraliser. Il est plus pratique, comme l'a montré UNSÖLD[2] de calculer directement l'entropie du mélange gazeux en fonction des deux paramètres température et pression puis de déterminer numériquement $\left(\dfrac{d\log T}{d\log p}\right)_{\mathrm{ad}}$ le long des lignes d'entropie constante. La Fig. 14, extraite du mémoire d'UNSÖLD, donne cette quantité en fonction de $\log T$ et $\log p$. On reconnaît les deux zones de valeurs faibles provenant l'une de l'ionisation partielle de H et He I, l'autre de l'ionisation de He II.

ANNE B. UNDERHILL[3] a attiré l'attention sur le fait que dans le calcul de l'entropie, il convient de faire intervenir l'entropie du rayonnement.

---

[1] En partant de (15.4) et en posant $n_i = n_e$; $x = \dfrac{n_e}{n_i + n_a}$ et $p = (n_a + n_i + n_e)\,\mathrm{k}\,T$; n_a et n_i étant les nombres d'atomes neutres et d'ions.

[2] A. UNSÖLD: Z. Astrophys. **25**, 11 (1948).

[3] A. B. UNDERHILL: Monthly Notices Roy. Astronom. Soc. London **109**, 562 (1949).

Celle-ci n'est pas négligeable à gauche de la droite marquée $S_2/kN \approx 1$ sur la Fig. 14[1].

Erika Vitense[2] a montré que dans l'atmosphère solaire la convection apparaît pour une profondeur optique moyenne $\bar{\tau} = 0,8$. Elle a évalué le flux πF_c transporté par convection à l'aide de la formule

$$\pi F_c = c_p \varrho\, T\, \frac{\overline{\varDelta T}}{T}\, \bar{v}\,. \tag{45.10}$$

c_p est la chaleur spécifique par gramme, ϱ la densité, $\bar{v}$ la vitesse moyenne d'élévation des éléments turbulents dans la couche considérée et $\overline{\varDelta T}$ l'excès de température de ces éléments sur la température ambiante. Elle est ainsi arrivée à la conclusion que, pour $\bar{\tau} < 2$, le transfert par turbulence est négligeable par rapport au transfert radiatif. Cependant des éléments turbulents peuvent atteindre une profondeur $\bar{\tau} = 0,3$ et ce sont eux qui sont responsables de la granulation solaire. En résumé, les effets de la turbulence, observables directement dans le soleil, ne modifient pas appréciablement la répartition des températures dans les couches de la photosphère qui contribuent à la formation du spectre continu. Dans l'atmosphère des étoiles de type voisin de $A\,5$ la zone convective de l'hydrogène est beaucoup plus proche de la surface stellaire que dans le cas du soleil ainsi que Rudkjøbing l'a montré[3]. Son effet sur les paramètres caractéristiques du spectre continu n'a pas été étudié en détail.

Les modèles d'étoiles de la séquence principale de type voisin de $B\,0$ ne montrent pas l'existence de couches turbulentes.

46. Equilibre hydrostatique. Dans l'équation de l'équilibre hydrostatique, nous avons pris en considération la pression gazeuse et la pression du rayonnement. Dans le cas où la turbulence serait appréciable elle donnerait lieu à une pression supplémentaire, qu'on introduit dans les équations sous forme d'une correction à la gravité

$$\varDelta g = -\frac{1}{\varrho}\, \frac{d}{dx}\, (\varrho\, \xi^2) \tag{46.1}$$

où ξ est la composante de la vitesse turbulente suivant le rayon de l'étoile.

Dans l'étude des étoiles normales il n'y a pas d'autres forces que la gravitation à prendre en considération dans l'équation de l'équilibre hydrostatique.

Anne B. Underhill[4] a attiré l'attention sur le fait que la photosphère des supergéantes chaudes ne peut être en équilibre mécanique par suite de l'importance de la pression de radiation.

La photosphère de certaines étoiles, enfin, n'est certainement pas en équilibre hydrostatique; elle est animée de mouvements d'ensemble comme dans le cas des Céphéides par exemple.

47. Equilibre thermodynamique local. Nous avons introduit en deux endroits cette hypothèse. D'abord lorsque nous avons écrit la relation de Kirchhoff

$$\frac{j_\nu}{\varkappa_\nu} = B_\nu(T) \tag{47.1}$$

puis lorsque nous avons calculé le coefficient d'absorption, ce qui a nécessité l'application des formules de Boltzmann et de Saha pour connaître la répartition

---

[1] Unsöld fait remarquer à ce sujet que dans ce cas le transfert d'énergie par convection reste faible devant le transfert par rayonnement.

[2] E. Vitense: Z. Astrophys. **32**, 135 (1953).

[3] M. Rudkjøbing: Z. Astrophys. **21**, 254 (1942) = Publik. København No. 136.

[4] Anne B. Underhill: Publ. Dominion Astrophys. Obs. **8**, 357 (1951).

des atomes neutres et ionisés sur leurs différents niveaux, formules qui ne sont valables que dans le cas de l'équilibre thermodynamique.

Il est d'ailleurs suffisant que le peuplement des atomes satisfasse aux lois de BOLTZMANN et de SAHA pour que la relation de KIRCHHOFF soit vraie; cela résulte immédiatement du travail consacré par MILNE[1] à la relation entre probabilités d'ionisation et de recombinaison.

Le peuplement sur les divers états d'excitation et d'ionisation résulte d'un équilibre entre des processus augmentant l'excitation ou l'ionisation, qui sont en général proportionnels à l'intensité moyenne J_ν, dans certains domaines de fréquence, et de processus qui diminuent l'excitation ou l'ionisation et qui, en grande partie indépendants du champ de rayonnement, dépendent de propriétés atomiques. Si $J_\nu = B_\nu$ le peuplement est celui qui correspond à l'équilibre thermodynamique, sinon il en diffère.

Il semble possible à partir d'un modèle d'atmosphère construit dans l'hypothèse de l'équilibre thermodynamique local, de déterminer les divergences par rapport à cet équilibre auxquelles on pourrait s'attendre. Il ne semble pas jusqu'ici que de tels calculs aient été entrepris.

Montrons qualitativement dans le cas du soleil comment les choses pourraient se présenter. L'hydrogène presque entièrement neutre à l'état fondamental ne joue qu'un rôle assez limité dans les conditions physiques de l'atmosphère solaire. Les électrons libres proviennent essentiellement de l'ionisation des métaux par les radiations ultraviolettes, dont l'intensité relativement faible est encore fortement diminuée par la présence de nombreuses raies. Admettons, ce qui est probable, que la pression et la température électronique se trouvent déterminées par le rayonnement ultraviolet. Le rayonnement de la région visible est déterminé, pour une grande part, par l'abondance en ions H^- et cette abondance résulte d'une part de la pression et de la température électronique et d'autre part de la probabilité de détachement des électrons, qui est proportionnelle à l'intensité du rayonnement dans la région visible du spectre dont la température de brillance, on le sait, est plus grande que celle de l'ultraviolet et qui en outre est moins affaiblie par les raies. Le détachement doit donc être plus grand que si l'atmosphère solaire se trouvait en équilibre thermodynamique local et par conséquent l'ion H^- doit être moins abondant qu'il n'est prévu par l'application de la formule de SAHA aux conditions locales (T et p_e).

Le processus qui vient d'être analysé doit donner lieu à des effets observables dans le spectre, par exemple sur la grandeur de la discontinuité de BALMER, mais on ne peut les distinguer des effets analogues produits par une erreur d'estimation des abondances relatives de l'hydrogène, de l'hélium et des métaux, qui ne sont pas connues avec une grande précision.

Des modifications à la formule de SAHA ont été proposées par divers auteurs, en particulier par PANNEKOEK [8] et par WOOLLEY et STIBBS [6] pour tenir compte des déviations par rapport à l'équilibre thermodynamique local. Elles résultent de l'équation d'équilibre entre le nombre d'ionisations et le nombre de recombinaisons dans un gaz composé d'un seul élément où tous les atomes neutres sont à l'état fondamental.

PANNEKOEK a ainsi trouvé que le second membre de la formule de SAHA doit être multiplié par

$$\frac{1}{2}\frac{T_1}{T}\,e^{-h\nu_0\left(\frac{1}{kT_1}-\frac{1}{kT}\right)} \tag{47.2}$$

---

[1] E. A. MILNE: Phil. Mag. [6] **47**, 209 (1924).

où T est la température locale et T_1 la température équivalente du rayonnement dans le domaine spectral où il est capable d'ioniser le gaz.

L'intérêt d'une telle formule qui repose sur des simplifications très grandes et fort éloignées de la vérité, comme le montre l'analyse précédemment faite du cas solaire, est purement formel.

Lorsque nous examinerons la théorie de la formation des raies, nous constaterons qu'il n'est pas certain que l'hypothèse de l'équilibre thermodynamique local soit toujours valable. Ceci n'est pas une preuve qu'elle n'est pas suffisante pour rendre compte du spectre continu. La différence entre les deux cas provient des considérations suivantes:

α) L'émission continue provient essentiellement de la recombinaison dans des atomes (ou dans des ions H^-) d'électrons qui sont restés suffisamment longtemps à l'état libre pour que la distribution de leurs vitesses devienne Maxwellienne. Par contre lors de l'émission des raies, les atomes sont restés un temps très court à l'état excité en sorte qu'ils peuvent ne pas subir de chocs ou d'excitations par rayonnement avant de retomber à leur état initial.

β) L'absorption dans une raie intense est beaucoup plus considérable que l'absorption dans le spectre continu; par conséquent les raies intenses prennent naissance beaucoup plus près de la surface de l'étoile que le spectre continu, c'est-à-dire dans des régions de l'atmosphère où les chances de déviations par rapport à l'équilibre thermodynamique local sont plus grandes.

Le lecteur désireux d'approfondir le problème posé par une atmosphère stellaire en rejetant l'hypothèse de l'équilibre thermodynamique local devra consulter un récent travail de R. Wildt[1] qui propose une voie d'attaque nouvelle.

48. Conclusions. La théorie des atmosphères stellaires telle qu'elle a été développée en vue de son application à la formation du spectre continu des étoiles normales est dans son ensemble assez satisfaisante, compte tenu de la précision actuelle des données de l'observation. Les points qui restent à élucider ont trait, rappelons-le, à l'absorption inconnue ultraviolette dans l'atmosphère solaire, au désaccord qui semble avoir été constaté entre spectres continus et observés pour les étoiles supergéantes des premiers types spectraux et à la brisure du spectre continu des étoiles B et A vers 5000 Å.

III. Modèles empiriques de la photosphère solaire.

49. Problème de Milne-Lundblad. Il a été mentionné à la Sect. 44 que l'inversion de la relation donnant l'intensité émergeant de la photosphère solaire en fonction de la distance $\sin \vartheta$ au centre du disque

$$I_\nu(\vartheta) = \int\limits_0^\infty E_\nu(\tau_\nu)\, e^{-\tau_\nu \sec \vartheta} \sec \vartheta \, d\tau_\nu \tag{49.1}$$

permet de calculer les fonctions sources, relatives aux diverses fréquences, en fonction des profondeurs optiques τ_ν. La comparaison de ces diverses fonctions sources permet ensuite d'obtenir des renseignements sur les coefficients d'absorption dans la matière. C'est ce qui constitue le problème de Milne-Lundblad; rappelons que c'est de cette manière que Chalonge et Kourganoff[2] ont établi directement d'après les observations la réalité de la présence de l'ion H^- dans la photosphère solaire.

[1] R. Wildt: Astrophys. Journ. **123**, 107 (1956).
[2] D. Chalonge et V. Kourganoff: Ann. d'Astrophys. **9**, 57 (1946).

Barbier[1] a montré qu'il est possible d'aller beaucoup plus loin dans cette voie, en particulier qu'il est possible d'obtenir la variation de la température, de la pression et de la pression électronique dans la photosphère solaire en fonction de la profondeur optique, c'est-à-dire de construire un modèle d'atmosphère à partir des observations. De tels modèles, appelés maintenant *modèles empiriques* de la photosphère solaire, ont été construits par de nombreux auteurs, qui ont apporté divers raffinements à la méthode initiale ou utilisé des observations nouvelles.

50. Inversion de la relation (49.1). La construction d'un modèle repose donc entièrement sur la résolution de l'équation intégrale. Celle-ci est, en fait, équivalente à l'équation de Laplace,

$$F(x) = \int_0^\infty e^{-tx} f(t)\, dt, \tag{50.1}$$

dont la solution est

$$f(t) = \frac{1}{2\pi i} \int_{\varepsilon - i\infty}^{\varepsilon + i\infty} e^{zt} F(z)\, dz \tag{50.2}$$

où ε est une quantité arbitraire.

H. Mineur et R. Peyturaux[2] ont remarqué que cette solution est complètement dépourvue d'intérêt pour le problème actuel car la fonction $F(x)$ est connue seulement par quelques valeurs numériques suivant l'axe réel alors qu'il faudrait la connaître tout le long d'une droite parallèle à l'axe imaginaire. On doit donc satisfaire à l'équation par des procédés numériques.

Il est important de remarquer que la fonction $E_\nu(\tau_\nu)$ est assez mal déterminée par l'équation (49.1). En vertu de (12.3) et si E_ν ne s'écarte pas trop d'une fonction linéaire de τ_ν on a l'approximation

$$I_\nu(\vartheta) = E_\nu(\tau_\nu = \cos\vartheta). \tag{50.3}$$

Or les observations de $I_\nu(\vartheta)$ s'étendent du centre du disque ($\cos\vartheta = 1{,}0$) à un point voisin du bord qui correspond à une valeur de $\cos\vartheta$ qui ne descend guère au-dessous de 0,3 et on conçoit ainsi que la fonction $E_\nu(\tau_\nu)$ ne puisse pas être obtenue avec quelque sécurité dans un domaine beaucoup plus étendu que celui limité par les valeurs 0,3 et 1 de τ_ν. Ce point est facile à préciser. Supposons qu'on ait satisfait numériquement à l'équation (49.1) par une certaine fonction $E_\nu(\tau_\nu)$, nous nous proposons de reconnaître quelle fonction $F_\nu(\tau_\nu)$, non nulle dans un domaine s'étendant de $\tau_0 - \delta$ à $\tau_0 + \delta$ et nulle à l'exterieur de ce domaine, satisfaisant à

$$\int_{\tau_0 - \delta}^{\tau_0 + \delta} F_\nu(\tau_\nu)\, d\tau_\nu = 0. \tag{50.4}$$

on peut ajouter à $E_\nu(\tau_\nu)$ en n'entraînant qu'une variation ΔI_ν de I_ν inférieure aux erreurs de mesures. On a

$$\Delta I_\nu(\vartheta) = \int_{\tau_0 - \delta}^{\tau_0 + \delta} F_\nu(\tau_\nu)\, e^{-\tau_\nu \sec\vartheta} \sec\vartheta\, d\tau_\nu, \tag{50.5}$$

et en vertu de (50.4)

$$\Delta I_\nu(\vartheta) = -\sec^2\vartheta\, e^{-\tau_0 \sec\vartheta} \int_{\tau_0 - \delta}^{\tau_0 + \delta} F_\nu(\tau_\nu)\, [\tau_\nu - \tau_0]\, d\tau_\nu. \tag{50.6}$$

---

[1] D. Barbier: Ann. d'Astrophys. **9**, 173 (1946).
[2] H. Mineur et R. Peyturaux: Ann. d'Astrophys. **15**, 383 (1952).

Le facteur placé devant l'intégrale, considéré comme une fonction de $\sec\vartheta$ est maximum pour $\cos\vartheta = \tau_0/2$ si $\tau_0 \leqq 2$ et il atteint sa plus grande valeur pour $\cos\vartheta = 1$ si $\tau_0 \geqq 2$. C'est pour cette valeur de $\cos\vartheta$ que l'effet produit par la perturbation F_ν est le plus facile à déceler sur les observations.

Simplifions un peu la formule (50.6) en particularisant la fonction $F_\nu(\tau)$ que nous supposerons égale à une constante F entre $\tau_0 - \delta$ et τ_0 et à $-F$ entre τ_0 et $\tau_0 + \delta$. On a alors

$$\Delta I_\nu = \begin{cases} F\,\dfrac{\delta^2}{4}\cdot\dfrac{4}{\tau_0^2}\,\mathrm{e}^{-2}; & \tau_0 \leqq 2, \quad (50.7\mathrm{a}) \\[2ex] F\,\dfrac{\delta^2}{4}\,\mathrm{e}^{-\tau_0} \;; & \tau_0 \geqq 2. \quad (50.7\mathrm{b}) \end{cases}$$

Si les observations sont limitées à une certaine valeur ϑ_0 de ϑ, dans la formule (50.7a) on devra remplacer τ_0 par $2\cos\vartheta_0$ pour τ_0 inférieur à cette valeur limite.

Pour fixer les idées, d'après les mesures de l'assombrissement au bord du soleil pour 5010 Å, en fixant ΔI_ν à 10^{-3} de l'intensité au centre du disque, en utilisant une solution de l'équation (49.1) et en admettant pour F la valeur considérable de $E/10$, on trouve pour la demi-largeur limite δ que peut présenter la perturbation sans être détectée.

$\tau_0 = 0$	0,5	1,0	1,5	2,0	3,0	5,0
$\delta = 0$	0,16	0,26	0,34	0,41	0,60	1,41

Les observations étant en fait limitées à $\cos\vartheta \approx 0{,}25$, la demi-largeur δ ne peut descendre en dessous de 0,16.

Cette discussion montre que la méthode de résolution de (49.1) doit satisfaire aux observations dans la limite des erreurs de mesure mais pas au delà; si l'on cherchait à rendre compte exactement des nombres observés on risquerait de faire apparaître de grosses perturbations dénuées de toute réalité, dans la fonction source et, si de telles perturbations existent réellement elles ne seront pas mises en évidence par la solution.

La pratique la plus courante est de représenter $E_\nu(\tau_\nu)$ par une fonction, facilement intégrable, dépendant de quelques paramètres qui sont ajustés de manière à rendre compte des observations $I_\nu(\vartheta)$. Suivant Lundblad[1] on a utilisé pour $E_\nu(\tau_\nu)$ des polynomes du deuxième ou du troisième degré. Ces derniers rendent un peu mieux compte des observations et ont l'avantage de tendre vers $+\infty$ lorsque τ_ν croît indéfiniment alors que les polynomes du second degré tendent en général vers $-\infty$, le coefficient de τ^2 étant le plus souvent négatif.

Une formule d'interpolation très satisfaisante suggérée par des formules approchées valables dans le cas gris a été proposée par Kourganoff[2]. C'est

$$E_\nu(\tau_\nu) = a_\nu + b_\nu\,\tau_\nu + c_\nu\,K_2(\tau_\nu) + d_\nu\,K_3(\tau_\nu) \tag{50.8}$$

qui donne

$$\left.\begin{aligned} I_\nu(\vartheta) &= a_\nu + b_\nu\cos\vartheta + c_\nu\left[1 - \cos\vartheta\,\log\frac{1+\cos\vartheta}{\cos\vartheta}\right] \\ &\quad + d_\nu\left[\frac{1}{2} - \cos\vartheta + \cos^2\vartheta\,\log\frac{1+\cos\vartheta}{\cos\vartheta}\right]. \end{aligned}\right\} \tag{50.9}$$

D'autres formules d'interpolation ont été proposées, en particulier par Warzée[3].

---

[1] R. Lundblad: Astrophys. Journ. **58**, 113 (1923).
[2] V. Kourganoff: C. R. Acad. Sci. Paris **228**, 2011 (1949).
[3] J. Warzée: Publ. Obs. Roy. Belg. **1955**, No. 81.

En posant

$$\cos\vartheta = \mathrm{e}^x, \qquad \tau_\nu = \mathrm{e}^y \tag{50.10}$$

l'équation (49.1) se transforme en une équation de la forme

$$g(x) = \int\limits_{-\infty}^{+\infty} h(x - y)\, f(y)\, dy \tag{50.11}$$

ainsi que SYKES[1] l'a remarqué, ce qui lui a permis d'utiliser une des méthodes mises au point par VAN DE HULST[2] pour l'étude de ce type d'équations.

Cette méthode repose sur le théorème suivant, démontré par VAN DE HULST: si tous les moments

$$\mu_n = \int\limits_{-\infty}^{+\infty} z^n\, h(z)\, dz \tag{50.12}$$

de $h(z)$ sont finis et si les observations peuvent se représenter par un polynôme

$$g(x) = \sum_n c_n\, x^n, \tag{50.13}$$

l'équation intégrale est satisfaite par

$$f(y) = \sum_n c_n\, P_n(y). \tag{50.14}$$

Les $P_n(y)$ sont des polynomes[3] de degré n,

$$P_n(y) = \sum_m \binom{n}{m} \lambda_{n-m}\, y^m \tag{50.15}$$

et les coefficients λ_j résultent de la solution du système

$$\sum_k \lambda_{l-k} \binom{l}{k} (-1)^k \mu_k = \begin{cases} 1 \text{ pour } l = 0, \\ 0 \text{ pour } l \neq 0. \end{cases} \tag{50.16}$$

On voit que cette méthode, à la différence des méthodes précédentes, revient à s'imposer à priori la forme de $I(\vartheta)$ comme un polynôme en $\log\cos\vartheta$ ce qui est physiquement assez arbitraire mais a donné à SYKES des résultats satisfaisants.

BUSBRIDGE[4] a aussi proposé de représenter $I_\nu(\vartheta)$ par une formule généralisant la première approximation du cas gris:

$$I_\nu(\vartheta) = I_\nu(0) \left[p_\nu \sec\vartheta + 1 - p_\nu \right]^{-\alpha}. \tag{50.17}$$

51. Variation de la température avec la profondeur optique. $E_\nu(\tau_\nu)$ s'exprime en fonction de la température $T(\tau_\nu)$ à la profondeur optique τ_ν au moyen de la fonction de PLANCK. On a donc pour chaque fréquence une relation entre T et τ_ν. Si on considère deux fréquences ν_1 et ν_2, on obtient une relation entre τ_{ν_2} et τ_{ν_1} en éliminant T, ce qui permet, comme cela a déjà été dit (Sect. 44), de comparer les coefficients d'absorption relatifs aux diverses fréquences et aussi de ramener toutes les relations $T(\tau_\nu)$ à une relation unique $T(\tau_0)$ où τ_0 est la profondeur optique correspondant à la longueur d'onde 5010 Å. La combinaison des résultats obtenus pour les diverses fréquences permet une extension du domaine des τ_0 qui s'étend ainsi de 0,2 à 1,10.

---

[1] J. B. SYKES: Monthly Notices Roy. Astronom. Soc. London **113**, 198 (1953).
[2] H. C. VAN DE HULST: Bull. Astr. Inst. Netherl. **10**, 75 (1946).
[3] Rappelons que les $\binom{n}{m}$ représentent les coefficients binomiaux.
[4] I. W. BUSBRIDGE: Monthly Notices Roy. Astronom. Soc. London **101**, 26 (1941).

De tels calculs ont été effectués par de nombreux auteurs qui utilisent en général les observations d'Abbot[1]. Le Tableau 22 rassemble certains résultats.

Barbier[2] utilise une méthode qui introduit dans les calculs la condition que les températures superficielles données par l'extrapolation des fonctions $E_\nu(\tau_\nu)$ jusqu'à $\tau_\nu = 0$ doivent être identiques. Cette manière de voir a été critiquée par E. Böhm-Vitense[3] car les températures superficielles *extrapolées* ne doivent être identiques que si les extrapolations sont exactes.

C. de Jager[4] avait d'abord adopté le modèle de Barbier, puis reconnaissant qu'il ne rendait pas compte avec exactitude des valeurs absolues observées des intensités I_ν il lui a apporté des retouches qui l'ont conduit à son modèle V[5].

Tableau 22. *Modèles empiriques de la photosphère solaire.*

$\tau_0(5010)$	Barbier 1946 = de Jager 1948	de Jager 1952 Modèle V	Böhm-Vitense 1954 Modèle I
0,2	5400	5360	5310
0,3	5600	5580	5510
0,4	5775	5745	5680
0,5	5930	5885	5830
0,6	6070	6015	5965
0,7	6200	6130	6080
0,8	6315	6230	6200
0,9	6425	6330	6305
1,0	6530	6425	6405

E. Böhm-Vitense a publié également un modèle dont le calcul n'a pas été exposé en détail.

Ces trois modèles donnent respectivement des variations de température de 1130°, 1060° et 1095° K pour une variation de profondeur optique de 0,2 à 1,0 et sont donc tout à fait comparables entre eux à ce point de vue. Par contre, les valeurs absolues de la température diffèrent quelque peu et il convient de noter que ces différences ne proviennent en rien des mesures d'assombrissement vers le bord du disque solaire mais uniquement de la précision des mesures d'intensités absolues. Sans amoindrir la valeur de principe de la critique apportée par E. Böhm-Vitense à la méthode de Barbier, il est utile de préciser que les intensités *absolues* du spectre continu du soleil ne sont sans doute pas connues actuellement à 10% près (les mesures d'Abbot de 1913 et 1922 diffèrent pour certaines longueurs d'onde de 20% et il faut encore les corriger de l'influence des raies), ce qui entraîne une indétermination de plus de 100° sur les températures.

Plusieurs autres modèles ont été calculés. Citons seulement celui de Pierce et Aller[6] qui ne peut entrer dans la table car il n'est pas donné en fonction de τ (5010) mais d'un $\bar{\tau}$.

L'extrapolation des modèles vers les plus grandes profondeurs optiques, tout au moins jusqu'au début de la zone convective, vers $\tau = 2,2$, ne présente pas trop d'incertitude. Par contre, l'extrapolation jusqu'à $\tau = 0$ est très aléatoire. Si l'on extrapole par les différences on obtient $T_0 = 4915$ pour le modèle de Barbier et $T_0 = 4755$ pour le modèle V de de Jager. Le modèle de Pierce et Aller conduit à $T_0 = 4500$ [représentation de $E_\nu(\tau_\nu)$ par une fonction du type (50.8)]. E. Böhm-Vitense n'a pas donné de valeur extrapolée.

Minnaert[7] a montré qu'une température superficielle de 4900° entraînerait une température d'exitation des raies moléculaires de l'ordre de 5300° très supérieure à ce que donne l'observation des bandes moléculaires. D'autre part,

---

[1] C. G. Abbot: Smiths-Ann. **3**, (1913); **4** (1922).
[2] Loc. cit. p. 335.
[3] E. Böhm-Vitense: Z. Astrophys. **34**, 209 (1954).
[4] C. de Jager: Proc. Acad. Sci. Amsterdam **51**, 731 (1948).
[5] C. de Jager: Rech. Astronom. Obs. Utrecht **13** (1952).
[6] A. K. Pierce et L. H. Aller: Astrophys. Journ. **114**, 145 (1951); **116**, 176 (1952).
[7] M. Minnaert: Bull. Astr. Inst. Netherl. **11**, 51 (1949).

le «blanketing effect» (voir p. 319) doit produire un abaissement de température à la surface. On a donc de bonnes raisons, à la fois théoriques et tirées des observations, de penser que la température superficielle est inférieure à celle tirée de l'extrapolation des données provenant des observations du spectre continu.

L'hydrogène dans le domaine des raies de BALMER possède un coefficient d'absorption beaucoup plus grand que le coefficient d'absorption continu de la matière photosphérique; on peut traiter les observations d'assombrissement vers le bord du disque dans le centre des raies comme on a traité les observations dans le spectre continu. C'est ce qu'a fait C. DE JAGER[1] qui a ainsi calculé une partie de son modèle VII.

A une profondeur $\tau_{5010} = 0{,}01$ il a obtenu une température de $4270°$; la température superficielle T_0 devrait être encore plus basse, de l'ordre de $4000°$ peut-être. E. BÖHM-VITENSE, également d'après une discussion de l'assombrissement vers le bord au centre des raies a obtenu $T_0 = 3800$.

52. Calcul des pressions et pressions électroniques. Dans ce qui précède, nous n'avions fait qu'une seule hypothèse pour écrire l'équation (49.1), savoir que l'atmosphère est en équilibre thermodynamique local. Pour aller plus loin il faut introduire de nouvelles hypothèses, en particulier on doit préciser la composition chimique, c'est-à-dire les rapports d'abondance H/He/Métaux, et admettre que l'atmosphère est en équilibre hydrostatique. En outre, il faut utiliser la formule de SAHA.

Ces calculs sont au fond identiques à ceux qu'on fait pour les modèles théoriques; la seule différence étant qu'on utilise une loi de variation de la température avec la profondeur optique, qui résulte des observations et non de la théorie.

Le Tableau 23 reproduit des extraits de tables plus étendues de modèles calculés par DE JAGER. Le modèle III résulte uniquement des observations du spectre continu et les résultats sont donc suspects pour $\tau_0 < 0{,}2$; le modèle VII donné pour la comparaison provient de l'étude des raies traitées, pour $\tau_0 < 0{,}4$, comme le spectre continu et pour $\tau_0 > 0{,}4$ suivant d'autres procédés. La profondeur géométrique x est comptée à partir d'une origine arbitraire.

Tableau 23. *Modèles empiriques de* DE JAGER.

| Modèle III. | | | | Modèle VII. | | | |
| $Log \dfrac{H}{M} = 3{,}80,$ | | $Log \dfrac{H}{He} = 0{,}70.$ | | $Log \dfrac{H}{M} = 3{,}95,$ | | $Log \dfrac{H}{He} = 0{,}70.$ | |
$\tau_0 (5010)$	$\dfrac{5040}{T}$	$Log\,p$	$Log\,p_e$	$\dfrac{5040}{T}$	$Log\,p$	$Log\,p_e$	$\dfrac{x}{km}$
0,01	1,052	4.13	0,27	1,180	4,10	$-0{,}23$	100
0,03	1,036	4,38	0,50	1,098	4,36	$+0{,}17$	150
0,06	1,015	4,54	0,65	1,043	4,52	0,40	185
0,10	0,988	4,65	0,78	1,003	4,64	0,56	213
0,30	0,903	4,91	1,14	0,883	4,90	1,03	277
0,60	0,838	5,06	1,54	0,819	5,03	1,47	301
1,00	0,785	5,14	1,94	0,785	5,11	1,75	336
2,00	0,710	5,21	2,56	0,718	5,19	2,25	363

Les résultats auxquels conduit la méthode des modèles empiriques sont en accord satisfaisant avec le modèle théorique le plus récent, celui de K. H. BÖHM (Sect. 39).

---

[1] C. DE JAGER: Rech. Astronom. Obs. Utrecht **13** (1952).

E. Théorie des raies d'absorption dans les spectres stellaires[1].

I. Coefficient d'absorption dans les raies.

53. Introduction. A la Sect. 18 nous avons rappelé les notions fondamentales relatives aux probabilités de transitions entre niveaux et nous avons indiqué en particulier que l'on a

$$\int a_\nu \, d\nu = \frac{\pi e^2}{m c} f \tag{53.1}$$

où a_ν est le coefficient d'absorption d'un atome dans le domaine d'une raie et où f est la force d'oscillateur pour la transition correspondante.

Si l'on veut entreprendre la théorie des contours de raies dans les spectres stellaires, on doit connaître la variation du coefficient d'absorption a_ν en fonction de la fréquence ν. Ce chapître a précisément pour but de rappeler les notions fondamentales sur ce sujet.

Des atomes isolés, en repos, soustraits à tous champs de forces ne donneraient pas lieu à des absorptions strictement limitées aux fréquences, prévues par la théorie élémentaire, pour les transitions entre leurs différents niveaux. Dans la réalité ils se comportent comme si chacun de leurs niveaux avait une certaine extension ce qui donne aux raies une largeur qu'on appelle leur *largeur naturelle*. Le prochain paragraphe précisera ce point. Certains niveaux ont en outre une structure hyperfine qui contribue à leur donner une certaine largeur, mais ce fait peut être en général négligé en astrophysique.

Les atomes dans la réalité sont en mouvement. On peut considérer que la répartition de leurs vitesses est localement Maxwellienne. Les courbes d'absorption en fonction de la longueur d'onde, correspondant aux différents atomes, par suite de l'effet Doppler, sont donc légèrement déplacées suivant leurs vitesses et la loi d'absorption d'un élément de gaz résulte de la superposition de ces diverses courbes d'absorption.

Les atomes peuvent en outre ne pas rayonner librement ou être perturbés par suite de la présence des atomes voisins et enfin des champs de force peuvent les perturber. En ce qui concerne ce dernier point il n'y a guère que le champ magnétique qui soit à considérer dans des cas très particuliers.

54. Largeur naturelle des raies. V. Weisskopf et E. Wigner[2] ont montré que la probabilité pour qu'un atome à l'état m d'énergie E_m possède une énergie comprise entre E et $E + dE$ est

$$W_m(E) \, dE = \frac{\dfrac{\gamma_m}{h} \, dE}{\left(\dfrac{2\pi}{h}\right)^2 (E - E_m)^2 + \left(\dfrac{1}{2}\gamma_m\right)^2} . \tag{54.1}$$

γ_m est ce qu'on appelle la largeur naturelle du niveau qui est égale à l'inverse de la vie moyenne τ de l'état, en sorte que d'après (18.7) on a

$$\gamma_m = \sum_n A_{mn} \tag{54.2}$$

à condition que le champ de rayonnement soit assez faible pour que le nombre de transitions qu'il provoque soit négligeable devant celui des transitions spontanées; les A_{mn} sont, rappelons-le, les coefficients de probabilités d'Einstein pour les transitions spontanées.

---

[1] Les détails optiques sur la largeur des raies spectrales sont traités par R. G. Breene au vol. XXVII de cette Encyclopédie.

[2] V. Weisskopf et E. Wigner: Z. Physik **63**, 54 (1930).

La formule précédente s'applique à un «peuplement naturel» du niveau et ne serait pas valable si le niveau avait été peuplé, par exemple, par absorption d'une lumière quasi monochromatique à partir du niveau fondamental.

On démontre que la probabilité d'une transition d'énergie E entre deux niveaux d'énergie E_m et E_n dont les largeurs naturelles sont γ_m et γ_n est donnée par

$$W_{mn}(E)\,dE = \frac{\dfrac{\gamma_m + \gamma_n}{h}\,dE}{\left(\dfrac{2\pi}{h}\right)^2 (E - E_{mn})^2 + \left[\dfrac{1}{2}(\gamma_m + \gamma_n)\right]^2}. \tag{54.3}$$

Cette expression est normalisée de manière que $\int W_{mn}(E)\,dE = 1$. Si on veut l'appliquer au cas de l'absorption pour satisfaire à 53.1 on doit prendre

$$a_\nu = \frac{\pi e^2}{mc}\,f\,\frac{\gamma}{4\pi^2(\nu - \nu_{mn})^2 + \left(\dfrac{\gamma}{2}\right)^2} \tag{54.4}$$

où l'on a posé

$$\gamma = \gamma_m + \gamma_n. \tag{54.5}$$

γ s'appelle la *constante d'amortissement* pour la transition, nom qui provient de ce que la relation (54.4) a été obtenue (avec $f = 1$) pour la première fois à partir de la théorie classique d'un oscillateur linéaire amorti. D'après cette théorie $\gamma = 0{,}22\,\lambda^{-2}\,\mathrm{sec}^{-1}$, où la longueur d'onde de la raie est exprimée en centimètres, ce qui est de l'ordre de $10^8\,\mathrm{sec}^{-1}$ dans le domaine visible; cette valeur est appelée la valeur classique. Les constantes γ calculées à l'aide de (54.2) et de (54.5) sont d'un ordre de grandeur assez voisin de la valeur précédente pour des raies de résonnance et sont plus faibles pour les autres raies. *La largeur naturelle d'une raie*, intervalle entre les longueurs d'onde où son coefficient d'absorption est réduit à la moitié de sa valeur maximum est

$$\Delta\lambda = \gamma\,\frac{\lambda^2}{2\pi c} \tag{54.6}$$

et si on donne à γ sa valeur classique, on obtient pour $\Delta\lambda$ la valeur $1{,}18 \cdot 10^{-4}$ Å, indépendante de la longueur d'onde.

55. L'effet DOPPLER et le coefficient d'absorption. Un atome de vitesse radiale v par rapport à l'observateur, absorbe en vertu de l'effet DOPPLER une fréquence $\nu + \Delta\nu$ avec

$$\frac{\Delta\nu}{\nu} = \frac{v}{c}, \tag{55.1}$$

ν étant la fréquence qu'il absorberait s'il était au repos. Les vitesses des atomes interposés entre la source et l'observateur sont réparties suivant la loi de MAXWELL avec un paramètre T, représentant en général la température cinétique locale et qui éventuellement pourrait contenir les effets de la turbulence (Sect. 46). La loi de distribution Maxwellienne des vitesses donne pour la répartition des vitesses radiales

$$P(v)\,dv = \sqrt{\frac{M}{2\pi \mathrm{k}T}}\,\mathrm{e}^{-\frac{Mv^2}{2\mathrm{k}T}}\,dv \tag{55.2}$$

où M est la masse des atomes.

Supposons d'abord que la radiation ν absorbée par les atomes soit strictement monochromatique, ce que nous savons déjà n'être pas exact. Dans ces conditions d'après (55.1) et (55.2) le coefficient d'absorption est proportionnel à

$$e^{-\frac{Mc^2}{2kT}\left(\frac{\Delta\nu}{\nu}\right)^2} \tag{55.3}$$

et en vertu de (53.1) il vient

$$a_\nu = \frac{\sqrt{\pi}\,e^2}{m\,\nu}\,f\,\sqrt{\frac{M}{2kT}}\,e^{-\frac{Mc^2}{2kT}\left(\frac{\Delta\nu}{\nu}\right)^2} \tag{55.4}$$

ce qui correspond à une largeur

$$\frac{\Delta\nu_0}{\nu} = \frac{\Delta\lambda_0}{\lambda} = 2\sqrt{\frac{2kT}{Mc^2}\log 2}\,, \tag{55.5}$$

ou encore

$$\frac{\Delta\lambda}{\lambda} = 0{,}71\cdot 10^{-6}\sqrt{\frac{T}{\mu}}\,, \tag{55.6}$$

où μ est la masse atomique.

Par exemple pour la raie H_β de l'hydrogène dans l'atmosphère solaire, on obtient $\Delta\lambda = 0{,}26\,\text{Å}$.

Cette largeur Doppler est donc beaucoup plus grande que la largeur naturelle des raies ($\sim 10^{-4}\,\text{Å}$), il en serait encore de même, mais à un moindre degré cependant, pour des atomes beaucoup plus lourds que l'atome d'hydrogène. Ce serait cependant une erreur grave de penser que le contour d'une raie est simplement un contour Doppler, car d'après le contour naturel le coefficient d'absorption décroît comme $\Delta\nu^{-2}$, alors que d'après le contour Doppler il décroît comme $e^{-\frac{Mc^2}{2kT}\left(\frac{\Delta\nu}{\nu}\right)^2}$, c'est-à-dire beaucoup plus vite et c'est ainsi qu'on arrive à ce résultat, à première vue paradoxal, que loin du centre d'une raie c'est le contour naturel qui gouverne la valeur du coefficient d'absorption dans les ailes.

Il convient donc de préciser la valeur du coefficient d'absorption en prenant à la fois en considération l'élargissement naturel et l'élargissement Doppler, ce qui conduit à la relation

$$a_\nu = \frac{\pi e^2}{mc}\,f\,\frac{\gamma}{4\pi^2}\int_{-\infty}^{+\infty}\frac{\left(\frac{M}{2\pi kT}\right)^{\frac{1}{2}}e^{-\frac{Mv^2}{2kT}}}{\left(\nu_0+\frac{v}{c}\,\nu_0-\nu\right)^2\left(\frac{\gamma}{4\pi}\right)^2}\,dv\,. \tag{55.7}$$

Posons

$$\alpha = \frac{\gamma}{4\pi}\,\frac{c}{\nu_0}\sqrt{\frac{M}{2kT}}\,, \tag{55.8}$$

$$\gamma = v\sqrt{\frac{M}{2kT}}\,, \tag{55.9}$$

$$u = \frac{\nu-\nu_0}{\nu_0}\,c\sqrt{\frac{M}{2kT}}\,, \tag{55.10}$$

$$a_0 = \frac{\pi e^2}{mc}\,f\,\frac{c}{\nu_0\sqrt{\pi}}\sqrt{\frac{M}{2kT}}\,, \tag{55.11}$$

le coefficient se met sous la forme donnée par Hjerting[1]

$$a_\nu = a_0\,\frac{\alpha}{\pi}\int_{-\infty}^{+\infty}\frac{e^{-y^2}\,dy}{\alpha^2+(u-y)^2}\,. \tag{55.12}$$

---

[1] F. Hjerting: Astrophys. Journ. **88**, 508 (1938).

Des tables de D. L. Harris[1] permettent le calcul de cette intégrale.

La Fig. 15 montre la variation du coefficient d'absorption avec la fréquence. On remarquera que vers le centre de la raie il approche de très près la valeur donnée par l'effet Doppler seul et que les ailes satisfont à la loi d'élargissement naturel.

56. Les effets de proximité. D'après Weisskopf une particule, à la distance r d'un atome, produit un changement $\Delta\omega$ de sa pulsation $\omega = 2\pi c\nu$ donné par

$$\Delta\omega = \frac{C}{r^n} \tag{56.1}$$

où C est une constante et où n a la valeur 2 si l'interaction résulte d'un effet Stark linéaire, la valeur 4 si elle provient d'un effet Stark quadratique et la valeur 6 si la force perturbante est une force de van der Waals produite par des atomes neutres.

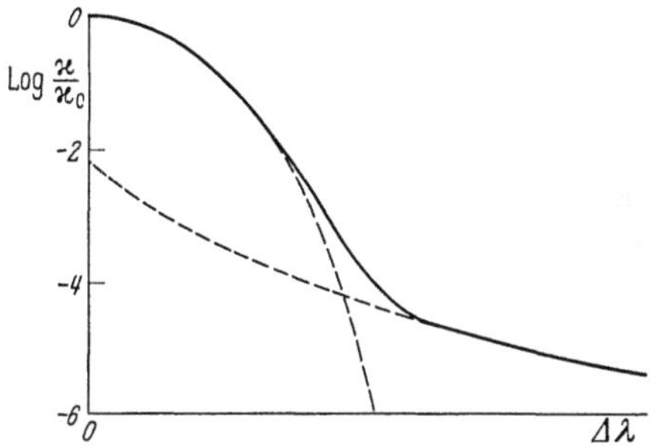

Si nous considérons un atome particulier, en déplacement à travers les atomes voisins, on peut concevoir deux effets différents des perturbations qu'il subit, schématisés de la façon suivante par Burkhardt[2].

α) Le rayonnement de l'atome reste non perturbé jusqu'à ce qu'il rencontre une autre particule; cette rencontre produit un changement de phase dans l'émission, résultat de l'intégration $\int\limits_{-\infty}^{+\infty} \Delta\omega\, dt$. Si ce changement de phase est suffisamment important, tout se passe comme si le rayonnement de l'atome avait été d'abord stoppé puis remis en route avec une nouvelle phase. Nous avons déjà constaté que l'effet de l'amortissement naturel d'un atome (qui revient à arrêter son rayonnement) produit un élargissement des raies, il en est de même des changements de phases qui produisent ce qu'on appelle *l'amortissement par chocs*.

β) Au moment où l'atome est au voisinage immédiat de la particule perturbatrice, son rayonnement est émis à une fréquence différente de celle qu'il émettrait normalement. Ce dernier effet, si la particule perturbatrice est électrisée, devient grand et conduit à des modifications importantes de la fréquence émise qui se fait sentir dans les ailes de la raie beaucoup plus loin que l'effet de l'amortissement par chocs, il s'agit de l'effet Stark statistique.

L'effet statistique devient le plus important dans les ailes, lorsque le déplacement en fréquence $\Delta\nu$ satisfait à

$$\Delta\nu > \frac{1}{2\pi c}\left[\frac{v^n}{2\pi C\, c_n^n}\right]^{\frac{1}{n-1}} \tag{56.2}$$

où c_n a les valeurs π, $\pi/2$ et $3\pi/8$ respectivement pour n égal à 2,4 et 6; C est la constante de la formule (56.1), v la vitesse des particules troublées et c la vitesse de la lumière.

Cette théorie prend en considération l'émission d'un atome; les résultats qu'on obtient, donnent aussi la variation du coefficient d'absorption avec la longueur d'onde puisque celle-ci a la même forme que le contour d'émission de la raie considérée.

Fig. 15. Variation du coefficient d'absorption dans une raie spectrale. Au centre le contour Doppler, dans les ailes le contour d'amortissement.

---

[1] D. L. Harris: Astrophys. Journ. **108**, 112 (1948).
[2] G. Burkhardt: Z. Physik **115**, 592 (1940).

57. L'amortissement par chocs. En première approximation, approximation qui est le plus souvent satisfaisante, la variation du coefficient d'absorption avec la fréquence est donné par la formule (54.4) où γ est maintenant la constante d'amortissement par chocs qui souvent, dans les conditions qui règnent dans les atmosphères stellaires, est d'un ordre de grandeur dix fois supérieur à la constante d'amortissement classique. Pour prendre en considération simultanément l'amortissement propre et l'amortissement par chocs, il suffit d'ajouter les deux constantes d'amortissement en sorte que les résultats de (55.4) restent valables.

E. Lindholm[1] a donné une étude détaillée de l'amortissement par chocs; elle prévoit non seulement un élargissement mais encore un déplacement du centre de la raie; le coefficient d'absorption devient

$$a_\nu = \frac{\pi e^2}{mc} f \frac{\gamma}{4\pi^2\left[\left(\nu - \nu_0 + \dfrac{\beta}{2\pi}\right)^2 + \left(\dfrac{2}{\gamma}\right)^2\right]} \cdot \tag{57.1}$$

ν_0 est la fréquence centrale de la raie non perturbée; les valeurs de γ et β s'expriment en fonction de la constante C [équation (56.1)] du nombre N de particules perturbantes par cm³ et de v vitesse moyenne relative des particules perturbées par rapport aux particules perbubantes qui est donnée par la théorie cinétique des gaz

$$v = \sqrt{\frac{8kT}{\pi M}\left(\frac{1}{A_1} + \frac{1}{A_2}\right)} \tag{57.2}$$

(M masse du proton, A_1 et A_2 poids atomiques des deux sortes de particules).

Pour les cas $n=4$ et $n=6$ qui sont les plus importantes Lindholm a obtenu

$$n = 4, \quad \gamma = 38,8\, C^{\frac{2}{3}} v^{\frac{1}{3}} N, \quad \beta = 0,86\,\gamma, \tag{57.3}$$

$$n = 6, \quad \gamma = 17,0\, C^{\frac{2}{5}} v^{\frac{3}{5}} N, \quad \beta = 0,36\,\gamma. \tag{57.4}$$

Tout calcul numérique repose donc sur la connaissance de la constante C pour la transition considérée.

Dans le cas de l'effet Stark quadratique on peut déterminer C expérimentalement en mesurant le déplacement en fréquence $\Delta\nu = \dfrac{\Delta\omega}{2\pi C}$ du centre de gravité d'une raie produit par un champ électrique F. Comme on a, en unités es CGS, $F = e/r^2$ la relation (56.1) où l'on exprime F en kilovolts devient

$$C = c\,e^2 \frac{\Delta\nu}{(F/0,3)^2} \cdot \tag{57.5}$$

Dans le cas important $n=6$ de l'amortissement produit par des atomes neutres d'hydrogène on peut estimer C par la mécanique quantique. Unsöld [3] a proposé la formule approchées suivante

$$C = 1,61 \cdot 10^{-33}\left(\frac{13,5\,Z}{\chi_r - \chi_{rs}}\right)^2 \tag{57.6}$$

où $\chi_r - \chi_{rs}$ est l'énergie du niveau en eV.

58. L'effet Stark statistique. Sous l'influence d'un champ électrique, les raies spectrales se décomposent en composantes nombreuses dont les déplacements par rapport à la raie initiale croissent avec le champ. Ce déplacement est linéaire si le atomes sont hydrogénoïdes.

---

[1] E. Lindholm: Ark. Mat., Astronom. Fys., **28** B, Nr. 3 (1941); **32** A, Nr. 17 (1945).

Dans un gaz où existent des charges libres, par suite des mouvements relatifs des particules, chaque atome se trouve soumis à un champ électrique aléatoire. Soit F_0 l'intensité normale du champ (pratiquement celle à laquelle serait soumis un atome si la charge électrique perturbante la plus proche était à sa distance moyenne)

$$F_0 = 2,61\, e\, N^{\frac{2}{3}} \tag{58.1}$$

où N est le nombre de particules perturbatrices par cm³ et posons

$$\frac{F}{F_0} = \beta \tag{58.2}$$

HOLTSMARK[1] a calculé la probabilité pour qu'un atome soit soumis à un champ F c'est-à-dire la probabilité $W(\beta)$ pour que β soit compris entre β et $\beta + d\beta$

$$W(\beta) = \frac{2}{\pi\beta} \int_0^\infty v \sin v\, e^{-\left(\frac{v}{\beta}\right)^{\frac{3}{2}}}\, dv. \tag{58.3}$$

Une table de cette intégrale a été calculée par VERVEIJ[2] à qui l'on doit la première étude théorique de l'effet STARK sur l'hydrogène stellaire. La Fig. 16 montre la variation de cette fonction. Pour β grand elle tend vers

$$W(\beta) = 1,496\,\beta^{-\frac{5}{2}} \tag{58.4}$$

expression qui facilite l'étude des ailes des raies.

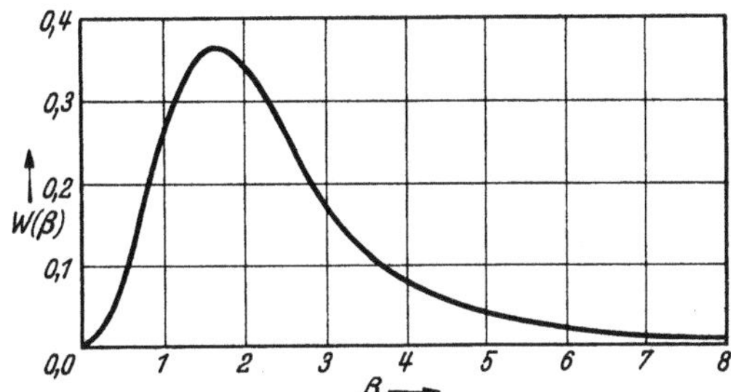

Fig. 16. La fonction $W(\beta)$.

Dans le cas de l'effet STARK linéaire, si $\varDelta\nu$ et $\varDelta\nu_0$ sont respectivement les déplacements d'une composante d'une raie pour les champs F et F_0 on a

$$\frac{\varDelta\nu}{\varDelta\nu_0} = \beta \tag{58.5}$$

et $W(\varDelta\nu)$ donne le contour de cette composante. Il suffit de superposer les contours des diverses composantes pour avoir le contour de la raie.

La théorie quantique permet de calculer la décomposition d'une raie, les intensités des diverses composantes et le coefficient de proportionnalité de $\varDelta\nu$ au champ. L'effet des ions l'emporte de beaucoup sur celui des électrons. Les calculs peuvent être faits exactement pour les premières raies de la série de BALMER, pour les raies suivantes la décomposition devient tellement compliquée qu'on utilise souvent une suggestion de PANNEKOEK[3] qui revient à supposer qu'un raie est élargie en une bande d'intensité uniforme, de largeur 2δ, où

$$\delta = 0,002\,56 \left(\frac{n^2}{n^2-4}\right)^2 [n(n-1)+2]\, F = s_n F \tag{58.6}$$

est la distance de la composante la plus déplacée.

Le coefficient d'absorption dans les ailes des raies de la série de BALMER peut s'écrire

$$a = C_n F_0^{\frac{3}{2}} \varDelta \lambda^{-\frac{5}{2}}. \tag{58.7}$$

[1] J. HOLTSMARK: Ann. Phys. **58**, 576 (1919).
[2] S. VERVEIJ: Publ. Astronom. Inst. Amsterdam **1936**, 5.
[3] A. PANNEKOEK: Monthly Notices Roy. Astronom. Soc. London **98**, 694 (1938).

Les valeurs de C_n calculées par Unsöld sont respectivement de 3,13; 0,885; 0,442 et 0,309 pour H_α, H_β, H_γ et H_δ.

A l'approximation de Pannekoek, de Jager[1] a déterminé les valeurs suivantes (Tableau 24) de C_n pour les raies de la série de Balmer.

On constatera que cette approximation est assez bonne puisque les valeurs ne sont pas très différentes des valeurs calculées par Unsöld. Par contre elle n'est pas suffisamment correcte pour les séries de Paschen et Brackett[2].

La théorie s'étend aux autres atomes hydrogénoïdes : He^+ ou atomes neutres avec un électron très excité tel que le champ dû au corps de l'atome puisse être assimilé à un champ Coulombien.

Inglis et Teller[3] ont discuté l'élargissement des raies de nombre quantique élevé dans la série de Balmer et montré que la dernière observable, correspondant au nombre quantique n_m, est donnée en logarithmes décimaux par

$$\mathrm{Log}\, N = 23{,}26 - 7{,}5\, \mathrm{Log}\, n_m \qquad (58.8)$$

où N est le nombre d'ions plus le nombre d'électrons si $T < 10^5/n_m$ et le nombre d'ions seulement si $T > 10^5/n_m$.

Pour l'effet Stark quadratique on a

$$\frac{\Delta \nu}{\Delta \nu_0} = \beta^2 \qquad (58.9)$$

Tableau 24. *Coefficients C_n pour le calcul du coefficient d'absorption dans les ailes des raies de la série de Balmer.*
(Approximation de Pannekoek.)

n	C_n	n	C_n
3	3,43	11	0,181
4	0,951	12	0,179
5	0,493	13	0,176
6	0,340	14	0,175
7	0,277	15	0,174
8	0,230	16	0,173
9	0,199	17	0,172
10	0,187	18	0,172

en sorte que le contour d'une composante est proportionnel à $-\dfrac{1}{\Delta \nu} W\left(\sqrt{\dfrac{\Delta \nu}{\Delta \nu_0}} \right)$ ce qui dans les ailes conduit à une loi en $(\Delta \nu)^{-\frac{5}{4}}$. Le cas de l'hélium est le plus intéressant. Les propriétés de ce corps par rapport à l'effet Stark sont très complexes. L'élargissement des raies n'est pas symétrique et en outre le champ électrique permet l'apparition de raies interdites.

Le tableau suivant résulte de la discussion par Unsöld [3] des différents cas qui peuvent se présenter à partir de l'inégalité (56.2). Il résume le mode d'élargissement prépondérant pour les diverses raies stellaires.

Tableau 25. *Nature du mode d'élargissement des raies* (A. Unsöld).

Types stellaires	Atomes	Mode d'élargissement
Tous	H	Stark statistique
Tous	He	Amortissement Stark quadratique au centre et Stark statistique linéaire dans les ailes
Jeunes	Autres que H et He	Amortissement par rayonnement et amortissement Stark quadratique pour les raies les plus sensibles a cet effet
Avancés	Autres que H et He	En général amortissement van der Waals; si très sensible è l'effet Stark, l'amortissement par rayonnement peut intervenir

II. Le transfert pour les raies.

59. Intensités résiduelles centrales. Au cours de l'étude du spectre continu des étoiles nous avons admis que l'extinction et l'émission du rayonnement sont

---

[1] C. de Jager: Rech. Astronom. Obs. Utrecht **13** (1952).

[2] C. de Jager, M. Migeotte et L. Neven: Ann. d'Astrophys. **19**, 9 (1956).

[3] D. R. Inglis et E. Teller: Astrophys. Journ. **90**, 439 (1939).

deux phénomènes qui n'ont d'autre relation entre eux que celle résultant de la loi de KIRCHHOFF

$$\frac{\varepsilon_\nu}{\beta_\nu} = \frac{j_\nu}{\varkappa_\nu} = B_\nu = \frac{2\,h\,\nu^3}{c^2}\left(e^{\frac{h\,\nu}{kT}} - 1\right)^{-1}. \tag{59.1}$$

Cette loi est rigoureuse dans le cas de l'équilibre thermodynamique strict, l'extension qu'on en fait au cas d'une atmosphère stellaire résulte de l'hypothèse de l'équilibre thermodynamique local. Son application à l'étude des spectres continus ayant fourni des résultats très acceptables, on peut se demander si son application au cas des raies ne serait pas elle aussi justifiée. S'il en était bien ainsi le problème des contours de raies serait déjà résolu: on pourrait calculer

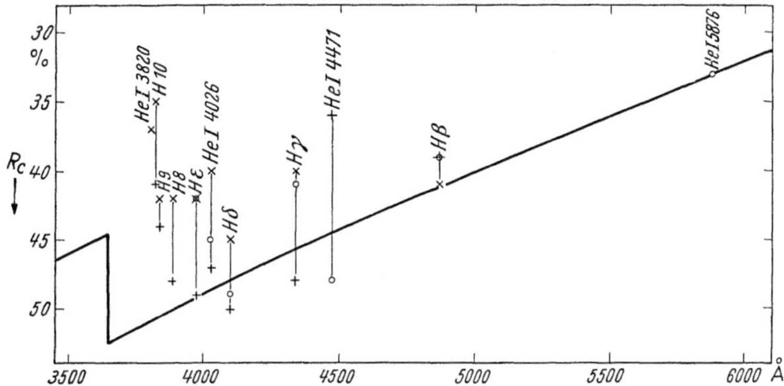

Fig. 17. Le trait continu indique la profondeur centrale théorique maximum que peuvent atteindre les raies dans le spectre de τ Sco; on a supposé qu'elles se forment par absorption pure. Trois séries de mesures sont reportées (G. TRAVING).

l'intensité en un point du disque, ou le flux, grâce aux modèles antérieurement établis et aux lois de l'absorption dans les raies rappelées au chapitre précédent. Ce mode de transfert correspond à ce qu'on appelle *l'absorption vraie*.

Une conséquence directe de l'hypothèse de l'équilibre thermodynamique local est qu'en aucun cas le rayonnement sortant d'une atmosphère stellaire ne peut avoir, une intensité inférieure à l'intensité du rayonnement correspondant à la température superficielle T_0 de l'étoile, soit $B_\nu(0)$. Elle atteint cette intensité pour un coefficient d'absorption infini et dans ce cas la brillance du disque est uniforme. Au centre des raies les plus intenses, le coefficient d'absorption étant très grand on devrait approcher de ce cas limite si l'hypothèse de l'équilibre thermodynamique local était encore vraie.

Soit $F(0)$ le flux sortant, dans le fonds continu, pour la longueur d'onde centrale de la raie, la profondeur maximum de celle-ci (relative à l'intensité du fond continu) est

$$R_{\mathrm{Max}} = \frac{F(0) - B(0)}{F(0)}. \tag{59.2}$$

Examinons d'abord le cas d'une étoile de type B, τ Sco, pour laquelle nous disposons du modèle de TRAVING (Sect. 39). Le calcul de R_{Max} d'après ses résultats pour $F(0)$ et sa température superficielle de 21 200° K, conduit à la courbe de la Fig. 17. Les intensités centrales des raies de l'hydrogène et des raies fortes de l'hélium sont les seules mesurables dans une telle étoile. On remarquera les désaccords assez grands entre les différentes séries de mesures. Compte tenu de ces désaccords il semble établi que, à partir de la raie H_δ, vers les grandes longueurs d'ondes, les intensités centrales correspondent bien au rayonnement noir relatif à la température superficielle de l'étoile. Pour les longueurs d'ondes plus courtes que H_δ les intensités restantes centrales $(1 - R)$, sur la Fig. 17, sont plus grandes que les intensités limites, ce qui est permis dans l'hypothèse de l'équilibre thermodynamique local et indique alors que le coefficient d'absorption ne peut pas être considéré comme infiniment grand, mais ce qui pourrait provenir aussi de la difficulté d'évaluer les profondeurs des raies car l'emplacement du spectre continu est mal défini dans ce domaine spectral où les ailes des raies se recouvrent.

Considérons maintenant les intensités résiduelles au fond des fortes raies de BALMER (en pratique H_β, H_γ, H_δ) et admettons que ces intensités représentent le rayonnement du corps noir correspondant à la température superficielle de l'étoile. La température de couleur qui rend compte à la fois de ces trois intensités résiduelles est donc la température superficielle et il en résulte un étalonnage en unités absolues de toute la répartition d'énergie dans le spectre de l'étoile. C'est la méthode imaginée par D. CHALONGE et LUCIENNE DIVAN[1].

Elle permet d'obtenir le diamètre angulaire des étoiles ou leur assombrissement au bord.

Si l'on se borne à étudier des étoiles normales (en particulier des étoiles dont la vitesse de rotation axiale n'est pas trop grande et celles qui ne sont pas entourées d'une enveloppe étendue) la méthode paraît extrêmement utile. Les températures superficielles obtenues par les promoteurs de cette méthode sont de 21 000° K pour τ Sco et de 7100° K pour α Lyr et α CMa. Ces températures sont bien du même ordre de grandeur que celles fournies par la théorie et pourraient même être considérées comme mieux établies.

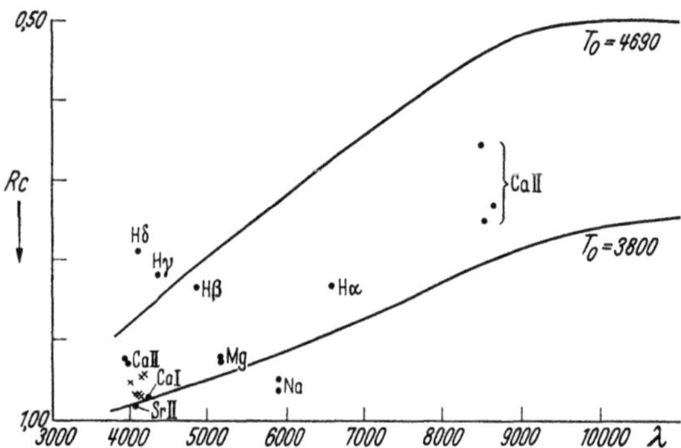

Fig. 18. Les deux courbes indiquent la profondeur centrale théorique maximum que peuvent atteindre les raies dans le spectre du soleil pour deux températures superficielles; on a supposé que les raies se forment par absorption pure. La moyenne de diverses séries de mesures est reportée pour diverses raies; elles se rapportent à des raies de Fe I.

On voit donc que pour les étoiles de types B et A, les intensités centrales des raies fortes sont très bien expliquées dans l'hypothèse de l'équilibre thermodynamique local.

La Fig. 18 montre les profondeurs au centre des raies fortes du spectre solaire, elle est établie avec les moyennes des diverses déterminations connues qui ne sont pas toujours en excellent accord. Les courbes chiffrées 3800 et 4690 montrent les profondeurs limites relatives à ces deux températures dans le cas de l'équilibre thermodynamique local. La courbe 3800 n'est dépassée que par les raies D du sodium. Cette température de 3800° K serait donc assez voisine de la température superficielle du soleil. C'est celle qui d'après le modèle théorique de BÖHM (Sect. 39) correspond à une profondeur optique (pour 5010 Å) de 0,001. A noter que les raies de l'hydrogène sont encore loin de cette courbe limite ce qui indique que dans leur centre l'absorption n'est pas encore complète.

C. DE JAGER (loc. cit. p. 338) et ERIKA BÖHM-VITENSE (loc. cit. p. 338) ont examiné la variation de l'intensité résiduelle au centre des fortes raies solaires en fonction de la distance au centre du disque. Cette intensité décroît lorsqu'on approche du bord, ce qui n'est pas étonnant puisque l'absorption n'est pas encore totale; traitée suivant les principes qui permettent la construction des modèles

---

[1] D. CHALONGE et L. DIVAN: C. R. Acad. Sci. Paris **231**, 215, 331 (1950).

empririques (Sect. 51) cette variation conduit à une température superficielle de 3800° K selon ERIKA BÖHM-VITENSE aussi bien dans le cas des raies de l'hydrogène que dans celui des raies de FeI. Cet auteur a montré en outre qu'il était possible d'obtenir les nombres absolus d'atomes d'hydrogène à l'état $n = 2$ et d'atomes de fer neutre qui concourent à la formation des raies. Ces nombres comparés à ceux qui résultent de l'analyse du spectre continu montrent que les peuplements sont anormaux au voisinage de la surface du soleil: tout se passe comme si l'hydrogène était superexcité et le fer superionisé. Les formules de BOLTZMANN et SAHA ne s'appliqueraient pas et par suite les peuplements ne seraient plus ceux de l'équilibre thermodynamique. Cette constatation, à laquelle on peut adjoindre le fait que les intensités centrales des raies D paraissent bien être inférieures à la limite permise suivant ce mode de transfert nous amènent à prendre en considération d'autres modes de transfert.

60. Diffusion cohérente et diffusion incohérente. Si un atome qui vient d'être excité, revient à son état primitif effectuant la même transition en sens inverse on appelle *diffusion* l'ensemble des deux évènements. Si la fréquence émise est *exactement* égale à la fréquence absorbée on dit que la diffusion est *cohérente*.

Historiquement c'est le mécanisme de diffusion cohérente qui a été le premier pris en considération pour rendre compte des contours de raies. En effet, d'après l'analyse du cas gris, on pensait que la température superficielle d'une étoile était donnée par $T_0 = 0{,}811\,T_e$, soit 4690° K pour le soleil par exemple, et comme les intensités centrales des raies fortes étaient le plus souvent inférieures à la limite correspondante on avait été conduit à rejetter le mode de transfert par absorption vraie.

Le mécanisme de la diffusion cohérente avait paru vraisemblable tout au moins pour les raies de résonance: un atome à l'état fondamental étant amené à l'état immédiatement supérieur par absorption d'un photon devrait selon toute probabilité retomber à l'état fondamental, car la seule alternative possible serait qu'il soit porté à un niveau encore plus élevé (ou ionisé) par absorption d'un nouveau photon, éventualité moins probable que le retour à l'état fondamental.

L'état fondamental est extrêmement étroit et par conséquent si l'atome n'est pas perturbé pendant le temps qu'il reste excité, il doit émettre exactement la fréquence qu'il a absorbée. Dans ce cas la relation entre émissivité et coefficient d'extinction est

$$\frac{\varepsilon_\nu}{\beta_\nu} = \frac{\varepsilon_\nu}{\sigma_\nu} = J_\nu \tag{60.1}$$

où J_ν est comme d'habitude l'intensité moyenne du rayonnement pour la fréquence ν.

En réalité s'il est très vraisemblable, au moins dans le cas de la résonance, qu'une absorption dans une raie soit suivie d'une réémission dans la même raie, il est physiquement impossible dans la plupart des atmosphères stellaires que la réémission se produise à la fréquence exacte du photon absorbé. En effet par suite de l'effet DOPPLER, le photon émis par un atome possède une fréquence différente de celle du photon absorbé, pour un observateur ne participant pas au mouvement de l'atome, et en outre des perturbations sont produites dans l'occupation d'un niveau par les approches d'autres particules (fait étudié au laboratoire). La diffusion cohérente serait ainsi un mode de transfert valable uniquement pour les raies de résonance des atomes lourds dans des atmosphères froides (vitesses faibles) et de faible densité (chocs rares).

J. HOUTGAST[1] a montré la nécessité de renoncer au mécanisme de la diffusion cohérente et il a étudié, dans le cas du soleil, le mécanisme de *diffusion non co-*

---

[1] The variations in the profiles of strong FRAUNHOFER lines along a radius of the solar disc. Utrecht 1942.

hérente qu'on appelle encore redistribution. Dans le cas d'une redistribution complète de l'énergie absorbée par un gaz dans une raie, pour que l'énergie émise soit égale à l'énergie absorbée, par unité de volume, dans l'ensemble de la raie, on doit avoir

$$\frac{\varepsilon_\nu}{t_\nu} = \bar{J}_\nu = \frac{\int \varkappa_\nu J_\nu \, d\nu}{\int \varkappa_\nu \, d\nu} \, . \tag{60.2}$$

t_ν étant la coefficient de diffusion non cohérente. L'émissivité n'est plus proportionnelle à J_ν comme dans le cas de la diffusion cohérente mais à une valeur moyenne de J_ν pondérée d'après la valeur du coefficient d'absorption, valeur moyenne qui est donc assez voisine de la valeur de J_ν au centre de la raie (Fig. 19).

Dans le corps central d'une raie, J_ν étant très voisin de $\bar{J}$ on se trouve sensiblement ramené au cas de la diffusion cohérente. Dans les ailes, la profondeur optique exprimée avec le τ_ν correspondant au coefficient d'absorption pour le centre de la raie est considérable et ainsi $\bar{J}$ a pris la valeur B de l'équilibre thermodynamique et le transfert est voisin de celui qui correspond à une absorption pure. Ces remarques qui ne sont d'ailleurs pas rigoureuses sont simplement destinées à montrer qu'éventuellement on peut, à titre de première approximation, remplacer une diffusion incohérente soit par une absorption vraie soit par une diffusion cohérente suivant les cas.

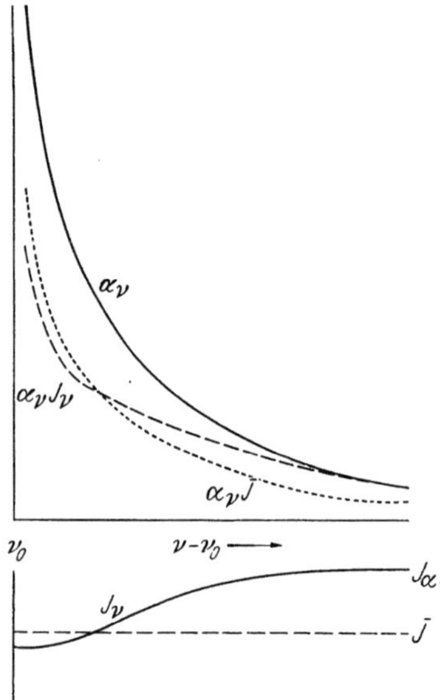

Fig. 19. Formation d'une raie. α_ν est le coefficient d'absorption; l'émission est $\alpha_\nu J_\nu$ dans le cas d'une diffusion cohérente et $\alpha_\nu \bar{J}_\nu$ dans le cas d'une diffusion non cohérente (J. Houtgast).

61. Equation de transfert. L'équation de transfert est l'équation (10.2) que nous écrivons à nouveau

$$\cos \vartheta \, \frac{d I_\nu(\vartheta, x)}{d x} = \beta_\nu I_\nu(\vartheta, x) - \varepsilon_\nu(x). \tag{61.1}$$

β_ν et ε_ν sont les coefficients d'extinction et d'émission pour le rayonnement de fréquence ν. Soit x le coefficient d'absorption continu pratiquement constant dans le domaine d'une raie; une première contribution à l'émission est l'émission continue $\varkappa B_\nu$ (nous négligeons une éventuelle diffusion continue). Soit β_r la partie du coefficient d'extinction qui est due à la raie; nous imaginons qu'on peut le décomposer en un coefficient d'absorption vraie $\varkappa_r$, un coefficient de diffusion cohérente σ_r et un coefficient de diffusion incohérente t_r. Soit aussi ε_r le coefficient d'émissivité dû à la raie. On a

$$\beta_r = \varkappa_r + \sigma_r + t_r, \tag{61.2}$$

$$\varepsilon_r = \varkappa_r B_\nu + \sigma_r J_\nu + t_r \bar{J}_\nu. \tag{61.3}$$

L'équation (61.1) devient alors en posant

$$d\tau_\nu = \beta_\nu \, dx = (\beta_r + \varkappa) \, dx, \tag{61.4}$$

$$\cos \vartheta \, \frac{d I_\nu}{d \tau_\nu} = I_\nu - E_\nu \tag{61.5}$$

où l'on a écrit

$$E_\nu = \frac{(\varkappa + \varkappa_r)\, B_\nu + \sigma_r\, J_\nu + t_r\, \bar{J}_\nu}{\varkappa + \varkappa_r + \sigma_r + t_r} \qquad (61.6)$$

et on a les différentes expressions utiles (Sect. 10)

$$I_\nu(\vartheta, 0) = \int\limits_0^\infty E_\nu(\tau_\nu)\, e^{-\tau_\nu \sec \vartheta}\, \sec \vartheta \, d\tau_\nu, \qquad (61.7)$$

$$J_\nu(\tau_\nu) = \tfrac{1}{2} \int\limits_0^\infty E_\nu(t)\, K(|\tau_\nu - t|)\, dt, \qquad (61.8)$$

$$F_\nu(0) = 2 \int\limits_0^\infty E_\nu(\tau_\nu)\, K_2(\tau_\nu)\, d\tau_\nu. \qquad (61.9)$$

Le problème est d'un ordre de difficulté très variable suivant le mode de transfert.

1. $\sigma_r = t_r \equiv 0$. Absorption pure. Comme B_ν est connu en fonction de la profondeur par la construction préalable d'un modèle, l'intensité dans la raie en un point du disque solaire est donnée par (61.7) et le flux par (61.9) le problème est donc soluble par de simples quadratures.

2. $t_r \equiv 0$. Absorption pure et diffusion cohérente. Dans ce cas il faut d'abord déterminer J_ν au moyen de l'équation intégrale (61.8), donnée pour la première fois avec des notations différentes par EDDINGTON, qui s'écrit dans ce cas

$$(\varkappa + \varkappa_r + \sigma_r)\, E_\nu(\tau) = (\varkappa + \varkappa_r)\, B_\nu(\tau) + \tfrac{1}{2} \sigma_r \int\limits_0^\infty E_\nu(t)\, K(|\tau - t|)\, dt \qquad (61.10)$$

où nous avons exprimé les fonctions E_ν et B_ν en fonction de la profondeur optique τ relative au spectre continu $(d\tau = \varkappa\, dx)$.

La fonction ainsi calculés doit ensuite être reportée dans (61.7) et (61.9). On voit que pour chaque point de la raie dont on détermine l'intensité on doit résoudre une équation intégrale. La difficulté pour chaque point est de même nature que celle de la solution du problème de transfert pour le spectre continu dans le cas gris.

3. Cas général. La difficulté devient beaucoup plus grande; pour chaque point, elle est d'une classe analogue à celle du problème de transfert dans le cas non gris.

En dehors du cas de l'absorption pure, la difficulté mathématique, ou tout au moins la longueur des calculs ne justifieraient pas en général la formation de solutions rigoureuses si l'on tient compte de l'incertitude considérable qui règne dans la décomposition de β_r entre $\varkappa_r, \sigma_r, t_r$, qui pourrait d'ailleurs varier avec la profondeur optique.

Il n'est pas possible d'exposer ici les solutions proposées pour ce problème général; elles n'ont d'ailleurs pas encore fait l'objet de véritables applications pratiques. Parmi les auteurs qui ont le plus contribué à les développer, on peut citer les noms de Z. SUEMOTO, D. LABS, M. P. SAVEDOFF, V. V. SOBOLEV, S. UENO[1].

On a ainsi été amené parfois à étudier des cas simplifiés en vue de mettre en évidence l'influence, sur les résultats, des divers facteurs qui entrent en jeu. Pour se rendre compte de l'influence du mode de transfert on a considéré séparé-

---

[1] On trouvera une bibliographie détaillée sur ce sujet dans un travail de SUEO UENO, Contr. Kyoto No. 58 (1955), à laquelle il convient d'ajouter les publications ultérieures de cet auteur. Contr. Kyoto No. 62, 63, 64 (1956).

ment le cas de l'absorption pure et le cas de la diffusion cohérente. Pour examiner l'effet de la stratification on a imaginé deux modèles schématiques très différents:

α) *Le modèle Schuster-Schwarzschild* dans lequel l'extinction, pour les raies, se produit dans une couche superficielle, véritable couche renversante, où l'absorption continue est négligeable.

β) *Le modèle Milne-Eddington* dans lequel on suppose que le rapport du coefficient d'extinction dans les raies au coefficient d'absorption pour le spectre continu est indépendant de la profondeur optique.

62. Intégration de l'équation de transfert. Dans le cas où la diffusion cohérente entre en jeu nous devons résoudre l'équation intégrale (61.10) pour déterminer $E_\nu(\tau)$. Divers types d'approximation ont été mis au point: nous en retiendrons deux seulement.

Le premier type d'approximation, résulte d'une méthode d'itération; il s'applique particulièrement au cas où σ_r est petit par rapport à $\varkappa + \varkappa_r$. Nous l'exposons dans ce cas et nous nous limitons à la première itération. On part de

$$E_\nu(\tau) = \frac{\varkappa + \varkappa_r}{\varkappa + \varkappa_r + \sigma_r} B_\nu(\tau) \approx B_\nu(\tau), \tag{62.1}$$

la première itération donne alors

$$E_\nu(\tau) = \left(1 - \frac{\sigma_r}{\varkappa + \varkappa_r}\right) B_\nu(\tau) + \frac{1}{2} \frac{\sigma_r}{\varkappa + \varkappa_r} \int_0^\infty B_\nu(t) K(|\tau - t|)\, dt. \tag{62.2}$$

En se reportant à l'équation (10.10) qui fournit l'expression du flux monochromatique πF_ν (où le τ_ν est en réalité le τ de la notation actuelle) qu'on différentie, on obtient

$$\frac{1}{4} \frac{dF_\nu}{d\tau} = - B_\nu(\tau) + \frac{1}{2} \int_0^\infty B_\nu(t) K(|\tau - t|)\, dt \tag{62.3}$$

en sorte qu'on à l'expression simple

$$E_\nu(\tau) = B_\nu(\tau) + \frac{1}{4} \frac{\sigma_r}{\varkappa + \varkappa_r} \frac{dF_\nu}{d\tau}. \tag{62.4}$$

Un deuxième type d'approximation très usité s'applique au modèle Milne-Eddington ($\varkappa_r/\varkappa$ et $\sigma_r/\varkappa$ indépendants de la profondeur optique). Il est dû à Eddington et constitue une généralisation de la méthode exposée à la Sect. 25. Nous partons non plus de (61.10) mais de l'équation

$$\cos\vartheta \frac{dI_\nu}{d\tau_\nu} = I_\nu - \frac{\varkappa + \varkappa_r}{\varkappa + \varkappa_r + \sigma_r} (B_\nu - J_\nu) \tag{62.5}$$

qui résulte de (61.5) et (61.6).

Multiplions les deux membres de l'équation (62.5) successivement par $\dfrac{d\omega}{4\pi}$ et par $\cos\vartheta\, \dfrac{d\omega}{4\pi}$ et intégrons sur la sphère. Il vient

$$\frac{dH_\nu}{d\tau_\nu} = \frac{\varkappa + \varkappa_r}{\varkappa + \varkappa_r + \sigma_r} (J_\nu - B_\nu), \tag{62.6}$$

$$\frac{dK_\nu}{d\tau_\nu} = H_\nu \tag{62.7}$$

où l'on a posé comme d'habitude

$$J_\nu = \int I_\nu \frac{d\omega}{4\pi}; \quad H_\nu = \int I_\nu \cos\vartheta \frac{d\omega}{4\pi}; \quad K_\nu = \int I_\nu \cos^2\vartheta \frac{d\omega}{4\pi}. \tag{62.8}$$

L'approximation d'EDDINGTON consiste à écrire

$$K_\nu = \tfrac{1}{3}\, J_\nu, \tag{62.9}$$

$$J_\nu(0) = 2\, H_\nu(0). \tag{62.10}$$

De (62.6), (62.7) et (62.9) on tire

$$\frac{d^2 J_\nu}{d\tau_\nu^2} = 3\,\frac{\varkappa + \varkappa_r}{\varkappa + \varkappa_r + \sigma_r}\,(J_\nu - B_\nu). \tag{62.11}$$

Faisons encore une simplification en admettant que B_ν est fonction linéaire de τ_ν, cette dernière équation peut alors s'écrire

$$\frac{d^2 (J_\nu - B_\nu)}{d\tau_\nu^2} = \lambda^2 (J_\nu - B_\nu) \tag{62.12}$$

en posant

$$\lambda = \sqrt{3\,\frac{\varkappa + \varkappa_r}{\varkappa + \varkappa_r + \sigma_r}}\,. \tag{62.13}$$

La solution qui tend vers zéro lorsque τ_ν augmente indéfiniment est

$$J_\nu - B_\nu = C\, e^{-\lambda \tau_\nu} \tag{62.14}$$

où C est une constante. On a d'après (62.7) et (62.9)

$$H_\nu(0) = \frac{1}{3}\left[\left(\frac{dB_\nu}{d\tau_\nu}\right)_0 - C\,\lambda\right] \tag{62.15}$$

et la condition (62.10) donne alors

$$C = \frac{\dfrac{2}{3}\left(\dfrac{dB_\nu}{d\tau_\nu}\right)_0 - B(0)}{1 + \dfrac{2}{3}\,\lambda}\,. \tag{62.16}$$

Usuellement B_ν est donné, par la théorie du spectre continu, en fonction de la profondeur optique τ mesurée dans celui-ci. On a par suite

$$\frac{dB_\nu}{d\tau_\nu} = \frac{dB_\nu}{d\tau}\,\frac{d\tau}{d\tau_\nu} = \frac{\varkappa}{\varkappa + \varkappa_r + \sigma_r}\,\frac{dB_\nu}{d\tau}\,. \tag{62.17}$$

Dans le cas où σ_r est petit par rapport à $\varkappa + \varkappa_r$ on obtient

$$E_\nu(\tau) = B_\nu(\tau) + \frac{\sigma_r}{\varkappa + \varkappa_r}\,\frac{\dfrac{2}{3}\left(\dfrac{dB}{d\tau}\right)_0 - B(0)}{1 + \dfrac{2}{\sqrt{3}}}\,e^{-\sqrt{3}\,\tau}. \tag{62.18}$$

Nous allons comparer cette expression à (62.2) que nous explicitons en supposant $B(\tau)$ linéaire; on obtient sans difficulté

$$E_\nu(\tau) = B_\nu(\tau) + \frac{1}{2}\,\frac{\sigma_r}{\varkappa + \varkappa_r}\left[\left(\frac{dB}{d\tau}\right)_0 K_3(\tau) - B(0)\,K_2(\tau)\right]. \tag{62.19}$$

Or les fonctions K_n peuvent être représentées avec une assez bonne approximation (si $n \geq 2$) par

$$K_n(\tau) \approx 3^{1-\frac{n}{2}}\, e^{-\sqrt{3}\,\tau} \tag{62.20}$$

en sorte qu'il vient

$$E_\nu(\tau) = B_\nu(\tau) + \frac{\sigma_r}{\varkappa + \varkappa_r}\,\frac{\dfrac{1}{\sqrt{3}}\left(\dfrac{dB}{d\tau}\right)_0 - B(0)}{2}\,e^{-\sqrt{3}\,\tau}. \tag{62.21}$$

Le coefficient numérique de $\left(\dfrac{dB}{d\tau}\right)_0$ est de 0,309 pour la formule (62.18) et de 0,289 pour la formule (62.21); celui de $B(0)$ est de 0,464 pour la formule (62.18) et de 0,500 pour la formule (62.20). On voit donc que les formules sont pratiquement équivalentes dans le cas où $B(\tau)$ est linéaire.

III. Contours des raies.

63. Calcul des intensités des raies faibles ou des ailes des raies fortes. Nous nous trouvons donc dans le cas où $\varkappa_r$ et σ_r sont petits; nous examinons simultanément le cas d'une absorption pure et d'une diffusion cohérente pure.

On calcule l'intensité en un point du disque ainsi que le flux par les équations

$$I_\nu(0, \vartheta) = \int\limits_0^\infty E(\tau)\, e^{-\tau_\nu \sec\vartheta}\, \sec\vartheta\, d\tau_\nu, \tag{63.1}$$

$$F_\nu(0) = 2 \int\limits_0^\infty E(\tau)\, K_2(\tau_\nu)\, d\tau_\nu. \tag{63.2}$$

On a en posant $d\tau_r = (\varkappa_r + \sigma_r)\, dx$:

$$\tau = \tau_\nu - \tau_r. \tag{63.3}$$

Développons $E(\tau)$ suivant les puissances de τ_r (petit par rapport à τ_ν) en se limitant aux deux premiers termes

$$E(\tau) = E(\tau_\nu) - \tau_r \left(\frac{dE}{d\tau}\right)_{\tau_\nu}. \tag{63.4}$$

Dans le cas d'une absorption pure on a simplement $E(\tau) = B(\tau)$ et par suite

$$E(\tau) = B(\tau_\nu) - \tau_r \left(\frac{dB}{d\tau}\right)_{\tau_\nu}. \tag{63.5}$$

Dans le cas d'une diffusion pure d'après (62.4), on a

$$E(\tau) = B(\tau_\nu) - \tau_r \left(\frac{dB}{d\tau}\right)_{\tau_\nu} + \frac{1}{4}\frac{\sigma_r}{\varkappa}\left(\frac{dF_\nu}{d\tau}\right)_{\tau_\nu}. \tag{63.6}$$

En portant ces expressions de $E(\tau)$ dans (63.1) et dans (63.2) et en posant (intensité et flux en dehors de la raie)

$$I_\nu(0, \vartheta) = \int\limits_0^\infty B(\tau)\, e^{-\tau \sec\vartheta}\, \sec\vartheta\, d\tau, \tag{63.7}$$

$$F(0) = 2 \int\limits_0^\infty B(\tau)\, K_2(\tau)\, d\tau \tag{63.8}$$

on obtient pour l'intensité des raies (car τ_ν et τ sont voisins)

$$\text{Absorption:}\quad \begin{cases} r(0, \vartheta) = \dfrac{1}{I(0, \vartheta)} \int\limits_0^\infty \dfrac{dB}{d\tau}\, e^{-\tau \sec\vartheta}\, \tau_r \sec\vartheta\, d\tau, & (63.9) \\[3ex] R(0) = \dfrac{2}{F(0)} \int\limits_0^\infty \dfrac{dB}{d\tau}\, K_2(\tau)\, \tau_r\, d\tau, & (63.10) \end{cases}$$

$$\text{Diffusion cohérente:}\quad \begin{cases} r(0, \vartheta) = \dfrac{1}{I(0, \vartheta)}\left[\int\limits_0^\infty \dfrac{dB}{d\tau}\, e^{-\tau \sec\vartheta}\, \tau_r \sec\vartheta\, d\tau - \dfrac{1}{4}\int\limits_0^\infty \dfrac{\sigma_r}{\varkappa}\,\dfrac{dF_\nu}{d\tau}\, e^{-\tau \sec\vartheta}\, \sec\vartheta\, d\tau\right], & (63.11) \\[3ex] R(0) = \dfrac{2}{F(0)}\left[\int\limits_0^\infty \dfrac{dB}{d\tau}\, K_2(\tau)\, \tau_r\, d\tau - \dfrac{1}{4}\int\limits_0^\infty \dfrac{\sigma_r}{\varkappa}\,\dfrac{dF_\nu}{d\tau}\, K_2(\tau)\, d\tau\right]. & (63.12) \end{cases}$$

Remarquons que

$$\int_0^\infty \frac{\sigma_r}{\varkappa} \frac{dF_\nu}{d\tau} e^{-\tau \sec \vartheta} \sec \vartheta \, d\tau = \int_0^\infty \frac{dF_\nu}{d\tau} e^{-\tau \sec \vartheta} \sec \vartheta \, d\tau_r, \qquad (63.13)$$

$$\int_0^\infty \frac{\sigma_r}{\varkappa} \frac{dF_\nu}{d\tau} K_2(\tau) \, d\tau = \int_0^\infty \frac{dF_\nu}{d\tau} K_2(\tau) \, d\tau_r. \qquad (63.14)$$

Posons encore

$$g_1(\tau) = \frac{1}{I(0,\vartheta)} \int_\tau^\infty \frac{dB}{d\tau} e^{-\tau \sec \vartheta} \sec \vartheta \, d\tau, \qquad (63.15)$$

$$G_1(\tau) = \frac{2}{F(0)} \int_\tau^\infty \frac{dB}{d\tau} K_2(\tau) \, d\tau. \qquad (63.16)$$

Des intégrations par parties permettent d'exprimer les intensités par les formules

Absorption pure:
$$\begin{cases} r(0,\vartheta) = \int_0^\infty g_1(\tau) \, d\tau_r, & (63.17) \\[2ex] R(0) = \int_0^\infty G_1(\tau) \, d\tau_r, & (63.18) \end{cases}$$

Diffusion cohérente pure:
$$\begin{cases} r(0,\vartheta) = \int_0^\infty g_2(\tau) \, d\tau_r, & (63.19) \\[2ex] R(0) = \int_0^\infty G_2(\tau) \, d\tau_r, & (63.20) \end{cases}$$

où l'on a posé

$$g_2(\tau) = g_1(\tau) - \frac{1}{4\,I(0,\vartheta)} \frac{dF_\nu}{d\tau} e^{-\tau \sec \vartheta} \sec \vartheta, \qquad (63.21)$$

$$G_2(\tau) = G_1(\tau) - \frac{1}{2F(0)} \frac{dF_\nu}{d\tau} K_2(\tau). \qquad (63.22)$$

Les fonctions g_1, g_2, G_1, G_2 sont appelées *fonctions de poids*; elles sont complètement défines à l'aide des propriétés de l'absorption continue elles peuvent être calculées une fois pour toute pour une raie ou même pour un groupe de raies pas trop étendu en longueurs d'ondes.

La méthode des fonctions de poids imaginée d'abord par UNSÖLD[1] a été étendue et appliquée au soleil, avec succès par MINNAERT[2].

Les fonctions de poids sont données par ces auteurs sous une forme en apparence très différente de celle à laquelle nous sommes arrivés ici[3], qui est d'ailleurs plus instructive car elle met bien en évidence l'importance de la quantité $dB/d\tau$; par des calculs simples, on constate qu'elles sont rigoureusement identiques entre elles.

Etablissons une approximation très utile. Prenons pour exemple la formule (63.17). Nous l'écrivons

$$r(0,\vartheta) = g_1(0) \int_0^{\overset{*}{\tau_r}} d\tau_r = g_1(0) \,\overset{*}{\tau_r}, \qquad (63.23)$$

---

[1] A. UNSÖLD: Z. Astrophys. **4**, 339 (1932).

[2] M. MINNAERT: Z. Astrophys. **12**, 313 (1936). — Bull. Astr. Inst. Netherl. **10**, 339, 399 (1948).

[3] P. TEN BRUGGENCATE, R. LÜST-KULKA et M. M. VOIGT (Veröff. Universitätssternwarte Göttingen) ont les premiers fait connaître cette forme de la fonction g_1.

et nous déterminons $\overset{*}{\tau}_r$ de la manière suivante: Intégrons par partie l'expression (63.17), il vient

$$r(0, \vartheta) = |\tau_r g_1(\tau)|_0^\infty - \int_0^\infty \tau_r \frac{dg_1}{d\tau}\, d\tau = - \int_0^\infty \tau_r \frac{dg_1}{d\tau}\, d\tau. \tag{63.24}$$

En appliquant la méthode de la Sect. 12 on obtient

$$r(0, \vartheta) = - \tau_r\left(\overset{*}{\tau}\right) \int_0^\infty \frac{dg_1}{d\tau}\, d\tau_\nu = g_1(0)\, \tau_r\left(\overset{*}{\tau}\right), \tag{63.25}$$

ce qui montre que

$$\overset{*}{\tau}_r = \tau_r\left(\overset{*}{\tau}\right) \tag{63.26}$$

avec

$$\overset{*}{\tau} = \frac{\displaystyle\int_0^\infty \tau \frac{dg_1}{d\tau}\, d\tau}{\displaystyle\int_0^\infty \frac{dg_1}{d\tau}\, d\tau} = \frac{1}{g_1(0)} \int_0^\infty g_1\, d\tau. \tag{63.27}$$

Cette formule est rigoureusement exacte si τ_r varie linéairement avec τ, ce qui comprend le modèle Milne-Eddington (proportionnalité). Elle est vraie également dans le cas du modèle Schuster-Schwarzschild car alors $g_1(\tau)$ se réduit à $g_1(0)$ et $\int_0^\infty d\tau_r$ ainsi que $\int_0^{\overset{*}{\tau}} d\tau_r$, quelque soit $\overset{*}{\tau}$, se réduisent à τ_1 épaisseur optique de la «couche renversante». Cette formule ainsi que les formules analogues qu'on déduit pour g_2, G_1 et G_2 ont donc un domaine de validité assez large.

Notons encore que dans le cas où on jugerait nécessaire de décomposer l'extinction en une absorption pure et une diffusion cohérente, par suite du principe d'addition des petits effets, on calculerait les intensités restantes à l'aide des formules.

$$r(0, \vartheta) = \int_0^\infty g_1(\tau) \frac{\varkappa_r}{\varkappa}\, d\tau + \int_0^\infty g_2(\tau) \frac{\sigma_r}{\varkappa}\, d\tau, \tag{63.28}$$

$$R(0) = \int_0^\infty G_1(\tau) \frac{\varkappa_r}{\varkappa}\, d\tau + \int_0^\infty G_2(\tau) \frac{\sigma'}{\varkappa}\, d\tau. \tag{63.29}$$

64. Etude du cas où $B(\tau)$ est une fonction linéaire. Posons

$$B(\tau) = B_0(1 + \beta\,\tau). \tag{64.1}$$

On obtient sans difficultés

$$I(0, \vartheta) = B_0(1 + \beta \cos\vartheta), \tag{64.2}$$

$$F(0) = B_0(1 + \tfrac{2}{3}\beta), \tag{64.3}$$

$$\frac{1}{4} \frac{dF_\nu}{d\tau} = - \frac{B_0}{2} [K_2(\tau) - \beta K_3(\tau)], \tag{64.4}$$

$$g_1(\tau) = \frac{\beta}{1 + \beta \cos\vartheta}\, e^{-\tau \sec\vartheta}, \tag{64.5}$$

$$G_1(\tau) = \frac{2\beta}{1 + \frac{2}{3}\beta}\, K_3(\tau),\tag{64.6}$$

$$g_2(\tau) = \frac{e^{-\tau \sec\vartheta}}{1 + \beta \cos\vartheta}\left\{\beta + \frac{\sec\vartheta}{2}\left[K_2(\tau) - \beta K_3(\tau)\right]\right\},\tag{64.7}$$

$$G_2(\tau) = \frac{1}{1 + \frac{2}{3}\beta}\left\{2\beta K_3(\tau) + K_2(\tau)\left[K_2(\tau) - \beta K_3(\tau)\right]\right\}.\tag{64.8}$$

On a alors

$$g_1(0) = \frac{\beta}{1 + \beta \cos\vartheta},\tag{64.9}$$

$$G_1(0) = \frac{\beta}{1 + \frac{2}{3}\beta},\tag{64.10}$$

$$g_2(0) = \left[1 + \frac{\sec\vartheta}{2\beta}\left(1 - \frac{\beta}{2}\right)\right] g_1(0) = F_1(\beta, \vartheta)\, g_1(0),\tag{64.11}$$

$$G_2(0) = \left(\frac{1}{2} + \frac{1}{\beta}\right) G_1(0) = F_2(\beta)\, G_1(0),\tag{64.12}$$

$$\int_0^\infty g_1(\tau)\, d\tau = \frac{\beta \cos\vartheta}{1 + \beta \cos\vartheta},\tag{64.13}$$

$$\int_0^\infty G_1(\tau)\, d\tau = \frac{\frac{2}{3}\beta}{1 + \frac{2}{3}\beta},\tag{64.14}$$

$$\left.\begin{aligned}
\int_0^\infty g_2(\tau)\, d\tau = \frac{1}{1 + \beta \cos\vartheta}\times\ \\
\times\left[\frac{1}{2} - \frac{\beta}{4} + \frac{3}{2}\beta \cos\vartheta - \frac{1}{2}\cos\vartheta(1 + \beta \cos\vartheta)\log(1 + \sec\vartheta)\right],
\end{aligned}\right\}\tag{64.15}$$

$$\int_0^\infty G_2(\tau)\, d\tau = \frac{\frac{2}{3}}{1 + \frac{2}{3}\beta}\left[1 - \log 2 + \frac{13}{16}\beta\right]\tag{64.16}$$

et pour les $\overset{*}{\tau}$ on obtient

$$
\begin{array}{lll}
\cos\vartheta & \text{Intensité} & \Big\}\ \text{Absorption,}\\[1ex]
\dfrac{2}{3} & \text{Flux} &
\end{array}
$$

$$\vartheta\ \frac{\dfrac{1}{2} - \dfrac{\beta}{4} + \dfrac{3}{2}\beta \cos\vartheta - \dfrac{1}{2}\cos\vartheta(1 + \beta \cos\vartheta)\log(1 + \sec\vartheta)}{\dfrac{1}{2} - \dfrac{\beta}{4} + \beta \cos\vartheta} = \cos\vartheta\, f_1(\beta, \vartheta)\quad \text{Intensité}\tag{64.17}$$

$$\frac{2}{3}\,\frac{1 - \log 2 + \dfrac{13}{16}}{1 + \dfrac{\beta}{2}} = \frac{2}{3}\, f_2(\beta)\quad \text{Flux}\tag{64.18}$$

Diffusion cohérente,

en sorte qu'on a

$$r(0, \vartheta) = \frac{\beta}{1 + \beta \cos\vartheta}\, F_1(\beta, \vartheta)\, \tau_r\left[\cos\vartheta\, f_1(\beta, \vartheta)\right],\tag{64.19}$$

$$R(0) = \frac{\beta}{1 + \frac{2}{3}\beta}\, F_2(\beta)\, \tau_r\left[\frac{2}{3}\, f_2(\beta)\right].\tag{64.20}$$

Les fonctions f_1, f_2, F_1, F_2 sont prises égales à l'unité dans le cas de l'absorption et sont données dans la table dans le cas de la diffusion. On voit que les fonctions

Tableau 26. *Fonctions* $f_1(\beta, \vartheta), F_1(\beta, \vartheta), F_2(\beta), f_2(\beta)$.

$\beta =$ $\cos\vartheta$	$f_1(\beta, \vartheta)$					$F_1(\beta, \vartheta)$				
	1	2	3	4	5	1	2	3	4	5
1,0	0,846	0,980	1,04	1,08	1,10	1,25	1,00	0,92	0,88	0,85
0,8	0,825	0,973	1,05	1,09	1,12	1,31	1,00	0,90	0,84	0,81
0,6	0,799	0,960	1,05	1,10	1,14	1,42	1,00	0,86	0,79	0,75
0,4	0,768	0,936	1,05	1,14	1,20	1,62	1,00	0,79	0,69	0,62
0,2	0,745	0,874	1,04	1,26	1,57	2,25	1,00	0,58	0,38	0,25
	$f_2(\beta)$					$F_2(\beta)$				
—	0,75	0,97	1,10	1,18	1,25	1,50	1,00	0,83	0,75	0,70

f_1 et f_2 s'écartent assez peu de l'unité et qu'il est possible en première approximation d'adopter dans le cas de la diffusion cohérente $\overset{*}{\tau} = \cos\vartheta$ et $\overset{*}{\tau} = \frac{2}{3}$ comme dans le cas de l'absorption pure. La fonction $F_2(\beta)$ reste assez voisine de l'unité en sorte que dans le cas des étoiles, les intensités des raies faibles dépendent assez peu du mode de transfert. La fonction $F_1(\beta, \vartheta)$, elle, par contre, s'éloigne passablement de la valeur unité lorsque β s'écarte des valeurs voisines de 2 ou 3 (qui correspondent d'ailleurs au domaine visible du spectre solaire) et surtout pour les valeurs de $\cos\vartheta$ correspondant au bord solaire. Dans le domaine des β voisins de 2 à 3 c'est uniquement la stratification qui conditionne la variation de $r(0, \vartheta)$ avec ϑ. Dans le cas du modèle Schuster-Schwarzschild on a $\tau_r = $ const et dans le modèle Milne-Eddington $\tau_r = \cos\vartheta$.

65. Calcul des intensité centrales des raies fortes. Nous partons encore des équations (63.1) et (63.2), mais maintenant nous développons $E(\tau)$ suivant les puissances de $\tau_\nu - \tau_r$

$$E(\tau) = E(0) + (\tau_\nu - \tau_r)\left(\frac{dE}{d\tau}\right)_0. \tag{65.1}$$

Dans le cas d'une absorption pure $E(\tau) = B(\tau)$; on obtient alors

$$r = \frac{I(0, \vartheta) - I\left(0, \frac{\pi}{2}\right) - \left(\frac{dB}{d\tau}\right)_0\left[\cos\vartheta - \int\limits_0^\infty e^{-\tau_\nu \sec\vartheta}\, d\tau_r\right]}{I_0(0, \vartheta)}, \tag{65.2}$$

$$R = \frac{F(0) - B(0) - 2\left(\frac{dB}{d\tau}\right)_0\left[\frac{1}{3} - \int\limits_0^\infty K_3(\tau_\nu)\, d\tau_r\right]}{F(0)}. \tag{65.3}$$

Il n'y a aucune difficulté à calculer le facteur de $(dB/d\tau)_0$ à partir du modèle. On obtient par exemple en se bornant à R

$$R = \frac{F(0) - B(0) - \frac{2}{3}\frac{\varkappa}{\varkappa_r}\left(\frac{dB}{d\tau}\right)_0}{F(0)} \quad \text{(Milne-Eddington)}, \tag{65.4}$$

$$R = \frac{F(0) - B(0)}{F(0)} \quad \text{(Schuster-Schwarzschild)}. \tag{65.5}$$

Dans le centre d'une raie forte le rapport R est celui qu'on détermine en supposant que l'intensité du centre de la raie est celle correspondant à la fonction source pour la surface de l'étoile comme cela est évident à priori. Le terme en $(dB/d\tau)_0$

dans (65.4) permet l'extension de l'emploi de la formule à des raies pour lesquelles le coefficient d'absorption n'est pas infiniment plus grand que le coefficient d'absorption continue.

Dans le cas d'une diffusion cohérente, nous considérons le modèle Milne-Eddington et nous supposons que $\varkappa/\sigma_r$ et $\varkappa/\varkappa_r$ sont négligeable et que $\varkappa_r/\sigma_r$ bien que petit, ne l'est pas. Dans ce cas l'absorption se fait dans une couche dont l'épaisseur optique τ est très petite et son étude est donc représentative de tous les types de stratification on a ainsi

$$B_\nu(\tau_\nu) = B(0); \qquad \frac{dB_\nu}{d\tau_\nu} = 0; \tag{65.6}$$

$$\lambda = \sqrt{3\,\frac{\varkappa_r}{\sigma_r}}; \qquad C = -\frac{B(0)}{1 + \dfrac{2}{\sqrt{3}}\sqrt{\dfrac{\varkappa_r}{\sigma_r}}}; \tag{65.7}$$

$$E_\nu(\tau_\nu) = J_\nu(\tau_\nu) = B(0) - \frac{B(0)\,e^{-\sqrt{3\,\frac{\varkappa_r \tau_\nu}{\sigma_r}}}}{1 + \dfrac{2}{\sqrt{3}}\sqrt{\dfrac{\varkappa_r}{\sigma_r}}}, \tag{65.8}$$

et par suite, en développant suivant les puissances de $\sqrt{\varkappa_r/\sigma_r}$,

$$E_\nu(\tau_\nu) = \frac{2}{\sqrt{3}}\sqrt{\frac{\varkappa_r}{\sigma_r}}\left[1 + \frac{3}{2}\tau_\nu\right]B(0) \tag{65.9}$$

ce qui conduit [d'après (63.1) et (63.2)] à

$$I_\nu(0,\vartheta) = \frac{2}{\sqrt{3}}\sqrt{\frac{\varkappa_r}{\sigma_r}}\,B(0)\left[1 + \frac{3}{2}\cos\vartheta\right], \tag{65.10}$$

$$F_\nu(0) = \frac{4}{\sqrt{3}}\sqrt{\frac{\varkappa_r}{\sigma_r}}\,B(0). \tag{65.11}$$

On voit que l'intensité restante, nulle si le mode de transfert est assimilable à une diffusion cohérente pure devient vite appréciable dès que le coefficient d'absorption $\varkappa_r$ n'est pas négligeable.

IV. Intensités totales des raies.

66. Calcul des intensités totales. Nous nous bornerons dans ce paragraphe à étudier les intensités totales dans le cas stellaire; les intensités totales en un point du disque solaire pourraient être évaluées par des procédés tout à fait analogues.

Nous savons calculer l'intensité R en un point d'une raie, l'intensité totale de la raie est donnée par

$$W = \int_0^\infty R\,d\lambda. \tag{66.1}$$

Examinons le cas d'une raie faible. On a (Sect. 63)

$$R = G(0)\,\overset{*}{\tau_r} \tag{66.2}$$

pour $G(0)$ on prend $G_1(0)$ ou $G_2(0)$ suivant qu'on assimile le mode de transfert à l'absorption ou à la diffusion cohérente. Ces quantités peuvent, en pratique être remplacées par l'unité. $\overset{*}{\tau_r}$ correspond à une profondeur optique $\overset{*}{\tau}$ mesurée dans le spectre continu au voisinage de la raie. On a par ailleurs en appelant a_r

le coefficient d'absorption pour un atome situé en état (excitation et ionisation) d'absorber la raie et n le nombre de ces atomes par unités de volume:

$$\overset{*}{\tau}_r = a_r \int_0^{\overset{*}{\tau}} n \, dx = a_r N. \tag{66.3}$$

On a ainsi

$$W = G(0) \, N \cdot \int_0^\infty a_r \frac{d\lambda}{d\nu} \, d\nu = G(0) \frac{\pi e^2 \lambda^2}{m c^2} N f \tag{66.4}$$

grâce à (53.1). On voit que pour les raies faibles l'intensité des raies est proportionnelle à Nf, où f désigne, rappelons-le, la force d'oscillateur pour la transition envisagée.

Passons maintenant au cas d'une raie forte. La relation (66.2) n'est plus valable que dans les ailes de la raie; UNSÖLD et MENZEL ont proposé indépendamment la relation empirique suivante

$$\frac{1}{R} = \frac{1}{R_c} + \frac{1}{\overset{*}{\tau}_r} \tag{66.5}$$

où R_c représente l'intensité centrale de la raie, qui pour $\overset{*}{\tau}_r$ petit se ramène bien à (66.2) [avec $G(0) = 1$].

Dans une raie forte le contour est presque entièrement défini par l'amortissement en sorte que le coefficient d'absorption est donné par

$$a_r = \frac{\pi e^2}{m c} f \frac{\gamma}{4 \pi^2 (\nu - \nu_0)^2}. \tag{66.6}$$

C'est la formule (54.4), où on a négligé le terme $(\gamma/2)^2$ du dénominateur, qui n'apporte une contribution à a_r que dans un intervalle de fréquences si petit au voisinage de $\nu = \nu_0$ que son effet est négligeable lorsqu'on forme $\int a_r \, d\nu$. D'après les équations (66.1), (66.3), (66.5) et (66.6) on obtient

$$W = \int_0^\infty \frac{\dfrac{d\lambda}{d\nu} \, d\nu}{\dfrac{1}{R_c} + \dfrac{4 \pi^2 (\nu - \nu_0)^2}{\dfrac{\pi e^2}{m c} N f \gamma}} = \frac{\lambda^2}{2c} \sqrt{\frac{\pi e^2}{m c}} \sqrt{R_c N f \gamma}, \tag{66.7}$$

et on constate que l'intensité des raies fortes n'est pas proportionnelle à Nf mais à $\sqrt{Nf}$ et qu'en outre la constante d'amortissement et la profondeur centrale R_c figurent dans l'expression de W.

Le calcul de W dans le cas intermédiaire, celui des raies d'intensité moyenne, n'est pas immédiat et doit se faire par intégration numérique. Pour le coefficient d'absorption on utilise la formule de HJERTING (55.12) et pour la relation entre R et $\overset{*}{\tau}_r$ soit la formule empirique (66.5) (UNSÖLD), soit les résultats donnés par l'étude d'une série de modèles schématiques; c'est cette dernière manière de faire, qu'a adoptée WRUBEL[1] qui a calculé W dans le cas de la diffusion cohérente pure pour le modèle de MILNE-EDDINGTON simplifié (fonction source linéaire dans le spectre continu). D'autres cas ont, par la suite, été étudiés par K. HUNGER[2].

67. Courbes de croissance théoriques. Si l'on reporte sur un graphique $\mathrm{Log} W$ en fonction de $\mathrm{Log}\, N$, pour une raie, on obtient ce que l'on appelle la courbe de

---

[1] M. H. WRUBEL: Astrophys. Journ. **109**, 66 (1949).
[2] K. HUNGER: Z. Astrophys. **39**, 36 (1955).

croissance théorique pour cette raie. Nous reproduissons (Fig. 20) les courbes de croissance théoriques calculées par WRUBEL pour $\beta = \dfrac{1}{B}\dfrac{dB}{d\tau} = 1{,}50$. Ce faisceau de courbes peut servir pour toutes les raies formées dans une atmosphère stellaire

(pourvu que $\beta = 1{,}5$) car l'auteur a porté en ordonnées non pas $\mathrm{Log}\,W$ mais $\mathrm{Log}\,\dfrac{W}{b}$ où b est la largeur DOPPLER

$$b = \frac{\nu}{c}\sqrt{\frac{2\,\mathrm{k}\,T}{M}} \qquad (67.1)$$

qui dépend de la fréquence de la raie, de la température et de la masse de l'atome considéré. En abscisses on a porté non pas $\mathrm{Log}\,N$ mais $\mathrm{Log}\,(a_0 N/\varkappa)$ où a_0 est donné par la formule (55.11), $\varkappa$ est le coefficient d'absorption continu et N le nombre d'atomes, dans l'état propre à produire la raie, par gramme de matière. Pour

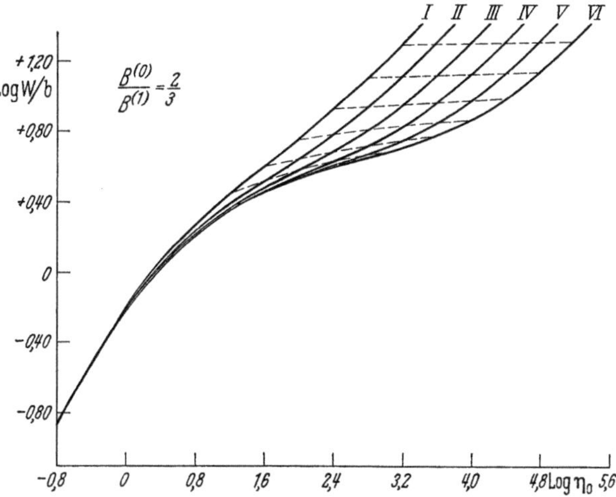

Fig. 20. Courbes de croissance théoriques calculées par M. H. WRUBEL. Les courbes chiffrées de I à VI correspondent à des valeurs différentes de la constante d'amortissement. W intensité de la raie, b largeur DOPPLER, η_0 rapport du coefficient de diffusion fictif (amortissement négligeable) au centre de la raie au coefficient d'absorption continue.

les grandes intensités les courbes sont chiffrées en $\mathrm{Log}\,\alpha$ où α, proportionnel à la constante d'amortissement, est donné par la formule (55.8).

La température T utilisée ici sert uniquement à caractériser l'état d'agitation des atomes, elle peut en partie provenir de la turbulence. On s'est contenté d'une valeur moyenne de cette température et d'une valeur moyenne de la constante d'amortissement γ pour l'ensemble de l'atmosphère. WRUBEL a déterminé les courbes de croissance, outre celles relatives à $\beta = 1{,}50$ reproduites ici, pour les valeurs $\beta = 3$; $1{,}33$ et $0{,}30$. Elles sont peu différentes entre elles et pratiquement on peut les rendre superposables par des déplacements, suivant l'axe des abscis-

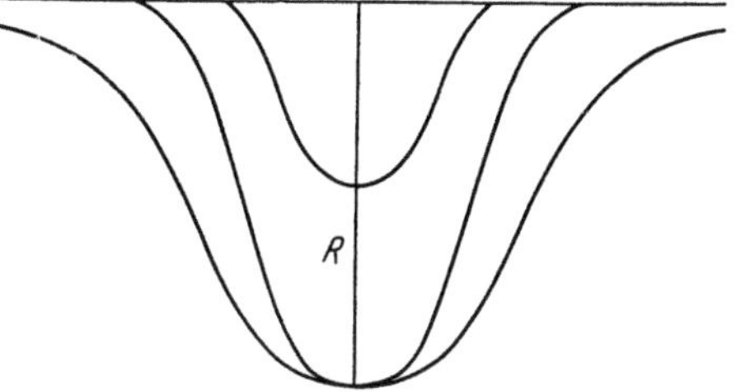

Fig. 21. Variation du contour d'une raie avec le nombre d'atomes absorbants.

ses, respectivement de $+0{,}10$; $-0{,}12$ et $-0{,}30$. (Pour une précision supérieure, on se reportera au mémoire original.)

L'examen de la Fig. 20 permet de reconnaître pour les petites valeurs de W la partie proportionnelle de la courbe de croissance, pour les grandes valeurs de W la partie en $\sqrt{Nf}$ (sensible à l'amortissement). Ces deux parties sont réunies par un arc de faible inclinaison appelé le palier. La Fig. 21 montre à quelles phases du développement d'une raie correspondent les trois parties de la courbe de croissance. En (1) la raie est réduite à son corps DOPPLER, on est sur la partie proportionnelle, en (2) le corps DOPPLER est pratiquemment saturé et les ailes d'amortissement commencent à peine à apparaître, on est sur le palier, en (3) le contour de la raie provient uniquement de l'amortissement on est dans la partie en $\sqrt{Nf}$.

68. Courbes de croissance déduites des observations. En principe, une courbe de croissance représente la variation de l'intensité totale d'une raie en fonction du nombre d'atomes qui la produisent. Nous ne pouvons pas faire varier le nombre d'atomes concourant à produire une raie dans une atmosphère stellaire aussi devons-nous faire appel aux diverses raies produites par un même atome, et dans ce cas ce n'est plus N qui varie mais Nf, et il faut par suite connaître les forces d'oscillateurs des diverses transitions utilisées ainsi que les peuplements relatifs des niveaux d'où elles sont issues.

Les valeurs relatives des f peuvent résulter de la théorie des multiplets et des supermultiplets; elles peuvent aussi provenir de mesures faites au laboratoire.

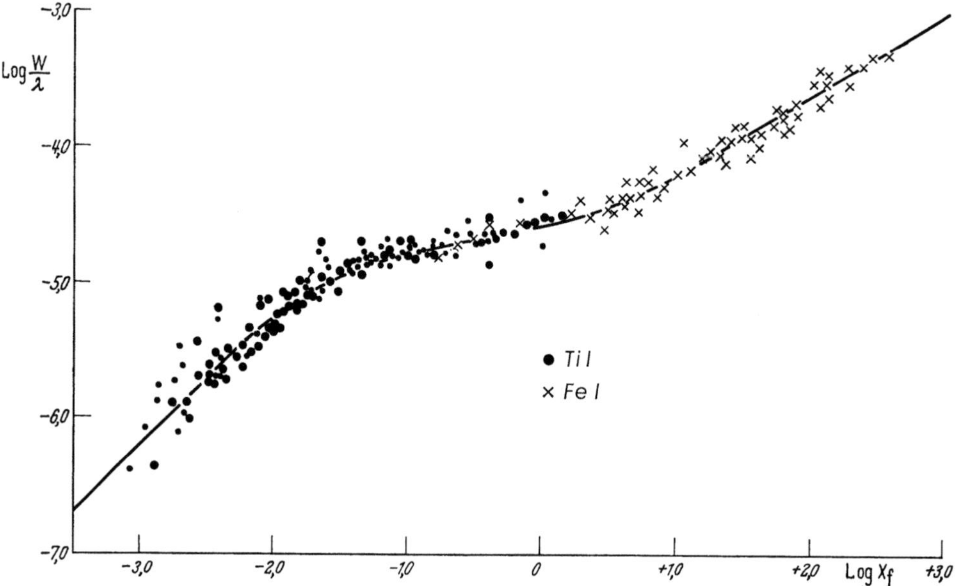

Fig. 22. Courbe de croissance construite pour le soleil à partir des raies de Ti I et Fe I (K. O. Wright).

En ce qui concerne le peuplement des niveaux on admet qu'il se fait suivant une loi de Boltzmann correspondant à une certaine température, dite *température d'excitation* pour l'atome considéré, et qu'on détermine de manière à ce que toutes les raies se placent sur la même courbe de croissance.

Si en outre on connaît une valeur absolue de f on peut obtenir le nombre total des atomes considérés (par unité de masse ou au-dessus du niveau $\overset{*}{\tau}$ suivant la manière de présenter les résultats) en comparant la courbe déduite des observations à la courbe théorique dans la région des faibles intensités.

En reproduisant le même travail pour différents atomes on complète la courbe de croissance, en même temps qu'on détermine leurs températures d'excitations, et leurs abondances. La comparaison des abondances des atomes neutres et ionisés pour la même espèce chimique fournit une pression électronique moyenne de la «couche renversante».

Enfin la courbe de croissance obtenue doit être déplacée de manière à être en accord avec la courbe théorique dans la région du palier et on obtient ainsi la température cinétique (y compris la composante provenant de la turbulence) et une constante d'amortissement moyenne.

On voit que l'établissement d'une courbe de croissance conduit à la détermination de nombreuses quantités intéressantes, alors que la courbe terminée ne fournit que des données peu nombreuses (température cinétique et constante d'amortissement). On notera encore que les différences entre les diverses températures d'excitation, relatives aux divers atomes, sont à interpréter comme des effets de stratification.

L'idée intitiale des courbes de croissance revient à MINNAERT et MULDERS[1]. La Fig. 22 représente la courbe de croissance du soleil obtenue par WRIGHT[2] à l'aide des raies de FeI et TiI.

69. Méthode de la fonction de saturation. Cette méthode, imaginée par PECKER[3] généralise la méthode des fonctions de poids pour le cas des raies fortes, en ce qui concerne leurs intensités totales.

L'intensité en un point du disque s'écrit dans le cas d'une absorption (grâce à une intégration par parties).

$$I_\nu(0,\vartheta) = \int\limits_0^\infty B(\tau)\, e^{-\tau_\nu \sec\vartheta} \sec\vartheta\, d\tau_\nu = B(0) + \int\limits_0^\infty e^{-\tau_\nu \sec\vartheta}\, \frac{dB}{d\tau}\, d\tau, \qquad (69.1)$$

et on a

$$r(0,\vartheta) = \int\limits_0^\infty \frac{e^{-\tau \sec\vartheta}}{I(0,\vartheta)}\, \frac{dB}{d\tau}\, (1 - e^{-\tau_r \sec\vartheta})\, d\tau. \qquad (69.2)$$

En introduisant la fonction de poids $g_1(\tau)$ définie par (63.15) et à l'aide d'une nouvelle intégration par parties on obtient

$$r(0,\vartheta) = \int\limits_0^\infty g_1(\tau)\, e^{-\tau_r \sec\vartheta} \sec\vartheta\, d\tau_r. \qquad (69.3)$$

Admettons que le coefficient d'absorption dans la raie puisse se mettre sous la forme

$$\varkappa_r = \varkappa_c(\tau)\, H(\lambda), \qquad (69.4)$$

c'est-à-dire que nous admettons que le coefficient au centre de la raie varie avec la profondeur et que sa variation en fonction de λ est la même à toute les profondeurs (largeur DOPPLER et amortissement indépendants de la profondeur) il vient en faisant correspondre une profondeur optique τ_c à $\varkappa_c$

$$r(0,\vartheta) = \int\limits_0^\infty g_1(\tau)\, \frac{\varkappa_c}{\varkappa}\, e^{-\tau_c H(\lambda) \sec\vartheta}\, H(\lambda)\, d\tau \qquad (69.5)$$

en intégrant pour l'ensemble des longueurs d'ondes on obtient

$$w(\vartheta) = \int\limits_0^\infty g_1(\tau)\, \frac{\varkappa_c}{\varkappa}\, \Psi(\tau_c \sec\vartheta)\, d\tau \qquad (69.6)$$

où l'on a posé

$$\Psi(\tau_c \sec\vartheta) = \int\limits_0^\infty H(\lambda)\, e^{-\tau_c H(\lambda) \sec\vartheta}\, d\lambda. \qquad (69.7)$$

Une table de cette fonction appelée fonction de saturation a été calculée par PECKER.

[1] M. MINNAERT et G. F. N. MULDERS: Z. Astrophys. **2**, 165 (1931).
[2] K. O. WRIGHT: Publ. Dominion Astrophys. Obs. **8**, 1 (1948).
[3] J. CL. PECKER: Ann. d'Astrophys. **14**, 152 (1951).

70. Blends. Une raie faible qui apparaît sur l'aile d'une raie forte n'a pas en général la même intensité que si elle se produisait sur le spectre continu. Nous appelons ici intensité de la raie faible, l'intensité mesurée non plus par rapport au spectre continu mais par rapport à l'aile de la raie forte interpolée sous la raie faible.

Appliquons la méthode des fonctions de poids à l'approximation de la Sect. 64 et considérons le cas où l'approximation du $\overset{*}{\tau}$ est suffisante, admettons enfin, pour préciser que la raie faible, comme la raie forte, se produit par absorption vraie. La discussion est alors immédiate.

Pour un point du disque[1] l'intensité de la raie est

$$r(0, \vartheta) = \frac{\beta}{1 + \beta \cos \vartheta}\, \tau_r \qquad (\overset{*}{\tau} = \cos \vartheta), \tag{70.1}$$

ce qui veut dire qu'elle est proportionnelle à l'épaisseur optique due à la raie faible dans une colonne où l'épaisseur optique provenant de la somme de l'absorption continue et de l'absorption par la raie forte est égale à $\cos \vartheta$. La profondeur géométrique de cette colonne est d'autant plus réduite que le coefficient d'absorption dans la raie forte est important par rapport au coefficient d'absorption continue. On voit donc que si les atomes produisant la raie faible sont concentrés beaucoup plus près de la surface de l'étoile que ceux produisant la raie forte, $r(0, \vartheta)$ garde la même valeur que s'il n'y avait pas blend et que $r(0, \vartheta)$ devient d'autant plus petit que les atomes qui absorbent la raie faible s'étendent plus profondément dans l'atmosphère stellaire.

Pour une analyse plus détaillée on se reportera au travail de W. Rauer[2].

F. Applications de la théorie des raies d'absorption, dans les spectres stellaires.

I. Introduction.

71. Résultats attendus de la théorie des raies. Le calcul des contours des raies d'absorption, ou de leurs intensités totales, correspondant à un certain modèle d'atmosphère, est une entreprise délicate qui repose sur des théories physiques qui ne sont pas toujours à l'abri de toutes critiques et sur l'emploi de constantes numériques dont la précision peut laisser à désirer. En outre, mis à part le cas du soleil, l'identification du modèle étudié avec une étoile réelle est elle aussi un peu incertaine car les températures effectives et les gravités superficielles des étoiles ne sont pas connues avec certitude. Enfin nous attendons de la théorie des raies, la détermination des compositions chimiques ainsi que des indications sur l'état de turbulence des atmosphères stellaires. En résumé, nous devons en utilisant les résultats de la théorie, à la fois vérifier celle-ci et les valeurs numériques des constantes physiques utilisées et préciser la constitution physique et chimique des atmosphères du soleil et des étoiles.

Dans cet exposé consacré à la *théorie générale* des atmosphères stellaires il n'est pas possible de discuter à la lumière de la théorie tous les problèmes et on se limitera à quelques questions fondamentales.

La première question que nous examinerons est celle des raies de l'hydrogène qui constituent la caractéristique dominante du spectre de raies des étoiles des premiers types et du soleil.

---

[1] Pour l'ensemble du disque ce qui suit s'applique avec quelques modifications évidentes.
[2] W. Rauer: Z. Astrophys. **37**, 1 (1955).

Nous examinerons ensuite les renseignements fournis par les raies au sujet des compositions chimiques et de l'amélioration des paramètres astrophysiques fondamentaux (T_e et g) des étoiles; puis viendront quelques indications sur la détermination de la turbulence et sur la vérification des valeurs théoriques des constantes d'amortissement par choc. Nous tenterons ensuite de dégager la signification théorique de la classification spectrale des étoiles. Enfin la dernière section exposera les conséquences de la rotation des étoiles sur les contours de leurs raies.

II. Le spectre des raies de l'hydrogène.

72. Les premières raies des séries dans le spectre solaire. De nombreuses séries de mesures ont déjà été publiées. Les plus récentes sont dues à TEN BRUGGENCATE, GOLLNOW, GÜNTHER et STROHMEIER[1] d'une part et à DE JAGER[2] d'autre part; les unes et les autres comportent des observations en différents points du disque. Ces deux séries de mesures sont en assez bon accord entre elles mais elles montrent cependant des différences de l'ordre de 20%, en particulier vers le bord du disque ($\cos \vartheta = 0{,}14$). Les premières comparaisons avec la théorie, basées sur des modèles anciens, correspondant à une température superficielle relativement élevée, montraient un certain accord qualitatif mais, quantitativement, les raies observées étaient plus profondes, spécialement au bord du soleil, que les raies calculées.

C. DE JAGER a fait les deux remarques suivantes.

α) Quand on calcule l'intensité sortante dans une raie par la formule (63.1) et qu'on la compare à l'intensité dans le fond continu on fait intervenir uniquement le rapport $\varkappa_r/\varkappa$ du coefficient d'absorption dans la raie au coefficient dans le spectre continu. Le coefficient d'absorption dû à la raie, en un point de celle-ci, en vertu de (58.1) et (58.7), est proportionnel au nombre d'ions, c'est-à-dire proportionnel au nombre d'électrons libres. Le coefficient d'absorption dans le spectre continu, est pour sa plus grande partie attribuable à l'ion négatif H⁻ c'est-à-dire qu'il est proportionnel, d'après (15.9), au nombre d'électrons multiplié par une fonction de la température. Le rapport $\varkappa_r/\varkappa$, à peu près indépendant de la densité électronique, est donc presque uniquement fonction de la température.

β) Le peuplement du niveau $n = 2$ d'où proviennent les raies de BALMER, défini par un facteur de BOLTZMANN $10^{-10{,}15\Theta}$, est très sensible à la réparition des températures adoptée dans le modèle.

C. DE JAGER a ainsi reconnu que les modèles théoriques tout comme les modèles empiriques déduits de l'observation de l'assombrissement au bord du soleil dans le spectre continu, ne fournissent pas des températures suffisamment précises pour le calcul théorique des contours de raies de l'hydrogène. Il a été amené à déterminer un modèle solaire essentiellement d'après les observations de l'assombrissement à l'intérieur des raies et c'est ainsi qu'il a proposé son modèle VII reproduit à la Sect. 52.

C. DE JAGER à partir de ce modèle a alors calculé les contours théoriques de BALMER en divers points du disque; pour tenter d'aboutir à un accord, qui n'est d'ailleurs pas encore parfait, il a admis que les électrons libres contribuent à produire l'élargissement STARK, ce qui est pour le moins douteux. Par la suite[3]

---

[1] P. TEN BRUGGENCATE, H. GOLLNOW, S. GÜNTHER et W. STROHMEIER: Z. Astrophys. **26**, 51 (1949).
[2] C. DE JAGER: Rech. Astronom. Obs. Utrecht **13** (1952).
[3] C. DE JAGER: Conference on stellar atmospheres. Indiana University, p. 108, 1954.

il a adopté l'idée proposée par Unsöld, suivant laquelle l'atmosphère solaire présenterait de gros défauts d'homogénéité dans la répartition des températures, défauts qui correspondraient à des irrégularités de températures de l'ordre de 1000°; il n'est pas besoin de souligner combien cette conception nouvelle changerait nos idées sur la constitution de l'atmosphère solaire si elle devait se vérifier par la suite.

Récemment, de Jager, Migeotte et Neven[1] ont repris l'étude de la raie Brackett α. Leur conclusion est que le contour qu'ils ont observé est en accord complet avec le contour calculé suivant la théorie de Holtsmark de l'élargissement Stark. Si les irrégularités de température déduites de l'étude des raies de Balmer sont bien réelles, il faudrait en tenir compte et l'accord serait détruit; ils suggèrent alors que les coefficients d'absorption continue dans l'infrarouge pourraient être plus grands que ceux de H^- calculés par S. Chandrasekhar et F. H. Breen.

On voit que la situation est loin d'être tout à fait claire. Peut-être la théorie de Holtsmark ne rend-elle qu'imparfaitement compte des faits. D'autres théories ont été proposées[2]. Des recherches de laboratoire ont été entreprises et leurs résultats sont actuellement contradictoires: Jürgens[3] trouve que la théorie de Holtsmark rend bien compte de ses expériences alors que Turner[4] pense que les siennes sont plutôt en accord avec la théorie de Kolb. Il n'est pas douteux que lorsque nous saurons mieux interpréter les faits, l'étude des raies de l'hydrogène constituera un moyen puissant d'investigation au sujet de la répartition des températures dans la photosphère solaire.

73. Les premières raies de la série de Balmer dans les spectres stellaires. Dans les étoiles des premiers types spectraux l'absorption continue dans la région des raies de Balmer provient essentiellement du continuum de Paschen et accessoirement des continua correspondant aux niveaux plus élevés, en sorte que le rapport des peuplements du niveau donnant lieu à l'absorption des raies de Balmer et des niveaux donnant lieu à l'absorption continue est donné par un facteur de Boltzmann assez petit, ce qui est une simplification par rapport au cas du soleil. Le rapport des coefficients d'absorption dans une raie et dans le continuum dépend à la fois de la température et de la pression électronique.

La plupart des auteurs, en particulier Underhill, Traving, Hunger[5] trouvent un bon accord entre les contours de raies calculés d'après leurs modèles et les contours observés dans les étoiles avec lesquelles ils identifient ceux-ci[6]. A dire vrai, il reste bien des petits désaccords, mais il est légitime de penser que les modèles ne sont pas identiques aux étoiles auxquelles on les compare et les auteurs précédemment cités se servent précisément de ce fait (auquel ils joignent d'autres constatations analogues) pour déterminer les corrections à appliquer aux paramètres fondamentaux (T_e et g) de leurs modèles afin de les rendre le plus comparables possible aux étoiles considérées (voir Sect. 79). Essentiellement un désaccord au centre d'une raie provient d'une erreur sur la température superficielle (voir Sect. 59) qui, si elle ne provient pas d'un traitement trop sommaire de la variation avec la fréquence du coefficient d'absorption continue dans le calcul du modèle,

---

[1] C. de Jager, M. Migeotte et L. Neven: Ann. d'Astrophys. **19**, 9 (1956).
[2] L. Spitzer: Phys. Rev. **55**, 694 (1939); **56**, 39 (1939). — M. K. Krogdahl: Astrophys. Journ. **110**, 355 (1949). — A.-C. Kolb: Conference on stellar atmospheres. Indiana University, p. 63, 1954.
[3] G. Jürgens: Z. Physik **134**, 21 (1952).
[4] E. B. Turner: Conference on stellar atmospheres. Indiana University, p. 52, 1954.
[5] Références Sect. 39.
[6] A signaler que J. K. McDonald n'arrive pas à la même conclusion.

doit être corrigée par une modification du température effective. Un désaccord dans la largeur d'une raie doit provenir d'une mauvaise estimation de la densité électronique et par suite c'est une modification de la gravité qui permet de le corriger. Il reste entendu que les résultats obtenus ainsi devraient être révisés si la théorie de HOLTSMARK était vraiment reconnue insuffisante par la suite.

Depuis que O. STRUVE et C. T. ELVEY on définitivement établi les conséquences de l'effet STARK interatomique sur les raies de l'hydrogène (et de l'hélium) dans les spectres stellaires (série de travaux publiés en 1929 et 1930 dans les volumes **69** à **72** de l'Astrophysical Journal), l'attention de nombreux chercheurs a été attirée sur l'intérêt que présentent les intensités totales des raies de la série de BALMER au point de vue de la classification spectrale des étoiles des premiers types spectraux.

UNSÖLD, par des procédés simplifiés, a déterminé ([*3*] 2 eme Edit. p. 487) l'intensité de la raie H_γ en fonction de la température effective et de la gravité. La Fig. 23 reproduit ses résultats théoriques; on y a introduit les valeurs mesurées par BARBIER, CHALONGE et MORGULEFF[1], d'après une méthode expéditive de ÖHMAN[2], et converties en mesures absolues par comparaison avec les observations de GÜNTHER[3]; la correspondance entre types spectraux et températures effectives qui a été adoptée pour reporter les résultats de l'observation est celle qui est généralement adoptée.

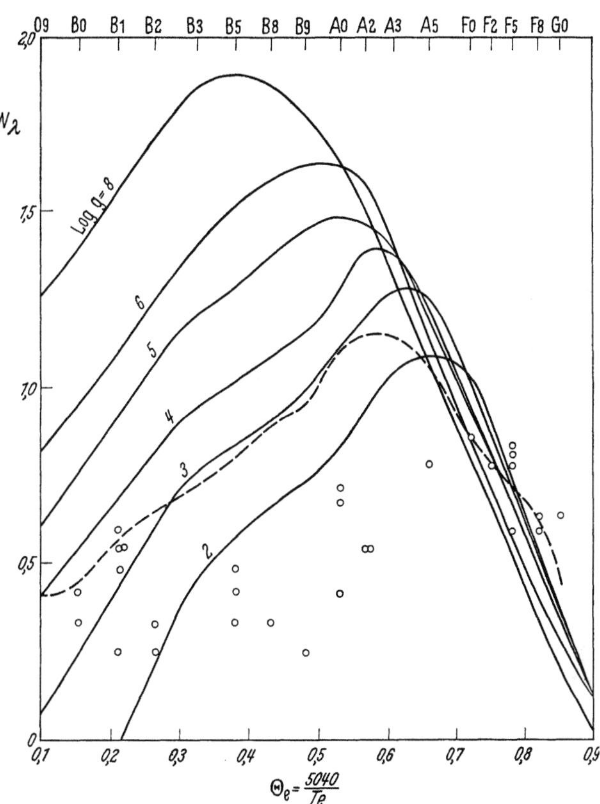

Fig. 23. Intensité théorique de la raie H_γ en fonction de T_e et g (UNSÖLD). La courbe en trait interrompu représente la moyenne des observations de BARBIER et CHALONGE pour les étoiles de la série principale, les O leurs observations individuelles pour les supergéantes.

La comparaison entre les valeurs calculées et observées n'est pas très satisfaisante quantitativement[4] car elle conduit à des gravités trop faibles dans un rapport 10. Qualitativement les résultats sont cependant assez comparables: raies plus intenses chez les étoiles normales que chez les supergéantes jusque vers $\Theta_e = 0{,}7$ alors que pour les étoiles plus froides l'intensité de H_γ devient indépendante de la gravité.

---

[1] D. BARBIER, D. CHALONGE et N. MORGULEFF: Ann. d'Astrophys. **4**, 137 (1941).

[2] Y. ÖHMAN: Nova Acta Reg. Soc. Sci. Upsaliensis **7** (1930).

[3] S. GÜNTHER: Veröff. Universitätssternwarte Göttingen **1933**, Nr. 36.

[4] A. UNSÖLD [*3*] arrive à la conclusion inverse, mais les valeurs observées n'ont pas été reportées correctement sur sa figure 151.

74. Les dernières raies de la série de Balmer dans les spectres stellaires.
Unsöld et Struve[1] ont montré tout l'intérêt présenté par la détermination du
nombre de raies de la série de Balmer visibles sur un spectre stellaire. En effet,
le nombre quantique n_m de la dernière raie visible, varie entre de larges limites:
il est par exemple de 14 pour τ Sco, étoile normale de type $B0$ et de 28 pour la
supergéante α Cyg.

Barbier et Chalonge[2] avaient introduit peu avant dans leurs mesures sur
le spectre continu des étoiles un paramètre λ_1 caractérisant la longueur d'onde
pour laquelle le logarithme de l'intensité du spectre continu (interpolé sous les
raies) est réduit de $D/2$ lorsqu'on traverse la discontinuité de Balmer (Fig. 24).

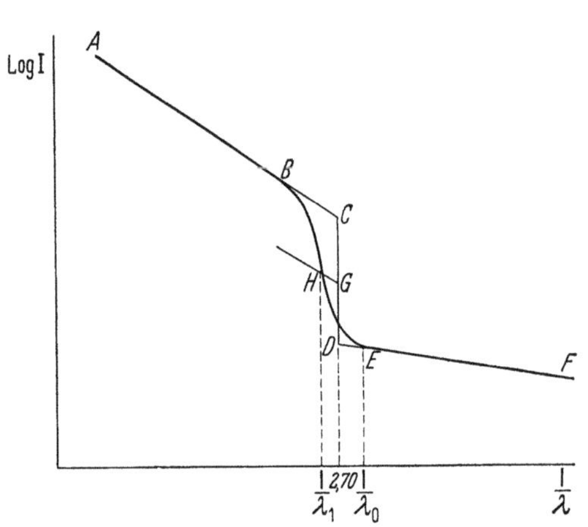

Fig. 24. Définition de la longueur d'onde λ_1 de la discontinuité
de Balmer d'après Barbier et Chalonge. HG parallèle
à AC; $CG = GD$.

Fig. 25. Relation entre le nombre quantique n_m de la
dernière raie observable dans la série de Balmer,
D et λ_1.

λ_1 déterminé à quelques Ångströms près, est le plus souvent compris entre 3680
et 3780 Å. Il est manifeste que λ_1 est en relation avec n_m; Barbier, Chalonge
et Morguleff[3] ont montré qu'en fait n_m est une fonction de D et λ_1 (Fig. 25)
en sorte qu'on peut convertir les λ_1 en n_m qui sont peut-être d'une interprétation
plus simple.

Elsa van Dien[4] a entrepris de rendre compte par la théorie des observations
de n_m réalisées par Unsöld et Struve. Après avoir établi des modèles gris pour
différentes combinaisons de températures effectives et de gravités, elle calcule
le flux d'énergie sortant de l'étoile pour le centre des raies de Balmer et pour
des longueurs d'ondes situées entre les raies; ce calcul a été effectué dans l'hypothèse (certainement incorrecte) où les raies se formeraient suivant le mécanisme
de la diffusion cohérente et en utilisant la méthode de Pannekoek (voir Sect. 58)
pour le calcul du coefficient d'absorption dans les raies. Il est alors possible de
reconnaître la dernière raie qui apparaît dans le flux calculé; il serait également
possible en calculant D pour ces modèles de déterminer directement λ_1.

Les résultats obtenus par E. van Dien ne sont pas en accord avec les observations; celles-ci montrent environ quatre raies de plus que le calcul ne le laisse
prévoir, ou si l'on préfère elles conduisent à des gravités dix fois trop faibles.

[1] A. Unsöld et O. Struve: Astrophys. Journ. **91**, 365 (1940).
[2] D. Barbier et D. Chalonge: Ann. d'Astrophys. **2**, 254 (1939).
[3] D. Barbier, D. Chalonge et N. Morguleff: Ann. d'Astrophys. **4**, 137 (1941).
[4] E. van Dien: Astrophys. Journ. **109**, 452 (1949).

E. Vitense[1] a opéré d'une manière beaucoup plus expéditive, elle a appliqué la formule d'Inglis et Teller au cas d'une atmosphère homogène et a trouvé des nombres n_m qui sont en accord avec ceux trouvés par E. van Dien. D'après cela il ne semble pas que le résultat soit trop sensible aux simplifications apportées dans le calcul du modèle.

Les résultats obtenus dans ce paragraphe ainsi que ceux obtenus par Unsöld pour les premières raies de la série de Balmer sont en accord entre eux; s'ils étaient confirmés ils montreraient que la théorie prévoit des raies de Balmer trop fortes, par rapport aux observations, dans les spectres d'étoiles B et A, ce qui est à l'opposé de ce qui a été mis en évidence dans le cas du soleil.

III. Composition chimique. Températures effectives et gravités.

75. Principes des méthodes de détermination des abondances chimiques. Les contours de raies ne se prêtent qu'assez mal à des déterminations d'abondances. On ne peut déterminer des contours de raies que sur celles d'entre elles qui ont une largeur suffisante, qui sont donc en général assez fortes; leurs intensités centrales ne dépendent pratiquement pas de l'abondance de l'élément considéré et l'intensité dans leurs ailes dépend en grande partie de l'amortissement par chocs, ce qui complique inutilement le problème. Ce sont les intensités totales des raies faibles, situées dans la partie proportionelle de la courbe de croissance qui se prêtent le mieux à l'analyse chimique des atmosphères stellaires, car leurs intensités sont indépendantes de la turbulence et de l'amortissement par chocs.

On peut concevoir de deux manières, différentes à priori, la détermination des abondances qu'on va exposer dans le cas stellaire, l'extension à la mesure en un point du disque solaire étant immédiate.

α) On peut partir de la formule (66.4), écrite à nouveau

$$W = G(0) \frac{\pi e^2 \lambda^2}{m c^2} N f \tag{75.1}$$

qui repose sur une approximation d'ailleurs excellente (Sect. 63). Dans cette formule N représente le nombre total des atomes dans l'état propre à absorber la raie au dessus du niveau $\overset{*}{\tau}$ mesuré dans le spectre continu pour la longueur d'onde de la raie.

Le coefficient d'absorption continue varie avec la longueur d'onde, en sorte que les nombres N déterminés à partir de raies distantes dans le spectre correspondent en réalité à des nombres d'atomes situés dans des colonnes de hauteurs différentes (en kilomètres). Toutefois si les atomes considérés sont très concentrés vers la surface de l'étoile, ce qui est souvent le cas, l'importance de cet effet est très réduite. Le terme $G(0)$ varie assez peu avec la longueur d'onde si on se limite à un domaine spectral pas trop étendu et si on évite de comparer des raies situées de part et d'autre d'une forte discontinuité de Balmer (étoiles A). On notera que la formule (75.1) correspond à ce qu'on appelle l'hypothèse de l'atmosphère homogène mais qu'en réalité elle est valable d'une manière beaucoup plus générale.

β) On peut partir d'un modèle. On a alors en vertu de (63.18) ou (63.20)

$$R(0) = \int_0^\infty G(\tau) \frac{\varkappa_r}{\varkappa} d\tau \tag{75.2}$$

---

[1] E. Vitense: Z. Astrophys. **29**, 73 (1951).

et par suite

$$W = \int_0^\infty G(\tau) \frac{\int_{-\infty}^{\infty} \varkappa_r \, d\lambda}{\varkappa} \, d\tau, \tag{75.3}$$

mais $\varkappa_r = a_r\, n_i$ où n_i est le nombre d'atomes par unité de volume dans un état propre à absorber la raie, et d'après (53.1)

$$\int \varkappa_r \, d\lambda = \frac{\pi e^2 \lambda^2}{m c^2} \, f \, n_i. \tag{75.4}$$

En outre l'absorption dans le spectre continu est due essentiellement à l'hydrogène et on peut écrire

$$\varkappa = n_{\mathrm{H}}\, a_{\mathrm{H}} \tag{75.5}$$

n_{H} étant le nombre total d'atomes d'hydrogène (sans tenir compte de leur état d'ionisation) par cm³ et a_{H} le coefficient d'absorption rapporté à un atome d'hydrogène (a_{H} est fonction de τ).

Si on représente encore le nombre d'atomes dans l'état d'ionisation et d'excitation propres à absorber la raie en fonction du nombre total n_a des atomes de l'espèce considérée on a

$$n_i = n_a\, b. \tag{75.6}$$

b est une fonction de τ. Il vient ainsi

$$W = \frac{\pi e^2 \lambda^2}{m c^2} \, f \, \frac{n_a}{n_{\mathrm{H}}} \int_0^\infty G(\tau) \, \frac{b}{a_{\mathrm{H}}} \, d\tau. \tag{75.7}$$

Le fait qu'on puisse déterminer les abondances par rapport à l'hydrogène sans mesurer les intensités des raies de l'hydrogène est très favorable parce que les raies de cet élément sont en général fortes et parce que leur élargissement produit par l'effet Stark interatomique pose, comme on l'a vu, des problèmes spéciaux: Les formules (75.1) et (75.7) sont pratiquement identiques en théorie. Elles dérivent toutes deux de l'expression de l'intensité d'une raie faible à l'aide d'une fonction de poids, mais la formule (75.1) n'est qu'approchée, à une approximation d'ailleurs satisfaisante en général. La différence résulte essentiellement dans la simplification qu'on fait dans l'application de la formule (75.1) en supposant que les nombres N sont comparables entre eux pour des raies dont les longueurs d'ondes ne sont pas identiques, c'est-à-dire qu'on suppose que toutes les colonnes atmosphériques de profondeur optique $\overset{*}{\tau}$ ont la même profondeur géométrique.

A priori, la formule (75.7) peut paraître préférable, parce qu'elle donne directement les abondances par rapport à l'hydrogène et parce qu'elle ne fait appel à aucune approximation; par contre, elle nécessite le calcul d'un modèle ce qui est long et manque de souplesse tandis que les résultats donnés par la formule (75.1) peuvent être discutés; de la comparaison des abondances sur les différents niveaux d'excitation et d'ionisation on peut déduire des températures d'excitation et d'ionisation qui sont celles qui conviennent le mieux pour rendre compte des observations de raies et par suite pour trouver, par application des lois de Boltzmann et de Saha, le nombre total des atomes de chaque espèce.

Quelle que soit la théorie utilisée, on détermine autant que possible les abondances d'après les intensités des raies absorbées par des atomes de faible excitation, car dans le cas contraire, le facteur $e^{-J/kT}$ de la formule de Boltzmann est très sensible à la température, qui n'est pas connue avec une précision suffisante, en sorte que le passage du nombre des atomes excités, qui absorbent la raie, au nombre total des atomes de l'espèce considérée devient très incertain. On notera que cette difficulté existe spécialement pour H, He, C, N, O, Si, S.

76. Composition chimique des étoiles des premiers types spectraux. La première détermination précise d'abondances dans une étoile chaude est celle d'Unsöld[1] relative à τ Sco basée sur la formule (75.1). Cette étude a été reprise par Traving[2] à l'aide du modèle qu'il a construit pour cette étoile. La comparaison des résultats rapportée dans le Tableau 27 montre que les deux méthodes, correctement appliquées, conduisent sensiblement aux mêmes résultats.

Tableau 27. *Logarithmes des abondances en nombres d'atomes pour τ Sco. La valeur pour* log n_H *a été prise arbitrairement égale à 12,00.*

Elément	Unsöld	Traving	Elément	Unsöld	Traving
H	12,00	12,00	Ne	9,05	$8,72 \pm 0,4$
He	11,25	$11,23 \pm 0,15$	Mg	7,76	$7,77 \pm 0,4$
C	8,24	$8,37 \pm 0,3$	Al	6,56	$6,56 \pm 0,4$
N	8,58	$8,57 \pm 0,2$	Si	7,80	$7,95 \pm 0,2$
O	8,99	$9,12 \pm 0,2$			

Des résultats assez concordants avec ceux-ci ont été obtenus par divers auteurs pour d'autres étoiles *B*.

L'intérêt s'étant spécialement porté sur le rapport des abondances He/H, il faut mentionner ici deux déterminations qui donnent un rapport très inférieur aux 17% généralement admis: la première détermination est due à Underhill[3] qui utilise l'intensité de la raie He II 4541 calculée d'après son modèle d'étoile O 9,5. Elle identifie celui-ci avec l'étoile σ Ori (O 9,5) et en déduit une abondance d'hélium de 6%, mais Traving attire l'attention sur l'incertitude de cette identification sur laquelle repose la détermination d'abondance. L'autre détermination est due à Neven et de Jager[4]; elle provient des modèles empiriques des quatre étoiles τ Sco, δ Cet, γ Peg et ι Her. Ces modèles sont déterminés de manière à satisfaire pour chaque étoile aux observations de la grandeur de

Tableau 28. *Logarithmes des abondances en nombres d'atomes pour α Lyr (K. Hunger).*
La valeur de Log n_H a été prise 12,00 arbitrairement.

Elément	Log n_i	Elément	Log n_i	Elément	Log n_i
H	12,00	Si	7,54	Mn	4,45
He	11,14	Ca	6,50	Fe	7,35
O	9,17	Sc	4,08	Ni	7,66
Na	7,85 ?	Ti	5,09	Sr	3,42
Mg	8,00	V	$<4,62$	Y	2,09
Al	6,01	Cr	5,86	Zr	3,14

la discontinuité de Balmer (petite et par conséquent très sensible au mode d'interprétation des enregistrements, comme on l'a vu dans la Sect. 40), au nombre de raies observées dans la série de Balmer (théorie encore incertaine Sect. 74) et aux intensités résiduelles centrales des raies de Balmer H 7 à H 12. Traving a montré que les températures qui règnent dans l'atmosphère de ces modèles,

---

[1] A. Unsöld: Z. Astrophys. **21**, 1, 22 (1941).
[2] A. Traving: Z. Astrophys. **36**, 1 (1955).
[3] A. B. Underhill: Contr. Dominion Astrophys. Obs. **23** (1951).
[4] L. Neven et C. de Jager: Bull. Astr. Inst. Netherl. **12**, 103 (1954).

beaucoup plus basses que les températures admises pour les étoiles B, sont inacceptables: la forte raie de He II 4686 qu'on observe dans le spectre de τ Sco ne pourrait prendre naissance dans le modèle empirique correspondant.

Dans l'état actuel de la question, tout ce que l'on peut penser est que si l'abondance He/H $= 17\%$ est encore assez incertaine, il n'y a pas cependant de raisons suffisament valables de lui préférer une abondance de 6%.

HUNGER[1] a obtenu d'après α Lyr (A 0) les abondances du tableau 28 par la méthode des modèles.

Ceux de ces résultats qui peuvent être comparés aux abondances trouvées pour les étoiles B 0 n'en diffèrent pas appréciablement.

77. Composition chimique de l'atmosphere solaire. La première détermination des abondances dans l'atmosphère solaire, qui remonte à 1929, est due à RUS-SEL[2]. Les données physiques nécessaires faissaient à l'époque presque complète-ment défaut (les forces d'oscillateurs étaient toutes prises égales à l'unité) et cependant les résultats se sont montrés, d'une manière générale, assez voisins de ceux obtenus par la suite. Ce sont d'ailleurs ces valeurs de RUSSEL qu'on utilise encore pour les éléments chimiques de faible abondances. La discussion était basée sur un modèle SCHUSTER-SCHWARZSCHILD, c'est-à-dire sur l'idée d'une couche renversante caractérisée par une température unique et une pression électronique unique. C'est suivant le même modèle que UNSÖLD[3] a discuté à nouveau le problème en utilisant les données physiques disponibles.

MINNAERT[4] a rediscuté certaines des données utilisées par UNSÖLD par la méthode des fonctions de poids, et CLAAS[5] a étendu ces calculs en utilisant le modèle empirique de photosphère de BARBIER.

D'autres données ont été obtenues à partir des intensités des bandes molé-culaires par HUNAERTS[6] pour C, N, O ce qui permet de tourner la difficulté des grands facteurs de BOLTZMANN présentée par les raies atomiques.

La détermination de l'abondance de l'hélium constitue le problème le plus difficile à résoudre. L'unique raie d'ailleurs faible et diffuse de cet élément (λ 10830), observée dans le soleil, est inutilisable car son facteur de BOLTZMANN est énorme. L'abondance déduite de l'étude du spectre de la chromosphère ou de celui des protubérances ne représente peut-être pas l'abondance dans la photo-sphère. Les propriétés de l'atmosphère solaire changent évidemment avec la concentration en hélium (diminution de la pression électronique par rapport à la pression gazeuse) mais les conséquences observables en sont peu importantes; c'est ainsi que MICHARD[7] a obtenu successivement des valeurs des abondances (en nombres d'atomes) de l'hélium par rapport à l'hydrogène de 11% et de zéro.

La table suivante donne les logarithmes des abondances telles qu'elles ré-sultent de la discussion d'ensemble faite par DE JAGER[8] à laquelle on se reportera pour des détails complémentaires. Les meilleures déterminations, connues à $\pm 0,15$ près, d'après cet auteur, sont imprimées en caractères gras.

Une analyse plus récente, limitée à quelques éléments, a été faite par WEIDE-MANN[9]. Elle n'est pas basée comme celle de CLAAS sur le modèle de BARBIER,

[1] K. HUNGER: Z. Astrophys. **36**, 42 (1954).
[2] H. N. RUSSELL: Astrophys. Journ. **70**, 11 (1929).
[3] A. UNSÖLD: Z. Astrophys. **24**, 306 (1948).
[4] M. MINNAERT: Trans. Internat. Astronom. Union **7**, 457 (1950).
[5] W. J. CLAAS: Rech. Astronom. Obs. Utrecht **12** (1951).
[6] J. HUNAERTS: Trans. Internat. Astronom. Union **7**, 462 (1948).
[7] R. MICHARD: Ann. d'Astrophys. **16**, 217 (1953).
[8] Principes fondamentaux de Classification Stellaire, p. 141. Paris 1955.
[9] V. WEIDEMANN: Z. Astrophys. **36**, 101 (1955).

Tableau 29. *Logarithmes décimaux des abondances en nombres d'atomes dans l'atmosphère solaire. La valeur pour Log n_H est prise arbitrairement 12,00.*

1 H¹	**12,00**	20 Ca	**6,61**	43 Tc	Absent	66 Dy	1,35
H²	$<7,9$	21 Sc	3,40	44 Ru	1,45	67 Ho	
2 He³	$<9,8$	22 Ti	5,92	45 Rh	0,25	68 Er	$-0,15$
He⁴	11,15 ?	23 V	4,12	46 Pd	0,85	69 Tu	0,25
3 Li⁶	**1,19**	24 Cr	5,65	47 Ag	0,75	70 Yb	0,75
Li⁷	$<0,65$	25 Mn	5,53	48 Cd	1,95	71 Gr	0,75
4 Be	**2,33**	26 Fe	**7,77**	49 In	$-0,25$	72 Hf	0,15
5 B	4,75	27 Co	5,10	50 Sn	0,95	73 Ta	$-0,25$
6 C¹²	9,25	28 Ni	6,02	51 Sb	2,35	74 W	$-0,05$
C¹³	$<7,35$	29 Cu	**4,95**	52 Te		75 Re	
7 N	8,84	30 Zn	**4,77**	53 I		76 Os	0,25
8 O	**9,00**	31 Ga	1,75	54 X		77 Ir	$-0,45$
9 F	5,75	32 Ge	2,75	55 Cs		78 Pt	1,35
10 Ne		33 As		56 Ba	**2,53**	79 Au	
11 Na	**6,48**	34 Se		57 La	1,35	80 Hg	**3,13**
12 Mg	**7,72**	35 Br		58 Ce	2,15	81 Tl	
13 Al	**6,32**	36 Kr		59 Pr	0,35	82 Pb	0,95
14 Si	7,27	37 Rb	1,45	60 Nd	1,75		
15 P	3,75	38 Sr	**3,03**	61 Pm			
16 S	6,99	39 Y	3,28	62 Sm	1,25		
17 Cl		40 Zr	2,44	63 Eu	1,15		
18 Ar		41 Nb	0,75	64 Gd	0,85		
19 K	**5,16**	42 Mo	1,85	65 Tb			

dont l'extrapolation ainsi qu'on le sait (Sect. 51) conduit à une température superficielle trop élevée, mais sur le modèle de E. BÖHM-VITENSE. En représentant toujours par 12,00 le logarithme du nombre des atomes d'hydrogène par unité de volume, WEIDEMANN obtient les abondances suivantes (en logarithmes) à laquelle nous joignons pour la comparaison les valeurs de CLAAS.

En moyenne les valeurs de WEIDEMANN sont plus petites de 0,29 par rapport aux valeurs de CLAAS, ce qui veut dire que l'hydrogène serait deux fois plus abondant par rapport aux métaux que d'après l'analyse de ce dernier auteur. Il faudrait donc, dans le Tableau 29, porter la valeur 12,29 au lieu de 12,00 pour l'abondance de l'hydrogène, ce qui devrait entraîner quelques modifications corrélatives dans les abondances de He, O, C, N etc. D'après WEIDEMANN, dans l'atmosphère solaire le rapport des abondances (en nombre d'atomes) de l'hydrogène à l'ensemble des métaux est de 20000.

Tableau 30. *Comparaison des logarithmes des abondances de Weidemann et Claas.*

Elément	WEIDEMANN	CLAAS
Na	6,13	6,33
Mg	7,28	7,57
Al	6,13	6,17
Ca	6,17	6,46
Fe	7,01	7,62

78. Remarques diverses sur la composition chimique des étoiles. Des étoiles de types voisins de G ont été étudiées; elles ne semblent pas présenter de différences marquées de composition chimique avec la magnitude absolue.

Les étoiles que nous avons mentionnées jusqu'ici sont des étoiles normales de population I. D'une manière générale, en tenant compte de l'incertitude des déterminations, elles semblent avoir toutes la même composition chimique, ce qui a donné naissance à la conception d'une composition chimique uniforme de l'univers. Actuellement il convient d'être plus prudent; il est très probable que les étoiles de population II ont une composition chimique différente. Il existe aussi des étoiles à composition chimique anormale. Tous les problèmes relatifs aux différences dans les compositions chimiques entre les différents astres sont complexes par suite de différences possibles et encore inconnues entre les structures de leurs atmosphères. Le problème des abondances chimiques dans l'univers est traité en détail dans le Vol. LI du Handbuch par Aller.

79. Températures effectives et gravités. La température effective et la gravité à la surface d'une étoile donnée ne sont pas connues avec précision. Lorsqu'on a construit un modèle avec une valeur choisie à priori pour chacun de ses paramètres, on ne sait pas exactement à quelle étoile réelle on doit le comparer. Nous avons déjà mentionné à propos du rapport d'abondance He/H dans les étoiles B que cette incertitude, peut conduire à des erreurs appréciables dans la détermination de la composition chimique.

On peut construire plusieurs modèles correspondant à des valeurs voisines de T_e et g ce qui permet d'encadrer une étoile donnée et de choisir celui qui représente au mieux les caractéristiques les plus représentatives de son spectre continu et de son spectre de raies. Le calcul d'un modèle non gris étant déjà laborieux, le calcul d'une famille de modèles devient une entreprise considérable. C'est pourquoi Traving[1] pour étudier l'étoile τ Sco a imaginé une méthode plus expéditive.

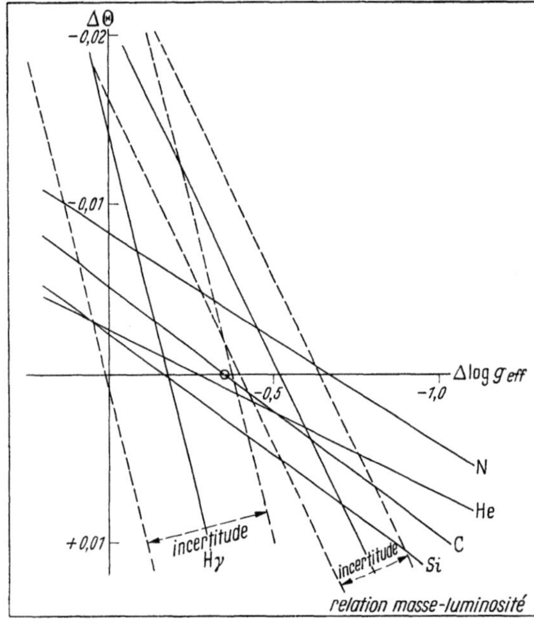

Fig. 26. Détermination des corrections aux valeurs initiales des paramètres c_2/T_e et g_{eff} pour une étoile B (Traving).

Ayant calculé un modèle correspondant à $T_e = 32800°$ K et $\log g = 4,8$ et ayant déterminé à l'aide de ce modèle, d'après les mesures faites sur l'étoile, les rapports de nombres d'atomes portés à deux degrés différents d'ionisation (He II/He I, C III/C II, N III/N II et Si IV/Si III), il détermine à l'aide de procédés sommaires, mais suffisants pour cette application, la relation linéaire entre les corrections $\Delta \frac{c_2}{T_e}$ et $\Delta \operatorname{Log} g$ qui laisse à chacun de ses rapports sa valeur observée. Il calcule encore une telle relation pour la condition *Intensité totale de* $H_\gamma = $ *Intensité observée* et une autre d'après la relation Masse-Luminosité en utilisant une valeur de la magnitude absolue bolométrique de τ Sco. Toutes ces droites reportées sur un graphique devraient se couper en un même point (Fig. 26), en réalité elles déterminent un petit domaine d'incertitude à l'intérieur duquel Traving choisit les corrections.

$$\Delta \frac{c_2}{T_e} = 0,00 \pm 0,005 , \qquad \Delta \operatorname{Log} g = -0,35 \pm 0,20 .$$

---

[1] G. Traving: Z. Astrophys. **36**, 1 (1955).

IV. Turbulence: Amortissement par chocs.

80. La turbulence d'après les courbes de croissance. Lorsque STRUVE et ELVEY[1] construisirent les premières courbes de croissance pour des étoiles ils constatèrent que, pour obtenir l'ajustement de certaines d'entre elles avec la courbe théorique, ils devaient adopter des températures inadmissibles, $300\,000°$ K pour α Per ($g\,F\,5$), $2\,000\,000°$ K pour ε Aur ($F\,5p$) et $30\,000\,000°$ K pour 17 Lep ($A0p$), alors que pour d'autres étoiles, α Cyg ($cA2$), α CMa ($A0$), α Lyr ($A0$) les températures généralement admises permettaient cet ajustement. STRUVE et ELVEY lancèrent alors l'hypothèse que l'atmosphère de certaines étoiles est turbulente, c'est-à-dire que des masses de gaz s'y déplacent à grande vitesse d'une manière désordonnée. La quantité v qui figure dans les ordonnées de la courbe de croissance, et qui fixe la position du palier doit s'interpréter dans cette hypothèse par

$$v^2 = \frac{2\,\mathsf{R}\,T}{\mu} + \xi_t^2. \tag{80.1}$$

$\dfrac{2\,\mathsf{R}\,T}{\mu}$ est la contribution de l'énergie thermique d'agitation des atomes et ξ_t est la vitesse moyenne de turbulence.

A l'aide de cette formule on obtient pour α Per, ε Aur et 17 Lep des vitesses de turbulence de 7, 20 et 67 km/sec (la vitesse thermique étant de l'ordre de 2 km/sec).

Par la suite d'assez nombreuses déterminations de vitesses de turbulence furent publiées; WRIGHT[2] montra que les vitesses de turbulence sont plus grandes si on les détermine à l'aide des atomes ionisés que si l'on fait usage des atomes neutres, fait que UNSÖLD et STRUVE[3] attribuèrent à une variation de la vitesse de turbulence avec la profondeur de l'atmosphère.

81. La turbulence d'après les contours des raies. L'effet de la turbulence est évidemment d'élargir le corps DOPPLER des raies. STRUVE et ELVEY avaient remarqué dès 1934 que les raies des trois étoiles dont ils avaient mis en évidence la forte turbulence, avaient des contours DOPPLER caractéristiques mais de largeur exceptionnelle. Cependant cette méthode d'étude fut négligée jusqu'en 1946 où VAN DE HULST[4] obtint $\xi_t = 1{,}74$ km/sec pour le soleil et STRUVE[5] $\xi_t = 30$ km/sec pour δCMa ($cF\,8$). Cette dernière détermination était du plus grand intérêt, car elle était en contradiction totale avec une détermination antérieure, obtenue d'après la courbe de croissance, par STEEL[6] et qui n'atteignait que 5,1 km/sec.

L'explication du désaccord fut donnée par UNSÖLD et STRUVE[3]: elle tient dans la considération de la dimension des éléments turbulents dont l'effet est très différent suivant qu'elle est plus grande ou plus petite que l'épaisseur de la couche où prend naissance une raie d'absorption.

Si les éléments sont plus grands que cette épaisseur, à l'intérieur d'un élément de turbulence tout se passe au point de vue absorption comme si l'élément était au repos, à l'exception du fait que la raie donnée par l'élément est déplacée en bloc dans le spectre suivant la vitesse radiale de l'élément. Soit $I(\lambda)$ la fonction représentant l'intensité d'une raie en fonction de la longueur d'onde pour

[1] O. STRUVE et C. T. ELVEY: Astrophys. Journ. **79**, 409 (1934).
[2] K. O. WRIGHT: Publ. Dominion Astrophys. Obs. **8** (1948).
[3] A. UNSÖLD et O. STRUVE: Astrophys. Journ. **110**, 455 (1949).
[4] H. C. VAN DE HULST: Bull. Astr. Inst. Netherl. **10**, 79 (1946).
[5] O. STRUVE: Astrophys. Journ. **104**, 138 (1946).
[6] H. R. STEEL: Astrophys. Journ. **102**, 429 (1945).

un élément au repos; elle devient $I(\lambda + \Delta\lambda)$ pour un élément en mouvement, dont la vitesse correspond à un déplacement $\Delta\lambda$ en longueur d'onde. Pour l'ensemble du disque le contour est donné par

$$I_1(\lambda) = \int_0^\infty I(\lambda + \Delta\lambda)\, P(\Delta\lambda)\, d(\Delta\lambda), \tag{81.1}$$

$P(\Delta\lambda)\,d(\Delta\lambda)$ étant la probabilité pour que le déplacement Doppler d'un élément soit compris entre $\Delta\lambda$ et $\Delta\lambda + d(\Delta\lambda)$. Le contour est ainsi élargi par cet effets mais l'intensité totale n'est pas modifiée comme on le voit immédiatement en intégrant les deux membres de (81.1) par rapport à λ et en tenant compte de ce que

$$\int_0^\infty P(\Delta\lambda)\, d(\Delta\lambda) = 1. \tag{81.2}$$

On appelle *macroturbulence* une turbulence à éléments grands donnant lieu à ce type d'élargissement.

Si les éléments sont plus petits que l'épaisseur de la couche où se forme une raie alors la lumière qui provient d'un élément est absorbée par les éléments supérieurs qui ont des vitesses radiales différentes et on n'a plus le simple effet de superposition de contours indépendants, comme dans le cas de la macroturbulence, mais un véritable élargissement du coefficient d'absorption tout à fait analogue à l'élargissement thermique, qui produit à la fois un élargissement du contour de la raie et un accroissement de son intensité totale. Il s'agit alors de *microturbulence*.

La méthode des courbes de croissance, basée sur les intensités totales, ne peut mettre en évidence que la microturbulence; de sorte que dans le cas de δCMa la valeur 5,1 km/sec donne la vitesse moyenne des petits éléments de turbulence. Les contours de raies, eux, sont à la fois sensibles à la macroturbulence et à la microturbulence en sorte que la valeur de 30 km/sec pour δCMa, puisqu'elle est très supérieure à la valeur de la microturbulence doit se rapporter à la macroturbulence. Cette distinction entre microturbulence et macroturbulence n'est pas particulière à δCMa, elle a été observée également par M. et B. Schwarzschild et W. S. Adams[1] dans l'atmosphère de μ Aqu ($\xi_t = 4$ et 12,2 km/sec). Nous devons donc avoir affaire à un phénomène assez général; la vitesse de turbulence n'est plus seulement un paramètre destiné à assurer l'ajustement des courbes de croissance, elle jouit déjà de propriétés physiques que nous pouvons comparer aux résultats obtenus par les physiciens sur ce sujet, résultats qui ont été résumés par Chandrasekhar[2] en vue des applications à l'astronomie.

82. Physique de la turbulence. Le mouvement d'un fluide est soit laminaire soit turbulent suivant qu'un paramètre caractéristique de son état, son *nombre de Reynolds*, est plus petit ou plus grand qu'une valeur de l'ordre de 1000. Le nombre de Reynolds a pour expression

$$\mathfrak{R} = \frac{\varrho\, v\, L}{\mu}. \tag{82.1}$$

ϱ, v et μ sont la densité, la vitesse et le coefficient de viscosité. L est une dimension caractéristique du système, l'épaisseur d'une atmosphère stellaire par exemple. A cause de la grandeur de L les nombres de Reynolds rencontrés en astrophysique ou en géophysique sont toujours très supérieurs à la valeur 1000 et la

---

[1] M. et B. Schwarzschild et W. S. Adams: Astrophys. Journ. **108**, 207 (1948).
[2] S. Chandrasekhar: Astrophys. Journ. **110**, 329 (1949).

turbulence est la règle. C'est S. ROSSELAND qui a attiré l'attention sur ce fait et rappelé que dans un gaz à l'état turbulent, le coefficient de viscosité et la conduction de la chaleur peuvent prendre des valeurs considérables.

La description d'un fluide turbulent est une description statistique. Le fluide est constitué de gros éléments turbulents dont la création provient de causes extérieures au système, ces gros éléments donnent naissance à des éléments plus petits, qui donnent naissance à leur tour à des éléments plus petits encore et ainsi de suite jusqu'à ce que l'énergie initiale transmise aux éléments les plus petits se transforme en énergie thermique par suite de la viscosité.

On introduit une variable $k = \dfrac{2\pi}{l}$ où l est la dimension d'un élément turbulent; l'énergie par unité de volume contenue dans les éléments compris entre k et $k + dk$ est $\varrho F(k)\, dk$, où ϱ est la densité. $F(k)$ décrit *le spectre de la turbulence*.

Pour les petites valeurs de k, $F(k)$ dépend de la manière dont la turbulence prend naissance. KOLMOGOROFF a montré qu'entre certaines limites de k, $F(k)$ est toujours de la forme $k^{-\frac{5}{3}}$; la limite supérieure est très grande si le nombre de REYNOLDS est grand comme c'est le cas en astronomie.

La vitesse moyenne des éléments turbulents ayant un k plus grand qu'un k limite est donnée par

$$v_k^2 = \int\limits_k^\infty F(k)\, dk$$

v_k est proportionnel à $k^{-\frac{1}{3}}$ dans le domaine d'application de la loi de KOLMOGOROFF.

Ces considérations ont été appliquées à la théorie des raies spectrales par SU-SHU-HUANG[1] et par M. H. WRUBEL[2]. Ce dernier auteur a déterminé une fonction $s(k)$ qui introduit une pondération de l'effet des éléments turbulents k dans la valeur de l'intensité totale d'une raie. Pour les petits éléments $s(k)$ est nul, pour les grands $s(k)$ est égal à l'unité. WRUBEL montre alors que l'influence des éléments dont les dimensions sont au plus égales à 2,5 fois l'échelle de hauteur de l'atmosphère[3] H, se retrouve dans l'intensité totale. L'explication qualitative de la différence entre micro et macroturbulence donné à la Sect. 81, se heurte donc à une difficulté dans l'état actuel de la théorie, puisque la différence entre micro et macroturbulence n'apparaitrait que pour des éléments turbulents plus grands que la région de l'atmosphère où ils devraient se trouver. WRUBEL pense que la difficulté pourrait être levée si la turbulence de la partie supérieure de l'atmosphère était en fait «excitée» par la turbulence des couches plus profondes où les éléments turbulents peuvent être plus grands. La couche externe d'une étoile comme δ CMa n'aurait dans ce cas plus rien de commun avec une atmosphère stratifiée et on devrait plutôt se la représenter comme un nuage de protubérances.

83. Constantes d'amortissement. Le contour d'une raie large, loin du corps DOPPLER, l'intensité totale d'une raie intense dépendent de la constante d'amortissement. On peut déterminer par l'observation les constantes d'amortissement des raies du spectre solaire. Cela a été fait à plusieurs reprises, par VOIGT[4] en particulier, qui a trouvé des constantes d'amortissement par chocs pour les raies de la série $3\,^1P - n\,^1D$ du magnésium en très bon accord avec les valeurs théoriques.

---

[1] SU-SHU HUANG: Astrophys. Journ. **112**, 399, 418 (1950).
[2] M. H. WRUBEL: Astrophys. Journ. **112**, 424 (1950).
[3] H est la différence d'altitude pour laquelle la densité varie dans le rapporte.
[4] H. H. VOIGT: Z. Astrophys. **27**, 82 (1950).

Weidemann[1] a déterminé des constantes d'amortissement à partir d'assez nombreuses raies du spectre solaire et il a constaté que pour les systèmes à un électron les valeurs observées et théoriques sont en bon accord mais que pour les raies des atomes à plusieurs électrons les valeurs observées sont plus grandes que les valeurs théoriques, 5 fois plus grandes pour le chrome et le fer.

V. Signification théorique de la classification spectrale des étoiles.

84. Classification spectrale empirique. Le problème de la classification spectrale a été traité dans un chapitre précédent de ce volume; il est cependant utile de l'examiner à nouveau du point de vue de sa signification théorique. Rappelons que la classification spectrale des étoiles, par ses origines, est essentiellement empirique et utilitaire; il s'agissait initialement de reconnaître, d'après leurs spectres, les étoiles qui ont des chances d'être intrinsèquement identiques en vue de l'étude de la structure de l'univers ou de recherches cosmogoniques.

Les premières classifications étaient des classifications à un paramètre; la classe spectrale était représentative de la température régnant dans l'atmosphère. En 1914 Adams et Kohlschütter prouvèrent que les étoiles classées dans une même classe spectrale ne sont pas identiques entre elles, leurs magnitudes absolues pouvant différer d'une manière considérable, et que ces différences de magnitudes absolues se reflètent dans certains caractères spectraux. Il s'agissait là d'une conquête capitale de l'astrophysique, mais avec le recul du temps on peut réaliser maintenant que l'accent mis sur l'application pratique importante, détermination des magnitudes absolues (ou pire de parallaxes spectroscopiques), a sans doute été défavorable au développement des aspects fondamentaux d'une classification spectrale à deux paramètres. En effet la notion de magnitude absolue n'appartient pas en propre au domaine des atmosphères stellaires: si l'on peut déjà envisager qu'un jour il sera possible de calculer des magnitudes absolues (bolométriques ou monochromatiques) à partir d'éléments observés dans les spectres grâce à la théorie des atmosphères stellaires il faut bien remarquer qu'on devra faire intervenir aussi dans le calcul une relation, de la nature de la relation masse-luminosité, provenant de la théorie de l'intérieur des étoiles[2]. On peut aussi étalonner les caractéristiques spectrales dépendant de la magnitude absolue d'après des étoiles dont la magnitude absolue est connue, et c'est ce qu'on a fait en réalité. Mais les magnitudes absolues des étoiles les plus brillantes intrinsèquement ne sont jamais directement connues, on ne peut les obtenir que par des méthodes statistiques, avec toutes leurs sources d'incertitudes et en particulier celles tenant à l'absorption interstellaire.

C'est dans leur Atlas de spectres stellaires que Morgan, Keenan et Kellman[3] ont pour la première fois séparé, clairement les deux problèmes, celui de la classification et celui de l'étalonnage en magnitudes absolues; à cet effet ils ont introduit des *classes de luminosité*, chaque étoile étant classée d'après un type spectral et une classe de luminosité.

Le choix des paramètres à utiliser pour classer les étoiles, a été guidé par des considérations pratiques, tendant à obtenir des procédés de classification expédi-

---

[1] V. Weidemann: Z. Astrophys. **36**, 101 (1955).

[2] En effet une magnitude absolue bolométrique peut s'exprimer au moyen de la luminosité $L = 4\pi R \varrho^2 T_e^4$; on a autre relation qui donne la masse $M = g R^2$ et enfin la relation masse-luminosité $M = f(L)$. De l'ensemble de ces trois relations on peut déduire la luminosité en fonction de g et T_e, quantités provenant des observations par l'intermédiaire de la théorie des atmosphères stellaires. Toutes les étoiles ne satisfont pas à la relation masse-luminosité classique.

[3] W. W. Morgan, P. C. Keenan et E. Kellman: An atlas of stellar spectra. Astrophys. Monograph Chicago 1943.

tifs, ne nécessitant pas de mesures spectrophotométriques et tendant à séparer les variables, un paramètre fournissant le type spectral et l'autre la classe de luminosité. Le problème de la classification spectrale présente aussi un intérêt théorique, pour l'étude duquel il n'y a pas lieu de s'imposer de telles restrictions.

85. Signification théorique de la classification spectrale. Le fait que la grande majorité des étoiles accepte de prendre place dans une classification à deux paramètres trouve son explication dans la formule de SAHA qui exprime l'ionisation en fonction des deux paramètres température et pression électronique; cette formule jointe à la formule de BOLTZMANN, qui ne fait intervenir que la température, établit le peuplement des divers niveaux d'un atome et de ses ions, ce qui conditionne pour une grande part l'aspect de son spectre de raies.

Les deux variables, température et pression électronique, n'ont qu'un sens très mal défini car une atmosphère stellaire n'est pas homogène: dans la même atmosphère, par suite des différences de stratification, le peuplement des niveaux des divers atomes correspond à des valeurs moyennes différentes de la température et de la pression. Les chapitres précédents ont montré que les deux variables physiques bien définies qui rendent compte des atmosphères stellaires, si on admet l'uniformité de constitution chimique des étoiles, sont la température effective T_e et la gravité superficielle g. Le problème théorique de la classification spectrale des étoiles est alors celui-ci: les deux paramètres T_e et g suffisent-ils à caractériser une étoile. Nous savons que, en principe, il n'en est rien, la composition chimique intervient aussi dans les calculs théoriques ainsi que la turbulence; si les deux paramètres T_e et g suffisaient, il faudrait donc que ces dernières caractéristiques soient elles aussi fonction de T_e et g.

86. Choix des paramètres d'une classification spectrale. Une classification établie en vue de recherches théoriques, ne devrait pas en principe reposer sur des caractères trop sensibles à des différences d'abondances chimiques d'éléments rares, sans importance pour conditionner la structure physique d'une atmosphère stellaire.

On peut utiliser pour l'un des paramètres le rapport des intensités de deux raies correspondant à des états différents d'ionisation du même atome, rapport qui est ainsi indépendant de l'abondance chimique de cet atome si les deux raies sont des raies faibles. Malheureusement deux états différents d'ionisation d'un même atome ne coexistent en général que dans un domaine assez limité d'une classification spectrale en sorte qu'un critère de ce type n'a qu'un intérêt assez limité.

Les critères de classification qui paraissent à priori les plus intéressants au point de vue théorique sont ceux qui sont en relation directe avec l'hydrogène; les gradients absolus du spectre continu, la grandeur des discontinuités aux limites des séries, les intensités totales des raies, le nombre de raies visibles dans une série ou la longueur d'onde λ_1 (voir Sect. 74).

Les étoiles de types $O9$ à $G0$ peuvent faire l'objet d'une classification spectrale suivant les deux paramètres D et λ_1 comme l'ont montré BARBIER et CHALONGE. On peut ensuite transformer la classification (D, λ_1) en une classification suivant le type spectral et la classe de luminosité par comparaison avec une autre classification; cette dernière opération ne présente au fond aucun intérêt *théorique* car elle revient à remplacer des paramètres ayant un sens physique par des désignations purement arbitraires.

MORGAN, KEENAN et KELLMAN ont sélectionné des paramètres permettant la classification spectrale des étoiles $O5$ à M. Leurs paramètres sont extrêmement nombreux, utilisables seulement dans des limites étroites de type spectral ou de classe de luminosité. Ils ont été choisis sur une base purement empirique et en fonction de la commodité de leur emploi pratique. Cette classification, à priori, aurait donc pu être très sensible aux variations d'abondances chimiques des divers éléments. Le fait étonnant est que, en réalité, cette classification peut être considérée comme tout à fait équivalente, pour les étoiles normales à la classification (D, λ_1) de Barbier et Chalonge ainsi que l'ont montré Chalonge et Divan[1].

87. Introduction d'une classification à trois paramètres. D'après ce qui précède les *étoiles normales* peuvent être classées à l'aide de deux paramètres seulement. Pour ces étoiles la valeur que prend un troisième paramètre doit être fonction des deux paramètres de base. C'est ainsi que Barbier, Chalonge et Morguleff[2] ont indiqué que l'intensité de la raie H_γ, et l'intensité de la raie K pour un assez grand nombre d'étoiles sont fonction de D et λ_1 dans les limites des erreurs de mesures.

Chalonge et Divan[3] ont montré que, toujours pour les étoiles normales, le gradient absolu φ_B de la région bleue est fonction de D et λ_1, en sorte que toutes les étoiles normales se placent sur une surface

$$\varphi_B = F(D, \lambda_1). \qquad (87.1)$$

L'idée nouvelle proposée par ces auteurs est l'idée d'une classification à trois paramètres[4] $(D, \lambda_1, \varphi_B)$ permettant de prendre en considération des étoiles anormales. RR Lyr et les étoiles *sous-naines* satisfont à

$$\varphi_B < F(D, \lambda_1). \qquad (87.2)$$

Les étoiles à raies métalliques satisfont à

$$\varphi_B > F(D, \lambda_1). \qquad (87.3)$$

Ces catégories d'étoiles sont ainsi caractérisées par leur écartement à la surface des étoiles normales.

La signification physique réelle du troisième paramètre qu'il convient d'introduire pour étendre la classification spectrale à ces catégories importantes d'étoiles anormales doit probablement se rattacher à la composition chimique; il ne semble pas très probable qu'il puisse s'agir d'un simple effet de modification des coefficients d'absorption avec celle-ci mais il doit s'agir plutôt d'une différence de structure des atmosphères stellaires en relation avec leurs compositions chimiques. La solution de ce problème sera de la plus haute importance.

L'introduction d'un troisième paramètre a déjà porté des fruits; Chalonge a annoncé récemment que l'importance de la brisure, ou discontinuité, du spectre continu des étoiles des premiers types spectraux vers 5000 Å est en relation directe avec leur écartement par rapport à la surface des étoiles normales, plus grande d'un côté de celle-ci, plus petite de l'autre.

VI. Effet de la rotation des étoiles sur les contours des raies.

88. Les faits d'observation. Depuis longtemps déjà on a mesuré spectroscopiquement la vitesse de rotation du soleil en comparant les vitesses radiales au limbe est et au limbe ouest. Dans les étoiles binaires à éclipse, il est possible d'observer séparément deux points différents du limbe de la composante brillante lorsque l'éclipse totale par la composante obscure, supposée plus grande, va juste

---

[1] D. Chalonge et L. Divan: Ann. d'Astrophys. **15**, 201 (1952).
[2] D. Barbier, D. Chalonge et N. Morguleff: Ann. d'Astrophys. **4**, 137 (1941).
[3] D. Chalonge et L. Divan: C. R. Acad. Sci. Paris **237**, 298 (1953).
[4] Il s'agit bien entendu d'une classification d'intérêt théorique, dont l'extension pratique ne sera pas possible car φ_B est affecté par l'absorption interstellaire.

commencer ou vient juste de finir. SCHLESINGER[1] fut le premier à constater des différences de vitesses radiales dans ces conditions, pour les étoiles δ Librae et λ Tauri. De telles observations reproduites sur d'autres étoiles, montrèrent que les vitesses de rotation de certaines ·d'entre elles sont certainement beaucoup plus grandes que celle du soleil, atteignant porfois plusieurs centaines de km/sec.

Une vitesse de rotation élevée signifie une vitesse radiale variable d'un point à l'autre d'un disque stellaire, ce qui doit produire un élargissement appréciable des raies spectrales. Cette idée émise par SHAJN et STRUVE[2] a été développée spécialement par STRUVE et ELVEY. Ces auteurs ont établi définitivement qu'il est possible de mettre en évidence les effets de la rotation des étoiles sur les contours de leurs raies spectrales; les critères de cette cause d'élargissement sont les suivants; contours nettement arrondis, les mêmes pour toutes les raies sous réserve que leurs largeurs soient proportionnelles à λ d'après la formule de DOPPLER; les rapports d'intensités des raies d'un même multiplet sont dans un même rapport quelque soit l'élargissement (ceci ne serait pas le cas si la cause de l'élargissement faisait intervenir absorption et réémission).

Un fort élargissement des raies par rotation est assez fréquent chez les étoiles de types B et A, il existe encore chez certaines étoiles de type F mais pas dans les classes suivantes.

89. Théorie pour des raies fines. Dans ce paragraphe nous considerons l'élargissement de raies intrinséquement très fines dans le cas d'une étoile

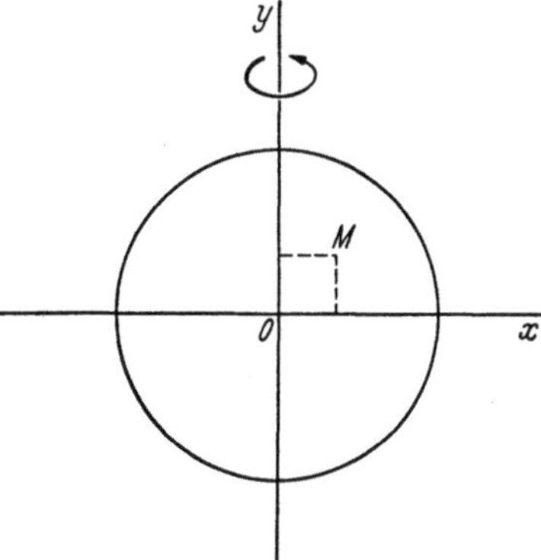

Fig. 27. Notations pour la rotation des étoiles.

sphérique tournant en bloc (vitesse angulaire de rotation indépendante de la latitude). On montre sans difficultés que la répartition des vitesses radiales sur le disque d'une étoile tournant avec une vitesse angulaire ω autour d'un axe faisant l'angle i avec la ligne de visée et équivalente à celle qui se produirait si l'axe de rotation était perpendiculaire à la ligne de visée et la vitesse angulaire de rotation $\omega \sin i$.

Soit donc Fig. 27 le disque de l'étoile, Oy l'axe de rotation. La vitesse radiale d'un point M de coordonnées x, y est

$$V_R = x\,\omega \sin i. \tag{89.1}$$

Un rayonnement de longueur d'onde λ émis en M, est observé à une longueur d'onde $\lambda + \Delta\lambda$ par l'observateur ne participant pas à la rotation de l'étoile; on a

$$\Delta\lambda = \lambda\,x\,\frac{\omega \sin i}{c}. \tag{89.2}$$

On obtient l'intensité A de la raie à la distance $\Delta\lambda$ de son centre correspondant à l'abscisse x sur le disque par

$$A(x) = \frac{\displaystyle\int_0^{\sqrt{1-\frac{x^2}{R^2}}} I(x,y)\,dy}{\displaystyle\int_{-R}^{+R}\int_0^{\sqrt{1-\frac{x^2}{R^2}}} I(x,y)\,dx\,dy}, \tag{89.3}$$

[1] F. SCHLESINGER: Publ. Allegheny Obs. **1**, 134 (1909); **3**, 28 (1916). — Monthly Notices Roy. Astronom. Soc. London. **71**, 719 (1911).

[2] G. SHAJN et O. STRUVE: Monthly Notices Roy. Astronom. Soc. London. **89**, 222 (1928).

le dénominateur étant introduit pour normaliser le résultat, de manière que $\int A\,dx = 1$.

L'intensité émise au point M est d'après la première approximation classique

$$I(x, y) = K(1 + \beta\cos\vartheta) = K\left[1 + \beta\sqrt{1 - \frac{x^2 + y^2}{R^2}}\right] \qquad (89.4)$$

où R est le rayon de l'étoile, β le coefficient d'obscurcissement et K un coefficient constant. On obtient ainsi

$$A(x) = \frac{\dfrac{2}{\pi}\sqrt{1 - \dfrac{x^2}{R^2}} + \dfrac{\beta}{2}\left(1 - \dfrac{x^2}{R^2}\right)}{1 + \dfrac{2}{3}\beta}. \qquad (89.5)$$

Le profil correspondant est très aplati, sans ailes; on en aura une idée en remarquant qu'en l'absence d'assombrissement ($\beta = 0$) l'équation du contour est une ellipse.

90. Théorie pour des raies de largeur appréciable. Le contour d'une raie dans une étoile dépourvue de rotation étant représenté par $R(\varDelta\lambda)$, en fonction de la distance $\varDelta\lambda$ par rapport au centre de la raie, si l'étoile est douée de rotation, on peut exprimer ce même contour en fonction de la variable y,

$$y = \varDelta\lambda\,\frac{c}{\lambda R\omega\sin i}, \qquad (90.1)$$

soit $R'(y)$; le contour résultant après composition avec la rotation est

$$R(y) = \int\limits_{-\infty}^{+\infty} R'(y - x)\,A(x)\,dx. \qquad (90.2)$$

On peut se poser le problème de résoudre l'équation intégrale précédente pour déterminer à la fois le contour vrai d'une raie (c'est-à-dire le contour dépouillé de l'effet de rotation) et $v\sin i$, où v représente la vitesse équatoriale $R\omega$. Une méthode simplifiée a été utilisée par Elvey pour déterminer $v\sin i$. Elle résulte de ce que les *intensités totales* des raies ne sont pas effectées par la rotation. Si donc on veut chercher la vitesse de rotation d'une étoile, on choisit parmi les étoiles qui ont des raies de mêmes intensités totales, celle qui a les raies les plus fines et dont par conséquent le $v\sin i$ peut être considéré comme négligeable. On applique alors la formule (90.2) aux contours de ces raies en les composant avec la fonction A correspondant à différentes valeurs de $v\sin i$ jusqu'à ce qu'on reproduise les contours observés dans l'étoile considérée.

La méthode précédente est pratique, mais on peut cependant se proposer de résoudre le problème général, c'est ce qu'a fait Carroll[1] qui a proposé plusieurs méthodes. Nous nous contenterons ici d'extraire de son mémoire la Fig. 28 qui montre la déformation d'un contour de raie avec l'augmentation de la vitesse de rotation et de signaler que ses méthodes confirment les résultats de la méthode d'Elvey.

91. Aplatissement des étoiles. Dans un travail d'ensemble sur la rotation des étoiles Slettebak[2] a considéré l'effet de l'aplatissement des étoiles sur les contours de raies.

Une étoile en rotation rapide est aplatie en conformité avec le modèle de Roche. Si la vitesse de rotation atteint une certaine valeur critique, la section

---

[1] J. A. Carroll: Monthly Notices Roy. Astronom. Soc. London **93**, 478 (1933)
[2] Arne Slettebak: Astrophys. Journ. **110**, 498 (1949).

par un méridien de la surface présente un point anguleux par où la matière stellaire peut s'échapper. Ces considérations sont confirmées par l'observation: il est bien connu d'une part que les courbes de lumière de certaines binaires à éclipses ne peuvent pas s'expliquer en supposant que leurs composantes sont sphériques et que d'autre part on ne trouve pas d'étoiles dont le $v \sin i$ dépasse sûrement la vitesse critique de ROCHE, cependant que les étoiles dont les vitesses de rotation approchent de cette limite montrent le plus souvent des raies d'émission ou de «shells», comme on le verra plus en détail au chapitre suivant, dues à la dissipation de la matière stellaire.

L'effet de la non-sphéricité d'une étoile se déduit d'un théorème de VON ZEIPEL[1] d'où résulte la conséquence que si une étoile tourne comme un corps solide,

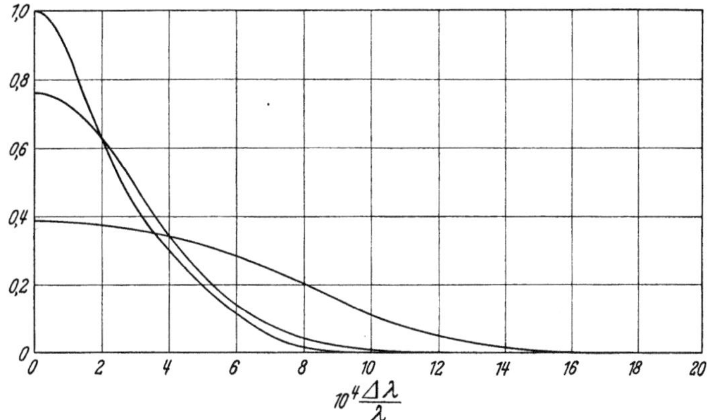

Fig. 28. Contour d'une raie pour une étoile dépourvue de rotation. Contour de la même raie pour les valeurs 100 et 300 km/sec de $v \sin i$ (d'après J. A. CAROLL).

le flux global d'énergie en un point de sa surface est proportionnel à la gravité en ce point. SLETTEBAK donne les valeurs de la température effective et de la gravité en fonction de la latitude φ pour diverses valeurs de la vitesse de rotation; de sa table nous extrayons le Tableau 31.

Tableau 31. *Gravité effective et température effective pour une étoile en rotation.*
(ω_c = vitesse angulaire critique.)

Latitude φ	$\omega = \omega_c$ 560 km/sec		$\omega = 7/8\,\omega_c$ 432 km/sec		$\omega = 3/4\,\omega_c$ 362 km/sec		$\omega = 1/4\,\omega_c$ 115 km/sec	
	Log g_e	T_e	Log g_e	T_e	Log g_e	T_e	Log g_e	T_e
1°	2,50	8190	3,76	16390	3,90	17320	4,12	18670
10°	3,45	14470	3,80	16770	3,92	17520	4,13	18800
30°	3,93	19080	3,98	18605	4,02	18570	4,13	18800
60°	4,23	22680	4,20	21120	4,18	20350	4,15	19010
90°	4,32	23850	4,28	22110	4,24	21070	4,15	19010

Pour des étoiles dont la vitesse de rotation est très proche de la vitesse critique, les variations de g_e et T_e d'un point à l'autre du disque sont considérables et on pourrait s'attendre à observer dans leurs spectres des particularités reflétant ces différences locales dans les conditions d'excitation des raies. L'observation en est cependant difficile, car dans les étoiles dont on est sur que la vitesse de rotation est grande, les raies sont tellement élargies que les raies faibles disparaissent.

---

[1] H. v. ZEIPEL: Monthly Notices Roy. Astronom. Soc. London **84**, 665 (1924)

Slettebak rapporte cependant quelques observations favorables à l'existence de cet effet qu'on appelle *effet d'obscurcissement gravifique*.

Slettebak a également considéré les effets pouvant provenir d'une rotation différentielle des étoiles, c'est-à-dire d'une rotation dont la vitesse angulaire est fonction de la latitude, ceux-ci doivent être petits et ne peuvent être décelés par l'observation.

G. Les atmosphères externes des étoiles.

92. Le bord du disque solaire. Le soleil nous apparait comme un disque net: pour préciser, sa brillance tombe, dans un intervalle de moins de 1″ représentant quelques centaines de kilomètres, d'une valeur comparable à celle du centre, à une brillance non mesurable si l'on n'opère pas pendant une éclipse totale de soleil.

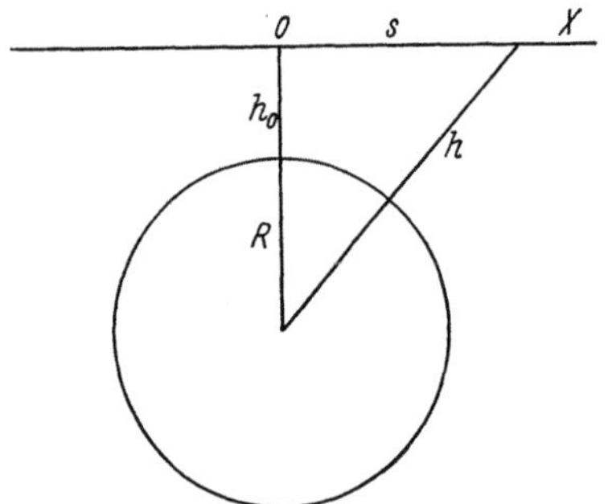

Fig. 29. Notations pour l'observation tangentielle du soleil.

Cette discontinuité dans la brillance du soleil ne correspond à aucune discontinuité réelle dans les propriétés de l'atmosphère solaire mais est seulement une conséquence de la décroissance rapide de la densité avec l'altitude, ainsi que nous allons le voir[1].

Nous considérons (Fig. 29) une sphère de référence, centrée sur le centre du soleil, de rayon R correspondant à une région de la photosphère où la densité est faible et nous calculons l'intensité observée suivant le rayon OX passant à une altitude h_0 au-dessus de la sphère

$$I = \int\limits_{-\infty}^{+\infty} j \varrho\, \mathrm{e}^{-\int\limits_{-\infty}^{s} \varkappa \varrho\, ds}\, ds = \int\limits_{-\infty}^{+\infty} B \varkappa \varrho\, \mathrm{e}^{-\int\limits_{-\infty}^{s} \varkappa \varrho\, ds}\, ds. \tag{92.1}$$

Nous supposons que $j = \varkappa B$ c'est-à-dire que règne l'équilibre thermodynamique local; tous les symboles ont leur signification usuelle.

Nous considérons deux profondeurs optiques différentes: α) la profondeur optique radiale

$$d\tau = \varkappa \varrho\, dh; \qquad \tau(h_0) = \int\limits_{h_0}^{\infty} \varkappa \varrho\, dh \tag{92.2}$$

qui est identique à la profondeur optique du cas plan et β) la profondeur optique tangentielle

$$dt = \varkappa \varrho\, ds; \qquad t(h_0) = \int\limits_{-\infty}^{+\infty} \varkappa \varrho\, ds. \tag{92.3}$$

La profondeur optique radiale en tous les points du rayon OX est très faible en sorte que d'après l'étude du cas plan on peut considérer B comme une constante B_0; il vient donc

$$I = B_0(1 - \mathrm{e}^{-t(h_0)}). \tag{92.4}$$

Nous admettons qu'on peut, avec une approximation suffisante, représenter $\varkappa \varrho$ par

$$\varkappa \varrho = \varkappa_0 \varrho_0\, \mathrm{e}^{-\frac{h}{H}}, \tag{92.5}$$

---

[1] Pour plus de détails: Unsöld [3].

En tenant compte de ce que

$$s^2 = (R + h)^2 - (R + h_0)^2 \approx 2R(h - h_0) \qquad (92.6)$$

on a

$$\varkappa \varrho = \varkappa_0 \varrho_0 \, e^{-\frac{h_0}{H}} \, e^{-\frac{s^2}{2RH}} \qquad (92.7)$$

et par suite

$$\tau(h_0) = \varkappa_0 \varrho_0 H \, e^{-\frac{h_0}{H}}, \qquad (92.8)$$

$$t(h_0) = \varkappa_0 \varrho_0 \sqrt{2\pi R H} \, e^{-\frac{h_0}{H}}, \qquad (92.9)$$

$$t(h_0) = \sqrt{\frac{2\pi R}{H}} \, \tau(h_0). \qquad (92.10)$$

En utilisant les données concernant les variations du coefficient d'absorption et de la densité en fonction de l'altitude, on trouve que le facteur $\sqrt{\dfrac{2\pi R}{H}}$ est de l'ordre de 300.

La fonction $I(h_0)$ possède un point d'inflexion $\left(\dfrac{d^2 I}{d h_0^2} = 0\right)$ pour une valeur h_0 qui correspond à $t(h_0) = 1$, c'est-à-dire pour une profondeur optique radiale de l'ordre de 0,003, correspondant à ce que l'on peut appeler le bord du disque solaire. On trouve alors que pour cette altitude

$$\frac{1}{I}\frac{dI}{dh_0} = - \frac{1}{e-1}\frac{1}{H} \approx \frac{1}{70}. \qquad (92.11)$$

I varie donc de 1 % pour une variation de h_0 de 0,7 km seulement. Cette variation théorique basée sur une théorie sommaire, est plus rapide que celle qui résulte des observations.

93. La chromosphère solaire. Lorsque, pendant une éclipse totale de soleil, le disque de celui-ci est entièrement recouvert par la lune, on constate la présence autour de la lune, dont le diamètre est à peine supérieur, d'un liseré rose qui appartient en propre au soleil. Observé au spectrographe, ce qui peut d'ailleurs être fait en dehors des éclipses, ce liseré montre un spectre de raies d'émission (et un faible spectre continu), spectre qui n'est pas la réplique exacte, en émission, du spectre de Fraunhofer du disque; c'est ainsi par exemple qu'on y observe des raies de l'hélium et de l'hélium ionisé complètement absentes de ce dernier.

Les premiers observateurs ont pensé observer une atmosphère du soleil extérieure à la photosphère et complètement distincte de celle-ci ils l'ont baptisée *chromosphère*. Ce point de vue est au fond correct, mais il aurait pu ne pas l'être. En effet, reportons-nous à l'expression (92.4) de l'intensité et appliquons la au cas du centre d'une raie très intense où le coefficient d'absorption est peut-être mille fois plus grand que le coefficient d'absorption continue. En un point où t pour le spectre continu est disons de 0,01, l'intensité de celui-ci, presque négligeable, est $0,01 \, B_0$ alors que dans le centre de la raie intense, t étant de l'ordre de 10, l'intensité ne diffère pratiquement pas de B_0; une simple application de la théorie de la photosphère suffit donc à expliquer la présence de raies d'émission et d'un faible spectre continu, en dehors du disque. C'est seulement lorsqu'on étudie quantitativement le spectre d'émission au-delà du bord solaire qu'on constate qu'il n'est pas possible de l'expliquer comme un spectre issu des parties les plus extérieures de la photosphère, c'est-à-dire d'une région pratiquement isotherme, à la température superficielle de la photosphère, en équilibre hydrostatique et en équilibre thermodynamique local.

Des travaux nombreux et étendus ont eu pour objet d'établir un modèle de la chromosphère. Les derniers en date résultent des observations de la chromosphère réalisées par l'expédition de l'Observatoire de Haute Altitude de Boulder lors de l'éclipse de 1952 à Khartoum. D'après la discussion de ces documents, due à Athay, Menzel, Thomas et d'autres (Astrophys. Journ. 1954 à 1956), il semble qu'on doive essentiellement se représenter la chromosphère comme un ensemble de colonnes gazeuses alternativement chaudes et froides. Ceci paraît d'ailleurs très vraisemblable car l'observation directe avec un filtre monochromatique de Lyot montre la chromosphère sous forme d'un champ de petites protubérances très déliées et rapidement variables connues sous le nom de *spicules*. Ces spicules seraient les colonnes froides de la théorie et l'espace interspiculaire serait l'équivalent de colonnes chaudes.

Le tableau donne d'après Athay et Menzel[1] la température cinétique, dans la chromosphère, en fonction de l'altitude.

Tableau 32. *Températures dans la chromosphère (*Athay *et* Menzel*).*

Altitude en km	0	1000	2000	3000	4000	5000
Spicules	4900	6200	6600	6700	12300	19100
Espace interspiculaire . .	4900	11800	19000	19000	34000	220000

Le peuplement des niveaux atomiques, en particulier celui de l'hydrogène, est très différent de celui qui correspondrait à l'équilibre thermodynamique local[2].

Plus extérieure encore que la chromosphère, on trouve la couronne solaire dont la température est de l'ordre du million de degrés.

On voit donc que ce qui caractérise les atmosphères externes du soleil n'est pas tellement le fait qu'on les observe en dehors du disque mais le fait que la température y croît avec l'altitude au lieu de décroître comme dans la photosphère. Nous n'avons pas ici à examiner les théories proposées pour expliquer cette propriété (aucune ne paraît encore définitivement établie), mais il convient de signaler que si elle apparaît dans le soleil au point où la profondeur optique pour le spectre continu devient négligeable, rien ne permet de supposer qu'il en soit de même pour tous les types stellaires et on pourrait concevoir que dans certaines étoiles le relèvement de température puisse commencer à des profondeurs optiques appréciables.

Sur certaines régions du disque solaire, les grosses raies H et K du Calcium ionisé montrent un noyau central en émission, (lui-même parfois coupé d'une fine raie centrale en absorption). Cette apparence s'explique simplement si la profondeur optique radiale dans la raie est déjà grande pour une altitude dans la chromosphère où la température est nettement plus élevée que la température superficielle du soleil. La largeur de cette émission s'expliquerait par une turbulence élevée de la chromosphère[3].

94. Chromosphères stellaires. Comme on vient de le voir, la chromosphère solaire peut être observée sur le disque, et d'ailleurs seulement pour les raies H et K, au-dessus de quelques régions privilégiées. Il serait donc peu probable

---

[1] R. G. Athay et D. H. Menzel: Astrophys. Journ. **123**, 285 (1956).
[2] Charlotte Pecker et J.-Cl. Pecker: C. R. Acad. Sci. Paris **242**, 994 (1956).
[3] S. Miyamoto [Z. Astrophys. **31**, 282 (1953)] a proposé une autre théorie basée sur la diffusion non cohérente et l'effet des collisions électroniques.

de pouvoir observer la chromosphère des étoiles si elle n'était pas plus intense que celle du soleil.

Certaines étoiles, de types (G, K, M) assez voisins du type solaire présentent une raie d'émission au centre des raies H et K. Récemment O. C. WILSON[1] a donné quelques résultats préliminaires d'après une étude systématique qu'il a entreprise sur ce sujet: un assez grand nombre d'étoiles G, K et M montrent cette émission, parfois très intense et souvent accompagnée d'un renversement central; cette émission ne varie pas appréciablement au cours du temps; la largeur de la composante d'émission est d'autant plus grande que l'étoile est intrinsèquement plus brillante.

De deux étoiles dont le spectre d'absorption est identique, l'une peut avoir une chromosphère très importante et l'autre n'en montrer aucune trace. Si l'on pouvait expliquer cette anomalie, un grand pas en avant serait sans doute fait dans la théorie de la chromosphère.

Un autre procédé d'étude de la chromosphère des étoiles repose sur l'existence de certaines binaires spectroscopiques qui sont composées d'une supergéante de type voisin de K et d'une étoile B, de diamètre beaucoup plus faible. Il résulte du rapport des diamètres et des différences de répartition d'énergie des deux composantes en fonction de la longueur d'onde que le spectre dans la région rouge provient presque uniquement de la composante K et que le spectre de courte longueur d'onde provient presque uniquement de la composante B. Quelque temps avant que la composante B ne subisse une éclipse totale derrière la supergéante K et quelques temps après l'éclipse, dans la partie de courte longueur d'onde de spectre apparaissent des raies en assez grand nombre, correspondant à des conditions de faible ionisation sans rapport avec celles qui règnent dans une atmosphère d'étoile B et qu'on est tout naturellement conduit à attribuer à l'absorption de la lumière de l'étoile B par la chromosphère de la supergéante.

Le couple le plus étudié présentant ces propriétés est ζ Aur[2]. On constate dans sa basse chromosphère l'existence de métaux neutres et ionisés; plus haut les métaux ionisés prédominent et aux plus grandes altitudes on n'observe plus que les raies H et K et les raies de l'hydrogène. On voit que, tout comme dans la chromosphère solaire, la température croît avec l'altitude, mais ceci pourrait provenir ici de l'excitation de la chromosphère par l'étoile B et c'est un point qui mériterait d'être étudié théoriquement.

L'extension de la chromosphère de ζ Aur est variable d'une éclipse à l'autre: on a observé des durées de passage de la composante B derrière la chromosphère comprises entre dix et trente jours. Des observateurs[3] ont constaté sur une autre étoile, 32 Cygni, que la raie K chromosphérique est souvent double, les deux composantes se déplaçant l'une par rapport à l'autre, ce qui laisse penser que la structure de la chromosphère de cette étoile est complexe, peut être formée de protubérances.

D'après ROACH et WOOD[4] l'absorption continue serait négligeable dans la chromosphère de ζ Aur.

95. Atmosphères externes dans les premiers types spectraux[5]. D'assez nombreuses catégories d'étoiles, apparentées aux étoiles des premiers types spectraux

---

[1] O. C. WILSON: Conference on stellar atmospheres. Indiana University, p. 147, 1954.

[2] Autres couples analogues 31 Cyg, 32 Cyg, VV Cep.

[3] A. McKELLAR, G. J. ODGERS, L. H. ALLER et D. B. McLAUGHLIN: Contr. Victoria No. 21 (1950).

[4] F. E. ROACH et F. B. WOOD: Ann. d'Astrophys. **15**, 21 (1952).

[5] On trouvera une monographie étendue sur les étoiles à spectre anormal dans le chapitre 3, dû à O. STRUVE, de HYNEK: Astrophysics [*16*], ou dans l'article de P. C. KEENAN, ce volume.

présentent des anomalies dans leurs spectres qui démontrent qu'elles sont entourées d'une atmosphère extérieure à la photosphère, appelée aussi *enveloppe*.

Etoiles B e. Ce sont des étoiles *B* dont les spectres présentent des raies d'émission de l'hydrogène et parfois de quelques autres éléments, en particulier de Fe II. Ces raies d'émission se détachent, comme l'a montré O. Struve, sur des raies photosphériques en général très larges caractéristiques d'une grande vitesse de rotation[1]; elles sont le plus souvent doubles, les deux composantes étant parfois très inégales; quelquefois les raies sont simples (Fig. 30). Les raies d'émission des étoiles *Be* varient au cours du temps, soit en ce qui concerne leur intensité totale, au point qu'une étoile peut perdre tout son spectre de raies d'émission,

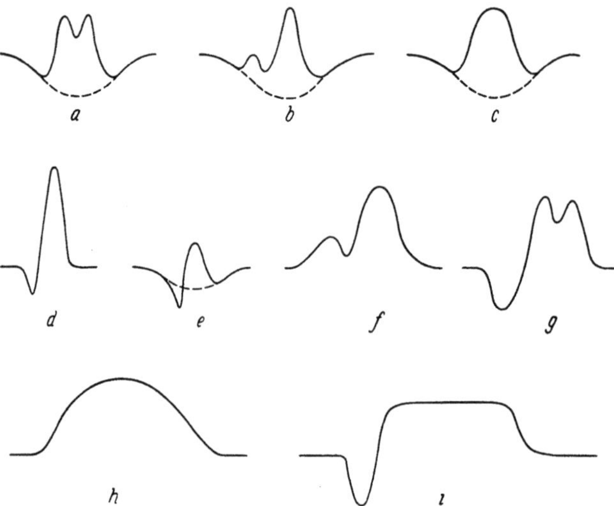

Fig. 30 a—i. Contours caractéristiques de raies d'émission. a, b, c étoiles *Be*; d, e, f, g étoiles P Cygni; h, i étoiles Wolf-Rayet.

soit en ce qui concerne le rapport V/R des intensités des composantes violette et rouge.

« Shell stars » ou étoiles à enveloppes. Il s'agit d'étoiles dont on décèle les enveloppes extérieures non plus, par leur spectre d'émission mais, essentiellement par leur spectre d'absorption qui se superpose aux spectres des photosphères et qui s'en distingue par la finesse des raies et par des anomalies dans leurs intensités. Des étoiles peuvent être à la fois *B e* et shell stars. Elles peuvent aussi avoir successivement l'un ou l'autre de ces caractères.

Etoiles P Cygni. Ce sont encore des étoiles *B* qui montrent un spectre d'émission en général plus développé que celui des étoiles *B e*. On trouve par exemple dans l'étoile type P Cyg des raies de H, HeI, N II, N III, O II, Si II, Si III, Si IV, Fe III. La caractéristique principale de ces étoiles réside dans le contour de leurs raies (Fig. 30) qui sont en général simples avec une composante d'absorption située du côté violet de la raie d'émission.

Etoiles α Cygni. Ce sont des étoiles de type *A*, à raies métalliques d'absorption fines, en général des supergéantes (exception 17 Leporis) dont la raie H_α montre le contour caractéristique des raies des étoiles P Cyg.

Etoiles Wolf-Rayet. Les spectres de ces étoiles sont caractérisés par la présence de raies très larges (souvent appelées bandes), ayant en général de 50 à 100 Å,

---

[1] L'étude statistique a montré à Slettebak (réf. Sect. 91) que les rares cas où les raies photosphériques sont étroites correspondent aux étoiles dont l'axe de rotation est dirigé vers l'observateur.

et dont l'intensité est parfois considérable par rapport au fond continu. Ces raies appartiennent à H, HeI, HeII, CII, CIII, CIV, NIII, NIV, NV, OIII, OIV, OV, OVI, SiII, SiIII, SiIV; celles de l'hydrogène sont faibles. Les contours des raies montrent souvent une absorption du côté violet (assez analogue à l'absorption des P Cyg). Ces étoiles se divisent en deux séquences parallèles WC et WN suivant qu'on y voit les ions du carbone ou ceux de l'azote; il existe d'ailleurs des étoiles mixtes. On ne voit pas dans ces étoiles de spectre photosphérique.

Etoiles Of. Il s'agit d'étoiles O montrant des raies d'émission. Elles s'apparentent, beaucoup plus qu'aux étoiles Be, aux étoiles de Wolf-Rayet d'après les atomes et ions qu'on reconnaît dans leurs spectres; en particulier l'hydrogène y est faible. Elles constituent des cas intermédiaires entre les étoiles O normales et les étoiles Wolf-Rayet.

Toutes ces catégories d'étoiles[1] sont plus ou moins apparentées par quelques caractéristiques et on observe des cas intermédiaires entre les catégories types.

Les atmosphères externes appartenent aux étoiles que nous venons de mentionner, peuvent se diviser en deux classes: celles qui sont douées de rotation (étoiles Be) et celles qui sont en expansion radiale (P Cyg, α Cyg, Wolf-Rayet, Of), les shell-stars pouvant appartenir à l'une ou l'autre catégorie. Il s'agit bien entendu, dans cette classification, uniquement de préciser la caractéristique dynamique dominante, l'autre n'étant pas complètement exclue; c'est ainsi que B. McLaughlin, afin d'expliquer la variation V/R des étoiles Be, a été conduit à admettre que leurs enveloppes possèdent, outre leur rotation, un mouvement alternatif de dilatation et de contraction. On pense généralement que les couches en rotation forment des anneaux autour des étoiles et on se représente souvent les couches en expansion comme des couches sphériques.

La présence de l'enveloppe se traduit par un spectre d'émission dès que la couche a une extension suffisante; le spectre d'absorption n'apparaît que si l'enveloppe se projette devant l'étoile proprement dite, ce qui fait intervenir une condition d'inclinaison de l'axe si l'enveloppe a la forme d'un anneau; anneau qui peut d'ailleurs se projeter sur une partie seulement du disque stellaire. Certaines parties de l'enveloppe peuvent en outre être occultées par le disque stellaire, ce qui conditionne en grande partie le contour des raies.

Lorsque le spectre photosphérique n'est pas complètement masqué par le spectre de l'enveloppe, on constate qu'il correspond à un type spectral plus jeune que le type spectral de l'enveloppe.

Dans les étoiles Wolf-Rayet la largeur des raies est en corrélation étroite avec le potentiel d'ionisation des éléments correspondants. Beals interprète cet effet par une accélération des ions lors de leur émission, combinée avec une stratification de l'enveloppe telle que les éléments s'étendent à des distances d'autant plus grandes du noyau que leurs potentiels d'ionisation sont plus faibles[2].

Les deux remarques précédentes établissent une distinction entre les chromosphères des étoiles de types voisins du type solaire et les atmosphères externes des étoiles chaudes.

96. Spectres continus des enveloppes stellaires. Les étoiles Be sont plus rouges que les étoiles normales de même type spectral, d'autant plus que leur

---

[1] Il existe d'autres classes d'étoiles chaudes pourvues d'atmosphères extérieures que nous ne prenons pas en considération ici car elles présentent des complications telles que nous ne pouvons pas engager encore leur étude théorique; nous pensons par exemple aux étoiles symbiotiques, à certaines étoiles doubles très serrées qui semblent donner lieu à des jets de matière et aux novae.

[2] G. Münch [Astrophys. Journ. **112**, 266 (1950)] a par contre donné un excellent argument en faveur d'une accélération négative.

émission est plus marquée, relativement plus dans l'ultraviolet que dans le bleu; leurs discontinuités de Balmer sont plus petites que celles de étoiles normales et elles peuvent même apparaître en émission.

On a parfois supposé que le rougissement des étoiles Be provenait de l'absorption interstellaire; il n'est cependant plus niable que l'émission dans l'enveloppe est cause d'un rougissement: l'étoile Be, γ Cas, entre 1934 et 1943, a subi des variations considérables d'émission que nous résumons dans le tableau 33 en donnant les valeurs de ses paramètres caractéristiques pour une époque voisine du maximum d'émission 1937,7 et pour une époque où l'émission avait disparu, et l'on constate immédiatement la variation des gradients, en fonction de l'émission, caractérisée par la grandeur D de la discontinuité de Balmer.

Les étoiles P Cygni et les Wolf-Rayet sont toujours plus rouges que les étoiles B, mais ces étoiles sont à des distances très grandes et il n'est pas possible jusqu'ici de préciser la part de ce rougissement qui pourrait provenir de l'enveloppe.

Les étoiles possédant une enveloppe absorbante pure ont des spectres continus normaux sauf cependant en ce qui concerne leur discontinuité de Balmer

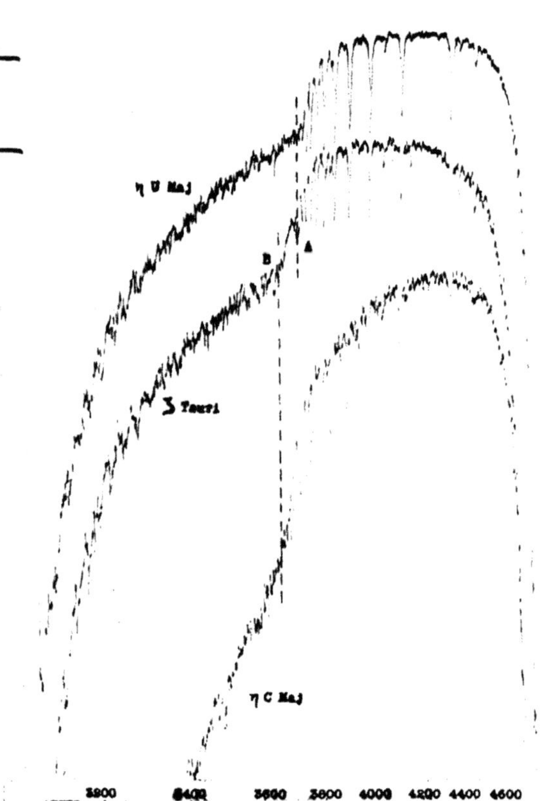

Fig. 31. Comparaison de la discontinuité de Balmer d'une étoile à enveloppe (ζ Tauri), d'une étoile normale (η U Maj) et d'une supergéante (η C Maj).

Le contour de celle-ci sur des enregistrements obtenus à partir de spectres de faible résolution est caractéristique (Fig. 31): la discontinuité se produit en deux

Tableau 33. *Effet de l'émission sur le spectre continu de γ Cas[1].*

Date	Log I $\lambda=4250$	D	φ_{Bleu}	φ_{uv}	$\varphi_{\text{Greenw.}}$ 4000−6500 Å
1937,7	1,15	−0,29	1,19	1,47	1,63
1943	1,00	+0,04	0,65	0,68	0,83

étapes, la première en A correspond à la fin de la série de Balmer photosphérique et se trouve à l'emplacement de la discontinuité d'une étoile normale de même type, la deuxième étape en B, à la fin de la série de Balmer de l'enveloppe, est à une longueur d'onde analogue à celle d'une supergéante. Chalonge et ses

---

[1] D. Barbier: Ann. d'Astrophys. **10**, 13 (1947). D'après les mesures de Barbier et Chalonge et des observateurs de Greenwich.

collaborateurs[1] ont étudié plusieurs étoiles à enveloppes pour lesquelles ils ont retrouvé le même contour. La grandeur de la discontinuité mesurée en A est la même que pour une étoile normale. La discontinuité totale mesurée en D est plus grande et peut même devenir complètement anormale pour une étoile de type B: Par exemple pour l'étoile BD $+ 29°$ 3982 de type $B3$ ces auteurs ont obtenu $D_0 = 0{,}18$ et $D = 0{,}40$.

Le fait qu'une enveloppe ne soit certainement pas complètement transparente pour le spectre continu de BALMER montre avec certitude que dans les raies, tout au moins dans celles produites par des éléments abondants, on peut s'attendre à des effets de réabsorption dans l'enveloppe.

Nous avons considéré jusqu'ici le spectre continu global d'une étoile à atmosphère étendue résultant de la superposition du spectre photosphérique, affaibli par sa traversée de l'enveloppe, et du spectre d'émission de l'enveloppe, compliqué par les effets de réabsorption. Si en outre on considère que le spectre photosphérique peut ne pas être tout à fait normal par suite de la présence même d'une enveloppe, on se rend compte de la difficulté qu'il y aura à établir une théorie du spectre continu des atmosphères externes. Une méthode d'approche pourrait consister dans l'étude des contours de raies photosphériques, car l'absorption continue de l'enveloppe ne les modifie pas tandis que l'émission continue les affaiblit par diminution de contraste.

97. Contours des raies d'émission des enveloppes. Cas d'une réabsorption négligeable. Ce cas a été considéré par BEALS[2] pour rendre compte des contours de raies qu'il a mesuré dans le spectre des Wolf-Rayet.

Soit (Fig. 32) O l'observateur, S le noyau de l'étoile. Nous considérons le volume élémentaire de l'enveloppe.

$$dV = 2\pi r^2 \sin \vartheta \, dr \, d\vartheta \qquad (97.1)$$

compris entre les distances r et $r + dr$ par rapport au noyau et vu de celui-ci entre les angles ϑ et $\vartheta + d\vartheta$.

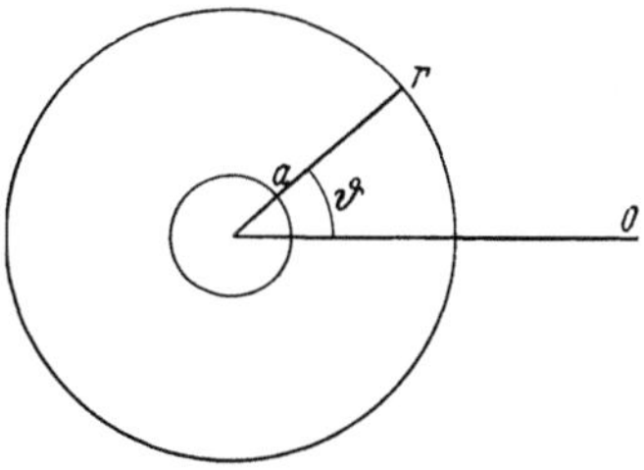

Le rayonnement émis, de fréquence ν_0, est observé sous la fréquence:

$$\nu = \nu_0 \left(1 + \frac{v}{c} \cos \vartheta \right) \qquad (97.2)$$

Fig. 32. Notations pour une étoile à enveloppe.

si v est la vitesse d'expansion de l'enveloppe. On a par suite

$$\frac{d\vartheta}{d\nu} = - \frac{c}{\nu_0 v \sin \vartheta} \qquad (97.3)$$

donc

$$dV = \frac{2\pi c r^2}{\nu_0 v} \, dr \, d\nu. \qquad (97.4)$$

Si $j_\nu(r)$ est l'émissivité à la distance r on obtient pour l'intensité observée dans la direction ϑ dans un intervalle de fréquence $d\nu$

$$I_\nu = \frac{2\pi c}{\nu_0} \int j \frac{r^2 \, dr}{v}. \qquad (97.5)$$

[1] J. BERGER, RENÉE CANAVAGGIA, D. CHALONGE et ANNE MARIE FRINGANT: C. R. Acad. Sci. Paris **232**, 2398 (1951).
[2] C. S. BEALS: Monthly Notices Roy. Astronom. Soc. London **90**, 202 (1929). — Publ. Dominion Astrophy. Obs. **6**, 96 (1933).

Si l'étoile centrale ne produit qu'une occultation négligeable, l'intégrale précédente étendue à toute l'enveloppe est une constante et I_ν est constant entre les fréquences $\nu_0\left(1-\dfrac{v}{c}\right)$ et $\nu_0\left(1+\dfrac{v}{c}\right)$.

Si l'enveloppe commence à la surface de l'étoile et si le rayon a de celle-ci est appréciable, dans la direction ϑ la limite d'intégration inférieure est $a/\sin\vartheta$ et la limite supérieure est R, rayon de la couche.

Supposons que le flux de matière soit conservatif, on a alors

$$\varrho\, r^2 v = \text{const}, \tag{97.6}$$

ϱ étant la densité. Nous prenons j_ν proportionnel à ϱ, il vient alors

$$I_\nu = \text{cte.} \int\limits_{a/\sin\vartheta}^{R} dr = \text{cte.}\left(R - \frac{a}{\sin\vartheta}\right) \tag{97.7}$$

et dans cette expression $\sin\vartheta$ doit être exprimé en fonction de ν à l'aide de (97.2). L'effet d'occultation se traduit par un arrondissement de l'aile rouge de la raie, qui supprime en outre les fréquences correspondant à $\sin\vartheta < \dfrac{a}{R}$.

On a essayé aussi d'autres modèles, soit en changeant la géométrie du système (par exemple en supposant la couche limitée à un rayon intérieur $R_1 > a$) soit en supposant une accélération (positive ou négative) de la couche (voir [2]).

Une autre possibilité envisagée par Beals[1] est d'admettre qu'au mouvement d'expansion de l'enveloppe peut être superposé une grande turbulence. Alors le contour rectangulaire des raies, correspondant au cas simple où l'occultation par l'étoile est négligeable, est complété par deux ailes représentant le contour de turbulence. Un tel contour rend bien compte des contours d'émission observés dans de nombreuses Wolf-Rayet.

98. Contours des raies d'émission des enveloppes. Cas avec réabsorption.

Les problèmes de transfert dans une atmosphère en mouvement, dans le domaine des raies, sont très complexes même dans le cas plan, si l'on veut déterminer la valeur de la fonction source en fonction de la profondeur optique. Pour les applications aux enveloppes, dont la transparence est appréciable, il est essentiel de traiter le problème sphérique, ce qui paraît irréalisable pour le moment. J. A. Rottenberg[2] a considéré le problème du contour des raies dans une enveloppe en expansion (cas des étoiles P Cygni) en y introduisant deux simplifications.

α) Il suppose que l'enveloppe est géométriquement très mince ce qui lui permet de considérer que le $\cos\vartheta$ est constant tout le long d'un rayon lumineux.

β) Il admet, et c'est la simplification fondamentale, que la fonction source est constante dans l'enveloppe.

L'ensemble de ces deux simplifications permet d'écrire l'intensité I d'un rayon de lumière émis par l'enveloppe à la sortie de celle-ci sous un angle ϑ

$$I_\nu(\vartheta) = E_\nu\left(1 - e^{-\tau \sec\vartheta}\right) \tag{98.1}$$

τ étant la profondeur optique radiale de l'enveloppe.

Rottenberg considère séparément deux mécanismes conduisant à l'émission de la lumière dans l'enveloppe: la diffusion cohérente et la recombinaison des ions en atomes (mécanisme de Zanstra des nébuleuses gazeuses).

---

[1] C. S. Beals: Publ. Dominion Astrophys. Obs. **6**, 95 (1933).
[2] J. A. Rottenberg: Monthly Notices Roy. Astronom. Soc. London **112**, 125 (1952).

Dans le cas de la diffusion, il écrit que l'énergie émise par l'enveloppe est égale à l'énergie empruntée au rayonnement de l'étoile, ce qui conduit à une équation intégrale à laquelle $E(\nu)$ doit satisfaire et qu'il est facile de résoudre numériquement. Le calcul du flux sortant du système, étoile + enveloppe, en fonction de ν donne alors le contour d'une raie.

Dans le cas de la recombinaison, si l'on admet que l'épaisseur optique de la couche est infinie pour la radiation ionisante et négligeable dans le domaine de la raie, on calcule que l'intensité du rayonnement de fréquence ν sous l'angle ϑ est simplement proportionnelle à $\sigma(\nu)\,|\sec\vartheta|$ où $\sigma(\nu)$ représente la dépendance, avec la fréquence, de l'émission de l'enveloppe d'après l'effet Doppler provenant de la température et de la turbulence de l'enveloppe.

Rottenberg imagine que l'on peut de la façon la plus générale représenter une enveloppe par deux couches, la plus intense correspondant au schéma de la recombinaison (matière complètement ionisée) et l'autre au schéma de la diffusion (matière en partie neutre); en combinant les propriétés des deux couches il parvient à rendre compte de tous les profils de raies observés, par Beals dans les étoiles P Cyg et même de ceux de certaines étoiles Be sans faire appel à un mouvement de rotation de l'enveloppe.

Cette théorie, qui est évidemment très schématique, laisse de nombreux paramètres à la disposition du calculateur lui permettant d'ajuster ses résultats aux observations; elle a au moins le mérite de montrer qu'un modèle d'enveloppe doit prendre en considération la stratification.

99. Théorie des cycles. Nous avons déjà mentionné que les spectres de certaines étoiles à enveloppes montrent des raies dont les intensités sont anormales et ceci nous amène à envisager les effets d'une déviation par rapport à l'état d'équilibre thermodynamique local.

Il n'est pas douteux qu'un tel effet puisse exister; en effet la matière de l'enveloppe n'est pas soumise au rayonnement isotrope d'un corps noir, car elle voit l'étoile sous un angle solide Ω; si cette dernière est assimilée en première approximation à un corps noir de température T, l'enveloppe est illuminée par un rayonnement dilué et le facteur de dilution est

$$W = \frac{\Omega}{4\pi} = \frac{1}{2}\left[1 - \sqrt{1 - \frac{R^2}{r^2}}\,\right] \tag{99.1}$$

(R rayon de l'étoile, r rayon de l'enveloppe). Dans une étoile en rotation telle qu'une étoile Be, le moment angulaire de la matière éjectée de l'étoile doit rester constant. En désignant par V_R la vitesse de rotation de l'étoile et v_r celle de l'enveloppe on doit avoir

$$r\,v_r = R\,V_R \tag{99.2}$$

en évaluant v_r et V_R d'après la largeur des raies données par la photosphére et par l'enveloppe et en admettant que la rotation seule élargit les raies, on obtient R/r et par suite W qui serait de l'ordre de 0,1.

Nous considérons l'effet de la dilution du rayonnement sur le peuplement des niveaux d'un atome qui aurait seulement trois niveaux. Cette théorie due à Rosseland [2], connue sous le nom de théorie des cycles, quoique schématique, est instructive.

Numérotons les trois états, 1, 2 et 3 par ordre d'énergies croissantes. Soient n_1, n_2, n_3 les nombres d'atomes portés sur ces trois niveaux et soit α_{mn} la probabilité de passage du niveau m au niveau n. Dans l'état d'équilibre on a:

$$\left.\begin{aligned}
(\alpha_{12} + \alpha_{13})\, n_1 - \alpha_{21}\, n_2 - \alpha_{31}\, n_3 &= 0, \\
- \alpha_{12}\, n_1 + (\alpha_{21} + \alpha_{23})\, n_2 - \alpha_{32}\, n_3 &= 0, \\
- \alpha_{13}\, n_1 - \alpha_{23}\, n_2 + (\alpha_{31} + \alpha_{32})\, n_3 &= 0.
\end{aligned}\right\} \tag{99.3}$$

A un facteur constant près, qu'on pourrait fixer par exemple de manière à ce que $n_1 + n_2 + n_3 = 1$, on obtient

$$\left.\begin{aligned}
n_1 &= \alpha_{21}\,(\alpha_{31} + \alpha_{32}) + \alpha_{23}\,\alpha_{31}, \\
n_2 &= \alpha_{12}\,(\alpha_{31} + \alpha_{32}) + \alpha_{13}\,\alpha_{32}, \\
n_3 &= \alpha_{13}\,(\alpha_{21} + \alpha_{23}) + \alpha_{12}\,\alpha_{23}.
\end{aligned}\right\} \tag{99.4}$$

De ces expressions on tire

$$n_2\,\alpha_{21} - n_1\,\alpha_{12} = n_3\,\alpha_{32} - n_2\,\alpha_{23} = - (n_3\,\alpha_{31} - n_1\,\alpha_{13}) = \varDelta \tag{99.5}$$

avec

$$\varDelta = \alpha_{13}\,\alpha_{32}\,\alpha_{21} - \alpha_{12}\,\alpha_{23}\,\alpha_{31}. \tag{99.6}$$

Pour calculer $\varDelta$ nous exprimons les α_{mn} en fonction des coefficients de probabilité d'Einstein en utilisant les relations qui lient ceux-ci (Sect. 18) où nous supposons tous les poids statistiques égaux à l'unité. Pour $m < n$ on obtient

$$\alpha_{mn} = B_m\,\varrho_n\,(\nu_{mn}); \qquad \alpha_{nm} = B_{mn}\left[\frac{8\pi h\nu_{mn}^3}{c^3} + \varrho\,(\nu_{mn})\right] \tag{99.7}$$

où $\varrho\,(\nu)$ représente la densité du rayonnement

$$\varrho\,(\nu) = W\,\frac{8\pi h\nu^3}{c^3}\left(e^{\frac{h\nu}{kT}} - 1\right)^{-1}. \tag{99.8}$$

Il vient alors

$$\alpha_{12}\,\alpha_{23}\,\alpha_{31} = \alpha_{13}\,\alpha_{32}\,\alpha_{21}\,W\,\frac{F_{31}}{F_{32}\,F_{21}} \tag{99.9}$$

où l'on a posé

$$F_{mn} = 1 - (1 - W)\,e^{-\frac{h\nu_{mn}}{kT}}. \tag{99.10}$$

On vérifie sans difficulté que si W est plus petit que l'unité, il en est de même du facteur $W\,\dfrac{F_{31}}{F_{32}\,F_{21}}$ ce qui entraîne les conséquences suivantes:

1. D'après (99.9), le cycle $1 \to 3 \to 2 \to 1$, qui comporte une absorption et deux émissions, est plus probable que le cycle $1 \to 2 \to 3 \to 1$ (deux absorptions et une émission).

2. D'après (99.6), $\varDelta$ est positif et par suite, d'après les relations (99.5), le résultat global des transitions, pour l'ensemble des directions, est une émission pour les deux raies de grande longueur d'onde et une absorption pour la raie de courte longueur d'onde.

Ces résultats peuvent être étendus à un plus grand nombre de niveaux, dont l'un peut schématiquement être considéré comme représentant l'atome ionisé; on comprend que le processus de recombinaison, auquel nous avons fait allusion au paragraphe précédent, joue ainsi un rôle de premier plan.

On remarquera en outre que le peuplement des niveaux 2 et 3 d'après les formules (99.4), décroît comme W par rapport au peuplement du niveau 1. Dans le cas d'une enveloppe absorbante on pourrait donc en principe mettre en évidence l'existence de la dilution du rayonnement d'après le rapport des intensités provenant respectivement des niveaux excités et du niveau fondamental, mais malheureusement dans le spectre des enveloppes on ne connaît pas, dans le domaine observable, de raies provenant des niveaux fondamentaux.

Cependant le test précédent est encore valable, si au lieu de s'adresser à des raies provenant du niveau fondamental on fait appel aux raies provenant d'un niveau métastable[1]. En effet si, dans les expressions (99.4), on fait $\alpha_{12} = \alpha_{21} = 0$, on constate que le niveau excité non métastable 3, est seul dépeuplé dans le rapport W par rapport aux deux autres niveaux.

Plusieurs atomes possèdent des raies provenant de niveaux métastables: L'hélium étudié par Struve et Wurm[2] possède deux états métastables $2\,^1S$ et $2\,^3S$. Les raies de la série $2\,^1S - n\,^1P$ sont beaucoup plus fortes dans les enveloppes que les raies provenant des séries issues d'un état non métastable. La raie 3965 $(2\,^1S - 4\,^1P)$ est facile à observer et on la compare à la raie «normale» 4009. Le rapport:

$$\frac{I \ (3965) \ \text{enveloppe}}{I \ (3965) \ \text{photosphère}} \times \frac{I \ (4009) \ \text{photosphère}}{I \ (4009) \ \text{enveloppe}}$$

constitue un bon critère pour la dilution du rayonnement. Struve et Wurm qui ont étudié le peuplement des niveaux de l'hélium, par la théorie des cycles, en prenant en considération six niveaux, ont établi que dans les enveloppes on a en général d'après ce critère $W = 0{,}01$. Les raies provenant du niveau $2\,^3S$ devraient être plus caractéristiques encore de l'effet de dilution que celles qui proviennent de $2\,^1S$; mais la seule raie qui tombe dans le domaine observable à 3889, est complètement masquée par la raie H_ζ.

O. Struve a encore découvert les deux cas suivants:

Le fer ionisé, dont toutes les raies observables partent de niveaux métastables, reste visible dans les enveloppes alors que la raie 4481 de MgII, partant d'un niveau normal, est très faible ou invisible; cette raie est pourtant au moins aussi intense que les raies de FeII dans les photosphères stellaires. Le nickel ionisé donne dans les enveloppes une raie à $\lambda\,4067$ qui provient elle aussi d'un niveau métastable, cette raie est normalement très faible dans les photosphères des étoiles de type A et absente dans celles de type B.

100. Excitation par coincidence de raies. Il est bien connu que, en 1934, Bowen a expliqué la répartition exceptionnelle des intensités dans un petit groupe de raies de OIII et de NIII, qui apparaissent dans le spectre ultraviolet de certaines nébuleuses planétaires, par un mécanisme de fluorescence résultant de la coincidence presque exacte de raies de très courte longueur d'onde de HeII et OIII d'une part et de OIII et NIII d'autre part.

Un tel mécanisme ne peut être actif que dans une atmosphère qui n'est pas en équilibre thermodynamique local, ce qui est le cas des atmosphères externes que nous étudions et c'est ainsi que diverses anomalies spectrales ont été attribuées à cet effet. Le cas qui paraît le mieux établi est celui des raies infrarouges de l'oxygène.

Merrill[3] avait attiré l'attention sur les deux raies infrarouge de l'oxygène à 7774 et 8446 Å (la première un triplet et la seconde un doublet non résolus). Alors que la première n'apparaît qu'exceptionnellement en émission dans le spectre des étoiles Be, la seconde est très souvent une raie d'émission.

---

[1] Il s'agit de raies permises, car c'est le niveau inférieur qui est métastable tandis que pour les raies interdites c'est le niveau supérieur qui possède cette propriété.

[2] O. Struve et K. Wurm: Astrophys. Journ. **88**, 84 (1938). — Ces calculs ont été repris et étendus par P. Wellmann: Z. Astrophys. **30**, 71 (1951).

[3] P. W. Merrill: Astrophys. Journ. **79**, 183 (1934).

Bowen[1] attira l'attention sur la coincidence des longueurs d'onde des raies Lyman β de l'hydrogène à 1025, 717 Å et de la transition $2\,^3P_2 - 3\,^3D_0$ de l'oxygène à 1025, 766 Å. Grâce à cette coincidence, lorsque Lyman β est intense en émission, le niveau $3\,^3D_0$ doit être surpeuplé ce qui assure une émission accrue, en cascade, du doublet 11 286 et du doublet 8446. [Le doublet 11 286 n'est pas observable car il tombe dans une région de forte absorption atmosphérique.] Le triplet 7774 ne bénéficiant pas de cet effet, on comprend que le rapport de 8446 à 7774 en émission puisse être beaucoup plus grand dans les enveloppes qu'il n'est usuel.

Slettebak[2] a montré qu'en général le rapport $I(8446)/I(7774)$ croît avec l'intensité (en émission) de H_α qui doit être plus ou moins en corrélation avec celle de Lyman β.

Swings et Struve[3] ont découvert plusieurs cas de distributions anormales d'intensités dans les étoiles à atmosphères externes.

Série de l'hélium ionisé $3\,^2D - n\,^2F$. La raie $\lambda\,4686$ $(n=4)$ est en émission faible (dans l'étoile 9 Sagittae de type Of, par exemple) alors que $\lambda\,3203$ $(n=5)$ est forte en absorption. Le niveau $n=4$ de He II serait anormalement peuplé par absorption de la raie correspondant à la transition $2-4$ (1215, 13 Å) du rayonnement Lyman α 1215,66 Å) de l'hydrogène.

Raies de N III: Toujours dans 9 Sagittae, pris comme exemple, toutes les raies de N III sont des raies photosphériques à l'exception des deux raies (absorption et émission) $\lambda\,4634$ et $\lambda\,4641$ provenant d'un même niveau $(3\,d\,^2D)$, qui proviennent de l'enveloppe.

Raies de C III. Comportement analogue à N III dans 9 Sagittae.

Raies de N IV. Dans l'étoile BD $+ 35°\,3930$. Les raies $3479-3483-3485$ Å sont très fortes en absorption (photosphère) alors que la raie 4058 (émission et absorption) appartient à l'enveloppe.

De même Struve et Roach[4] ont signalé que dans P Cyg les raies de Si III pour lesquelles le niveau $4\,^3P$ est le niveau inférieur sont de fortes raies d'émission alors que celles pour lesquelles ce même niveau est le niveau supérieur sont généralement en absorption.

La cause exacte de ces dernières anomalies n'est pas encore connue. Il est probable que des mesures photométriques de largeurs équivalentes de raies en décèleraient beaucoup d'autres que celles, considérables, que nous venons de passer en revue[5].

101. Conditions physiques dans les enveloppes. L'absence d'équilibre thermodynamique local rend le problème très difficile quand bien même on se bornerait à considérer une enveloppe homogène, c'est-à-dire si on se contentait de déterminer les conditions moyennes dans son sein.

En principe les formules de Saha et de Boltzmann ne peuvent plus servir à décrire l'état d'ionisation et d'excitation dans l'enveloppe. Cependant il existe deux cas limites où elles peuvent encore être utilisées avec cependant une petite modification pour l'un d'eux.

α) L'enveloppe est complètement absorbante. Le rayonnement de l'étoile ne joue plus alors aucun rôle et on peut admettre que les conditions dans l'enve-

[1] I. S. Bowen: Publ. Astronom. Soc. Pacific **59**, 196 (1947).

[2] A. Slettebak: Astrophys. Journ. **113**, 436 (1951).

[3] P. Swings et O. Struve: Astrophys. Journ. **91**, 546 (1940).

[4] O. Struve et F. E. Roach: Astrophys. Journ. **90**, 727 (1939).

[5] N. Priester [Z. Astrophys. **36**, 230 (1955)] a recherché, dans le spectre des étoiles normales, si l'excitation par coïncidences de raies joue un rôle. Sa conclusion négative est une preuve supplémentaire de la validité de l'hypothèse de l'équilibre thermodynamique local dans les photosphères.

loppe sont voisines de celles qui règneraient si l'enveloppe était en équilibre thermodynamique local à une certaine température T.

β) L'enveloppe est pratiquement transparente pour le rayonnement de l'étoile centrale. C'est alors ce rayonnement dilué qui conditionne son excitation et son ionisation et on peut dans ce cas appliquer les formules de SAHA et de BOLTZMANN pour la température de l'étoile, supposée rayonner comme un corps noir, à condition de remplacer la pression électronique p_e par p_e/W; ceci se démontre facilement en remarquant que les nombres d'excitations ou d'ionisations par unité de temps comparés à ceux de l'équilibre thermodynamique sont réduits dans le rapport W alors que les nombres de désexcitations ou de recombinaisons ne sont pratiquement pas changés.

Il paraît probable que dans bien des enveloppes réelles les deux cas précédents coexistent. L'absorption par l'hydrogène dans une enveloppe doit être considérable pour les longueurs d'onde inférieures à la limite de la série de LYMAN et dans le domaine où les raies de LYMAN sont nombreuses; elle peut être faible pour les longueurs d'onde immédiatement supérieures, devenir appréciable à nouveau lorsqu'on approche de la limite de la série de BALMER et redevenir pratiquement nulle pour les longueurs d'onde plus grandes. Dans une telle enveloppe, l'équilibre d'ionisation entre métaux une fois et deux fois ionisés (potentiels d'ionisation en général >13 volts) relèverait du cas α tandis que l'excitation des raies des métaux satisferait au cas β.

Il n'est d'ailleurs pas du tout certain que l'enveloppe puisse être considérée comme homogène et que l'on soit en droit de considérer que les raies des métaux neutres et une fois ionisés, par exemple, se forment dans une seule et même région de l'enveloppe, ce qui, dans le cas contraire, rendrait illusoire l'application de la formule de SAHA.

Aucune discussion d'ensemble des enveloppes n'est possible; chaque enveloppe à chaque époque de son évolution, constitue un problème spécial et actuellement mal défini. Un exposé des travaux sur ce sujet sortirait du cadre de cet exposé.

Bibliographie générale.

[1] EDDINGTON, A. S.: The internal constitution of the stars. Cambridge: University Press 1926 (réimpression 1930). — Le chapitre XII consacré aux atmosphères stellaires conserve un certain intérêt après trente années.
[2] ROSSELAND, S.: Theoretical Astrophysics. Atomic theory and the analysis of stellar atmospheres and envelopes. Oxford 1936. — Conçu par son auteur comme l'avant projet d'un ouvrage plus étendu. Son plan pourrait encore être adopté, mais bien entendu des résultats importants nouveaux devraient y être introduits.
[3] UNSÖLD, A.: Physik der Sternatmosphären, mit besonderer Berücksichtigung der Sonne, deuxième édition: Springer 1955. — La première édition parue en 1937 a joué un grand rôle dans le développement ultérieur des recherches relatives aux atmosphères stellaires. Pour la première fois les chercheurs disposaient d'un traité étendu et ordonné. La seconde édition, complètement refondue, est le traité fondamental pour les chercheurs. Quelques questions se trouvent cependant développées d'une manière plus étendue dans des ouvrages anglosaxons et d'autres problèmes (atmosphères étendues, spectres moléculaires) sont complètement laissés de côté.
[4] ALLER, L. H.: Astrophysics, Vol. I. The atmospheres of the sun and stars. Ronald Press 1953. — Ouvrage très clair et déjà étendu; constitue certainement la meilleure introduction à la théorie des atmosphères stellaires.
[5] WOLLEY, R. v. d., et D. W. N. STIBBS: The outer layers of a star. Oxford 1953. — Cet ouvrage est écrit plus spécialement en vue des applications au soleil. Une considération spéciale est donnée à l'étude de certains mécanismes individuels dont la connaissance serait particulièrement utile dans des cas où l'hypothèse de l'équilibre thermodynamique local ne serait pas satisfaisante.

[6] Milne, E. A.: Handbuch der Astrophysik, Vol. III, Chap. 2. Berlin 1930. — Cet article, du point de vue qui nous occupe ici, se trouve alourdi par la prise en considération simultanée des problèmes relatifs à l'intérieur des étoiles.

[7] Pannekoek, A.: Handbuch der Astrophysik, Vol. III, Chap. 3. Berlin 1930. — Cet article est spécialement consacré à l'ionisation dans les atmosphères stellaires. Il souffre d'un mauvais découpage des problèmes des atmosphères stellaires entre cet article et le précédent.

[8] Strömgren, B.: Handbuch der Astrophysik, Vol. VII. Berlin 1936. — L'auteur remet à jour les deux articles [6] et [7].

[9] Strömgren, E. et B.: Lehrbuch der Astronomie. Berlin 1933. — Les paragraphes consacrés à l'interprétation des spectres stellaires constituent une excellente introduction au sujet.

[10] Kuiper, G. P.: The Sun. Chicago 1953. — L'article de Minnaert consacré à la photosphère solaire, d'une grande clarté, est consulté avec profit.

[11] Hynek, J. A.: Astrophysics. New York 1951. — Le chapitre 2, Interpretation of normal stellar spectra par L. H. Aller constitue un excellent résumé des problèmes considérés ici.

[12] Barbier, D.: Les atmosphères stellaires. Paris 1952. — Vulgarisation.

[13] Chandrasekhar, S.: Radiative transfer. Oxford 1950. — Exposé des méthodes de l'auteur pour résoudre divers problèmes de transfert. Cet ouvrage se distingue par la rigueur mathématique de la présentation.

[14] Hopf, E.: Mathematical problems of radiative equilibrium. Cambridge 1934. — C'est ce petit ouvrage qui a exposé pour la première fois l'aspect purement mathématique des problèmes de transfert. Les progrès réalisés depuis lors sont considérables.

[15] Kourganoff, V.: Avec la collaboration de I. W. Busbridge. Basic methods in transfer problems. Oxford 1952. — Cet ouvrage comprend un exposé très complet des méthodes approchées et des méthodes exactes qui ont été proposées pour la solution du problème de transfert dans une atmosphère semi-infinie, stratifiée en couches planes parallèles.

[16] Hynek, J. A.: Astrophysics. New York 1951. — Le chapitre 3, The analysis of peculiar stellar spectra par Otto Struve renferme beaucoup de données intéressantes sur les enveloppes extérieures des étoiles.

Theorie der planetarischen Nebel.

Von

K. WURM.

Mit 3 Figuren.

Vorbemerkung. Der nachfolgende Beitrag behandelt die physikalische Theorie der planetarischen Nebel, die in dem Artikel über die Spektren der Nebel in diesem Bande (S. 139) nur in den Grundzügen und qualitativ erläutert wurde. Wie schon dort einleitend bemerkt, ist der eine Artikel als eine Ergänzung des Inhaltes des anderen anzusehen.

I. Die mathematische Formulierung der wichtigsten Elementarprozesse in den Nebelhüllen.

1. Emission und Absorption an wasserstoffähnlichen Ionen. Die Frequenz einer Linie eines wasserstoffähnlichen Ions ist gegeben durch den Ausdruck:

$$v_{nn'} = RZ^2\left(\frac{1}{n'^2} - \frac{1}{n^2}\right); \qquad \left(R = \frac{2\pi^2 e^4 m}{h^3}\right). \tag{1.1}$$

Die Rydberg-Konstante R hat den Wert $3,28985 \cdot 10^{15}$ sec^{-1}. Z in (1.1) steht für die Kernladung ($Z = 1$ für Wasserstoff). n und n' sind die Quantenzahlen des oberen (n) bzw. unteren (n') Zustandes. In dem Ausdruck für R ist e die Ladung des Elektrons ($= 4,80286 \cdot 10^{-10}$ e.s.E.), m dessen Masse ($= 9,1085 \cdot 10^{-28}$ g) und h die PLANCKsche Konstante ($= 6,6252 \cdot 10^{-27}$ erg $\cdot$ sec). Nach MENZEL und PEKERIS[1] kann man (1.1) auch zur Darstellung der Quantenübergänge aus den Kontinua in die diskreten Zustände und umgekehrt und innerhalb der Kontinua benutzen, falls n durch $i\varkappa$ bzw. n' durch $i\varkappa'$ ersetzt wird mit i als imaginärer Einheit. $\varkappa$ und $\varkappa'$ bedeuten dann reelle Quantenzahlen, welche alle Werte von ∞ bis 0 annehmen können(und natürlich nicht nur ganzzahlig sind). Die Definition dieser Quantenzahlen ergibt sich aus den folgenden Beziehungen:

$$\frac{1}{2} m v^2 = \frac{h R Z^2}{\varkappa^2}; \qquad m v \, dv = h \, dv = -\frac{2 h R Z^2}{\varkappa^3} \, d\varkappa \tag{1.2}$$

v steht für die Geschwindigkeit des ionisierten Elektrons. Von N_n stationär im Zustande n pro cm^3 vorhandenen Ionen wird pro Sekunde die Energie

$$E_{n,n'} = N_n A_{nn'} h v_{n,n'} \tag{1.3}$$

ausgestrahlt. $A_{nn'}$ bezeichnet die Übergangswahrscheinlichkeit für den spontanen Übergang. Durch die Relation

$$A_{nn'} = \frac{\omega_n'}{\omega_n} \cdot \frac{8\pi^2 e^2 v_{n,n'}^2}{m c^3} f_{nn} \tag{1.4}$$

ist $A_{nn'}$ mit der Absorptions-Oszillatorenstärke $f_{nn'}$ verknüpft ($c = $ Lichtgeschwindigkeit $= 2,99791 \cdot 10^{10}$ cm/sec). Die Quantentheorie ergibt für die statistischen

---

[1] D. H. MENZEL u. C. PEKERIS: Monthly Notices Roy. Astronom. Soc. London **96**, 77 (1936).

Gewichte ω die Ausdrücke[1]

$$\text{a)}\quad \omega_n = 2n^2; \qquad \text{b)}\quad \omega_\varkappa = \omega_e \frac{4\pi m^3 v^2\, dv}{N_e\, h^3} \tag{1.5}$$

mit $\omega_e = 2$ für das statistische Gewicht des Elektrons. Unter der Benutzung von b) ist die Boltzmann-Formel auch auf die kontinuierlichen Zustände anwendbar. Zwischen $f_{nn'}$ und dem atomaren Absorptionskoeffizienten $a_{n'n}(v)$ besteht die Relation:

$$\int a_{n'n}(v)\, dv = \frac{\pi e^2}{m c}\, f_{nn'} \tag{1.6}$$

falls die Voraussetzung gilt, daß die einfallende Strahlung über die Absorptionsfrequenzen hinweg von konstanter Intensität ist.

Für wasserstoffähnliche Atome ist $f_{nn'}$ durch folgenden Ausdruck gegeben:

$$f_{nn'} = \frac{2^6}{3\sqrt{3}\,\pi}\, \frac{1}{\omega_{n'}}\, \frac{1}{\left(\dfrac{1}{n'^2} - \dfrac{1}{n^2}\right)^3} \cdot \left|\frac{1}{n'^3}\, \frac{1}{n^3}\right| g\,. \tag{1.7}$$

g bezeichnet den Gaunt-Faktor[2].

Die atomaren Absorptionskoeffizienten für die gebunden-frei Übergänge und für die frei-frei Übergänge sind definiert durch

$$a_{n'\varkappa}(v) = \frac{\pi e^2}{m c} \cdot \frac{df_{\varkappa n'}}{dv} \quad \text{und} \quad a_{\varkappa'\varkappa}(v) = \frac{\pi e^2}{m c} \cdot \frac{d^2 f_{\varkappa\varkappa'}}{dv\, dv'} \tag{1.8}$$

mit

$$df_{\varkappa n'} = f_{\varkappa n'}\, d\varkappa \quad \text{und} \quad d^2 f_{\varkappa\varkappa'} = f_{\varkappa\varkappa'}\, d\varkappa\, d\varkappa'\,. \tag{1.9}$$

Unter Benutzung von (1.7) und (1.2) erhält man

$$a_{n'\varkappa}(v) = \frac{\pi e^2}{m c} \cdot \frac{1}{2 R Z^2}\, \frac{2^5}{3\sqrt{3}\,\pi}\, \frac{1}{n'^5}\, \frac{1}{\left(\dfrac{1}{n'^2} + \dfrac{1}{\varkappa^2}\right)^3}\, g \tag{1.10}$$

oder

$$a_{n'\varkappa}(v) = \frac{64\,\pi^4\, m\, e^{10}\, Z^4}{3\sqrt{3}\, c\, h^6}\, \frac{1}{n'^5}\, \frac{1}{v^3}\, g \tag{1.11}$$

für die gebunden-frei Strahlung und analog für die frei-frei Absorption:

$$a_{\varkappa'\varkappa}(v) = \frac{\pi e^2}{m c}\, \frac{1}{4 R^2 Z^4}\, \frac{2^6}{3\sqrt{3}\,\pi}\, \frac{1}{\omega_{\varkappa'}}\, \frac{1}{\left(\dfrac{1}{\varkappa^2} - \dfrac{1}{\varkappa'^2}\right)^3}\, g \tag{1.12}$$

oder

$$a_{\varkappa'\varkappa}(v) = \frac{4\pi e^6 Z^2}{3\sqrt{3}\, h\, c\, m^2\, v}\, \frac{1}{v^3}\,. \tag{1.13}$$

Im thermischen Gleichgewicht gilt die Einsteinsche Gleichung:

$$(A_{nn'} + B_{nn'}\, \varrho_v)\, N_n = B_{n'n}\, \varrho_v\, N_{n'}\,, \tag{1.14}$$

worin ϱ_v die Plancksche Funktion und $B_{n'n} = \dfrac{\omega_n}{\omega_{n'}}\, B_{nn'}$ die Wahrscheinlichkeit für einen Übergang von n' nach n bezeichnet. Der Koeffizient $B_{nn'}$ bestimmt die Wahrscheinlichkeit für einen durch die Strahlungsdichte ϱ_v induzierten Übergang von n nach n'.

[1] R. H. Fowler: Statistical Mechanics. Cambridge 1929.
[2] J. A. Gaunt: Phil. Trans. Roy. Soc. Lond., Ser. A **229**, 163 (1930).

Zur anschließenden Benutzung notieren wir noch die folgenden, bekannten Relationen:

$$\text{a)} \quad A_{nn'} = \frac{8\pi h \nu^3}{c^3} B_{nn'}; \qquad \text{b)} \quad B_{n'n} = \frac{c}{h\nu}\,\frac{\pi e^2}{mc}\,f_{nn'}; \qquad \left.\begin{array}{l} \\ \\ \\ \\ \end{array}\right\}$$

$$\text{c)} \quad \frac{N_n}{N_{n'}} = \frac{\omega_n}{\omega_{n'}}\,e^{-h\nu/kT}; \qquad \text{d)} \quad N_n = N_i\,N_e\,\frac{h^3}{(2\pi m\,kT)^{\frac{3}{2}}}\,\frac{\omega_n}{2}\,e^{\chi_n/kT}. \qquad (1.15)$$

(1.15 c) ist die Boltzmann-Formel und (1.15 d) gewinnt man aus einer Verbindung dieser Formel mit der Saha-Gleichung. N_i bezeichnet die Dichte der Ionen, die aus der Partikel mit den Quantenzuständen n durch eine einfache Ionisation entstehen und N_e die Dichte der freien Elektronen. χ_n ist die Ionisationsenergie gerechnet vom n-ten Quantenzustand.

Wir werden dann gleich weiterhin noch die beiden folgenden Relationen benötigen:

$$\text{a)} \quad \frac{B_{nn'}\,\varrho_\nu}{A_{nn'}} = \frac{1}{e^{h\nu/kT}-1}. \qquad \text{b)} \quad \frac{B_{n'n}\,\varrho_\nu\,N_{n'}}{A_{nn'}\,N_n} = \frac{e^{h\nu/kT}}{e^{h\nu/kT}-1}. \qquad (1.16)$$

Die erste Formel bezeichnet das Verhältnis zwischen der Anzahl der induzierten Übergänge und der Anzahl der spontanen Übergänge, die zweite Formel das Verhältnis zwischen der Anzahl der Absorptionssprünge und der Anzahl der spontanen Quantensprünge.

Die Beziehungen (1.14), (1.15 c), (1.15 d) und (1.16) gelten nur im thermischen Gleichgewicht und sind bei Abweichungen von einem solchen Gleichgewicht nicht mehr zu verwenden.

Anschließend stellen wir einige allgemeinen Ausdrücke für die Anzahl der Emissions- und Absorptionsprozesse auf, wie sie für wasserstoffähnliche Atome im Nicht-Gleichgewichtszustand Gültigkeit haben, und zwar unter der Voraussetzung, daß eine Energiezuführung nur durch Strahlungsabsorption erfolgt.

Nach einem Vorschlag von MENZEL und CILLIÉ[1] hat es sich allgemein eingebürgert, für die Besetzungszahlen N_n der Terme wasserstoffähnlicher Ionen in Anlehnung an die Saha-Boltzmann-Gleichung folgenden Ausdruck zu benutzen:

$$N_n = b_n\,N_i\,N_e\,\frac{h^3}{(2\pi m\,k\,T_e)^{\frac{3}{2}}}\,\frac{\omega_n}{2}\,e^{\chi_n/kT_e}. \qquad (1.17)$$

T_e ist mit der Temperatur zu identifizieren, welche der mittleren Geschwindigkeit der freien Elektronen entspricht. b_n ist ein Korrektionsfaktor, der ein Maß für die Abweichung vom thermischen Gleichgewicht darstellt bezogen auf das Gleichgewicht für $T = T_e$ und einer Ionen- und Elektronendichte N_i und N_e. b_n läßt sich in manchen Fällen exakt berechnen, beispielsweise dann, wenn die Ionisation in einem Gase extrem hoch ist, so daß die Besetzung der Terme n nur durch die Rekombination der Ionen N_i mit den Elektronen N_e erfolgt.

Die Gesamtzahl der spontanen Emissionsprozesse $F_{nn'} = N_n \cdot A_{nn'}$ von dem Niveau n auf das Niveau n' ergibt sich unter Benutzung von (1.4), (1.7) und (1.17) zu:

$$F_{n,\,n'} = N_i \cdot N_e\,\frac{K Z^4}{T_e^{\frac{3}{2}}}\,b_n\,\frac{g}{n'}\,\frac{2\,e^{\chi_n/kT_e}}{n(n^2-n'^2)} \qquad (1.18)$$

mit

$$\left.\begin{array}{l} K = \dfrac{h^3}{(2\pi m\,k)^{\frac{3}{2}}}\,\dfrac{8\pi e^2 R^2}{mc^3}\,\dfrac{2^4}{3\sqrt{3}\,\pi} = 3{,}26\cdot10^{-6}; \\[1.2em] \chi_n = \dfrac{h R Z^2}{n^2}. \end{array}\right\} \qquad (1.19)$$

---

[1] D. H. MENZEL u. C. G. CILLIÉ: Astrophys. Journ. **85**, 330 (1937).

Den entsprechenden Ausdruck für die Gesamtzahl $F_{n'n}$ der Absorptions-Prozesse von dem Niveau n' auf das Niveau n einschließlich der negativen $-B_{nn'}\varrho_\nu N_n$ erhält man durch folgende Überlegung.

Man beachte zunächst, daß im Gleichgewicht $F_{n'n} = F_{nn'}$, und in jedem Falle die Beziehung $F_{n'n} = B_{n'n}\varrho_\nu N_{n'} - B_{nn'}\varrho_\nu N_n$ gilt, gleichgültig ob ϱ_ν, $N_{n'}$, N_n zusammengehörige Gleichgewichtswerte darstellen oder nicht. Es ist aber vorauszusetzen, daß ϱ_ν in der nächsten Umgebung der Frequenz ν die vorliegende Strahlungsdichte genügend genau wiedergibt. An der Stelle von ϱ_ν werden wir weiterhin $W\varrho_\nu(T_1)$ schreiben mit W als Korrektionsfaktor, der im allgemeinen ein Verdünnungsfaktor ist. Damit wird zunächst

$$F_{n'n} = B_{n'n}W\varrho_\nu(T_1)N_{n'} - B_{nn'}W\varrho_\nu(T_1)N_n. \tag{1.20}$$

Wir verwenden nun die Relationen (1.16), welche, auf Nichtgleichgewichtszustände verallgemeinert, lauten:

$$\text{a)}\quad \frac{B_{nn'}W\varrho_\nu(T_1)}{A_{nn'}} = \frac{W}{e^{h\nu/kT_1}-1}; \qquad \text{b)}\quad \frac{B_{n'n}W\varrho_\nu(T_1)N_{n'}}{A_{nn'}N_n} = \frac{(b_{n'}/b_n)\cdot W\,e^{h\nu/kT_e}}{e^{h\nu/kT_1}-1}. \tag{1.21}$$

Deren Benutzung ergibt für die zwei Glieder von (1.20):

$$B_{nn'}W\varrho_\nu(T_1)N_n = \frac{W}{e^{h\nu/kT_1}-1}F_{nn'}; \quad B_{nn'}W\varrho_\nu(T_1)N_{n'} = \frac{(b_{n'}/b_n)\cdot W\,e^{h\nu/kT_e}}{e^{h\nu/kT_1}-1}F_{nn'}. \tag{1.22}$$

Somit wird

$$F_{n'n} = N_i N_e \frac{KZ^4}{T_e^{\frac{3}{2}}}\left[W\frac{b_{n'}e^{h\nu/kT_e}-b_n}{e^{h\nu/kT_1}-1}\right]\frac{g}{n'}\frac{2e^{\chi_n/kT_e}}{n(n^2-n'^2)}. \tag{1.23}$$

Im thermischen Gleichgewicht muß $F_{n'n} = F_{nn'}$ werden. Wie man leicht bestätigt, wird diese Gleichung erfüllt für $W = 1$, $b_{n'} = b_n = 1$ und $T_e = T_1 = T$.

In derselben Weise wie (1.18) und (1.23) lassen sich ebenfalls die analogen Ausdrücke für die frei-gebunden Strahlung und die frei-frei Strahlung gewinnen. Für die frei-gebunden Strahlung erhalten wir:

$$F_{\varkappa n'} = N_i N_e \frac{KZ^4}{T_e^{\frac{3}{2}}}\frac{g}{n'}\frac{2e^{-\chi_\varkappa/kT_e}}{\varkappa(n'^2+\varkappa^2)}; \qquad \chi_\varkappa = h(\nu-\nu_{n'}) \tag{1.24}$$

und

$$F_{n'\varkappa} = N_i N_e \frac{KZ^4}{T_e^{\frac{3}{2}}}\left[W\frac{b_{n'}e^{h\nu/kT_e}-1}{e^{h\nu/kT_1}-1}\right]\frac{g}{n'}\frac{2e^{-\chi_\varkappa/kT_e}}{\varkappa(n'^2+\varkappa^2)}. \tag{1.25}$$

$\chi_\varkappa$ bezeichnet die kinetische Energie des freien Elektrons und $h\nu_{n'}$ die Ionisierungsenergie gerechnet vom Zustand n'.

Die entsprechenden Formeln für die frei-frei Übergänge sind:

$$F_{\varkappa\varkappa'} = N_i N_e \frac{KZ^4}{T_e^{\frac{3}{2}}}\frac{g}{\varkappa'}\frac{2e^{-\chi_{\varkappa\varkappa'}/kT_e}}{\varkappa(\varkappa'^2-\varkappa^2)} \tag{1.26}$$

und

$$F_{\varkappa'\varkappa} = N_i N_e \frac{KZ^4}{T_e^{\frac{3}{2}}}\left[W\frac{e^{h\nu/kT_e}-1}{e^{h\nu/kT_1}-1}\right]\frac{g}{\varkappa'}\frac{2e^{-\chi_{\varkappa\varkappa'}/kT_e}}{\varkappa(\varkappa'^2-\varkappa^2)} \tag{1.27}$$

mit

$$\chi_{\varkappa\varkappa'} = h(\nu+\nu_{\varkappa'}).$$

Die Formeln für die kontinuierlichen Übergänge lassen sich meist besser handhaben, wenn man von der Quantenzahl $\varkappa$ zu den Frequenzen ν übergeht. Wir haben dann für (1.24) bis (1.27):

$$F_{\varkappa n'} = N_i N_e \frac{K Z^4}{T_e^{\frac{3}{2}}} \frac{g\, e^{-\chi_\varkappa/kT_e}}{n'^3} \frac{1}{v}; \tag{1.28}$$

$$F_{n'\varkappa} = \left[W \frac{b_{n'}\, e^{hv/kT_e} - 1}{e^{hv/kT_1} - 1} \right] F_{\varkappa n'} \tag{1.29}$$

mit $\chi_\varkappa = h(v - v_{n'})$

$$F_{\varkappa \varkappa'} = N_i N_e \frac{K Z^4}{T_e^{\frac{3}{2}}} \frac{g\, e^{-\chi_{\varkappa \varkappa'}/kT_e}}{2 R Z^2} \frac{1}{v}; \tag{1.30}$$

$$F_{\varkappa'\varkappa} = \left[W \frac{e^{hv/kT_e} - 1}{e^{hv/kT_1} - 1} \right] F_{\varkappa \varkappa'}. \tag{1.31}$$

Die Integration von (1.28) ergibt die Gesamtzahl aller Einfänge, die in den Zustand n' führen:

$$\int_{v_{n'}}^{\infty} F_{\varkappa n'}\, dv = N_i N_e \frac{K Z^4}{T_e^{\frac{3}{2}}} \frac{g\, e^{hv_{n'}/kT_e}}{n'^3} \left[-\mathrm{Ei}\left(\frac{-h v_{n'}}{k T_e} \right) \right]. \tag{1.32}$$

Der Ausdruck in der eckigen Klammer bedeutet das bekannte Exponential-Integral.

Um die Gesamtzahl der Einfänge in alle Quantenniveaus ($n' = 1, 2, 3, \ldots$) zu erhalten, ist (1.32) von $n' = 1$ bis $n' = \infty$ zu summieren.

Multiplikation von (1.28) mit hv und anschließende Integration

$$\int_{v_{n'}}^{\infty} F_{\varkappa n'}\, hv\, dv = N_i N_e \frac{k K Z^4}{T_e^{\frac{1}{2}}} \frac{g}{n'^3} \tag{1.33}$$

liefert die bei den Einfängen nach n' emittierte Energie.

Die frei-frei Strahlung emittiert in dem Bereich v bis $v + dv$ die Energie

$$\int_{0}^{\infty} F_{\varkappa \varkappa'}\, hv\, dv\, dv' = N_i N_e \frac{k K Z^2}{2 R T_e^{\frac{1}{2}}} g\, e^{-hv/kT_e}\, dv \tag{1.34}$$

und in allen Frequenzen

$$\int_{0}^{\infty} \int_{0}^{\infty} F_{\varkappa \varkappa'}\, hv\, dv\, dv' = N_i N_e \frac{k^2 K Z^2 T_e^{\frac{1}{2}}}{2 h R} \bar{g}. \tag{1.35}$$

2. Die Stoßanregung verbotener Linien. Bei den verbotenen Linien in den Nebelspektren handelt es sich durchweg um Übergänge, die nahe den Grundzuständen der Ionen liegen. Dieser Umstand bringt es mit sich, daß die Anregung der Linien praktisch vollständig durch Elektronenstöße vor sich geht. Wir geben anschließend die mathematische Formulierung dieses Prozesses[1].

Zweckmäßig betrachten wir hier zunächst nur den vereinfachten Fall, daß über dem Grundterm A des Ions nur ein einzelner höherer Term B liegt. N_A und N_B mögen die Dichten der Ionen in den Termen A und B bezeichnen und N_c die Dichte der freien Elektronen. Die Anregungshäufigkeit des Termes B wird außer von der Dichte der Ionen von der Geschwindigkeitsverteilung $f(v)$ der freien Elektronen sowie von den Stoßquerschnitten $\sigma(v)$ abhängen. Die anregenden Stöße durch die vorhandenen Ionen können ganz vernachlässigt werden, da die Elektronendichten von derselben Höhe sind wie die Ionendichten, die Stoßquerschnitte der Ionen jedoch um Größenordnungen kleiner als die der

---

[1] Vgl. dazu K. WURM: Z. Astrophys. **14**, 321 (1937) und [2], S. 46.

Elektronen. Es kann weiterhin vorausgesetzt werden, daß die Elektronen eine Maxwellsche Geschwindigkeitsverteilung besitzen.

Die Zahl der anregenden Stöße pro Volumeneinheit ergibt sich somit zu

$$N_A \cdot N_e \cdot S_{AB} = N_A \cdot N_e \int_{v_0}^{\infty} \sigma_{AB} \cdot v \cdot f(v) \, dv \qquad (2.1)$$

mit

$$f(v) = 4\pi \left(\frac{m}{2\pi \, k \, T_e} \right)^{\frac{3}{2}} v^2 \, e^{-\frac{m}{2} \cdot v^2/k T_e} \qquad (2.2)$$

und

$$\frac{m}{2} v_0^2 = \chi_B. \qquad (2.3)$$

χ_B bezeichnet die Anregungsenergie des Termes.

Die Ausgänge aus dem Term B erfolgen in zweifacher Weise, entweder durch spontane Ausstrahlung, deren Anzahl gleich

$$N_B \cdot A_{BA} \qquad (2.4)$$

ist, oder durch Elektronenstöße zweiter Art. A_{BA} bezeichnet die Einsteinsche Übergangswahrscheinlichkeit für den spontanen Übergang $B \to A$. Analog zu (2.1) erhalten wir für die Anzahl der Stöße zweiter Art:

$$N_B N_e S_{BA} = N_B \cdot N_e \int_0^{\infty} \sigma_{BA} \cdot v \, f(v) \, dv. \qquad (2.5)$$

Zwischen S_{AB} und S_{BA} besteht eine sehr einfache Relation, die aus dem Prinzip des detaillierten Gleichgewichts folgt, jedoch nicht an ein thermodynamisches Gleichgewicht gebunden ist. Im strikten Gleichgewicht gilt:

$$N_A N_e S_{AB} = N_B \cdot N_e \cdot S_{BA} \qquad (2.6)$$

Es gilt aber auch die Boltzmann-Formel:

$$\frac{N_B}{N_A} = \frac{\omega_B}{\omega_A} e^{-\chi_B/k T_e}. \qquad (2.7)$$

Aus (2.6) und (2.7) folgt:

$$\frac{S_{AB}}{S_{BA}} = \frac{\omega_B}{\omega_A} e^{-\chi_B/k T_e}. \qquad (2.8)$$

(2.8) ist nur an die Existenz einer Maxwellschen Verteilung für die Geschwindigkeit der Elektronen gebunden. Die Relation (2.8) geht auf Milne zurück.

Mit (2.8) läßt sich nun, wie Verfasser zuerst gezeigt hat[1], die relative Besetzung der Terme B und A wie folgt darstellen. Wir haben zunächst stationär

$$N_A \cdot N_e S_{AB} = N_B (A_{BA} + N_e S_{BA}), \qquad (2.9)$$

und unter Benutzung von (2.8) ergibt sich daraus:

$$\frac{N_B}{N_A} = \frac{\omega_B}{\omega_A} \cdot \frac{N_e S_{BA}}{A_{BA} + N_e S_{BA}} e^{-\chi_B/k T_e}. \qquad (2.10)$$

Nach (2.10) lassen sich in bezug auf die Dichteabhängigkeit zwei Grenzfälle unterscheiden. Ist

$$N_e S_{BA} \gg A_{BA} \qquad \text{(Fall a)}, \qquad (2.11)$$

so wird

$$\frac{N_B}{N_A} = \frac{\omega_B}{\omega_A} e^{-\chi_B/k T_e}. \qquad (2.12)$$

---

[1] K. Wurm: Z. Astrophys. **14**, 321 (1937).

Für

$$N_e\, S_{BA} \ll A_{BA} \qquad \text{(Fall b)} \tag{2.13}$$

finden wir

$$\frac{N_B}{N_A} = \frac{\omega_B}{\omega_A}\,\frac{N_e\, S_{BA}}{A_{BA}}\, e^{-\chi_B/kT_e}. \tag{2.14}$$

Im Dichtebereich Fall a existiert eine Boltzmann-Besetzung und die Ausstrahlung pro vorhandenes Ion N_A ist unabhängig von der Dichte. (N_B kann gegenüber N_A als vernachlässigbar klein angesehen werden.) Dagegen liegt die Besetzung des Termes B im Falle b) unter der Gleichgewichtsbesetzung für $T = T_e$ und die Ausstrahlung pro Ion N_A ist proportional der Elektronendichte N_e.

Die Gln. (2.12) und (2.14) in Verbindung mit (1.17) liefern sofort ein Verständnis für das starke Hervortreten von verbotenen Linien in den planetarischen Nebelspektren. Obwohl die Häufigkeit der Elemente, die diese verbotenen Linien emittieren, klein ist und um drei bis vier Zehnerpotenzen niedriger liegt als für Wasserstoff, so erreichen manche verbotenen Linien in den Nebelspektren eine höhere Intensität als die ersten Balmer-Linien H_α und H_β. Das Verhältnis der Intensitäten der Ausstrahlung in einer verbotenen Linie und einer Balmer-Linie pro cm³ läßt sich wie folgt darstellen:

$$
\left.
\begin{aligned}
\text{Fall a:}\quad & \frac{N_B\cdot A_{BA}}{N_n\cdot A_{n2}} = 10^{15.389}\,\frac{\omega_B}{\omega_A}\,\frac{T_e^{\frac{3}{2}}\cdot 10^{-\frac{5040}{T_e}(V_B+V_n)}}{b_n\cdot n^2}\,\frac{\varkappa\,\xi}{N_e}\,\frac{A_{BA}}{A_{n2}}\,, \\[2em]
\text{Fall b:}\quad & \frac{N_B\cdot A_{BA}}{N_n\cdot A_{n2}} = 10^{15.389}\,\frac{\omega_B}{\omega_A}\,\frac{T_e^{\frac{3}{2}}\cdot 10^{-\frac{5040}{T_e}(V_B+V_n)}}{b_n\cdot n^2}\,\frac{(\varkappa\,\xi)\,S_{BA}}{A_{n2}}\,.
\end{aligned}
\right\}
\tag{2.15}
$$

Wir haben in (2.15) angenommen, daß der Wasserstoff in dem betrachteten Volumen vollständig ionisiert ist ($N_i = N_e$) und dann weiterhin $N_A = N_e\,\varkappa\,\xi$ gesetzt. ξ bezeichnet den Häufigkeitsfaktor des Elementes, das die verbotene Linie emittiert im Verhältnis zu H und $\varkappa$ den Bruchteil aller Atome dieses Elementes, die sich im Ionisationszustand mit dem Grundterm A befinden[1].

Im Dichtebereich des Falles a ist also das Verhältnis $(N_B\cdot A_{BA}) : (N_n\cdot A_{n2})$ proportional zu N_e^{-1}, die Wasserstofflinien werden im Vergleich zu der verbotenen Linie mit fallender Dichte schwächer, dagegen bleibt im Dichtebereich des Falles b das Intensitätsverhältnis bei anderweitig gleichbleibenden Bedingungen konstant. Bei den in den planetarischen Nebelhüllen herrschenden Elektronentemperaturen ($T_e \approx 10^4$ Grad) ist der Fall a für etwa $N_e > 10^4$ realisiert, der Fall b für etwa $N_e < 10^3$. Diese Grenzen gelten aber nur roh angenähert und sind für die verschiedenen metastabilen Übergänge nicht gleich. Wir werden auf diesen Punkt zurückzukommen haben.

Die in den vorangegangenen Formeln auftretenden Anregungsquerschnitte wie ebenfalls die Übergangswahrscheinlichkeiten sind experimentell nicht zu ermitteln sondern müssen quantentheoretisch berechnet werden.

Berechnungen der Übergangswahrscheinlichkeiten sind von einer ganzen Reihe von Autoren durchgeführt worden. Eine ausführliche Besprechung der angewandten Methoden und ausführliche Literaturangaben findet man bei ALLER [4]. Wir begnügen uns hier damit, in den Tabellen 1a bis 1c für eine Reihe der wichtigsen Nebellinien die berechneten numerischen Werte aufzuführen.

---

[1] Numerische Werte für die Koeffizienten b_n findet man weiter unten in Ziff. 3, für die Übergangswahrscheinlichkeiten A_{AB} am Ende dieser Ziff. 2. An letzter Stelle sind auch die Stoßparameter zur Berechnung der S_{AB} aufgeführt. Wasserstoff-Übergangswahrscheinlichkeiten A_{n2} können bei D. H. MENZEL u. C. PEKERIS [Monthly Notices Roy. Astronom. Soc London **96**, 77 (1936)] nachgeschlagen werden.

In diesen Tabellen stehen hinter λ die Wellenlängen der verbotenen Linien, e bezeichnet die Übergangswahrscheinlichkeit herrührend von der elektrischen Quadrupol-Strahlung und m die Übergangswahrscheinlichkeit für die magnetische Dipolstrahlung.

Tabelle 1a—c. *Übergangswahrscheinlichkeiten für verbotene Linien.*

Tabelle 1a.

		$2p^2$ Konfiguration[1]			$3p^2$ Konfiguration[2]	
		N II	O III	Ne V	S III	Cl IV
$^1D_2-^1S_0$	e	1,08	1,6	2,6	5,6	6,6
	λ	5754,8	4363,2	2972	6312,1	5323,3
$^3P_2-^1S_0$	e	$0{,}0^3 16$	$0{,}0^3 71$	0,0068	0,038	0,081
	λ	3070,0			3796,7	3203,3
$^3P_1-^1S_0$	m	0,034	0,23	4,2	0,87	2,6
	λ	3063,0			3721,8	3118,3
$^3P_2-^1D_2$	m	0,003	0,021	0,38	0,066	0,20
	e	$0{,}^5 94$	$0{,}0^4 41$	$0{,}0^3 39$	$0{,}0^3 79$	0,0017
	λ	6583,4	5006,84	3425,9	9532,5	8046,1
$^3P_1-^1D_2$	m	0,00103	0,0071	0,14	0,025	0,080
	e	$0{,}0^5 14$	$0{,}0^5 62$	$0{,}0^4 62$	$0{,}0^3 15$	$0{,}0^3 33$
	λ	6548,1	4958,91	3345,8	9069,4	7530,9
$^3P_0-^1D_2$	e	$0{,}0^6 42$	$0{,}0^5 19$	$0{,}0^4 19$	$0{,}0^4 21$	$0{,}0^4 49$
	λ	6527,4	4931,0		8831,5	7262,3

Tabelle 1b.

Übergang		$2p^3$-Konfiguration[2]		$3p^3$-Konfiguration[3]		
		N I	O II	S II	Cl III	A IV
$^2P_{3/2}-^2D_{5/2}$	e	0,16	0,23	0,38	0,48	0,57
	m	0,001	0,0088	0,057	0,16	0,42
	λ	10395,4	7319,0	—	8481,6	7237,3
$^2P_{3/2}-^2D_{3/2}$	e	0,069	0,097	0,17	0,21	0,25
	m	0,0018	0,016	0,10	0,29	0,76
	λ	10404,1	7330,3	—	8433,7	7170,6
$^2P_{1/2}-^2D_{3/2}$	e	0,14	0,19	0,33	0,41	0,48
	m	0,0011	0,0097	0,062	0,18	0,46
	λ	10404,1	7330,3	—	8501,8	7262,8
$^2P_{1/2}-^2D_{5/2}$	e	0,093	0,13	0,22	0,27	0,31
	λ	10395,4	7319,0	—	8550,5	7332,0
$^2D_{5/2}-^4S_{3/2}$	e	$0{,}0^5 86$ [3]	$0{,}0^4 41$ [3]	0,0011 [3]	0,0021	0,0041
	m	$0{,}0^5 104$	$0{,}0^5 445$	$0{,}0^4 28$	$0{,}0^3 13$	$0{,}0^3 54$
	λ	5200,4	3728,91	6716,4	5517,7	4711,3
$^2D_{3/2}-^4S_{3/2}$	m	$0{,}0^4 245$ [3]	$0{,}0^3 200$ [3]	0,0013 [3]	0,0058	0,024
	e	$0{,}0^5 56$	$0{,}0^4 27$	$0{,}0^3 67$	0,0014	0,0026
	λ	5197,9	3726,16	6730,8	5537,6	4740,2
$^2P_{3/2}-^4S_{3/2}$	m	0,067	0,057	0,32	0,90	2,3
	e	$0{,}0^8 18$	$0{,}0^7 22$	$0{,}0^5 39$	$0{,}0^4 13$	$0{,}0^4 39$
	λ	3466,4	—	4068,6	3342,7	—
$^2P_{1/2}-^4S_{3/2}$	m	0,0027	0,023	0,13	0,37	0,95
	e	$0{,}0^8 37$	$0{,}0^7 47$	$0{,}0^4 27$	$0{,}0^4 86$	$0{,}0^3 26$
	λ	3466,4	—	4076,4	3353,4	—

[1] Nach R. H. Garstang: Monthly Notices Roy. Astronom. Soc. London **111**, 115 (1952).
[2] Nach S. Pasternack: Astrophys. Journ. **92**, 129 (1940).
[3] Nach R. H. Garstang: Astrophys. Journ. **115**, 506 (1952).

Tabelle 1c.

Übergang		2p^4 Konfiguration[1]		
		O I	F II	Ne III
$^1D_2 - {}^1S_0$	e	1,28	2,1	2,8
	λ	5577,35	4157,5	3342,9
$^3P_2 - {}^1S_0$	e	0,0³37	0,0016	0,0051
	λ	—	—	—
$^3P_1 - {}^1S_0$	m	0,078	0,49	2,2
	λ	2972,3	—	—
$^3P_2 - {}^1D_2$	m	0,0069	0,044	0,20
	e	0,0⁴24	0,0⁴96	0,0³30
	λ	6300,23	4789,5	3868,74
$^3P_1 - {}^1D_2$	m	0,0022	0,0138	0,060
	e	0,0⁵32	0,0⁴13	0,0⁴38
	λ	6363,88	4869,3	3967,51

Die Tabelle 2 enthält dann für eine Anzahl Nebellinien den Anregungsquerschnitt-Parameter Ω, dessen Zusammenhang mit dem effektiven Anregungsquerschnitt gleich unten dargelegt wird. $\Omega(1,2)$ bezieht sich auf die Anregung von dem Grundterm „1" nach dem nächst höher gelegenen metastabilen Term „2"

Tabelle 2 a—d. *Stoßquerschnitt-Parameter Ω für metastabile Terme[2].*

a)

Ion	2p^2 Konfiguration		
	$\Omega(1, 2)$	$\Omega(1, 3)$	$\Omega(2, 3)$
N II	2,39	0,223	0,46
O III	1,73	0 195	0,61
F IV	(1,21)	(0,172)	(0,58)
Ne V	(0,84)	(0,157)	0,53

b)

Ion	2p^3 Konfiguration		
	$\Omega(1, 2)$	$\Omega(1, 3)$	$\Omega(2, 3)$
O II	1,44	0,218	1,92
F III	(1,00)	(0,221)	(3,11)
Ne IV	(0,68)	(0,234)	(3,51)
Na V	0,43	(0,255)	(3,49)

c)

Ion	2p^4 Konfiguration		
	$\Omega(1, 2)$	$\Omega(1, 3)$	$\Omega(2, 3)$
F II	(0,95)	(0,057)	0,17
Ne III	0,76	0,077	0,27
Na IV	(0,61)	(0,092)	(0,30)
Mg V	0,54	(0,112)	(0,30)

d)

Ion	3p^3 Konfiguration		
	$\Omega(1, 2)$	$\Omega(1, 3)$	$\Omega(2, 3)$
S II	2,02	0,383	12,7

usw. SEATON, von dem die Berechnungen stammen, schätzt die Genauigkeit der nicht in Klammern aufgeführten Werte auf $\pm 40\%$. Die in Klammern aufgeführten Parameter sind von einer geringeren Genauigkeit.

$\Omega(A, B)$ hängt mit dem in der Gl. (2.1) definierten Anregungsquerschnitt σ_{AB} wie folgt zusammen:

$$\sigma_{AB} = \frac{1}{2J_A + 1}\, \frac{h^2}{4\pi\, m^2}\, \frac{\Omega(A, B)}{v^2}. \qquad (2.16)$$

In (2.16) bedeutet $(2J_A + 1)$ das statistische Gewicht des Ausgangsniveaus A.

---

[1] Nach R. H. GARSTANG: Monthly Notices Roy. Astronom. Soc. London **111**, 115 (1951).
[2] Nach M. J. SEATON: Proc. Roy. Soc. Lond. **218**, 400 (1953).

Die oben benutzten Anregungswahrscheinlichkeiten S_{AB} und Desaktivierungs-Wahrscheinlichkeiten S_{BA} sind somit durch nachfolgende Ausdrücke gegeben:

$$\left.\begin{array}{l} S_{AB} = 8{,}54 \cdot 10^{-6}\, \dfrac{\Omega(A,B)}{T_e^{\frac{1}{2}}\,\omega_A}\, e^{-\chi_B/kT_e}, \\[3mm] S_{BA} = 8{,}54 \cdot 10^{-6}\, \dfrac{\Omega(A,B)}{T_e^{\frac{1}{2}}\,\omega_B}. \end{array}\right\} \qquad (2.17)$$

II. Zur Theorie des Strahlungsumsatzes in den Nebelhüllen.

3. Allgemeine Bemerkungen zur Absorption und Ausstrahlung der Nebelatmosphären.

Das Leuchten der planetarischen Nebel wird angeregt durch die ultraviolette Strahlung eines Zentralsternes hoher Temperatur. Die Absorption der Sternstrahlung erfolgt ausschließlich in den Hauptserien-Grenzkontinua der vorhandenen Atome und Ionen. Die stationäre Besetzung angeregter Niveaus bleibt verschwindend klein. Dies letztere ist eine Folge der hohen Verdünnung der anregenden Strahlung am Ort der Hüllen, deren Durchmesser von der Ordnung 0,1 bis 1,0 parsec sind. Die Strahlungsdichte im Nebel entspricht einer absoluten Temperatur von nur 10 bis 100°, deren Energieverteilung am inneren Rand der Hüllen dagegen der hohen Temperatur des Zentralsternes.

Tabelle 3. *Briggsscher Logarithmus der relativen Häufigkeiten einiger Elemente in Sternatmosphären.* (Nach A. Unsöld: Physik der Sternatmosphären 2. Aufl. Berlin: Springer 1955.)

Element	
1 H	0,00
2 He	− 0,72
6 C	− 3,82
7 N	− 3,62
8 O	− 3,00
10 Ne	− 3,12
11 Na	− 5,49
12 Mg	− 4,30
13 Al	− 5,40
14 Si	− 4,38
16 S	− 4,85
20 Ca	− 5,22
26 Fe	− 4,05

Die chemische Zusammensetzung der Nebelmaterie ist ähnlich der chemischen Zusammensetzung normaler Sternmaterie (s. Tabelle 3). Da eine exakte Häufigkeitsanalyse der Elemente auf große Schwierigkeiten stößt, so kann eine vollständige Identität nicht behauptet werden. Die Elemente außer Wasserstoff und Helium sind von einer sehr geringen Häufigkeit. Diese Tatsache legt nahe, daß die Absorption der Sternstrahlung an den beiden Elementen H und He allein erfolgt[1]. Über die Reemission erhalten wir weitgehend Auskunft durch das erfaßbare Spektrum. Dieses zeigt, daß bei der Reemission die Beteiligung anderer Elemente als H und He nicht vernachlässigt werden kann. Insbesondere treten einzelne Ionen der mittelschweren Elemente N, O und Ne mit kräftigen Emissionen auf. Wie schon oben erwähnt wurde, sind diese Emissionen — anders als bei H und He — vom Typ der verbotenen Übergänge. Sie entstehen durch Anregung von metastabilen Niveaus, die um einige wenige eV über den Grundzuständen liegen, und zwar erfolgt die Anregung durch Elektronenstoß. Die anregenden freien Elektronen und deren Energien stammen praktisch gänzlich von der Wasserstoff- und Helium-Ionisation.

Zur Unterscheidung von der sich radial ausbreitenden Sternstrahlung (Primärstrahlung) bezeichnet man die ungerichtete, reemittierte Nebelstrahlung als *diffuse* Emission. Ist eine Nebelhülle im UV optisch dick, so wird die gesamte UV Primärstrahlung in diffuse Nebelstrahlung umgewandelt. Die diffuse Emission hat auch einen hohen UV Anteil, der bei einem optisch dicken Nebel vorwiegend aus Ly α-Quanten besteht. Zur weiteren allgemeinen Orientierung über die Nebelstrahlung sei auf den Artikel über die Spektren der Nebel in diesem Bande verwiesen (S. 139).

---

[1] Die Häufigkeit des Heliums ist in den planetarischen Nebelhüllen sicherlich sehr hoch. Die Beobachtungen deuten auf ein Verhältnis He:H = 1:5. Vergleiche dazu [2], S. 83.

4. Die Wasserstoff-Strahlung. Das Balmer-Dekrement. Bei einem optisch dicken Nebel ergibt sich ein sehr einfacher Zusammenhang zwischen der Stärke der UV Strahlung des Zentralsternes unterhalb der Lyman-Seriengrenze ($\lambda < 912\,\text{Å}$) und der Gesamtausstrahlung des Nebels im Balmer-Spektrum. Sehen wir zunächst davon ab, daß sich auch die Ionen He I und He II an der Absorption beteiligen und berücksichtigen deren Einfluß später. Jedes Quant der Sternstrahlung $\lambda < 912\,\text{Å}$ bewirkt eine H-Ionisation. Das entstandene freie Elektron wird nach einer gewissen Zeit wieder mit einem H-Ion rekombinieren, wobei dasselbe entweder wieder in den Grundzustand 1^2S zurückkehrt oder in einen angeregten Zustand $n \geq 2$. Im ersten Falle ist bei der Rekombination ein Quant $\lambda < 912\,\text{Å}$ zurückgewonnen worden, das wiederum eine Ionisation hervorrufen wird. Die Rekombination in ein Niveau $n \geq 2$ ergibt bei einer einfachen Kaskade (Kontinuum $\rightarrow n_i \rightarrow 1$) ein Quant in einem Serienkontinuum und eine Lyman-Linie ($n_i \rightarrow 1$). Bei einer mehrfachen Kaskade entstehen zusätzlich Linien aus den höheren Serien (Balmer-Serie, Paschen-Serie, ect.). Verfolgt man die möglichen Vorgänge näher und berücksichtigt, daß allein die Ly-Linien, jedoch nicht die Linien der höheren Serien im Nebel reabsorbiert werden, so gelangt man zu der Feststellung, daß jedes Quant der Sternstrahlung für $\lambda < 912\,\text{Å}$ schließlich zur Entstehung eines Quantes der Balmer-Serie (einschließlich des Seriengrenzkontinuums) und zusätzlich eines Ly α-Quantes führt. Wir haben also die einfache Bilanz

$$Q_{\text{Ba}} = Q^*_{\text{Ly H}}, \tag{4.1}$$

wenn wir mit Q_{Ba} die Gesamtzahl der Balmer-Quanten bezeichnen, die vom Nebel pro Zeiteinheit ausgestrahlt werden und mit $Q^*_{\text{Ly H}}$ die Gesamtzahl der Quanten, die in derselben Zeit vom Stern im Lyman-Kontinuum erzeugt werden. Gl. (4.1) gilt nicht ganz exakt, da ein gewisser zusätzlicher Beitrag zur Anregung des Balmer-Spektrums noch durch die Absorption in den Frequenzen der Lyman-Linien geliefert wird. Letzterer fällt jedoch um so weniger ins Gewicht, je höher die Temperatur des Zentralsternes ist.

Es läßt sich leicht einsehen, daß obige Bilanz (4.1) keinesfalls durch die Anwesenheit von He-Ionen gestört wird. Verfolgt man die Prozesse von Absorption und Emission an den He I und He II-Ionen so erkennt man, daß diese zwar die Energien der absorbierten UV-Quanten etwas vermindern, jedoch deren Anzahl ungeändert lassen.

MENZEL und BAKER[1] haben errechnet, welches Balmer-Dekrement sich bei einer reinen Strahlungsanregung in einem Nebel ergibt. Sie betrachten zwei verschiedene Modelle, die von ihnen mit A und B bezeichnet werden.

Fall A. Es wird vorausgesetzt, daß die Elektronen die diskreten Quantenzustände einzig aus dem Kontinuum und durch anschließende, abwärtsführende Kaskaden erreichen (reine Rekombinationsanregung). Die diffuse Strahlung im Nebel (Ly α, Ly β usw.) liefert nach diesem Modell zur Anregung also keinen Beitrag. Diese Voraussetzung wird in einem Nebel angenähert erfüllt sein, wenn infolge großer Expansionsgeschwindigkeiten eine starke, gegenseitige Verstimmung der Lyman-Frequenzen für getrennte Volumenteile vorliegt.

Fall B. Außer der Rekombinationsanregung wird zusätzlich eine Anregung durch die diffuse Lyman-Strahlung (Ly α, Ly β usw.) mitberücksichtigt, und zwar soll die Absorption der Ly-Linien vollständig sein. Die angenäherte Realisierung des Falles B ist bei einem statischen bzw. sehr schwach expandierenden Nebel hoher optischer Dicke zu erwarten.

---

[1] D. H. MENZEL u. J. G. BAKER: Astrophys. Journ. **88**, 52 (1938).

Menzel und Baker gehen aus von der Gleichung des statistischen Gleichgewichts, welches für den Fall A unter Benutzung der Bezeichnungen von Ziff. 1 folgende Form annimmt:

$$\sum_{n''=n+1}^{\infty} F_{n''n} + \int_{\nu_n}^{\infty} F_{\varkappa n}\, d\nu = \sum_{n'=1}^{n-1} F_{nn'} \qquad (n = 2 \text{ bis } \infty). \tag{4.2}$$

Gl. (4.2) besagt, daß für die Zeiteinheit die Eingänge in einen Term n (linke Seite) gleich sein müssen den Ausgängen (rechte Seite) aus demselben.

Unter Benutzung der in Ziff. 1 gegebenen Ausdrücke für die Summanden F nimmt (4.2) folgende Gestalt an:

$$N_i N_e \frac{KZ^4}{T_e^{\frac{3}{2}}} \left\{ \sum_{n''=n+1}^{\infty} b_{n''}\, e^{X_{n''}} g_{n''n} U_{n''n} + \bar{g}\, S_n - b_n\, e^{X_n} t_n \right\} = 0. \tag{4.3}$$

Es gelten in dieser Darstellung folgende Abkürzungen:

$$\left.\begin{aligned} U_{n'n} &= \frac{2n^2}{n''(n''^2 - n^2)}\,; \qquad S_n = e^{X_n}\left[-\operatorname{Ei}(-X_n)\right]; \\[2mm] t_n &= \sum_{1}^{n-1} U_{nn'} g_{nn'}; \qquad X = \frac{h\,R\,Z^2}{n^2\,\mathsf{k}\,T_e} = \frac{1{,}5703 \cdot 10^5}{n^2\,T_e}\,. \end{aligned}\right\} \tag{4.4}$$

Die Unbekannten des simultanen Gleichungssystems mit unendlich vielen Gliedern (4.3) sind die Korrektionsfaktoren b_n, die in Gl. (1.17) definiert wurden, und welche die Abweichung der stationären Besetzungszahlen N_n von der Gleichgewichtsbesetzung für $T = T_e$ messen.

Das Gleichungssystem (4.3) kann durch sukzessive Approximation gelöst werden. Nach b_n aufgelöst und Streichung des konstanten Faktors vor der Klammer und mit $g = 1$ ergibt sich:

$$b_n = \frac{S_n + \sum\limits_{n''=n+1}^{\infty} b_{n''}\, e^{X_{n''}} U_{n''n}}{e^{X_n} t_n}. \tag{4.5}$$

Durch sukzessive Substitution erhält man für die Summe im Zähler:

$$\sum_{n''=n+1}^{\infty} b_{n''}\, e^{X_{n''}} U_{n''n} = \sum_{n''=n+1}^{\infty} \frac{S_{n''} U_{n''n}}{t_{n''}} + \sum_{n''=n+1}^{\infty} \frac{U_{n''n}}{t_{n''}} \sum_{j=n''+1}^{\infty} \frac{S_j U_{jn''}}{t_j} + \cdots, \tag{4.6}$$

die sich umgeordnet in der Form

$$\left.\begin{aligned} \sum_{n''=n+1}^{\infty} b_{n''}\, e^{X_{n''}} U_{n''n} &= \sum_{n+1}^{\infty} \frac{S_i U_{in}}{t_i} + \sum_{j=n+1}^{\infty} \sum_{i=j+1}^{\infty} \frac{S_i U_{ij} U_{jn}}{t_i t_j} + \\[2mm] &\quad + \sum_{k=n+1}^{\infty} \sum_{j=k+1}^{\infty} \sum_{i=j+1}^{\infty} \frac{S_i U_{ij} U_{ik} U_{kn}}{t_i t_j t_k} + \cdots \end{aligned}\right\} \tag{4.7}$$

schreiben läßt. Es kann gezeigt werden, daß jede Summe in (4.7) konvergiert

Für den Fall A unterscheiden Menzel und Baker noch die Submodelle A_1 und A_2, die nur darin verschieden sind, daß in A_1 die Gaunt-Faktoren g durchweg gleich 1 gesetzt sind während in A_2 die exakten Werte dieser Faktoren eingeführt wurden.

Die Lösungen für den Fall B verlaufen nur insofern anders, als an Stelle von (4.2) von der Gleichung

$$\sum_{n''=n+1}^{\infty} F_{n''n} + \int_{\nu_n}^{\infty} F_{\varkappa n}\, d\nu = \sum_{n'=2}^{n-1} F_{nn'} \tag{4.8}$$

auszugehen ist und t_n jetzt durch

$$t_n = \sum_{2}^{n-1} U_{nn'} g_{nn'} \qquad (4.9)$$

definiert ist. Im Falle B werden der Voraussetzung entsprechend über den ganzen Nebel gerechnet sämtliche Übergänge $n \rightarrow 1$ für $n > 2$ durch die gleiche Anzahl Übergänge in der umgekehrten Richtung genau kompensiert. Im Endeffekt ist dies für die Zustände $n > 2$ dasselbe, als ob der Zustand $n = 1$ überhaupt nicht vorhanden wäre. Die Summation der $F_{nn'}$ hat somit mit $n' = 2$ zu beginnen.

Die von MENZEL und BAKER für die Modelle A_2 und B berechneten Koeffizienten sind auszugsweise in den Tabellen 4 und 5 aufgeführt. Die Tabellen 6a, b und 7 enthalten die damit berechneten relativen Linienintensitäten $I_n = F_{nn'} h\nu_{nn'}$ bezogen auf die Intensität von H_β, die willkürlich gleich 1 gesetzt ist.

Tabelle 4. b_n-Koeffizienten, Fall A_2.

n	T_e		
	5000°	10000°	20000°
3	0,004 34	0,0393	0,146
4	0,0234	0,0961	0,233
5	0,0540	0,150	0,296
6	0,0905	0,202	0,350
7	0,123	0,242	0,391
8	0,154	0,277	0,422
9	0,182	0,311	0,448
10	0,206	0,340	0,470
15	0,296	0,419	0,539
20	0,350	0,467	0,583
25	0,385	0,498	0,611
30	0,408	0,519	0,630

Tabelle 5. b_n-Koeffizienten, Fall B.

n	T_e		
	5000°	10000°	20000°
3	0,0098	0,089	0,330
4	0,0406	0,166	0,404
5	0,0840	0,233	0,460
6	0,132	0,296	0,512
7	0,173	0,341	0,550
8	0,211	0,379	0,577
9	0,244	0,417	0,600
10	0,271	0,448	0,620
15	0,371	0,526	0,676
20	0,428	0,571	0,713
25	0,464	0,600	0,736
30	0,486	0,618	0,750

Tabelle 6a. I_n, Fall A_2.

n	T_e		
	5000°	10000°	20000°
3	1,859	1,915	1,984
4	1,000	1,000	1,000
5	0,598	0,576	0,560
6	0,396	0,376	0,353
7	0,274	0,255	0,236
8	0,199	0,182	0,165
9	0,149	0,136	0,120
10	0,114	0,105	0,091
15	0,041	0,035	0,030
20	0,019	0,016	0,014
25	0,011	0,009	0,007
30	0,006	0,005	0,004

Tabelle 6b. I_n, Fall B.

n	T_e		
	5000°	10000°	20000°
3	2,43	2,50	2,59
4	1,00	1,00	1,00
5	0,53	0,51	0,50
6	0,33	0,31	0,30
7	0,223	0,206	0,192
8	0,157	0,143	0,130
9	0,115	0,105	0,093
10	0,087	0,079	0,069
15	0,030	0,025	0,021
20	0,014	0,012	0,010
25	0,007	0,006	0,005
30	0,004	0,003	0,003

Tabelle 7. I_n bei Stoßanregung (optisch dicker Nebel).

n	10 000°	20000°	40000°	n	10000°	20000°	40000°
3	5,760	4,790	4,060	8	0,048	0,060	0,070
4	1,000	1,000	1,000	9	0,033	0,040	0,047
5	0,291	0,347	0,383	10	0,023	0,028	0,033
6	0,136	0,169	0,194	11	0,006	0,007	0,009
7	0,076	0,097	0,112				

Das Balmer-Dekrement ändert sich mit T_e nur schwach. Eine Bestimmung von T_e auf Grund des Dekrementes kommt nicht in Frage. Selbst die Entscheidung, ob die Anregung in einem Nebel dem Falle A_2 oder dem Falle B näher steht, verlangt solch genaue photometrische Daten, die kaum zu erreichen sind. Das wahre Dekrement wird immer durch die interstellare Extinktion verfälscht (steiler), und eine diesbezügliche Korrektion kann nie ganz exakt sein. Vergleiche zwischen der Theorie und den gemessenen Linienintensitäten, ausgeführt von Berman[1] und von L. H. Aller ([4] S. 129), zeigen jedoch mit einiger Sicherheit, daß die wirklichen Dekremente den für die Fälle A_2 und B berechneten sehr nahe liegen. Dieses Ergebnis ist deshalb wichtig, da damit eine Grundannahme der Theorie des Nebelleuchtens (Strahlungsanregung des Wasserstoffs) als zutreffend angesehen werden kann. Es ist bekannt, daß bei Stoßanregung das Balmer-Dekrement sehr viel steiler ist. In der Tabelle 7 sind für drei verschiedene Elektronentemperaturen relative Intensitäten der Balmer-Linien aufgeführt, wie sie von J. W. Chamberlain[2] für einen optisch dicken Nebel für eine primäre Elektronenstoß-Anregung berechnet wurden. Es wird angenommen, daß die durch Elektronenstöße primär entstehenden Lyman-Linien im Nebel noch zur weiteren Anregung beitragen (optisch dicker Nebel). Das Balmer-Dekrement wird in diesem Falle dadurch steiler, daß die unmittelbare Anregung der Balmer-Terme n mit wachsendem n für nicht sehr hohe Temperaturen T_e rapide abfällt. Wie die Tabelle 7 zeigt, ist selbst für $20000°$ das Dekrement noch sehr steil und man kann sagen, daß ein solcher Abfall mit den Beobachtungen nicht vereinbar ist. Wie wir weiter unten noch erläutern werden, muß $T_e = 20000°$ als eine obere Grenze für die in den Hüllen auftretenden Elektronentemperaturen betrachtet werden.

Wir bemerken zum Schluß dieser Ziffer noch, daß die Tabellen 4, 5 und 6 auch für He II benutzt werden können, wenn man an Stelle von T_e die Temperaturen $T_e' = 4 T_e$ einführt.

5. Elektronendichten, Elektronentemperaturen und Linienintensitäten. α) *Die Intensitäten verschiedener Multipletts eines Ions*[3]. Die oben in Ziff. 2 gegebene Darstellung der Stoßanregung der verbotenen Linien ist insofern vereinfacht, als wir die Existenz von nur einem angeregten, metastabilen Niveau vorausgesetzt haben. Allgemein sind bei den in Frage kommenden Ionen zwei getrennte metastabile Terme über den Grundzuständen vorhanden. (Siehe die Niveauschemata auf Seite 150.) Wir bezeichnen im folgenden, vom Grundzustand ausgehend, die drei Terme, die wir zu betrachten haben, mit A, B und C $(\chi_C > \chi_B > \chi_A)$.

Die Bedingung eines statistischen Gleichgewichts für die Besetzung der Terme lautet jetzt:

$$\left.\begin{aligned} N_B (A_{BA} + S_{BA} N_e + S_{CB} N_e) &= N_A S_{BA} N_e + N_C (A_{CB} + S_{CB} N_e), \\ N_C (A_{CA} + A_{CB} + S_{CA} N_e + S_{CB} N_e) &= N_A S_{AC} N_e + N_B S_{BC} N_e. \end{aligned}\right\} \tag{5.1}$$

Zur Abkürzung setzen wir weiterhin

$$q_{nm} = S_{nm} N_e. \tag{5.2}$$

Eliminiert man in (5.1) einmal N_A, das andere Mal N_C so erhalten wir

$$\frac{N_B}{N_C} = \frac{q_{AB}}{q_{AC}} \cdot \frac{(A_{CA} + q_{CA}) + (A_{CB} + q_{CB})(1 + q_{AC}/q_{AB})}{(A_{BA} + q_{BA}) + (q_{AB} \cdot q_{BC}/q_{AC})(1 + q_{AC}/q_{AB})} \tag{5.3}$$

[1] L. Berman: Monthly Notices Roy. Astronom. Soc. London **96**, 898 (1936).

[2] J. W. Chamberlain: Astrophys. Journ. **117**, 387 (1953). Vgl. dazu auch S. Miamoto: Jap. Mem. Col. Sci. **21**, 173 (1938) und Z. Astrophys. **38**, 245 (1956).

[3] Vgl. dazu insbesondere M. J. Seaton: Monthly Notices Roy. Astronom. Soc. London **114**, 154 (1955).

und

$$\frac{N_B}{N_A} = \frac{q_{AB} + q_{AC}\,(A_{CB} + q_{CB})/(A_{CA} + A_{CB} + q_{CA} + q_{CB})}{A_{BA} + q_{BA} + q_{BC}\,(A_{CA} + q_{CA})/(A_{CA} + A_{CB} + q_{CA} + q_{CB})} \ . \tag{5.4}$$

Wie sich zeigen läßt, können die Ausdrücke (5.3) und (5.4) wesentlich vereinfacht werden. Auf Grund der relativen Werte der Stoßparameter $\Omega\,(A, C)$ und $\Omega\,(A, B)$ für ein und dasselbe Ion (s. Tabelle 2) folgt, daß stets

$$\frac{q_{AC}}{q_{AB}} \ll 1. \tag{5.5}$$

Die geringen Elektronendichten in den Nebeln ($N_e < 10^5$) liefern im Verein mit den Werten der $\Omega\,(n, m)$ und den Übergangswahrscheinlichkeiten (s. Tabelle 1) die Ungleichungen

$$A_{CA} \gg q_{CA} \quad \text{und} \quad A_{CB} \gg q_{CB}. \tag{5.6}$$

Unter Verwendung von (5.5) und (5.6) gehen (5.3) und (5.4) über in

$$\frac{N_B}{N_C} = \frac{q_{AB}}{q_{AC}} \cdot \frac{A_{CA} + A_{CB}}{A_{BA} + q_{BA}\,(q_{CA} + q_{CB})/q_{CA}} \tag{5.7}$$

und

$$\frac{N_B}{N_A} = \frac{q_{AB}}{A_{BA} + q_{BA} + q_{BC}\,A_{CA}/(A_{CA} + A_{CB})} \ . \tag{5.8}$$

Für die meisten Ionen gilt auch noch die Ungleichung

$$q_{BA} \gg q_{BC}\,A_{CA}/(A_{CA} + A_{CB}) \tag{5.9}$$

so daß (5.8) oft durch

$$\frac{N_B}{N_A} = \frac{q_{AB}}{A_{BA} + q_{BA}} \tag{5.10}$$

ersetzt werden kann.

Bei einer Reihe von Ionen erscheinen im photographisch-visuellen Spektralbereich zwei getrennte Multipletts ($B \to A$ und $C \to A$ oder $B \to A$ und $C \to B$). Für ein gegebenes Ion X sei das Intensitätsverhältnis der beiden Multipletts durch

$$\varrho_m(X) = \frac{I(B, A)}{I(C, m)} \tag{5.11}$$

bezeichnet, worin m für A oder B steht und

$$I(B, A) = \chi_B \cdot A_{BA} \cdot N_B; \qquad I(C, m) = \chi_C \cdot A_{Cm} \cdot N_C. \tag{5.12}$$

Unter Benutzung von (5.7) kann (5.11) wie folgt dargestellt werden

$$\varrho_m(X) = \frac{K_{(m)}\,e^{\varepsilon_{CB}/t_e}}{1 + d_B\,x} \tag{5.13}$$

mit

$$K_{(m)} = \frac{\chi_{BA}}{\chi_{Cm}} \frac{\Omega(A, B)}{\Omega(A, C)} \frac{A_{CA} + A_{CB}}{A_{Cm}}\ ; \tag{5.14}$$

$$d_B = 8{,}54 \cdot 10^{-4} \frac{\Omega(A, B)}{A_{BA}\,\omega_B} \left(\frac{\Omega(A, C) + \Omega(B, C)}{\Omega(A, C)} \right); \tag{5.15}$$

$$\varepsilon_{CB} = 10^{-4}\,\chi_{CB}/\mathsf{k}; \qquad t_e = 10^{-4}\,T_e; \qquad x = 10^{-4}\,N_e/t_e^{\frac{1}{2}}. \tag{5.16}$$

In der Tabelle 8 sind für vier Ionen neben den Wellenlängen λ der Übergänge die numerischen Werte der Größen $K_{(m)}$, d_B und ε_{CB} aufgeführt.

$\varrho_m(X)$ ist eine Funktion sowohl von T_e wie von N_e. Im Spektrum gemessene Werte von ϱ_m liefern für jedes Multiplettpaar eine Relation zwischen T_e und N_e.

Tabelle 8.

Ion	m	λ_{BA}	λ_{Cm}	$K_{(m)}$	d_B	ε_{CB}
N II	B	$6548 + 6584$	5755	$9,65$	$0,312$	$2,50$
O III	B	$4959 + 5007$	4363	$8,74$	$0,0438$	$3,30$
O II	B	3727	$7319 + 7330$	$17,4$	$15,7$	$1,96$
S II	A	$6717 + 6731$	$4069 + 4076$	$8,60$	$5,51$	$1,39$

Seaton hat für eine Reihe von Nebeln diese Relationen zur Bestimmung von T_e und N_e angewandt. Graphische Darstellungen von zwei Beispielen des Autors sind in Fig. 1 a, b wiedergegeben. Für NGC 7027 konnten vier Linienpaare, für NGC 2440 drei benutzt werden. Die Streuung der Kurvenschnittpunkte, die

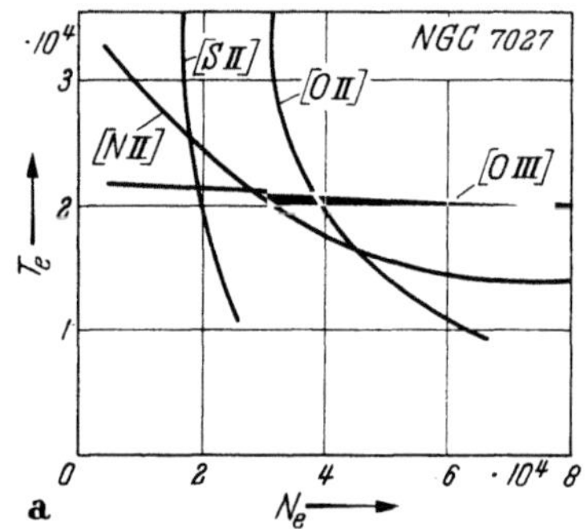

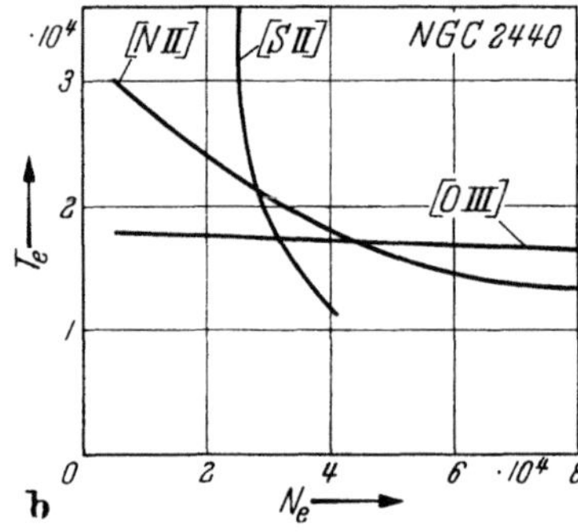

Fig. 1 a u. b. $N_e - T_e$-Relation für NGC 7027 und NGC 2440 nach M. J. Seaton [Monthly Notices Roy. Astronom. Soc. London **114**, 154 (1955)].

bei exakten photometrischen Daten und einem einheitlichen T_e innerhalb des Nebels zusammenfallen sollten, rührt sehr wahrscheinlich hauptsächlich von ungenauen Linienintensitäten her. Die vom Autor benutzten Intensitäten sind in

Tabelle 9.

λ	Übergang		Intensität NGC 7027	Intensität NGC 2440
3727	O II	$B \rightarrow A$	45	80
4069, 4076	S II	$C \rightarrow A$	10	8
4363	O III	$C \rightarrow B$	32	28
4959, 5007	O III	$B \rightarrow A$	1480	1540
5755	N II	$C \rightarrow B$	7	50
6548, 6584	N II	$B \rightarrow A$	141	1040
6717, 6731	S II	$B \rightarrow A$	22	12
7319, 7330	O II	$C \rightarrow B$	41	—

der Tabelle 9 aufgeführt. Auf eine Diskussion dieses Materials, das aus vier verschiedenen Quellen stammt, können wir hier nicht eingehen und verweisen diesbezüglich auf die Originalarbeit. Für die fünf behandelten Nebel sieht der Autor die in der Tabelle 10 links aufgeführten T_e und N_e als die wahrscheinlichsten Werte an.

Wenn die Elektronendichte bereits aus anderer Quelle bekannt ist, so genügt zu Bestimmung von T_e ein Multiplettpaar. Die Elektronendichte läßt sich bei Kenntnis der ungefähren Distanz eines Nebels auch aus der Ausstrahlung im Balmer-Kontinuum berechnen. Dies ist der Weg, der zuerst und zwar von Menzel und Aller eingeschlagen worden ist. Es ist jedoch notwendig bei dieser Methode, daß T_e wenigstens approximativ bekannt ist. Nach Gl. (1.28) ist die im Nebel pro Volumeneinheit in dem Frequenzintervall ν bis $\nu + d\nu$ des Balmer-Kontinuums emittierte Energie $E_{\varkappa 2}\, d\nu = F_{\varkappa 2} \cdot h\nu \cdot d\nu$ gegeben durch den Ausdruck

$$E_{\varkappa 2}\, d\nu = N_i \cdot N_e \frac{h\,K\,Z^4}{T_e^{\frac{3}{2}}} \frac{g}{8}\, e^{-\chi_\varkappa / kT_e}\, d\nu . \qquad (5.17)$$

Nahe der Balmer-Grenze, wo das Kontinuum die höchste Intensität zeigt, ist $g = 0{,}876$ und $\chi_\varkappa \approx 0$. Falls der Nebel eine einheitliche Elektronentemperatur T_e

Tabelle 10.

Nebel	SEATON		ALLER	
	T_e	Log N_e	T_e	Log N_e
NGC 7027	$19\,000°$	4,602	$16\,800°$	3,70
NGC 2440	$17\,000°$	4,602	—	
NGC 7662	$13\,000°$	4,699	$15\,000°$	3,83
NGC 6572	$13\,000°$	4,699	$13\,500°$	4,02
IC 818	$20\,000°$	3,903	$18\,300°$	4,21

hat, erhält man nach (5.17) für die Gesamtausstrahlung des Nebels nach der Einführung numerischer Werte für die Konstanten in (5.17):

$$E_{\varkappa 2}\, d\nu = 2{,}37 \cdot 10^{-33} N_i\, N_e\, T_e^{-\frac{3}{2}} V\, d\nu , \qquad (5.18)$$

wenn V das Nebelvolumen bezeichnet. MENZEL und ALLER formen diese Gleichung folgendermaßen um. Es sei $S_{\mathrm{BaC}}\, \varDelta\lambda$ der durchschnittliche Strahlungsstrom durch die Oberfläche des Nebels an der Balmer-Grenze für ein Intervall $\varDelta\lambda$ und ausgedrückt in erg cm$^{-2} \cdot$ sec^{-1}. r_i bezeichne den inneren und r_0 den äußeren Radius des Nebels in cm. Nach (5.18) ergibt sich dann für S_{BaC} der Ausdruck:

$$S_{\mathrm{BaC}} \cdot \varDelta\lambda = 1{,}78 \cdot 10^{-22} N_i N_e\, T_e^{-\frac{3}{2}} \left[\frac{r_0^3 - r_i^3}{r_0^3}\right] \varDelta\lambda . \qquad (5.19)$$

MENZEL und ALLER haben bei der Anwendung von (5.19) zur Bestimmung der Dichte N_e Temperaturen T_e benutzt, die heute größtenteils als um etwa 50 bis 60% zu niedrig angesehen werden müssen. ALLER hat später ([4] S. 147ff.) höhere, korrigierte Werte verwandt. Außerdem ist zu bemerken, daß S_{BaC} nur in wenigen Fällen direkt gemessen wurde, da dies meist große praktische Schwierigkeiten mit sich bringt. Das Balmer-Kontinuum ist vielfach sehr schwach und außerdem häufig durch ein Untergrund-Kontinuum anderen Ursprungs gestört. Die benutzten S_{BaC} beruhen größtenteils auf einer Photometrie des Strahlungsstromes S_β der starken Linie H$_\beta$ und einer theoretischen Bestimmung des Verhältnisses $S_{\mathrm{BaC}} : S_\beta$ auf der Basis der Theorie des Balmer-Dekrementes. Die von ALLER ([4] S. 149) so bestimmten N_e stimmen mit den von SEATON ermittelten N_e nicht sehr gut überein (s. Tabelle 10). Die Ursachen für diese Abweichungen können im Augenblick noch nicht klar aufgedeckt werden. Es ist zu wünschen, daß das Problem eine neue Bearbeitung erfährt.

Die in der Tabelle 10 rechts aufgeführten T_e wurden von ALLER mit Hilfe der ermittelten N_e auf Grund der relativen Intensitäten der [O III]-Linien bestimmt. Für die T_e kann die Übereinstimmung zwischen den Resultaten von SEATON und ALLER als ziemlich gut bezeichnet werden. Das bessere Ergebnis für T_e trotz der starken Abweichungen in den N_e Werten ist nicht ganz unverständlich. Unterhalb von $N_e = 10^{4,5}$ ist nämlich für die beiden [O III]-Übergänge das Verhältnis ϱ_m kaum noch von T_e abhängig ganz im Gegensatz zu den Verhältnissen bei den Ionen O II, N II und S II (s. Fig. 1).

β) *Die relativen Intensitäten der Dublett-Linien* [O II] $\lambda\lambda$ 3728,9; 3726,2 *und* [S II] $\lambda\lambda$ 6730,8; 6716,4.

Die Aufspaltung der beiden verbotenen Übergänge $B \to A$ der Ionen O II und S II rührt von der Aufspaltung des angeregten Termes B her (s. Fig. 2). In der Reihenfolge ^4S, $^2D_\frac{3}{2}$, $^2D_\frac{5}{2}$ wollen wir im Anschluß an die Bezeichnungsweise von Seaton[1] die Einzelterme mit a, b, c bezeichnen.

Das Intensitätsverhältnis

$$\varrho = I(^2D_\frac{5}{2} \to {}^4S) : I(^2D_\frac{3}{2} \to {}^4S) \tag{5.20}$$

läßt sich als Funktion von N_e und T_e in folgender Weise darstellen [s. Gl. (5.7)]:

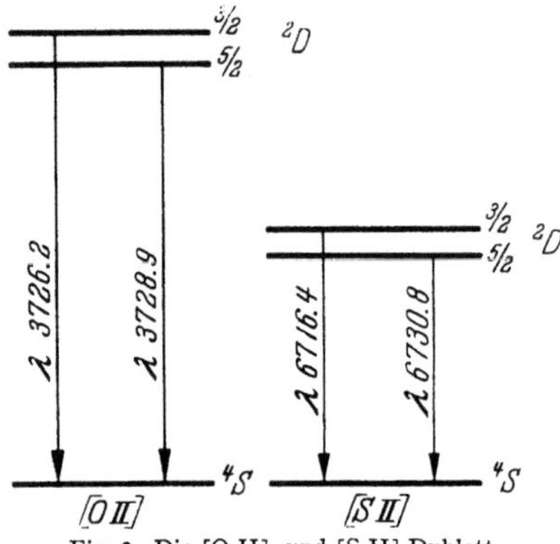

Fig. 2. Die [O II]- und [S II]-Dublett-Aufspaltung.

$$\varrho = \frac{q_{ac}}{q_{ab}} \cdot \frac{1 + [q_{ba} + q_{bc} + q_{ab}\,q_{bc}/q_{ac}]/A_{ba}}{1 + [q_{ca} + q_{cb} + q_{ac}\,q_{cb}/q_{ab}]/A_{ca}} . \tag{5.21}$$

Bei der Aufstellung von (5.21) haben wir wegen $A_{cb} \ll A_{ca}$ die Strahlungsübergänge zwischen b und c vernachlässigt. Außerdem ist die Existenz des höheren Termes ^2P nicht berücksichtigt, was in erster Näherung als erlaubt angesehen werden kann.

Die in den q_{nm} auftretenden Stoßparameter Ω [s. Gl. (5.2) und Gl. (2.17)] sind nicht für die individuellen Terme sondern nur die Gesamtterme berechnet worden. Seaton setzt die individuellen Ω proportional den Produkten aus den statistischen Gewichten der Anfangs- und Endterme und erhält damit die in der Tabelle 11 aufgeführten Werte.

Tabelle 11.

Ion	$\Omega(b, a)$	$\Omega(c, a)$	$\Omega(c, b)$	A_{ba} (sec^{-1})	A_{ca} (sec^{-1})
O II	0,58	0,86	0,86	$13{,}15 \cdot 10^{-5}$	$4{,}08 \cdot 10^{-5}$
S II	0,81	1,21	1,21	$17{,}36 \cdot 10^{-4}$	$6{,}31 \cdot 10^{-4}$

Die in der Tabelle 11 angegebenen Übergangswahrscheinlichkeiten stammen von Garstang[2].

Bei Einführung numerischer Werte für die Konstanten der Gl. (5.21) erhalten wir

$$\begin{aligned}
&\text{[O II]:} \quad \varrho = 1{,}5\,(1 + 3{,}3\,x)/(1 + 10{,}5\,x), \\
&\text{[S II]:} \quad \varrho = 1{,}5\,(1 + 3{,}3\,x)/(1 + 0{,}96\,x)
\end{aligned} \right\} \tag{5.22}$$

mit

$$x = 10^{-2} N_e \cdot T_i^{-\frac{1}{2}} . \tag{5.23}$$

Eine graphische Darstellung von (5.22) für die beiden Ionen findet man in Fig. 9 auf S. 155 dieses Bandes. Dort sind ebenfalls einige vorläufige Anwendungen besprochen.

III. Theorie der Ionisationsschichtung.

6. Die Ionisation in einem reinen Wasserstoff-Nebel. α) Die *Ionisationsgleichung.* Die äußere, erkennbare Begrenzung eines planetarischen Nebels ist

[1] M. J. Seaton: Ann. d'Astrophys. **17**, 74 (1954).
[2] R. H. Garstang: Astrophys. Journ. **115**, 506 (1952).

entweder bestimmt durch die Ausbreitung der Nebelmaterie oder — bei einer weit ausgedehnten Nebelmasse — durch das Erlöschen der Ionisation. Vom Gesichtpunkt der Absorption der UV-Strahlung des Zentralsternes sind die Nebelhüllen im ersten Falle als optisch dünn, im zweiten Falle als optisch dick zu bezeichnen. Wie weit wir es bei vorgegebenen Exemplaren mit optisch dicken oder optisch dünnen Objekten zu tun haben, ist durchaus nicht einfach zu entscheiden, und in diesem Punkte gehen unter den Autoren die Ansichten noch weit auseinander. Für die Weiterentwicklung der Theorie der planetarischen Nebel ist die Kenntnis der optischen Qualitäten der Hüllen jedenfalls sehr wesentlich. Die Theorie der Ionisation und Ionisationsschichtung, die wir in dieser Ziffer und den nächsten Ziffern behandeln, dient dazu, dieser Frage allmählich näherzukommen. Dieselbe ist außerdem von besonderer Wichtigkeit für die Methode der Temperaturbestimmung der Zentralsterne aus der Art der Nebelemission (Ziff. 8 u. 9).

Die anschließend zunächst gegebene Behandlung der Ionisationsverhältnisse in einem reinen Wasserstoffnebel stammt von B. STRÖMGREN[1]. Das Modell, welches von diesem Autor analytisch behandelt wurde, ist ein Nebel homogener Dichte und hoher optischer Dicke. Die Nebelmaterie umgibt den anregenden Zentralstern vollständig und reicht bis an dessen Oberfläche heran. Als das wesentlichste Merkmal eines solchen Nebels ergibt sich, daß die Wasserstoffionisation bei einer bestimmten Distanz s_0 vom Zentralstern ziemlich plötzlich abfällt und dementsprechend die Wasserstoffemission eine scharfe Begrenzung aufzeigen muß.

Wegen der starken Abweichungen von einem Zustande thermischen Gleichgewichts kann zur Beschreibung der Ionisationsverhältnisse im Nebel verständlicherweise nicht ohne weiteres die einfache Saha-Gleichung benutzt werden. Wie von verschiedenen Autoren[2] gezeigt worden ist, läßt sich jedoch eine etwas modifizierte Saha-Gleichung verwenden, die folgende Form hat

$$\frac{N_i N_e}{N_1} = \frac{\omega_i \omega_e}{\omega_1} \frac{(2\pi m\,\mathsf{k}T)^{\frac{3}{2}}}{h^3} e^{-\chi_1/\mathsf{k}T} \cdot w, \qquad (6.1)$$

und die sich von der gewöhnlichen Saha-Gleichung nur durch einen Korrektionsfaktor w unterscheidet, der allerdings eine nicht ganz einfache Form hat, und den wir ausführlicher zu erläutern haben. In Gl. (6.1) bedeutet T die Oberflächentemperatur des anregenden Sternes und nicht etwa die Raumtemperatur an einer Stelle im Nebel. Letztere ist physikalisch eben nicht definiert. Wir erwähnen noch, daß N_1 die Dichte der Wasserstoffatome im Gundzustand des Atoms bedeutet und ω_1 das statistische Gewicht dieses Zustandes. Abgesehen von dem Faktor w sind alle anderen Bezeichnungen in Gl. (6.1) bereits früher eingeführt worden.

Die Formel (6.1) ist unter folgenden Voraussetzungen abgeleitet: 1. Die Ionisationen im Nebel erfolgen nur durch Absorption von Lichtstrahlung ohne Mitwirkung von Stoßprozessen, und zwar nur aus dem Grundzustand des Atoms. 2. Die Intensität der ionisierenden Strahlung $I_\nu(r)$ in der Entfernung r vom Zentralstern wird beschrieben in der Form

$$I_\nu(r) = I_\nu(R_*)\, e^{-\overline{\tau_\nu(r)}}\, \frac{R_*^2}{4 r^2}. \qquad (6.2)$$

---

[1] B. STRÖMGREN: Astrophys. Journ. **89**, 526 (1939).
[2] A. EDDINGTON: Proc. Roy. Soc. Lond., Ser. A **111**, 424 (1926). — S. ROSSELAND: Theoretical Astrophysics, S. 316. Oxford 1936. — B. STÖMGREN: Astrophys. Journ. **108**, 252 (1948).

$I_\nu(R_*)$ bezeichnet die Intensität der Sternstrahlung an der Oberfläche des Sternes mit dem Radius R_*; $R_*^2/4r^2$ bestimmt die geometrische Verdünnung der Strahlung $I_\nu(R_*)$ bis zur Distanz r und $\mathrm{e}^{-\overline{\tau_\nu(r)}}$ die optische Verdünnung bis zu dieser Distanz. Mit $\overline{\tau_\nu(r)}$ wird eine für alle Frequenzen ν im Lyman-Kontinuum gültige optische Dicke eingeführt. — 3. Die im Nebel reemittierte, diffuse Strahlung wird bei der Ableitung von Gl. (6.1) vernachlässigt.

Der Korrektionsfaktor w in (6.1) hat die folgende Gestalt:

$$w = \frac{R_*^2}{4r^2} \cdot \mathrm{e}^{-\overline{\tau}_\nu} \cdot \Gamma(T, T_e) \cdot \left(\frac{T_e}{T}\right)^{\frac{1}{2}}. \tag{6.3}$$

Die Bedeutung der beiden ersten Faktoren in (6.3) haben wir bereits erwähnt. Unter den gemachten Voraussetzungen bei der Ableitung von (6.1) ist deren Auftreten auf der rechten Seite der Ionisationsformel ohne weiteres verständlich. Der dritte und vierte Faktor in (6.3) verdanken ihr Auftreten der Tatsache, daß für die Photoionisation und Rekombinationen nicht mehr das Prinzip des detaillierten Gleichgewichts gilt. T_e bedeutet die Elektronentemperatur an der betrachteten Raumstelle im Nebel, T dagegen, wie schon erwähnt, die Oberflächentemperatur des anregenden Sternes. Die Funktion $\Gamma(T, T_e)$ hängt nicht nur von T und T_e sondern auch von dem Verlauf von $I_\nu(R_*)$ ab. Gewöhnlich wird für $I_\nu(R_*)$ die Plancksche oder Wiensche Formel vorausgesetzt. Bei Gültigkeit der Planckschen Formel erhält man[1]

$$\Gamma(T, T_e) = \frac{\eta_1 \cdot \mathrm{e}^{\eta_1} \sum\limits_{n=1}^{\infty} K_1(n\,\eta_1)}{\eta_1' \sum\limits_{n=1}^{\infty} \frac{1}{n^3} \mathrm{e}^{\eta_n'} K_1(\eta_n')} \tag{6.4}$$

mit

$$\eta_1 = \frac{h\,\nu_1}{kT}, \qquad \eta_n' = \frac{\eta_1'}{n^2}, \qquad \eta_1' = \frac{h\,\nu_1}{kT_e}; \quad K_1(x) = \int\limits_x^\infty \frac{\mathrm{e}^{-u}}{u}\,du. \tag{6.5}$$

Numerische Werte der Funktionen $\Gamma(T, T_e)$ für $T_e = 10^4$ und $2 \cdot 10^4$ sind in der Tabelle 12 aufgeführt[1]. Wie man erkennt, sind die $\Gamma(T, T_e)$ mit T nur sehr schwach veränderlich und mit T_e auch nur mäßig. Die unter Γ_2 in der Tabelle 12 aufgeführten Werte gelten für das He II-Ion.

Tabelle 12.

T in 10^3 Grad	Γ_1 für $T_e = 10^4$	Γ_1 für $T_e = 2 \cdot 10^4$	Γ_2 für $T_e = 10^4$	Γ_2 füt $T_e = 2 \cdot 10^4$
30	0,371	0,432	0,324	0,359
40	0,360	0,420	0,320	0,357
50	0,350	0,408	0,316	0,354
80	0,338	0,394	0,304	0,342
100	0,336	0,392	0,298	0,334
120	0,334	0,390	0,292	0,328
150	0,335	0,391	0,286	0,321
200	0,339	0,395	0,276	0,310

Die Ionisationsgleichung (6.1) werden wir weiterhin in der abgekürzten Form

$$\frac{N_i N_e}{N_1} = C \cdot R_*^2 \, \frac{\mathrm{e}^{-\overline{\tau}_\nu}}{r^2} \tag{6.6}$$

---

[1] Siehe K. Eberlein: Z. Astrophys. **38**, 360 (1955).

schreiben mit

$$C = \frac{1}{4}\,\frac{\omega_i\,\omega_e}{\omega_1}\,\frac{(2\pi\,m\,\mathrm{k}T)^{\frac{3}{2}}}{h^3}\,\mathrm{e}^{-\chi_1/\mathrm{k}T}\cdot\left(\frac{T_e}{T}\right)^{\frac{1}{2}}\cdot\Gamma(T,\,T_e).\tag{6.7}$$

Eine Angabe über das in der Literatur verwendete $\bar{\tau}_\nu$ machen wir weiter unten.

$\beta)$ *Die Differentialgleichung des Ionisationsverlaufs.* Mit STRÖMGREN setzen wir[1]

$$\left.\begin{aligned}N_\mathrm{H} &= N_{\mathrm{H\,I}} + N_{\mathrm{H\,II}}; \qquad N_{\mathrm{H\,II}} = x\,N_\mathrm{H}\,, \\ N_{\mathrm{H\,I}} &= (1-x)\,N_\mathrm{H}; \qquad N_e = x\,N_\mathrm{H}\,, \end{aligned}\right\}\tag{6.8}$$

worin $0 \leq x \leq 1$ den Ionisationsgrad bezeichnet. Der Abstand eines Raumpunktes vom Stern (in parsec) sei jetzt mit s bezeichnet und der Radius des Sternes in der Einheit des Sonnenradius mit R. Für Gl. (6.6) schreiben wir nun

$$\frac{x^2}{1-x}\,N_\mathrm{H} = C\,\frac{1}{s^2}\,\mathrm{e}^{-\bar{\tau}_\nu},\tag{6.9}$$

wobei

$$C_1 = 10^{-0,51-\vartheta\chi_1}\,\frac{2\omega_i}{\omega_1}\,T^{\frac{3}{2}}\cdot R^2\cdot\left(\frac{T_e}{T}\right)^{\frac{1}{2}}\cdot\Gamma(T,\,T_e)\tag{6.10}$$

und

$$\vartheta = \frac{5040}{T}\,,\qquad \chi_1 = 13{,}59\,\mathrm{eV}.\tag{6.11}$$

Zur Bestimmung des Ionisationszustandes in einem Raumpunkt mit der Distanz s haben wir außer Gl. (6.9) noch eine zweite zur Verfügung, welche die Variation der optischen Dicke $\bar{\tau}_\nu$ mit wachsendem s festlegt:

$$d\bar{\tau}_\nu = (1-x)\,N_1\cdot\bar{a}_\nu\cdot 3{,}08\cdot 10^{18}\,ds.\tag{6.12}$$

Substituiert man (6.12) über $(1-x)$ in Gl. (6.9) so hat man:

$$\mathrm{e}^{-\bar{\tau}_\nu}d\bar{\tau}_\nu = \frac{N^2}{C_1}\,x^2 s^2\cdot 3{,}08\cdot 10^{18}\cdot\bar{a}_\nu\cdot ds.\tag{6.13}$$

STRÖMGREN führt nun an Stelle der Variablen $\bar{\tau}_\nu$ und s die neuen Variablen y und z ein:

$$y = \mathrm{e}^{-\bar{\tau}_\nu}\qquad (1 \geq y \geq 0)\,,\tag{6.14}$$

$$dz = \frac{N_\mathrm{H}^2}{C_1}\,3{,}08\cdot 10^{18}\cdot\bar{a}_\nu\cdot s^2\cdot ds\qquad (z = 0\ \text{für}\ s = 0).\tag{6.15}$$

Die simultan zu integrierenden Gleichungen sind nun

$$\left.\begin{aligned}\text{a)}\qquad & \frac{dy}{dz} = -\,x^2\,, \\ \text{b)}\qquad & \frac{1-x}{x^2} = \alpha\,\frac{1}{y}\,z^{\frac{2}{3}}\,, \end{aligned}\right\}\tag{6.16}$$

wobei

$$\alpha = \left(\frac{9}{N\cdot C_1\cdot(3{,}08\cdot 10^{18}\cdot\bar{a}_\nu)^2}\right)^{\frac{1}{3}}.\tag{6.17}$$

Das System (6.16) läßt sich nur numerisch lösen. Es sind nur solche Lösungen von Interesse, für die $\alpha \ll 1$ ist. Letzteres bedeutet nämlich, daß für Entfernungen vom Stern von der Ordnung der Größe des Sternradius R die Ionisation extrem hoch ist und $x = 1$ gesetzt werden kann.

---

[1] Die Bezeichnungen sind hier mit Rücksicht auf den Stoff der nächsten Ziffer ein wenig anders als bei STRÖMGREN.

Die Lösungen mit $\alpha \ll 1$ zeigen alle die charakteristische Eigenschaft, daß der Abfall des Ionisationsgrades von $x \approx 1$ zu $x \to 0$ auf einer Strecke Δs vor sich geht, die sehr klein ist im Vergleich zum gesamten Radius s_0 der Ionisationszone ($\Delta s \ll s_0$). Der Radius s_0 der Zone wird zweckmäßig nach dem Ausdruck (6.15) mit dem Werte von s für $z = 1$ identifiziert:

$$s_0 = \left(\frac{3\,C_1}{N_H^2 \cdot 3{,}08 \cdot 10^{18}\,\bar{a}_\nu} \right)^{\frac{1}{3}}. \tag{6.18}$$

In der Tabelle 13 geben wir die numerischen Resultate einer Integration des Gleichungssystems (6.16) für $\alpha = 10^{-2}$. Man sieht, daß der Wasserstoff in der nächsten Umgebung von $s = s_0$ rasch vom ionisierten in den neutralen Zustand überwechselt. Da das Leuchten des Wasserstoffs an eine Ionisation gebunden ist, so ist dementsprechend eine scharfe Begrenzung des hellen, inneren Teiles eines ausgedehnten Wasserstoff-Nebels zu erwarten.

Tabelle 13. *Integration des Gleichungssystems* (6.16) *für* $\alpha = 10^{-2}$.
(Nach B. Strömgren, loc. cit.)

z	s/s_0	$y = e^{-\bar{\tau}_\nu}$	$\bar{\tau}_\nu$	x
0,0	0,00	1,00	0,00	1,00
0,2	0,58	0,80	0,22	0,996
0,4	0,74	0,60	0,50	0,991
0,6	0,84	0,41	0,89	0,983
0,8	0,93	0,22	1,52	0,963
0,9	0,97	0,13	2,06	0,936
1,0	1,00	0,046	3,07	0,85
1,1	1,03	0,0018	6,3	0,33

Bei der Berechnung der Radien s_0 nach (6.18) wurde von Strömgren in seiner Originalarbeit $\bar{a}_\nu$ einfach gleich dem Werte des Absorptionskoeffizienten a_{ν_1} an der Seriengrenze gesetzt, der Faktor $\Gamma = 1$ und $T_e = \frac{1}{4}\,T$. $\bar{a}_\nu = a_{\nu_1}$ ergibt zweifellos etwas zu kleine Radien insbesondere für höhere T. Es liegt nahe, als nächste Näherung einen Mittelwert $\bar{a}_\nu$ zu benutzen, bei dessen Bildung die Intensität der Strahlung (Quantendichte oder Energiedichte) als Gewichtsfaktor auftritt, also entsprechend den Ausdrücken:

$$\bar{a}_1 = \int\limits_{\nu_1}^{\infty} a_\nu \, \frac{\varrho_\nu(T)}{h\,\nu}\, d\nu \tag{6.19}$$

oder

$$\bar{a}_1^* = \int\limits_{\nu_1}^{\infty} a_\nu \cdot \varrho_\nu(T)\, d\nu. \tag{6.20}$$

Es ist nicht sicher zu entscheiden, welchem von den beiden Mittelwerten der Vorzug gegeben werden soll. Da die Ionisationen quantenhaft erfolgen, so ist zu vermuten, daß das erste Mittel den Verhältnissen besser angepaßt ist. In den Tabellen 14a und 14b sind für einige T die Verhältnisse $\bar{a}_1 : a_{\nu_1}$ und $\bar{a}_1^* : a_{\nu_1}$ aufgeführt, und zwar außer für H I auch für das Hauptserien-Kontinuum von He II[1].

Die Tabelle 15 und 16 geben s_0-Werte für eine Reihe von Oberflächentemperaturen T, und zwar für $N = 1$ und $R = 1$. Bei der Berechnung der Tabelle 15 wurde $T_e = \frac{1}{4}\,T$, $\Gamma = 1$ und $\bar{a}_\nu = a_{\nu_1}$ gesetzt. In der Tabelle 16 sind die s_0-Werte für zwei Elektronentemperaturen (10000° und 20000°) aufgeführt. Hier wurde für $\bar{a}_\nu$ der Mittelwert $\bar{a}_1$ benutzt und Γ nach der Formel (6.4) berechnet. Daß

---

[1] Nach K. Eberlein: Z. Astrophys. **38**, 366, (1955). Für He II sind die Koeffizienten mit $\bar{a}_2$ und $\bar{a}_2^*$ bezeichnet.

Tabelle 14a.

T in 10^3 Grad	$\bar{a}_1/a_{\nu_1}$ H I	$'\bar{a}_2/a_{\nu_1}$ He II
10	0,834	0,955
30	0,590	0,872
50	0,436	0,798
80	0,294	0,700
120	0,193	0,590
150	0,150	0,522
200	0,102	0,436

Tabelle 14b.

T in 10^3 Grad	$\bar{a}_1^*/a_{\nu_1}$ H I	$\bar{a}_2^*/a_{\nu_1}$ He II
10	0,822	0,951
30	0,549	0,865
50	0,365	0,780
80	0,214	0,673
120	0,118	0,549
150	0,079	0,465
200	0,045	0,365

trotz der Benutzung kleinerer Werte für $\bar{a}_\nu$ die s_0 in der Tabelle 16 kleiner ausfallen als in der Tabelle 15 beruht darauf, daß durch die Verwendung von $\Gamma = 1$ bei STRÖMGREN der Einfluß des kleineren $\bar{a}_\nu$ wieder kompensiert bzw. sogar ein wenig überkompensiert wird. Bei höheren Temperaturen $T \geq 100000°$ ist dies aber nicht mehr der Fall.

Tabelle 15.
Radien s_0 der H II-Zonen in parsec.
(Nach B. STRÖMGREN, loc. cit.)

Spektrum	T in 10^3 Grad	$s_0 (T_e/T = \tfrac{1}{4})$
B 1	23	$5,6 \cdot R^{\frac{2}{3}} N^{-\frac{2}{3}}$
B 0	25	$7,2 \cdot$,,
O 9	32	$13 \cdot$,,
O 8	40	$20 \cdot$,,
O 7	50	$29 \cdot$,,
O 6	63	$40 \cdot$,,
O 5	80	$54 \cdot$,,

Tabelle 16.
Radien s_0 der H II-Zonen in parsec.
(Nach K. EBERLEIN, loc cit.)

T in 10^3 Grad	$s_0 (10000°)$	$s_0 (20000°)$
30	$7,82 \cdot R^{\frac{2}{3}} N^{-\frac{2}{3}}$	$9,39 \cdot R^{\frac{2}{3}} N^{-\frac{2}{3}}$
50	$20,32 \cdot$,,	$23,96 \cdot$,,
80	$39,90 \cdot$,,	$47,05 \cdot$,,
100	$52,95 \cdot$,,	$62,45 \cdot$,,
120	$65,45 \cdot$,,	$77,45 \cdot$,,
150	$83,40 \cdot$,,	$98,10 \cdot$,,
200	$114,20 \cdot$,,	$135,00 \cdot$,,

7. Die He III—H II Schichtung. Die Ausdehnung der in der vorigen Ziffer behandelten H II—H I Schichtung auf andere Gase stößt im allgemeinen schon sogleich auf beträchtliche Schwierigkeiten, die hauptsächlich dadurch entstehen, daß die verschiedensten Ionen in den gleichen Spektralbereichen absorbieren, und die einzelnen Anteile quantitativ kaum zu trennen sind. Nach Wasserstoff sind die Verhältnisse noch am günstigsten für das He-Atom wegen dessen relativ hoher Häufigkeit. Von einem Wasserstoff-Helium-Nebel ist bisher aber nur die am leichtesten beschreibbare He III—H II—H I-Schichtung behandelt worden[1]. Eine He III—H II-Schichtung kann natürlich nur in einem Nebel hoher Anregung auftreten. Die Schichtung des He III gegen H II läßt sich deshalb quantitativ darlegen, weil die He II-Absorption praktisch ungestört von der H I-Absorption vor sich gehen kann. Die weite Trennung der Absorptionskanten von H I und He II ist in dieser Beziehung neben der hohen He-Häufigkeit wesentlich. Die He II—He I-Schichtung ist in den hoch angeregten Modellen quantitativ nicht mehr ohne weiteres erfaßbar. Wahrscheinlich läßt sich dieselbe jedoch für den Fall eines schwach angeregten Modelles, wenn das He III wegfällt, darstellen.

Die He III—He II-Schichtung ist zuerst vom Verfasser [2] und später ausführlicher von EBERLEIN[2] behandelt worden.

---

[1] Ein Wasserstoff-Helium-Nebel weist im allgemeinsten Falle (hohe Temperatur) fünf verschiedene Ionen auf und somit fünf Schichten. Die drei Schichten der Ionen He III, He II, He I befinden sich innerhalb der H II-Zone. Die hier behandelte He III—H II—H I-Schichtung legt zwar die Grenze zwischen He III und He II fest, aber nicht die Schichtung des He II gegen He I.

[2] K. EBERLEIN: Z. Astrophys. **38**, 360 (1955); **41**, 271 (1957).

Die Theorie der He III—He II-Schichtung ist formal identisch mit der Theorie der H II—H I-Schichtung. Die Tatsache, daß beim He neben den Ionen He III, He II noch als drittes Ion He I existiert, kann unberücksichtigt bleiben, solange man sich nur für die Ausdehnung der He III-Zone interessiert und nicht für die Schichtung des He II gegen He I. Es läßt sich erwarten — und nachträglich durch Rechnung verifizieren — daß an der äußeren Grenze der He III-Zone das He-Atom in He II, aber noch nicht in He I übergeht. Letzteres wird durch die optisch noch ungeschwächte Sternstrahlung im Kontinuum des He I verhindert. Die Rechnungen können also so angelegt werden, als ob ein Zustand He I überhaupt nicht vorhanden sei.

Analog zu Gl. (6.6) haben wir nun die zwei Ionisationsgleichungen

$$\frac{N_{\text{H II}} \cdot N_e}{N_{\text{H I}}} = C_1 \frac{e^{-\bar{\tau}_1}}{s^2}; \qquad \frac{N_{\text{He III}} \cdot N_e}{N_{\text{He II}}} = C_2 \frac{e^{-\bar{\tau}_2}}{s^2} \qquad (7.1)$$

mit

$$C_1 = 10^{-0,51-\vartheta\chi_1} \frac{2\omega_{\text{H II}}}{\omega_{\text{H I}}} T^{\frac{3}{2}} R^2 \left(\frac{T_e}{T}\right)^{\frac{1}{2}} \Gamma_1(T, T_e) \qquad (7.2)$$

und

$$C_2 = 10^{-0,51-\vartheta\chi_2} \frac{2\omega_{\text{He III}}}{\omega_{\text{He II}}} T^{\frac{3}{2}} R^2 \left(\frac{T_e}{T}\right)^{\frac{1}{2}} \Gamma_2(T\, T_e), \qquad (7.3)$$

s in parsec; R in $R_\odot$; $\chi_1 = 13.59$ eV, $\chi_2 = 4\chi_1$. Die Elektronendichte ist gegeben durch

$$N_e = [x_1 + \varkappa(1 + x_2)] N_{\text{H}}. \qquad (7.4)$$

In (7.4) bedeuten x_1 und x_2 die Ionisationsgrade von H und He II, $\varkappa$ das Häufig-keitsverhältnis von He zu H und N_{H} die Dichte des Wasserstoffs.

Mit Hilfe von (7.4) schreiben wir die Ionisationsgleichungen in der Form:

$$\left.\begin{aligned}
\text{a)} \quad & \frac{x_1[x_1 + \varkappa(1 + x_2)]}{1 - x_1} N_{\text{H}} = C_1 \frac{e^{-\bar{\tau}_1}}{s^2}, \\
\text{b)} \quad & \frac{x_2[x_1 + \varkappa(1 + x_2)]}{1 - x_2} N_{\text{H}} = C_2 \frac{e^{-\bar{\tau}_2}}{s^2}.
\end{aligned}\right\} \qquad (7.5)$$

Für die Differentiale der optischen Dicken $d\bar{\tau}_1$ und $d\bar{\tau}_2$ erhalten wir:

$$\left.\begin{aligned}
d\bar{\tau}_1 &= \bar{a}_1 N_{\text{H}} (1 - x_1) \cdot 3{,}08 \cdot 10^{18} \, ds, \\
d\bar{\tau}_2 &= \bar{a}_2 \varkappa N_{\text{H}} (1 - x_2) \cdot 3{,}08 \cdot 10^{18} \, ds,
\end{aligned}\right\} \qquad (7.6)$$

und die zu (6.13) analogen Gleichungen lauten:

$$\left.\begin{aligned}
\text{a)} \quad & e^{-\bar{\tau}_1} d\bar{\tau}_1 = \frac{N_{\text{H}}^2}{C_1} x_1 [x_1 + \varkappa(1 + x_2)] s^2 \cdot 3{,}08 \cdot 10^{18} \cdot \bar{a}_1 \, ds, \\
\text{b)} \quad & e^{-\bar{\tau}_2} d\bar{\tau}_2 = \frac{\varkappa N_{\text{H}}^2}{C_2} x_2 [x_1 + \varkappa(1 + x_2)] s^2 \cdot 3{,}08 \cdot 10^{18} \bar{a}_2 \, ds.
\end{aligned}\right\} \qquad (7.7)$$

Wir setzen weiterhin

$$y_1 = e^{-\bar{\tau}_1}; \qquad y_2 = e^{-\bar{\tau}_2}. \qquad (7.8)$$

Es kommt uns nun zunächst darauf an, die Differentialgleichung für die He III—He II-Schichtung zu gewinnen.

Neben y_2 führen wir eine zweite, neue Variable z_2 ein, die definiert wird durch

$$dz_2 = \frac{\varkappa(1 + 2\varkappa)}{C_2} N_{\text{H}}^2 \cdot 3{,}08 \cdot 10^{18} \bar{a}_2 s^2 \, ds. \qquad (7.9)$$

Da die He III-Zone in die H II-Zone eingebettet und kleiner als diese ist, so läßt sich innerhalb der He III-Zone $x_1 = 1$ setzen. Die Ionisationsgleichung (7.5b) liefert mit $x_1 = 1$ für x_2 eine quadratische Gleichung, deren Koeffizienten Funktionen von $e^{-\bar{\tau}_2}$, s, C_2 und $\varkappa$ sind. Entwickelt man die positive Wurzel von x_2 in eine Taylor-Reihe und führt diese in (7.7b) ein, so erhält man mit (7.7b) und (7.9) die folgende Differentialgleichung:

$$\frac{dy_2}{dz_2} = - \frac{y_2}{y_2 + \alpha_2 z_2^{\frac{2}{3}}} \cdot \frac{1 + q_2 \varkappa}{1 + 2\varkappa} \tag{7.10}$$

mit

$$\alpha_2 = \left\{ \frac{9}{\dfrac{\varkappa^2 (1 + 2\varkappa)^2}{(1 + \varkappa)^3} N_{\mathrm{H}} \cdot C_2 (3{,}08 \cdot 10^{18} \cdot \bar{a}_2)^2} \right\}^{\frac{1}{3}} \tag{7.11}$$

und

$$q_2 = 1 + \left[1 + \frac{\alpha_2 z_2^{\frac{2}{3}}}{y_2} \right]^{-2} - 2\varkappa \left[1 + \frac{\alpha_2 z_2^{\frac{2}{3}}}{y_2} \right]^{-4} \frac{\alpha_2 z_2^{\frac{2}{3}}}{y_2} + \cdots \approx 2 - 2(1 + \varkappa) \frac{\alpha_2 z_2^{\frac{2}{3}}}{y_2} + - \cdots . \tag{7.12}$$

Für $\varkappa < 1$ und $\alpha \ll 1$ kann bis zu $z_2 = 1$ und ein wenig darüber hinaus der zweite Faktor in (7.10) gleich 1 gesetzt werden. Wir erhalten also:

$$\frac{dy_2}{dz_2} = - \frac{y_2}{y_2 + \alpha_2 z_2^{\frac{2}{3}}} \cdot \tag{7.13}$$

Diese genäherte Differentialgleichung ist von Eberlein für eine Reihe von Werten $\alpha_2 \ll 1$ numerisch integriert worden. Der Ionisationsgrad x_2 zeigt auch in diesem Falle, wie man erwarten kann, einen steilen Abfall in der nächsten Umgebung von $z_2 = 1$. Die Distanz vom Zentralstern für $z_2 = 1$ sei mit $s_{2,0}$ und als Radius der He III-Zone bezeichnet. Wir finden dafür nach (7.9):

$$s_{2,0} = \left(\frac{3 C_2}{\varkappa (1 + 2\varkappa) N_{\mathrm{H}}^2 \cdot 3{,}08 \cdot 10^{18} \bar{a}_2} \right)^{\frac{1}{3}} \cdot \tag{7.14}$$

Die Behandlung der Differentialgleichung für y_1 verläuft in ähnlicher Weise wie im Falle von y_2. Aus (7.5a) ergibt sich eine quadratische Gleichung für x_1, deren Koeffizienten Funktionen von y_1, z_1, C_1, und x_2 sind. Entwickelt man wiederum die positive Wurzel von x_1 in eine Taylor-Reihe und führt diese in (7.7a) ein, so findet man:

$$\frac{dy_1}{dz_1} = - \frac{y_1}{y_1 + \alpha_1 z_1^{\frac{2}{3}}} \cdot \frac{\delta + \varkappa (1 + x_2)}{1 + \varkappa (1 + x_2)} \tag{7.15}$$

mit

$$\alpha_1 = \left(\frac{9 (1 + x_2)^3 \varkappa^3}{[1 + (1 + x_2) \varkappa]^2 N_{\mathrm{H}} \cdot C_1 \cdot (\bar{a}_1 \cdot 3{,}08 \cdot 10^{18})^2} \right)^{\frac{1}{3}}, \tag{7.16}$$

$$\delta = \frac{y_1^2}{[y_1 + \alpha_1 z_1^{\frac{2}{3}}]^2} - \frac{2}{\varkappa (1 + x_2)} \frac{y_1^3 \cdot \alpha_1 z_1^{\frac{2}{3}}}{[y_1 + \alpha_1 z_1^{\frac{2}{3}}]^4} + \cdots \tag{7.17}$$

und

$$dz_1 = [1 + (1 + x_2) \varkappa] \frac{N_{\mathrm{H}}^2}{C_1} \bar{a}_1 \cdot 3{,}08 \cdot 10^{18} s^2 \, ds. \tag{7.18}$$

Dabei ist $(1 + x_2)$ in Gl. (7.15) bis (7.18) durch einen festen Mittelwert ersetzt worden, der sich nachträglich für gegebene Werte von T, N_{H} und $\varkappa$ leicht festlegen läßt[1].

Beschränkt man sich auf Werte von z_1 zwischen 0 und 1 und nur wenig über 1, so kann auch hier der zweite Faktor der Differentialgleichung gleich 1 gesetzt

---

[1] Siehe K. Eberlein: loc. cit.

werden, und wir erhalten die Gleichung[1]:

$$\frac{dy_1}{dz_1} = -\frac{y_1}{y_1 + \alpha_1 z_1^{\frac{2}{3}}}, \qquad (7.19)$$

die sich formal von (7.13) nicht unterscheidet.

Nach (7.18) erhalten wir den Radius $s_{1,0}$ der ganzen H II-Zone zu

$$s_{1,0} = \left(\frac{3\,C_1}{[1 + \overline{(1+x_2)}\,\varkappa]\,N_{\mathrm{H}}^2\,\bar{a}_1 \cdot 3{,}08 \cdot 10^{18}}\right)^{\frac{1}{3}}. \qquad (7.20)$$

Das Verhältnis der Radien der He III-Zonen zu den Radien der H II-Zonen als Funktion der Sterntemperatur T findet man in Fig. 3 graphisch dargestellt, und zwar für zwei Werte ($\varkappa = 0{,}2$ und $\varkappa = 0{,}1$) des Häufigkeitsverhältnisses von Helium und Wasserstoff. Für wachsende Werte von $\varkappa$ wird $s_{2,0}$ relativ zu $s_{1,0}$ kleiner, ein Verhalten, welches leicht verständlich ist. In den reellen Nebeln liegt $\varkappa$ sehr wahrscheinlich sehr nahe an 0,2. Unterhalb von $T = 50\,000°$ ist $s_{2,0}$ kleiner als $\frac{1}{10}$ von $s_{1,0}$ und $s_{2,0}$ wird erst bei Temperaturen über $150\,000°$ vergleichbar mit $s_{1,0}$.

Die absolute und auch die zu H I relative Ausstrahlung des He II in der He III-Zone und damit das in verschiedenen Beziehungen richtige Intensitätsverhältnis

$$\Pi = \frac{I(\lambda\,4686)}{I(\mathrm{H}_\beta)} \qquad (7.21)$$

der He II-Linie $\lambda\,4686$ zu der Wasserstofflinie H_β ist anders wie die Ausdehnung der He III-Zone unabhängig von $\varkappa$ wie auch von der Dichte und im wesentlichen nur eine Funktion der Sterntemperatur T. Allerdings hat die Elektronentemperatur T_e einen kleinen Einfluß auf Π, wie ohne weiteres aus der Theorie der Seriendekremente in Ziff. 4 folgt. Nach bekannten, früher entwickelten Ausdrücken findet man für Π den Ausdruck[2]

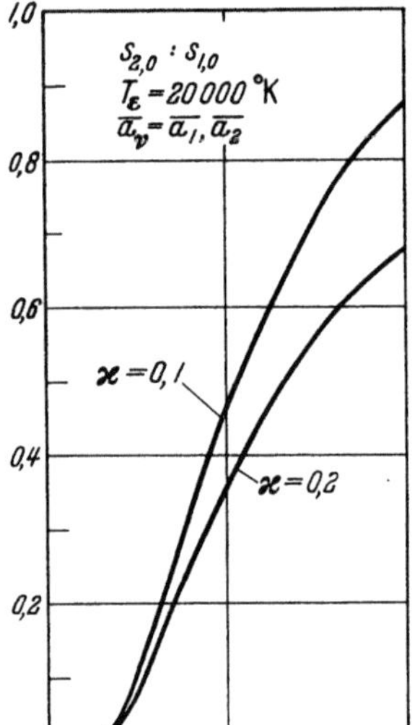

Fig. 3. Das Verhältnis $s_{2,0} : s_{1,0}$ der Radien der He III und H II Zonen.

$$\Pi = 64\,\frac{\nu'_{43}}{\nu_{42}}\,10^{-2{,}054 \cdot \frac{10^5}{T}}\,\frac{\bar{a}_1/a_{\nu_1}}{\bar{a}_2/a'_{\nu_1}}\,\frac{b'_4(T_e)}{b_4(T_e)}\,e^{\frac{3}{16} \cdot \frac{\chi_1}{kT_e}} \cdot \gamma_e. \qquad (7.22)$$

Die gestrichenen Größen ν'_{43} und b'_4 beziehen sich auf He II, $\bar{a}_1/a_{\nu_1}$ und $\bar{a}_2/a'_{\nu_1}$ sind die Verhältnisse der mittleren Absorptionskoeffizienten zu denen an den Absorptionskanten. Es ist weiter $\gamma_e = \Gamma'/\Gamma$ (s. Tabelle 12).

In Tabelle 17 sind für mehrere Temperaturen zwischen $50\,000°$ und $200\,000°$ und für zwei Werte von T_e die nach (7.22) berechneten Π aufgeführt. Man erkennt an den Zahlen, daß sehr hohe Temperaturen notwendig sind, damit die Intensität von He II $\lambda\,4686$ vergleichbar mit der von H_β werden kann.

Die nach (7.22) berechneten Π sollten angenähert gleich sein den Verhältnissen Π_Q, die sich auf folgende Weise berechnen. Von der Gesamtzahl $Q_{\mathrm{Ly\,He\,II}}$ aller Quanten, die der Stern im Lyman-Kontinuum des He II emittiert, führt ein Bruchteil α'_{43} zur Ausstrahlung von $\lambda\,4686$ und entsprechend von der Gesamtzahl $Q_{\mathrm{Ly\,HI}}$ aller Quanten unterhalb $\lambda\,912$ der Bruchteil α_{42} zur Ausstrahlung von H_β. Bei vorgegebener Elektronentemperatur T_e der Hülle sind die Größen α'_{43} und

---

[1] Siehe K. Eberlein: loc. cit.

[2] K. Eberlein: Z. Astrophys. **41**, 278 (1957).

α_{23} berechenbar. HATTORI und Mitarbeiter[1] haben für $T_e = 10\,000°$ die Größen ausgerechnet und finden $\alpha'_{43} = 0{,}138$ und $\alpha_{42} = 0{,}118$. Für Π_Q ergibt sich somit

$$\Pi_Q = 1{,}17 \cdot \frac{v'_{43}}{v_{42}} \cdot \frac{\int\limits_{x'_1}^{\infty} \dfrac{x^2}{e^x - 1}\, dx}{\int\limits_{x_1}^{\infty} \dfrac{x^2}{e^x - 1}\, dx} \tag{7.23}$$

mit den Abkürzungen

$$x = \frac{h\nu}{kT}; \qquad x_1 = \frac{h\nu_1}{kT} = 1{,}577\,\frac{10^5}{T}; \qquad x'_1 = 4\,x_1; \qquad \frac{v'_{43}}{v_{42}} = 1{,}037.$$

Die Integrale in (7.23) ergeben sich aus der Planckschen Funktion (s. u. Ziff. 8). Die nach (7.23) berechneten Π_Q findet man in der Tabelle 17 an dritter Stelle aufgeführt. Die Übereinstimmung der Π_Q mit den Π für $T_e = 10\,000°$ muß als sehr gut bezeichnet werden.

Tabelle 17.

T in 10^3 Grad	Π		Π_Q $T_e = 10\,000°$
	$T_e = 10\,000°$	$T_e = 20\,000°$	
50	0,001	0,001	0,001
80	0,027	0,029	0,026
100	0,076	0,080	0,072
120	0,148	0,156	0,142
150	0,278	0,295	0,255
200	0,480	0,501	0,448

Wir bemerkten eingangs in dieser Ziffer, daß die Vernachlässigung des He I-Zustandes bei der Behandlung der He III—He II-Schichtung deshalb erlaubt sein muß, weil an der Grenze der He III-Zone die Strahlung des Sternes für die Frequenzen des He I-Kontinuums noch keine optische Schwächung erlitten haben kann. In der Tabelle 18 sind nach Berechnungen von K. EBERLEIN (unveröffentlicht) die optischen Dicken $\tau_{\mathrm{H\,I}}(s_{2,\,0})$ des Wasserstoffs für die Entfernung vom Zentralstern gleich der Grenze der He III-Zone für die Kanten der UV-Kontinua von H I, He I und He II aufgeführt und zwar für $\varkappa = 0{,}1$ und $0{,}2$ und $T = 50$, 100, 150 und 200 000°. Man erkennt an den vorliegenden Zahlen, daß eine geringe Schwächung des He I-Kontinuums sich bei Temperaturen über 150 000° bemerkbar macht, die aber überhaupt nur das Gebiet der Kante ergreift.

Tabelle 18. *Optische Dicke* $\tau_{\mathrm{H\,I}}$ *des* H I *an der äußeren Grenze der* He III-*Zone* $s_{2,0}$ *für verschiedene Wellenlängen* λ.

$\tau_{\mathrm{H\,I}}(s_{2,\,0})$.

	$\varkappa$	Temperatur in Einheiten von 1000°			
		$T = 50$	$T = 100$	$T = 150$	$T = 200$
$\lambda\,912$	0,1	0,0032	0,456	3,204	10,8
H I Kante	0,2	0,0015	0,208	1,302	3,6
$\lambda\,505$	0,1	0,0005	0,078	0,545	1,838
He I Kante	0,2	0,0002	0,035	0,222	0,615
$\lambda\,228$	0,1	0,0001	0,007	0,050	0,169
He II Kante	0,2	0,0000	0,003	0,020	0,057

[1] H. HATTORI: Publ. Astronom. Soc. Japan **4**, Nr. 4 (1953).

IV. Die Zanstra-Theorie (Temperaturen der Zentralsterne).

8. Die Zanstra-Methode und ihre Varianten. Zanstra[1] wies schon früh darauf
hin, daß das Nebelleuchten unter gewissen Voraussetzungen zu einer Ermittlung
der Oberflächentemperaturen der Zentralsterne führen kann. Die notwendigen
Voraussetzungen sind im wesentlichen: 1. eine hohe optische Dicke der Nebelhülle, 2. eine angenäherte Plancksche Verteilung im Intensitätsverlauf der Strahlung des Sternes.

Die einfachste und durchsichtigste Variante der Zanstra-Methode stützt
sich beobachtungsmäßig auf die Wasserstoff-Strahlung des Nebels und die
Intensität des sichtbaren Zentralstern-Kontinuums. Da für einen optisch dicken
Nebel, wie wir schon mehrfach erwähnten, die einfache Bilanz besteht

$$Q_{\mathrm{LyH}} = Q_{\mathrm{B}}$$

(Q_{LyH} = Gesamtzahl der vom Stern pro Zeiteinheit für $\lambda < 912$ emittierten
Quanten, Q_{B} = Gesamtzahl der pro Zeiteinheit vom Nebel emittierten Balmer-
Quanten) so ist bei einer Gleichgewichtsstrahlung des Zentralsternes

$$\mathrm{H\,I} \qquad\qquad \varphi_{\mathrm{H}}(T) = \frac{Q_{\mathrm{B}}}{Q_{\Delta\nu}} \qquad\qquad (8.1)$$

eine angebbare Funktion der Temperatur T, wenn $Q_{\Delta\nu}$ die Anzahl der vom
Stern in der Zeiteinheit emittierten Quanten in einem bestimmten Streifen $\Delta\nu$
des visuellen Spektrums bedeutet. Das in (8.1) rechts stehende Verhältnis kann
durch eine Photometrie ermittelt werden. Da der Anteil einer einzelnen Balmer-
Linie an dem gesamten Balmer-Spektrum nach der Theorie des Balmer-Dekrementes bekannt ist, so genügt bei der praktischen Anwendung von (8.1) die
Photometrie einer einzelnen Balmer-Linie. Mit R gleich dem Sternradius und
$x = h\nu / \mathrm{k}\,T$ haben wir

$$
\left.
\begin{aligned}
\text{a)} \quad & Q_{\mathrm{LyH}} = \frac{8\pi^2 R^2 \mathrm{k}^3}{c^2 h^3}\, T^3 \int_{x_1}^{\infty} \frac{x^2}{e^x - 1}\, dx, \\[2ex]
\text{b)} \quad & Q_{\Delta x} = \frac{8\pi^2 R^2 \mathrm{k}^3}{c^2 h^3}\, T^3\, \frac{x^2}{e^x - 1}\, \Delta x.
\end{aligned}
\right\} \qquad (8.2)
$$

x_1 in (8.2) entspricht der Frequenz ν_1 der Lyman-Grenze. Wenn in einem Nebel
die Anregung so hoch ist, daß auch das He II-Spektrum erscheint und die Hülle
im He II-Kontinuum optisch dick ist, so läßt sich auch dieses Ion zur Temperaturbestimmung benutzen. Wir haben also dann wiederum eine bestimmbare Funktion

$$\mathrm{He\,II} \qquad\qquad \varphi_{\mathrm{He\,II}}(T) = \frac{Q_{\mathrm{B}}'}{Q_{\Delta\nu}}, \qquad\qquad (8.3)$$

worin Q_{B}' sich auf die Linienserie des He II bezieht, die dem Balmer-Spektrum
entspricht. Q_{B}', die Gesamtzahl der in dieser Serie $n \to 2$ emittierten Quanten
muß in diesem Falle aus der He II-Linie $\lambda\,4686$ ($n = 4 \to n = 3$) bestimmt werden,
da von der Serie $n \to 2$ keine Linie in den erfaßbaren Spektralbereich fällt. Die
Linie $\lambda\,4686$ ist jedoch mit der „Balmer-Linie" $\lambda\,1640,5$ ($n = 4 \to n = 2$) in leicht
bestimmbarer Weise gekoppelt, und aus der Intensität von $\lambda\,1640,5$ läßt sich
Q_{B}' dann nach dem Seriendekrement ermitteln.

---

[1] H. Zanstra: Astrophys. Journ. **65**, 20 (1927). — Victoria Publ. **4**, Nr. 15 (1931). —
Z. Astrophys. **2**, 1 (1931).

Aus einer Verbindung der H I- und He II-Methode erhält man nach einem Vorschlag von AMBARZUMIAN[1] eine neue Variante entsprechend der Gleichung

$$\text{He II, H I} \qquad\qquad \psi(T) = \frac{Q'_\mathrm{B}}{Q_\mathrm{B}}\,. \qquad\qquad\qquad (8.4)$$

In diesem Falle werden also zwei Bereiche des unsichtbaren UV-Spektrums zur Temperaturbestimmung benutzt. $Q'_\mathrm{B} : Q_\mathrm{B}$ kann aus der Linie He II $\lambda\,4686$ und der benachbarten Balmer-Linie H_β ermittelt werden.

Eine weitere Methode stützt sich auf das Verhältnis der Intensitäten der gesamten verbotenen Linien und der Intensität des Sternkontinuums. Da auf das Nebulium-Dublett $\lambda\,5007,\ 4959$ [O III] in den meisten Fällen mehr als 90% der Ausstrahlung in den verbotenen Linien fällt, so genügt fast immer die alleinige Berücksichtigung dieses Dubletts.

Der Nebulium-Methode liegt der Gedanke zugrunde, daß bei der Ionisation des Wasserstoffs die Überschußenergie $m v^2/2 = h(\nu - \nu_1)$ der befreiten Elektronen fast gänzlich zur Stoßanregung der verbotenen Linien Verwendung findet. Insgesamt gewinnen die freien Elektronen so im Nebel bei hoher optischer Dicke die Energie

$$E = \frac{8\pi^2 R^2}{c^2 h^3}\, T^4 \left\{ \int\limits_{x_1}^{\infty} \frac{x^3}{e^x - 1}\, dx - x_1 \int\limits_{x_1}^{\infty} \frac{e^2}{e^x - 1}\, dx \right\}. \qquad (8.5)$$

In Anlehnung an ZANSTRA bezeichnen wir mit νA_ν die Energie einer einzelnen verbotenen Linie mit der Frequenz ν und zwar in der Einheit der Intensität des Zentralstern-Kontinuums an derselben (bzw. dicht benachbarten) Stelle ν. Besteht die gemachte Annahme zu recht, daß die Energie nach (8.5) gänzlich zur Anregung der verbotenen Linien verbraucht wird, so haben wir

$$E = \frac{8\pi^2 R^2\, k^4}{c^2 h^3}\, T^4 \sum \frac{x^4}{e^x - 1}\, A_\nu\,, \qquad\qquad (8.6)$$

worin die Summe über alle verbotenen Linien zu erstrecken ist. Nach (8.6) und (8.5) ist die [O III] Nebulium-Methode durch die Gleichung

$$[\text{O III}] \qquad \int\limits_{x_1}^{\infty} \frac{x^3}{e^x - 1}\, dx - x_1 \int\limits_{x_1}^{\infty} \frac{x^2}{e^x - 1}\, dx = \sum \frac{x^4}{e^x - 1}\, A_\nu \qquad (8.7)$$

darzustellen.

Für optisch dicke Nebel muß die photographische Helligkeitsdifferenz zwischen Zentralstern und Nebel $\Delta m = m_* - m_n$ mit der Temperatur des Zentralsternes stetig ansteigen. Ein angenäherter Wert für Δm als Funktion von T ist nach ZANSTRA[2] und BERMAN[3] aus folgendem Ausdruck zu gewinnen:

$$\Delta m \qquad \frac{l_n}{l_*} = \frac{\displaystyle \alpha \int\limits_{x_1}^{\infty} \frac{x^2}{e^x - 1}\, dx}{\displaystyle \int\limits_{x'}^{x''} \frac{x^2}{e^x - 1}\, dx} + \frac{\displaystyle \beta \int\limits_{x_1}^{\infty} \frac{x^2(x - x_1)}{e^x - 1}\, dx}{\displaystyle \int\limits_{x'}^{x''} \frac{x^3}{e^x - 1}\, dx}\,. \qquad (8.8)$$

[1] V. A. AMBARZUMIAN: Poulkova Obs. Circ. Nr. 4, 1932.
[2] H. ZANSTRA: loc. cit.
[3] L. BERMAN: Lick Obs. Bull. **18**, 73 (1937).

$l_n : l_*$ bezeichnet das Intensitätsverhältnis vom Nebellicht zum Sternlicht für den photographischen Bereich. Der erste Term auf der rechten Seite gibt das Verhältnis der im Photographischen beobachteten Balmer-Quanten des Nebels zu den vom Stern emittierten, photographischen Lichtquanten (λ 3000 bis λ 5050). Der zweite Term ist das Verhältnis zwischen der Energie, die für die Anregung verbotener Linien im Photographischen zur Verfügung steht und der Energie der Sternstrahlung im Bereiche λ 3000 bis λ 5050. α und β sind Korrektionsfaktoren, durch die einmal berücksichtigt wird, daß weder die Balmer-Emission noch die Emission in den verbotenen Linien gänzlich in den photographischen Bereich fallen. Außerdem enthalten diese Faktoren die Berücksichtigung der mit λ variablen Plattenempfindlichkeit. Diese gerade erwähnte Variante der Zanstra-Methode hat bisher die ausgedehnteste Anwendung gefunden, da die benötigten Beobachtungsdaten relativ leicht zu erlangen sind.

Weiterhin lassen sich Kerntemperaturen noch ableiten aus einem Intensitätsvergleich des Balmer-Kontinuums des Nebels mit dem Sternkontinuum ([2], S. 100). Im Prinzip ist dieses Verfahren mit der oben an erster Stelle erwähnten H-Methode identisch, dasselbe knüpft jedoch an andere photometrische Daten an.

Wählen wir für das Balmer-Kontinuum und das Sternkontinuum dieselbe Frequenz ν, und bezeichnen das Verhältnis der Intensitäten der beiden Kontinua mit $P_x(T)$, so finden wir für $P_x(T)$ den Ausdruck:

$$B_C \qquad P_x(T) = \frac{\zeta_x \int\limits_{x_1}^{\infty} \dfrac{x^2}{e^x - 1}\, dx}{\dfrac{x^2}{e^x - 1}\, \Delta x} \, . \qquad (8.9)$$

Das Integral im Zähler bezieht sich wiederum auf das Lyman-Kontinuum, x und Δx im Nenner auf die gewählte Stelle im Stern- bzw. Balmer-Kontinuum. $\zeta_x \ll 1$ ist ein Faktor, welcher festlegt, welcher Bruchteil aller Einfänge am Wasserstoff zur Emission in dem gewählten Intervall Δx führt.

9. Anwendungen, Kritik der Methode. Die Anwendungen der Zanstra-Verfahren sind bisher etwas enttäuschend geblieben. Die verschiedenen Methoden liefern keine übereinstimmenden Resultate, und es ist im allgemeinen nicht leicht zu erkennen, welchen Resultaten der Vorzug zu geben ist.

Tabelle 19.

Nebel NGC	Methode				
	H I	O III	Δm	He II	He II/H I
6543	36000 B 39000 Z	32000 B 35000 Z	35000 B		
6572	43000 B 41000 Z	41500 B 38000 Z	45000 B		70000 W
6826	26000 B	27000 B	30000 B		90000 W
7009	40000 B 55000 Z	40000 B 50000 Z	50000 B	70000 B 70000 Z	115000 A
7662	43000 B	51000 B	55000 B	81000 B	180000 W
7027	> 52000 B	> 53000 B	> 80000 B	> 86000 B	165000 A

Autoren: A = Ambarzumian; B = Berman; W = Wurm; Z = Zanstra.

In der Tabelle 19 sind die sechs Nebel aufgeführt, für welche bisher allein die Temperaturbestimmung nach mehreren Verfahren durchgeführt wurde[1]. Bei anderen Objekten beschränkt sich die Bearbeitung so gut wie ausschließlich auf das Δm-Verfahren. Vergleicht man die Resultate nach den verschiedenen Varianten, so fällt sogleich in die Augen, daß die drei ersten einigermaßen befriedigende Übereinstimmung zeigen, während die beiden anderen und insbesondere das He II/H I-Verhältnis wesentlich höhere Temperaturwerte liefern. Bei dem Nebel NGC 7027 können für die ersten vier der aufgezählten Verfahren nur untere Grenzen angegeben werden, da der Zentralstern visuell und photographisch so schwach ist, daß er bisher nicht entdeckt werden konnte. Es läßt sich nicht von der Hand weisen und erscheint sogar wahrscheinlich, daß nach einer gelungenen Erfassung und Spektrographie dieses Sternes alle Methoden ungefähr das gleiche Ergebnis liefern werden[2]. Eine Entscheidung in diesem Punkte bleibt jedoch der Zukunft überlassen.

Um in eine Diskussion der bei den anderen Nebeln offensichtlich auftretenden Diskrepanzen einzutreten, sei zunächst nochmals an die Voraussetzung erinnert, auf denen die Ergebnisse basieren. Es wurde eine angenäherte Plancksche Verteilung in der Strahlung des Zentralsternes und eine vollständige Absorption der UV-Strahlung $\lambda < 912$ durch die Nebelhülle vorausgesetzt. Außerdem ist stillschweigend angenommen, daß die allgemeine Auffassung über die Anregungsprozesse in den Hüllen wirklich zutreffend ist. Die Balmer-Linien wie die Linien von He II sollen danach einzig oder doch vorwiegend durch Strahlungsabsorption über eine Ionisation, die verbotenen Linien allein durch die Stöße der freien Elektronen angeregt werden. Zweifel in dieser Hinsicht sind bisher nur soweit es sich um die Balmer-Linien handelt geäußert worden. Bei Elektronentemperaturen von 15 000° bis 20 000° läßt sich eine zusätzliche Anregung der Balmer-Terme durch Elektronenstöße nicht als ganz unwahrscheinlich betrachten. Die gemessenen Balmer-Dekremente sprechen allerdings dagegen. Für He II muß eine Stoßanregung wegen der hohen Lage der Terme als ausgeschlossen bezeichnet werden. Bemerken wir nur, daß ein vorhandener Beitrag zur Wasserstoffanregung durch Elektronen-Stoß die H I-Temperaturen noch erniedrigen, die [O III]-Temperaturen etwas erhöhen müßte. Man kann wohl allgemein behaupten, daß die vorliegenden Unstimmigkeiten durch Korrektionen an den vorausgesetzten Anregungsvorgängen nicht beseitigt werden können.

Es kann nun aber kaum noch ein Zweifel darüber bestehen, daß die Voraussetzung einer hohen optischen Dicke nicht für alle planetarischen Nebel zutreffend ist. Sehr wahrscheinlich sind die optisch dicken Nebel sogar in der Minderzahl[3]. Ein ziemlich eindeutiges Zeichen dafür kann man in der Tatsache sehen, daß bei den stark angeregten Nebeln mit einer He II-Emission die großen Verhältnisse $\Pi = I(\lambda\,4686) : I(H_\beta)$ so auffallend häufig vertreten sind[3]. Nach den Ausführungen in den Ziff. 6 und 7 wird man ohne weiteres verstehen, daß in einem Nebel geringerer optischer Dicke die Intensität der Balmer-Linien des Wasserstoff im Vergleich zu der He II-Emission geschwächt und somit das Verhältnis Π erhöht wird. Einige Autoren[4] scheinen geneigt zu sein, die hohen Π-Werte auf Grund einer Depression der Strahlungskurve des Zentralsterns im Lyman-Kontinuum

---

[1] Betreffs der Literatur sei auf [2] S. 96ff. verwiesen.

[2] Vgl. dazu weiter unten die Bemerkungen zu der Auswahl der Nebel für die Zanstra-Methode.

[3] Vgl. hierzu K. Wurm ([2], S. 25f. und S. 103f.) und K. Wurm u. O. Singer: Z. Astrophys. 30, 153 (1951).

[4] L. H. Aller: [4], S. 229f.

unmittelbar hinter der Kante zu deuten. Die Berechnungen von Modellatmosphären für heißere Sterne ergeben wegen des hohen Wasserstoffgehaltes der Sternatmosphären für gewisse Temperaturbereiche eine starke Lyman-Depression[1] Bei dem Hinweis auf diesen Umstand ist jedoch übersehen worden, daß die He II-Intensitäten nicht nur relativ, sondern auch absolut sehr hoch sind. Sollte die Aussage der Theorie der Modell-Atmosphären in bezug auf das Vorliegen einer starken Lyman-Depression wirklich zutreffend sein, so würde das bedeuten, daß die H I-Zanstra-Temperaturen stets wesentlich zu niedrig sind. Das träfe dann gleichzeitig auch für die [O III]- und Δm-Temperaturen zu.

In bezug auf die Frage der optischen Dicken planetarischer Nebel besteht in der Literatur vielfach die Neigung, Nebel mit sehr geringen Flächenhelligkeiten als optisch dünn anzusehen, dagegen gilt eine hohe Flächenhelligkeit bei den meisten Autoren als ein Argument für eine hohe optische Dicke. Daß dieses Argument nicht stichhaltig ist, lehren ohne jede Theorie die Nebel der Doppelringform. Unter diesen existieren viele, deren innere Ringe hohe Flächenhelligkeiten aufweisen, die nach obiger Auffassung keine Strahlung für die Anregung der Materie der äußeren Ringe durchlassen dürften.

Die drei ersten Methoden (H I, [O III], Δm) werden durch eine verminderte optische Dicke qualitativ in derselben Weise beeinflußt; sie liefern zu niedrige Temperaturen. Eine Übereinstimmung in diesen Verfahren spricht also durchaus nicht ohne weiteres für eine Zuverlässigkeit des Resultats. Für Nebel ohne eine He II-Emission läßt sich kein Kriterium angeben, welches einen Rückschluß auf die optische Dicke gestattet. Andererseits wird man in den Fällen der höher angeregten Nebel bei gleichzeitiger hoher Intensität von λ 4686 und geringer Helligkeitsdifferenz Δm zwischen Nebel und Stern auf eine unvollständige UV-Absorption schließen können.

Die Nebel der Tabelle 19 sind von den Autoren zur Hauptsache auf Grund einer hohen Nebelhelligkeit und einer geringen scheinbaren Ausdehnung zur Bearbeitung ausgewählt worden. An ausgedehnten Nebelbildern läßt sich eine monchromatische Photometrie sehr schwer mit einer befriedigenden Exaktheit durchführen. Die bekannten großen Nebel wie NGC 7293, NGC 6853 und selbst NGC 6720 ($d = 59'' \times 83''$) fehlen deshalb in der Tabelle 19. Andere helle Objekte wie NGC 6741 und NGC 2440, obwohl von ziemlich geringen Durchmessern, wurden wegen ihrer extrem schwachen Zentralsterne nicht einbezogen. Die gerade aufgezählten fünf hellen Nebel gehören zu den Objekten, bei denen die Helligkeitsdifferenzen Δm zwischen Nebel und Stern besonders groß sind und von etwa $5,5^m$ bis zu 8^m reichen. Es ist nun bemerkenswert, daß wir die höchsten Werte für das Verhältnis Π nicht etwa bei diesen, sondern bei Nebeln wie NGC 2022 und NGC 4361 antreffen ($\Pi = 1$ und > 1), bei denen die Δm klein sind ($\Delta m = 1,5^m$ und 2^m). Auf Grund der hohen Δm und der mäßig großen $\Pi (\approx 0,5)$ bei den fünf genannten Nebeln kann man von vorneherein sagen, daß bei diesen die Unstimmigkeiten zwischen den verschiedenen Zanstra-Verfahren wesentlich kleiner sein werden als bei den Nebeln der Tabelle 19 und möglicherweise sogar ganz verschwinden. Daß diese Vermutung berechtigt ist, zeigt eine vorläufige Photometrie des Nebels NGC 6720 durch T. PAGE (noch nicht publiziert), nach der für sämtliche Verfahren der Tabelle 19 innerhalb der Genauigkeit der Messungen die gleiche Temperatur ($T = 150000°$) gefunden wird. Der Zentralstern von NGC 6720 zeigt ein rein kontinuierliches Spektrum ohne eine Andeutung von Absorptions- oder Emissionslinien. Bei den Zentralsternen

---

[1] Siehe L. H. ALLER: loc. cit.

der Nebel wie NGC 7027 und NGC 2440 muß man wegen ihrer hohen Δm von 7^{m} bis 8^{m} mit Temperaturen zwischen 150000° bis 200000° rechnen.

Für eine Reihe von Zentralsternen höherer scheinbarer Helligkeiten hat L. H. ALLER [4], S. 214 eine Analyse ihrer Spektren durchgeführt und danach Spektralklassen und Oberflächentemperaturen bestimmt (s. Tabelle 20). Zum

Tabelle 20.

Nebel NGC, I e	Spektral- klasse nach ALLER	Temperatur nach Spektralklasse	Temperatur nach Δm-Methode	He II λ 4686/Hβ
IC 418	O 7	33200	25000	—
2149	O 7,5	32500	40000	—
NGC 2392	O 6	34500	35000	0,5
IC 4593	O 7	33400	25000	—
NGC 6210	O 7	32900	30000	—
6543	O 7	33000	35000	—
6826	O 6	34600	30000	0,5
6891	O 7	32900	30000	0,2

größeren Teil gehören die aufgeführten Objekte zu den Nebeln niedrigster Anregung, und für diese Fälle mögen die festgelegten Temperaturwerte vielleicht angenähert richtig sein. Ein starker Widerspruch ergibt sich aber für die Nebel NGC 2392, 6826 und 6891. Die Spektren dieser Nebel zeigen hohe He II-Intensitäten (s. Tabelle 20), die von Sternen mit diesen Temperaturen auf keinen Fall angeregt werden können. Dieser Umstand erschüttert wiederum etwas das Vertrauen in die anderen Temperaturen.

Zusammenfassende Darstellungen.

[1] VORONTSOV-VELYAMINOV, B. A.: Gasnebel und Neue Sterne. Akademie der Wiss. der USSR., Moskau u. Leningrad 1948. [Russisch.] — Berlin: Verlag Kultur und Fortschritt 1953. [Deutsch].
[2] WURM, K.: Die planetarischen Nebel. Berlin: Akademie-Verlag 1951.
[3] DUFAY, J.: Nébuleuses Galactiques et Matière Interstellaire. Paris: Albin Michel 1954.
[4] ALLER, L. H.: Gaseous Nebulae. London: Chapman & Hall Ltd. 1956.

Sachverzeichnis.

(Deutsch-Englisch.)

Bei gleicher Schreibweise in beiden Sprachen sind die Stichwörter nur einmal aufgeführt.

Subject Index.

(English-German.)

Where English and German spelling of a word is identical the German version is omitted.

Table des matières

pour les contributions écrites en français.

Ch. Fehrenbach: Les classifications spectrales des étoiles normales,
P. Swings: Les bandes moléculaires dans les spectres stellaires,
D. Barbier: Théorie générale des atmosphères stellaires.

If you have any concerns about our products,
you can contact us on
ProductSafety@springernature.com

In case Publisher is established outside the EU,
the EU authorized representative is:
Springer Nature Customer Service Center GmbH
Europaplatz 3, 69115 Heidelberg, Germany

Printed by Libri Plureos GmbH
in Hamburg, Germany